李新荣 赵洋 杨昊天 陈琳——著

The Theories and Practices of Biocrust in Desertified Land Control

生物结皮治理沙化土地的理论与实践

浙江教育出版社·杭州

图书在版编目（CIP）数据

生物结皮治理沙化土地的理论与实践 / 李新荣等著
. -- 杭州 : 浙江教育出版社，2022.10
ISBN 978-7-5722-4637-1

Ⅰ. ①生… Ⅱ. ①李… Ⅲ. ①生态系－土壤结皮－土地荒漠化－土壤改良－研究－中国 Ⅳ. ①S156.5

中国版本图书馆CIP数据核字(2022)第201252号

生物结皮治理沙化土地的理论与实践

SHENGWU JIEPI ZHILI SHAHUA TUDI DE LILUN YU SHIJIAN

李新荣　赵洋　杨昊天　陈琳　著

策　　划：周　俊　　责任编辑：高露露　王方家
责任校对：江　雷　　文字编辑：傅美贤
责任印务：陆　江　　美术编辑：韩　波
装帧设计：融象工作室　顾　页

出版发行：浙江教育出版社
（杭州市天目山路40号　电话：0571-85170300-80928）
图文制作：杭州林智广告有限公司
印刷装订：浙江海虹彩色印务有限公司
开　　本：710 mm×1000 mm　1/16
印　　张：40
字　　数：650 000
版　　次：2022年10月第1版
印　　次：2022年10月第1次印刷
标准书号：ISBN 978-7-5722-4637-1
定　　价：108.00元

序

荒漠化是一个世界性的生态顽疾。在我国，特别是广袤的干旱半干旱区，自古以来就饱受其苦。勤劳勇敢的中华儿女战天斗地，与荒漠化展开了艰苦卓绝的斗争，特别是新中国成立以来，在党中央的领导下，采取了一系列重大举措，实现了从“沙进人退”到“人进沙退”的历史性转变，在全球荒漠化防治事业中彰显了中国力量。

荒漠化防治具有长期性、复杂性、艰巨性的特点。尽管近年来沙化土地治理成绩喜人，但总体形势依然严峻。开展荒漠化治理不仅是一场攻坚战，更是一场持久战。这对科技创新提出了更高的要求，即如何更好地遵循规律、科学防治、持续经营。由于干旱半干旱区降水不足、蒸发强烈，植树造林往往成本高、效率低、难度大。若想推动沙化土地治理工作可持续发展，实现生态效益与经济效益的双赢，研发成本低、见效快、稳定性强的技术手段则成为当务之急。

生物土壤结皮/生物结皮（Biological Soil Crust, BSC）是由土壤颗粒、隐花植物及土壤微生物等形成的有机复合体，能有效改造土壤水文、物理、化学等过程，对极端温度、辐射、养分亏缺、干旱胁迫等环境条件具有较强的适应性。在荒漠生态系统中，生物土壤结皮在保水、防风、固沙、固碳等方面的生态功能，逐渐引起了生态学家的关注和重视，目前已成为荒漠区生态研究的国际热点。

我们的团队来自中国科学院沙坡头沙漠研究试验站。自1955年建站以来，沙坡头站立足沙漠过程、恢复与重建，长期扎根腾格里沙漠，默默耕耘。由沙坡头站前辈学者在实践中创造的“草方格”沙障技术，得到国际科技界的瞩目和认可。我们团队沿着老一辈科学家的足迹，守正出新，发现并评估了“草方格”沙障里生物土壤结皮对流沙的固定作用。为此，我们把生物土壤结皮的作用机理和快速固定技术作为主攻方向，基础研究和应用示范“两条腿走路”。经过长期监测实验，利用先进的数理分析方法，对其中若干理论问题进行研究，得到了更为清晰的认识。与此同时，坚持研究与示范相结合，不断提出生物土壤结皮的新技术和新途径，在宁夏、内蒙古、陕西和甘肃等地的生态恢复中得到应用，取得良好效果。

在开展生物土壤结皮研究工作的过程中，我们团结协作，努力传承沙坡头站的优良传统，一棒接着一棒跑下去。特别是一批中青年学者，发扬沙坡头精神，甘于与酷暑严寒为伴，乐于与风沙雨雪为伍，续写沙化土地治理的新篇章。借此次出版的机会，我们将有关成果梳理总结，结集成册，对生物土壤结皮治理沙化土地的理论和实践进行较为系统、全面的介绍。希望通过本书，更多的同行专家乃至社会人士能给予荒漠化治理更多的关注和支持。由于作者水平有限，内容难免出现谬误、疏漏之处，敬请各位读者不吝批评指教。

是为序。

前　言

干旱区沙化土地治理难度大，主要原因是降水稀少（年降水量一般小于200 mm）、土壤含水量低（小于3.5%）、水分储量有限，且地表风蚀强烈、沙埋严重。利用人工植被进行沙化土地治理是最常用的方法之一，但绝大多数无灌溉人工植被的建设和维持依赖于地下水的补给，如果在地下水埋深很深的沙区进行植被建设，植被和表层土壤的水分蒸发就必须与降水量保持动态平衡，否则植被会因缺水而衰退甚至死亡。传统治沙中往往采用高密度的乔木和灌木种植这一方法，其主要目的是确保一定的苗木成活率并减弱近地表的风蚀，但由于该方法忽视了土壤水量的平衡关系，植被容易衰退死亡，进而出现年复一年原地造林的现象。

化学与工程固沙可通过机械化作业提高治理的速度，但其成本高、污染风险大、可持续性差，不利于流沙固定后生物自然定居和繁衍。采用工程和生物措施相结合的固沙模式取得了良好的效果，特别是合理的植被建设促进了沙化土地的整体恢复，然而这一过程十分缓慢。此外，人工植被建设周期长、重复率高（许多沙区几乎年复一年地重复造林以确保成活率）、稳定性差、成本高，这些都影响了沙化土地治理的进程和成效。

BSC是由蓝藻、绿藻、地衣、藓类、微生物以及相关的其他生物体通过菌丝体、假根和分泌物等与土壤表层颗粒胶结形成的十分复杂的地表覆盖体，是荒漠生态系统的重要组成成分。其盖度占全球干旱半干旱区裸地面积的40%，是联结荒漠地表生物与非生物成分的“生态系统工程师”。BSC的形成和发育也是荒漠/沙地生态系统健康的重要标志，发挥着极其重要的生态系统功能。

人工BSC固沙模式就是利用BSC能够完全固定沙丘表面且能有效抗风蚀的特点，与传统的生物治沙措施（沙障+种植旱生灌木）相结合，将BSC中的主要生物体（藻类、地衣和藓类）进行人工培育并接种到沙地表面，使地表快速形成BSC，从而提升防风固沙效果进而提高生态恢复速度的新的沙化土地治理模式。

在干旱半干旱荒漠区，自然形成BSC的速度缓慢，蓝藻结皮的形成需要10至15年，而稳定的地衣或藓类结皮的形成则需要40年以上。人工培育的藻种与微生物技术、纳米新材料的结合，可提速人工BSC的形成和发展，通常可以将BSC自然形成所需的十余年缩短至一年左右。在灌木稀疏（盖度为10%左右）的固沙区，利用这些人工藻类结皮进行治沙会达到事半功倍的效果。如果条件允许，在后期雨季再喷洒一次人工筛选制备的地衣和藻类混合液，可进一步巩固和提高治沙成效，并缩短治沙的周期。

从自然发育的藻类结皮中分离、选育优良藻种，经大规模人工培养后接种于流沙表面，可使其在流沙表面快速形成并发育成含有藻类、细菌、真菌的人工藻类结皮。该技术包括优良藻种的分离、纯化、选育，规模培养，工厂化/规模化生产和野外接种等几个过程。人工BSC在地表的覆盖能减少地表风蚀，促进沙面土壤的快速形成，并有利于草本植物的定居，进而替代了高密度种植的防护效果，在植被建设中减少了苗木的用量和土壤含水量的消耗，并节约大量的人力、物力和财力，一次性地完成沙化土地治理和生态恢复的任务，实现治沙成果的提速增效。

目 录

第一章
沙化土地治理——从科学认知到技术创新

中国沙化土地面积达172.12万平方千米，主要分布在干旱半干旱区。过去，治理的重点和治理成效较好的沙化土地主要分布在半干旱区。近20年，来我国沙化土地持续呈现“双减少”趋势，但目前仍有超过30万平方千米未得到有效治理（国家林业局, 2015），这些沙化土地主要分布在干旱区（李新荣, 张志山, 等, 2014）。以现阶段的治理速度（1980平方千米/年）来计算，上述面积需要152年才能全部治理完成，而到2035年仅能完成14%，即使到2050年也只能完成24%，这还不包括局部新产生的沙化土地的治理。由于治理效果稳定性差导致后续巩固与恢复任务繁重，治沙防沙形势仍然严峻。

在我国，利用人工植被进行沙害防治已有近60年的历史，并取得了巨大的成绩（李新荣等, 2013）。植被固沙能够有效遏制沙化土地的发展、减轻风沙危害并促进局地生境恢复。然而，由于受土壤含水量限制，盲目和无序的大规模人工植被建设容易导致土壤含水量枯竭、地下水位下降和植被退化，甚至引发新的沙化，严重影响人工固沙植被的生态效应和沙化土地治理效果的可持续性（李新荣, 张志山, 等, 2016）。因此，不同沙区人工植被的需水量如何界定？在给定的水分条件下需要建设什么类型的固沙植被？其规模要多大？如何让植被建设更加持续有效？什么样的治理才是成功的？这些都是防沙治沙工作面临的重大科学问题和重要实践需求。

传统治沙实践中关注的往往是植被的成活率和盖度的增加，但对生态系统水平的整体恢复和治理的可持续性考虑不足，没有把土壤－人工植被系统的水量平衡和土壤生境的恢复作为成功治理的判别依据，导致很多治理“治标不治本”（图1-1）。因此，创新防沙治沙理念，提出新思路和研发新技术，是实现沙化土地治理由单一增加植被盖度的“量变”到生态系统健康稳定的“质变”和区域持续绿色发展的关键所在，也是干旱区“美丽中国”建设的基本要求。为此，我国迫切需要从统筹“山水林田湖草沙”生态系统全要素角度出发，既考虑沙地水量平衡又兼顾植被稳定性和土壤生境恢复，并提出提速增效的集成技术和创新的治理思路。

图1-1 大规模不合理的植被建设并没有根治土地沙化，反而消耗了大量的土壤水和地下水

1.1 科学认知沙化治理与生态恢复的成效

干旱区沙化土地治理难度大，其主要原因是降水稀少（年降水量一般小于200mm）、土壤含水量低（小于3.5%）、水分储量有限，且地表风蚀强烈、沙埋严重。利用人工植被进行沙化土地治理是最常用的方法之一，但绝大多数无灌

溉人工植被的建设和维持依赖于地下水的补给，如果在地下水埋深很大的沙区进行植被建设，植被和表层土壤的水分蒸发就必须与降水量保持动态平衡，否则植被会因缺水而衰退甚至死亡。

20世纪50－60年代，在晋西北沙化土地上大量种植杨树，此举使地下水位下降明显，导致盖度曾达到80%的固沙植被大面积退化，流沙并没有得到根治，反而使土壤干旱化。浑善达克沙地近几十年因地下水位下降使大面积的固沙林死亡。20世纪50年代，在河西民勤沙区营造的以密集沙枣和杨树等乔木为主的固沙林共约4.4万平方千米，但由于地下水位的下降，其中3万平方千米全部枯死。近年来，大家在夸赞毛乌素沙地即将全部变绿洲的巨大治沙成绩的同时，忽略了该沙地特有湖泊湿地的巨变，红碱淖尔湖的面积从1969年的67平方千米缩减至如今的32.8平方千米。除了气候变化因素外，不合理的人类活动，比如，大规模不合理的植树造林也是引起湿地等生态巨变的重要因素，这些现象不禁让人担心：我们是否会重蹈“建立一片林地，消失一片湿地”的覆辙。

此外，植被盖度的增加并不能说明生态系统的整体恢复和防沙治沙工作的成功。仅以植被的盖度和成活率衡量沙化土地治理成功与否是不全面的，因为植被盖度是动态变化的，只有成功维持其可持续性，才说明沙化土地治理是成功的，而这一切都要取决于沙地土壤与植被之间的水量平衡。

例如，中国科学院在腾格里沙漠东南缘沙坡头地区对固沙植被－土壤含水量关系持续60余年的监测，客观地刻画了我们对沙区植被建设的认识过程。固沙植被建立初期往往采用高密度植物配置，此时沙区土壤含水量和地下水位下降并不明显，且植被成活率高。受此表面现象的影响，许多沙区植被建设带有很大的盲目性，规模浩大的群众运动式“治沙造林”随处可见；植被建立30年后，大面积固沙林区的土壤含水量和地下水位开始明显下降，原来郁郁葱葱的植被开始衰退或死亡，这时大家才意识到固沙植被物种合理选择、密度和盖度控制等问题的重要性，从而因地制宜地开始低覆盖的植被建设；人工植被建立40年后，灌木经自疏而盖度降低后，深层土壤含水量回升，并趋于稳定，在此过程中部分学者已意识到水量平衡是固沙植被稳定性维持的根本所在，许多沙区开始总结固沙植被建设的优化模式；人工固沙植被发展50年后，植被－土壤系统达到稳定的水量平衡，深层土壤和浅层土壤的水分含量与植被建立之初的规律相似，都随降水而波动，植被由原来单一的灌木或乔木层片结构演变为植物种类组成多样化，包括草本层和BSC参与的复杂结构，且草本多以同一生物气候带分布的乡土种为主。此时的沙面土壤层厚度达到5－8 cm，沙面土壤接近当地原生荒漠草原土壤，具备理化和生物学特性（李新荣, 张志山, 等, 2016）。

由此可见，在沙区，暂时的植被高盖度是表象，并不代表生态系统的恢复，而沙区生态的真正恢复主要取决于土壤生境的重建和恢复，“皮之不存、毛将焉附”，只有适宜的土壤生境才能支撑稳定持续的植被生长，才能维持稳定的沙地水量平衡并实现生态系统整体恢复（图1–2）。

图1–2　沙化草地地表土壤生境的恢复支撑了人工植被稳定的生长状态

1.2 传统的沙化治理成本高、周期长，亟待研发新技术和新模式

化学与工程固沙可通过机械化作业提高治理的速度，但其成本高、污染风险大且可持续性差，不利于流沙固定后生物自然定居和繁衍。采用工程和生物措施相结合的固沙模式取得了良好的效果，特别是合理的植被建设促进了沙化土地的整体恢复，然而这一过程十分缓慢。因为受水分条件的限制，人工植被建设周期长、重复率高（许多沙区几乎年复一年地重复造林以确保成活率）、稳定性差、成本高，这些限制因素都影响了沙化治理的进程和成效。

研究表明，干旱区荒漠草原沙化过程中土壤特性（理化和生物学特性）的异质性程度增加，当异质性达到一定的程度后，土壤生境很难通过自然过程实现主动恢复（比如经禁牧或围封后的自然恢复）。人工植被使土壤特性异质性减弱，表明系统处于恢复过程（被动恢复），而异质性增强则预示系统处于沙化/退化过程。土壤生境的恢复是沙化草地生态系统整体恢复的前提（李新荣，2005）。

我们对人工植被土壤特性的恢复过程和恢复速率的长期生态学研究表明，在流动沙丘环境建立固沙植被50年后，大多数表土层特性（参数）能够恢复到天然植被表土特性的60%，土壤质地中的沙粒和粉粒百分含量、碳酸钙含量、有机碳和电导率等土壤特性仅能恢复到天然植被表土特征的20%－40%。而黏粒百分含量、表土层含水量、表土与BSC的厚度和土壤容重恢复到天然植被表土特性的水平需要70－245年的时间。浅层土壤含水量状况则至少需要120年才能恢复到天然植被的水平，而对于一些土壤特性，如有机碳含量而言，即使发生最大可能的恢复，也不能达到天然植被土壤的含量水平。这说明在干旱区，沙化草地土壤特性的恢复是一个十分漫长的过程，土壤生境一旦遭到破坏/沙化，即使在人为促进下，其恢复也是十分困难的，一些土壤特性的退化甚

至是不可逆的（Li, He, et al., 2007）。

那么，能否通过新技术和新途径来加速治理和恢复的进程？随着研究的深入和技术的进步，回答是肯定的。我国60年的沙化土地治理实践告诉我们，在干旱区沙化土地的恢复过程中，沙丘表面形成的BSC始终扮演着重要的角色。沙障和植被建立后，土壤微生物和BSC开始拓殖和繁衍，BSC从以蓝藻为主的蓝藻结皮向地衣和藓类结皮演变，并改变着沙地土壤水文过程，驱动人工固沙植被的演变，即向相邻生物气候带典型地带性植被类型演替（李新荣，张志山，等，2016）。BSC群落中的蓝藻、地衣和藓类虽然能够改变土壤水文过程，但它们本身是变水植物（poikilohydric plant），具有许多对极端干旱环境的生理适应性能，对水分要求很少，也不存在与维管束植物的水分竞争，其在沙丘表面的存在和发展，发挥了生态系统工程师的作用（李新荣，回嵘，等，2016），发展后期的地衣和藓类结皮可以完全将沙面固定，不仅防止了就地起沙和地表的进一步沙化，增强了浅层土壤的持水能力和对凝结水的捕获，也为其他生物体的定居、繁衍和生存提供了适宜的生境（Zhao, Jia, et al., 2019）。因此，从沙丘固定和生态系统恢复的角度看，提高BSC在沙面的形成和发展速度可以加快沙化土地的治理，实现提速增效的目标。

1.3　利用微生物技术综合治理沙化土地，实现提速增效

野外长期监测研究发现，固沙植被建立后，在沙面形成盖度达到80%以上的蓝藻结皮需15至20年，形成盖度达到80%以上的地衣和藓类结皮至少需要40年。蓝藻结皮容易破碎，抵抗风蚀的能力较差，BSC只有发展到地衣或藓类结皮阶段时才能完全控制地表风蚀（Zhao et al., 2019）。鉴于BSC在沙面形成和发展速度慢、难度大，且受风蚀、高温、养分和土壤质地及地表稳定性等非生

物因素的限制，利用微生物技术和纳米等新材料手段可实现BSC恢复提速增效和土壤生境改善的目的。

1.3.1　利用微生物制剂和产品促进BSC发育，提高固沙效率

微生物固沙作为一种新型固沙技术，具有环保性能优良、适应性强、成本低、见效快、易操作和便于产业化生产等优势，被公认为是最有发展潜力的一种固沙措施。

例如，我们从腾格里沙漠人工植被区的BSC中分离出一种新的特基拉芽孢杆菌株（*Bacillus tequilensis*）（图1–3），它具有很高的胞外多糖（exopolysaccharide, EPS）生产能力。将含有该菌株的液体喷洒于目标固沙区域的表面能够迅速固定沙粒，将其与人工培养的蓝藻共同使用，效果更佳（Zhao, Li, Wang, et al., 2019; Zhao, Li, Yuan, et al., 2019）。

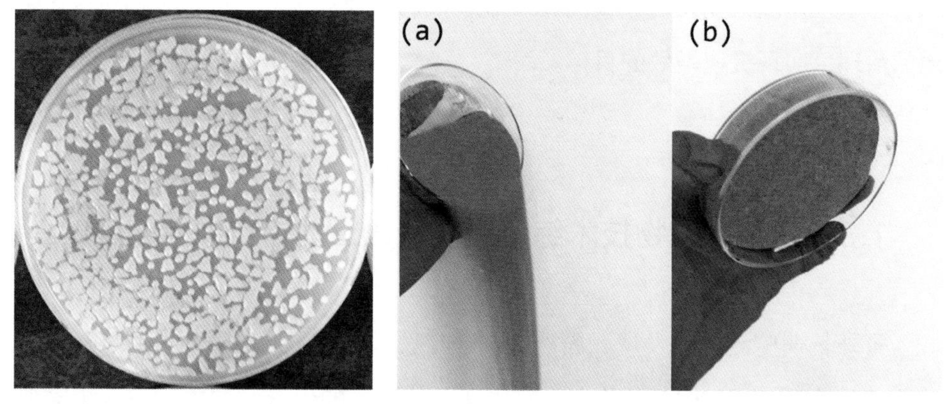

图1–3　特基拉芽孢杆菌在LB固体培养基上的菌落形态及其对流沙（a）的固定效果（b）

此外，流动沙丘的沙砾多为细小石英颗粒，缺肥少水，流动性大，因此提升其肥力使其有利于蓝藻拓殖，也是提速BSC发育的重要途径之一。与土壤施肥、种植苗木和物理重构技术相比，微生物土壤改良法作为一种新型土壤改良技术，具有污染性小、价格低廉、耗时短、适应性强、工程量小等优点，是从根本上修复土壤生态系统最有发展潜力的一种措施。

从腾格里沙漠沙坡头人工固沙植被区的BSC中分离出的新的枯草芽孢杆菌（*B. subtilis*）、莫海威芽孢杆菌（*B. mojavensis*）和解淀粉芽孢杆菌（*B. amyloliquefaciens*）菌株（图1–4）能够共同发挥作用，产生多种水解酶和大量的胞外多糖，发挥固氮作用。将该微生物组合物施用于沙区，不仅能够使沙粒更好地团聚并保持相对稳定的状态，同时还可以有效地改善土壤理化特性，显著提高BSC在沙面的接种成活率，加速BSC发展进程。

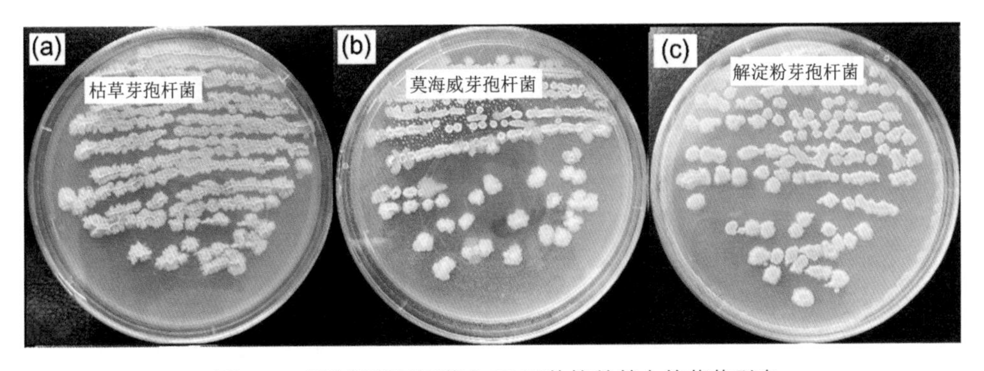

图1–4　芽孢杆菌属细菌在LB固体培养基上的菌落形态

1.3.2　利用纳米材料促进沙面稳定和保水，提速BSC的形成和发育

纳米材料由于具有极强的吸附性和保水保肥性能，在生态环境领域受到了广泛的关注。我们将凹凸棒土分别与羧甲基纤维素、聚丙烯酸钠和黄原胶复合制备了多孔网络结构复合材料（AC）复合的材料（SXA）等凹凸棒基纳米复合

材料，并研发了一种新型金属有机骨架（MOF）和羧甲基纤维素（CMC）纳米复合材料（MC）。三种材料均具有纳米网络结构和多个羧基、羟基，并通过了严格的生物安全性检验（Li, Xiao, et al., 2020）。

这些纳米复合材料能够充分发挥纳米物质的吸附性、保水性以及高分子材料的网络结构优势，与沙漠土著蓝藻复配能够有效促进BSC在自然条件下的形成和发育。其中，纳米复合材料通过其网络状结构的捆绑作用快速稳定流沙表面，为土著蓝藻的定居和拓殖提供了适宜的微环境，有效缩短了蓝藻结皮的形成时间。纳米复合材料与蓝藻的协同作用是促进荒漠区BSC恢复的重要原因。图1–5表明，将纳米复合材料与土著混合藻复配后喷施在流沙地表，能够快速改善土壤结构，显著提升BSC层的总糖与叶绿素a含量（Li, Xiao, et al., 2020; Chi et al., 2020）。

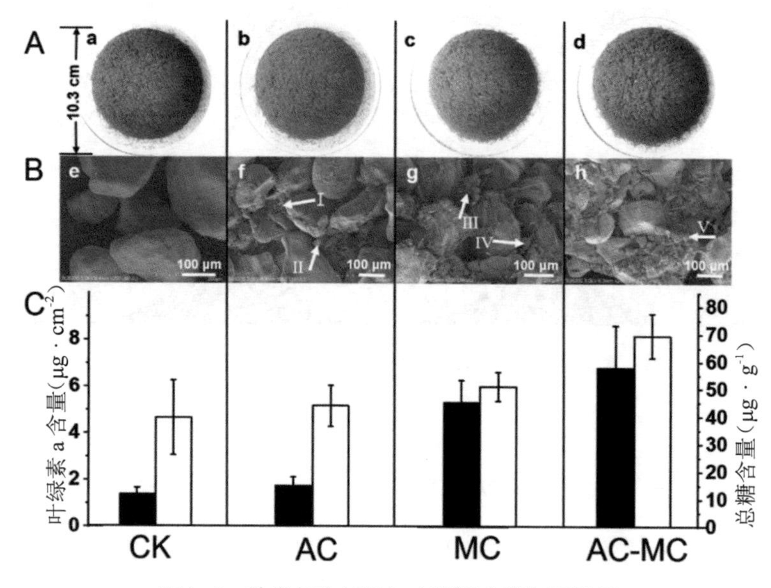

图1–5　纳米复合材料与土著混合藻复配效果

A为沙土表面照片，B为SEM图像，C为表土叶绿素a与总糖含量；横坐标CK为流沙对照，AC为纳米复合材处理，MC为土著混合藻处理，AC–MC为纳米复合材料与土著混合藻复配处理

1.3.3　在传统固沙技术中添加人工BSC，提速沙化土地治理

人工BSC固沙技术就是利用BSC能够完全固定沙丘表面和有效抗风蚀的特点，将BSC中的主要生物体（藻类、地衣和藓类）与传统的生物治沙措施（沙障+种植旱生灌木）相结合，进行人工培育并接种到沙地表面，使地表快速形成BSC，提升防风固沙效果和生态恢复的速度。

从自然发育的藻类结皮中分离、选育优良藻种，经大规模人工培养后接种到流沙表面，使其在流沙表面快速形成并发育成含有藻类、细菌、真菌的人工藻类结皮。该技术包括：藻类结皮中优良藻种的分离、纯化与选育，种藻的扩繁，工厂化/规模化生产和野外接种等几个步骤（图1–6）。

图1–6　人工蓝藻结皮培养流程

A: 藻种分离、纯化与选育; B: 种藻扩繁; C: 工厂化生产; D: 野外接种

在库布齐沙漠分离的具鞘微鞘藻（*Microcoleus vaginatus*）和爪哇伪枝藻（*Scytonema javanicum*）可用于人工藻类结皮培养（Lan, Zhang, et al., 2014）。在腾格里沙漠分离纯化出的鱼腥藻（*Anabaena* sp.）、念珠藻（*Nostoc* sp.）、席藻（*Phormidium* sp.）、伪枝藻（*Scytonema* sp.）和单歧藻（*Tolypothrix* sp.）等，通过建立蓝藻工厂化培养基地、制定培养标准可实现工厂化生产（Park, Li, Jia, et al., 2017），在野外沙障固沙区接种后可快速形成蓝藻结皮。

在干旱半干旱荒漠区，自然形成BSC的速度缓慢，蓝藻结皮的形成需要10至15年，而稳定的地衣或藓类结皮的形成则需要至少40年。人工培育的藻种与微生物技术、纳米新材料的结合，可提速人工BSC的形成和发展，通常可以将BSC自然形成所需的十余年缩短至一年左右。在灌木稀疏(盖度为10%左右)的固沙区，利用这些人工藻类结皮进行治沙会达到事半功倍的效果。如果条件允许，在后期雨季再次喷洒人工筛选制备的地衣和藻类混合液，可进一步巩固和提高治沙成效，并缩短治沙的周期（李新荣,张志山,等,2016）。

传统治沙中除了使用沙障（如草方格）固沙外，往往采用高密度的乔木和灌木种植这一方法，其主要目的是确保一定的苗木成活率并减弱近地表的风蚀，但由于该方法忽视了土壤水量平衡关系，植被容易衰退死亡，容易出现年复一年原地造林的现象。人工BSC在地表的覆盖抑制了地表风蚀，促进了沙面土壤的快速形成，并有利于草本植物的定居（图1–7），进而替代了高密度种植的防护效果，在植被建设中减少了苗木的用量和土壤含水量的消耗，并节约大量的人力、物力和财力，一次性地完成沙化土地治理和生态恢复的任务，实现提速增效。

图1-7 BSC在沙面的拓殖发展不仅固定了流沙，而且促进了沙化土地生态系统的整体恢复

第二章
BSC的研究热点问题及方向

BSC是由蓝藻、绿藻、地衣、藓类和异养微生物，以及相关的其他生物体通过菌丝体、假根和分泌物（多聚糖）等与土壤表层颗粒胶结形成的十分复杂的地表覆盖体，是荒漠生态系统的重要组成成分（Eldridge & Greene, 1994a; Belnap & Lange, 2003; Viles, 2008; 李新荣等, 2018）。其盖度占全球干旱半干旱区活体覆盖面积的40%以上，甚至在一些地区占到70%，（Rodríguez-Caballero et al., 2018），发挥着极其重要的生态系统功能（图2-1）。

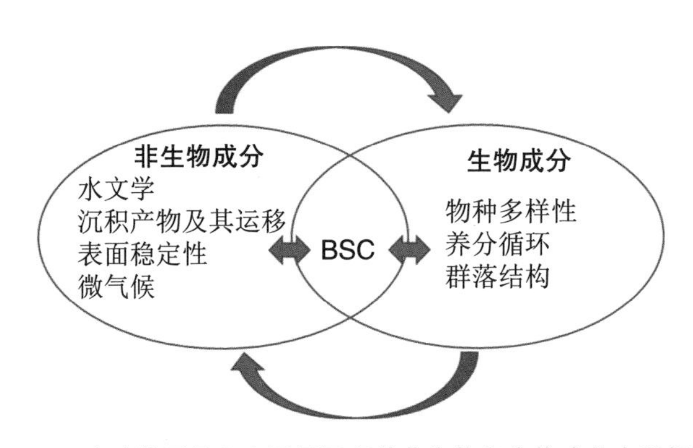

图2-1 BSC在连接干旱和半干旱景观的非生物和生物成分中所起的作用

2.1 BSC群落的组成和演替规律

不同于热荒漠和寒漠，发育在温性荒漠和沙地的BSC，其种类组成多样，群落多以藻类、地衣和藓类镶嵌分布。电镜扫描结果表明，这些非维管束植物/

隐花植物在土壤表层利用菌丝体、假根和地表的依托支撑结构，以及胞外分泌的多聚糖（EPS），束缚和胶结表层土壤的细小颗粒（黏粒和粉粒），形成了BSC（Hu, Liu, Zhang, et al., 2002; Zhang, 2005; Zhang et al., 2006; Chen et al., 2014; Zhang, Wu, Li, et al., 2013; Li, Gao, et al., 2014; Gao, Li, et al., 2017）。

在微米尺度上，藻类在BSC中呈精细"层片"分布，由表及里分别为矿物质保护层（0－20 μm）、富藻层（20－1000 μm）和疏藻层（1000－5000 μm）（Hu, Liu, et al., 2003; Hu, Zhang, et al., 2003）。随着BSC的拓殖，维持BSC结构的主要胶结方式也由EPS的粘结逐渐转变为蓝藻和荒漠藻的藻丝体、地衣菌丝体以及藓类假根对土壤颗粒的缠绕和捆绑（Hu & Liu, 2003; Zhang et al., 2007）。

从群落组成来看，拓殖和发展初期的BSC主要由蓝藻、绿藻、硅藻、裸藻及相关微生物组成，其中以蓝藻最为丰富（Hu et al., 2004; Li, Chen, et al., 2004）。在古尔班通古特沙漠、柴达木盆地、腾格里沙漠、科尔沁沙地和库布齐沙漠的BSC群落中已分别鉴定出121、23、21、23和56种蓝藻。具鞘微鞘藻是其中的优势种（Hong et al., 1992; Li, Chen, et al., 2004; Zhang, Li, et al., 2016），但发育在黄土区的BSC中仅发现11种蓝藻，且未发现具鞘微鞘藻（Reynaud & Lumpkin, 1988）。与世界上的其他荒漠相比，古尔班通古特沙漠具有较高的蓝藻－微小真菌多样性（Zhang et al., 2011a）。此外，从细菌和真菌的丰富度和多样性角度来看，不同BSC的微生物群落结构是十分复杂的（Grishkan et al., 2015; Liu et al., 2017a,b）。

在气候条件适宜及地表环境持续稳定的情况下，以蓝藻等藻类为优势种的BSC会被以地衣和藓类为优势种的BSC所替代，形成演替后期阶段相对稳定的BSC。但这是一个漫长的过程，需要半个世纪或甚至更长的时间来完成。腾格里沙漠和古尔班通古特沙漠是BSC群落中地衣多样性很高的区域。BSC群落中发现的异色杆孢衣［*Bacidia heterochroa* (Müll. Arg.) Zahlbr.］、安奈污核衣［*Porina aenea* (Wallr.) Zahlbr.］、黑白黑瘤衣［*Buellia alboatra* (Hoffm.) Branth.］、美丽黑瘤衣［*Buellia venusta* (Körb.) Lettau (I, VI)］、石果衣（*Endocarpon deserticola sp.* nov.）、*E. unifoliatum sp. nov.*、荒漠拟橙衣［*Fulgensia desertorum* (Tomin) Poelt］、饼干衣［*Rinodina bischoffii* (Hepp) A.Massal］和茸枝衣（*Seirophora orientalis*）为全球新种(Grishkan et al., 2015; Liu et al., 2017a, b; 李新荣，张志山，等，2016; 李新荣，回嵘，等，2016）。古尔班通古特沙漠固定沙丘上自然发育的BSC群落中，有坚韧胶衣［*Collema tenax* (Sw.) Ach.］、红磷网衣［*Lecidea decipiens* (Hedw.) Ach.］、荒漠黄梅［*Xanthoparmelia deserborum Hale.*］和藓生双缘衣［*Diploschisttes muscorum* (Scop.) R. Sant］等成分，它们成为演替后期BSC中稳定的优势种组成部分（Zhang et al., 2007）。

BSC群落中藓类多样性高低与不同地区年降水量呈明显的正相关。与中国其他荒漠和沙区相比，毛乌素沙地与科尔沁沙地BSC中藓类多样性和盖度相对较高（Gao et al., 2008; Zhang, Wu, Li, et al., 2013; Li et al., 2017）。发育在腾格里沙漠固定沙丘BSC中的藓类植物多样性中等，以真藓［*Bryum argenteum* (Hedw.)］为优势种（Li et al., 2002），古尔班通古特沙漠的BSC中藓类多样性相对较低，主要有真藓、细叶真藓［*B. capillare* (Hedw.)］、无齿紫萼藓（*Grimmia anodon* Bruch & Schimp）和垫状紫萼藓［*G. pulvinate* (Hedw.) Sm.］（Li, Chen, et al., 2004; Zhang et al., 2007）。

决定BSC空间分布的关键因子在不同研究尺度上差异明显。在微小尺度上，微地形是形成和维持BSC群落多样性的关键因子（Li, He, et al., 2010）；在中小尺度上，BSC群落的盖度和多样性受大气降尘累积、光照、土壤湿度和土壤养分的影响（Chen et al., 2007; Li, Kong, et al., 2007; Lan et al., 2015a; Zhang et al., 2015）；在景观尺度上（不同气候带的沙区），我们认为降水决定了BSC的优势种群的空间分布；在区域尺度上（某一沙区），土壤属性决定了BSC的优势种群分布；而在局地尺度上（具体研究样地），干扰和植被盖度对BSC的分布起着重要的作用（Li et al., 2017）。

我们发现，沙面大气降尘的不断沉积是BSC最初拓殖和发展的重要物质基础（Li et al., 2000; Li, He, et al., 2010），年降水量为150－200mm的温性荒漠BSC的演替通常遵循着从“藻类结皮、藻类－地衣混生结皮、地衣结皮、地衣－藓类混生结皮和藓类结皮”的演替规律（Li et al., 2003; Lan et al., 2012; Zhang et al., 2015）。腾格里沙漠人工固沙植被区BSC的长期监测表明，固沙植被建立初期，大量的降尘累积后经雨滴的打击后，在沙面形成一层黏粒和粉粒含量较高的物理结皮，随后细菌、真菌、放线菌和蓝藻的拓殖使沙面形成藻类结皮，而后出现地衣－蓝藻－绿藻的混生结皮和地衣结皮，随着表层土壤肥力和持水能力的提高，最终形成了以藓类为优势种的藓类结皮（Li, Chen, et al., 2004; Li, Kong, et al., 2007）。

2.2　BSC对环境胁迫、全球气候变化的生理生态学响应

尽管组成BSC的生物体能够在极端环境下生存，但其对全球气候变化和各种环境胁迫非常敏感。从生理生态学角度研究其对降水、UV–B辐射、氮素、盐分、温度和光照等非生物因子变化的响应，对深入揭示BSC适应极端环境的生理生态学机制、丰富BSC研究的内涵具有重要的意义。

通过对BSC在形态结构、生理生化和分子调控等方面应答脱水－复水过程的研究，我们明确了BSC利用雨水、凝结水和融雪等水资源应对干旱胁迫的生存策略（Rao et al., 2009; Zhang et al., 2011a; Wu et al., 2013; Li, Zhang, et al., 2014; Pan & Wang, 2014; Gao, Li, et al., 2017）；冬季降雪的湿润作用能够刺激BSC产生较高的光合和呼吸速率（Su et al., 2013; Hui et al., 2016a, b; Yin et al., 2016; Zhao, Hui, et al., 2016）。BSC群落中齿肋赤藓（*Syntrichia caninervis*）由上至下吸收水分的新模式（Zhang et al., 2009; Tao & Zhang, 2012; Wu, Zhang,

Lan, et al., 2014; Pan et al., 2016）证实了水分胁迫也是保护BSC避免高强度UV–B辐射（Hui et al., 2016a, b）、高温（Lan, Wu, et al., 2014）和盐胁迫（Lan et al., 2010）伤害的一种策略。

研究表明，UV–B辐射增强显著地降低了BSC中藻类光合活性和生长速率，并导致其细胞氧化和DNA链损伤（Wang, Chen, et al., 2008; Chen, Wang, et al., 2009; Xie et al., 2009; Wang et al., 2012）。虽然UV–B辐射通过减少叶绿素含量的间接途径和对光合系统影响的直接途径抑制藻类结皮净光合作用（Wu et al., 2005; Xue et al., 2005），但BSC中的藻类可利用外源抗坏血酸、半胱氨酸和胞外聚合物来缓解UV–B对其光合活性和DNA链的破坏作用（Wang, Chen, et al., 2008; Chen, Wang, et al., 2009; Wang et al., 2012）。同样，UV–B辐射强度增加和辐射时间延长，也显著抑制了BSC中藓类的光合作用，并造成其细胞膜的损伤，导致藓类细胞中抗氧化酶系统的紊乱（Hui et al., 2014; Hui et al., 2015a, b）。BSC中藓类的细胞和叶绿体超微结构在遭受UV–B辐射后的损伤也印证了UV–B辐射对上述指标的影响（Hui et al., 2013），但BSC中的生物体在抵御UV–B辐射伤害的过程中也发展了一系列的防御机制，如趋避迁移、积累UV–B吸收物质、修复DNA损伤等（Wang et al., 2010; Ma, Helbling, et al., 2012; Chen et al., 2013; Hui et al., 2014）。

实验证明，氮添加对BSC的生物量、碳氮代谢、渗透调节物质和抗氧化酶活性都会产生显著影响（Zhang et al., 2016）。低浓度的氮对BSC生长具有正效应，高浓度的氮则具有明显的负效应。在氮素浓度大于1 g N·m^{-2}·a^{-1}时，氮对藻类和地衣的正效应减弱，而藓类在氮素浓度大于0.3 g N·m^{-2}·a^{-1}时正效应可能减弱，甚至出现负效应（Zhang et al., 2016; Zhou et al., 2016）。我们还发现氮添加改变了BSC中微生物群落的多样性和群落结构（Wang, Bao, et al., 2015）。

BSC中藻类对盐胁迫具有一定的耐受和抵抗能力（Tang et al., 2007）。荒漠藻也具有适应高温和高光强的特性，这一特性可促进其胞外多糖的合成（Ge et al., 2014a, b）。模拟增温可促进藻类和藓类结皮固氮活性的提高，有利于BSC的氮固定（张鹏等, 2012）。此外，低温黑暗条件有利于BSC活性的恢复，而光照则抑制恢复（Lan et al., 2015b）。研究者通过模拟不同强度的光合有效辐射，揭示了地衣结皮对高强度光合有效辐射的适应性与其自身特殊结构和光合色素的累积有关。此外，模拟实验表明增温和减雨改变了BSC群落组成、结构和群落学特征，进而影响BSC的生态水文功能，直接关系到荒漠生态系统功能的改变和可持续发展（李新荣, 张志山, 等, 2016; 李新荣, 回嵘, 等, 2016; Li, Jia, et al., 2018; Li et al., 2021）。

2.3　BSC与土壤生态系统过程

BSC的拓殖和发展是荒漠和沙地土壤生态健康的重要标志（李新荣, 张志山, 等, 2016; 李新荣, 回嵘, 等, 2016）。我国学者的研究表明，BSC促进了沙面土壤形成，改善了土壤理化和生物学特性（Zhang, Zhang, et al., 2013; Zhao & Xu, 2013; Chen & Duan, 2015; Li et al., 2017; Niu et al., 2017; Zhang, Zhang, et al., 2018）。对比演替初期与后期BSC覆盖的浅层土壤（0－5 cm），研究者发现黏粉粒含量由初期的3.0%－5.0%增加到后期的8.0%－25.0%；土壤团聚体(>250 μm)(Li et al., 2002; 2007; Chen et al., 2008; Guo et al., 2008; Gao & Liu, 2010; Gao et al., 2012; Zhang et al., 2015; Gao, Bowker, et al., 2017; Niu et al., 2017)、有机质含量、全氮、全磷和全钾含量明显增加（Li et al., 2002; Gao et al., 2012; Li, Hui, et al., 2016; Gao et al., 2017）；BSC对沙面矿物质的腐蚀作用，以及风蚀、水蚀物质的沉积带来的土壤细小颗粒物累积和养分富集，促进了沙面土壤的形成（Li et al., 2002, 2003, 2004; Li, Zhang, et al., 2013; Zhao & Xu, 2013; Chen & Duan, 2015; Liu, Zhang, et al., 2016; Gao, Bowker, et al., 2017; Niu et al., 2017）。

相关研究证明BSC的存在提高了土壤脲酶、转化酶、过氧化氢酶和脱氢酶的活性，同时发现土壤氧化酶的恢复速率快于水解酶（Zhang, Dong, et al., 2012; Liu et al., 2014; Zhang et al., 2015; Zhou et al., 2014; Hu et al., 2016; Niu et al., 2017）。我们还预测了草地沙化后土壤恢复到天然植被区土壤水平所需的时间，首次揭示了干旱区有BSC参与的土壤属性恢复所需的时间（Li, He, et al., 2007）。

国内大量研究证实，BSC是荒漠生态系统碳氮循环的重要参与者和土壤有机碳氮的重要来源（Li et al., 2012; Su et al., 2013; Feng et al., 2014; Zhang et al., 2015; Wu et al., 2015; Zhao et al., 2016a, b）。藻类结皮的碳固定量和碳释放量分别为2.9－11.3 g C·m^{-2}·a^{-1}和4.6－61.3 g C·m^{-2}·a^{-1}，地衣结皮对应为3.5－37.0 g C·m^{-2}·a^{-1}和5.8－48.8 g C·m^{-2}·a^{-1}，藓类结皮则为26.8－64.9 g C·m^{-2}·a^{-1}和4.7－140.0 g C·m^{-2}·a^{-1}（Zhang et al., 2011b; Li et al., 2012; Su et al., 2013; Feng et al., 2014; Huang et al., 2014a, b; Wu et al., 2015; Zhang, Zhao, et al., 2016; Zhao et al., 2016a, b）。这些量化研究填补了我们对温性荒漠碳循环的认知空白（Yamano et al., 2006; Li et al., 2012; Zhang, Li, et al., 2013; Feng et al., 2014; Zhao et al., 2016a, b; Lan, Ouyang, et al., 2017）。

BSC参与的碳循环的过程受气候变化和干扰的影响，BSC碳释放量随着降水总量和冬季降雪量的增加而增加，但极端降水会抑制藻类结皮和混生结皮的碳释放量，不过它并不影响藓类结皮的碳释放量（Hui et al., 2016a, b; Zhao et al., 2016）；增温显著影响BSC碳收支，增温幅度达2.5℃则将显著抑制BSC的光合作用，促进碳释放（Ouyang & Hu, 2017）。我们建立了受土壤含水量驱动的固碳模型，综合计算出藻类和藓类结皮的年际固碳潜力（Huang et al., 2014a, b）。水分（包括降水和非降水）决定了BSC固碳活性（Wu, Zhang, Alison, et al., 2014; Lan, Ouyang, et al., 2017），而土壤含水量和有效湿润时间决定了BSC的固碳量（Li et al., 2012; Su et al., 2013; Zhao et al., 2016），水分也是BSC碳释放的驱动因素（Gao et al., 2012; Zhang et al., 2013, 2016; Huang et al., 2014a, b;

Zhao, Li, et al., 2014; Wu et al., 2015; Zhao et al., 2016a, b; Jia, Teng, et al., 2018; Jia, Zhao, et al., 2018）。此外，沙埋干扰抑制了BSC的碳固定，促进了碳释放（Huang et al., 2014a, b），但BSC的缺失也将导致碳释放量显著增加（Feng et al., 2013）。

BSC参与氮循环的过程同样受气候变化和人为活动影响。我们明确了其固氮活性为2.5－62.0 μmol $C_2H_4 \cdot m^{-2} \cdot a^{-1}$，其中藻类结皮的平均固氮活性（28.1 μmol $C_2H_4 \cdot m^{-2} \cdot a^{-1}$）>地衣结皮（24.3 μmol $C_2H_4 \cdot m^{-2} \cdot a^{-1}$）>藓类结皮（14.0 μmol $C_2H_4 \cdot m^{-2} \cdot a^{-1}$）（Wu et al., 2009; Su et al., 2011）；BSC的年固氮量为3.7－13.2 $mg \cdot m^{-2} \cdot a^{-1}$，其中藻类结皮>地衣结皮>藓类结皮。BSC的氮矿化率（硝态氮、铵态氮和无机氮）则是藓类结皮 > 藻类结皮（Hu, Wang, et al., 2015）。这些结果证明：BSC向荒漠生态系统输入氮，并将其转化为土壤养分或直接供应给荒漠植物使用（Wu et al., 2009; Zhao, Xiao, et al., 2010; Su et al., 2011; Liu et al., 2012; Hu et al., 2014; Zhuang, Downing, et al., 2015; Zhuang, Serpe, et al., 2015）。氮的固定和矿化与降水量呈显著的正相关，而对氮添加的响应因BSC类型不同而表现出明显差异（Hu et al., 2014; Liu, Zhang, et al., 2016）。此外，影响BSC碳循环的因子同样影响其氮循环（Wu et al., 2009; Su et al., 2011; Hu, Wang, et al., 2015），而轻度放牧能够促进BSC氮固定量（Liu et al., 2009）。我们发现，在荒漠景观尺度上BSC斑块与植被斑块之间存在碳氮的“源—汇”关系，表明BSC斑块是维管束植物斑块的碳、氮的重要输入者（Li, Zhang, et al., 2013; Zhao et al., 2013; Liu, Delgado-Baquerizo, et al., 2016; Li et al., 2008）。这些研究填补了温性荒漠BSC碳氮循环的研究空白，证明通过荒漠生态系统管理有望实现BSC碳氮“源—汇”关系的转换（Zhao et al., 2010; Liu et al., 2012; Gao et al., 2012; Su et al., 2013; Hu et al., 2015）。

2.4 BSC与土壤水文过程

BSC深刻影响着荒漠和沙区的土壤水文过程（Li et al., 2013）。我国学者系统研究了不同演替阶段BSC对降水入渗、地表蒸发和凝结水捕获的影响及其机理（Li et al., 2001; Liu et al., 2006; Zhang et al., 2008; Zhang et al., 2009; Li, Tian, et al., 2010; Pan et al., 2010; Xiao et al., 2010; Bu, Wu, et al., 2015; Wang, Michalski, et al., 2017）。

研究发现，BSC能够显著改变降水入渗过程和土壤含水量的再分配格局，在一定条件下可减少降水对深层土壤的有效补给（Li et al., 2001; Zhang et al., 2006; Bu et al., 2015; Wang et al., 2017a, b）。在降水量为70－150 mm的古尔班通古特沙漠，藓类结皮、地衣结皮和藻类结皮分别使入渗速率降低16.50%－36.10%、33.98%－46.42%和35.92%－50.39%，1小时累积入渗量分别降低16.10%、28.56%和26.56%（Zhang et al., 2006）；在降水量为150－200 mm的腾格里沙漠，入渗拦截能力从高到低依次为藓类结皮、地衣结皮和藻类结皮，三者在小于5 mm或者大于10 mm的降雨条件下没有显著的差异（Li, Tian, et al., 2010）；在降水量为300－500 mm的毛乌素沙地和科尔沁沙地，BSC降低了入渗速率和下渗深度（Bu, Wu, et al., 2013; Bu, Zhang, et al., 2015），而在降水量约为450 mm的黄土高原地区，BSC的减小入渗效应使土壤含水量的有效性浅层化，增加了地表径流发生的频率（Xiao et al., 2011, 2016; Zhao et al., 2013, 2014）。也有一些研究认为BSC对土壤含水量入渗起到积极作用（Li et al., 2002）或者无影响（魏江春, 2005）。

BSC可吸收雨滴冲溅产生的能量，减缓地面径流或土壤侵蚀的发生（Xiao et al., 2011）。扫描电镜下，含沙土壤有足够的孔隙度以供雨水的流动，但BSC中的粉粒和黏粒在湿润状态下膨胀后可能抑制土壤水的入渗（Wang et al., 2017a, b）。例如，有些蓝藻在降雨后体积迅速膨胀，从而关闭了土壤表面的入渗途径，而发育良好的一些藓类结皮表面不易被水沾湿，有利于土壤表面水的入渗。凡是以石果衣和坚韧胶衣为优势种的BSC都有截流降水下渗作用，而以鳞网衣［*Psora decipens* (Hedwig) Hoffm.］和泡鳞衣（*Toninia sp.*）为优势种的BSC，则因表面呈现网状裂隙而有利于降水的下渗（魏春江, 2005）。我们采用LISEM（Limburg Soil Erosion Model）模型验证了藻类结皮覆盖的沙丘背风坡较藓类结皮覆盖的迎风坡更容易产流。在实验和模拟的基础上，研究者提出了BSC对降水入渗的影响主要取决于BSC自身的生物学特征（孔隙度、厚度和种类组成等）、表层土壤性质（土壤初始含水率、质地组成）和区域降水特征（雨型、雨滴直径和降雨强度）的观点，并解决了当前学术界对于BSC影响入渗问题存在的长期争论与分歧（Li et al., 2001; Li et al., 2002）。

有观点认为，BSC通过改变土壤理化性质来影响地表蒸发（Zhang et al., 2008; Xiao et al., 2010），因为BSC通过降低地表反照率（Zhang, Wang, et al., 2012; Zhang, Zhang, et al., 2012）和提高表层土壤的持水能力（Bu, Wu, et al., 2013）来促进蒸发。也有观点认为，BSC封闭了土壤表面而抑制蒸发（王新平等, 2005）。除了受到区域气候条件（Zhang et al., 2008）、土壤含水量状况（Liu et al., 2007）及微地形（Li, He, et al., 2010）等因素的影响外，BSC对地表蒸发的作用还受到自身生物学特征（Wang et al., 2017a, b）的影响，比如不同类型及盖度的BSC对地表蒸发的影响有所不同（Sun et al., 2008; Xiao et al., 2010）。藓类结皮具有较高的持水能力，遇降水后其促进了蒸发，而后又开始抑制蒸发，延长了水在表土的保持时间，对一年生植物的萌发、定居具有重要的意义（Li et al., 2003, 2004, 2005; Su et al., 2007; Zhang et al., 2008）。

凝结水是BSC中的隐花植物和其他微小生物体珍贵的水资源，并决定着它们的活性（Liu et al., 2006; Zhang et al., 2008; Rao et al., 2009; Li et al., 2012; Huang et al., 2014a, b; Jia et al., 2014; Ouyang & Hu, 2017）。对腾格里沙漠的长期监测发现，藓类结皮与藻类结皮表面凝结水量日均值在0.15 mm·d^{-1}左右，最大

值接近0.50 mm·d^{-1}；流沙、物理结皮和BSC的吸湿凝结水生成总量分别占同期降水量的15.90%、22.90%和37.90%（Pan et al., 2010）。在古尔班通古特沙漠，藓类结皮、藻类结皮和地衣结皮的表面凝结水量日均值分别为：0.14 mm·d^{-1}、0.11 mm·d^{-1}和0.09 mm·d^{-1}（Zhang et al., 2008）。而在毛乌素沙地，藓类结皮和藻类结皮的平均凝结水量甚至可以达到0.12 mm·d^{-1}和0.10 mm·d^{-1}（Sun et al., 2008）。关于凝结水形成的机理，研究人员认为，BSC通过其表面的微气候环境（Liu et al., 2006; Zhang et al., 2009; Pan et al., 2010）、黏附的大量微生物有机组分（Pan et al., 2010）、藻丝体的发育及其胞外分泌物（Rao et al., 2009）和叶片毛尖特殊的水分收集与传输系统（凹槽和疣状突起）形成凝结水（Zhang et al., 2009; Tao et al., 2012）。吸湿凝结水在水量平衡中的重要性在于夜间生成的吸湿凝结水在日出后的蒸发过程中能够弥补土壤表层水分的散失，有利于BSC表层水分的保持，是表层水分在旱季不会无限降低的主要原因（Pan et al., 2010; Pan & Wang, 2014）。人工固沙植被建立后，BSC的形成深刻地改变了降水入渗、土壤蒸发、凝结水捕获等水文过程及沙地原有的水分平衡关系，驱动固沙植被在组成、结构和功能上的演变，这一发现解释了人工固沙植被退化的原因，也揭示了我国沙区人工植被演变的基本规律（Li, Xiao, et al., 2004）。

2.5 BSC与维管束植物和土壤动物的关系

由于水分限制，干旱半干旱区植被往往呈现BSC斑块与维管束植物斑块镶嵌分布的特点（Li et al., 2010; 李新荣, 2012）。大部分学者认为BSC的存在有利于维管束植物的生存与繁衍。研究表明，BSC显著提高了5种植物对氮的吸收，增加了地上和地下的生物量（Zhang et al., 2015）。我们的研究认为，藻类结皮和藓类结皮显著提高了植物的萌发率和存活率（Li et al., 2005; Su et al.,

2007, 2009）。用同位素示踪的方法证明BSC可以促进C_3植物对碳的吸收（Zhao, Xiao, et al., 2010）。也有研究认为，在多风的环境中，大多数维管束植物种子很难在光滑的BSC表面停留，间接地降低了种子的萌发机会（Li et al., 2005），如藓类结皮的存在增加了油蒿（*Artemisia ordosica Kraschen*）的死亡率（Xiao & Hu, 2017; Xiao & Veste, 2017）。反之，植被盖度和地表凋落物的增加会导致BSC的死亡（Zhang et al., 2013）。

许多研究认为，BSC对维管束植物的影响机制在于BSC通过改变土壤性状（地表粗糙度、土壤温度、湿度、养分含量等）来影响维管束植物的种子萌发、定居和存活（Li et al., 2005; Tao et al., 2013; Zhuang et al., 2014; Li, Ouyang, et al., 2016; Yu et al., 2016; Jia et al., 2017; Song et al., 2017a, b），同时，BSC改变了浅层土壤的水分含量，导致植被组成中浅根系的草本物种丰富度和生物量增加，深根系的木本植物盖度和生物量降低（Li, He, et al., 2010, 2014; Huang et al., 2016; Zhao, Hui, et al., 2016）。

荒漠严酷的环境威胁着动物的生存，BSC的存在改变了土壤生境，为微小土壤动物的生存提供了适宜的生境和食物来源。我们的研究证明了BSC和表层土壤厚度的增加有效保护了蚁穴不被沙埋破坏（Li et al., 2011, 2014; Chen et al., 2012），增加了昆虫多样性（Li, Xiao, et al., 2004）。BSC的存在增加了土壤微生物丰富度和生物量，而细菌、真菌等微生物又分别被植食性和肉食－杂食性线虫取食（Zhi et al., 2009a,b; Liu et al., 2011）。垫刃科（*Tylenchidae*）和滑刃线虫属（*Bursaphelenchus*）的线虫可能会直接取食蓝藻，也有可能取食藓类和绿藻（Zhi et al., 2009a）。线虫丰富度的增加会引来更多的杂食－肉食动物（Guan, Zhang, et al., 2018; Zhang, Dong, et al., 2010）。拟步甲科（*Tenebrionidae*）昆虫以藓类结皮为食，石蛃（*Microcoryphia*）以地衣结皮为食（李新荣等, 2008）。以上研究表明，BSC不仅为微小土壤动物提供生存生境，还是荒漠生态系统食物链的重要组成部分（李新荣, 张志山, 等, 2016; 李新荣, 回嵘, 等, 2016）。

另外，土壤微小动物也会对BSC产生影响，如土壤线虫表皮会携带一些细菌，还有一些细菌会通过线虫的消化系统被排泄出来，在线虫扩散的过程中促进了细菌的繁殖与拓殖，间接地促进了BSC的拓殖（Zhi et al., 2009a）。有研究发现，掘穴蚁筑穴会使土壤中出现通道，增加土壤孔隙度，从而削弱了BSC对降水的截留作用（Li et al., 2011; Chen et al., 2012）。

2.6 BSC对干扰的响应

隐花植物对风蚀、沙埋、水蚀、火烧和放牧践踏等干扰十分敏感。风蚀直接引起隐花植物的机械损伤，加重其水分流失，从而抑制BSC光合和呼吸等生理活性，进而影响其生物量累积、生长和无性繁殖能力（Jia et al., 2012），但BSC增强了地表抗风蚀的能力，其存在可显著增加土壤的临界起沙速度（Zhang et al., 2006; Wang, Zhang, Zhang, et al., 2009; Bu, Zhao, et al., 2015）。

沙埋作为沙区的一种常见物理胁迫，除了对BSC产生机械压迫外（Jia et al., 2008），还降低了BSC生境中光和水分（包括凝结水）等资源的有效性（Rao et al., 2012; Jia et al., 2014）。沙埋对BSC的影响因沙埋厚度、时间和BSC类型而异：浅层沙埋促进BSC生长，而较厚的沙埋会降低BSC的光系统II（PSII）光化学效率、叶绿素a和EPS含量；长时间的深层沙埋导致BSC死亡（Wang, Yang, et al., 2007; Jia et al., 2008）；具鞘微鞘藻的叶鞘可通过向上移动的方式耐受厚度不超过1 cm的沙埋（Rao et al., 2012），而藓类和地衣所能耐受的沙埋厚度明显大于藻类。通过降低呼吸碳损失和向上生长等机制，藓类结皮和地衣结皮可耐受1－4 cm厚度的沙埋（赵芸等，2017）。沙埋还可改变BSC中真菌群落物种组成（Grishkan et al., 2015）和覆盖在土壤上的温室气体通量（Jia, Teng, et al., 2018; Jia, Zhao, et al., 2018）。

为了明确BSC对土壤水蚀的响应，研究者采用模拟单滴降雨的方式，从能量的角度分析了BSC抗击水滴冲击的作用，发现随着BSC的演替，其覆盖土壤抗水蚀能力显著提高（Zhao, Qin, et al., 2014）。火烧在我国荒漠区属于人为控制和预防的特殊因子，发生概率小，但偶尔发生的火烧显著改变了BSC物种组成，增加了蓝藻结皮的盖度，减少了地衣和藓类结皮的盖度（Jia et al., 2012）。火烧也增强了藓类结皮的斥水性（吴青凤，刘华杰，2008），抑制了坚韧胶衣的固氮功能（郭成久等，2016）。放牧动物践踏降低了BSC物种丰富度、盖度和地表稳定性（Liu et al., 2009; Zhang, Wu, Li, et al., 2013; Wang, Zhang, Jiang, et al., 2009），BSC的破坏增加了外来物种入侵的机会（Song et al., 2017a,b），并可能改变荒漠生态系统的功能（Li, Rao, et al., 2013）。

2.7 BSC在生态恢复实践中的应用

作为荒漠生态系统的重要组成部分，BSC的形成和发育是生态系统健康的主要标志之一，其在防治沙化、维护荒漠生态系统的稳定性和生态修复等方面所发挥的独特作用引起了广泛关注（李新荣, 2012; 李新荣, 2018），但BSC的自然形成往往需要十余年甚至几十年（Li et al., 2003, 2004; Guo et al., 2008; Zhao et al., 2011; Xiao et al., 2014）。因此，通过人工培育和扩繁技术加快沙区生态恢复和重建进程是荒漠化防治的重大实践需求（Jia et al., 2012）。

研究者在库布齐沙漠成功分离、培养了具鞘微鞘藻和爪哇伪枝藻（Chen, Xie, et al., 2006; Wang, Liu, et al., 2008; Lan, Zhang, et al., 2014; Lan, Wu, et al., 2015），利用人工藻类结皮的生理特性（Bu et al., 2014），耐胁迫能力（Chen et al., 2013），外在土壤含水量、温度、光照和养分供应等环境条件（Chen, Li, et al., 2006）及其在沙丘的分布规律（Li et al., 2013），确定了最适光照、温度

和养分条件（Lan et al., 2015a; Wu et al., 2018），建立了工厂化生产流程和沙面接种技术体系（Rossi et al., 2017）。在腾格里沙漠，我们从本地BSC中分离、培养了3种蓝藻——念珠藻（*Nostoc sp.*）、席藻（*Phormidium sp.*）和伪枝藻（*Scytonema arcangeli*），配合使用固沙剂和高吸水性聚合物在流沙进行接种，1年后土壤硬度明显增加，培育的BSC碳水化合物含量、蓝藻生物量、微生物生物量、土壤呼吸、碳固定和光量子产率可达到发育20年的自然BSC的50% – 100%（Park et al., 2017b）。此外，研究者基于所筛选的藓类植物芽、茎、叶碎片的无性繁殖实验，证明人工培养藓类结皮的可行性（Xu et al., 2008; Bu et al., 2015b），并分别确定了古尔班通古特沙漠的刺叶墙藓（*Tortula desertorum Broth.*）（Xu et al., 2008）、腾格里沙漠和毛乌素沙地的真藓（Bu et al., 2015b; 李新荣, 张志山, 等, 2016; 李新荣, 回嵘, 等, 2016）、黄土高原的土生对齿藓［*Didymodon vinealis* (Brid.) Zand］（Bu et al., 2017, 2018）的人工培养最适温湿度、营养液浓度、基质和野外接种方法。

上述人工培养的藻类和藓类材料在野外接种后，能显著增强固沙功能（Wang, Liu, et al., 2008; Xu et al., 2012; Zhang, Wu, Cai, et al., 2013; Zhao, Zhu, et al., 2014; Park et al., 2017b），并改善沙面土壤的水文（Xiao et al., 2011, 2015）和理化属性（Lan, Zhang, et al., 2014; Zhao, Zhu, et al., 2014; Park et al., 2017a; 张继贤, 杨达明, 1980），为我国干旱半干旱区退化土壤的修复提供了有力的技术支撑，有望推广至全球其他类似地区，甚至可能用于月球和火星表面尘埃的控制（Liu et al., 2008）。

随着全球环境变化和干旱区可持续发展研究的不断深入，BSC在国际上受到了前所未有的重视。其研究的视野从局地向区域和全球（陆地）尺度方向转变；研究手段和思路已从传统的野外观测和控制实验向利用分子生物学进行机理探索、大尺度的模型模拟和多学科交叉研究发展；研究内容从BSC时空分布、组成、结构和功能发展到对多尺度的生态系统和景观的过程与机理研究。

其中，BSC对全球干旱区生物地球化学循环的驱动机制、对全球旱地生物多样性的维持、对重要生态过程（如全球旱地碳氮循环，旱区生物入侵，沙尘暴和水分平衡）的影响，以及对荒漠与沙地生态系统稳定性维持的多重作用和互作机制成为未来研究的重点。此外，加强对BSC群落的生态系统多功能对全球变化的响应以及利用BSC促进荒漠生态系统恢复的研究，尤其是在沙化土地治理中的应用研究，已是国际BSC研究者公认的热点和前沿问题。

第三章
BSC的形成、分布和演变及其机理

3.1 BSC的组成、结构和形成机理

BSC是干旱区地表的重要覆盖类型，是由生活在土壤表层中的蓝藻（蓝细菌）、异养细菌、古菌、微藻、微真菌、地衣和藓类（一些地区含有苔类）等利用菌丝体、假根和分泌物（如EPS）胶结形成的团聚结构，厚度通常为3－10 mm，发育良好的藓类结皮厚度可达35 mm（李新荣等, 2009; Belnap & Lange, 2003; West, 1990）。从能量来源和营养方式的角度来看，BSC群落生物体主要包括自养生物体（photoautotrophic organism）和异养生物体（heterotrophic organism）。蓝藻、绿藻、硅藻、地衣和藓类等是BSC群落中的初级生产者，也是BSC群落生产力的主要贡献者，属于自养生物，而在BSC群落中起分解和代谢作用的细菌、微小真菌、原生生物和无脊椎动物等属于异养生物，它们一部分直接参与了BSC的形成，另一部分则是BSC群落中的“常驻居民”。

根据BSC发展过程中其优势隐花植物的更替顺序，BSC的演替一般经历三个明显的阶段：首先是先锋种阶段或演替的初级阶段，主要优势种是蓝藻；其次是能够抵抗较大干扰的演替阶段，以绿藻和蓝藻为优势种；最后是演替的后期或相对稳定阶段，主要以地衣为优势种，在降水较多或局部湿度相对较高的地区则形成以藓类为优势种的BSC类型，或多以地衣－藓类混生（Belnap et al., 2004; Li et al., 2003, 2008, 2010; Viles, 2008）。当然，在条件十分严酷的生境，蓝藻结皮可能是其唯一稳定、持久的演替阶段。微生物是BSC中的重要组

成部分，其重要性得到了广泛的认可，蓝藻等微藻类、细菌和微真菌通常形成BSC的基本框架，促进了藓类植物、地衣和微小动物的定殖和繁衍。目前，在寒漠、温性荒漠和热荒漠等不同气候带荒漠生态系统中，针对不同演替阶段的BSC，人们已经开展了对蓝藻、细菌、真菌和古菌等微生物的系统研究。

3.1.1 BSC的组成

一、蓝藻

蓝藻是BSC中已知最古老的光合自养组分，26亿年前的化石土壤结构记录表明，BSC很可能是由蓝藻组成的（Büdel et al., 2016）。关于BSC蓝藻的研究在寒漠、温性荒漠、热荒漠中均有进行。其中，寒漠中的研究主要集中在美国科罗拉多高原和极地等地区（Gundlapally & Garcia-Pichel, 2006; Pushkareva et al., 2015）；温性荒漠的研究主要集中于亚洲的古尔班通古特沙漠、腾格里沙漠、克孜勒库姆沙漠，以及西欧的塔韦纳斯沙漠等（Zhang, Kong, et al., 2016; Wang, Zhang, et al., 2020; Williams et al., 2016）；热荒漠的研究主要集中于美洲的奇瓦瓦沙漠、南美洲的阿塔卡马沙漠和蒙特沙漠、以色列的内盖夫沙漠，以及非洲的纳米布沙漠等（Büdel et al., 2009; Patzelt et al., 2014; Fernandes et al., 2018; Hagemann et al., 2015; María et al., 2018）。

从功能的角度来看，BSC中的蓝藻可分为三类：（1）丝状蓝藻，如微鞘藻（*Microcoleus*）属，EPS基质可将土壤颗粒粘在一起稳定土壤，从而形成土壤团聚体，而且由于EPS基质在藻丝体离开鞘层或死亡后能够长期存在，其对土壤的稳定作用仍然持续较长时间。这些蓝藻不仅参与BSC的形成，也是BSC中最丰富的蓝藻种类。丝状蓝藻是BSC能够在不稳定环境中定居所必需的重要先锋种。（2）喜生于BSC群落中的蓝藻，通过对碳氮循环的贡献来增强BSC的生态作用。例如单细胞的拟甲色球藻（*Chroococcidiopsis*）、丝状伪枝藻和真枝藻

（*Stigonema*）。（3）一些随机出现在BSC中的蓝藻，可能起源于水生环境或地衣共生体等其他生境，例如色球藻属（*Chroococus*）、粘球藻属（*Gleocapsa*）、筒孢藻属（*Cylindrospermum*）、席藻属、单枝藻属（*Tolypothrix*）等物种（Weber et al., 2016）。

BSC中的蓝藻种类繁多，通过显微形态鉴定和分子生物学手段，目前已经鉴定出BSC中的70个属、320种蓝藻，但是仅有少数蓝藻参与BSC形成，主要有具鞘微鞘藻，念珠藻，伪枝藻和真枝藻等属（Büdel et al., 2016）。在全球范围内，微鞘藻属蓝藻是绝大多数干旱半干旱区BSC中的优势种（Büdel et al., 2016; Wang, Zhang, et al., 2020），微鞘藻属的两个常见种具鞘微鞘藻和斯坦微鞘藻（*M. steenstrupii*）对温度具有不同的适应性，在较冷的环境中具鞘微鞘藻相对丰度较高，而在更温暖的环境中斯坦微鞘藻占据优势（Garcia-Pichel et al., 2013）。念珠藻目蓝藻也在全球范围内广泛分布，念珠藻目中的伪枝藻属和念珠藻属以及颤藻目（*Oscillatoriales*）中的席藻广泛分布于干旱和半干旱区（Williams et al., 2016）。在西欧和极地的BSC中，细鞘丝藻亚科蓝藻（*Leptolyngbyaceae*）是当地的优势种（Pushkareva et al., 2015; Williams et al., 2016），色球藻目中的色球藻和蓝杆藻（*Cyanothece sp.*）常见于寒漠BSC中，如极地、科罗拉多高原和大盆地沙漠（Rosentreter & Belnap, 2001; Komárek et al., 2008）。不同蓝藻对水分的响应也明显不同，如伪枝藻对降水最敏感，而具鞘微鞘藻对干旱的适应能力更强（Fernandes et al., 2018）。不同生物气候区BSC中蓝藻优势种的分布见表3-1。

表3-1 不同生物气候区BSC中蓝藻优势种分布概况（表格中“—”代表目前未见报道，下同）

演替阶段	寒漠	温性荒漠	热性荒漠
藻类结皮	具鞘微鞘藻和斯坦微鞘藻（科罗拉多高原）(Gundlapally & Garcia-Pichel, 2006)；聚球藻目（*Synechococcales*）[南极细鞘丝藻(*Leptolyngbya antarctica*)]，颤藻目，念珠藻目，黏菌藻目(*Gloeobacterales*)，拟甲色球藻目(北极*Petunia*湾)(Pushkareva et al., 2015)	具鞘微鞘藻，斯坦微鞘藻，拟甲色球藻，念珠藻，伪枝藻（古尔班通古特沙漠）(Zhang, Kong, et al., 2016)；微鞘藻，鞭枝藻(*Mastigocladopsis*)，*Wilmottia*，拟甲色球藻（腾格里沙漠）(Wang, Zhang, et al., 2020)；微鞘藻，单歧藻，*Wilmottia*，伪枝藻（克孜勒库姆沙漠）(Wang, Zhang, et al., 2020)；具鞘微鞘藻，拟甲色球藻，斯坦微鞘藻，细鞘丝藻（*Leptolyngbya*），伪枝藻，单歧藻属和念珠藻（东伊比利亚半岛）(Muñoz-Martín et al., 2019)	具鞘微鞘藻，斯坦微鞘藻，细鞘丝藻和席藻（浅色结皮）；具鞘微鞘藻，斯坦微鞘藻，念珠藻和伪枝藻（深色结皮）(奇瓦瓦沙漠)(Fernandes et al., 2018)；拟甲色球藻，假鱼腥藻（*Pseudanabaena spp*），席藻，细鞘丝藻，沼地微鞘藻*M. paludosus*，念珠藻（纳米布沙漠）(Büdel et al., 2009)；聚球藻亚纲（*Synechococcophycidae*），颤藻亚纲（*Oscillatoriophycideae*），念珠藻亚纲（*Nostocophycidae*）(阿塔卡马沙漠)(Patzelt et al., 2014)；微鞘藻类，细鞘丝藻，拟甲色球藻，念珠藻，伪枝藻，须鞘藻*Trichocoleus*（内盖夫沙漠）(Hagemann et al., 2015)
地衣结皮	聚球藻目，颤藻目（席藻），念珠藻目，拟甲色球藻目，黏菌藻目，色球藻目（北极*Petunia*湾）(Pushkareva et al., 2015)	具鞘微鞘藻，斯坦微鞘藻，拟甲色球藻，念珠藻，伪枝藻（古尔班通古特沙漠）(Zhang, Kong, et al., 2016)	颤藻目（微鞘藻，鞘丝藻*Lyngbya*，席藻，颤藻）和念珠藻目（念珠藻，伪枝藻，单歧藻）(蒙特沙漠)(María et al., 2018)

续表

演替阶段	寒漠	温性荒漠	热性荒漠
藻类一地衣结皮	聚球藻目（细鞘丝藻和南极细鞘丝藻），颤藻目，念珠藻目，黏菌藻目，拟甲色球藻目（北极*Petunia*湾）（Pushkareva et al., 2015）	具鞘微鞘藻，斯坦微鞘藻，拟甲色球藻，念珠藻，伪枝藻（古尔班通古特沙漠）（Zhang, Kong, et al., 2016）	伪枝藻和斯坦微鞘藻（索诺拉沙漠）（Nagy et al., 2005）；拟甲色球藻，假鱼腥藻，席藻，细鞘丝藻，微鞘藻，和念珠藻（卡鲁沙漠）（Maier et al., 2018）
地衣一藓类结皮	假鱼腥藻科（无异形胞丝状蓝藻）和念珠藻（北极苔原土壤）（Komárek et al., 2012）	念珠藻目（伪枝藻和念珠藻），假鱼腥藻科（西班牙塔韦纳斯沙漠）（Williams et al., 2016）；具鞘微鞘藻，斯坦微鞘藻，拟甲色球藻和伪枝藻（古尔班通古特沙漠）（Zhang, Kong, et al., 2016），微鞘藻，鞭枝藻，*Wilmottia*，未能培养的念珠藻目蓝藻，未能培养的束鞘藻科蓝藻（*Coleofasciculaceae*），念珠藻（腾格里沙漠）（Wang, Zhang, et al., 2020）；微鞘藻，鞭枝藻，单歧藻，*Wilmottia*，席藻，未能培养的念珠藻目蓝藻（克孜勒库姆沙漠）（Wang, Zhang, et al., 2020）	—
藓类结皮	—	微鞘藻，鞭枝藻，*Wilmottia*，未能培养的束鞘藻科蓝藻，未能培养的念珠藻目蓝藻，念珠藻（腾格里沙漠）（Wang, Zhang, et al., 2020）；微鞘藻，*Wilmottia*，鞭枝藻，单歧藻，未能培养的念珠藻目蓝藻，未能培养的束鞘藻科蓝藻（克孜勒库姆沙漠）（Wang, Zhang, et al., 2020）	—

注：*Wilmottia*未有官方中文译名，故保留原名。

二、细菌

目前，科学家在全球范围内，如在科罗拉多高原、极地、奇瓦瓦沙漠、阿曼苏丹沙漠、卡鲁沙漠、莫哈韦沙漠、索诺拉沙漠、塔韦纳斯沙漠、黄土高原、古尔班通古特沙漠和腾格里沙漠等地区对BSC中细菌群落组成及结构开展了广泛研究。在全球尺度上，BSC细菌群落中的常见菌门有：放线菌门（Actinobacteria）、蓝细菌门（Cyanobacteria）、变形杆菌门（Proteobacteria）、厚壁菌门（Firmicutes）、绿弯菌门（Chloroflexi）、拟杆菌门（Bacteroidetes）、酸杆菌门（Acidobacteria）、疣微菌门（Verrucomicrobia）、芽单胞菌门（Gemmatimonadetes）、浮霉菌门（Planctomycetes）、装甲菌门（Armatimonadetes）和异常球菌－栖热菌门（Deinococcus-Thermus）（Nagy et al., 2005; Maier et al., 2014, 2018; Xiao & Veste, 2017; Abed et al., 2019; Fisher et al., 2020）。

在蓝藻结皮中往往以蓝细菌占据绝对优势，变形杆菌门、放线菌门和酸杆菌门也是常见的细菌（Gundlapally & Garcia-Pichel, 2006）。地衣结皮细菌群落中，变形杆菌门、放线菌门和拟杆菌门为主要的优势种，如在塔韦纳斯沙漠（Maier et al., 2014），但是，在对索诺拉沙漠和科罗拉多高原的研究中发现，α变形杆菌和放线菌是优势菌门，α变形杆菌中的鞘脂单胞菌目（*Sphingomonadales*）和根瘤菌目（*Rhizobiales*）是最主要的优势种（Nagy et al., 2005; Gundlapally & Garcia-Pichel, 2006）。而在藓类结皮细菌群落中，拟杆菌门、酸杆菌门和变形杆菌门为主要的优势种（Moquin et al., 2012）。

然而，由于地理位置、地质地貌、气候因素和土壤特性等的影响，上述细菌群落中优势种的分布特征及相对丰度存在较大差异，比如在非洲的纳米布沙漠的卡哈尼沙丘开展的研究发现，栖息地过滤是影响沙丘细菌群落组装的一个决定因素。在所研究的7个沙丘环境中，变形杆菌、放线杆菌和拟杆菌门是优势门。在变形杆菌占优势的沙丘部位（即顶部、斜坡和底部）中，可以观察到细菌门的栖息地过滤作用，变形杆菌相对丰度从42%升至49%，而在沙丘间生境中，放线菌相对丰度占51%。此外，绿弯菌门、厚壁菌门、酸杆菌门以及α、β、γ和δ变形杆菌因沙丘栖息地影响而显示出特有的相对丰度：从沙丘顶部到沙丘间，绿弯菌门、厚壁菌门、α、γ和δ变形杆菌的相对丰度呈现出减少趋势，而酸杆菌门和β-变形杆菌则呈现升高的趋势（Ronca et al., 2015）。

在腾格里沙漠及不同演替序列的BSC中，厚壁菌门在无BSC的沙漠表层土壤中相对丰度最高，随着BSC在沙面的拓殖演替，其相对丰度逐渐下降（刘玉冰等, 2020）。蓝细菌门在藻类结皮中相对丰度最高，随BSC演替逐渐下降。除此之外，放线菌门、变形菌门、绿弯菌门、酸杆菌门、芽单胞菌门、拟杆菌门、浮霉菌门、疣微菌门和奇异球菌－栖热菌门随着BSC的演替，其相对丰度逐渐增加（Liu et al., 2017; Zhang, Duan, et al., 2018）。在属水平上，裸地土壤中细菌属种类相对较少，有芽胞杆菌属（*Bacillus*）、肠球菌属（*Enterococcus*）、乳球菌属（*Lactococcus*）、克罗诺菌属（*Cronobacter*）和嗜碱菌属（*Alkaliphilus*）等，它们的相对丰度随BSC的演替逐渐下降，然而RB41、微鞘藻属、席藻属以及数据库中目前无法命名的多种属包括酸微菌目（*Acidimicrobiales*）、小单孢菌科（*Micromonosporaceae*）和放线菌纲以及其他多种未确定的属（Liu et al., 2017）的相对丰度逐渐增加，这些未知属名的物种相对丰度随BSC演替逐渐增加，说明物种多样性在属水平上持续增高。不同气候区BSC中细菌优势种主要分布见表3-2。

表 3-2　不同生物气候区 BSC 中细菌优势种分布概况

演替阶段	寒漠	温性荒漠	热性荒漠
藻类结皮	放线菌，β-变形杆菌，拟杆菌，低GC含量的革兰氏阳性杆菌［Low-GC *Gram-positives (Bacilli)*］，α-变形杆菌，酸杆菌和热微菌目（*Thermomicrobiales*）（科罗拉多高原）（Gundlapally & Garcia-Pichel, 2006）	放线菌，变形杆菌，厚壁菌，绿弯菌，酸杆菌，蓝藻，芽单胞菌，拟杆菌（腾格里沙漠）（Liu et al., 2017a）；蓝藻，拟杆菌，变形杆菌，未分类细菌，放线菌（古尔班通古特沙漠）（Zhang et al., 2016a）；细鞘丝藻（蓝藻），红杆菌（*Rubrobacter*），土壤红杆菌（*Solirubrobacter*），放线菌门的地嗜皮菌（*Geodermatophilus*）（塔韦纳斯沙漠）（Miralles et al., 2020）	变形杆菌的根瘤菌目，蓝藻的色球藻目和念珠藻亚纲（*Nostocophycideae*）（西澳）（Moreira-Grez et al., 2019）；蓝藻，α-变形杆菌，拟杆菌，绿弯菌，放线菌，酸杆菌（阿曼）（Abed et al., 2019）；蓝藻，变形杆菌，拟杆菌，酸杆菌（莫哈韦沙漠）（Pombubpa et al., 2020）
地衣结皮	放线菌，变形杆菌酸杆菌，厚壁菌，装甲菌，蓝藻，拟杆菌和浮霉菌（南极洲大陆维多利亚岛）（Coleine et al., 2019）	变形杆菌，放线菌，绿弯菌，蓝藻，拟杆菌，浮霉菌，酸杆菌，装甲菌（腾格里沙漠）（Wang, Bao, et al., 2015），蓝藻，变形杆菌，拟杆菌，未分类细菌，酸杆菌，放线菌，疣微菌（古尔班通古特沙漠）（Zhang et al., 2016a）；变形杆菌，放线菌，拟杆菌，酸杆菌，蓝藻和疣微菌（西班牙塔韦纳斯沙漠）（Maier et al., 2014）	酸杆菌，变形杆菌的红螺菌目（*Rhodospirillales*），放线菌和未分类的变形杆菌（西澳）（Moreira-Grez et al., 2019）；蓝藻，拟杆菌，酸杆菌，α-变形杆菌，放线菌，绿弯菌（阿曼）（Abed et al., 2019）

续表

演替阶段	寒漠	温性荒漠	热性荒漠
藻类一地衣结皮	—	蓝藻的念珠藻目，束鞘藻科（塔韦纳斯沙漠）（Miralles et al., 2020）	蓝藻（伪枝藻和斯坦微鞘藻），β-变形杆菌，放线菌，拟杆菌，绿弯菌（索诺拉沙漠）（Nagy et al., 2005）；蓝藻，变形杆菌，拟杆菌，绿弯菌，装甲菌（莫哈韦沙漠）（Pombubpa et al., 2020）；拟杆菌，变形杆菌，放线菌，蓝藻，酸杆菌，绿弯菌，疣微菌和浮霉菌（卡鲁沙漠）（Maier et al., 2018）
地衣一藓类结皮	蓝藻，拟杆菌，变形杆菌，放线菌，绿弯菌，酸杆菌（美国峡谷国家公园）（Kuske et al., 2012）；放线菌，拟杆菌，变形杆菌，蓝藻，厚壁菌，疣微菌，酸杆菌，绿弯菌（美国西部山间寒漠）（Blay et al., 2017）；蓝藻，放线菌，拟杆菌，绿弯菌和变形杆菌（科罗拉多高原）（Johnson et al., 2012）	放线菌，变形杆菌，绿弯菌，蓝藻，酸杆菌，厚壁菌，拟杆菌（腾格里沙漠）（Liu et al., 2017a）	蓝藻，变形杆菌，拟杆菌，放线菌和酸杆菌（奇瓦瓦沙漠的阿克托潘和阿特克斯卡克地区）（Becerra-Absalón et al., 2019）
藓类结皮	—	变形杆菌，拟杆菌，未分类细菌，放线菌，蓝藻，酸杆菌，疣微菌（古尔班通古特沙漠）（Zhang et al., 2016a）；拟杆菌，酸杆菌和变形杆菌（新墨西哥桑迪亚山脉）（Moquin et al., 2012）；酸杆菌，变形杆菌，绿弯菌，放线菌（黄土高原）（Xiao & Veste, 2017）	变形杆菌，放线菌，酸杆菌，绿弯菌，拟杆菌，蓝藻，异常球菌–栖热菌，浮霉菌（莫哈韦沙漠）（Pombubpa et al., 2020）；拟杆菌，变形杆菌，放线菌，蓝藻，酸杆菌，绿弯菌，疣微菌和浮霉菌（卡鲁沙漠）（Maier et al., 2018）

三、真菌

BSC为非共生的真菌（free-living fungi）提供了适宜的生态位，使它们能耐受干旱胁迫。在干旱区，这些真菌在介导BSC和植物之间的养分交换起着关键作用，被称为真菌环假说（Green et al., 2008）。截至目前已发现大约1800种共生的真菌，如地衣型真菌（包括生活在地衣内或地衣上的所有物种）。大多数地衣真菌对寄主（即地衣化真菌物种）具有高度的特异性，它们通过局部菌丝定殖，最终形成有性结构。然而，有些物种能够在宿主上形成自己的共生菌体，因此被称为地衣型真菌。在地衣中存在更为复杂的相互作用——超寄生现象，如幼年地衣寄生地衣，以及柠檬珠节衣（*Arthorhaphis citrinella*）偶尔会被高度寄生的非地衣化真菌[如节瘤斑点菌（*Stigmidium arthrorhaphidis*）、锥尾孢（*Cercidospora trypetheliza*）和群杆孢（*Cercidospora soror*）]感染（Weber et al., 2016），都属于超寄生。共生的地衣型真菌主要属于子囊菌门（Ascomycota）（Egidi et al., 2019），其中石果衣属，瓶口衣属（*Verrucaria*）和饼干衣属为全球地衣型真菌的优势属。地衣型真菌在全球的分布是高度变异的，干旱度、土壤pH和植被覆盖度是影响其全球分布的最重要因素（Liu et al., 2021）。地衣型真菌的全球间断分布模式可能与各大洲的气候特征有关，例如地衣型真菌在欧洲和非洲的丰富度相对较高，但在南美的丰富度相对较低（Bowker et al., 2016; Rodríguez-Caballero et al., 2018）。干旱指数和真菌的丰富度呈负相关关系，高度干旱可能会限制维管束植物的发育，而地衣对极端干旱、光照和温度具有更大的耐受性，使得它们相比维管束植物与地衣共生更具有竞争优势（Ding & Eldridge, 2020）。土壤pH，尤其是土壤高度碱化，可能是调节地衣型真菌丰富度和相对丰度的最重要的土壤属性。另外，植物冠层可通过改变微环境（如光照、水分和温度）对土壤地衣的分布产生负面影响（Bowker et al., 2016），但是也有研究表明，少量的凋落物可能通过缓冲环境胁迫（如干旱和高温）对地衣型真菌的形成有利，而且植物覆盖也在维持土壤稳定性和肥力方面发挥作用，从而对地衣型真菌的分布和发展具有积极影响（Belnap et al., 2016; Bowker et al., 2016）。

目前，关于BSC真菌群落组成和结构的研究主要集中在科罗拉多高原、黄土高原、索诺拉沙漠、内盖夫沙漠、奇瓦瓦沙漠、腾格里沙漠、古尔班通古特沙漠、毛乌素沙地和浑善达克沙地等地区。真菌多样性随BSC的年龄和类型而变化，演替后期BSC的真菌多样性高于演替早期（Bates et al., 2012）。真菌群落的变化与干扰所发生的位置有关（States & Christensen, 2001）。迄今为止，BSC中的真菌主要分布于子囊菌门、担子菌门（Basidiomycota）、接合菌门（Zygomycota）、毛霉门（Mucoromycota）和壶菌门（Chytridiomycota）五个真菌门（Bates et al., 2010; Wang, Bao, et al., 2015; Zhang, Duan, et al., 2018），其中子囊菌门是BSC中的主要优势真菌门，而毛霉门和壶菌门在BSC中相对丰度非常低，在空间尺度上变化较明显。子囊菌门中常见纲及目包括座囊菌纲（Dothideomycetes）[葡萄座腔菌目（Botryosphaeriales），煤炱目（Capnodiales），座囊菌目（Dothideales）和格孢腔菌目（Pleosporales）]，散囊菌纲（Eurotiomycetes）[刺盾炱目（Chaetothyriales），散囊菌目（Eurotiales），爪甲团囊菌目（Onygenales）和瓶口衣目]，茶渍纲（Lecanoromycetes）[茶渍目（Lecanorales）]，锤舌菌纲（Leotiomycetes）[柔膜菌目（Helotiales），斑痣盘菌目（Rhytismatales）和寡囊盘菌目（Thelebolales）]，盘菌纲（Pezizomycetes）[盘菌目（Pezizales），酵母纲（Saccharomycetes）酵母目（Saccharomycetales）和粪壳菌纲（Sordariomycetes）锥毛壳目（Coniochaetales），肉座菌目（hypocreales），小囊菌目（Microascales），粪壳菌目（Sordariales）和假毛球壳目（Trichosphaeriales）]，子囊菌门中的座囊菌纲（Dothideomycetes），散囊菌纲和茶渍纲在全球BSC中都是优势真菌纲（Nagy et al., 2005; Bates & Garcia-Pichel, 2009; Bates et al., 2010, 2012; 赵宇龙, 2011; Steven et al., 2013a, 2013b; Xiao & Veste, 2017; Zhang et al., 2018; Wang, Liu, et al., 2020）。

高通量测序结果表明，腾格里沙漠BSC群落中真菌超过275个属，分属3个门，包括子囊菌门、担子菌门和壶菌门，而且BSC真菌群落组成结构随地理位置和季节的改变明显不同（刘玉冰等, 2020）。BSC演替过程中，真菌群落在门分类上的物种组成变化不显著，裸地中壶菌门相对丰度较低，BSC中子囊菌门的相对丰度最高，不同演替阶段均超过60%。优势门的属类别主要有曲霉属（*Aspergillus*）、毛壳菌属（*Chaetomium*）、茎点霉属（*Phoma*）以及格孢腔菌目、粪壳菌目及其他待分类的属。地衣和藓类结皮中还存在丛枝菌根真菌，以球囊菌门的球囊霉属、类球囊霉属、盾巨孢囊霉属、巨孢囊霉属为主。真菌群落α多样性显示其丰富度在BSC演替过程中持续增加，真菌ITS基因拷贝数也显著增加，说明真菌的物种多样性和生物量均随BSC演替而持续增加，演替后期（如60年后）真菌数量增加尤其明显。利用Illumina高通量测序技术对该地区BSC真菌群落物种组成的研究发现，大部分真菌序列属于子囊菌门、担子菌门和壶菌门，且子囊菌门的相对丰度在裸地和BSC中无显著差异，而壶菌门在裸地中的分布比在BSC中更普遍（Abed et al., 2019）。迄今为止，除了在阿曼苏丹国沙区和奇瓦瓦沙漠发现少量的壶菌门类群外，在其他地区均未发现该物种，这表明壶菌门并不具有全球范围BSC真菌群落的普遍优势性，其在裸地中的优势表明在BSC发育早期阶段其对极端环境具有强耐受性。真菌在全球不同气候区及BSC中各个演替阶段的主要分布见表3–3。

表3-3　不同生物气候区BSC中真菌优势种分布概况

演替阶段	寒漠	温性荒漠	热性荒漠
藻类结皮	子囊菌门（粪壳菌纲，盘菌纲）和担子菌门（科罗拉多高原）（Bates & Garcia-Pichel, 2009; Bates et al., 2012）	子囊菌门，未分类真菌，担子菌门，壶菌门和接合菌门（腾格里沙漠）（Liu et al., 2017a）；座囊菌纲，散囊菌纲和茶渍纲（古尔班通古特沙漠）（Zhang et al., 2018）	子囊菌门（座囊菌纲，散囊菌纲），担子菌门和壶菌门（阿曼荒漠）（Abed, Al-Sadi, et al., 2013, 2019）；子囊菌门（莫哈韦沙漠）（Pombubpa et al., 2020）
地衣结皮	子囊菌门（盘菌纲，粪壳菌纲和锤舌菌纲），担子菌门［银耳纲（*Tremellomycetes*）］（科罗拉多高原）（Bates et al., 2012）	子囊菌门，无明确分类真菌，未分类真菌，担子菌门，壶菌门和接合菌门（腾格里沙漠）（Wang, Bao, et al., 2015）；散囊菌门，茶渍纲和未知的子囊菌（古尔班通古特沙漠）（Zhang et al., 2018）	子囊菌门（座囊菌纲，散囊菌纲），担子菌门和壶菌门（阿曼荒漠）（Abed, Al-Sadi, et al., 2013, 2019）；子囊菌门的盘菌纲和散囊菌纲，担子菌门（奇瓦瓦沙漠）（Bates et al., 2012）；子囊菌门的粪壳菌纲，李基那地衣纲（*Lichinomycetes*），盘菌纲和担子菌门（索诺拉沙漠）（Bates et al., 2012）
藻类一地衣结皮	—	—	子囊菌门的粪壳菌纲，盘菌纲和散囊菌纲（奇瓦瓦沙漠）（Bates et al., 2012）
藓类结皮	—	子囊菌门，担子菌门，未分类真菌，壶菌门和接合菌门（腾格里沙漠）（Liu et al., 2017a）；青霉菌（*Penicillium*）和链格孢霉（*Alternaria*）（可培养真菌），未知的子囊菌，散囊菌纲和座囊菌纲（不可培养真菌）（古尔班通古特沙漠）（韩彩霞等, 2016; Zhang et al., 2018）；子囊菌门和担子菌门（黄土高原）（Xiao & Veste, 2017）	子囊菌门（莫哈韦沙漠）（Pombubpa et al., 2020）

四、古菌

古菌是目前已知的地球上最古老的生命体，由于能够适应各种极端环境条件（如强酸、高热、高盐和高压等）而存活下来（Offre et al., 2014）。科学家对BSC微生物群落中的细菌和真菌的研究较多，对古菌群落组成结构及其影响因素的研究较少。现有研究仅证实了泉古菌门（Crenarchaeota）在毛乌素沙地、塔韦纳斯沙漠和北美干旱区BSC古菌群落组成结构中的优势（Soule et al., 2009; 赵宇龙, 2011; Maier et al., 2014），以及奇古菌门（Thaumarchaeota）在浑善达克沙地和腾格里沙漠BSC古菌群落组成结构中的优势（杜颖等, 2014; Zhao, Liu, Wang, et al., 2020）。关于古菌群落组成结构的影响因素尚未达成共识。研究表明，BSC古菌群落在不同BSC类型、地理位置和季节中保持相对稳定（Soule et al., 2009; 赵宇龙, 2011）；而古菌群落的组成结构随季节变化而改变（杜颖等, 2014）。除此之外，BSC古菌群落的组成结构还与土壤碳氮输入和土壤碳氮比密切相关（Bates et al., 2010; Zhao et al., 2020）。腾格里沙漠BSC古菌群落组成结构单一，仅有奇古菌门、广古菌门（Euryarchaeota）和另一个待定的门，古菌群落的演替趋势明显，随着BSC的发育，奇古菌和广古菌的相对丰度逐渐下降，而另一个门的相对丰度逐渐增加；其中，奇古菌的相对丰度在无BSC的表土层占70%以上，在BSC演替50年后也能达到50%以上，广古菌在BSC演替后期占比很低。

BSC古细菌仅有4个属，包括SCG（Soil *Crenarchaeotic* Group）、MG II（Marine Group II）、氨氧化古菌（*Candidatus Nitrososphaera*）和一个待定分类的属；随着BSC的发育，SCG和MG II的相对丰度逐渐下降，后两者的相对丰度逐渐增加。其中，SCG和氨氧化古菌的相对丰度在50多年的BSC演替过程中均高于10%，为优势属；演替后期SCG、氨氧化古菌和另一个待定属的占比基本相当，MG II的比例很低。古菌群落的丰富度和古菌16S rRNA基因的拷贝数在BSC演替初期增加，5－7年后逐渐下降，BSC演替后期古菌数量显著减少（刘玉冰等, 2020）。古菌在全球不同气候区及BSC中各个演替阶段的主要分布见表3–4。

表3–4 不同生物气候区BSC中古菌优势种分布概况

演替阶段	寒漠	温性荒漠	热性荒漠
藻类结皮	—	奇古菌，未明确分类的古菌和广古菌门（腾格里沙漠）（Zhao et al., 2020）；奇古菌（浑善达克沙地）（杜颖等, 2014）	泉古菌（索诺拉沙漠和奇瓦瓦沙漠）（Soule et al., 2009）
藓类结皮	—	奇古菌，未明确分类的古菌和广古菌门（腾格里沙漠）（Zhao, Liu, Yuan, et al., 2020）	—
地衣结皮	—	泉古菌（毛乌素沙地）（赵宇龙, 2011）；泉古菌（塔韦纳斯沙漠）（Maier et al., 2014）	—

五、真核微藻

根据真核藻类在BSC中的作用，真核藻类可分为四个功能群：（1）参与BSC形成的藻类，如克里藻（*Klebsormidium*）和膝接藻（*Zygogonium*）。其具有的丝状性质和黏液分泌功能，可通过捕获土壤颗粒积极参与BSC的形成。参与BSC形成的藻类多样性较低，但生物量相对较高。（2）附着在BSC上的藻类，例如绵绿藻（*Spongiochloris*），绿藻和大多数硅藻。它们的多样性水平较高，并且大多丰度较低（Büdel et al., 2009）。（3）地衣中的一小部分绿藻，如缺刻缘绿藻（*Myrmecia*）和裂丝藻（*Stichococcus*）。它们作为共生体（光合生物），自由生活在地衣结皮中或附生在地衣上。（4）淡水藻类，如绿藻、衣藻（*Chlamydomonas*）、栅藻和麦可属绿藻（*Mychonaste*）等。它们起源于水生生境，但可能出现在土壤中，因为它们可能需要“湿”生境。这些藻类往往与含水量较高的荒漠藓类植物相联系，或者以某种休眠的方式存在。

截至目前，已鉴定出存在于BSC中的真核藻类有70余属，它们分属于绿藻、硅藻和裸藻等，但是BSC中不存在专属的真核藻类，相反，它们代表不同的藻类谱系，具有不同的生态特化水平。BSC中常见的真核绿藻有绿球藻属（*Chlorococcum*）、胶球藻属（*Coccomyxa*）、片球藻属（*Bracteacoccus*）、小球藻属（*Chlorella*）、衣藻属、裂丝藻属和克里藻属。石生结皮中常见的绿藻包括小球藻属的普通小球藻（*Chlorella vulgaris*）、囊球藻属的*Cystococcus humicola*和胶球藻属的*Coccomyxa hypolithica*，尽管BSC中绿藻的种数较多，但其丰富度以及对BSC群落生物量的贡献却不及蓝藻。除蓝藻和绿藻外，在纳米比亚荒漠和周边地区发现了51个与石生结皮相关的硅藻，它们属于双眉藻属（*Amphora*）、桥弯藻属（*Cymbella*）、曲壳藻属（*Achnanthes*）、脆杆藻属（*Fragilaria*）、短缝藻属（*Eunotia*）、舟形藻属（*Navicula*）、异极藻属（*Gomphonema*）、菱形藻属（*Nitzschia*）和羽纹藻属（*Pinnularia*）等（Rumrich et al., 1989）。硅藻作为BSC组成的重要成分，在我国腾格里沙漠演替初级阶段的BSC中有双尖菱板藻（*Hantzschia amphioxys*）、舟形藻似原子变种（*Navicula minima* var. *atomoides*）、细条羽纹藻（*Pinnularia microstauron*）和双尖菱板藻小头变种（*Hantzschia amphioxys* var. *capitata*）等（李新荣, 2012）。在腾格里沙漠BSC中还鉴定出了裸藻门（Euglenophyta）的三个种，分别是静裸藻（*Euglena deses*）、*Euglena* sp1. 和*Euglena* sp2.（胡春香等, 1999）。大多数真核微藻种虽然分布广泛，但其生物量很有限，因此，目前认为它们在BSC的形成过程中处于次要的地位（Li et al., 2003）。

在BSC中，研究最少的光合组分可能是真核藻类，因为多数真核藻类很少参与BSC形成，特别是在干燥的BSC中，除了丝状藻类能利用显微镜直接观察到以外，其他藻类形态很难被发现，因为它们的丰度很低，或者可能处于休眠状态。早期对BSC中真核藻类的研究大部分是基于显微镜的直接观察，由于真核藻类常处于休眠状态，人们可能低估了真核藻类多样性。对BSC中真核藻类多样性的评估存在偏差可能还有另一个原因，即土壤植物学家往往不注意区分藻类是在“裸土”中还是在BSC中被发现的。此外，分子生物学研究表明，土壤藻类的许多形态种属实际上具有不同的系统发育种属实体，这导致直接使用显微镜难以对它们进行正确鉴定。大多数真核藻类以BSC作为栖息地，仅有少数藻类如克里藻和膝接藻参与BSC的形成，但客观上它们却促进了BSC的光合能力，增加了BSC的生态功能（Büdel et al., 2016）。

六、地衣和藓类

地衣是真菌和蓝藻或真核藻类共生形成的复合体，真菌和蓝藻形成的地衣称为蓝藻地衣（Cyanolichen），真菌和绿藻形成的地衣称为绿藻地衣（Chlorolichen），地衣结皮常分布在地表或高出土壤的位置。地衣具有支撑结构（如假根和根状体），可穿过土壤最上层的真菌形成密集的地下网络，紧密地与土壤颗粒结合，从而促进土壤稳定。干旱半干旱区地衣结皮的主要组成成分有微孢衣科（Acarosporaceae）、粉衣科（Caliciaceae）、梅衣科（Parmeliaceae）、山石蕊科（Cladoniaceae）、胶衣科（Collemataceae）、文字衣科（Graphidaceae）、黄枝衣科（Teloschistaceae）、鳞叶衣科（Pannariaceae）、鳞网衣科（Psoraceae）、茶渍科（Lecanoraceae）、树花衣科（Ramalinaceae）、黄茶渍科（Candelariaceae）、疣孔衣科（Thelotremataceae）、污核衣科（Porinaceae）、蜈蚣衣科（Physciaceae）、双缘衣属（*Diploschistes*）、黄梅衣属（*Xanthoparmelia*）、微孢衣属（*Acarospora*）、光叶衣属（*Placidium*）、胶质地衣属（*Collema*）、茶渍衣属（*Lecanora*）和盾衣属（*Peltula*）等（刘萌, 2012; Concostrina-Zubiri et al., 2018）。在蒙特沙漠发现的黑色BSC中胶状地衣主要由球胶衣（*Collema coccophorum*）、卷曲胶衣（*Collema crispum*）和沼泽沥渍衣（*Placynthiella uliginosa*）组成（Gómez et al., 2012）。

苔类和藓类植物统称为苔藓植物，丛藓科（Pottiaceae）是BSC藓类中重要的一个科，其中以芦荟藓属（*Aloina*）、扭口藓属（*Barbula*）、流苏藓属（*Crossidium*）、丛藓属（*Pottia*）和墙藓属（*Tortula*）最为常见。而钱苔科（Ricciaceae）的钱苔属（*Riccia*）是BSC群落中最重要的一个苔属。不同生物气候区BSC中的苔藓类种类组成差异很大，比如阿根廷蒙特沙漠的藓类结皮主要由土生对齿藓组成（Gómez et al., 2012）。澳大利亚BSC中发现门种苔类，以全书苔属为主，但在我国温带荒漠区BSC中罕有苔类报道（李新荣, 2012）。干旱半干旱区藓类结皮的主要组成为真藓属、赤藓属（*Syntrichia*）、流苏藓属和盐土藓属（*Pterygoneurum*），而银叶真藓、齿肋赤藓、土生对齿藓、刺叶墙藓和双齿墙藓（*Tortula bidentata*）也被证实为藓类结皮的主要组成部分（Li, Jia, et al., 2018）。

七、微小动物

BSC层土壤中微小动物主要包括原生动物和线虫，原生动物包括变形虫、纤毛虫和鞭毛虫等，在土壤食物链中具有重要作用。蓝藻、早期拓殖的酵母和细菌是线虫和原生动物的重要食物来源，真菌作为主要分解者则被线虫、跳虫和螨所取食。因此，土壤微小动物类群是土壤中分解和矿化作用的主要调节者，在维持土壤生态系统稳定、促进物质循环和能量流动等方面发挥着重要作用。线虫是土壤食物链中重要的消费者，线虫的种类和数量主要取决于食物来源的种类和数量，根据其食物来源划分为食细菌类群（bacterivore）、杂食性偏好肉食类群（omnivore–predator）、植食性类群（plant–feeder）和食真菌类群（fungivore）。线虫是土壤中最丰富的后生动物，广泛存在于各种生境中。同时，由于线虫具有生存和适应能力强、营养类群多样、对环境变化敏感等特点，目前已被广泛用作揭示土壤污染状况和评价土壤环境质量的模式生物（Yeates et al., 1993）。BSC为土壤线虫的生存提供食物来源和适宜的居住场所（Belnap & Lange, 2003），而且随着BSC的发育稳定，土壤线虫群落更成熟和复杂。我们在腾格里沙漠东南缘发现，藻类结皮和藓类结皮下层土壤线虫共有28个属，其中食细菌线虫有9个属，食真菌线虫有7个属，捕食－杂食性线虫和植物寄生线虫均为6个属。其中，在藻类结皮下层土壤线虫中共鉴定出20个属，比例最大的为食细菌线虫有7个属，食真菌线虫有4个属，捕食－杂食性线虫有6个属，植物寄生线虫仅有3个属；在藓类结皮下层土壤鉴定出24个属，比例最大的食细菌线虫有9个属，食真菌线虫有6个属，捕食－杂食性线虫共5个属，比例最小的植物寄生线虫仅4个属。两类BSC下土壤线虫的优势类群为丽突属（*Acrobeles*）、拟丽突属（*Acrobeloides*）、鹿角唇属（*Cervidellus*）、滑刃属（*Aphelenchoides*）和穿咽属（*Nygolaimus*）（刘艳梅等, 2013）。

3.1.2 BSC的结构

与物理结皮或化学结皮不同，BSC是由生物体组织参与形成的，荒漠区松散的沙砾由于这些生物体的存在和作用而得以胶结形成团聚结构，在景观上形成了沙漠地表有生命的结皮状粘结覆盖层（图3–1），而且BSC具有明显的生理生态功能，在降水入渗、维管束植物的生长、土壤微生物生物量、土壤稳定性与化学特性、土壤养分循环等生态与水文过程中的特殊作用等方面与物理结皮或化学结皮之间存在着本质的差异（李新荣, 贾玉奎, 等, 2001; Li et al., 2002; Belnap & Lange, 2003）。

常见的非BSC包括物理结皮和化学结皮，其中物理结皮（图3–1A）多为干旱区强降水事件发生后，地表低洼地或集水区积水后经强烈蒸发，地表变干后形成的壳状层或土壤表面的板结。化学结皮多见于干旱区高蒸发引起的土壤表面盐分的积累并形成壳状层，俗称盐结皮（李新荣, 2012）。物理结皮和化学结皮因缺乏复杂的生物体组成和丰富的生物类群，且生境严酷、非生物限制因子表现强烈，故称为非BSC。但是在一定条件下，非BSC和BSC可以互相转化，比如发育良好的BSC经人为和牲畜的长期践踏破坏，土壤性质发生严重改变，土壤发生退化，BSC会转变为非BSC。而非BSC也有可能转化发展成BSC，例如在腾格里沙漠东南缘流沙固定过程中，利用草方格沙障和人工种植的旱生灌木有效地固定流动沙丘表面，增加了沙丘表面的粗糙度，大量的大气降尘在沙丘表面积聚，在雨水的作用下在沙面沉积，在2－3年内固沙区地表

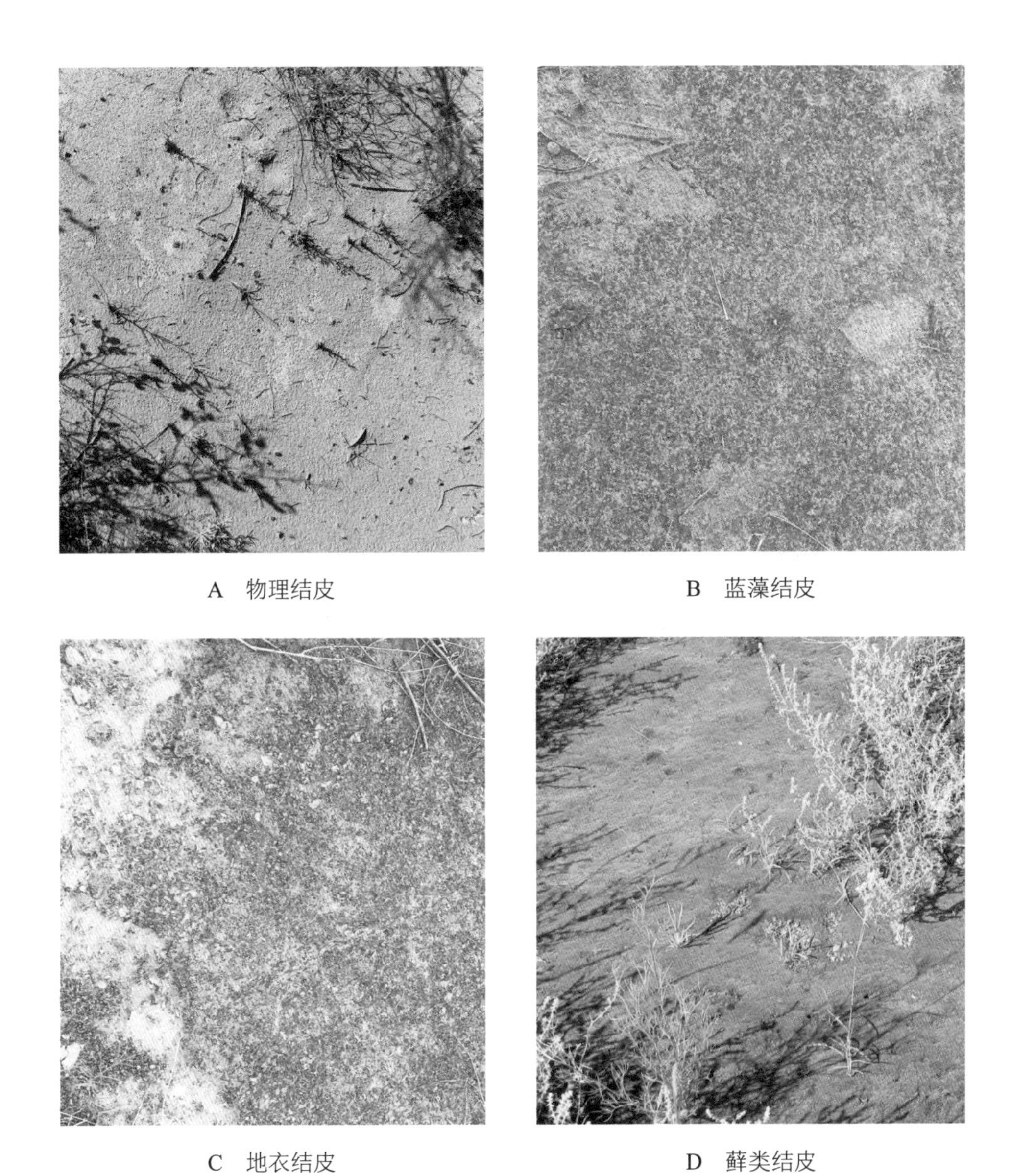

A　物理结皮　　B　蓝藻结皮

C　地衣结皮　　D　藓类结皮

图 3-1　常见的结皮类型

便形成了1－10 mm厚的BSC（Li et al., 2006），此时的BSC主要由降尘黏粒物质组成，缺少蓝藻等隐花植物成分，故称为物理结皮。但随着沙面固定和含有微生物体的大量降尘物质的不断累积，其中的先锋藻类如蓝藻和少许绿藻开始在BSC层拓殖和发展，如在沙坡头地区固定沙丘上经过40多年的封育，基本形成了以坚韧胶衣和藓类为优势种的BSC，经过50余年的封育，固沙区的丘间低地上形成了以真藓、刺叶赤藓、土生对齿藓为优势种的藓类结皮，BSC的盖度在90%以上（Li, He, et al., 2010）。

3.1.3 形成机理

一、物理基础

从流沙到形成BSC的过程中，随着BSC的不断发育，土壤中细沙（0.25－0.05 mm）含量大比例减少，粗粉沙（0.05－0.01 mm）含量增加，小于0.01 mm的物理性黏粒虽也有一定量的增加，但是相对来看其所占比例较小，而小于0.001 mm的黏粒含量几乎变化不大，这表明土壤BSC的形成过程中主要是粗粉沙颗粒增加的过程，无论BSC形成时间长短，所有BSC中都含有大量的粗粉沙，说明大量粗粉沙的出现是形成BSC的物质基础和前提条件，BSC形成过程可能是粗粉沙不断分选和聚积的过程（段争虎等, 1996）。粗粉沙聚积的另一个重要原因是，地表侵蚀减弱，各类干扰减轻，以及地表相对稳定，使大气尘埃容易沉积。在流动沙丘表面，沙障的设置为BSC形成提供了稳定的物理环境。

二、生物基础

在组成BSC群落的生物体中，蓝藻是先锋藻类，对BSC的形成起决定性作用，蓝藻产生的EPS是蓝藻胶结以及束缚表层土壤颗粒，进而形成团聚结构的重要武器。尽管土壤中存在大量的微生物，如细菌，能够产生一些有利于与土壤颗粒粘结的分泌物，但是蓝藻在土表层的拓殖和发展才形成了真正意义上的BSC。EPS是单糖或二糖分子之间脱水缩合而成的高分子链，通过糖苷键连接不同数量的碳原子组成。研究表明，EPS层以不同的形态出现：或以囊状存在于细胞周围，或与松散的土壤颗粒或黏质聚集在一起（De Philippis & Vincenzini, 2003）。分布在蓝藻细胞周围的细菌同样能分泌EPS，这些细菌大量聚集在表层土壤上，由于生长条件不同，即使是同类蓝藻，所产生的EPS的特征也会显著不同（Brüll et al., 2000）。与受养分限制的干旱区相比，在无养分限制的实验室条件下，蓝藻通过对不同基质的响应，也许会产生更复杂的EPS结构。而在原生境下，EPS的合成更倾向于产生蓝藻需要的产物，如葡萄糖和乳糖（Brüll et al., 2000）。干旱区土壤中仅含有少量的有机碳，腐殖质含量更少，EPS是碳的主要来源之一（Mager, 2010）。在自然环境中蓝藻能产生大量的EPS，但是产量随土壤类型而变化（Hu, Liu, Zhang, et al., 2002）。研究发现，EPS的生化组成与蓝藻的种类无关，主要受环境条件和养分水平影响（Nicolaus et al., 1999）。

在干旱区，水分是影响EPS合成和释放的主要因素之一，因为水分是限制微生物活性的主要因子。在缺水条件下，蓝藻处于脱水状态，部分原因是EPS可以从周围的环境中吸湿和吸收水分，对细胞起保护作用。EPS的物理结构是蓝藻吸收水分的动力来源，其吸水量可以达到干重的数倍，干旱区的降水量和降水频次也会显著影响EPS的合成（Satoh et al., 2002）。土壤含水量的改变会影响BSC生物体的功能和EPS的合成，蓝藻代谢活性的日循环与土壤表面水分含量有关，也就是说蓝藻的代谢依赖于有效水分含量（Satoh et al., 2002）。已有研究证明，在某些情况下，液态水是激发土壤中蓝藻进行光合作用的必需因素，早晨空气的湿气和凝结水能够提供足够的水分进而激发蓝藻代谢活性（Thomas et al., 2008）。

除水分外，土壤有效氮也与EPS合成有关，土壤有效氮是干旱区主要的限制资源，受矿化率和固氮率的制约。氮的输入来自沉降物和生物固氮，后者主要由细菌和豆科植物完成。蓝藻是分布最广和最有效的固氮生物，因此蓝藻在氮匮乏的干旱区环境中显得尤其重要。但是，蓝藻的氮代谢需要碳作为能源，并受到土壤中碳氮比值的限制（Luque & Forchhammer, 2008）。蓝藻结皮中有效氮的变化会影响EPS的合成，这对于EPS的产生具有非常重要的意义（Otero & Vincenzini, 2003）。

蓝藻EPS在干旱区BSC的形成中非常重要，能促进土壤养分的吸收，为BSC演替后期物种的定居提供资源。在干旱区，养分主要集中在表土层，一部分原因是土壤颗粒对养分的吸附，另一部分原因是广泛分布的蓝藻结皮（Thomas & Dougill, 2007），因为BSC能增加养分的利用率，阻止养分向下层流失，这表明养分循环受表土层的BSC所控制。在卡拉哈里沙漠西南部，蓝藻结皮所产生的糖类聚集在表土层，且随着土壤深度的增加糖类含量逐渐减少，表层糖类的含量达到土壤有机物总量的75%（Mager, 2010）。环境条件的变化影响EPS的合成，这使得蓝藻结皮具有使养分保留在表土的能力。因为土壤含水量影响EPS的合成，EPS的合成最终依赖于降水对BSC有机体代谢活力的影响强度。所有的代谢过程都离不开水分的有效性。微生物活性与降水季节变化之间的关系，直接影响了生态系统中的碳、氮平衡（Austin et al., 2004）。植物和BSC的固碳、呼吸以及土壤异养生物对干旱区土壤碳平衡的影响不同（de Marsac et al., 2001）。蓝藻结皮中聚集的养分，能被植物所利用，这使得BSC周围的植物在养分竞争中处于优势地位（Harper & Belnap, 2001）。因为蓝藻结皮对氮的固定在很大程度上依赖于碳水平，在蓝藻通过光合作用获得充足碳源的情况下，固氮率最高。在BSC中，无论是物理方式（捕获氮沉降）还是化学方式（通过糖苷键）获得的EPS都是无法转移的，这能阻止生态系统中EPS的流失（Veluci et al., 2006）。尽管BSC能通过固氮增加土壤中的氮输入，但固定的大部分氮会迅速在周围的土壤中扩散，或被维管束植物利用或释放到大气，或淋溶损失。

EPS提高了土壤的稳定性，是衡量土壤稳定性的指标之一（Bowker et al., 2008）。有机质的匮乏和颗粒结构的松散等特征，决定了干旱区土壤很容易被侵蚀。由于植被斑块状分布，使介于斑块间裸露的土壤易受风蚀和水蚀的影响。蓝藻EPS在阻止土壤表面侵蚀中起到了关键作用（如阻止养分、有机质流失和植物被毁坏）。蓝藻增加了土壤表面聚集力和土壤稳定性，这在很大程度上依赖于蓝藻的数量或生物量（Belnap & Gillette, 1998）以及EPS的产量（Wolfaardt et al., 1999）。蓝藻产生的多聚糖，增加了土壤和其他非菌丝蓝藻的稳定性。EPS在菌丝状蓝藻和土壤颗粒间起到了连接作用，为蓝藻提供基质和骨架以及促进上层土壤黏合。此外，EPS层的形态使压缩力增大，增加了土壤颗粒的抗张力和表土的稳定性（Hu, Liu, Zhang, et al., 2002）。在湿润、温和的气候条件下，蓝藻（如具鞘藻属）以丛居的形式存在于表土层。在干旱的条件下，菌丝类蓝藻有很强的黏合表层土壤颗粒的能力，可以连接土壤颗粒和更深层的BSC。有研究者针对蓝藻形态和表土的排列方式进行了风洞试验，将单种丝状蓝藻（鞘丝藻属、具鞘藻属和念珠藻属）在温室的松散沙子中分别培养5－7周。其中，有人认为丝状蓝藻比绿藻更易受到伤害（McKenna-Neuman et al., 1996），而也有人认为菌丝能增加土壤的抗张强度（Hu, Liu, Zhang, et al., 2002）。菌丝所表现出的抗张强度延长了BSC的生长时间以及EPS与土壤颗粒间的电化学亲和力。研究者在野外调查了具鞘微鞘藻、席藻和伪枝藻等3种蓝藻的耐压强度，发现蓝藻生物量较大的BSC具有较高的耐压强度，3种以蓝藻为主形成的BSC中，在蓝藻生物量相同的情况下，其耐压强度为具鞘微鞘藻>席藻>伪枝藻。随着蓝藻生物量的增加，蓝藻产生的EPS也增加，从而增强了土壤颗粒的团聚作用（Xie et al., 2007）。近期对卡拉哈里沙漠的研究发现，聚集的土壤比松散的砂粒和黏粒质地土壤更抗侵蚀，土壤颗粒聚集可能与菌丝类蓝藻合成的EPS有紧密关系。在降水类型、温度和光强等变化的条件下，土壤团聚颗粒能够维持稳定的特性在干旱期尤为重要。在此过程中，蓝藻很可能是维持土壤表层稳定性的唯一生物体（Belnap & Gillette, 1998）。在植物中间，连续分布、发育良好的土壤团聚颗粒能够长期抵抗风蚀（Hu, Liu, Zhang, et al., 2002）。但是，践踏等干扰减弱了BSC抵抗侵蚀的能力。BSC形成后，地衣和藓类对土壤表层稳定性的增强和维持作用大于蓝藻，即发育成熟阶段的地衣结皮或藓类结皮稳定性强于演替初期的蓝藻结皮。

总之，在BSC演替的早期阶段，蓝藻作为荒漠生态系统藻类结皮的主要组成和关键功能物种，由于其对干燥、高温和强辐射等条件具有良好的耐受性（Levy & Steinberger, 1986），能够在几周时间内快速地在沙面定殖，并通过自身分泌的胞外多聚物有效地聚集土壤颗粒物质，保持水分供应，防止生物和非生物胁迫，并抵抗侵蚀（Rossi et al., 2018）。丝状的微鞘藻属蓝藻为BSC演替的先锋隐花植物种（Garcia-Pichel & Wojciechowski, 2009），其特殊的丝状组织和高产的EPS能够更加紧密地通过机械束缚作用将土壤颗粒聚集在一起。同时，席藻属和颤藻属也被证实为荒漠生态系统某些栖息地环境中常见的丝状蓝藻，丝状蓝藻的快速发育初步稳定了BSC的组织结构，随后，具有异形胞结构（固氮作用的场地）的眉藻属（*Calothrix*）、念珠藻属和伪枝藻属等逐渐拓殖、发育并发挥固氮功能（Rychert & Skujiņš, 1974）。普通念珠藻（*Nostoc commune*）和绳色伪枝藻（*Scytonema myochrous*）作为最常见的固氮蓝藻，在BSC演替早期阶段的土壤条件改善过程中至关重要。地衣结皮和藓类结皮通常被认为是BSC演替的后期阶段，地衣是藻类和真菌通过互利共生关系形成的复合体，其中的胶质地衣属和盾衣属是BSC演替后期阶段土壤固氮作用的关键功能物种，随着地衣结皮的不断发育，具有特殊假根结构的藓类逐渐出现并紧紧地渗入土壤，与胞外多聚物一起维持BSC的骨架结构稳定（Belnap, 2002a）。

3.2 BSC的分布特点及其影响因子

BSC广泛分布在荒漠，包括热荒漠、寒漠和温性荒漠，是生态系统的主要组成成分和初级生产者。蓝藻、地衣或藓类，以及它们混生/共生的复合体，其菌丝体、叶鞘、假根和支撑体在地表和表层土壤中土壤微小颗粒之间形成网丝状缠绕、胶结形成具有明显成层状（通常厚度<0.5 cm）的覆盖。由于其下土层厚度可达2.5－3.5 cm，在固定沙丘表面及沙质土表面形成的BSC和下土层更易区分和观测，而在富钙的黏土或石膏土上的BSC厚度相对较小，不易区分。森林环境中的林下藓类层、岩石上的地衣层和海边岩石地衣及海藻层均不属于BSC范畴。但也有人将戈壁砾石下附着生长的石下生藻类（Viles, 2008），或在荒漠中将小型的复水生命形式（通常以蓝藻为主，但也包含绿藻、真菌、异养细菌、地衣和藓类）形成的生物活动薄层定义为BSC。BSC在大多数土壤和岩石表面的顶部或内部几厘米形成，这些群落统称为土壤和岩石表面BSC群落（Pointing & Belnap, 2012）。

从生物气候带来看，BSC主要分布在旱地。旱地泛指干旱指数（AI＝年平均降水量/年平均潜在蒸散量）值小于0.65的区域，包括极端干旱区（AI < 0.05）、干旱区（0.05 < AI < 0.20）、半干旱区（0.20 < AI < 0.50）和干旱亚湿润区（0.50 < AI < 0.65），它们分别占全球陆地面积的6.6%、10.6%、15.2%和8.7%，而旱地共占陆地表面的约41%（Cherlet et al., 2018），占全球生物多样性和植物多样性热点地区的35%和20%（White & Nackoney, 2003; Davies et al., 2012）。它们在调节全球碳循环（Ahlström et al., 2015）、氮循环（Tian et al., 2020）和水（Wang et al., 2012）循环中发挥着关键作用，因此是维持地球生命的基础（Maestre et al., 2021）。同样，旱地对于实现地球的可持续性也至关重要，因为全球约38%的人口在旱地定居，包括多数世界上人口增长最快的地区人口，全球约44%的农田和约50%的牲畜也分布在旱地（Davies et al., 2016; Cherlet et al., 2018)。

BSC是公认的旱地“有活力的皮肤”和“生态系统工程师”，其在分布区发挥着至关重要的作用。因此，了解BSC的分布特点及其影响因子是深入研究旱地生态健康、生物多样性和生态系统功能维持，及可持续发展的重要前提，也是实践中利用BSC进行退化草地、风沙防治和沙化土地生态修复的重要理论基础和依据。

3.2.1 BSC的分布特点

BSC在全球的分布已在3.1节作了详尽的介绍。2010年以前的研究主要是全球旱地BSC蓝藻、地衣和藓类种的丰富度和多度的分布，以及少量的关联生物体的分布特点的研究（李新荣, 张志山, 等, 2016; 李新荣, 回嵘, 等, 2016）。近期的研究中重点关注了BSC群落中其他组成成分，如古菌和其他与BSC相关的微生物功能群。与碳循环、氮循环和磷循环相关的功能群落的研究，即有关BSC分布特点的研究开始从宏观向微观发展，将BSC关键种类群的分布和发展与土壤生境的改善/退化紧密结合，有望把BSC特有的生物体作为评价和衡量生态恢复，特别是沙地生态恢复的重要指示生物或代用指标。这种研究尺度的转变也反映了研究手段的改进和技术进步及学科交叉的特点，尤其是分子生物学研究和基因测序手段的发展。但从全球BSC的分布特点来看，对野外容易观测到的和实验室能辨别的地衣和藓类的多样性报道较多，而对藻类和微生物多样性组成及分布的报道较少，技术上鉴定困难也是不争的事实。

BSC的分布特点是由BSC群落中组成种/生物体的生态型所决定的。BSC生物体生存的生境大致分为两种（表3–5），即岩石表面和土壤表面。前者附着在岩石表面、石内生、生活在岩石缝隙中或石下生，石下生主要常见于戈壁荒漠，由于水分聚集在砾石下面，为石下生蓝藻提供了特殊的生存生境。后者生长在土壤表面的包括地衣和藓类，而许多蓝藻则半隐生存在表土层中，如具鞘微鞘藻。

表3-5　BSC生物体的生长形式（Viles, 2008; Pointing & Belnap, 2012）

生境	生态位	描述
岩石表面的	附在石头表面	生长在岩石表面，在所有干旱级别的沙漠中都可以观察到岩石层。地衣和藓类通常出现在岩石表面。这些表面也支持自由生活的微菌落和生物膜，其中蓝藻细菌和真菌是关键组成部分。沙漠清漆（暗色的岩石表面）很常见，但它们的起源一直存在争议。一些研究人员将其归因于金属氧化物，而另一些人将其与生物矿物浓度和周期性水流区域联系在一起。生物源清漆（即与微生物有关的清漆）主要由放线菌门和变形菌门组成，光合细菌、真菌和古细菌的特征也有发现。
	石内生 / 石间隙生	生长在岩石表层里，不同的岩石表面下微生态位是石内的（主动钻入表面），隐石（生长在表层以下的孔隙中），裂石（生长在裂缝和缝隙中）。
土壤表面的	生长在石下	粘在半透明鹅卵石的底部，如半透明的石头（石英和大理石）的腹侧表面支持由亚石组成的群落。这在沙漠路面上尤为重要，对于典型的超干旱地区来说，它们可能是生产力和生物量产生的主要场所。在所有非极地沙漠中，嗜酸性生物膜以蓝藻属占优势，但也存在大量异养细菌群落，特别是酸细菌和变形细菌种群，以及在寒冷沙漠中的地衣和藓类。
	生长在土壤表面	在土壤表面或在土壤表面之上的BSC生物体。
	生长在表土层内	在土壤表面下发现的BSC生物体。

关于岩石表面BSC的研究很少，但是其中有对其性质和作用做了有益的介绍（Gorbushina, 2007）。然而，在大多数土壤发育有限的干旱和半干旱区，发现了相互连接的土壤覆盖区和裸露的岩石区，岩石主导的表面在地表水文中发挥着潜在的重要作用。关于BSC的研究也没有很好地与岩石和土壤表面发现的其他无机（自然的物理和化学）形式的结皮的研究相结合。

BSC的分布范围非常广泛，但无论是在各大洲的干旱和半干旱环境中，还是在其他环境的局部干旱、扰动或极端区域中,研究人员都可以利用遥感测绘其地表覆盖（Chen, Zhang, et al., 2005）。在大尺度上，BSC的性质和组成受气候的影响较大（Li et al., 2017），在炎热和超干旱区，形成以蓝藻主导的平滑的BSC覆盖景观（起伏小于1 cm）；在潮湿的环境中，藓类和地衣变得更加重要，BSC的起伏趋于皱纹状（起伏介于1－3 cm）；在霜冻导致土表隆起的地方，藓类和地衣占主导地位，BSC覆盖区域的地形呈顶峰状滚动（地表起伏高达15 cm）；在南极寒冷的沙漠中，BSC很薄，主要由丝状蓝藻构成，与融水的来源有关（Wynn-Williams, 2000），而在日益干旱的条件下，岩石表面的BSC更多地被岩石内生物种（即那些直接钻入岩石表面的物种）影响。在更精细的空间尺度上，土壤和岩石BSC的组成主要受基质特征的影响。富含碳酸盐的土壤比不含碳酸盐的土壤更有利于地衣多样性，而富含石膏的土壤则具有最丰富的地衣多样性；高盐土壤和岩石经历快速的盐风化，通常难以形成BSC。在最小的尺度上，土壤和岩石基质的BSC组成和性质主要受气候和地形方位因素的影响，例如，许多观测结果表明，北半球朝北的山坡上，地衣和藓类植物种类特别丰富，朝南的山坡因条件更为恶劣而物种较少。类似地，迎风坡仅有稀疏的BSC，而在风沙掩埋频发生的地方，几乎没有BSC。

3.2.2 影响BSC分布的因子

除维管束植物外，旱地生态系统的功能在很大程度上取决于BSC。旱地生态系统主要分布在未被凋落物覆盖的植物空地和植被冠层之间，其全球分布格局是多个时空尺度下气候和土壤特征相互作用的结果（Weber et al., 2016; Bowker, Büdel, et al., 2017）。特别是含水量、温度和土壤石膏含量是旱地BSC组成的重要影响因素（Garcia-Pichel et al., 2013; Bowker, Büdel, et al., 2017）。超干旱区的BSC通常由蓝藻和其他微观成分（如细菌，真菌等）组成（Büdel et al., 2016）。蓝藻也是北美、非洲南部、东亚和澳大利亚干旱和半干旱区BSC的一个重要成分，蓝藻的主要功能是构建细胞外基质以固定氮、调节径流和稳定土壤（Büdel et al., 2016; Eldridge et al., 2020）。在受海洋影响的沙漠如纳米布沙漠中，BSC可能以地衣为主，其代表着最丰富的地表覆盖物（Lalley & Viles, 2005）。在干旱和半干旱区，水分的有效利用形成了地表广袤的地衣覆盖，它们在北美西部、葡萄牙、西班牙、中国、阿根廷、南部非洲和澳大利亚BSC中占据着主导地位，在石膏土中多样性较高（Bowker, Antonika, et al., 2017）。地衣在这些地区的固碳、沉积物捕获和微生物活性调节中发挥着重要作用（Bowker, Antonika, et al., 2017; Eldridge et al., 2020）。在北美、中国和澳大利亚的超干旱、干旱和半干旱生境中都发现了以藓类植物为主的BSC（Seppelt et al., 2016），它们影响其中碳固定、维管束植物的萌发和生存，并能改善生境和调节土壤表面微气候（Weber et al., 2016; Bowker, Antonika, et al., 2017）。藻类和地衣是中国沙漠、澳大利亚钙质旱地和南非硅质和砂质旱地的重要BSC成分，它们有助于这些地区的碳固定和土壤稳定（Büdel et al., 2016; Seppelt et al., 2016）。随着可利用的水增多，BSC也变得更加丰富（Bowker, Belnap, et al., 2006; Li et al., 2017），其对气候变化更加敏感，由此可能会降低BSC在旱地的分布和功能（Ferrenberg et al., 2017）。

一、影响BSC分布的生物因素

气候条件、土壤性质和微地形等非生物因素一直被认为是影响BSC群落结构形成的重要因素，而生物相互作用的影响一直未被重视（Wilson et al., 1995; Maestre et al., 2008; Weber et al., 2016）。影响BSC分布的主要生物因素是维管束植物。我们知道，在荒漠区，由于受到土壤含水量条件的限制，地表不能形成与草地和森林一样的高盖度连续分布的植被覆盖，维管束植物的盖度往往小于60%，这样在地表就形成了明显的不连续的维管束植物的覆盖，它们或成斑块状分布，或成片状及条带状分布，这些斑块之间的地表被统称为“裸地”。事实上，这些植被斑块之间的空地并非真正意义上的裸地，而是BSC拓殖、发展和生存的适宜生境（李新荣, 2012; Li, He, et al., 2010）。

BSC群落与维管束植物之间的镶嵌分布反映了两者之间的互惠共存关系。一方面，维管束植物，特别是荒漠灌丛在一定程度上为BSC群落中的藓类提供了遮阴保护作用。灌丛冠幅的遮阴以及灌丛对水分的聚集效应均有利于藓类和地衣的生存和拓殖发展，因为单次降水量大于10 mm时，水分在冠幅之间空地很容易被蒸发耗尽，而冠幅的遮阴能减少水分蒸发，使冠幅之下能够保持相对较高的有效土壤含水量，且保持时间较长。因此，稀疏的灌丛为BSC群落中的藓类、地衣提供了较好的土壤含水量环境，同时BSC群落中的微生物更多富集于这样的生境。另一方面，稳定的藓类、地衣和大量多样的土壤微生物通过碳和氮的固定和其他养分元素的富集作用为灌木等维管束植物提供了必要的养分，两者形成了互惠关系。实验表明，一年生草本植物在蓝藻、地衣和藓类结皮分布的样地，其生长、结实均高于无BSC分布的样地。BSC在一定程度上提高了一年生草本（如雾冰藜、小画眉草、虫实等）的成活率，使其在严酷环境下能够高效地完成生活史（Li et al., 2003; Su et al., 2007; Su et al., 2009; Song et al., 2017a, b）。

由于资源竞争的存在，维管束植物与BSC之间存在互相制约的关系。比如当区域气候变化，特别是降水持续增加的情形下，维管束植物的盖度增加，地表凋落物增加；当维管束植物覆盖增加至90%以上时，BSC因缺少光照等资源而减少，甚至消失。反过来，当BSC发育良好，形成完整的地表覆盖时，在多风的荒漠环境中，BSC会使种子不能及时进入土壤休眠而形成有效的土壤种子库成员，在很大程度上减少了一些维管束植物种的种群密度，也就相应地减少了荒漠或沙地土壤含水量的“消费者”（Li et al., 2003; 李新荣等, 2018）。还有研究发现，BSC群落一些特殊生物体所分泌的有机物具有他感作用，可对维管束植物产生不利的影响。

BSC在沙区流沙固定过程中发挥了重要的作用，是流动沙丘得到持久固定的可靠保障。BSC出现使得沙丘得到固定，沙面生境得到改善，表土层微生物群落得以快速繁衍，多样性大幅度提高，土壤生物学功能从而得到明显提升。而在此过程中，BSC群落组成中的优势隐花植物，或称非维管束植物也发生了更替，原本以蓝藻为优势的群落变为以地衣或藓类为优势的群落，伴随着物种更替，BSC群落种间相互作用的模式也不断发生变化。这种BSC群落组成和结构的变化是荒漠生态系统功能演变的基础，有助于解析荒漠生态系统功能的作用机理。

局地和区域尺度上，种间相互作用是影响BSC群落构建的关键因子（Bowker et al., 2010; Maestre et al., 2010）。如在采石场的岩石上，藻类－地衣与藓类结皮的空间联结提高了其光合性能，说明藓类植物与地衣之间具有互惠作用（Colesie et al., 2012）。在空间格局与生态过程相互作用的研究中，生物共存格局（species co-occurrence patterns）与零模型分析是最常用的技术手段（Gotelli, 2000; Gotelli & Declan, 2002）。零模型分析使用蒙特卡罗模拟方法来构建零群落矩阵，然后从实际观测矩阵和零矩阵之间的比较来识别非随机物种共现（Gotelli, 2000; Maestre et al., 2008）。许多研究表明，物种在小尺度空间中的聚集和分离分别与种间正负相互作用密切相关（Gotelli & Declan, 2002; Maestre et al., 2008; Bowker et al., 2010）。

一些研究者提出的方法及配套软件EcoSim常被用来评价群落水平上的共现，并反映群落整体的种间相互作用（Gotelli, 2000; Gotelli & Declan et al., 2002; Gotelli et al., 2013）。然而，这些群落水平的指数没有显示出群落中物种对水平的共现信息，妨碍了对BSC群落内部相互作用的变化性质的分析。一种基于EcoSim生成的相同零矩阵的辅助方法提供了识别群落中物种对之间正负共存的一种工具（Sanderson, 2000, 2004）。我们使用前一种方法来评估演替梯度上BSC群落内种间相互作用的整体变化，使用后一种成对方法来分解整体种间相互作用并研究其结构成因。

本研究主要关注BSC种间相互作用如何随演替梯度变化。根据胁迫梯度假说（Stress gradient hypothesis, SGH），正相互作用（互惠）在胁迫的非生物环境中很常见，而竞争在低胁迫的非生物环境种间起主导作用，种间正相互作用随着环境胁迫程度上升而增加（Bertness & Callaway, 1994; Brooker & Callaway, 2009; Michalet & Pugnaire, 2016）。然而，也有一些证据表明，在极端环境梯度中，正相互作用会转化为中立的相互作用（Michalet et al., 2006）或转向竞争，揭示了环境胁迫和物种之间相互作用关系（Callaway et al., 2002; Michalet et al., 2006; Butterfield et al., 2016）。在我们的研究中，演替开始于极端胁迫的裸露沙地状态，其中大多数植物几乎无法存活。随后，由于植被和BSC对土壤生境的不断改善，环境压力逐渐减小（Li, Li, et al., 2007; Li, Tian, 2010）。因此，我们提出了两个假设：由于存在极端胁迫，BSC群落整体种间相互作用的变化与SGH的预测相符；随着演替梯度的变化，由于物种更替，BSC相互作用的性质和强度也会发生变化（Sun et al., 2021）。

BSC种间相互作用存在于演替的各个阶段，存在于藓类、地衣和藻类的各个类群之间（Armstrong & Welch, 2007; Bowker et al., 2010）。在BSC演替的开始阶段，土壤表面一旦稳定，BSC的拓殖和演替就自动开始，其中蓝藻和藻类首先物理上定居（Li et al., 2003）。研究者沿降水梯度调查了中国北方6个沙漠地区，并引入了一个演替三角形示意图（图3–2）来解释BSC组成变化与环境参数变化之间的关系（Li et al., 2017）。其中提高土壤稳定性和土壤湿度可促使蓝藻和藻类被藓类和地衣取代。因此，很可能会发生激烈的竞争。蓝藻和藻类作为BSC群落的先锋种，与藓类和地衣相比具有竞争劣势，容易形成分离或共存的格局（图3–3A）。多数情况下，地衣和藓类之间普遍存在着竞争（图3–3B、E）。与大多数植物一样，地衣和藓类也在争夺空间、营养和阳光，它们

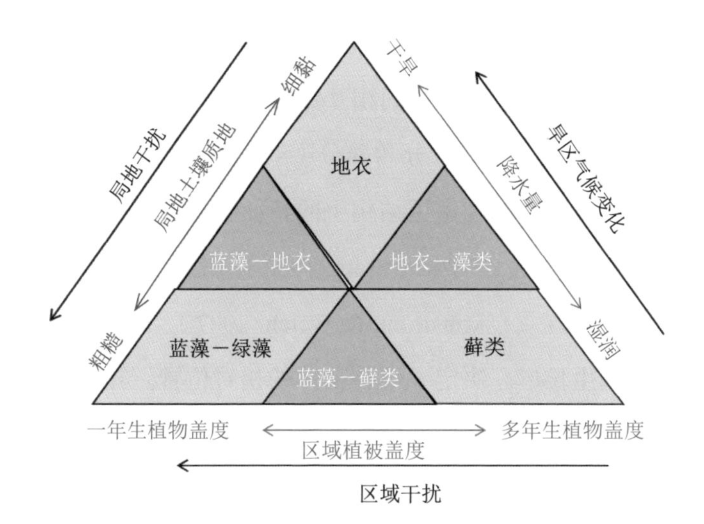

图3-2　局地、区域和景观尺度上BSC组成种分布格局的变化框图（李新荣, 张志山, 等, 2016; 李新荣, 回嵘, 等, 2016）

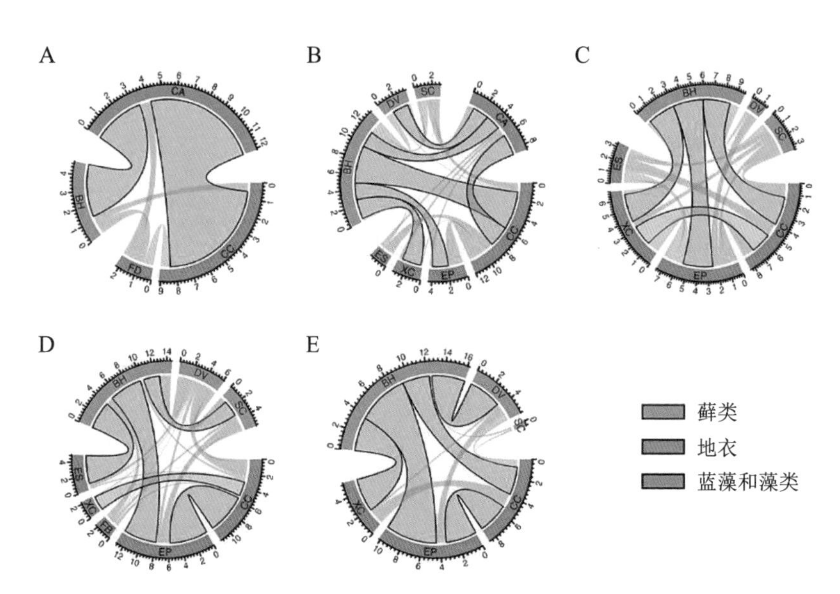

图3-3　基于共生数（SES_S）的不同样地BSC物种对标准化效应大小的变化

（A–E）分别为2000、1987、1981、1964和1956年植被恢复样地。图中链路的宽度与SES_S的绝对值成正比。正链和负链用蓝色和红色表示，显著链（$|SES_S| > 1.96$）接近。BH：真藓；DV：土生对齿藓；SC：齿肋赤藓；CC：球胶衣；EP：石果衣；FB：拟橙衣；XC：黄梅衣；ES：石果衣属地衣；CA：蓝藻和藻类

之间的竞争也导致了多个物种的稳定共存（Armstrong & Welch, 2007; Bowker et al., 2010）。生长速率是影响物种种间相互作用的一个重要属性，因为BSC需要与土壤基质直接接触，以吸收水分和养分（St. Clair et al., 2009）。由于其水平分布（一些藓具有三维结构和多层结构）的特征容易发生空间竞争，定殖率高的物种更具有空间竞争优势（Armstrong, 1982）。此外，与形态相关的生活史对策也会影响竞争的结果（Armstrong & Welch, 2007）。例如，当地衣逐渐在土壤基质上拓殖，其生长形态决定了重叠菌体的相对位置。叶状地衣具有扁平的叶状菌体，更容易遮蔽和压倒较低位置的菌体，如胶状和壳状地衣（Pentecost, 1980）。相反，位置较低的菌体能够通过将上层菌体从底层抬高来削弱竞争对手（Armstrong & Welch, 2007）。

在演替中期，BSC群落间的种间相互作用由竞争向中性作用转变，这可能是由于相互作用强度的减弱，也可能是受到促进作用的抵消。首先，BSC群落中的竞争优势并不是固定不变的，特异性物种在最优资源生态位中的位置影响竞争结果（Bowker et al., 2010）。例如，在演替中期，土壤含水量和表土的稳定性条件都得到改善，这也是影响藓类和地衣生长的限制因素。因此，藓类和地衣在这两种关键资源相对充足的情况下容易形成共生。此外，这一过程也解释了在湿润土壤条件下，BSC演替后期的地衣被藓类取代的原因，因为藓类的水分运输系统比地衣更发达，代谢更加旺盛，从而获得竞争优势（Michel et al., 2012; Li et al., 2017）。其次，胶衣属的球胶衣和黄梅衣属的旱黄梅之间正相关的证据可能支持种间正相互作用，这为正相互作用抵消竞争的解释提供了线索（图3-3C、D）。有关BSC种间正相互作用的研究还很少。2012年，研究者报道了BSC种间正相互作用的第一个证据，其中地卷属地衣的伴生藓类（*Peltigera rufescens*）通过增加二氧化碳和改善小气候来帮助自身发展（Colesie et al., 2012）。BSC的次生代谢物质也是重要的促进因子，其中一些可以促进必需微量元素的吸收，减少细胞内化学毒性，抑制致病菌和真菌（Hauck et al., 2009;

Kowalskiet al., 2011）。因此，促进养分吸收的物种和具有化学防御机制的物种可以相互合作，互惠互利。然而，这些解释只是推测，未来还需要更多的生理学实验来进一步证实。

除了维管束植物外，影响BSC分布的生物因子还有很多。BSC群落中不仅有大量的隐花植物，而且有丰富的微生物和微小动物。研究人员利用Illumina MiSeq测序技术，发现古尔班通古特沙漠3种类型BSC（以藻类、地衣和藓类为主）层的细菌群落明显大于其对应下土层（0.5 cm）之间的细菌群落（Liu et al., 2019）。BSC下土层中的细菌丰富度和多样性高于BSC层，但BSC层中的细菌绝对丰度大于下土层。蓝藻门主要集中在以藻类为主的BSC中，放线菌门、绿弯菌门和酸杆菌门在地衣和藓类为主的BSC中较为丰富。在荒漠生态系统中，微生物群落结构和功能差异最大的是BSC层与下土层之间的，3种BSC之间的次之，不同BSC下层土壤间的最小（Liu et al., 2019）。

BSC不同演替阶段的微生物类群及功能群差异明显，BSC群落中的微生物是BSC整体生态系统多功能性形成的重要贡献者和不可或缺的组成，它们常与BSC隐花植物形成特殊的共生互惠关系，一般情况下很难区分两者在生态过程中的作用。例如，BSC对旱地的碳氮循环及其他生物地球化学循环发挥作用。在演替后期BSC与演替初期参与碳和氮代谢的不同功能基因的归一化平均信号强度差异显著，大部分功能基因亚类和相应的优势功能群体来自细菌而不是真菌群落。在BSC演替过程中，大部分碳降解基因（以淀粉降解基因*amyA*为主）来源于放线菌门（主要是链霉菌门），而子囊菌门（主要是曲霉菌门）是木质素降解的关键种群（主要依赖于酚氧化酶基因）。参与反硝化作用的氮循环基因（*narG*、*nirK/S*和*nosZ*）和固氮基因（*nifH*）主要来源于未分类的细菌，而参与氨化作用的基因（*ureC*）主要来源于链霉菌（*Streptomyces*）（Zhao et al., 2020a）。在碳氮循环中微生物和隐花植物往往通过互作来完成整个循环过程，如碳的固定与呼吸释放，氮的固定和矿化、反硝化过程，从而维系了荒漠生态系统土壤生境的碳氮平衡（李新荣，张志山，等，2016；李新荣，回嵘，等，2016；Guan et al., 2021; Hu et al., 2020）。土壤氮矿化是一个微生物介导的生物地球化学过程，BSC覆盖有利于氮的转化，而气候变暖导致的藓类结皮减少会抑制BSC对其下微生物群落的调节作用。BSC覆盖土壤中的微生物通过调节氨化和硝化相关基因来影响氮矿化对温度和降水变化的响应（Hu et al., 2020）。此外，一些微生物在特定条件下可能会对隐花植物产生不利的影响，比如一些真菌在特定条件下对藓类的假根和依托体有降解作用。总之，在多数情况下，BSC群落中微生物与隐花植物之间是正向作用，是互惠共生关系，而两者之间负向效应研究较少（Liu et al., 2018; Zhao et al., 2020a, b）。

BSC的拓殖和发展为许多微小生物（包括土壤中休眠的昆虫）提供了生境，这些生物体反过来又影响着BSC及其微小尺度上的分布特点。例如，BSC在流动沙面的拓殖发展使沙土具有团聚结构，为螨、蚂蚁等昆虫提供了繁衍生境；同时隐花植物为一些微小生物（如步甲类昆虫）提供了食物来源；昆虫和蚂蚁的活动既能促进部分隐花植物的孢子体传播，又能破坏BSC的完整体，如BSC区大量蚁穴地分布影响了BSC在微小尺度空间分布格局（Li et al., 2011）。

二、影响BSC分布的非生物因素与干扰

相对于生物因素，影响BSC分布的非生物因素受到了人们的广泛关注。许多生态因素如光、热、水、土、辐射、地形、海拔等均在不同的研究尺度上影响BSC的时空分布和格局，同一因素在不同的尺度上发挥的作用不同，或不同尺度上影响BSC类型和物种多样性的主要因子不同。

研究者在腾格里沙漠对中小尺度上相关非生物资源的重新配置进行了研究，提出并验证了微地貌特征在这一尺度范围决定着BSC空间分布的理论假说（Li et al., 2010）。他们认为，在BSC演替的早期阶段，较高的土壤pH和表层土壤全钾含量与蓝藻和藻类的定殖呈正相关，而在BSC演替的后期，表层土壤大气沉积物的积累促进了地衣和藓类的发育。增加土壤含水量会提高BSC中藓

类和地衣所占的比例，因而改变BSC的生态功能。微地形创造了各种各样的栖息地，在中小尺度上影响隐花植物的拓殖和发展，及其多样性空间分布的差异（表3–6）。

从表3–6中可以看出，微地形，特别是坡向对隐花植物的分布有较明显的影响，如在阴坡（荒漠小土堆北面）分布的多为藓类和地衣，而在阳坡（土堆南面）则以蓝藻和绿藻等荒漠藻为主。从较大尺度的固定沙丘来看，丘间低地多分布藓类，丘顶则为蓝藻和藻类。从土壤理化属性分布来看（表3–7），在测定的土壤属性参数中，阴坡的大气沉积物、表层土壤含水量、表土与BSC层黏粒百分含量、粉粒百分含量、全氮含量、全钾含量均显著高于阳坡。对于固定沙丘而言，大气沉积物的积累、土壤湿度、土壤的黏粒和粉粒百分含量在丘间低地明显高于其他部位。因此，微地形对这些重要非生物因素的作用是十分明显的。

荒漠土壤生境具有强烈的土壤资源异质性，土壤资源异质性主要由地表微地貌特征引起。大量研究表明，生境异质性导致物种多样性的增加（Collins & Wein, 1998; Kumar et al., 2006）。微地貌对BSC隐花植物多样性的空间分布有一定的影响。我们的研究表明，隐花植物在小尺度不同土丘间和中等尺度固定沙丘不同位置间的分布差异，是由土壤参数分配的差异造成的（表3–7）。在隐花植物中，蓝藻多出现在BSC演替的早期阶段，随后绿藻逐渐出现，地衣和藓类最终定殖于BSC演替的后期阶段。隐花植物在BSC中的这种出现顺序或时间分布与土壤理化性质的差异密切相关。由于表层土壤pH、全氮含量、全钾含量较高，以及这些微地貌位置风蚀的干扰更强烈，在土堆东面和南面以及沙丘顶迎风坡的BSC中，蓝藻和部分绿藻是优势种。蓝藻、藻类与土壤pH和全氮含量之间的正相关关系已被大量研究证实（Li, He, et al., 2010）。同时，表土全钾含量与BSC组成中蓝藻和藻类的物种丰富度正相关。由于腾格里沙漠沙丘土壤的全钾含量较其他沙漠更丰富，因此在演替早期，该地土壤有利于蓝藻和藻

表3–6　腾格里沙漠荒漠土堆和固定沙丘的不同微地形位置上BSC群落中隐花植物种的空间分布特点（Li, He, et al., 2010）

地形单元	方向位置	BSC类型	种丰富度	BSC盖度(%)	BSC生物量（叶绿素含量，$mg \cdot cm^{-2}$）	隐花植物优势种
1平方米荒漠土堆	东面	蓝藻和绿藻结皮	20.38 ± 1.47^{a}	67.21 ± 1.33^{a}	3.80 ± 0.18^{a}	鞘丝藻，席藻，纤细席藻；鱼腥藻，双尖菱板藻，具鞘微鞘藻，念珠藻，颤藻
	西面	地衣和藓类结皮	11.75 ± 1.32^{b}	72.51 ± 2.02^{b}	5.25 ± 0.21^{b}	胶衣，石果衣；真藓，尖叶对齿藓，黑对齿藓，双齿墙藓
	南面	蓝藻和绿藻结皮	19.82 ± 1.78^{a}	61.71 ± 1.03^{c}	3.92 ± 0.33^{a}	席藻，纤细席藻；真藓，尖叶对齿藓
	北面	地衣和藓类结皮	8.16 ± 0.15^{c}	93.44 ± 0.36^{d}	9.01 ± 0.50^{c}	胶衣；真藓长尖扭口藓，双齿墙藓，刺叶墙藓，尖叶对齿藓
25平方米植被固定沙丘	丘顶	蓝藻和绿藻结皮	21.38 ± 1.18^{a}	55.54 ± 1.31^{a}	2.01 ± 0.12^{a}	水鞘藻，席藻；鱼腥藻，衣藻，小球藻，颤藻
	背风坡	藻类一地衣和藓类结皮	22.74 ± 1.36^{a}	89.11 ± 1.07^{b}	2.11 ± 0.22^{a}	双尖菱板藻，具鞘微鞘藻；胶衣，石果衣；真藓
	丘底	藓类结皮	3.48 ± 0.47^{b}	97.54 ± 0.46^{c}	6.27 ± 0.44^{b}	真藓，长尖扭口藓，尖叶对齿藓，黑对齿藓
	迎风坡	蓝藻和藓类结皮	15.79 ± 0.53^{c}	65.64 ± 1.04^{d}	1.82 ± 0.13^{c}	纤细席藻，具鞘微鞘藻，裂须藻；真藓

注：表中对于给定的BSC测定参数（丰富度，盖度和生物量），两种生境不同上标的数据表示每种生境的这些测定参数存在显著的差异（$p < 0.05$）。

表 3–7　腾格里沙漠荒漠土堆和固定沙丘对表层土壤理化属性的再分配（Li, He, et al., 2010）

地形单元	位置	大气沉积物 ($g \cdot m^{-2}$)	表层土壤湿度 (%)	粉粒 (%)	黏粒 (%)	pH	有机碳 ($g \cdot kg^{-1}$)	全氮 ($g \cdot kg^{-1}$)	全磷 ($g \cdot kg^{-1}$)	全钾 ($g \cdot kg^{-1}$)	总盐 ($g \cdot kg^{-1}$)	碳酸钙 ($g \cdot kg^{-1}$)	电导率 ($s \cdot m^{-1}$)
1 平方米荒漠土堆	东面	30.83 ± 1.21^{a}	9.12 ± 0.44^{a}	60.06 ± 1.44^{a}	12.09 ± 1.85^{a}	8.74 ± 0.25^{a}	5.33 ± 0.21^{a}	0.52 ± 0.41^{a}	1.01 ± 0.05^{a}	1.99 ± 0.22^{a}	1.51 ± 0.06^{a}	0.89 ± 0.12^{a}	1.15 ± 0.73^{a}
	西面	29.89 ± 1.22^{a}	10.31 ± 0.20^{b}	56.77 ± 1.27^{b}	13.51 ± 0.27^{a}	8.56 ± 0.19^{a}	5.27 ± 0.26^{a}	0.53 ± 0.06^{a}	1.03 ± 0.03^{a}	1.89 ± 0.14^{a}	1.47 ± 0.09^{a}	0.87 ± 0.06^{a}	1.11 ± 0.42^{a}
	南面	30.84 ± 1.44^{a}	9.32 ± 0.25^{a}	56.07 ± 1.82^{b}	12.37 ± 1.11^{a}	8.60 ± 0.23^{a}	5.23 ± 0.76^{a}	0.71 ± 0.03^{b}	1.04 ± 0.07^{a}	2.04 ± 0.14^{a}	1.53 ± 0.22^{a}	1.11 ± 0.09^{b}	1.09 ± 0.71^{a}
	北面	32.51 ± 1.76^{b}	10.35 ± 0.57^{b}	72.00 ± 2.01^{c}	15.22 ± 1.50^{b}	8.26 ± 0.18^{a}	5.18 ± 0.25^{a}	0.54 ± 0.34^{a}	0.98 ± 0.08^{a}	1.59 ± 0.17^{b}	1.22 ± 0.05^{a}	1.02 ± 0.11^{b}	1.28 ± 0.96^{a}
25 平方米植被固定沙丘	丘顶	29.04 ± 1.33^{a}	1.43 ± 0.06^{a}	21.33 ± 0.23^{a}	3.69 ± 0.11^{a}	7.99 ± 0.10^{a}	6.89 ± 0.38^{a}	0.52 ± 0.07^{a}	0.33 ± 0.03^{a}	2.08 ± 1.06^{a}	0.62 ± 0.06^{a}	0.24 ± 0.12^{a}	0.14 ± 0.11^{a}
	背风坡	29.92 ± 1.13^{a}	1.82 ± 0.13^{a}	22.00 ± 0.14^{a}	1.2 ± 0.08^{b}	7.73 ± 0.17^{a}	7.33 ± 0.77^{a}	0.42 ± 0.02^{a}	0.32 ± 0.08^{a}	1.88 ± 0.16^{b}	0.80 ± 0.09^{a}	0.22 ± 0.12^{a}	0.12 ± 0.09^{a}
	丘底	31.26 ± 1.76^{a}	3.26 ± 0.24^{b}	26.5 ± 0.13^{b}	2.26 ± 0.12^{c}	7.70 ± 0.11^{a}	6.57 ± 0.76^{a}	0.42 ± 0.02^{a}	0.31 ± 0.04^{a}	1.79 ± 0.87^{b}	1.10 ± 0.13^{b}	0.19 ± 0.06^{a}	0.15 ± 0.13^{a}
	迎风坡	30.01 ± 1.02^{a}	1.55 ± 0.09^{a}	18.77 ± 0.11^{c}	1.84 ± 0.15^{b}	7.93 ± 0.05^{a}	7.49 ± 0.09^{b}	0.45 ± 0.09^{a}	0.38 ± 0.04^{a}	2.08 ± 1.21^{a}	1.10 ± 0.14^{b}	0.20 ± 1.04^{a}	0.14 ± 0.13^{a}

注：对于给定的某一测定参数，其值上标字母不同表示不同地形部位该值差异显著（$p < 0.05$）。

图3-4 中国沙区和黄土高原主要BSC类型

类的定殖，而对地衣和藓类的发育则有微弱的促进作用。由于地衣和藓类覆盖的土壤比蓝藻和藻类覆盖的土壤具有更强的持尘能力和抗风能力，因此，其积尘量随BSC演替时间增长而增加。降尘可以作为BSC生物体进一步生长的营养和BSC群落的微生物多样性的来源。大气降尘在地表的积累增强了沙面土壤和BSC的持水能力，微地貌对土壤含水量分配的影响比较明显，主要表现在西部和北部的土丘以及固定沙丘的丘间地。微地貌也能产生不同地表的遮阴差异，以致不同地表表层土壤保持水分能力的变化。土壤湿度与BSC中隐花植物物种丰富度之间没有密切的关系，但增加土壤湿度会提高藓类和地衣在BSC组成中所占的比例。此外，微地貌特征为温带荒漠系统中小尺度隐花植物的共存创造了适宜的微生境。除了微地貌特征导致的环境因子差异影响BSC物种空间分布外，BSC也通过多种方式对其下层土壤进行改变，例如，通过增加局部表面粗糙度、促进降尘沉积和增加粉粒和黏土粒比例，灰尘颗粒可以粘附黏性的多糖分泌物，导致其生境的微地貌发生改变。总之，微地貌多样性为隐花类植物在BSC群落中的共存提供了一个异质生境。

在局地尺度或样地尺度上，BSC的分布受土壤的物理、化学和生物学属性的影响，尤其是土壤的物理属性，如土壤的质地，中黏粒和粉粒等细小微颗粒的含量增加有利于地衣拓殖生长。例如，在腾格里沙漠、古尔班通古特沙漠、科尔沁沙地、毛乌素沙地和黄土高原西部长期未受到干扰的样地有着丰富的地衣。当表土层土壤颗粒较粗糙，或多以砾石覆盖时，很少有地衣和藓类出现。在地表风蚀较轻的局部分布着大量的蓝藻，部分蓝藻生存在砾石下层或表土层中。当干旱时它们总是处在休眠状态，降水后，这些蓝藻和荒漠藻则迅速恢复活性。此外土壤的pH也影响BSC的分布，较高pH不利于地衣和藓类拓殖发展，也对藻类的分布具有明显的限制作用。在局地尺度上，土壤的生物学属性（包括土壤微生物多样性、土壤酶、土壤微小动物和土壤微生物含量等）与BSC类型密切相关，在地衣和藓类结皮中它们的丰富度更高。总之，在局地尺度上，土壤属性在很大程度上决定着BSC及物种多样性的分布特征。

在区域尺度上，即针对某一生物气候带的荒漠或沙地（如毛乌素沙地），地表所受的干扰程度不同导致BSC的分布不同，其对BSC分布的影响有时是直接的，有时是间接的。放牧践踏和交通工具的碾压等直接作用不利于地衣和藓类较高的种丰富度和多度出现，往往有利于蓝藻种的多样性发生。而干扰的间接作用影响了维管束植物，其盖度减少时，蓝藻和其他藻类的分布更丰富，当维管束植物盖度较高时，地表稳定则有利于地衣和藓类拓殖发展。换句话说，当地表受干扰较小或无干扰时，BSC群落组成中多形成地衣或藓类，或两者为优势种的混生种类。当气候变化（区域降水增加）时，地衣在群落中的优势地位将被藓类所取代，形成以藓类为优势种的藓类结皮，反之，则有利于地衣为优势种的BSC存在。当干扰增加时，藓类和地衣的丰富度均会降低，最终有利于BSC中蓝藻和其他荒漠藻类繁衍，形成以蓝藻为优势种的BSC；当干扰去除后，多年生植物盖度的增加有利于藓类的发育和丰富度增加，最终蓝藻为优势种的BSC被藓类为优势种的BSC所取代。总之，在区域尺度上，维管束植物的盖度对BSC分布及群落多样性起着决定性的作用。

在景观尺度上，我国北方8大沙漠和4大沙地及周边相邻的农牧交错带降水量或区域的土壤含水量是决定BSC及其种多样性的因素，而非土壤本身的物理化学和生物学属性。降水量较大的地区，藓类多样性丰富，如毛乌素沙地、科尔沁沙地和黄土高原风蚀和水蚀的过渡带。当降水变少，地表干扰小，则丰富的地衣种类实现共存，如腾格里沙漠南部与黄土过渡区（甘肃景泰）；如果地表干扰较大，如过度放牧地区，那么蓝藻和其他藻类更丰富（图3–2）。然而，在温性荒漠和沙区，BSC多以混生为主，BSC的类型主要依靠优势种（盖度）来判别。

此外，土地利用和其他干扰方式，包括自然与非自然过程也影响着BSC的空间分布与格局特点。沙埋是影响BSC分布的重要干扰类型，当风蚀就地起沙造成荒漠草地沙埋时，BSC的拓殖和发展就会受到限制。当沙埋达到一定厚度时，BSC群落中的隐花植物死亡。火烧在很大程度上也影响着BSC的分布，如荒漠野火对局部BSC的分布也会产生明显的影响（李新荣，张志山，等，2016；李新荣，回嵘，等，2016）。荒漠或沙地洞穴动物的活动也对地表BSC分布和覆盖产生小尺度的破坏，例如常见的沙鼠、沙蝎、沙蜥、蚂蚁等，其洞穴周边及活动路径常常使BSC遭到破坏（表3-8）。

表3-8　影响BSC的干扰

干扰类型	举例
物理干扰	人和动物践踏 交通工具 采矿业 火烧 土地开垦 被风吹的沉积物埋藏和磨损/侵蚀
化学干扰	大气污染 石油、杀虫剂、除草剂、化学固沙剂
生物干扰	外来杂草的入侵 荒漠微小动物、沙蜥、蚂蚁

毫无疑问，土地利用是影响BSC最为快速和深刻的方式之一。全球范围内旱地常见的大规模开垦，以及弃耕显得尤为突出。随着全球人口增长的压力增大，旱地往往成为人类活动扩张主要区域，自然的旱地或荒漠BSC的碳氮固定使土壤具有一定的肥力，这也成为人类农业开发诱因之一。由于人类盲目地开采地下水，开垦荒漠为农地，长期利用作物肥力以及灌溉，土壤贫瘠及盐渍化等许多问题出现，最终迫使人类弃耕。这一过程对荒漠生态的破坏是巨大的，浪费了大量水资源，耗尽了土壤肥力，破坏了土壤结构，在春季、冬季大气释放了大量的沙尘。弃耕地有些变成了沙地，有些变成了盐碱地，有些则成为戈

壁或大量砾石覆盖的疑似戈壁沙地景观，不仅降低了原来的BSC分布与覆盖，而且为未来BSC的拓殖和发展人为设置了重重困难，使这些土地成为名副其实的沙尘输送源区。

对物理干扰（特别是车辆和牲畜践踏）进行了较多的研究，而对各种化学和生物干扰的研究较少。研究干扰的影响存在许多困难（如控制干扰的性质、了解干扰前的条件和限制其他因素对干扰后恢复的影响），而且由于使用了各种各样的数据收集方法，很难比较不同研究的结果。但是，一般来说，造成BSC物种多样性、生物量和表面覆盖丧失的干扰都要持续许多年（Vies, 2008）。分析超过30项有关放牧、践踏和车辆对四大洲BSC影响的研究后发现，没有学者对裸露岩石表面的BSC进行过类似的研究（Belnap & Eldridge, 2003）。一个可能的原因是，这种物理干扰在岩石上较少。人类、动物和车辆的践踏造成土壤表面的物理挤压，并可能杀死生物内部的有机体，也可能导致土壤的搅动。在旱季，对BSC的物理干扰有更严重的影响，因为许多土壤（特别是那些不形成团聚体的土壤，如砂土）在干燥时更容易受到压力的影响。物理干扰对不同类型的BSC有不同的影响，蓝藻比地衣受的影响小，地衣受的影响又比藓类小，而在地衣结皮中，叶状地衣受的影响最大。物理干扰，即使不引起BSC中生物的死亡，也会减少氮和碳的固定。车辆对BSC的破坏可能是最严重的物理干扰形式之一。例如，纳米布沙漠内的车辆碾压除了改变土壤表面特征和生物多样性之外，还减少了地衣的光合活动，并使碾压轨迹内的温度更高、雾沉积更少、蒸发率更高，不利于地衣的生长（Lalle & Viles, 2006）。放牧和动物践踏造成的物理损害也可能很严重，在大多数情况下，放牧的影响是负面的，但在不同地区的研究结果差异明显。例如，尽管南非莫洛波盆地经常受到牲畜干扰，但其蓝藻主导的BSC仍然广泛存在（Thomas & Dougill, 2006）。然而，在放牧干扰地区的BSC盖度和生物多样性显著低于未受干扰地区。

火烧通常对BSC具有高度破坏性，导致其分布破碎化。在对澳大利亚、非洲和美国的研究发现，生态系统对火烧的耐受性不同导致了对BSC的影响也存在很大差异（Johansen, 2001）。对美国西北部帕卢斯草原的研究发现，BSC对频繁发生的低强度火烧具有一定的抗性，但是火烧后杂草类植物的入侵显著影响BSC的种类、物种组成和盖度（Bowker et al., 2004）。

第四章

BSC的生态系统多功能性

4.1 BSC对土壤的保育作用

我国是受荒漠化和沙化危害较严重的国家，土地沙化是干旱区重大的生态环境问题。强烈的风蚀、水蚀、盐碱和冻融使得地表土壤偏离健康的演替轨迹，造成大量土壤细粒物质损失、可利用土地被风沙淹没、土壤质量和土地生产力下降，进而导致生态系统退化，威胁人类的生产和生活。我国60多年来的防沙治沙实践表明，土壤生境的恢复是沙区生态系统全面恢复的重要保障（李新荣, 回嵘, 等, 2016）。增强土壤结构的稳定性和改善土壤质量是沙区土壤保育的两个重要方面，两者相互结合是沙化土地治理、逆转沙区生态系统退化的根本途径。

BSC在拓殖与发育过程中持续地通过改变土壤表面的粗糙度、硬度、抗剪力、质地、温度、水分和养分等性状，促进固定沙丘土壤生境的不断改善，逐步增强土壤表层抵抗侵蚀的能力（李新荣, 2012; 李新荣, 张志山, 等, 2016; 李新荣, 回嵘, 等, 2016），并通过影响土壤诸多生态和水文过程，从而在很大程度上决定着沙区生态系统的结构和功能的稳定性（李新荣等, 2009）。

4.1.1 改善土壤物理结构

土壤风蚀是我国北方常见的土壤侵蚀方式，其中华北和西北部地区是受风蚀影响的主要区域，总面积达340万平方千米（韩柳, 2018）。土壤风蚀降低了土壤颗粒的稳定性，并造成土壤养分的流失，是造成我国土壤退化的主要原因之一（于宝勒, 2016），同时也是沙化土地治理的重点和难点。

风蚀作为荒漠区一个重要的物理胁迫因素，限制了维管束植物生长与分布（于云江等, 1998），同样也影响了BSC的分布格局（Jia et al., 2012）。风蚀影响BSC分布的机制在于风蚀除了直接引起机械作用外，还间接加快了BSC水分丧失速率，从而抑制了BSC光合、呼吸和固氮等生理活性、生物量累积、生长和无性繁殖能力（Jia et al., 2012; Webber et al., 2016）。但是，流沙中自然存在的藻类，特别是蓝藻，能适应荒漠区干旱、强紫外辐射、高pH和营养贫瘠等极端环境的胁迫，在土壤表面进行反复的伸缩活动以适应土壤环境中水分含量的变化。藻丝可缠绕土壤颗粒，并能够合成EPS分泌物、蛋白质和其他复合物（如类菌胞素氨基酸、防紫外线染料和含铁离子的超氧化物歧化酶）等黏性物质并释放到细胞外围及周围环境中，对沙粒进行粘结和包裹，构建多层网络，在地表形成一层有效的特殊保护结构。这种结构显著提高了流沙表土层的硬度，特别是在干燥时，能在地表形成一层硬质外壳，可有效减轻地表风蚀，甚至抵御十一级风（$25.6\ m \cdot s^{-1}$）（陈兰周等, 2002; 任欣欣等, 2013; Chamizo et al., 2019; Kidron, Wang, et al., 2020）。

BSC层是一个独特的结构，其本身的结构和对土壤理化属性的改变有可能会影响自身和下层土壤结构的稳定性。BSC层是一种水平方向稳定性极强的层状结构体，通过增加其下0－2 cm土层的水稳性团聚体含量、有机质、全氮、多糖等含量，进而促进土壤结构体的稳定性，增强土壤抵抗侵蚀的能力（李新荣, 回嵘, 等, 2016）。处于演替初级藻类结皮阶段的土壤表层抗侵蚀能力较差，而处于演替后期藓类和地衣结皮阶段时抗侵蚀能力强，其土壤结构和功能较为稳定（李新荣, 张志山, 等, 2016）。但是，即使处于同一演替阶段，这种抗侵蚀能力和稳定性随着隐花植物优势种的不同而存在很大的差异（Jia et al., 2008, 2012）。

4.1.2 改善土壤质量

在BSC形成过程中，不同类型BSC结构组成与土壤颗粒的胶结方式不同（图4–1），由EPS的粘结作用逐步向以藻丝体、地衣菌丝体以及藓类假根的捆绑和缠绕的胶结方式转变，该过程使土表的抗蚀度发生了巨大的变化（李新荣等, 2012; 周晓兵等, 2021）。随着BSC生长发育，BSC层中的细菌和真菌逐渐丰富，它们的地下菌丝和假根开始粘结粒径小于0.25 mm的颗粒使之成为稳定（粒径＜0.25 mm）的微团聚体（李新荣, 回嵘, 等, 2016），并加速物质风化和风尘物质（钾、磷和硫）累积，从而加速土壤形成（肖巍强等, 2017）。随着土壤有机层厚度的增加，BSC表层转为以细砂和极细砂为主（肖巍强

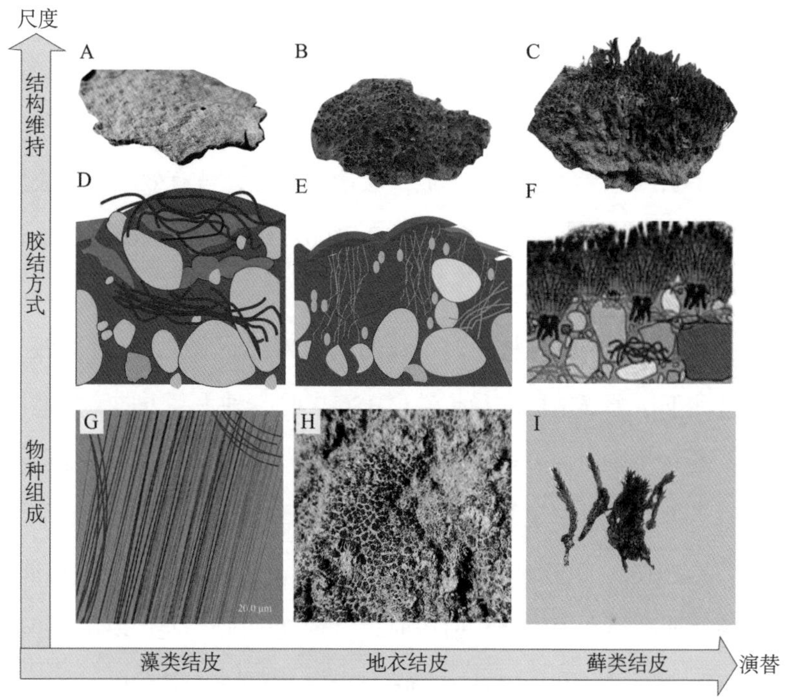

图4–1 BSC演替和不同尺度下结构组成与胶结方式（周晓兵等, 2021）

A—C: 3种BSC类型; D—F: 胶结方式; G—I: 物种组成

等, 2017），草本和木本植物开始侵入，BSC发育更为完善，其蓄水能力、抗机械干扰能力和固沙能力达到最强（李新荣, 回嵘, 等, 2016），土壤粘聚力和稳定性及其对风蚀、水蚀的抗性也显著提高（Zhang et al., 2006; Wang, Zhang, Zhang, et al., 2009; 高丽倩, 2017）。风洞试验证实了这一点，伴随BSC在地表的拓殖，土壤的临界起沙摩擦速度显著增加（Zhang et al., 2006; Wang, Zhang, Zhang, et al., 2009; Yang, Bu, et al., 2014; Bu et al., 2015a, b）。随着BSC的进一步发育和演替（Zhang et al., 2006; Wang, Zhang, Zhang, et al., 2009）及与维管束植物互相作用（Yang et al., 2014; Bu et al., 2015a, b），土壤抗风蚀能力也迅速增强，土壤颗粒物质流失的减少为表层土壤保育奠定了基础。

BSC对流沙表面微地貌的改造也影响了流沙地表的风沙活动（Zhang et al., 2006）。其主要体现在对地表0－10 cm高度范围内气流速度的显著影响，即流沙＜藻类结皮＜藓类结皮；当地表高度＞10 cm时，表现为藻类结皮＜藓类结皮＜流沙。BSC降低地表风蚀的同时，还减少了颗粒物的释放（王渝淞, 2019）。与流沙相比，当BSC盖度大于75%时，固沙能力达到最大值，藻类结皮和藓类结皮的风蚀速率分别降低了0.47 $g \cdot m^{-2} \cdot s^{-1}$和0.38 $g \cdot m^{-2} \cdot s^{-1}$；藓类结皮覆盖区域能够将TSP、PM10、PM2.5和PM1四种颗粒物排放通量分别降低19.39%、9.23%、40.39%和18.93%，前三种颗粒物浓度在藻类结皮覆盖区域分别降低了22.26%、7.6%和6.90%，但PM1浓度增加了1.25%。两种BSC相比，藓类结皮的扬尘防治能力强于藻类结皮。在全球尺度上，BSC的存在减少了地表每年向大气近7亿吨尘埃的排放。可见，BSC覆盖的土壤颗粒由于呈明显的细化趋势，即土壤中细粒物质不断增加，粒度组成不断优化，这些反映了BSC对侵蚀、搬运、沉积等地表过程的调节作用（李新荣, 张志山, 等, 2016）。BSC能够有效地改善土壤结构，促进表层土壤在固定的流沙上发育。

在60余年的包兰铁路沙坡头段防护体系中长期观测表明，沿沙丘主风向，BSC从无发育、斑块状分布到连续分布，其类型由地衣－藻类结皮为主逐渐演变为藓类结皮与地衣镶嵌分布，地表紧实度逐渐增大。紧实度可以衡量地表抵抗外力的能力，紧实度越大，地表越不易遭受外力破坏。防护体系内表层紧实度远大于流沙区，表明结皮层对增强地表的抗风蚀能力有重要作用。BSC覆盖区沉积物粒度特征的水平差异性，记录了风沙环境的时空变化特点。表层沉积物粒径随防护体系建立的时间增长逐渐变细、悬移组分含量增加、结皮层黏粒和粉砂含量较高，表明防护体系内风沙活动由强烈蚀积逐渐转变为沉积主导，风沙环境趋于稳定。防护体系内表层沉积物的粒度变化和BSC的空间差异表明，沙区风沙环境变化主导土壤形成发育的方向和速度。防护体系（特别是其中的人工植被和草方格）营造了沉积主导的风沙环境，为来自远距离输送的悬移细颗粒的沉降和富集提供了有利条件，后者则为流沙表面BSC的形成发育提供了极其重要的物质基础。黏粒含量是影响土壤肥力的主要因素之一，结皮层中黏粒含量明显提高，表明沙尘沉降与富集主导的风沙环境的形成，也预示土壤肥力的逐步提高和土壤发育环境的改善。

同样，BSC在黄土丘陵区退耕地上发育使表层土壤中砂粒含量降低，粉粒含量增加（高丽倩等, 2012）。

从以上BSC胶结土壤颗粒的“武器”变化也可以看出，除了BSC自身（如藻丝体、菌丝及假根）外，EPS和土壤团聚体在其中也扮演了重要角色。

除了蓝藻，其他一些真核藻类和丝状真菌所分泌的EPS，是稳定土壤结构、帮助BSC生长的关键物质。在BSC发育前期，芽孢杆菌等寡营养细菌可分泌EPS类黏液粘结沙粒（张元明, 2005; 周晓兵, 2021）。一些微生物能在光照和黑暗条件下降解自身分泌的EPS，并利用其所含的有机碳。尤其是在降水后，EPS可以成为BSC重要的呼吸底物，这是BSC形成初期蓝藻的营养来源。BSC中微鞘藻分泌的EPS可影响沙漠表层土壤含水量分布状况，具有保水、降低雨水冲刷的作用，并可作为一种潜在的生物肥料，为其他异养微生物的生长提供可能，在荒漠原始成土过程中扮演着重要角色（陈兰周等, 2002; Adessi et al.,

2018）。

土壤团聚体是土壤结构体的重要组成部分，和土壤中众多的理化指标（如有机质、全氮、土壤颗粒组成等）有着较高的相关性，对土壤侵蚀有重要影响，其水稳定性和数量是评价土壤可蚀性的重要指标。BSC形成后可以通过其假根系和植物体本身对土壤颗粒进行缠绕、包裹等作用，使土壤结构体更加稳定，从而增加了土壤的抗侵蚀性。因此，BSC的形成有可能增加土壤团聚体的数量和稳定性（张元明, 2005; Eldridge & Leys, 2003）。其实，早在20世纪80至90年代，就有研究者发现了BSC中的真菌、细菌等微生物的地下菌丝体可以粘结土壤中的小颗粒，使之成为较大的团粒结构，增加土壤结构的稳定性（Tisdall et al., 1982; Greene, 1989）。他们利用电镜扫描提供了微形态的证据，发现BSC土壤中的微生物可以通过EPS将土壤颗粒胶结在一起，形成球状的团粒结构（Greene & Chartres, 1990）。也有研究证明了BSC的作用，土壤中的菌丝体所分泌的黏液以及地下植物体可以和土壤中的小颗粒形成稳定的结构（Rogers, 1989）。风洞试验表明，BSC的存在能够显著提高表层土壤抗风蚀能力（王雪芹等, 2004; 张元明, 2007）。电镜扫描结果表明，BSC藻丝的机械束缚作用以及EPS增加了沙粒之间的粘合，增加了土壤结构的稳定性（张元明, 2005）。

在黄土高原水蚀过程中，土壤与土体的分离主要表现在两方面：一是雨滴溅到土壤表面的作用力（雨滴击溅），二是水流经过土壤表面的作用力（径流冲刷）。针对BSC对土壤水蚀的影响，研究者模拟单滴降雨，从能量的角度分析了BSC抗击水滴冲击的作用（Zhao, Qin, et al., 2014），发现随着BSC的演替，其覆盖土壤抗水蚀能力显著提高：蓝藻结皮、60%盖度的藓类结皮和80%盖度的藓类结皮的积累雨滴动能分别为0.93 J、20.18 J和24.59 J。李茹雪等（2017）比较了黄土地BSC与沙地BSC的发育特征及其生态功能异同，发现黄土地各植被下BSC的抗剪强度均显著高于沙地BSC（$p < 0.05$），黄土地一年生草本、多

年生草本及乔灌植被下BSC的抗剪强度分别比沙地BSC高出 9.2 kPa、21.9 kPa和20.9 kPa。通过比较减蚀效率和减蚀贡献率，发现两地BSC的减蚀效率均达到极显著水平（$p < 0.01$），且沙地BSC的减蚀效率比黄土地BSC高10.6%。在黄土丘陵区的试验证明，藓类、藻类、微生物等可以有效地对雨滴的击打进行缓冲，显著地缓解降雨对表层土壤的破坏。冉茂勇（2009）和秦宁强等（2011）通过实验证实了BSC自身复杂的结构增强了土壤抗雨滴击打的能力，增加BSC平均起始冲击时间和抗冲时间。同时，一方面，BSC覆盖可以减缓地表水分蒸发和雨水的直接渗透，促进土壤团粒结构的稳定形成，提高土壤保水性，增强土壤含水量的稳定，减缓水土流失（Gao et al., 2020）；另一方面，BSC覆盖可以改变土壤的水、气、热等因子及微生物的活性、种类、多样性，且能刺激土壤动物的活动，改善土壤结构和质量，从而抑制水蚀。

BSC理化特征和生物学特征均明显不同于物理结皮。一方面，BSC可通过光合作用及固氮过程增加土壤中的有机碳和有机氮，提高土壤肥力；另一方面，BSC还具有防止风蚀水蚀、维持土壤含水量、促进植被演替等功能（Li, Tian, et al., 2010），从而起到稳定生态系统的结构和功能的作用（李新荣, 回嵘, 等, 2016）。BSC在形成和发育过程中，不仅可通过生物化学反应途径固定大气中的氮和二氧化碳等物质，死亡的BSC残体也可成为土壤有机物，为固氮微生物和其他异养微生物生长提供碳源（唐凯等, 2018），共同增加BSC及下层土壤中多种微生物的生物量及群落结构多样性（唐凯等, 2018; 闫德仁等, 2020），并进一步形成复杂的微生物群落（李靖宇等, 2018）。随着BSC的发育，光合自养微生物减少，而细菌和真菌等异养微生物增加（吴丽, 2014）。其中，变形菌丰度和放线菌门丰度显著增加，蓝藻丰度则显著下降（李靖宇等, 2017）。浑善达克沙地BSC层及其下层土壤中的好氧不产氧细菌（刘柯澜等, 2011）和固氮菌（唐凯等, 2018）的群落多样性指数也呈逐渐增加的趋势。随着微生物群落的丰富，其所分解的植物残体可转化为土壤有机质和土壤腐殖质来改善土壤质量；

同时，微生物所分泌的EPS，可与金属螯合剂及肽共同作用，维持和浓缩钠、钾、镁、钙等土壤养分，造成BSC和下层土壤化学性质的巨大差异（Yu et al., 2014; Qi et al., 2018）。在此过程中所产生的碳素、氮素等营养物质则为脲酶、碱性磷酸酶、蛋白酶等多种酶提供反应底物，提高土壤中多种酶的活性（邱莉萍, 2007）。另外，BSC还可通过改变土壤含水量和温度等酶促反应条件来提高土壤酶活性（Guan et al., 1986; 王彦峰等, 2017）。土壤酶活性提高的同时为BSC加速土壤养分周转提供条件（Guan et al., 1986; 王彦峰等, 2017; Ghiloufi et al., 2019）。各土壤层中有机质、全氮、速效钾、全磷等养分含量的升高则促进了土壤中多种微生物的生长（臧逸飞等, 2016; 闫德仁等, 2020）。

4.1.3　提升沙地生态系统生产力

建立人工植被是沙区生态重建和沙害防治最为有效的方法和途径之一（Le Houerou, 2000; 李新荣, 赵洋, 等, 2014），但其成功的一个重要标志是BSC的形成与发育（李新荣, 赵洋, 等, 2014）。为防治包兰铁路沙坡头段的风沙危害，确保铁路安全运行，中国科学院和铁道部等单位于1956年起在包兰铁路沙坡头段南北两侧建立了人工植被生态防护体系（图4–2）。

随着地表的逐渐稳定和深层土壤含水量的消耗，灌木盖度下降，形成了大片“裸地”，BSC得以拓殖繁衍和演替，藓类结皮广泛分布在迎风坡和丘间低地，地衣结皮分布在丘顶，藻类结皮多分布于阳坡，混生结皮则在各地貌部位皆有分布，BSC常随水分差异、发育阶段、季节变化而呈现不同的颜色（图4–3）。腾格里沙漠人工固沙植被区具有不同演替序列的固沙植被，地表发育有处于不同演替阶段的、种类丰富的BSC，为利用空间代替时间的方法，在区域尺度上动态研究BSC促进沙化土地土壤保育提供了理想场所。

在干旱沙区，BSC常以斑块形式分布，因此研究人员很难基于实验室测

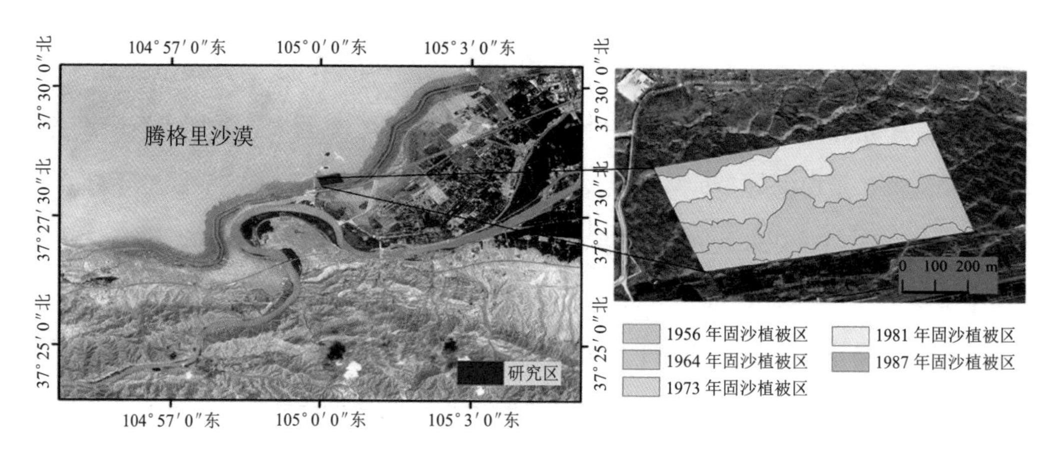

图4–2 研究区概况图

图4–3 腾格里沙漠人工固沙植被区BSC覆盖的地表景观（左: 干燥地表; 右: 湿润地表）

量或地块试验等方式准确获取其区域尺度的动态变化（程军回, 张元明, 2010; Dettweiler-Robinson et al., 2013），遥感技术为BSC在区域尺度上的时空监测提供了重要手段，而遥感应用研究的重要依据、遥感数据解析及定量分析的基础是地物光谱特征。

自20世纪90年代起，已有大量研究探讨了BSC的光谱特征。BSC中隐花植物包含的淀粉、纤维素、蜡、单宁、叶绿素和其他色素等可以在光谱分析中被识别（Karnieli et al., 1999; Escribano et al., 2010）。国内外学者依据BSC光谱特征构建了基于遥感影像提取的遥感指数，并将建立的遥感指数作为一些模型的输入参数，进行径流和侵蚀的模拟研究（Karnieli et al., 1999; Chen, Zhang, et al., 2005; Rozenstein et al., 2015）。

BSC光谱特征的研究表明，隐花植物在667－682 nm波段时具有叶绿素吸收特征（O'Neill, 1994; Chen, Zhang, et al., 2005; Escribano et al., 2010; Rozenstein et al., 2015）。隐花植物普遍具有变水特性，故而BSC吸水前后光谱差异较大，尤其是吸水后在约680 nm处反射率显著降低（O'Neill, 1994; Karnieli et al., 1999），具有与高等植物相同的光谱特性。

在植被遥感中广泛使用归一化差异植被指数（Normalized Difference Vegetation Index, NDVI）。NDVI是通过计算地物在近红外波段（NIR）和可见光红波段（R）的反射值得出的：NDVI =（NIR−R）/（NIR+R）。绿色健康植被由于可见光红波段受到叶绿素强烈吸收及近红外波段受到叶内部细胞结构反射和折射的共同影响而具有较高的NDVI。因此，NDVI在植被遥感中是植被生长速率及植被覆盖度的最佳指示因子。此外，NDVI能够部分消除由于太阳高度角、大气条件等引起的辐照条件变化，增强地表植被信号，因而常用于植被覆盖动态分析及各类模型进行叶面积指数、叶绿素含量、净初级生产量（NPP）等植被生态参数估算（赵英时等, 2003; Pettorelli et al., 2005）。

由于隐花植物的变水特性有别于维管束植物的物候节律，因而其NDVI的水分变异性和季节变异性变大（Karnieli et al., 1999; Karnieli, 2003; Fang et al., 2015），而且不同演替阶段BSC因其形态结构和光合生理特征不同而差异较大（Zaady et al., 2000; 徐杰等, 2005; 张元明, 2005; Housman et al., 2006; Zhang et al., 2015），且其分布随地形变化差异较大（王雪芹等, 2006; 程军回, 张元明, 2010; 赵允格等, 2010）造成其NDVI差异较大，从而引起干旱半干旱区NDVI

的不稳定性。干湿结皮NDVI/光谱的差异既为BSC动态变化的遥感监测提供了重要思路，同时也给干旱沙区以NDVI为基本参量的高精度植被动态变化研究带来了困难（Karnieli et al., 1996; 房世波, 张新时, 2011; Fang et al., 2015）。

20世纪初期，尽管很多研究认识到BSC在陆地生态系统中的重要作用，但利用遥感监测绘制其分布的研究并不多见。20世纪90年代以来，BSC遥感监测研究日益成为BSC生态学研究的热点。到目前为止，国内外学者对BSC在可见光波段、近红外波段、短波红外波段及热红外波段的反射或发射光谱特征已有了比较清楚的认识。基于BSC光谱特征，针对不同的研究目的，国内外学者构建了BSC遥感指数，并利用卫星遥感系统获取了不同地区的BSC空间分布（O'Neill, 1994; Karnieli, 1997; Chen, Zhang, et al., 2005; Chen, Li, et al., 2005; Weber et al., 2008; Escribano et al., 2010; Rodríguez-Caballero et al., 2014）。

在BSC光谱特征及遥感指数研究方面，一些研究表明，与裸土相比，蓝藻结皮整体的反射率值较低（O'Neill, 1994; Pinker & Karnieli, 1995; Weber et al., 2008）。在较短波长（约430 nm）处，藻胆素引起蓝藻结皮反射率细微的增加，他们基于该特征构建了用于区分蓝藻结皮和裸土的结皮指数（CI）（Karnieli & Tsoar, 1995, 1996），然后利用Landsat影像提取了以色列地区的BSC信息（Karnieli, 1997）。但CI增强了不同地貌和岩性之间的光谱对比，没有提供适应于不同丰度BSC的光谱范围，因此不适用于非蓝藻优势种的BSC（Chen, Zhang, et al., 2005; Chen, Li, et al., 2005）。

地衣结皮在红光波段的反射率远低于裸沙、干燥植物及光合植被等地物（Chen, Zhang, et al., 2005; Chen, Li, et al., 2005），基于这一特征，研究者构建了生物结皮指数（BSCI），并基于Landsat（ETM+）影像提取了古尔班通古特沙漠的BSC信息。但是BSCI必须在维管束植物不具有光合活性的条件下应用。该指数并不能应用于南非地区的BSC提取的研究（Weber et al., 2008）。

一些学者注意到不同BSC光谱特性的微小偏差，提出连续统去除法，即将反射光谱中的连续谱建模为数学函数，用来分析结皮特定的吸收特征（Clark & Roush, 1984），并使用该方法区分了不同季节生长的BSC（Escribano et al., 2010）。随着高光谱遥感的进一步发展，高光谱传感器可以识别BSC中隐花植物中叶绿素、类胡萝卜素和藻胆素相关的细微光谱特征（Rodríguez-Caballero et al., 2014）。随后一些学者利用该方法建立了一些区分BSC和非BSC（Weber et al., 2008），以及区分不同类型BSC的指标（Chamizo, Cantón, Lázaro, et al., 2012）。例如，利用高光谱连续谱去除BSC识别算法（CRCIA），将该指数应用于高光谱CASI数据时，可以识别超过30%BSC盖度的像元（Weber et al., 2008）。高光谱分辨率的重要性已在很多研究中得到了证实（Pinet et al., 2006; Ustin et al., 2009; Escribano et al., 2010）。

一些学者将BSC的检测表达为光谱混合分析（SMA）（BSC、裸沙、光合或干燥植物及其阴影构成的背景）问题，采用直接估算各端元的比例丰度而去除非BSC端元的影响（Chen, Zhang, et al., 2005; Weber et al., 2008）。之后有研究基于高光谱CASI数据，将支持向量机法与SMA应用于整个影像或更均匀的地面区分不同类型BSC时，发现所有线性SMA模型的模拟误差较大，并且有大量地物丰度小于0或大于100%（Rodríguez-Caballero et al., 2014）。因此，有学者建议用有效的多端元概念取代简单的SMA，包括自动检测所需的端元（García-Haro et al., 2005; Rogge et al., 2006）。例如，将多端元SMA（MESMA）应用于预分层地物时，提高了分类精度（Rodríguez-Caballero et al., 2014）。

如上所述，隐花植物在667－682 nm波长处具有叶绿素吸收特征。其中，地衣结皮在670－680 nm波长处的叶绿素吸收作用较弱（地衣整体反射率较高，遮蔽了叶绿素吸收特征），而其他类型BSC的吸收作用十分明显（Weber et al., 2008; Escribano et al., 2010），尤其是藓类结皮（Karnieli et al., 1999; Chen et al., 2005）。很多研究也发现BSC吸水后其光谱的变化特征表现为整体反射率较低，约680nm处的吸收增加（O'Neill, 1994; Karnieli & Sarafis, 1996; Karnieli, 1999），这是由于BSC内物质（如蓝藻）的移动（Danin, 1991; Garcia-Pichel & Pringault, 2001）或新的叶绿素a的形成所致。学者也研究了不同供水条件下BSC的光谱响应规律，发现BSC吸水后反射率整体下降，供试样品逐渐干燥后，其约680 nm处反射率值仍低于初始状态，这表明有机体向表面移动或形成了新的叶绿素（Rodríguez-Caballero et al., 2015）。也有一些研究表明BSC持续的湿润状态可能会对BSC的光谱特性产生长期影响。在以色列地区的研究发现，维管束植物光谱随雨季和旱季周期变化而有周期波动，表现为降雨两周后在约680 nm处有明显的吸收峰，在约700 nm处反射率明显上升（Karnieli et al., 2002）；在旱季，反射率的最大值和最小值逐渐消失；旱季结束时，BSC光谱接近裸土。但BSC光谱在此期间没有发生显著变化，由此认为太阳光和/或UV辐射可能是造成BSC年内光谱改变的原因（Weber & Hill, 2016）。

很多研究注意到干湿结皮NDVI差异。在以色列地区的研究发现，湿润藻结皮和苔藓结皮NDVI值分别高达0.22和0.30，而干燥BSC NDVI与裸土相近，仅为0.08（Karnieli et al., 1996, 1999）。因此，他们认为湿BSC较高的NDVI值可能被误认为维管束植物，而干BSC NDVI可忽略不计。也有研究发现，藓类结皮NDVI会引起干旱半干旱区NDVI的不稳定（房世波，张新时，2011）。在分析了BSC盖度和水分状况对NDVI的影响后，发现NDVI随着结皮盖度的增加而增大，并且植被覆盖低时该影响更大（Rodríguez-Caballero et al., 2015）。

由于结皮在约680 nm处的光谱反射与BSC叶绿素含量相关，利用BSC NDVI值推导其碳通量具有可行性（Burgheimer et al., 2006a, b）。但在较高的时间分辨率下，土壤含水量和光照强度等环境因子强烈影响二氧化碳气体交换值，而NDVI值保持稳定。因此，在沙地及黄土环境中NDVI值与BSC碳通量之间相关性较小。尽管如此，NDVI仍被认为是检测BSC季节性光合作用活性的有效指标。有学者曾提出基于遥感监测获取BSC空间分布，从而在区域尺度提取BSC光合活性和碳通量（Burgheimer et al., 2006a, b）。也有学者发现结皮的叶绿素荧光测量与NDVI和光化学反射指数（PRI）相关（Yamano et al., 2006）。湿润藓类结皮的PRI值与Fv / Fm[①]显著相关，湿润地衣结皮Fv / Fm与PRI和NDVI均呈正相关。

干扰显著影响BSC NDVI，对BSC地表进行践踏和刮擦干扰会引起该地表反照率的增加（Chamizo, Cantón, Lázaro, et al., 2012）。干扰导致浅色土壤在反射光谱中变得更占优势，BSC光谱接近裸土。此外，践踏和刮擦使地表粗糙度降低，导致地表反射率增加，机械干扰也具有相似的效果（Ustin et al., 2009）。NDVI和亮度指数（BI）可以反映BSC在遭受干扰后逐渐恢复过程中的演替变化（Zaady et al., 2007）。其在以色列地区的研究表明，受到BSC刮擦干扰逐渐恢复的6年中，BI下降，而NDVI增加。在未受干扰的对照样地上也发现这样的规律，但变化程度较小。

有学者利用热红外发射仪研究了不同类型BSC的发射特性，以此构建了热结皮指数（TCI）用于区分不同演替阶段BSC（Rozenstein & Karnieli et al., 2014）。但由于目前可用的热红外遥感系统空间分辨率较低，该研究仅展示了不同演替阶段BSC的发射光谱差异，没有基于卫星影像进行实践。该研究也发现，结合TCI和NDVI能够增强植被信号，便于较好地区分结皮和植被背景。

关于BSC遥感动态监测的研究大多数集中在近地高光谱、航空和航天遥感系统。无人机低空遥感系统弥补了航空和航天遥感系统在空间分辨率、时间分辨率等方面的缺陷，也是联结微观尺度、中观尺度和宏观尺度生态研究的重要手段（孙中宇等, 2017），为BSC动态变化监测的跨尺度综合研究提供了重要机遇。尽管基于光谱特征进行BSC遥感制图的研究已有报道，然而区分BSC和其他地表覆盖物的通用方法尚未构建，并且尚未提出区分不同类型、不同演替阶段BSC的方法体系（Chamizo et al., 2012）。虽然已有少量研究证实了不同演替阶段、不同类型BSC的光谱特征存在差异，并认为依托光谱分析能够

① 光系统Ⅱ最大光化学量子产量，可反映光系统Ⅱ的光能转换效率。

识别BSC的种类组成和演替阶段（Zaady et al., 2007; Ustin et al., 2009; Chamizo et al., 2012），也有很多研究注意到结皮NDVI对干旱沙区NDVI稳定性的影响（Karnieli et al., 1996, 1999; 房世波，张新时，2011; Rodríguez-Caballero et al., 2015），但是这些研究涉及的结皮种类较少，特别是缺乏同种类型不同发育程度BSC的差异比较。

鉴于此，我们以腾格里沙漠不同演替序列的人工固沙植被区中发育的BSC及主要固沙灌木为研究对象，采用空间代时间的方法，综合运用高分1号卫星、低空无人机及地面调查多平台遥感观测手段（图4–4），旨在研究固沙植被演替过程中BSC NDVI的变化特征及其对降水和温度变化的响应规律，量化BSC NDVI在该固沙生态系统中的贡献，在区域尺度上揭示BSC在沙区土壤保育中的作用。

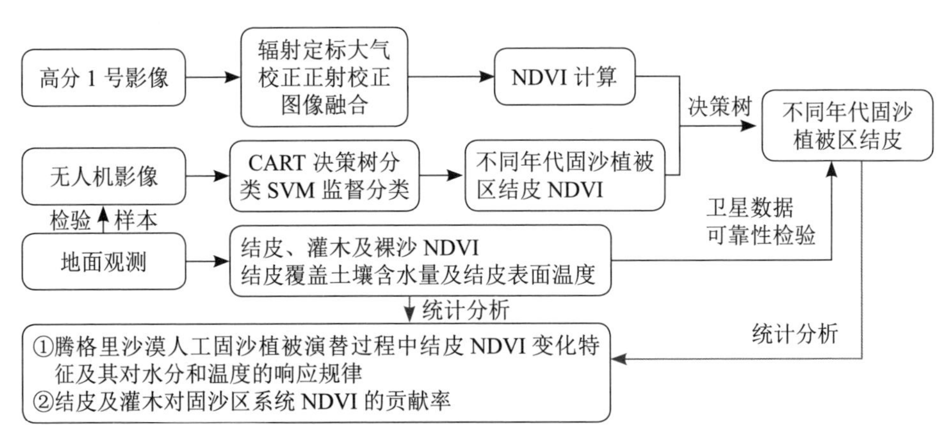

图4–4 BSC对沙地生态系统地表生产力贡献的技术路线

基于无人机影像提取的BSC面积约为0.112206 平方千米，盖度达到50.22%，并且BSC盖度随着固沙植被演替而逐渐增加（图4–5; 表4–1），这与地面样方调查获取的不同年代固沙植被区BSC盖度变化规律一致。与无人机分类统计结果相比较，地面样方调查获取的BSC盖度较高，固沙植被区BSC盖度在1956年达到85%以上。

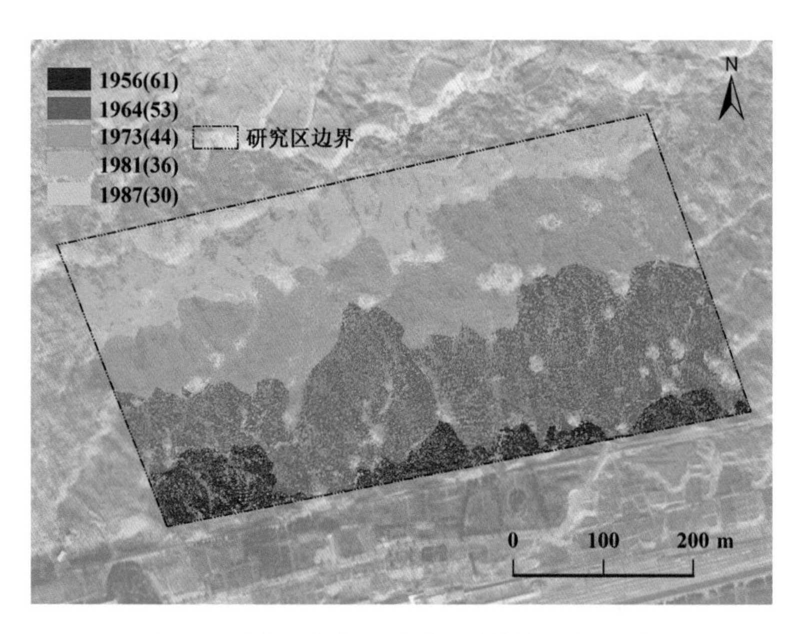

图4-5　腾格里沙漠不同年代固沙植被区BSC分布

表4-1　腾格里沙漠人工固沙植被区BSC分布面积

固沙植被建立年份［固沙年限（a）］	BSC面积（km^2）	BSC盖度（%）
1956 (61)	0.011561	56.77
1964 (53)	0.044703	53.00
1973 (44)	0.032431	49.09
1981 (36)	0.020228	46.63
1987 (30)	0.003283	46.41
总计	0.112206	50.22

整个研究区NDVI值范围在0.07－0.24之间。研究区不同季节相比较，春、秋两季NDVI分布格局相似（图4–6），而冬季NDVI值低于其他季节。BSC NDVI值范围与研究区一致，其NDVI分布格局与研究区相似（图4–7）。BSC

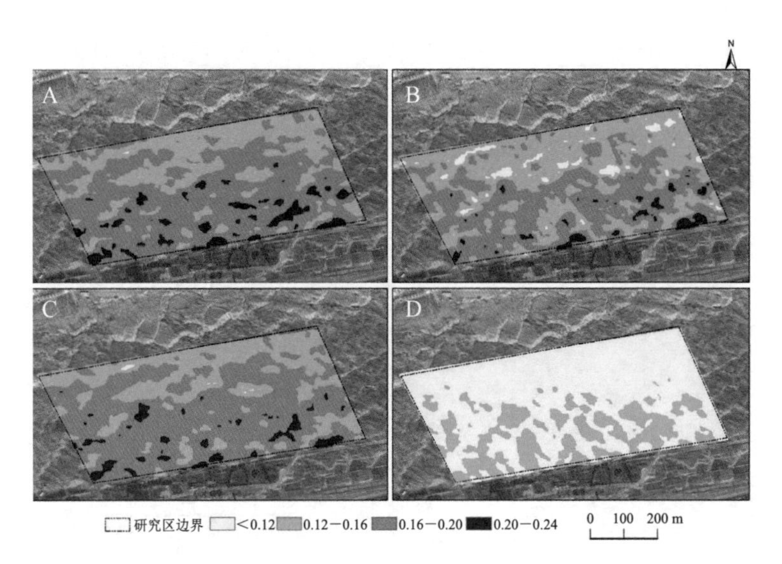

图4–6　腾格里沙漠人工固沙植被区NDVI季节变化（A: 春季; B: 夏季; C: 秋季; D: 冬季）

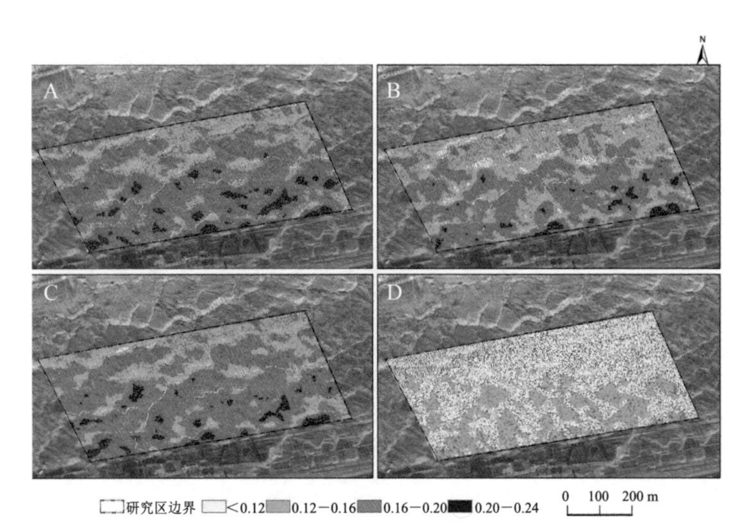

图4–7　腾格里沙漠人工固沙植被区BSC NDVI季节变化（A: 春季; B: 夏季; C: 秋季; D: 冬季）

NDVI频率分布近似正态分布（图4–8），说明由频率直方图估算得到的BSC NDVI均值和方差接近其真实值。

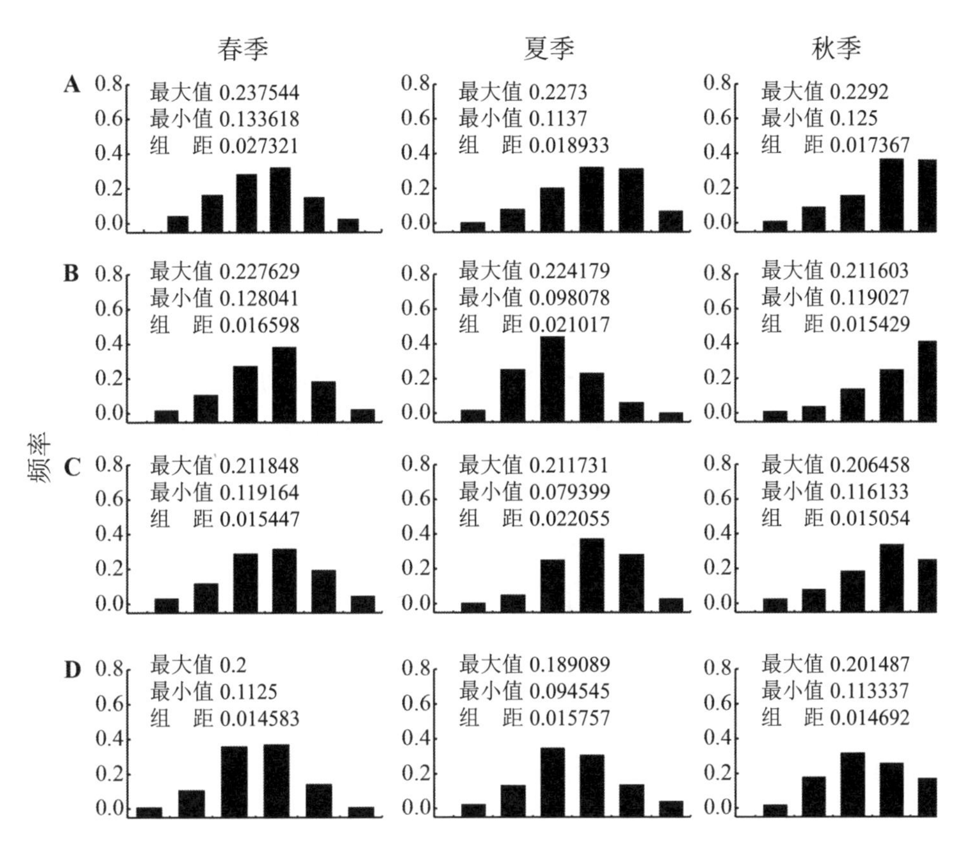

图4–8　腾格里沙漠不同年代固沙植被区BSC NDVI频率分布图（A: 1956年; B: 1964年; C: 1973年; D: 1981年）

BSC发育及演替特征常用于指示沙区生态系统稳定水平和受损生态系统恢复程度（李新荣, 2010）。虽然传统生态学基于实验室对BSC生物理化性质的分析进行演替方面的研究最为可靠、准确，但这种方式破坏性大，耗费人力物力，且无法在大尺度上评估BSC演替变化（Chamizo, Cantón, Lázaro, et al., 2012）。本研究发现，湿润BSC NDVI对BSC演替变化具有良好的指示作用

（图4–9，图4–10），且在夏季降水量大于2.5 mm时，同一固沙区不同类型BSC的NDVI也差异显著，这表明利用湿BSC NDVI并结合气象资料在区域尺度上区分BSC演替阶段的可行性。

隐花植物在667－682 nm波长处具有叶绿素吸收特征，表明使用NDVI指数识别BSC的可能性，但处于0.05－0.25之间的NDVI值对大范围的土壤光谱同样典型（Price, 1993）。而因受水分限制，沙区地表往往表现为植被斑块以及斑块间BSC或裸地镶嵌的景观（Li et al., 2006），如本研究区维管束植物和隐花植物镶嵌分布的格局特点。这意味着在单幅影像上利用NDVI很难区别BSC和非BSC地物。研究也发现BSC NDVI分布格局与研究区NDVI分布格局基本相同，并且在单幅影像上通过分割NDVI阈值较难区别结皮和植被。冯秀绒等（2015）在毛乌素沙地的研究提供了一种方法，即结合NDVI和BSCI及DEM数据提取结皮影像，并在TM影像上提取了BSC盖度在33%－100%之间的像元，但该方法还需在非纯净BSC像元中通过光谱混合分析去除非BSC端元。对夏秋季节BSC光谱差异的研究指出，BSC光谱的季节差异可以为BSC遥感解译中影像的时相选择提供依据，但未给出具体的操作方法（Fang et al., 2015）。相比维管束植物，BSC可以立即对水分可用性作出响应（Belnap & Lange, 2003），并且干湿BSC光谱差异显著（Karnieli, 1999; 房世波等, 2008; Weber & Hill, 2016），这为BSC遥感监测提供了新思路。本研究中不同演替阶段、不同类型BSC NDVI差异显著（图4–9），并且其干湿NDVI差值也不相同（图4–10）。因此基于干湿BSC的光谱差异，通过干湿BSC NDVI差值方法在宏观尺度提取BSC并分析BSC演替过程具有可行性。然而BSC和非BSC背景的空间分离取决于BSC湿润时间段内卫星观测的可用性。高空间分辨率卫星影像能够获取BSC动态变化更详细的信息，但往往重返周期较长。虽然存在高空间分辨率和高时间分辨率的卫星观测系统（如SPOTs和WorldView），但这些卫星系统较难有效应对干旱沙区变率较大的降水和温度（Weber & Hill, 2016）。虽然我们期

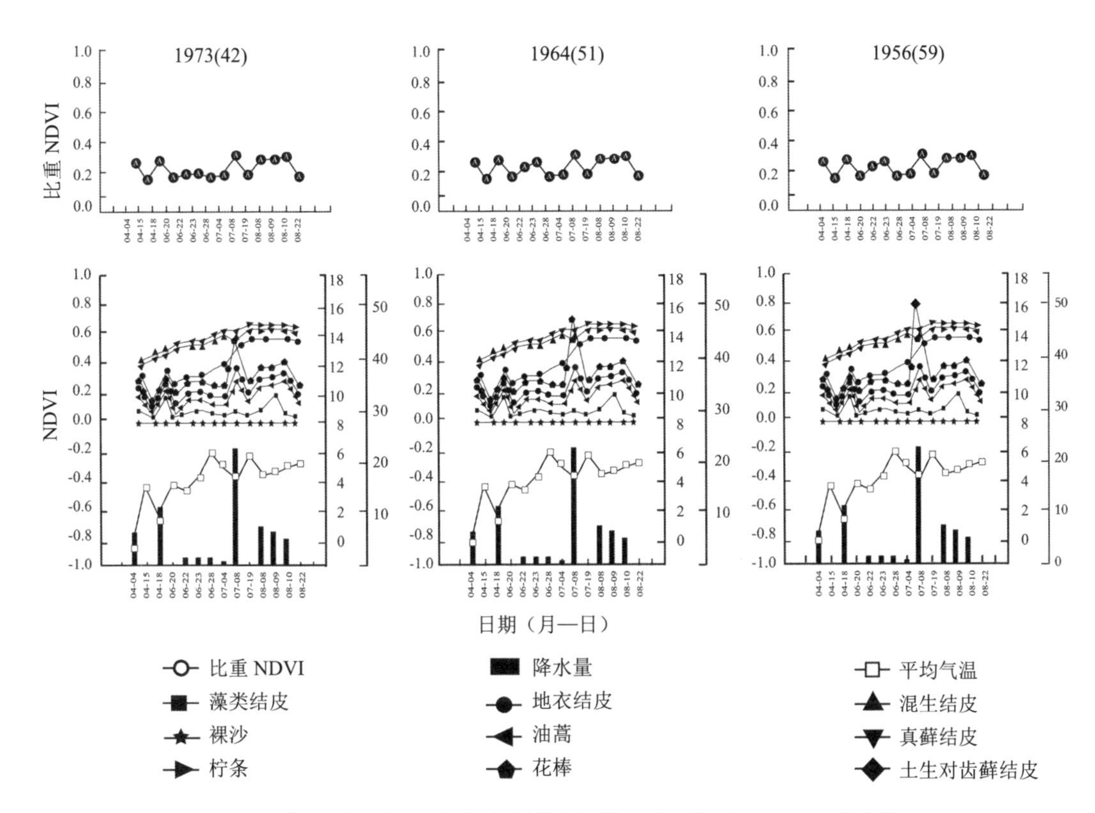

图4-9　腾格里沙漠人工固沙植被演替过程中不同地物NDVI季节变化

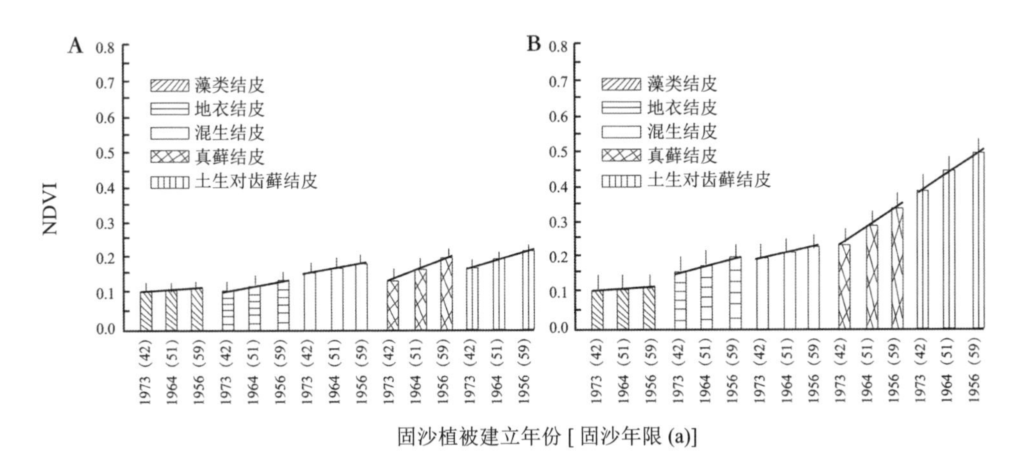

图4-10　基于近地光谱仪的腾格里沙漠人工固沙植被演替过程BSC NDVI变化特征

A: 干BSC; B: 湿BSC

望采用这种方式进行BSC提取研究，但没有可用于干湿BSC NDVI差值对比的相近时相的GF影像。

以往干旱半干旱区应用NDVI进行植被动态解译和生产力估算研究时，BSC的作用常被忽略。直到20世纪90年代起，BSC对干旱半干旱沙区NDVI的稳定性影响才逐渐受到重视，基于遥感技术的BSC覆盖度提取研究逐渐增加（Karnieli et al., 1996, 1999）。BSC NDVI对固沙区系统NDVI的贡献率较高（图4-6; 图4-11），这表明如果忽略BSC NDVI在沙区生态遥感中的作用，将增加遥感估算的误差。此外，与地面调查相比较，无人机影像提取的生物结皮覆盖度较小，这是因为分布在灌木以及灌木阴影下的结皮在影像上会被错分为非结皮像元（灌木和灌木阴影），这也是目前存在的技术难题，还需要进一步解决。值得注意的是，这部分BSC由于灌木遮阴以及灌木下方水分条件较好，发育良好，可能具有更高的NDVI，从而造成维管束植物生态遥感反演结果出现更大的误差。

以往绝大多数研究非常关注藓类结皮盖度对其覆盖区域短时间内NDVI稳定性的影响，但未同时考虑BSC的演替变化（房世波, 张新时, 2011）和季节生长（Karnieli et al., 1996; Rodríguez-Caballero et al., 2015）。由于干旱沙区降水变率较大，而不同类型BSC分布随地形变化差异较大，并且不同类型BSC及同一类型不同演替时间的BSC厚度存在差异，对降水的再分配具有不同影响。因此，即使在同一时间，BSC覆盖土壤表土层水分状况也不同，由此引起BSC NDVI空间变异。BSC NDVI随降水变化的波动程度受到BSC总盖度、BSC类型及同一类型不同演替时间的BSC覆盖比例的影响，BSC总盖度中发育水平越高和发育时间越长的BSC，其覆盖比例越高，区域NDVI随降水的波动越大，并且夏季波动程度大于春季（图4-9）。因此，在干旱沙区利用植被指数进行生态遥感分析时，应该对影像获取前的气象资料尤其是降水资料予以重视，以期利用BSC对降水和气温的响应规律进行沙区植被遥感分析。

本研究中发现基于卫星影像提取的BSC NDVI值（图4–11）低于基于近地光谱仪提取的NDVI值（图4–9; 图4–10），其范围为0.07－0.24。该结果与冯秀绒等（2015）基于TM影像确定的毛乌素沙地BSC NDVI范围相似。卫星和光谱仪NDVI观测数据之间的差异可能是传感器光谱响应的差异所致（卫炜等，2015）。近地光谱由主动式光谱仪采集，没有套用GF–1通道响应函数来获取卫星通道入瞳处的通道等效反射，而是通过自带软件计算地物NDVI，而GF–1的光谱范围包含了近地观测光谱仪计算NDVI所使用的光谱范围。另外，两种观测数据间的差异也可能与两种数据源的空间分辨率差异以及获取NDVI数据时的地表水分状况有关。但由以上两种数据源分析得出的腾格里沙漠人工固沙植被演替过程中BSC NDVI的变化特征相同，说明GF–1遥感产品在研究BSC演替方面的真实可靠性。

与维管束植物相比，在水分充足时，BSC在较低的温度和较弱的光照条件下也能进行光合作用（Lange et al., 1998; Belnap & Lange, 2003）。近地光谱仪数据分析表明，春季降水后，藓类结皮NDVI显著高于油蒿、花棒和柠条等灌木（图4–9），若考虑各不同地物在固沙区的盖度权重时，BSC对固沙区系统NDVI的贡献高达90.01 ± 2.16%（图4–12）。在以色列地区的近地光谱仪数据分析表明，与维管束植物相比，BSC对该地区早春NDVI峰值贡献更大（Schmidt & Karnieli, 2002）。对鄂尔多斯地区的近地光谱仪数据的分析表明，夏季湿润藓类结皮的NDVI（0.66）低于油蒿（0.74）（Fang et al., 2015）。我们的研究表明，夏季降水较高时湿润藓类结皮NDVI显著低于油蒿，但与柠条和花棒相近，并且BSC对固沙区系统NDVI的贡献仍然高于灌木。随着固沙植被演替的进行，BSC对固沙区系统NDVI的贡献率逐渐增加，而灌木的贡献率逐渐降低（图4–12），这与固沙植被及BSC的演替过程密切相关。固沙灌木幼苗的多度与浅层土壤含水量关系密切，随着固沙植被建立时间的延长，灌木群落生物量呈现降低趋势（冯丽等，2009; Li, Li, Chen, et al., 2014; Li, Li, Zhang, et al., 2014），

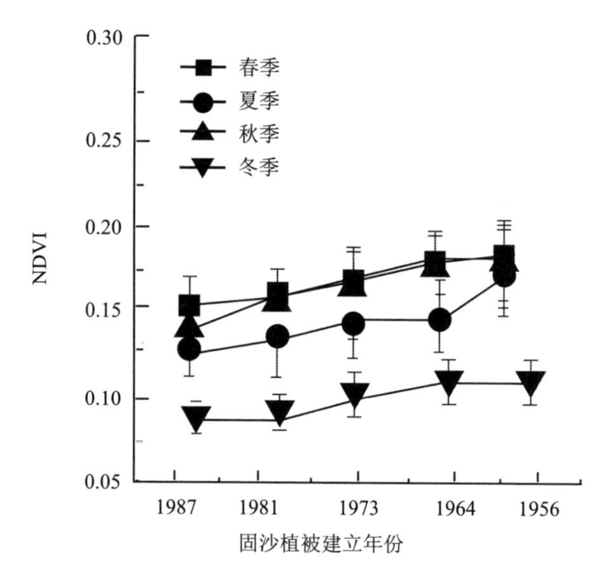

图4-11 基于GF-1的腾格里沙漠人工固沙植被演替过程中BSC NDVI变化特征

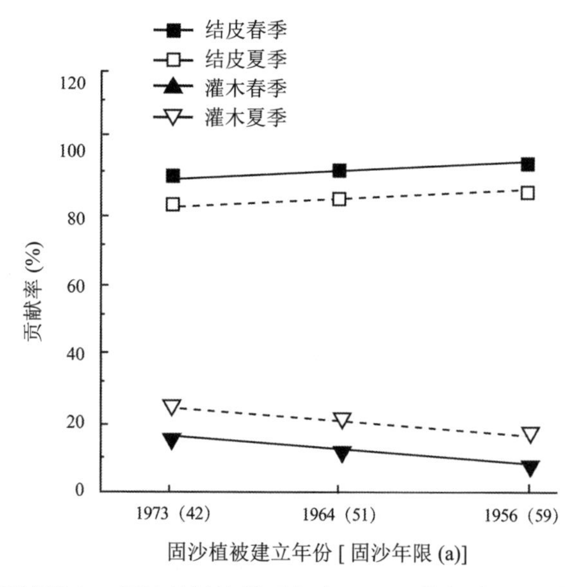

图4-12 腾格里沙漠人工固沙植被演替过程中BSC及灌木对固沙区系统NDVI的贡献率

而隐花植物种的丰富度和盖度逐渐增加（李新荣等, 2010）。固沙植被建立50年后，灌木的贡献率降低趋势不明显，这与固沙区灌木盖度趋于稳定有关，本质上是由于结皮层和表土层蚂蚁等土壤生物活动的加强促进了降水对深层土壤含水量的补给（Li et al., 2011; 陈应武等, 2007）。鉴于固沙区地表覆盖物NDVI变化规律与植被演替特征具有较高的一致性，NDVI可以作为重要指标来衡量固沙植被及BSC的演替变化。

卫星影像的BSC NDVI数据分析发现，夏季BSC NDVI与春秋季差异较小，夏季甚至低于春季和秋季（图4–11），这主要与影像获取时研究区土壤含水量状况有关。在春季，影像获取前一日有降水，并且地表温度较低，蒸散速率低，因此地表可以较长时间地维持湿润。在秋季，虽然降水与卫星观测间隔时间较长，但影像获取前一周至影像获取时的累积降水量高，并且同样因为秋季地表温度低，地表水分蒸散慢等原因，造成卫星观测时土壤含水量状况较好。而在夏季，降水与卫星观测间隔时间较长并且降水量较少，在地面温度较高的情况下，地表水分蒸散速率高，因此卫星观测时土壤含水量状况相对较低。

已有研究表明，BSC NDVI值的高低受到其光合色素含量和光合组织器官结构的共同影响（Dody et al., 2011; Fischer et al., 2012; Weber & Hill, 2016），而BSC演替过程中形态结构和光合生理特征差异较大（贾荣亮, 2009;王媛等, 2014; Zhang & Zhang, 2014）。首先，从外表看，藻类结皮薄而脆，表面平滑；地衣结皮则较粗糙，表面常有褶皱突起；藓类结皮表现出藓类植物密集丛生特征（王雪芹等, 2011），并且不同种类藓类结皮存在差异：土生对齿藓结皮高度和粗糙度均高于真藓结皮（Jia et al., 2008）。其次，比较叶细胞结构发现，土生对齿藓厚且多疣而真藓叶细胞壁薄且平滑（田桂泉等, 2005）。最后，藓类结皮叶绿素含量高于地衣和藻类结皮（Belnap & Lange, 2003），是BSC生物量的主要贡献者（李新荣, 回嵘, 等, 2016）。

藓类结皮植株体集中了几乎全部的光合色素，地衣结皮叶状体集中了大部分的叶绿素a，而藻类结皮叶绿素a多集中在其紧密胶结的土壤层（吴丽，2012）。也有研究表明，BSC粗糙度和厚度（徐杰等，2005; Jia et al., 2008; 王媛等，2014）、生物量（Li et al., 2003; 徐杰等，2005）、叶绿素含量、光合速率、PSII光化学效率等会随BSC发育时间的增加而增加（Zaady et al., 2000; Housman et al., 2006; 李新荣，2010; 苏延桂等，2010; Zhang & Zhang, 2014）。上述这些变化导致不同类型BSC NDVI差异较大，同时，研究人员发现BSC NDVI随固沙植被演替逐渐增加。伴随固沙植被演替，BSC总盖度逐渐增加，其中藻类结皮在BSC总盖度中所占的比例逐渐减小，地衣结皮、藓类结皮和混生结皮则逐渐增加。真藓结皮在藓类结皮总盖度中所占的比例逐渐减小，而土生对齿藓结皮则逐渐增加（赵芸等，2017）。这说明随着固沙植被的演替，对固沙区BSC NDVI贡献越高的BSC类型所占比例越大。基于卫星光谱数据的分析发现，BSC NDVI随固沙植被演替逐渐增大，并且湿BSC NDVI与固沙年限的相关性更高。在以色列地区对BSC遭受刮擦干扰后6年恢复过程中的NDVI变化特征的研究发现，BSC NDVI与其演替时间呈显著正相关关系，并且这种相关性在雨季比旱季更高，这可能与BSC演替过程中其隐花植物的组成变化相关（Zaady et al., 2007）。在同一地区的研究也认为NDVI是BSC生长速率的有效指标（Dody et al., 2011）。

此外，本研究基于近地光谱仪数据的分析发现，随着固沙植被演替，同一类型BSC NDVI逐渐增加，并且湿BSC NDVI与演替时间具有更高的相关性（图4-10）。逐步回归的结果也显示，固沙植被演替年龄（指示BSC发育年龄）是影响BSC NDVI的重要因素（表4-2），这表明NDVI这一指标对于BSC演替研究的潜力和重要性。目前，国内外BSC NDVI研究多侧重于不同类型BSC NDVI变化特征，而对同一类型不同演替序列BSC NDVI变化特征研究较少，我们的研究在一定程度上弥补了这一空白。

表4-2　BSC NDVI与固沙植被演替年龄、降水量、气温、BSC表面温度及BSC覆盖土壤浅层含水量的逐步回归方程

结皮类型	拟合方程	R^2	p
藻类结皮	NDVI = 0.146+0.006P–0.002ST+0.001 A–0.001T	0.494	< 0.01
地衣结皮	NDVI = 0.002+0.021 P+0.004A+0.002T–0.002 ST	0.663	< 0.01
混生结皮	NDVI = 0.163+0.027 P–0.002 T+0.002 A–0.002ST	0.801	< 0.01
真藓结皮	NDVI = 0.093+0.024M+0.005A–0.004T+0.015 P–0.002ST	0.707	< 0.01
土生对齿藓结皮	NDVI = –0.057+0.037 M+0.007 A+0.024 P	0.819	< 0.01

注: A: 固沙植被演替年龄; M: 结皮覆盖土壤浅层含水量; P: 降水量; ST: 结皮表面温度; T: 日平均气温。

BSC生物体如藻类、地衣、藓类等隐花植物多具有变水特征，其生理活性对水分变化极度敏感。与维管束植物相比，BSC生物体在干燥复水后能迅速恢复光合作用，而且少量水分即能刺激其进行光合作用。尽管BSC生物活性的恢复与激活对水分的需求远远低于维管束植物，但其覆盖下的表层土壤的湿度对其存在和发展起着十分重要的作用（李新荣, 张志山, 等, 2016; 李新荣, 回嵘, 等, 2016）。近地光谱仪的数据分析发现，BSC NDVI与其覆盖土壤浅层含水量呈显著正相关（图4–13）。对以色列地区的研究认为，BSC吸水后NDVI的增加可能与物质的移动和叶绿素的合成相关（Karnieli et al., 1996）。我们的研究也认为，BSC吸水后，一方面加深了BSC光谱的叶绿素吸收特征，另一方面也改变了BSC细胞结构及形态结构。比如，真藓结皮被水湿润时，其配子体呈鲜绿色，体积增大，脱水时叶细胞壁变薄，配子体变为暗绿色（李新荣, 张志山, 等, 2016; 李新荣, 回嵘, 等, 2016），形态结构差异引起地表反射率的变化。此外，降水前后BSC NDVI差异随降水量的增加而增大：当降水量不足1 mm时，

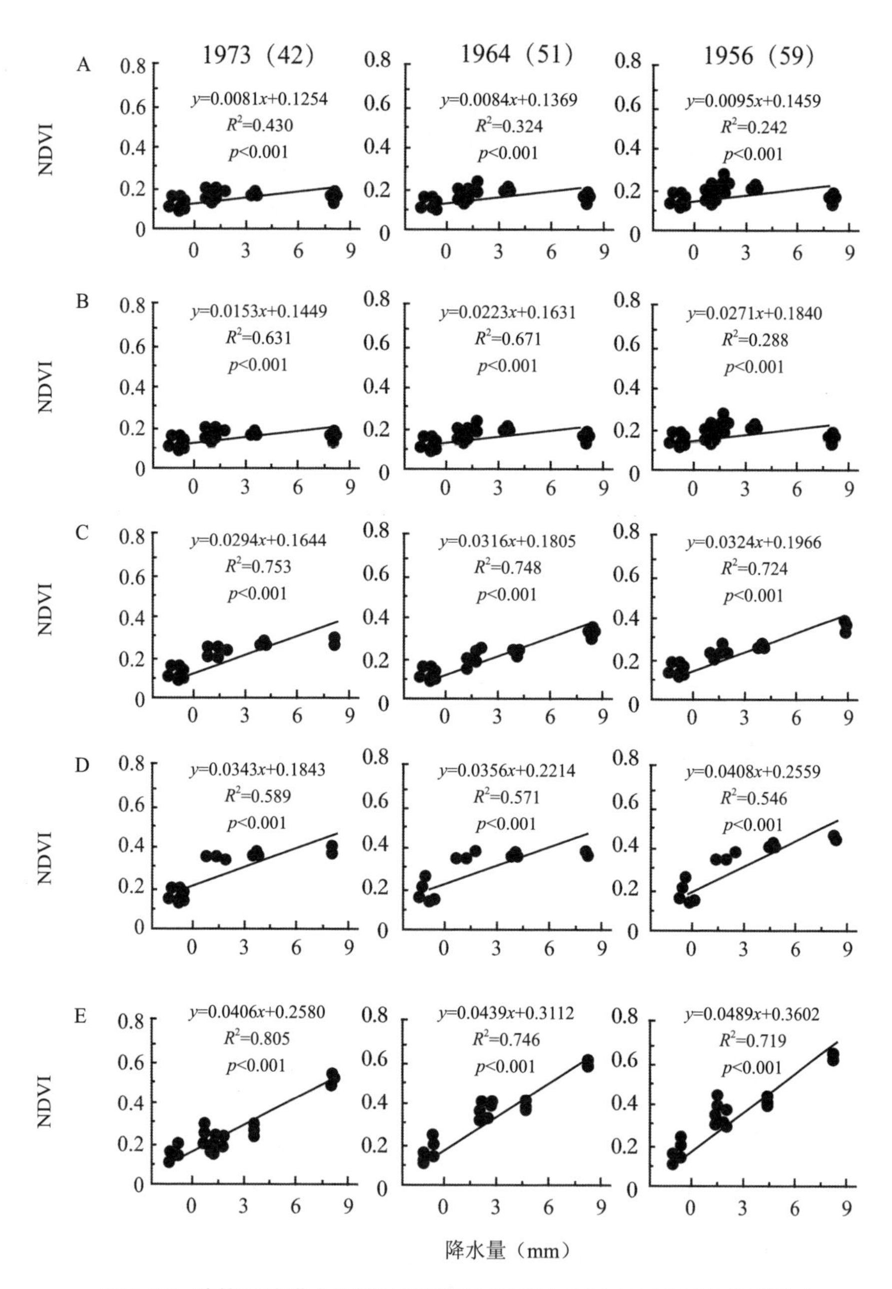

图4-13　腾格里沙漠人工固沙植被演替过程中BSC NDVI对水分的响应

A、F藻类结皮；B、G地衣结皮；C、H混生结皮；D、I真藓结皮；E、J土生对齿藓结皮，降水量为观测前一日至观测时的累积降水量

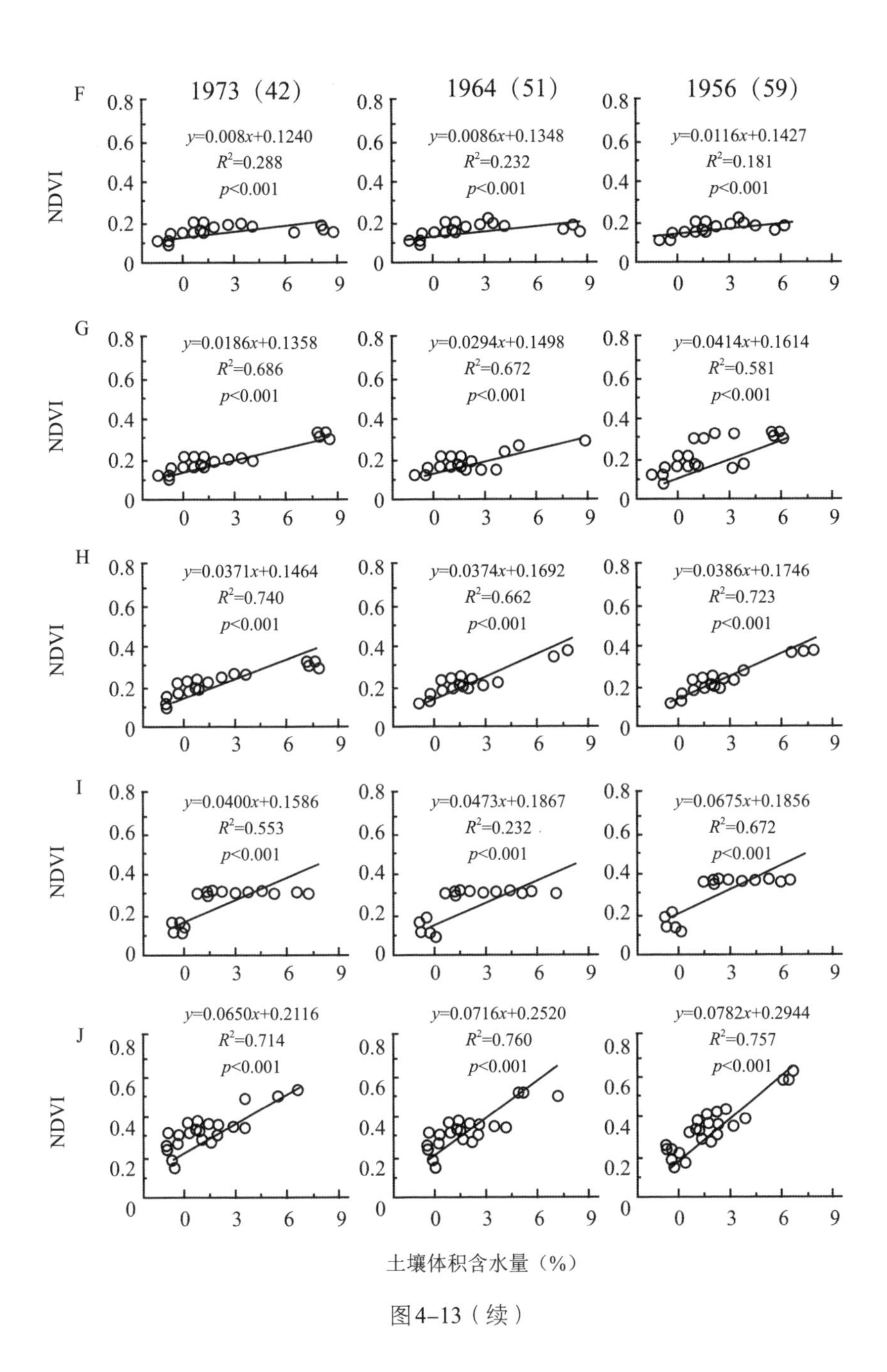

F
1973（42）
1964（51）
1956（59）
y=0.008x+0.1240
R2=0.288
p<0.001
y=0.0086x+0.1348
R2=0.232
p<0.001
y=0.0116x+0.1427
R2=0.181
p<0.001
G
y=0.0186x+0.1358
R2=0.686
p<0.001
y=0.0294x+0.1498
R2=0.672
p<0.001
y=0.0414x+0.1614
R2=0.581
p<0.001
H
y=0.0371x+0.1464
R2=0.740
p<0.001
y=0.0374x+0.1692
R2=0.662
p<0.001
y=0.0386x+0.1746
R2=0.723
p<0.001
I
y=0.0400x+0.1586
R2=0.553
p<0.001
y=0.0473x+0.1867
R2=0.232
p<0.001
y=0.0675x+0.1856
R2=0.672
p<0.001
J
y=0.0650x+0.2116
R2=0.714
p<0.001
y=0.0716x+0.2520
R2=0.760
p<0.001
y=0.0782x+0.2944
R2=0.757
p<0.001
NDVI
0.8
0.6
0.4
0.2
0
0
3
6
9
土壤体积含水量（%）

图4-13（续）

降水前后干、湿BSC NDVI平均差值为0.04；当降水量为2－5 mm时，降水前后干、湿BSC NDVI平均差值为0.16；当降水量为8.6 mm时，干、湿BSC NDVI平均差值为0.21。而且，处于演替后期的藓类结皮降水前后NDVI的变化幅度最大，而处于演替早期的藻类结皮变化幅度最小（图4–9）。

比较不同类型BSC NDVI与降水量及其覆盖土壤浅层含水量的相关性发现，NDVI对水分的敏感性随着BSC演替逐渐增加：土生对齿藓结皮>真藓结皮>混生结皮>地衣结皮>藻类结皮。逐步回归的分析结果表明，土壤浅层含水量和降水是影响结皮NDVI的重要因素。究其成因，可能与不同演替阶段BSC生理活性对水分的利用效率和对水分的需求存在差异有关。藓类结皮光合作用的水分补偿点和饱和点高于地衣结皮和藻类结皮（李新荣, 2010），且具有较高的持水能力，能够维持更长时间的湿润状态（Colesie et al., 2012; Li et al., 2021），而与真藓结皮相比，土生对齿藓结皮具有更高的饱和吸水率（徐杰等, 2005）。比较同一类型不同发育程度的BSC也发现相同的变化趋势，这是因为BSC的发育厚度、对干旱的缓冲能力及饱和吸水量等随着固沙年限的增加而增加（徐杰等, 2005; 李守中等, 2008; Jia et al., 2012）。基于卫星影像的BSC NDVI值并不随降水的增加而线性增加，而是在降水量到达某一阈值时开始下降（图4–15）。这可能与两种数据源对应的降水量区间不一致有关，该阈值可能反映了BSC生理活性对降水量的需求上限，另外，也可能与降水和温度的耦合作用有关。一般而言，降水较多时，往往气温较低。

尽管BSC生物体对温度的适应范围较广，但极低温和极高温均不利于生物量积累（李新荣, 2010）。我们的研究发现BSC NDVI的最高值出现在温度适中的春秋季，而不是温度较高的夏季和温度较低的冬季（图4–14；图4–15）。BSC NDVI对温度的敏感性随固沙植被演替逐渐增加，这表明BSC的形成和发育逐渐改变了固沙区地表特征，并进一步影响土壤表层的热量收支（姚德良等, 2002）。逐步回归分析表明（表4–2），水分同样是影响BSC NDVI的关键因子，

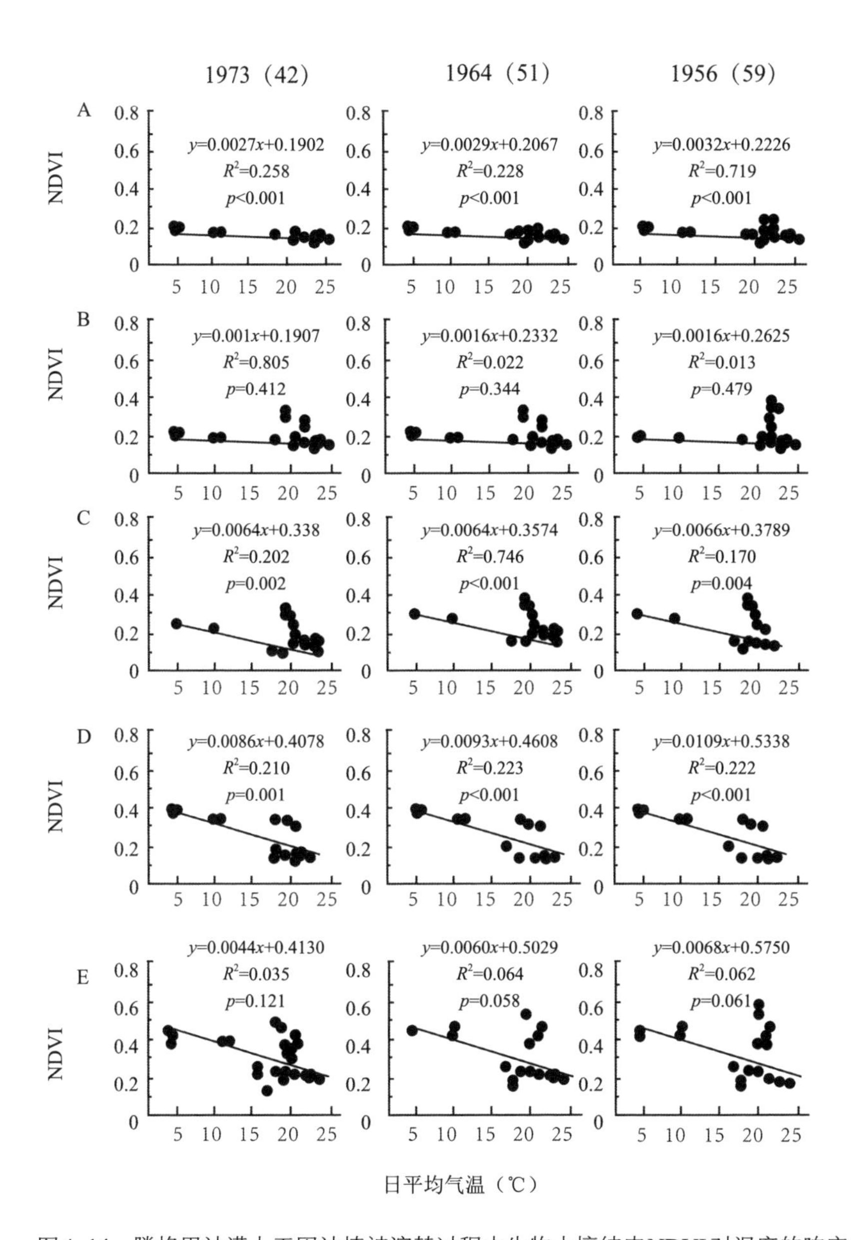

图4-14　腾格里沙漠人工固沙植被演替过程中生物土壤结皮NDVI对温度的响应

A、F 藻类结皮; B、G 地衣结皮; C、H 混生结皮; D、I 真藓结皮; E、J 土生对齿藓结皮

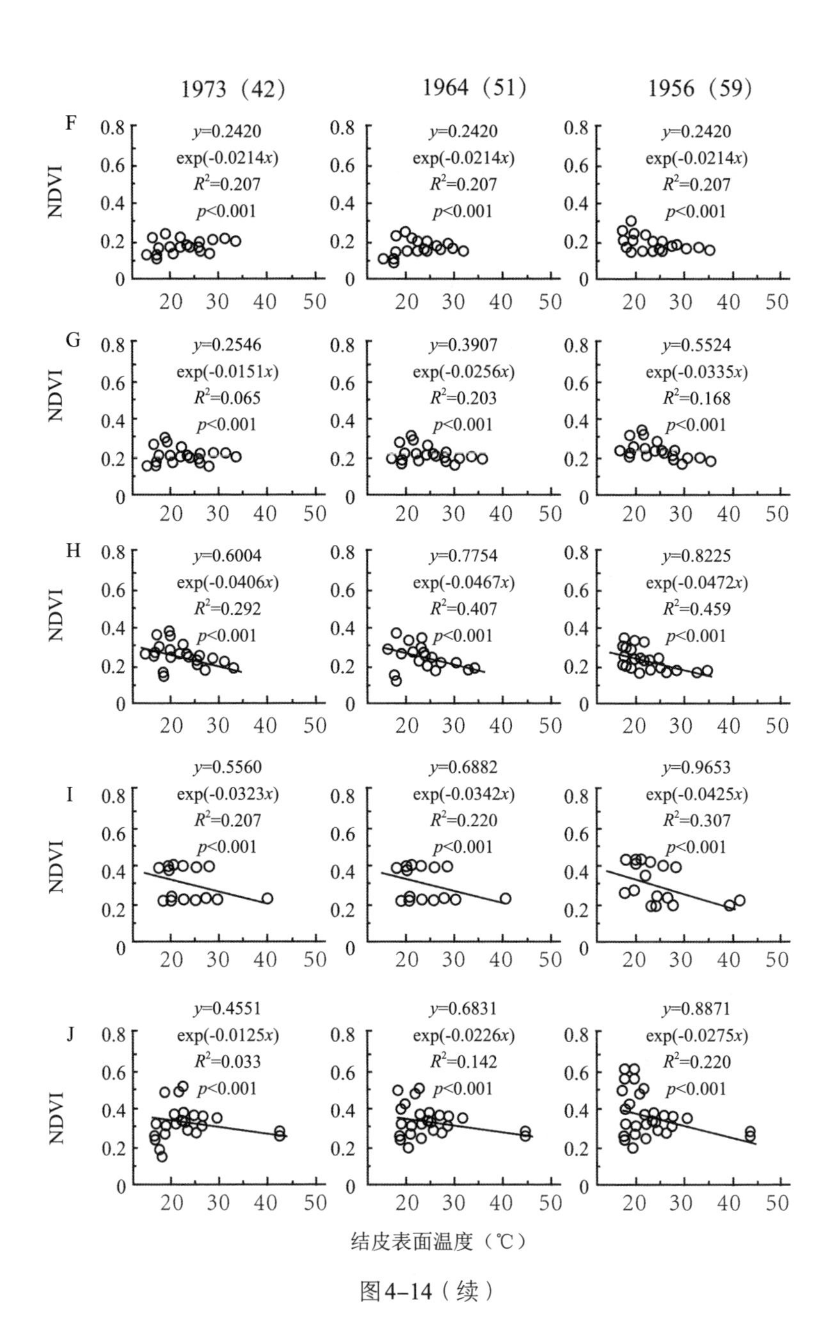

1973（42）
1964（51）
1956（59）
F
G
H
I
J
NDVI
y=0.2420 exp(-0.0214x) R2=0.207 p<0.001
y=0.2546 exp(-0.0151x) R2=0.065 p<0.001
y=0.3907 exp(-0.0256x) R2=0.203 p<0.001
y=0.5524 exp(-0.0335x) R2=0.168 p<0.001
y=0.6004 exp(-0.0406x) R2=0.292 p<0.001
y=0.7754 exp(-0.0467x) R2=0.407 p<0.001
y=0.8225 exp(-0.0472x) R2=0.459 p<0.001
y=0.5560 exp(-0.0323x) R2=0.207 p<0.001
y=0.6882 exp(-0.0342x) R2=0.220 p<0.001
y=0.9653 exp(-0.0425x) R2=0.307 p<0.001
y=0.4551 exp(-0.0125x) R2=0.033 p<0.001
y=0.6831 exp(-0.0226x) R2=0.142 p<0.001
y=0.8871 exp(-0.0275x) R2=0.220 p<0.001
结皮表面温度（℃）

图4-14（续）

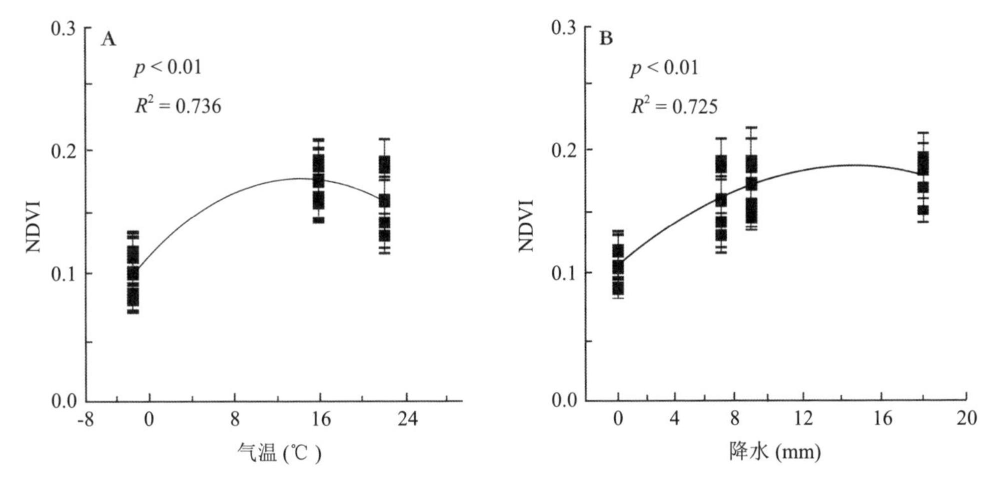

图4–15　基于GF–1的BSC NDVI对降水和气温的响应

但结皮NDVI同时也受到气温和BSC表面温度的影响，这是因为温度条件不同时，BSC的水分利用效率也将发生变化。而不同演替阶段BSC的地表辐射特性的异质性影响其表面温度，进而影响其生理活性。结皮生理活性对温度和水分的响应存在季节变化。从春季到夏季，BSC NDVI对温度的敏感性降低，对降水的敏感性增加（表4–3）。这说明，结皮的生理活性有耐低温的特点，但BSC叶绿素的合成和水分利用率仍然受到温度的影响（李新荣, 2010）。因此春季BSC NDVI并不随降水量的显著增加而增加，而在夏季其生理活性随着降水量的增加而显著提高（表4–3）。在鄂尔多斯地区的研究结果显示，夏季干、湿藓类结皮NDVI差异大于秋季，且BSC光谱在夏秋季的差异与BSC在营养期（7月）及生殖期（9月）的差异生长有关（Fang et al., 2015）。我们的研究结果表明，夏季干、湿BSC NDVI的差异大于春季。但是在腾格里沙漠沙坡头地区藓类植物常不产生孢子体，主要是靠植物体组织进行繁殖（白学良等, 2003）。由此我们认为，BSC NDVI季节变化与BSC隐花植物的植株体的季节生长及叶绿素含量随降水的季节变化有关。

表4-3 BSC NDVI与水分及温度的偏相关系数季节变化

	春季	夏季
BSC表面温度	–0.269**	–0.139**
土壤体积含水量	0.146	0.473**
日平均气温	–0.321**	–0.069
降水量	0.388**	0.629**

注: ** 表示$p < 0.01$。

4.1.4 提高容沙能力

盖度是BSC重要的生态学参数，能够直观地反映地表BSC的丰度，与其他地表稳定性指标（如抗剪力、紧实度）相比，盖度还可对地表形态塑造（Rodríguez-Caballero et al., 2012; 王媛等, 2014）、地表辐射变化（Weber et al., 2016）及土壤种子捕获（Aguilara et al., 2009）、养分循环（滕嘉玲等, 2016）、土壤动物和微生物群落演变（李新荣, 回嵘, 等, 2016）等生态过程起着重要的调控作用，进而影响土壤保育成效及整个生态系统的稳定性。

沙埋是风沙活动频繁的沙区生态系统最常见的干扰因素之一，由于BSC所处地表生境以及其低矮结构的特点，其盖度变化较维管束植物更具敏感性（Jia et al., 2008, 2014）。沙埋通过改变BSC生境的温度（Jia et al., 2014）、湿度（于云江, 林庆功, 等, 2002）、通风和光密度（Jia et al., 2008）等微环境条件，影响其光系统PSII光化学效率（Wang, Yang, et al., 2007; 贾荣亮等, 2010; Rao et al., 2012）、EPS含量（Wang et al., 2007）、茎的伸长速度（Martínez & Manu, 1999; 聂华丽等, 2006; Jia et al., 2008）等生理与生长特性，以及凝结水捕获（Jia et al., 2014）、蒸发蒸腾（孟杰等, 2011）等水文特性和固碳（Jia et al., 2008; 滕嘉玲等, 2016）、固氮（滕嘉玲等, 2016）等生态功能，进而引发整个生态系统的很多不确定性。那么，伴随固沙植被演变，BSC对沙埋容纳能力及敏感性是增加的还是降低的？回答这个问题对评估BSC对土壤及整个固沙植被系统稳定性的作用具有重要参考意义。

通过空间代时间的方法，对处于不同演替阶段［1956年、1973年、1981年和1987年建植的固沙植被，分别代表该区固沙植被的四个演替阶段（59年、42年、34年和28年）］的腾格里沙漠人工固沙植被区发育的典型BSC的盖度、高度以及粗糙度对沙埋厚度增加响应进行了测定（赵芸等, 2017）。

腾格里沙漠人工固沙植被演替过程中BSC厚度随演替时间增加而增大（图4–16），说明BSC在植被演替过程中逐渐成为该固沙植被系统地表的主要覆盖物，对土壤生态的水文过程乃至整个生态系统的结构功能所起的作用和影响力也逐渐增加。此外，不同类型BSC的盖度变化不同。随着固沙植被演替，藻类结皮盖度在BSC总盖度中所占的比例逐渐减小，藓类结皮和混生结皮则逐渐增加。不同优势种藓类结皮盖度的变化也存在差异，真藓结皮盖度在藓类结皮总盖度中所占的比例逐渐减小，土生对齿藓结皮和刺叶赤藓结皮则逐渐增加。来

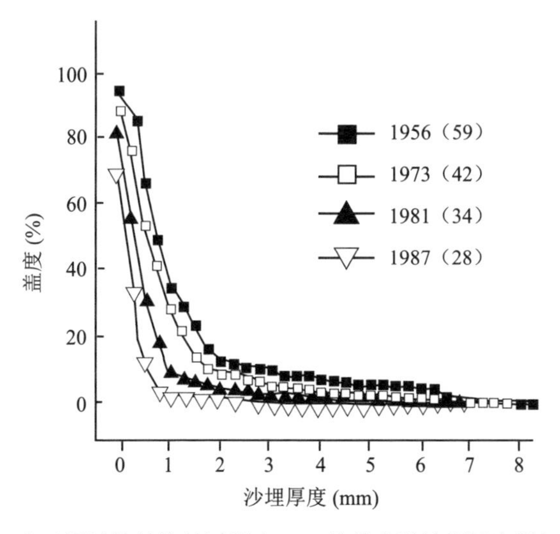

图4–16　人工固沙植被演替过程中BSC总盖度随沙埋厚度增加的变化

自干旱沙区的大量研究表明，尽管BSC提供了重要的生态功能，但不同类型及不同发育水平的BSC在生态系统中所起的作用存在差异，也影响其对整个生态系统的调节功能。因此，人工固沙植被演替过程中，尽管BSC总盖度逐渐增加，但其不同类型盖度（即分盖度）的变化也会影响固沙区地表稳定状况。

沙埋显著降低了不同演替阶段固沙植被区BSC的盖度（图4-17）。随着沙埋厚度的增加，BSC盖度呈Logistic曲线降低，当沙埋厚度为2 mm时，导致某些类型的BSC的盖度不足50%，沙埋厚度达到5 mm时，甚至导致大多数类型的BSC的盖度降至0%。BSC的类型和发育水平影响其盖度对沙埋干扰响应的敏感性。不同类型及同一类型不同发育水平的BSC盖度随沙埋厚度增加的变化曲线存在差异。随着沙埋厚度的增加，藓类结皮的盖度的下降速率呈先缓后快的特征。混生结皮则表现为浅层沙埋易造成其盖度下降，但随着沙埋厚度的增加，其盖度下降速度减缓，盖度下降为0%所需的沙埋更厚。不同优势种藓类

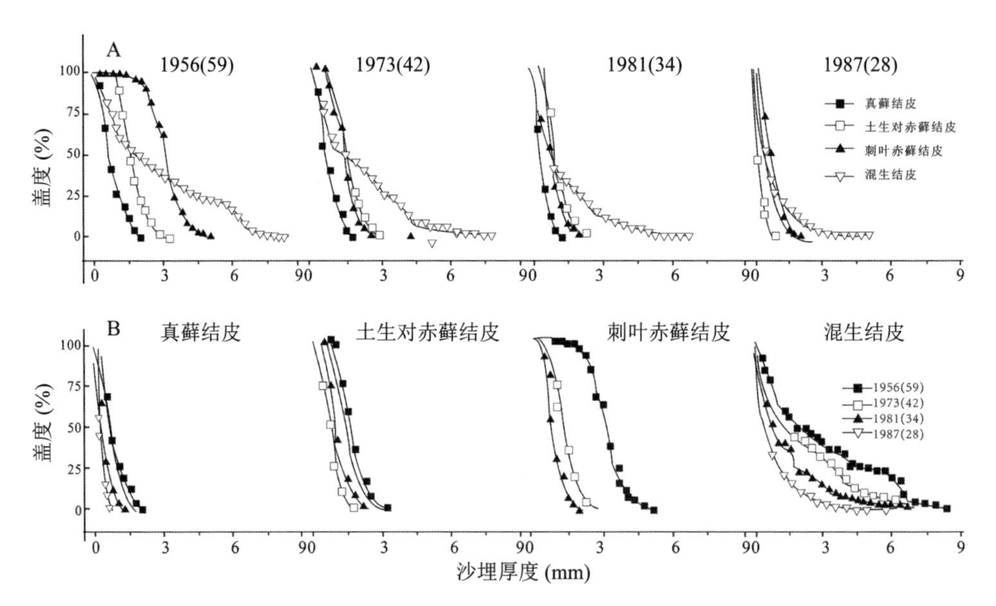

图4-17 人工固沙植被演替过程中四种BSC盖度（A）及四种BSC随人工固沙植被演替进行盖度（B）随沙埋厚度增加的变化特征

结皮也存在差异，真藓结皮的变化曲线较其他两种藓类结皮更加陡峻，较低的沙埋厚度就能造成其盖度下降至0%。

同一类型BSC的盖度随沙埋厚度的增加降低速率逐渐减小，使BSC盖度（从99.99%）开始降低的初始沙埋厚度（D1）及盖度降低为0%的临界沙埋厚度（D2）逐渐增大（表4-4）。BSC盖度随沙埋厚度的增加降低速率逐渐减小（图4-17），表明在植被恢复过程中BSC盖度对连续沙埋干扰的敏感性下降；D1值越大则表明浅层沙埋对BSC盖度的影响越小；D2值越大则表明更厚的沙埋才能导致BSC盖度下降至0%。同时，固沙植被演替过程中，BSC总盖度随沙埋厚度的增加降低速率减小（图4-16），这也说明BSC发育水平越高，其盖度对沙埋增加的敏感性下降。

表4-4　使BSC盖度（从99.99%）开始降低的初始沙埋厚度（D1）及盖度降为0%的临界沙埋厚度（D2）

BSC 类型		沙埋厚度 (mm)			
		*	**	***	****
真藓结皮	D1	0.092	0.062	0.048	0.039
	D2	2.170	1.745	1.214	0.896
土生对齿藓结皮	D1	0.431	0.368	0.329	0.129
	D2	3.164	2.958	2.367	1.809
刺叶赤藓结皮	D1	0.654	0.328	0.249	
	D2	4.926	2.589	2.303	
混生结皮	D1	0.0082	0.0044	0.0025	0.0024
	D2	8.028	6.993	6.323	4.208

注：星号表示固沙植被建立年份（建植年限）。*：1956（59）；**：1973（42）；***：1981（34）；****：1987（28）。

腾格里沙漠人工固沙植被演替过程中BSC盖度随沙埋厚度增加敏感性降低，说明BSC对沙埋的抵御能力逐渐增强。虽然不同类型及同一类型不同发育水平的BSC的盖度对沙埋厚度增加的敏感性存在差异，并影响BSC对地表稳定性的贡献水平，但在固沙植被演替过程中，不论是总盖度变化还是分盖度变化，盖度对沙埋厚度的响应特征是衡量BSC覆盖土壤抵御沙埋能力的有效指标。这既表明土壤表面稳定性的增加，又揭示了植被系统其他的功能对沙埋的抵御能力也在增强。因此，BSC盖度对沙埋干扰响应的敏感程度可在一定程度上衡量人工固沙植被系统地表稳定性。BSC盖度与沙埋厚度间的变化关系也为今后在较大空间尺度上研究风沙活动对BSC生态功能的影响提供了重要的参数。利用遥感手段评估区域尺度BSC的分布面积、空间格局及其对沙埋的响应，对于沙区生态重建和生态管理具有重要意义（Webber et al., 2016）。

作为沙区生态系统工程师，BSC的形成和发育改变了土壤表层的覆盖情况，引起地表微形态的变化。粗糙度可以反映地表微形态，有研究者基于土壤表面粗糙度将干旱半干旱区的BSC分为光滑型、多皱型、尖塔型和波动型四种类型，并揭示了BSC发育环境对其表面粗糙度的影响（Belnap & Lange, 2003）。有关BSC微结构及发育、演替特征的研究也表明，不同种类、不同演替阶段的BSC粗糙度存在差异（张元明, 2005; 王雪芹等, 2011）。在热荒漠，蓝藻结皮能使土壤表面更光滑，而地衣和藓类结皮在土表的生长增加了土表的粗糙度，发育在温带荒漠固定沙丘丘间低地的真藓结皮可使土表更光滑。在寒漠地区，由于地表土壤受到各种侵蚀，土表的粗糙度明显增加，以致地表高度能隆升15 cm（Belnap, 2003）。当不同形态差异的BSC以不同比例覆盖地表时，会造成地表糙度的差异，引起BSC覆盖区域地表反射率、土壤水文环境、种子捕获以及养分积累等变化（李新荣, 回嵘, 等, 2016）。

在腾格里沙漠人工固沙植被演替过程中，BSC对地表微形态的塑造改变了原来沙表面对沙埋干扰的响应。BSC的形态特征决定了其盖度对沙埋的响应特征。藓类结皮以藓类植物体密集丛生为显著特点，地上部分出现了茎叶分化（王雪芹等, 2011），混生结皮的表面形态与地衣结皮更为接近，具有匍匐于地表的叶状体壳状覆被，凹凸交错。我们研究发现，形态特征较为相似的三种藓类结皮，其盖度随沙埋厚度增加的变化趋势相似，而与藓类结皮形态差异较大的混生结皮则表现出与之差异显著的变化特征，BSC形态差异主要受到其粗糙度和高度的影响（Jia et al., 2008, 2015; 赵芸等, 2017）。藓类结皮具有相对均匀的株间距和株高，高度多不超过5 mm，其粗糙度受到株高和植株密度共同影响，而混生结皮的粗糙度和高度与藓类结皮差异显著（图4–18）。不同优势种藓类结皮形态虽相似，但其植株高度和密度存在差异，这导致其粗糙度的差异。BSC的D1和D2值随着其粗糙度和高度的增加而显著增大（图4–19）。真藓结皮的高度和粗糙度与其他两类藓类结皮差异显著，使其极易被沙掩埋，随着沙埋厚度增加，其盖度迅速降低。土生对齿藓结皮和刺叶赤藓结皮高度差异不显著，但两者粗糙度在1956年固沙区差异极显著，这是因为相比土生对齿藓结皮，刺叶赤藓结皮具有较低的植株密度，这也导致两者的D1和D2值及盖度随沙埋厚度的增加而降低的速率差异显著。

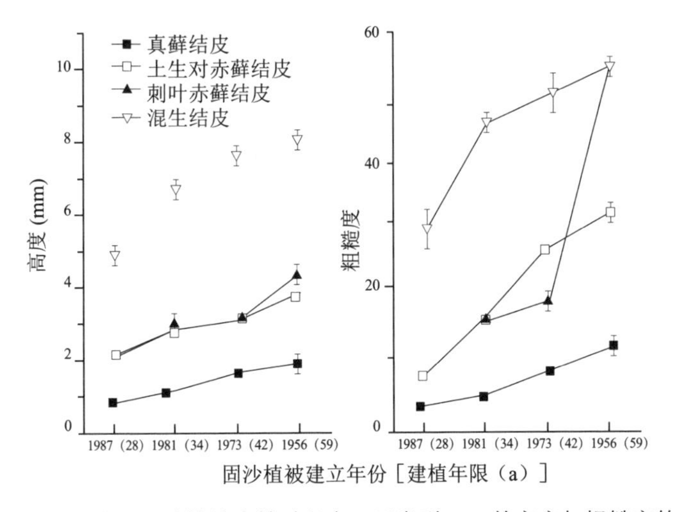

图4–18　人工固沙植被演替过程中不同类型BSC的高度与粗糙度的变化

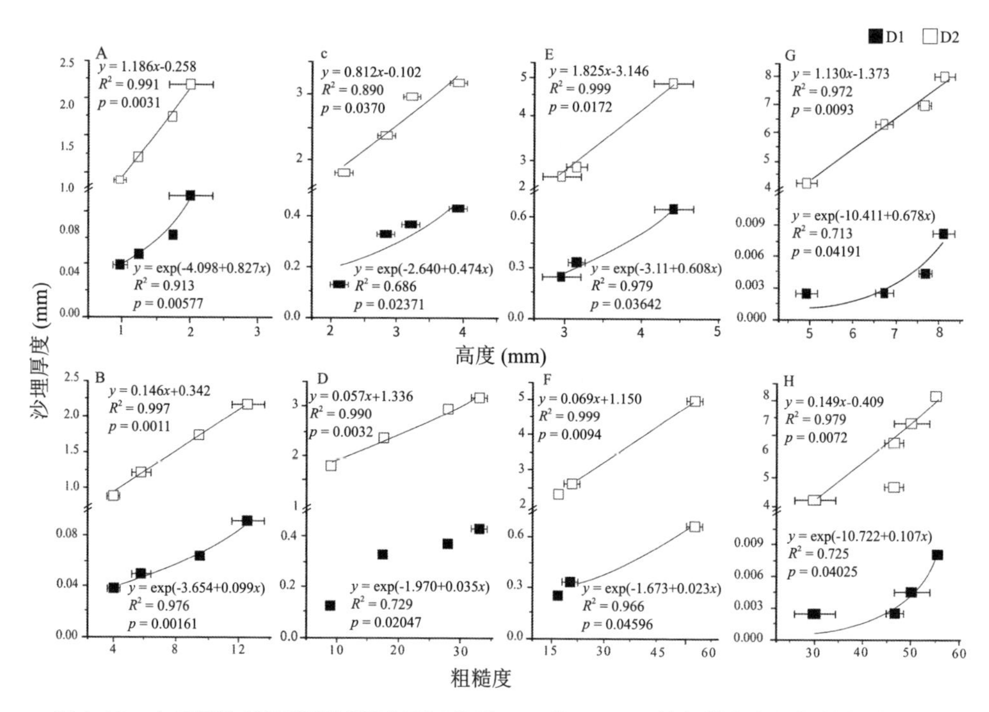

图4-19　人工固沙植被演替过程中不同类型BSC的D1、D2值与其高度和粗糙度的关系
A、B真藓结皮；C、D土生对齿藓结皮；E、F刺叶赤藓结皮；G、H混生结皮

随着固沙植被演替，粗糙度较低的藻类结皮在BSC总盖度中所占的比例逐渐减小，粗糙度较高的藓类结皮和混生结皮则逐渐增加。粗糙度较低的真藓结皮在藓类结皮总盖度中所占的比例逐渐减小，粗糙度较大的土生对齿藓结皮和刺叶赤藓结皮则逐渐增加。四种BSC的粗糙度和高度随固沙植被演替逐渐增大，同时BSC分盖度的变化引起固沙区地表粗糙度的变化，这影响了BSC总盖度对沙埋厚度增加的响应。

真藓结皮盖度较其他三种BSC对沙埋干扰更具敏感性，实际上在野外，真藓结皮的盖度在四种BSC中最高。有研究揭示了BSC抵御沙埋干扰的生理机制，他们指出BSC抵御沙埋干扰的能力与其生理生长特性有关，即BSC降低了呼吸碳耗损（图4-20）、增加向上生长量以抵御沙埋（Jia et al., 2008）（图4-21;

图4–22）。呼吸速率的降低，有效地降低BSC生物的物质和能量耗损，为BSC抵御沙埋保存物质储备，特别是当光合作用被沙埋显著抑制的情况下，显得尤为重要。真藓结皮受到沙埋刺激时，其芽生长的速度在四种BSC中最大（图4–21），因此其可能是在沙埋环境中最早拓殖成功的BSC类型。此外，沙埋有保水作用，而BSC具有变水植物的特性，遇水恢复新陈代谢活动的同时形态结构也发生改变，这表明BSC盖度对沙埋响应受到其形态和生理特征的共同影响。粗糙度和高度在一定程度上反映了BSC对覆沙的容纳量，而腾格里沙漠人工固沙植被演替过程中BSC粗糙度和高度的增加，表明BSC对覆沙的容纳量的增加，这是腾格里沙漠人工固沙植被演替过程中BSC盖度对沙埋响应的重要内在机制。本研究仅是针对沙埋后结皮盖度的初始变化状态，未涉及后期结皮凭借自身适应机制缓解或摆脱沙埋干扰的过程。如一些藻类可以向上移动到覆沙表面，而苔藓也可凭借茎伸长方式逐渐露出覆沙表面。

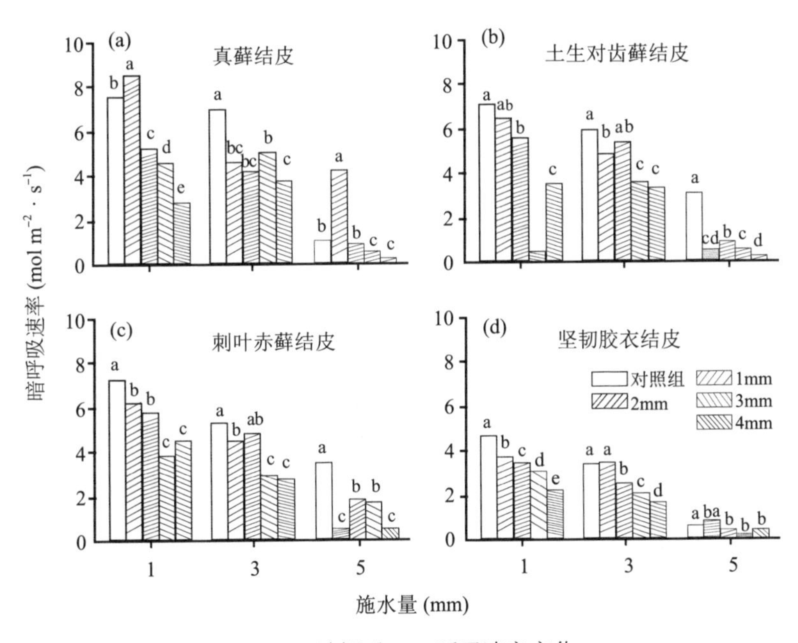

图4–20　沙埋后BSC呼吸速率变化

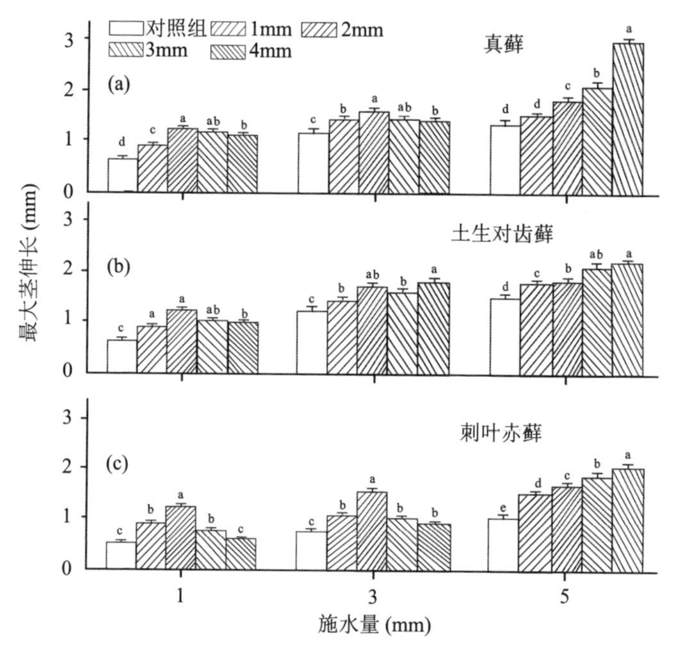

图4–21　BSC不同物种茎伸长能力

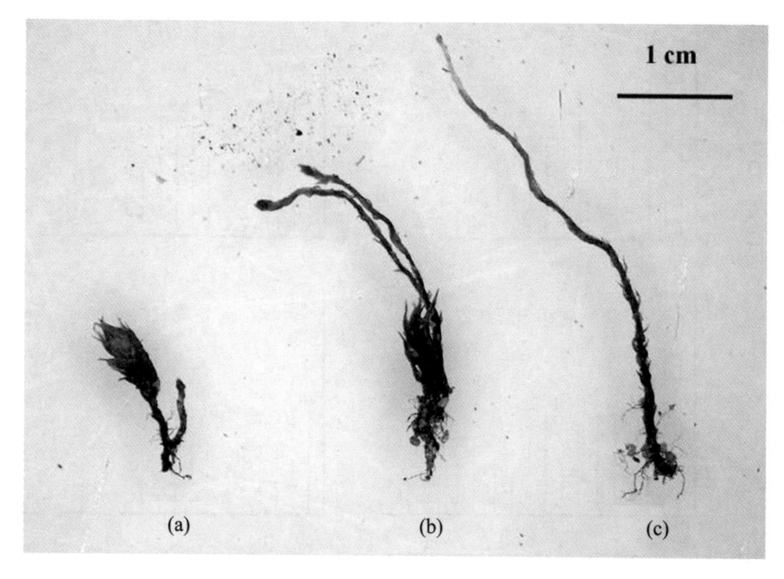

图4–22　真藓在沙埋前后形态变化

（a）沙埋前;（b）2 mm 沙埋;（c）4 mm沙埋

4.1.5　调节土壤水盐运移

干旱区降水稀少、蒸发强烈、土壤含水量低、水分储量有限的特点导致盐碱成为该区土地退化的原因之一，严重威胁生态系统的稳定性。如何在可利用水资源稀少的条件下，缓解或移除土壤盐碱危害，也是干旱区土壤保育的难点之一。传统的依靠洗盐或应用土壤改良剂等方法，以及利用植物修复等基于自然的解决方案被广泛采用，但效果不尽相同（Rocha et al., 2020）。由于蓝藻具有特殊的抗逆能力，因此，利用蓝藻来改善土壤条件，已成为促进生态系统恢复的新型生物技术工具，在盐渍土的修复中得到了应用。但在干旱区，该技术仍然在理论与技术方面存在挑战。那么，BSC中的蓝藻表现如何？能否缓解土壤盐碱危害并应用到盐碱地土壤保育中？

张巍（2008）对松嫩平原典型的盐碱化草地中两种固氮蓝藻（普通念珠藻和鱼腥藻）进行了研究，发现这两种固氮蓝藻，特别是鱼腥藻不仅能适应盐碱土环境，而且能提高盐碱土的氮含量，积累土壤的有机质，转化无机盐，降低土壤的pH，并改变根际微生物构成，促进维管束植物的生长，改善土质，对于盐碱化土壤的生态修复具有一定的作用。蓝藻修复土壤盐碱机理中，胞外多聚糖类扮演重要角色（图4–23）。

藻类结皮不仅能够克服干旱、高盐碱的极端环境，在生长过程中还降低了土壤表层的pH和电导率，除了通过自身独特的生理结构吸收并控制部分钠离子，还能通过控制体内钠的积累，阻止钠离子进入土壤胶体，从而限制了土壤碱化过程的发生（宋春旭，2012）。另外，蓝藻在盐碱胁迫状态下，其细胞壁可分泌酸性物质，不但能降低环境中碱性，还能维持自身细胞内的pH稳定，而且蓝藻细胞壁呈革兰氏染色阴性，可以吸附阳离子，使得有些金属离子能和蓝藻的胶鞘物质形成螯合物。藻类结皮在保持土壤含水量中具有重要作用，从而在一定程度上降低环境中总离子含量。这与能够增加土壤含水量和渗透来降低土壤盐度（特别是深度土壤）的结论一致（图4–24）（Kakeh et al., 2020）。但由于BSC对土壤水文过程的调控作用十分复杂（李新荣，回嵘，等，2016），该模型的解释范围和程度仍然需要在不同气候和土壤质地下BSC覆盖土壤中进行验证。

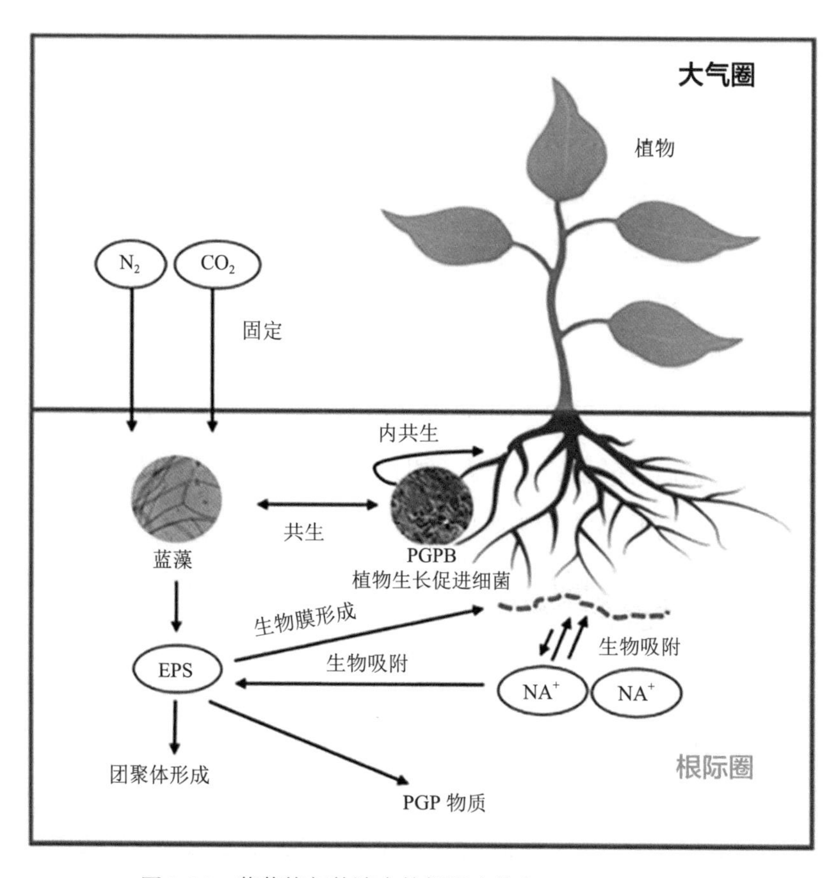

图4–23 蓝藻修复盐渍土的机理（修自Rocha et al., 2020）

蓝藻分泌EPS，与其他微生物形成生物膜并产生吸附钠；EPS增强土壤团聚体结构并产生植物生长促进（PGP）物质，蓝藻固定氮并捕获二氧化碳。蓝藻与其他促进植物生长的细菌（PGPB）形成共生关系，进而与植物形成内生和根际互作

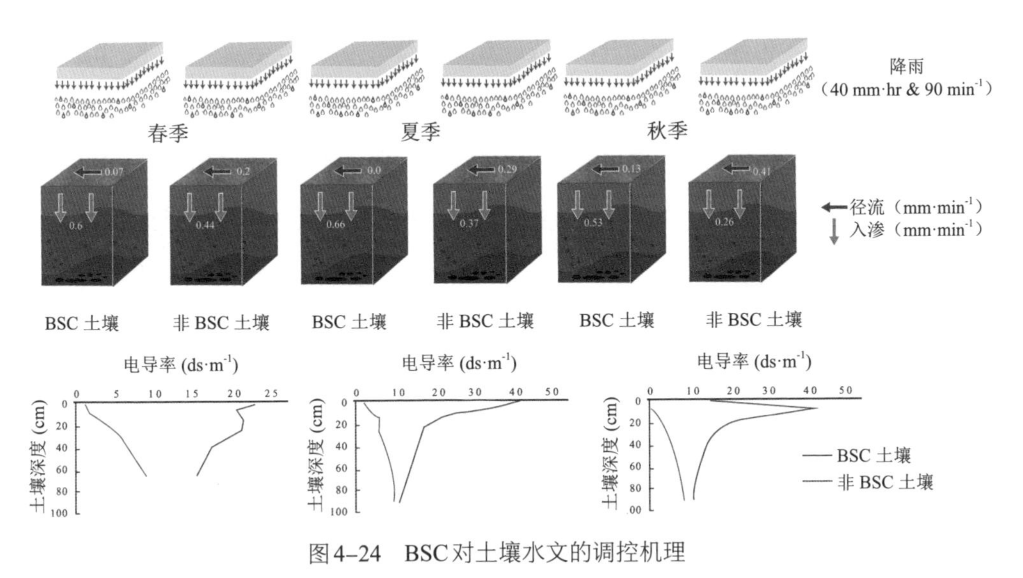

图4–24　BSC对土壤水文的调控机理

BSC改变降水在土壤中再分配（减少径流，增加入渗），增加土壤含水量，影响土壤盐分动态，降低土壤盐碱危害（Kakeh et al., 2020）

4.1.6　保育高寒土壤

BSC在高寒地区广泛发育，是影响冻土环境的重要因素之一，但有关BSC与土壤冻融间关系的研究很少，人们对其关系及其机理仍然不清楚。为了解高寒冻土区BSC对浅层土壤水热过程的影响，明姣等（2020）以黄河源区玛多县季节冻土区BSC为研究对象，采用定位监测的方法，分析了统一地貌单元内两种不同类型的BSC对浅层（0－50 cm）土壤水热变化的影响。研究发现BSC对冻土浅层土壤水热过程有显著的影响，且与土壤的冻结融化状态密切相关：在冻结状态下，BSC对土壤含水量和温度均没有显著影响；而在融化期，与裸地相比，两种类型BSC均增加了不同土层土壤未冻水含量，同时降低了浅层土体温度。BSC对冻土浅层土壤水热过程的这种影响受BSC类型调节：深色藻类结皮使土层土壤含水量增加了5－15 cm，而浅色藻类结皮使土层土壤含水量增加了30 cm，且深色藻类结皮的降温效应显著高于浅色藻类结皮。此外，BSC覆盖下冻土浅层土壤中未冻水含量与土壤温度呈复杂的耦合关系。BSC下层土壤中未冻水含量与温度的变化关系可分为三个阶段：温度＜–4℃ 时，无BSC土壤处于完全冻结状态，而深色藻类结皮覆盖下土壤未冻水含量保持在4.3%左右；–4℃＜温度＜4℃ 时，土壤未冻水含量与土壤温度呈正相关，随着土壤温度升高土壤未冻水含量增加；温度＞4℃时，土壤未冻水含量与土壤温度呈负相关，此阶段水热相互耦合，随着土壤温度升高，土壤中未冻水含量降低。同时土壤含水量影响土壤温度，随着土壤含水量的增加，土壤温度降低。

李小娟等（2019）对高寒草甸BSC发育特征及其对土壤水文过程的影响研究结果显示，泽库高寒草甸BSC以藓类结皮为主，轻度退化时BSC盖度及厚度无显著变化；中度退化阶段，BSC容重无显著变化，但盖度及厚度较轻度退化样地分别下降74.85%和35.49%；重度退化阶段，BSC完全消失；BSC对高寒草甸土壤含水量入渗、蒸发过程无显著影响。通过与沙区BSC相关指标比较，高寒区BSC的发育并未对地表土壤结构产生明显影响。

为进一步了解高寒地区人工草地中BSC的分布特征，以及探讨其对退化高寒草甸、人工草地植被与土壤的影响，孙华方（2019）以青海省玛沁县退化高寒草甸和不同恢复年限（2000年、2004年、2007年、2014年、2017年）人工草地为研究区，调查了各年限人工草地植被、土壤理化性质以及表层（0－5 cm）土壤微生物分布特征，并从BSC的角度，揭示高寒地区人工草地稳定性的维持机制。结果发现，不同恢复年限人工草地中BSC种类、盖度和厚度不同，恢复年限较长的人工草地中 BSC种类多，分布有大面积的藓类、地衣以及菌斑，而恢复年限短的人工草地中主要分布藓类。BSC对养分累积和pH调节有明显作用，能显著增加恢复年限长的人工草地中表层（0－5 cm）土壤速效养分，以及恢复年限短的人工草地中的全效养分含量（$p < 0.05$），降低土壤粒径，增加土壤细颗粒（细砂粒、黏粉粒）含量；随着恢复年限的增加，原核、真核

微生物数量逐渐增加，微生物群落结构逐渐改善。由此可见，BSC对人工草地植被恢复与土壤改良有促进作用，能加速人工草地向自然草甸的演替。

BSC对高寒区土壤的影响具有一定的复杂性和特殊性，不同研究人员得到的结果也不尽相同。我们认为，造成这种分歧的原因可能很多，如样方选择与设置（大小、受干扰史）、土壤取样深度、观测季节与研究的时空尺度不一致等。作为高寒区土壤表层重要覆盖物，BSC对土壤的保育作用可能与BSC其他经典研究地区和生态系统完全不同，参考依据是两极地区隐花植物生理生态功能的研究，我们总体上对BSC保育高寒区土壤持积极的观点。可以肯定的是，BSC在高寒草地早期恢复阶段具有不可否认的保育作用，提出和优化适用于高寒地区BSC研究的方法，进一步辨析其生态作用，以发挥其在高寒退化土地治理中的重要作用是必要的。

无论是在干旱区还是高寒区，BSC的主要生物成分在土壤表面的拓殖和发育都会对土壤结构、营养物质捕获、水热盐调节、微生物群落构成与活性等多方面产生或多或少的影响。因为BSC的覆盖实现了对地表稳定、营养物质、水、微生物量与活性等土壤保育关键要素的“加法”，以及对风蚀、水蚀、盐碱和冻融危害的“减法”，在提升土壤质量与稳定性方面双管齐下，完成对退化土壤的改良。

4.2　BSC对土壤理化属性的影响

4.2.1　BSC的表面粗糙度特征

在上面的一些章节中，我们涉及BSC与土壤表面粗糙度的问题，这里我们进行更详尽的讨论。表面粗糙度以厘米到分米的尺度描述了土壤表面的微起伏

（Bullard et al., 2018），其变化不仅影响风蚀和水蚀等地表过程（Kidron et al., 2012; Chamizo et al., 2017），还在土壤表层和大气系统之间的相互作用和反馈过程中发挥重要的调节作用（Rodríguez-Caballero et al., 2012; Bullard et al., 2018）。地表粗糙度常用空气动力学粗糙度、摩阻风速和起动风速来表征其大小。空气动力学粗糙度是地表风速减小到零的某一几何高度（Blumberg & Greeley, 1993），反映了下垫面在气流作用下的阻力特征，在表征地表障碍物对气流阻滞作用中反应最为敏感，是研究下垫面与大气间物质和能量交换过程首先要确定的基本参数（董治宝等, 2000），被广泛用于表征地表的空气动力学性质（张正偲等, 2007）。摩阻风速也被称为摩擦速度,是描述气流层之间剪切作用的物理量，取决于气流层之间的速度梯度。起动风速是风沙颗粒发生运动所需的最小风速，主要取决于沙粒的平均粒径和气流特征。通过测定BSC表面的空气动力学粗糙度、摩阻风速和起动风速等，可以量化BSC的抗风蚀能力，有助于深入理解BSC表层结构与气流的相互作用和风沙活动形成机制。

一、BSC改变了地表粗糙度

BSC的存在显著增加了地表粗糙度，且不同种类BSC之间或BSC不同演替阶段之间的粗糙度也存在差异。如古尔班通古特沙漠4种BSC展现了不同的地表粗糙度，藻类结皮、藓类结皮、藻类－地衣结皮和地衣结皮的平均粗糙度依次为0.39 ± 0.22 mm、2.54 ± 0.36 mm、4.18 ± 0.24 mm和6.59 ± 0.85 mm，与裸沙表面粗糙度（0.042 ± 0.019 mm）相比，BSC的动力学粗糙度提高了10－150倍（王雪芹等, 2011）。西班牙南部塔韦纳斯沙漠BSC的演替改变了地表粗糙度，从物理结皮、藻类结皮演替到地衣结皮的地表粗糙度逐渐增大（Emilio et al., 2012）。黄土高原水蚀、风蚀交错区的研究进一步证实了地表粗糙度随着BSC的演替发生了显著的变化，与裸沙表面相比，物理结皮的地表粗糙度增加了7倍，而BSC的形成进一步提升了地表粗糙度，藻类结皮、藻类－藓类混生结皮、藓类结皮的粗糙度是物理结皮粗糙度的1.7－3.1倍，其中以混生结皮的粗糙度为最大（王国鹏等，2019）。BSC表面粗糙度特征的变化取决于具有明显差异的BSC表面组成和表面微形态，如由藻类分泌物和藻丝体粘结细粒物质所形成的藻类结皮表面致密光滑；地衣结皮表面藻类和真菌形成的叶状体匍匐生长，形成有明显凹凸结构的壳状覆被；藓类结皮表面的藓类植物体密集丛生，出现了茎叶分化，有一定的柔韧性。

不同类型BSC的表面粗糙度对风速的响应存在差异。随着风速的增大，四种BSC的动力粗糙度总体上呈减小趋势，其中地衣结皮减小趋势较明显；但四种BSC摩阻风速呈增加趋势，其增加速率在风速大于22 m·s^{-1}时变缓，其中藻类结皮摩阻风速的增大速率明显低于其他BSC的摩阻风速，说明藻类结皮的阻滞效应随风速增大而增加的能力相对较弱。BSC表面风速的垂直变化呈现出一定的规律，对气流阻滞作用的差异主要局限于距地4 cm的高度范围，这种差异随风速的增大而增大。风洞模拟实验显示，在相同的入口风速条件下，距离地表4 cm内的风速大小为裸沙地>藻类结皮>藓类结皮>藻类－地衣结皮>地衣结皮，这与各类BSC粗糙度所反映的阻滞效应相符合。而距离地表4 cm以上的各种类型BSC的风速变化趋于一致。随着入口风速的增大，BSC垂直方向上风速变化的幅度也在增大，说明BSC对气流的阻滞效果也越明显，地衣结皮风速变化的幅度最大，其他依次为藻类－地衣结皮、藓类结皮和藻类结皮（王雪芹等，2011）。

不同研究区的土壤母质、气候存在差异，导致BSC的发育状态也有很大的差异，但BSC的形成和演替对地表粗糙度的影响规律一致，整体上表现为随着BSC的发育地表粗糙度显著增加，在地衣结皮或混生结皮中达到峰值，在藓类结皮中下降。

二、地形和土壤属性对BSC表面粗糙度的影响

地形（坡度和坡向）、土壤母质、土壤含水量、土壤理化性质和BSC盖度均会显著影响BSC的表面粗糙度。黄土高原水蚀、风蚀交错区，不同坡向分布

的藓类结皮粗糙度差异显著（$p < 0.01$），其中阳坡和阴坡藓类结皮的粗糙度分别为9.51和7.05。不同的坡向水分、热量、养分等条件差异较大，对藓类结皮的发育具有显著的影响，较小的盖度造成的地表凹凸起伏可能是阳坡BSC具有较大地表粗糙度的重要原因。

藓类结皮的地表粗糙度在10°－30°坡度范围内差异不显著（$p > 0.05$），但在30°－40°坡度范围内时，其地表粗糙度达到最大值，显著高于其他坡度的地表粗糙度（$p < 0.01$），分别是0°－10°、10°－20°、20°－30°坡度范围地表粗糙度的1.1、1.4和1.3倍。

不同类型土壤母质上发育的BSC可能具有不同的地表粗糙度，如黄绵土藓类结皮粗糙度显著高于风沙土藓类结皮粗糙度（$F = 187.16, p < 0.01$，其中F为方差检验值），前者平均为后者的2.1倍。土壤理化性质如有机质含量是BSC表面粗糙度的潜在影响因素，如黄绵土藓类结皮的地表粗糙度与有机质含量呈显著负相关（$R = -0.998, p = 0.04$，其中R为相关系数）（王国鹏等, 2019）。

土壤含水量显著影响不同类型土壤母质上发育的藓类结皮的地表粗糙度，如黄绵土藓类结皮地表粗糙度在土壤含水量处于饱和状态时达到最大值，在土壤处于风干状态时达到最小值，两种土壤含水量状态下藓类结皮的粗糙度相差18.8%。风沙土藓类结皮地表粗糙度在土壤含水量为50%和90%时出现两个峰值，而在土壤含水量为30%时地表粗糙度最小。通过高分辨率激光系统量化了BSC吸水后其表面粗糙度的变化过程，发现降水2 mm历时10 min后，蓝藻和藓类结皮的平均膨胀高度分别为0.068 mm和0.415 mm，蓝藻和藓类结皮的平均粗糙度增量分别为0.005 mm和0.079 mm（Wang, Zhang, et al., 2017）。吸水后藓类结皮的粗糙度增量随时间呈幂函数下降趋势（$R^2 = 0.83$）。说明BSC主要通过有机体及其因湿润效应产生的膨胀影响BSC表面粗糙度。此外，藓类结皮粗糙度与BSC的盖度密切相关，当其盖度超过20%时，藓类结皮的粗糙度急剧增加（王国鹏等, 2019）。

三、放牧对BSC表面粗糙度特征的影响

BSC表面粗糙度不仅受其演替阶段的影响，而且对外界扰动（如践踏、沙埋和火烧）也很敏感。放牧是干旱区最常见的践踏干扰（Zhang, Wu, Cai, et al., 2013），全球近一半的干旱和半干旱区都受到放牧的影响（Eldridge et al., 2017）。由于其微小而脆弱的特性,BSC对放牧干扰较为敏感（Concostrina-Zubiri & Martínez, 2014），但对其表面粗糙度及其相关生态水文功能的变化对放牧干扰的响应机制研究较少。我们通过野外调查确定了绵羊践踏的面积和深度并开展模拟绵羊践踏扰动实验，研究了不同放牧强度下毛乌素沙地南缘半固定沙丘和固定沙丘上蓝藻结皮、藻类－地衣混合结皮和藓类结皮的粗糙度、盖度和剪切强度的协同变化。

研究区广泛分布着BSC，在未干扰条件下，固定沙丘BSC的盖度超过65%，藓类结皮是主要的BSC类型；半固定沙丘表面BSC的盖度介于45%－65%，蓝藻结皮的盖度较高，而藓类结皮和藻类－地衣结皮盖度较低。

两类沙丘表面BSC粗糙度对放牧干扰的响应特征不同。随着放牧强度的增加，固定沙丘表面的BSC粗糙度高于半固定沙丘表面的BSC粗糙度，但半固定沙丘表面BSC粗糙度的变化速率大于固定沙丘表面BSC粗糙度的变化速率。随着放牧强度的增加，固定和半固定沙丘上三种BSC表面粗糙度均呈先增加后减少的趋势，表现为：践踏15－20次后固定和半固定沙丘的BSC表面粗糙度达到最大值，是践踏干扰前BSC表面粗糙度的1.6－3倍，但BSC的盖度比践踏干扰前减少了50%以上；践踏40－45次后，两种沙丘表面BSC粗糙度下降并接近践踏干扰前的粗糙度水平。粗糙度的变化速率表现为：达到峰值前半固定沙丘表面BSC粗糙度的增加速率高于固定沙丘表面BSC粗糙度的增加速率，而达到峰值后固定沙丘表面BSC粗糙度的减少速率低于半固定沙丘表面BSC粗糙度的降低速率（图4–25）。沙丘表面粗糙度对放牧强度不同的响应规律可能的原因是，扰动前半固定沙丘的表面粗糙度小于固定沙丘，且半固定沙丘上BSC

的厚度和细颗粒物质含量低于固定沙丘BSC，后者的结构比前者更稳定，因此半固定沙丘的表面粗糙度对践踏干扰更敏感。由于固定沙丘和半固定沙丘表面BSC的分布格局差异较大，在制定放牧政策时应考虑固定沙丘和半固定沙丘表面BSC的分布格局，通过控制放牧强度调节沙丘的表面粗糙度。

不同演替阶段BSC表面粗糙度对践踏强度的响应存在差异。随着践踏强度的增加，藓类结皮表面粗糙度普遍大于蓝藻结皮，且增加速率高于蓝藻结皮和藻类－地衣结皮，而降低速率总是低于蓝藻结皮和藻类－地衣结皮。与蓝藻结皮和藻类－地衣结皮相比，藓类结皮从固定和半固定沙丘表面消失所需要的践踏次数更多（图4–25），说明演替后期的藓类结皮比蓝藻结皮和藻类－地衣结皮更能抵抗践踏干扰。

BSC表面粗糙度对践踏干扰的响应不仅取决于BSC演替阶段或BSC类型，而且还受BSC下层土壤母质特性的影响。与非沙质土壤母质上发育的BSC的

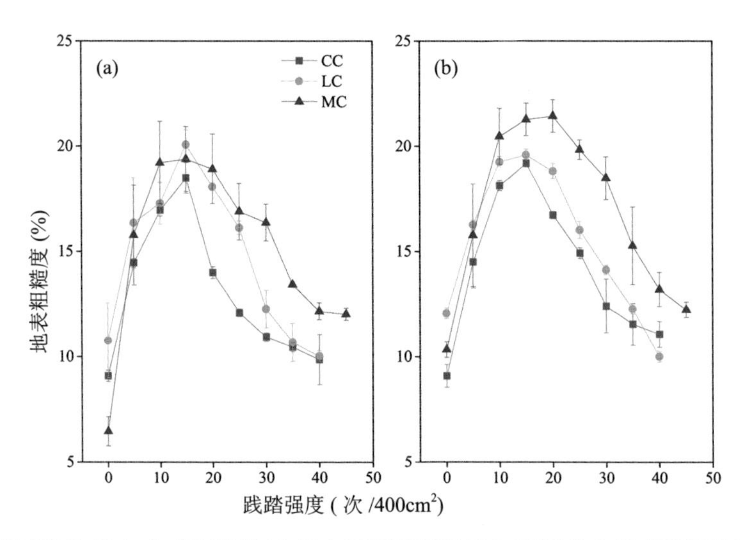

图4–25　半固定沙丘（a）和固定沙丘（b）不同演替阶段BSC覆盖土壤表面粗糙度随践踏强度的增加而变化

CC、LC和MC分别代表蓝藻结皮、藻类－地衣结皮和藓类结皮

地表粗糙度相比，沙质土壤BSC的地表粗糙度对践踏干扰更为敏感。如在中国北方黄土丘陵区，50%的践踏干扰（BSC的盖度降低50%）使地表粗糙度比未受干扰时增加了91%（Shi et al., 2017）。加拿大贾斯珀国家公园藓类结皮盖度并没有随着践踏强度的增加而大幅下降，受干扰的藓类结皮仍然附着在土壤表面，践踏干扰改善了藓类结皮的表面微地形（Csotonyi & Addicott, 2004）。而我们在毛乌素沙地的研究显示践踏干扰对土壤表面粗糙度的增加率和BSC盖度的降低率均高于非沙地。

地表粗糙度的增加对BSC的生态和水文功能有正面影响和负面影响。为了减少放牧对沙丘表层土壤的负面影响，在沙地放牧时应考虑沙丘固定程度、BSC发育水平、放牧强度和年际降水变化。固定沙丘的最大表面粗糙度（R_{max}）及其相应的践踏强度（T值）高于半固定沙丘。表现为半固定沙丘和固定沙丘表面BSC的R_{max}对应的放牧强度（G）分别为9.6－14.4和11.1－14.4（动物单位 · 日 · ha^{-1}）。不同演替阶段BSC的R_{max}及T值表现为蓝藻结皮<藻类－地衣结皮<藓类结皮。适度放牧（放牧强度小于G）有利于提高沙地BSC表面粗糙度。因此，毛乌素半固定沙丘和固定沙丘的适度放牧强度应分别控制在9.6－14.4和11.1－14.4（动物单位 · 日 · ha^{-1}）。

BSC的粗糙度和盖度、抗剪强度间存在显著的相关性，BSC的盖度和抗剪强度对践踏强度的响应在不同类型沙丘间或不同类型BSC之间存在差异。固定沙丘的BSC盖度和抗剪强度高于半固定沙丘的BSC盖度和抗剪强度。随着践踏强度的增加，固定和半固定沙丘的BSC盖度和抗剪强度呈指数下降趋势，半固定沙丘的减少速率大于固定沙丘的减少速率，显著影响了沙丘表面粗糙度对践踏强度变化的敏感性。固定沙丘表面粗糙度对BSC盖度和抗剪强度变化的敏感性大于半固定沙丘（图4–26; 图4–27）。藓类结皮的盖度和抗剪强度均大于蓝藻结皮和藻类－地衣结皮的盖度和抗剪强度，蓝藻结皮和藻类－地衣结皮盖度和抗剪强度随着践踏强度增加的下降速率均大于藓类结皮盖度和抗剪强度的下降速率（图4–28）。固定和半固定沙丘表面粗糙度与BSC盖度存在显著的线性关系（图4–26），藓类结皮表面粗糙度与抗剪强度存在显著的线性关系（图4–27）。

不同类型BSC表面粗糙度对放牧干扰的响应差异可能有如下原因：一方面，发育良好的藓类结皮具有较高的抗剪强度，其致密结构更难被破坏。践踏开始阶段在藓类结皮表面形成更大的微凸起，使藓类结皮表面粗糙度高于蓝藻结皮和藻类－地衣结皮的表面粗糙度（图4–27）。随着践踏强度的增加，藓类结皮的致密结构被破坏，但其表面剪切强度始终大于蓝藻结皮和藻类－地衣结

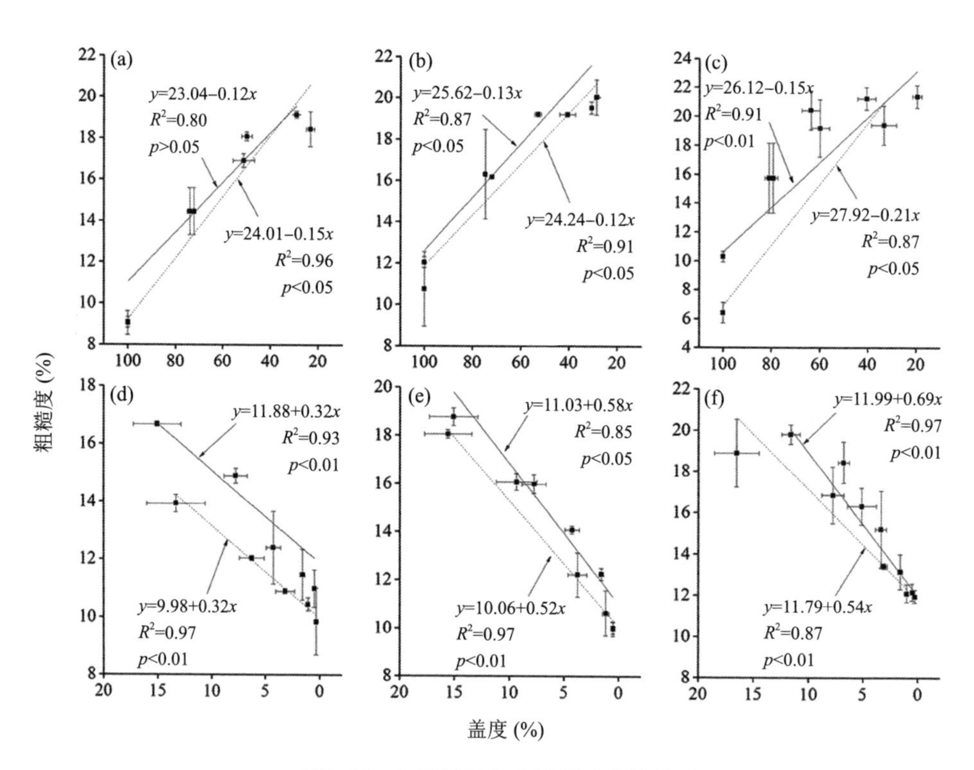

图4–26 BSC盖度与表面粗糙度的关系

（a）、（b）、（c）分别表示半固定沙丘（虚线）和固定沙丘（实线）表面蓝藻结皮、藻类－地衣结皮和藓类结皮粗糙度增加的过程；（d）、（e）、（f）分别表示半固定沙丘（虚线）和固定沙丘（实线）表面蓝藻结皮、藻类－地衣结皮和藓类结皮粗糙度减小的过程

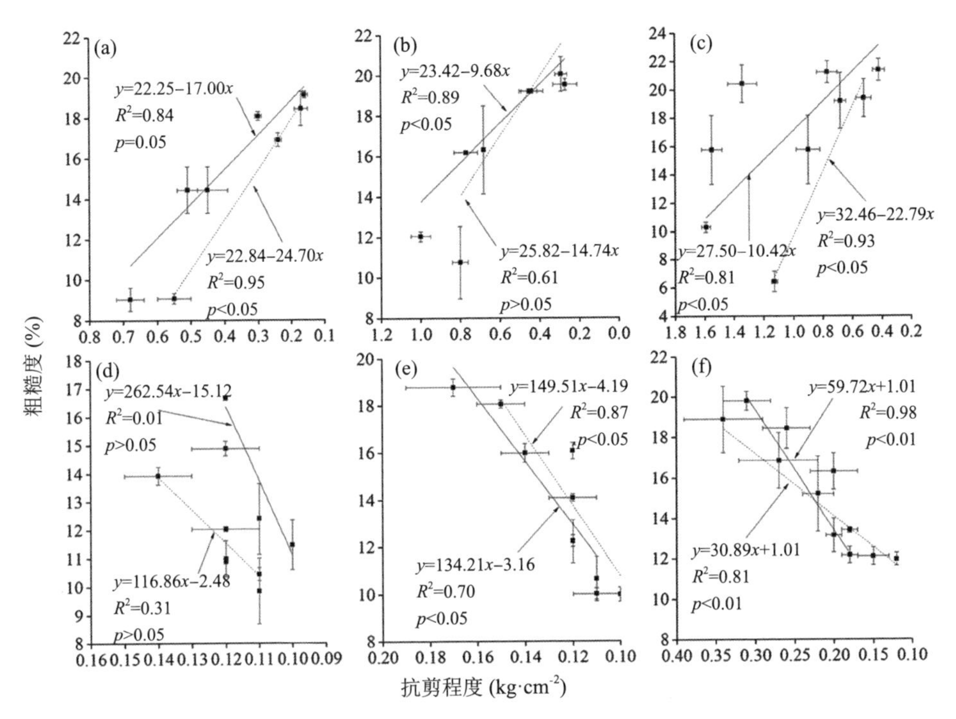

图4–27　BSC表面抗剪强度与粗糙度的关系

（a）、（b）、（c）分别表示半固定沙丘（虚线）和固定沙丘（实线）上蓝藻结皮、藻类－地衣结皮和藓类结皮粗糙度随抗剪强度减弱而增加的过程；（d）、（e）、（f）分别表示半固定沙丘（虚线）和固定沙丘（实线）上蓝藻结皮、藻类－地衣结皮和藓类结皮的粗糙度随抗剪强度减弱而减小的过程

皮的表面剪切强度（图4–28）。更大的剪切强度可以在践踏过程中在地表形成更高的微起伏（Duan et al., 2004），这会减缓表面粗糙度降低的过程，从而导致藓类结皮表面粗糙度比蓝藻结皮和藻类－地衣结皮更大。另一方面，藓类结皮的厚度大于蓝藻结皮和藻类－地衣结皮，在践踏干扰下，较大的藓类结皮残体更难被埋在疏松沙层，减缓了BSC从土壤表面的消失速度，而蓝藻结皮和藻类－地衣结皮的响应则相反（图4–28）。因此，随着践踏强度的增加，BSC盖度和抗剪强度的变化是不同发育阶段BSC放牧干扰响应的重要内在机制。而不

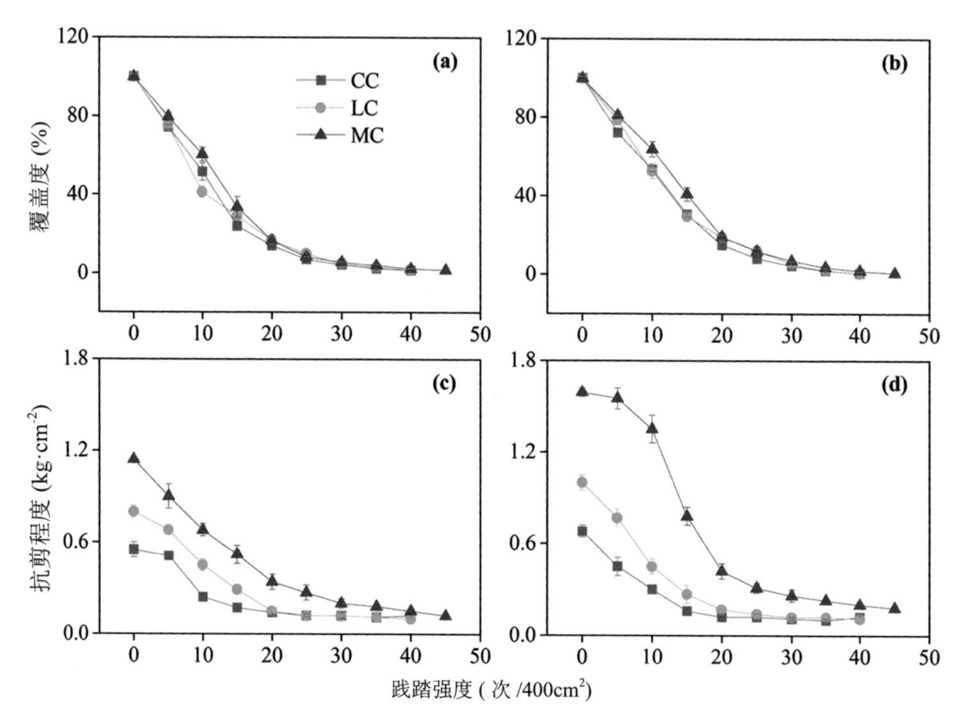

图4-28 半固定（a、c）和固定（b、d）沙丘上不同类型BSC的盖度和抗剪强度随践踏强度的变化

同类型沙丘表面粗糙度对放牧干扰的响应机制主要取决于BSC的发育特征和空间分布格局。

了解BSC粗糙度变化与相关生态功能之间复杂的非线性关系是科学管理沙地生态系统的重要前提。BSC对地表粗糙度的改变和影响的意义在于表面粗糙度的增加改变了BSC表面生态和水文功能：（1）地表粗糙度的增加延长了降水在土壤表面的持续时间，增加了降水的原位入渗和深层土壤含水量的有效性，缓解了深根系固沙灌木的干旱胁迫（Rodríguez-Caballero et al., 2018）。（2）地表粗糙度的增加有助于土壤表面捕获植物种子，促进维管束植物在受干扰的地表定居，进一步影响植物群落组成。（3）地表粗糙度的增加能改变表层土壤微环境，减缓土壤含水量蒸发过程，延长表层土壤的水分滞留时间和光合活性，介导表层土壤碳交换过程，进而影响区域土壤碳平衡。表面粗糙度引起的微环境改善对藓类植物生长和微生物活性有积极影响（Bao, Zhao, Yang, et al., 2019），进而影响表层土壤的生物地球化学过程。（4）地表粗糙度的增加有利于土壤表面细颗粒物质的积累，促进沙漠土壤的形成过程（Williams et al., 2012）。

放牧管理对BSC表面粗糙度影响的意义在于：虽然适度放牧增加了BSC覆盖的土壤表面粗糙度，但也不可避免地降低了BSC在土壤表面的盖度，从而影响沙漠生态系统的许多生态水文过程。主要表现在以下几个方面：（1）BSC盖度的降低增加了地表裸露面积，减少了径流量或产流的可能性，增加了土壤含水量的原位入渗和深层土壤水的有效性（Golodets & Boeken, 2006）。在空间上改变了水、沉积物、养分和种子等资源在灌丛斑块和BSC斑块间的初始再分配过程，进而影响资源交换以及植被的盖度、生产力和分布格局（Li et al., 2008; Kidron, 2016）。当践踏干扰减轻后，降水可以促进沙地表面再次形成密封的细质地表面或早期阶段的BSC，BSC在水分和养分再分配中的作用部分或完全恢复（Kidron, 2015, 2016; Xiao et al., 2015）。（2）BSC盖度的减少导致地表失去BSC的保护，从而增加了地表侵蚀的可能性。BSC盖度的减少也增加了植物种子被沙埋的可能性，这有利于维管束植物在地表定居，影响植物群落组成和结构（Briggs & Morgan, 2011），对土壤表面BSC的形成和发展有积极的作用（Prasse & Bornkamm, 2000）。（3）适度放牧降低了BSC的抗剪强度，一方面，抗剪强度的降低能改变表层土壤紧实度，增加维管束植物种子进入BSC下层土壤的可能性，有利于维管束植物的定居（Kidron et al., 2010; Briggs & Morgan, 2011）；另一方面，抗剪强度的降低能增加降水的原位入渗，减少径流量，进而影响沙漠生态系统的资源再分配和植被分布格局（Faist et al., 2017）。

为最大限度地减少践踏对BSC功能的负面影响，放牧的适宜时间为雨季末和雨季初。此时，适度放牧对BSC覆盖的土壤生态和水文功能的负面影响最小，雨季后BSC的生态和水文功能可以部分或全部恢复。而严重践踏（放牧强度大于G）致使地表粗糙度和BSC盖度显著降低，从而导致表层土壤结构和功能发生显著变化，难以恢复。因此，沙区的放牧管理应综合考虑固沙程度、BSC发育程度、放牧时间、放牧强度和年际降水变化。

4.2.2 BSC对土壤物理属性的影响

BSC的形成和演替不仅改变了BSC层的物理属性（如孔隙结构、团聚体稳定性、土壤粒径组成），同时也显著改变了BSC下层土壤的物理属性（如容重、粒径组成等）。BSC的拓殖和发育是沙区成土过程和土壤质量的关键影响因素，其对土壤物理属性的影响同样受限于土壤母质、植被类型、地质地貌等。

一、对土壤质地的影响

粒径组成是土壤的基本物理属性，是土壤抗侵蚀的重要影响因素。土壤容重是反映土壤结构、透水性能以及保水能力的一个指标，其与土壤密度、孔隙以及有机质含量等因素有关。通过EPS粘结、捕获空气中的细颗粒物质以及生物风化等作用，沙区BSC的存在显著改变了BSC层和BSC下层土壤质地，且土壤质地随BSC的演替阶段和演替时间而变化。

（1）对土壤粒径的影响

BSC对BSC层及下层土壤粒径组成的影响较为复杂，受BSC类型、发育时间、土壤母质、植被类型、植被演替、地质地貌、自然环境和人为干扰等诸多因素影响。

在干旱和半干旱区，BSC层及下层土壤的颗粒组成以沙粒为主，但随着BSC的演替的进行，黏粉粒含量逐渐增加。如科尔沁沙地BSC的存在显著提高了其下层土壤中黏粉粒含量，半流动沙地物理结皮下层土壤（0－2.5 cm）黏粉粒含量为2.85% ± 0.82%，而固定沙地藓类结皮下层土壤（0－2.5 cm）黏粉粒含量增加到17.43% ± 2.81%（郭铁瑞等, 2007）。库布齐沙漠不同发育阶段BSC及其下层土壤粒度特征为，流沙粒径最大，其次为藻类和藓类结皮。BSC的发育不仅显著增加了沙地表层的土壤黏粉粒，也显著提高了下层土壤黏粉粒含量，且BSC越厚，下层土壤黏粉粒含量越高。如腾格里沙漠固沙植被区不同类型BSC结皮层、BSC下0－2 cm和2－5 cm土层的黏粉粒含量均表现为藓类结皮>混生结皮>地衣结皮>藻类结皮，而沙粒含量表现为藻类结皮>地衣结皮>混生结皮>藓类结皮。总体上表现为随着BSC的演替，BSC层和下层土壤黏粉粒增加、沙粒减少。与地衣结皮和藻类结皮相比，藓类结皮和混生结皮对下层土壤质地的影响更大（都军等, 2018）。毛乌素沙地不同植被类型下藓类结皮细砂粒含量均能明显增加、粗砂粒含量降低，藓类结皮对土壤质地的改善作用主要集中在表层土壤，改善程度同植被的类型关系密切。上述研究说明BSC的形成和演替促进了沙地土壤黏化和发育进程。

BSC对土壤质地的影响随着土壤深度增加而不断地弱化，土壤颗粒表现为表层颗粒较细，深层土壤粒径较粗，且不同类型BSC的作用存在差异。如腾格里沙漠BSC对下层土壤理化性质的影响随土壤深度的增加而减小。库布齐沙漠藻类结皮0－5 cm深度内的平均粒径差异不显著，而藓类结皮0－5 cm深度内的平均粒径差异显著（肖巍强等, 2017）。主要原因是BSC本身具有一定程度的生物成土作用，且能吸附大量降尘，另外在降水入渗过程中，土壤细颗粒物质向下发生位移且含量逐渐减少，使得细颗粒物质的含量随着深度加深，比重不断下降。

BSC的形成和发育对BSC层和下层土壤粒径的影响取决于土壤母质。如在黄土高原风沙区，沙质土壤BSC层及其下0－5 cm和5－25 cm土壤层的黏粉粒含量均明显高于无BSC覆盖的土壤，在25－50 cm土壤层则基本近似；而在黄土区，BSC层及其下各土壤层的黏粉粒含量均与无BSC覆盖的各土壤层无显著差异（肖波等, 2007a, b）。在西班牙塔韦纳斯沙漠和加塔角 · 尼哈尔自然公园，土壤母质也是影响BSC及其下层土壤质地的决定性因素。两个区域间土壤质地差异显著，塔韦纳斯沙漠 BSC及下层土壤以粉粒为主，而加塔角 · 尼哈尔自然公园BSC及下层土壤以沙粒为主。在塔韦纳斯沙漠，与发育良好的蓝藻结皮相比，物理结皮和地衣结皮下的沙粒含量较低，黏粒含量较高，表层土壤与深层土壤间质地没有显著差异。在加塔角 · 尼哈尔自然公园平坦沙壤土上，土壤质地未随BSC类型的变化而发生变化，BSC下表层土壤粉砂含量高于深层土壤粉砂含量（Chamizo, Cantón, Miralles, et al., 2012）。这是由于塔韦纳斯沙漠地形复杂，BSC下土壤结构类型差异显著，发育良好的蓝藻结皮通常定居于质地较粗的沉积地貌，而物理结皮和地衣结皮发育在斜坡位置的泥岩风化层上，泥岩风化层由80%的粉粒组成，几乎没有钙质砂岩沉积（Cantón et al., 2003; 2004）。因此，物理结皮和地衣结皮下的土壤粉砂含量高于蓝藻结皮下的土壤粉砂含量。在伊朗北部戈莱斯坦省，BSC影响母质层的风化作用（Aghamiri & Schwartzman, 2002），以及土壤形成和粒度分布。BSC增加了0－5 cm和5－15 cm土壤层的粉粒含量（Kakeh et al., 2018），但未显著增加黏粉粒含量，主要原因是土壤母质质地较细（Kehl et al., 2005）。BSC及下层土壤粒径分布表现为，表层土壤（深度为0－5 cm和5－10 cm）的粒径分布曲线斜率高于裸土，黏粒含量较少（11.5%、15.3%和4.9%、24.0%），粉粒含量较多（60.1%、57.3% 和51.7%、51.7%）。在20－30 cm以及更深的土壤层，两种土壤（BSC和裸地）的粒径分布曲线斜率、黏粒含量及其砂粒含量相似（图4–29）。

气候和环境影响BSC对下层土壤粒径的作用。在高寒沙区（黄河源区），未退化的草地斑块以深色藻类结皮为主，半退化的草地斑块以浅色藻类结皮为主。两种BSC及裸地各层土壤的颗粒组成均以粉粒和沙粒为主，占到所有颗粒组分的70.0%－80.0%左右。两种BSC及下层0－5 cm、5－10 cm和10－20 cm土层黏粒、粉粒及沙粒均没有显著差异。深色藻类结皮及其下20－30 cm土

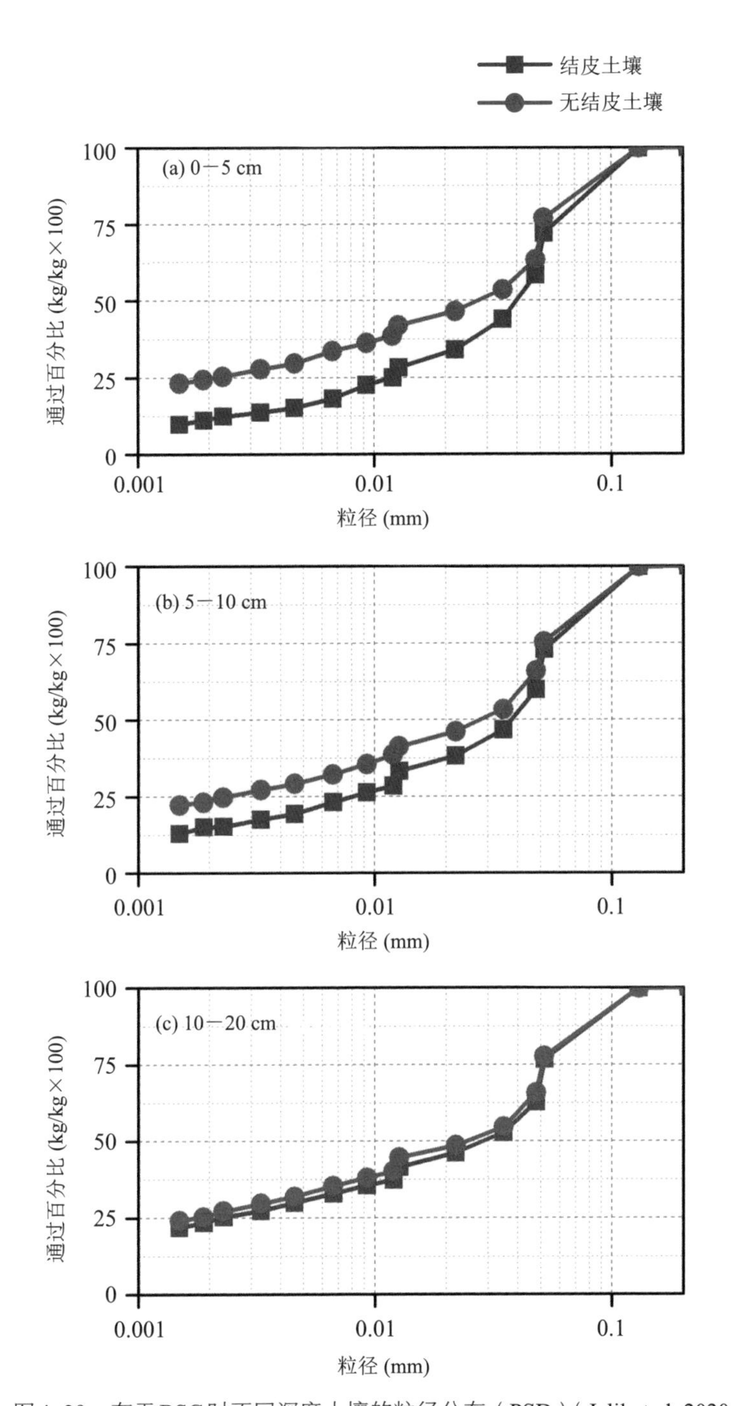

图4-29　有无BSC时不同深度土壤的粒径分布（PSD）（Jalil et al.,2020）

壤层粉粒含量高于浅色藻类结皮，同时均显著高于裸地。与干旱半干旱沙区不同，高寒沙区BSC对土壤粒径的影响作用主要发生在20－30 cm土层，这与强烈的冻融作用及水热转移有关（明姣等, 2021）。

土壤粒径组成是BSC形成的基础。在干旱半干旱区，不同沙区BSC粒径组成具有共同特征，砂粒和粗粉粒含量相对较多，细粉粒和黏粒含量相对较少，从流沙到BSC的形成过程，是以砂粒和粗粉粒为骨架，以小于0.01 mm的细小颗粒填充土壤孔隙的过程，粗粉粒是BSC形成的关键基础（吴发启, 范文波, 2001）。由此可见，干旱半干旱区BSC的形成和演替对BSC层和下层上壤质地的影响具有较为一致的规律性，即BSC能增加BSC层和BSC下层土壤的黏粉粒含量，随着BSC发育时间的延长而增加，同时土壤深度也增加。

植被类型也会影响BSC及下层土壤质地。在流沙上建立不同类型植被进行生态恢复，15年后形成的BSC粒径组成差异较大，如地衣结皮的黏粉粒含量表现为小红柳群丛（37.0%）>杨树林地（28.6%）>冷蒿群落（22.0%），藓类结皮的黏粉粒含量表现为樟子松林地（48.4%）>小红柳群丛（39.0%）>杨树林地（38.2%）>冷蒿群落（33.4%）。BSC层的黏粉粒含量在不同植被类型中都表现为藓类结皮明显大于地衣结皮。与流沙相比，不同植被BSC显著改善了下层土壤质地，如BSC下0－2.5 cm和2.5－5.0 cm土层土壤黏粉粒含量均明显增加，砂粒含量明显下降（$p < 0.05$）。但不同植被类型间存在差异，如地衣结皮和藓类结皮下0－2.5 cm土层土壤细颗粒物质含量表现为小红柳群丛 > 冷蒿群丛和杨树群丛（$p < 0.05$）。藓类结皮下2.5－5.0 cm土层土壤细颗粒含量为小红柳群丛>杨树林地>樟子松林地>冷蒿群丛（赵哈林等, 2009）。

同种BSC的生长和发育时间也会影响BSC层及下层的土壤质地。如腾格里沙漠藓类结皮层土壤黏粉粒含量均随生长时间增加而逐渐增大，随土层深度增加而减小，沙粒含量则相反（图4–30）。土壤粒径组成在表层土壤与BSC层之间存在显著正相关（$p < 0.05$），且其相关性随土层深度的增加而减小，表明表

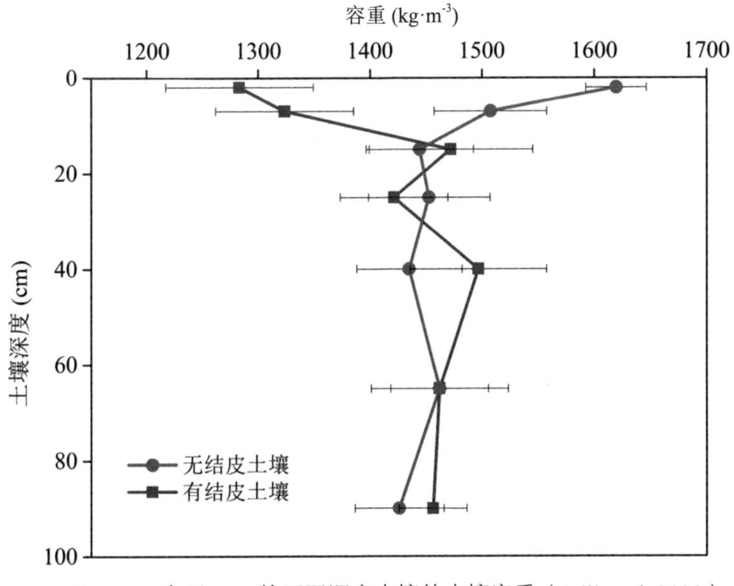

图4–30　有无BSC的不同深度土壤的土壤容重（Jalil et al.,2020）

层土壤与BSC层土壤质地的变化具有同步性（表4–5）。库布齐沙漠不同年龄固沙林（13年、20年和40年）的相关研究也获得类似的结果，藓类结皮的生长发育时间显著改变了BSC层和下层土壤质地。与流动风沙土相比，随着BSC生长发育时间的增加，表层土壤中100－150 μm粒径级含量逐渐增加，特别是0－2 μm、2－10 μm、10－50 μm和50－100 μm的粒径级含量均显著高于流动风沙土，说明BSC发育时间的增加有利于表层土壤颗粒变细。

综上所述，BSC具有明显富集细颗粒物的能力，随着BSC形成时间的延长，这种能力也逐渐增加，对风沙土发育演变过程具有积极作用。BSC的形成和演替能够促进土壤黏化过程，加快土壤发育进程，改善土壤结构。但这种作用随着BSC的发育阶段、发育时间、土层深度、土壤母质、气候、植被类型和微地貌的变化而表现出差异性和复杂性。

表4-5 藓类生长发育时间和土壤深度对土壤物理性质的影响

因子	植被恢复年限		土壤深度		植被恢复年限 × 土壤深度	
	F	*P*	*F*	*P*	*F*	*P*
容重	150.193	0.000	55.071	0.000	1.234	0.324
沙粒含量	18.854	0.000	94.792	0.000	1.470	0.230
粉粒含量	25.338	0.000	52.521	0.000	5.030	0.002
黏粒含量	88.218	0.000	166.419	0.000	5.098	0.001
孔隙度	27.793	0.000	79.833	0.000	0.352	0.902
持水能力	10.470	0.000	152.300	0.000	4.642	0.003

（2）对土壤容重的影响

随着BSC的演替，BSC层和下覆土壤层容重多呈现减小的趋势。如腾格里沙漠东南缘不同类型BSC层及其下0－2 cm和2－5 cm土壤层的容重均表现为藻类结皮>地衣结皮>混生结皮>藓类结皮，BSC层容重小于其下0－5 cm土层容重（都军等, 2018）。黄河源区BSC改变了结皮层和下层土壤的容重，表现为深色藻类结皮和浅色藻类结皮层容重分别为1.15 g·cm^{-3}和 1.08 g·cm^{-3}，均显著低于其下层0－30 cm土层土壤容重（1.65 g·cm^{-3}）。深色藻类结皮下0－20 cm土层土壤容重显著低于浅色藻类结皮和裸地的土壤容重，浅色藻类结皮下0－20 cm土层土壤容重与裸地没有显著差异（明姣等, 2021）。在伊朗北部戈莱斯坦省，与裸露土壤相比，BSC层土壤的有机碳含量更高，孔隙更大，使得BSC下0－5 cm土壤层的容重较低（1.29 ± 0.06 g·cm^{-3}）(Kakeh et al., 2018）。裸地土壤的容重随土层深度的增加而减小，BSC的土壤容重随土层深度的增加而增加，并趋于一致（约1400 kg·m^{-3}）(Jalil et al., 2020）。BSC下土壤（0－10 cm）的容重（1300 kg·m^{-3}）显著小于裸地土壤（1560 kg·m^{-3}）(图4-31）。BSC土壤上层低容重可能与较高的有机质、较好的聚集性、紧实度降低有关（Jalil et al., 2020）。然而，放牧干扰，特别是在雨季放牧，会导致土壤压实度增加，表层团聚体破碎，影响土壤容重。

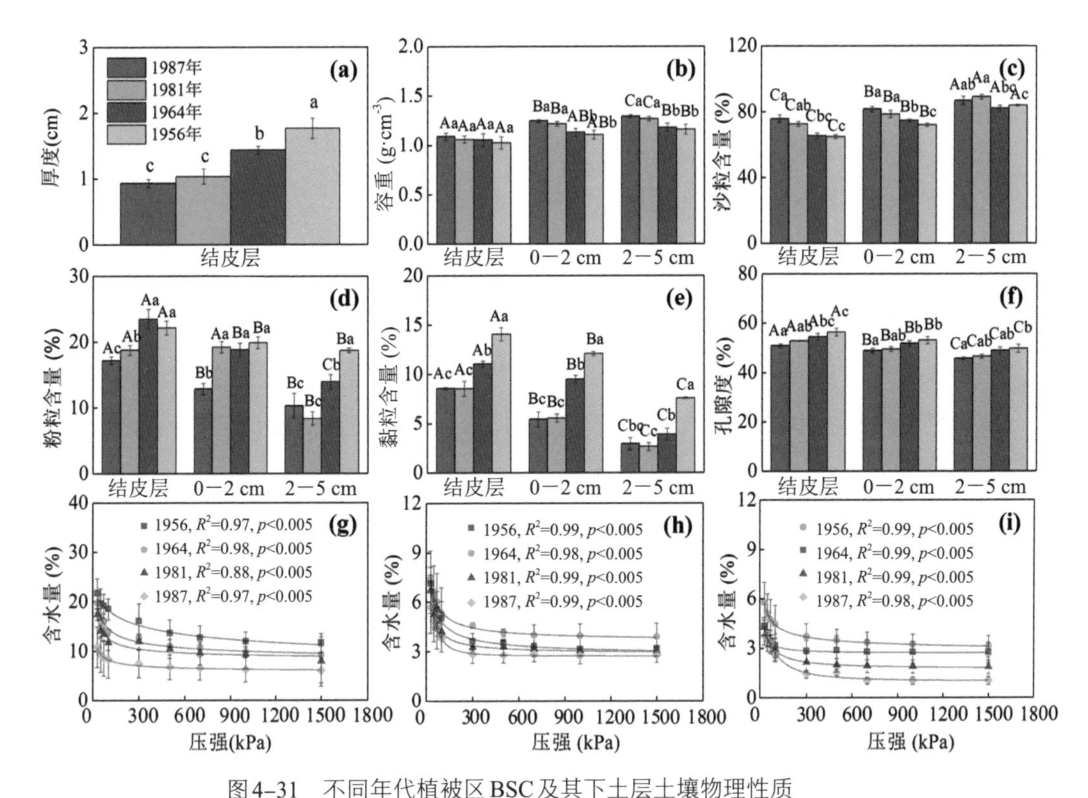

图4-31　不同年代植被区BSC及其下土层土壤物理性质

（a）BSC层，（b）BSC下0－2 cm土层，（c）BSC下2－5 cm土层。不同大写字母表示土层间差异显著，$p < 0.05$；不同小写字母表示不同年限间差异显著，$p < 0.05$

植被类型显著影响BSC及下层土壤容重。与流沙相比，科尔沁沙地不同植被区BSC的发育均使BSC下0－2.5 cm土层土壤容重显著降低（$p < 0.05$），但不同类型植被间下降幅度存在差异，表现为小红柳群落>冷蒿群落>樟子松林地>杨树林地。同种植被下，藓类结皮土壤容重的下降幅度大于地衣结皮容重的下降幅度。与流沙相比，不同植被BSC下2.5－5.0 cm土层土壤容重在冷蒿和小红柳群落下显著降低（$p < 0.05$），在杨树林地和樟子松林下变化不明显（$p > 0.05$）。同一植被下，BSC下2.5－5.0 cm 土层土壤容重在藓类结皮和地衣结皮间差异不明显（$p > 0.05$）(赵哈林等, 2009)。

多数研究显示BSC的形成与演替对BSC层和下层土壤容重的影响的规律一致，即BSC演替降低了BSC层和下层0－5 cm土壤层的容重，且BSC层容重低于下层土壤。但也有相反的结论，如在科尔沁沙地的研究显示BSC的演替增加了下层土壤的容重 (郭铁瑞等, 2007)。

二、对土壤孔隙结构的影响

BSC的结构特性，特别是多孔性、团聚体稳定性和水分进入土壤的通道弯曲度是影响土壤水文过程的主要原因。我们采用X射线微观CT扫描成像系统，研究了腾格里沙漠南缘人工植被和自然植被区不同演替阶段BSC的内部微观结构，使用三维结构重建技术与逐次开口孔隙图像分析方法，对比分析我国温带BSC的孔隙结构分布特征及其垂直连通性。

BSC在沙丘表面不断拓殖和发育显著改变了土壤表层的孔隙结构，且随着演替时间不断发生变化。流动风沙土土壤具有清晰、松散的均质性，内部没有任何团聚体结构。演替20年的地衣结皮的土壤团聚体最薄，且其表层呈波浪状形态，而演替45年的地衣结皮的厚度增加，剖面存在大量裂缝，具有极其复杂的土壤结构演化过程。两者剖面比天然地衣结皮的土壤剖面更加紧实，且没有发现植物细根残留。而天然地衣结皮的表面有大量非维管束植物生长，植物根系的生长与展延在土壤内部形成较为复杂的锥形孔洞 (王新平等, 2011)。我们的研究发现BSC表层分布了大量的蚂蚁洞穴，在局部显著改变了BSC的结构，说明BSC对表层土壤孔隙结构的影响不仅与自身演替过程相关，也受其他生物因素影响 (李新荣等, 2010)。

BSC的类型和发育时间显著影响沙漠生态系统表层土壤孔隙度和孔隙连通

性。流沙的孔径分布为典型的单峰曲线，孔径仅介于10.5－108.5 μm，而BSC的拓殖和演替显著改变了表层土壤的孔隙，随着BSC发育时间的增加，土壤剖面内小孔隙数量逐渐减少，大孔隙不断增加。如固沙植被区演替45年的BSC土壤孔隙率为演替20年BSC土壤孔隙率的2倍，达到天然植被区BSC土壤孔隙率的水平（29.7%）。土壤孔隙率与实际孔径大小密切相关，在55－135 μm孔径范围内，天然BSC的孔隙率最大，约为4.6%。而当孔径增大至135 μm以上时，演替45年的BSC的孔隙率远高于演替20年的BSC，约为15.4%。因此，人工固沙植被区表层BSC孔隙率的增加主要取决于土壤结构中大孔隙数量的增加。腾格里沙漠东南缘固沙植被区的其他研究也证实，不同类型BSC及下层土壤孔隙度表现为藓类结皮>混生结皮>地衣结皮>藻类结皮，藓类结皮孔隙度随BSC生长时间延长而逐渐增大，随土层深度增加而减小（都军等, 2018；李云飞等, 2020）。BSC的拓殖和演替也显著改变了表层土壤的孔隙连通性。流沙剖面由小孔隙组成且连通率接近100%，最大孔隙直径较小，约为35 μm；天然植被区BSC约有96%的孔隙相连通，其连通孔径约在75 μm之内；人工固沙植被区演替20年的BSC相连通的孔隙率仅约70%，其孔径约在150 μm之内；演替45年的BSC约92%的孔隙相连通，其孔径在380 μm之内。随着BSC的演替，表层土壤孔隙连通性先减小后增加，并接近天然BSC的孔隙连通性，但其孔径差异变大。

BSC的聚集结构增加了土壤孔隙网状结构的弯曲度及其异质性特征。随着BSC的演替和发育，其剖面土壤孔隙网状结构将连续拓展，导致土体垂直剖面孔径弯曲度不断增加，进而导致水文过程发生变化。例如，大孔隙产生的优先流使水分可以在土壤中贮存相对较长的时间，提高沙漠生态系统根系土壤含水量的有效性。有利于改善浅根系灌木、草本、隐花植物，以及大量小型土壤动物的微生境。可为进一步深入研究荒漠生态系统BSC的水文功能提供基于形态结构方面的基础理论支持。

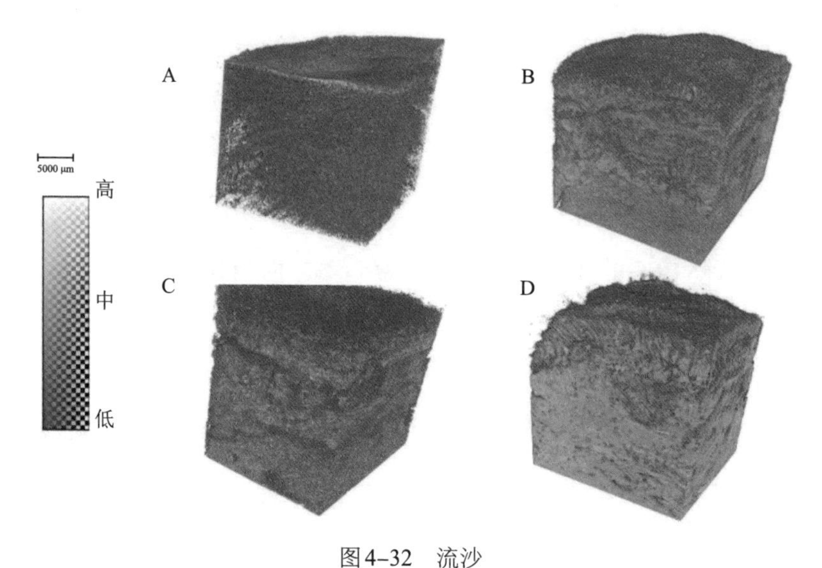

图4-32 流沙

A：天然BSC；B：30年BSC；C：60年BSC；D：土壤结构

图4-33 流沙

A：天然BSC；B：30年BSC；C：60年BSC；D：土壤孔隙

三、对土壤稳定性的影响

BSC的形成和演替显著提升了表层土壤稳定性，其重要性已被大量研究所证实。随着地表由物理结皮逐渐发育为藻类结皮、地衣结皮和藓类结皮，BSC厚度不断增加。BSC中的真菌菌丝、蓝藻菌丝、地衣和藓类附着结构在表层土壤形成一个网络，极大地提高了土壤团聚体的稳定性。如在西班牙塔韦纳斯沙漠，发育良好的BSC（蓝藻、地衣和藓类结皮）土壤团聚体稳定性高于物理结皮或发育不良的BSC（早期蓝藻结皮）的土壤团聚体。伊朗北部戈莱斯坦省BSC下层土壤团聚体的几何平均直径和团聚体稳定性均大于裸土。随着BSC的演替，黄土高原BSC厚度和土壤粘聚力显著增加，且在演替后期藓类中达到最大值，显著增强了土壤稳定性。维管束植物对15 cm以下土层土壤稳定性的贡献较大，而BSC对0－15 cm土层土壤的稳定性更有效（Chaudhary et al., 2009）。在模拟极端降水条件下，物理结皮的产沙量远高于BSC，且随着BSC的演替，产沙量显著减少，而去除BSC则显著增加了水蚀，进一步证实了BSC的形成和演替提升了表层土壤的稳定性，对表层土壤的保护至关重要。

不同类型BSC稳定结构的构成方式存在差异，决定了BSC及下层土壤稳定性的强弱。如物理结皮中，骨骼颗粒是起到支撑作用的框架，而小颗粒在范德华引力、库仑引力、风力及沙粒的挤压下，粘结在骨骼颗粒上；藻类结皮是由丝状体将土壤颗粒连接成的一个整体；地衣结皮的土壤颗粒被黏液紧紧地包被，形成稳定的团粒结构；藓类植物假根是藓类结皮的编织者，形成了更稳定的网状结构（刘利霞，2008）。BSC提升表层土壤稳定性有以下几个可能的原因：（1）发育较好的生物有机体，如藓类和地衣覆盖在土壤表面，可以防止雨滴直接冲击土壤表面而发生溅蚀；（2）BSC具有锚定结构，如地衣和藓类的根茎，以物理方式与土壤颗粒紧密结合（Bowker, Belnap, et al., 2008）；（3）BSC表层土壤有机质含量较高，能以化学方式与土壤颗粒结合（Chamizo et al., 2012b），如BSC中生物分泌的黏多糖与土壤颗粒结合，有利于土壤聚集（Belnap &

Gardner, 1993），减少了水蚀和风蚀（Eldridge & Greene, 1994b）；（4）BSC下层土壤的钠离子浓度低于非BSC土壤，导致BSC下层土壤颗粒絮凝沉降，从而增加团聚体的稳定性（Kakeh et al., 2018）。

不同演替阶段BSC对土壤稳定性的影响机制不同。演替早期阶段的蓝藻结皮包含了多种物种，这些物种具有一系列属性，有助于蓝藻结皮在干旱和超干旱环境中恢复和生存。蓝藻细菌产生的EPS具有粘结属性，可以将松散的土壤颗粒粘结到保护性的BSC层。此外，蓝藻分泌的EPS增加了土壤含水量，使土壤颗粒粘结在一起，形成团聚体，增加了地表稳定性（Sepehr et al., 2018）。蓝藻菌丝对沙粒的机械缠结在增加表面剪切力和降低风速方面比多糖对沙粒的化学捕集更有效（McKenna-Neuman et al., 1996）。藻类对土壤的粘结作用在BSC演替的早期阶段是必不可少的，而BSC演替后期，地衣、藓类和真菌一方面通过改变土壤的理化性质来提高土壤的粘结作用（Hu, Liu, Song, et al., 2002），如BSC下层土壤有机质含量的增加提升了土壤团聚体稳定性（Chamizo, Stevens, et al., 2012）。另一方面，藓类在演替过程中通过根系的生长影响土壤稳定性（Carter & Arocena, 2000），为旱地生态系统创造了更有利的微环境。此外，藓类结皮通过创造更稳定的微环境（Belnap, Büdel & Lange, 2003），具有更强的抗风蚀和水蚀能力。

4.2.3 BSC对土壤化学属性的影响

BSC的存在和演替显著改变了BSC层及下层土壤的化学属性，如有机碳、无机碳、全氮、碱解氮、速效磷、速效钾、pH、电导率以及大量和微量元素等。对下层土壤化学属性的影响主要发生在0－5 cm土壤层，对土壤深度的影响随BSC生长发育时间的延长而增加，不同区域间或不同植被类型间存在差异。地理环境、地貌部位、植被类型、植被恢复，以及BSC不断发育过程中的微生物活动是影响BSC及其下层土壤化学属性的主要因素。

一、对土壤养分的影响

BSC的形成和演替显著改变了BSC层及其下层土壤的养分，其效应随着BSC的发育和演替逐渐增加，BSC对下层土壤养分的影响表现出由BSC层向深层依次减小的趋势。如在腾格里沙漠，固沙植被区BSC及其下0－2 cm和2－5 cm土层土壤有机碳、无机碳、全氮、碱解氮、速效磷和速效钾含量均表现为藓类结皮>混生结皮>地衣结皮>藻类结皮。BSC对下层土壤养分的影响表现为藓类结皮和混生结皮>地衣结皮和藻类结皮。BSC与其下0－2 cm、2－5 cm土层土壤之间的养分含量显著相关，且其相关性随土层深度的增加而减小，表明表层土壤与BSC层养分含量的变化具有同步性（图4-34）。民勤绿洲边缘，BSC的形成和演替（物理－藻类结皮、藻类－地衣结皮以及地衣－藓类结皮）

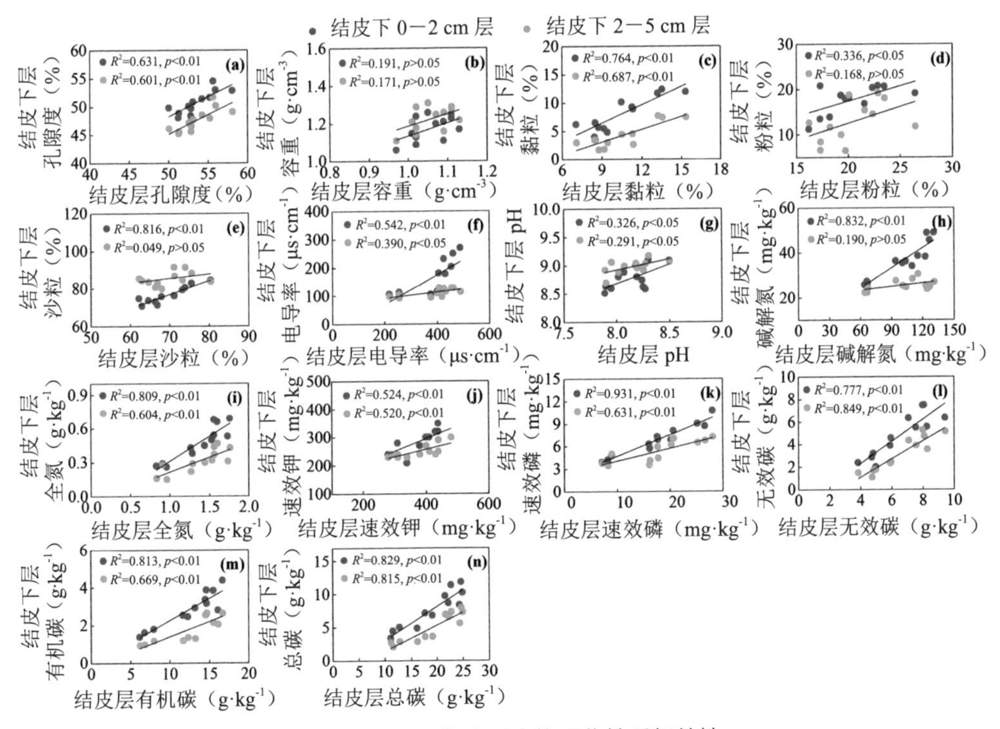

图4-34　BSC层与表层土壤理化性质相关性

显著提升了0－1 cm土壤层土壤有机质、全氮、速效磷以及速效钾含量（何芳兰等, 2019）。在古尔班通古特沙漠，BSC显著增加地表0－5 cm土层的有机质含量，而对更深层次土壤的有机质含量则无显著影响（张元明等, 2005）。在高寒沙区（黄河源区），BSC土壤有机质和全氮含量显著高于其下0－20 cm土壤层的含量。0－20 cm土层土壤有机质和全氮含量表现为深色藻类结皮>浅色藻类结皮>裸地（明姣等, 2021）。就某一区域而言，随着BSC的发育和演替，结皮及其下土壤层有机质和氮含量均呈现出增加的趋势。在世界其他地区研究也呈现这种规律。如在西班牙阿莫拉德拉斯沙地，地衣和藓类结皮层及其下0－1 cm土壤层的有机碳和氮含量高于蓝藻结皮，但BSC下1－5 cm土壤层有机碳和氮含量没有差异。地衣和藓类结皮的有机碳含量是蓝藻结皮的近2倍，地衣和藓类结皮的氮含量大约是蓝藻结皮的1.5倍。BSC层的有机碳含量均高于其下层土壤，地衣和藓类结皮的氮含量高于下层土壤，蓝藻结皮与其下土层的氮含量相近。伊朗北部戈莱斯坦省的BSC显著提高了土壤的有机质、全氮和速效磷含量，且0－5 cm土层的土壤有机质含量和全氮含量总体上高于5－15 cm土层，但速效钾在BSC和裸土间以及不同土壤深度间差异不显著（Kakeh et al., 2018）。

良好的植被恢复是提升BSC及下层土壤养分含量的保障，荒漠生态系统恢复过程中，BSC对土壤理化性状的改善作用主要集中在表层土壤。科尔沁沙地植被恢复过程中BSC的形成和发育显著改变了土壤养分含量。与流沙相比，半流动、半固定、固定沙丘的物理、地衣、藓类结皮下，土壤的有机质、全氮、全磷、碱解氮、速效磷依次增加。BSC下0－2.5 cm土层的土壤养分含量明显高于2.5－5 cm土层。与流沙相比，不同植被恢复区BSC下0－2.5 cm土层土壤有机质、总氮、总磷含量分别增加了2.5－10.6倍、3.8－14.8倍和 0.3－1.4倍，在 2.5－5.0 cm深处分别增加了1.8－12.2倍、0.4－8.7倍和0.3－2.2倍（郭铁瑞等, 2007; 赵哈林等, 2009）。

BSC对土壤养分的影响程度受植被类型的调控。BSC及下层土壤养分在植被类型间的差异可能受植物性状的影响，如冠层大小及形状会影响光照、温度、风速、降水截留、土壤含水量以及降尘捕获等，同时受植物和BSC种间资源竞争的影响。毛乌素沙地沙柳及沙蒿植被下藓类结皮显著提高了其下层土壤的有机质、全氮、速效钾、全磷含量，而降低了全钾、速效磷含量；樟子松林中藓类结皮下0－2 cm土壤的养分效应与沙柳、沙蒿林中BSC的类似，但2－5 cm和5－10 cm土层有机质含量显著降低（$p < 0.05$），全氮、全钾、全磷、速效磷含量则无显著变化（$p > 0.05$）。其他相关研究也显示，毛乌素沙地植被类型显著影响了BSC及其下层土壤养分。沙蒿冠层下的藻类结皮及其下层土壤的全氮、全磷、有机质含量显著高于植被冠层间，而沙柳和柠条冠层下的土壤养分显著低于植被冠层间。沙蒿、沙柳和柠条冠层下BSC及下层土壤养分含量均随土层加深逐渐降低，而草地则表现为5－10 cm土层的土壤养分显著高于上层土壤。不同植被间藓类结皮的全氮和有机质表现为柠条>草地>沙柳>沙蒿，藓类结皮全磷以及藻类结皮的养分含量在不同植被类型间均表现为草地>柠条>沙蒿>沙柳。总体上，各类型植被下的藓类及藻类结皮均能够显著增加表层0－10 cm土壤的养分含量，且藓类结皮养分富集能力优于藻类结皮（董金伟等，2019）。

科尔沁沙地不同植被区同种BSC及下层土壤（0－2.5 cm和2.5－5.0 cm）的化学特性差异较大。就BSC层而言，藓类结皮的有机质、氮、磷含量在小红柳群丛中最高；杨树林地BSC的有机质、有效氮和有效磷含量以及冷蒿群丛BSC的总氮和总磷含量最低；地衣结皮的有机质、总氮、总磷和有效磷含量以冷蒿群落BSC最高；有效氮含量以小红柳群丛BSC最高；而杨树林地BSC的有机质和养分含量均最低（$p < 0.05$）。就不同植被区BSC下0－2.5 cm土层而言，地衣结皮下0－2.5 cm土层土壤有机质、总氮、有效氮含量表现为小红柳群丛>冷蒿群丛>杨树林地，有效磷含量为冷蒿群丛>小红柳群丛>杨树林地；

藓类结皮下0－2.5 cm土层土壤有机质、总氮、有效氮和有效磷含量均以樟子松林地最高，冷蒿群丛最低。就不同植被区BSC下2.5－5.0 cm土层而言，地衣结皮下2.5－5.0 cm土层土壤的有机质、总氮、有效氮含量均以小红柳群丛最高，总磷和有效磷含量以冷蒿群丛最高，而有机质和有效养分含量以杨树林地较低，总氮和总磷含量以冷蒿群丛较低；藓类结皮下2.5－5.0 cm土层土壤的有机质和总氮含量以小红柳群丛最高，有效氮和有效磷含量以樟子松林地最高，而土壤有机质和养分含量以冷蒿样地最低。

在BSC斑块尺度上，藓类结皮的土壤理化性质具有边缘效应。将古尔班通古特沙漠藓类结皮斑块从中心至边缘划分3个圈层，BSC土壤有机质、全氮、全钾含量显著受边缘效应影响，中心圈层含量比边缘圈层含量分别增加56.19%、50.0%、9.4%，显著高于边缘圈层。但全磷、速效氮、磷、钾含量在3个圈层无显著差异，在斑块内部较为匀质（李茜倩, 张元明, 2018）。另外，藓类结皮斑块也表现出一定的面积效应，面积大小与有机质、全氮、速效钾、可溶性钙以及粒径小于0.02 mm的土壤颗粒含量呈正相关（吉雪花等, 2013）。由于多种BSC在自然状态下通常以微小斑块状存在，其边缘所占的比例较景观上的大斑块要高很多，因而边缘效应也更加显著，我们推测其他类型BSC斑块也具有边缘效应和面积效应，但还需要进一步的实验验证。

同一种BSC生长发育时间显著影响BSC层及其下层土壤化学性质。腾格里沙漠的藓类结皮及下层土壤化学性质在不同生长发育时间之间存在显著差异（$p < 0.05$）。藓类结皮有机碳、无机碳、总碳、碱解氮、全氮、速效磷、速效钾均随生长发育时间延长而逐渐增大，随土层深度增加而减小（表4-6和图4-35）。库布齐沙漠不同年龄（13年、20年和40年）的固沙林地中藓类结皮的生长发育显著提高了BSC和下层土壤的养分和有机质的含量。随着藓类结皮生长时间的增加，BSC层养分含量（全钾除外）总体呈增加趋势，特别是有机质、全氮、速效磷、速效钾含量显著增加。和流沙相比，13年、20年和40年的藓类结皮

表4-6　植被恢复年限和土壤深度对土壤化学性质的影响

因子	植被恢复年限		土壤深度		植被恢复年限 × 土壤深度	
	F	*P*	*F*	*P*	*F*	*P*
电导率	98.130	0.000	874.311	0.000	25.216	0.000
pH	10.990	0.000	156.274	0.000	1.558	0.202
碱解氮	153.761	0.000	2362.241	0.000	61.922	0.000
全氮	98.393	0.000	1039.025	0.000	14.113	0.000
速效钾	36.199	0.000	109.036	0.000	4.530	0.003
速效磷	148.158	0.000	648.784	0.000	43.790	0.000
无机碳	66.164	0.000	76.632	0.000	0.336	0.911
有机碳	101.273	0.000	1358.992	0.000	32.673	0.000
总碳	130.068	0.000	745.872	0.000	10.978	0.000

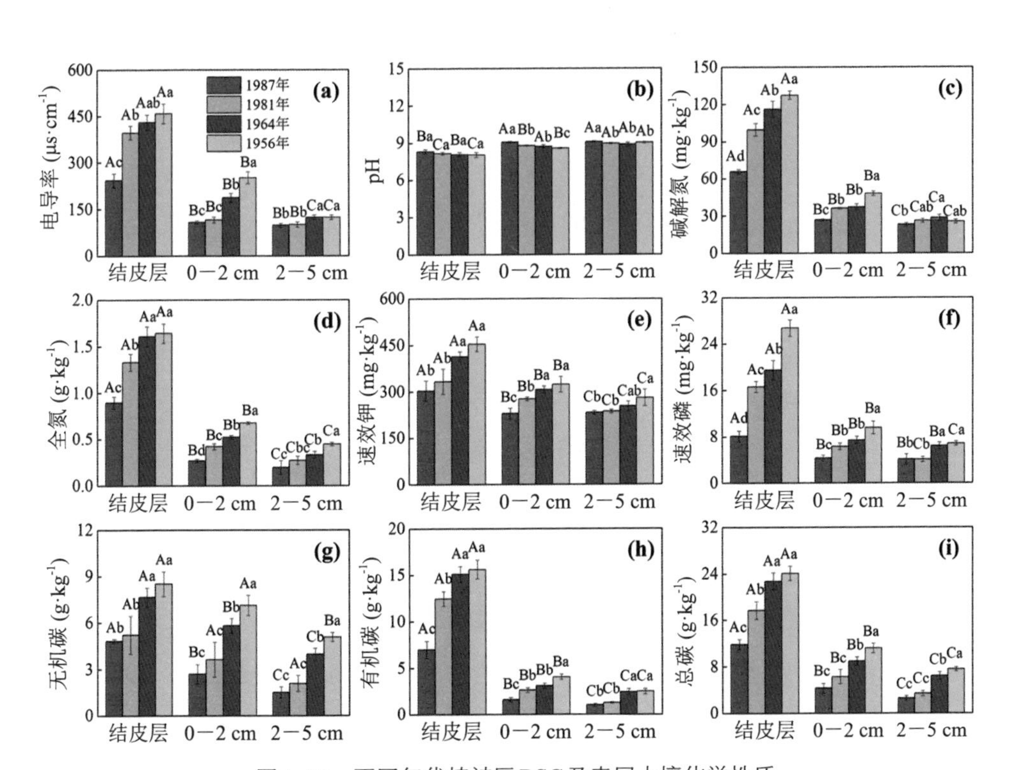

图4-35　不同年代植被区BSC及表层土壤化学性质

层有机质含量分别增加6.68倍、9.43倍和9.94倍；全氮含量分别增加3.38倍、6.63倍和4.63倍；速效磷含量分别增加0.59倍、1.36倍和2.17倍；速效钾含量分别增加56.73%、56.21%和82.10%。20年和40年的藓类结皮对下层风沙土有机质影响深度分别达5 cm和40 cm。BSC对下层风沙土全氮影响深度基本可以达到20－40 cm，对下层土壤其他养分含量影响较弱，这表明沙漠BSC能富集养分，但并不是所有的养分都能够随着降水入渗向下层移动，有机质和全氮能向下层移动，但向下移动深度有限（闫德仁等, 2018）。

BSC主要通过多种生物过程对BSC层及下层土壤养分产生影响。BSC通过固定大气二氧化碳，增加其生物量，从而提高BSC及其下土壤（0－5 cm）的有机碳（Chamizo, Stevens, et al., 2012）。即使是土壤表层覆盖的一层很薄的BSC，也可能是土壤碳输入的重要基础（Zaady et al., 2000）。BSC也会通过产生和分泌EPS，增加土壤碳库（Mager & Thomas, 2011）。蓝藻结皮发育与EPS含量之间显著相关（Belnap et al., 2008），高盖度BSC的多糖含量可能比低盖度BSC的多糖含量高1.5倍（Malam et al., 2001）。卡拉哈里沙漠（南部非洲沙漠高原）西南部，蓝藻结皮产生的碳水化合物含量可能占表层土壤有机碳总量的75%（Mager, 2010）。西班牙的塔韦纳斯沙漠的相关研究也证明，随着BSC的演替，从物理结皮到地衣和藓类结皮，EPS的含量显著增加（Chamizo et al., 2013），演替后期BSC及其下土壤中有机碳含量较高，可归因于多糖含量的增加。BSC的许多生物成分（如一些藓类、地衣、藻地衣和蓝藻细菌）可以固定大气中的氮（Belnap et al., 2003a）。碳与氮的固定总体上呈正相关，BSC下土壤较高的有机碳和氮含量均支持了这一结果（Chamizo et al., 2012; Mager & Thomas, 2011）。BSC增加了其下土壤层的土壤有效磷含量（Kakeh et al., 2018），地衣和非地衣真菌分泌的磷酸酶可能通过溶解磷－碳酸钙增加有效磷，而磷－碳酸钙通常使磷在高pH土壤中难以被生物利用（Harper & Marble, 1988）。一些研究表明，地衣和藓类植物通过固定氮增加有效磷，提高土壤肥力（Arnesen et al., 2007; Benner & Vitousek, 2012）。此外，地衣[如双壳双缘衣（*Diploschistes diacapsis*）]可以降低磷酸酶活性，导致更高的土壤磷浓度（Concostrina-Zubiri et al., 2013）。BSC对下层土壤的作用主要源于BSC中存在的大量微生物菌丝体、藻类和地衣、藓类的假根，它们可以从BSC层延伸至下层土壤，通过有机质和养分的淋溶以及微生物分泌物、黏液的作用，使下层土壤条件得到改善。但是，由于微生物菌丝体和藓类、地衣假根下延深度有限，数量随着深度的增加而锐减，因此其影响程度也会随着土壤深度的增加而明显下降（赵哈林等，2009）。

综上，在不同沙区，BSC的形成和发育均使表层土壤有机质和养分含量呈递增趋势。从藻类结皮发育到藓类结皮的过程是土壤腐殖质不断提高，土壤中氮、磷、钾含量不断增加，土壤养分和有机质不断富集的过程。不同沙区同类BSC间、同一沙区不同植被类型之间、同一BSC斑块不同部位之间，有机质、全氮、全磷、速效氮、速效磷、速效钾存在不同程度的差异。BSC对土壤性质的影响深度范围主要为0－5 cm土层，但BSC对土壤深度的影响范围与BSC发育程度、发育年限和气候有关（闫德仁等，2018; 李云飞等，2020; 明姣等，2021）。

二、对阳离子交换量、土壤酸碱度和电导率的影响

BSC表面通常会吸附黏粉粒物质，这些颗粒会结合正电离子，如钙、镁、钠和钾阳离子。多糖也会增强这些阳离子的结合（Belnap, Büdel & Lange, 2003）。尽管阳离子交换量在BSC之间没有显著差异，但发育良好的BSC能改善土壤的阳离子交换量（Chamizo, Stevens, et al., 2012）。阳离子交换量的增加可以归因于有机碳与BSC演替的同步增长，西班牙南部半干旱环境中土壤阳离子交换量与有机质含量存在正相关关系（Miralles et al., 2007, 2009）。

美国犹他州东南部两种沙漠发育的BSC可以使表层土壤的pH从8增加到10.5（Garcia-Pichel & Belnap, 1996）。地衣和土壤pH之间存在正相关关系，

这归因于某些地衣物种对碱性碳酸钙和pH的偏好（Bowker, Belnap & Miller, 2006; Rivera-Aguilar et al., 2009）。土壤pH的增加也可能与土壤有机质的增加有关（Miralles et al., 2009）。西班牙的塔韦纳斯沙漠不同BSC类型土壤中碳酸钙含量没有显著差异，但BSC下层土壤的碳酸钙和有机碳含量高于物理结皮，可以解释BSC下层土壤pH高于物理结皮下土壤的原因（Chamizo, Stevens, et al., 2012）。植被恢复过程中的BSC形成和发育显著改变了pH。在科尔沁沙地，流沙、半流动沙地形成的物理结皮、半固定沙地发育的地衣结皮及固定沙地发育的藓类结皮的土壤pH依次增加（郭轶瑞等, 2007）。但在高寒沙区得出了相反的结论，黄河源区BSC的形成显著影响了土壤pH，两种BSC层土壤pH均显著低于0－20 cm土层，BSC层pH略低于裸地，但差异不显著（明姣等, 2021）。腾格里沙漠固沙植被区藓类结皮的pH随BSC形成和生长发育时间延长而逐渐减小，随土层深度增加而增加（表4–6和图4–35）。BSC层和下层0－5 cm土壤之间pH相关性不显著（都军等, 2018）。伊朗北部戈莱斯坦省BSC下层土壤的pH低于裸地土壤（Kakeh et al., 2018）。BSC下层土壤pH低于BSC的pH可能是多个过程的结果，BSC下层土壤容重降低，团聚体增多，入渗增大，可溶性盐类和碱性阳离子（钙、镁和钠）向下层土壤淋溶，导致表层土壤pH降低，深层土壤pH升高。另外，BSC下层土壤中较高的微生物量、呼吸和二氧化碳生成量可能会降低pH（Büdel, 2005; Lane et al., 2013）。土库曼撒哈拉沙漠壳状地衣[如双壳双缘衣、藓生双缘衣和软骨鳞茶渍（*Squamarina cartilaginea*）]很可能会影响土壤的pH，这些地衣分泌有机酸，可以解释pH较低和养分有效性较高的原因。对北美最南端的墨西哥哈利斯科州的研究也显示了类似的土壤pH和盐分模式，地衣[双壳双缘衣和小网衣（*Lecidella* sp.）]与土壤pH降低和矿质养分含量（钠、钾、铁含量降低，钙、锌含量增加）显著相关（Concostrina-Zubiri et al., 2013）。

腾格里沙漠东南缘固沙植被区BSC及其下0－2 cm和2－5 cm土层土壤电

导率均表现为藓类结皮>混生结皮>地衣结皮>藻类结皮。同类BSC及其下0－2 cm和2－5 cm土层土壤电导率则表现出由BSC层向深层依次减小的趋势（都军等, 2018）。电导率随藓类结皮生长发育时间延长而逐渐增大，随土层深度增加而减小（表4–6和图4–35）。科尔沁沙地植被恢复过程中的BSC形成和发育显著改变了电导率，与流沙相比，半流动、半固定、固定沙丘的物理结皮、地衣结皮、藓类结皮下土壤的电导率依次增加（郭轶瑞等, 2007）。伊朗北部戈莱斯坦省BSC土壤的电导率低于裸地土壤（Kakeh et al., 2018），其他研究也证实了这一点（Abed et al., 2012）。可能的原因是，裸地土壤在微地貌上低于BSC，裸地的积水蒸发会留下大量的盐。随着时间的推移，裸地的盐分含量可能会上升，进而阻止植物或BSC生物体的定殖，从而导致土壤盐分进一步增加的正反馈。白色或浅色的地衣结皮能有效提升太阳反照率，降低土壤温度，从而减少BSC分布区的蒸发量。地质地貌是影响土壤盐分的另一个重要原因，如在旱季，低地的盐渍完全干燥后，盐分在土壤表面积累，在风力作用下扩散到周边区域。BSC和裸土中的盐分主要由高离子电位的阳离子组成，具有高水溶性，容易从土壤中滤出（Bohn et al., 2002）。因此，在BSC土壤中，水分入渗的增加会增加阳离子的淋溶，而且由于钠的电荷比镁和钙低，它在土壤中的迁移速度更快，导致BSC覆盖的土壤表层盐分浓度较低。西班牙的塔韦纳斯沙漠的物理结皮和地衣结皮下层土壤电导率高于蓝藻结皮，一些地衣，如双壳双缘衣和条斑鳞茶渍（*S. lentigera*）具有石膏专一性（Martínez et al., 2006），因此地衣盖度随着土壤石膏含量的增加而增加，物理结皮和地衣结皮下土壤较高的电导率与较高的石膏含量有关（Chamizo, Stevens, et al., 2012）。

BSC的存在显著改变了土壤剖面电导率的垂直分布特征。BSC土壤的电导率始终低于非BSC土壤，与土壤物理性质（如高渗透性）相结合，可以归结为BSC有效提高了土壤剖面淋溶作用。BSC和裸地土壤电导率均随深度增加，模拟降水后21天，裸地土壤强烈蒸发使土壤溶质上升，在夏季裸地土壤也出现了类似的溶质上升，与BSC土壤的溶质分布相反（图4–36b）。在秋季也观察到了类似的结果（图4–36c）。

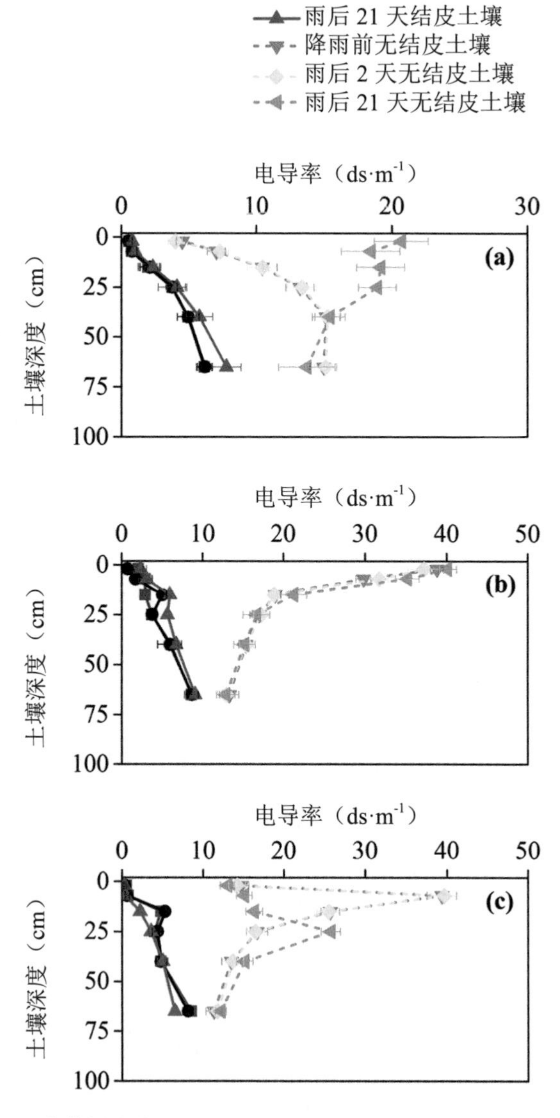

图4–36 不同季节模拟降水后BSC和裸地土壤电导率变化特征（Jalil et al., 2020）
（a）春季，（b）夏季，（c）秋季

三、BSC改变了土壤养分和元素的迁移和淋失

BSC的形成显著改变了土壤养分和元素的运移过程，决定着土壤元素的时空分布。研究BSC对土壤养分迁移和淋失的影响，有助于深入理解BSC及下层土壤理化属性之间的相互作用机制。在黄土高原，BSC延缓了风沙土和黄绵土0－5 cm土层的溶质穿透过程，BSC的存在使Cl^-的穿透时间比裸地延长了3.83倍（风沙土）和2.09倍（黄绵土），使Ca^{2+}的穿透时间分别延长了2.50倍（风沙土）和2.73倍（黄绵土）。这表明BSC对土壤养分和元素转运过程有一定的延缓效应，土壤母质也是土壤养分迁移和淋失的重要影响因素（王芳芳等，2020）。

BSC覆盖条件下，土壤溶质完全穿透0－5 cm土壤层所对应的孔隙体积数比完全穿透5－10 cm土层土壤的更高，且其穿透历时更长。BSC降低了土壤孔隙水流速（37.5%－70.2%）。除风沙土的5－10 cm土层外，BSC使溶质弥散系数提高了1.73－6.29倍，使溶质弥散度提高了2.77－20.95倍。由于Ca^{2+}受土壤的吸附作用更强，置换液完全穿透土壤后，风沙土和黄绵土BSC的（0－2 cm土壤）Ca^{2+}含量显著高于无BSC土壤和BSC下2－5 cm土层土壤。风沙土BSC（0－2 cm土壤）Ca^{2+}含量为2.9 $g \cdot kg^{-1}$，分别比无BSC 0－2 cm土层土壤、2－5 cm土层土壤和BSC下2－5 cm土层土壤提高了4.14倍、4.83倍和4.46倍。黄绵土BSC（0－2 cm土壤）Ca^{2+}含量为3.1 $g \cdot kg^{-1}$，分别比无BSC 0－2 cm土层土壤、2－5 cm土层土壤和BSC下2－5 cm土层土壤提高了2.58倍、2.82倍和2.21倍。这一研究证实了BSC对土壤养分的迁移起到阻控作用，并对养分有一定的吸附效应，有利于养分的滞留和保存，能够提高表层土壤对养分的吸附与固持能力，从而减少土壤表层养分的深层渗漏和流失，对于旱和半干旱区退化土壤的肥力提升与植被恢复具有重要意义。穿透点延迟和穿透时间增长可能是引起表层土壤物理、化学和生物学属性的改变的原因：第一，BSC改变了BSC层和下层土壤的粒径组成、孔隙结构等物理属性，如细颗粒物增多，土壤颗粒

之间的粘结性增强，土壤质地得到改善，因此溶质离子穿透所要经历的孔隙路径变复杂。第二，BSC提高了BSC层及下层土壤有机质含量，可以增加土壤黏性，促使团聚体的形成，而且有机质是一种亲水胶体，有巨大的表面，能够保持大量的水分，提高土壤对养分离子的吸持，增强土壤稳定性（李保国，吕贻忠，2006）。第三，BSC的生物学属性与裸地有较大差异，细菌、真菌、藻类及其菌丝和分泌物等与土壤胶结而形成一种复合体，0－5 cm BSC层微生物数量远大于无BSC层和BSC下层（5－10 cm）（尹瑞平等，2014），这都使得土壤结构更加复杂。第四，BSC中的蓝藻可以分泌黏性和带负电的多糖，能与带正电的金属元素离子结合，防止营养元素的流失（He et al., 2019）。综上，BSC使土壤的孔隙结构变复杂，溶质穿透路径的弯曲度增加，机械弥散作用增强，因此实现完全穿透的孔隙体积增加，耗时延长（王芳芳等，2020）。

BSC通过改变表层土壤的水文学功能进而影响表层土壤养分和元素的转运过程。BSC土壤具有较强的入渗和持水能力，可使可溶性盐和碱性阳离子（Ca^{2+}、Mg^{2+}和Na^{+}）向下淋溶，并向深层积累。由于Na^{+}比Ca^{2+}和Mg^{2+}具有更低的电荷和更大的水化半径，可以更快地运输，导致BSC土壤表层Na^{+}浓度低于裸土。此外，在土壤进行水分再分配的过程中，更多的盐分会从土壤上层淋滤到更深的土层（Wang, Zhang, et al., 2017）。伊朗北部戈勒斯坦省夏季温度较高（40℃），该季节裸地土壤的蒸发量高于BSC土壤，可溶性盐类可通过毛细作用由深层上升至表层，因此，在浅层土壤可观察到盐积累最高量，并且裸地土壤中更明显（Jalil et al.,2020）。秋季的土壤排水消耗了大量的表层土壤含水量，导致表层土壤盐分降低。除K^{+}外，Na^{+}、Ca^{2+}、Mg^{2+}、Cl^{-}、HCO_3^{-}、钠吸附比（SAR）和交换性钠百分比（ESP）也有类似的变化（图4-36）。在所有季节的降水模拟中，BSC和裸地土壤表层K^{+}含量最高，且均随土壤深度增加而减少。在土壤电导率最高的土层，可溶性离子以Na^{+}和Cl^{-}为主，在春季、夏季和秋季，Na^{+}的含量分别为154 mmol·L^{-1}、298 mmol·L^{-1}、292 mmol·L^{-1}，Cl^{-}含量分别为151 mmol·L^{-1}、301 mmol·L^{-1}、298 mmol·L^{-1}。黏粒、Na^+和碳酸钙含量高的土壤的水分蒸发促进了裸地土壤物理和化学BSC的形成，从而减少了水分入渗和种子萌发，阻碍了维管束植物或BSC的建立。这些过程导致了旱季裸露土壤盐分的额外增加和饱和导水率的降低（Yang et al., 2016; Wang, Zhang, et al., 2017; Kakeh et al., 2018）。土壤剖面盐分的垂直非均质分布可归结为BSC影响的水文过程的改变，与裸地土壤相比，BSC下层土壤的K^+、Ca^{2+}、Mg^{2+}和NO_3^-等土壤离子浓度普遍较低，BSC利用这些离子保持活力，如新陈代谢和细胞功能（Wang, Zhang, et al., 2017）。BSC土壤在深层保持了较多的水分，加速了溶质的向下转运，减少表土层盐分（Jiang et al., 2018）。

BSC形成的大孔隙增强了优先流、渗透和溶质转运，不仅直接影响表层土壤性质，还影响深层土壤性质，决定土壤盐分的时空分布。在干旱气候条件下，BSC起到了降低土壤盐分的作用，这有助于改善土壤质量，BSC可以被视为一种土壤保护策略，并积极应用于土壤修复和生态系统恢复。

四、BSC改变了表土层大量和微量元素的含量

BSC的存在显著提升了表层土壤大量和微量元素含量。例如，在科罗拉多高原高地和索诺兰沙漠低地，BSC表现出生命必需元素（碳、氮等）富集和生命非必需元素（钙、铬、锰、铜、锌、砷、锆等）耗竭的一致趋势（Beraldi-Campesi et al., 2009）。伊朗北部戈莱斯坦省BSC层土壤有效铜、铁、锰含量均高于同深度裸土（Kakeh et al., 2018）。许多元素如钙、铜、钠以及少量的镁和锌附着在地衣外细胞壁上，当地衣变湿润时，这些营养物质被释放出来，成为土壤生物可利用的物质（Williams, 1994）。蓝藻分泌的多肽和核黄素与铜、锌、镍和三价铁形成可以被植物有效利用的络合物。土壤有机质对Fe^{2+}、Cu^{2+}、Zn^{2+}和其他过渡金属离子具有较强的螯合作用。许多螯合物是水溶性的，可以使离子被维管束植物和其他生物体吸收（Bohn et al., 2002）。

元素组成和含量决定了BSC的种类组成和生理功能。大量元素（碳、氮、

磷、钙、钾、镁）和微量元素（铜、铁、锰、锌）含量与BSC的分布和组成密切相关（Bowker et al., 2016）。地衣和藓类结皮与锰、锌、钾和镁呈正相关，而与磷呈负相关（Bowker et al., 2005）。有研究者发现地衣结皮盖度与铁、镁和钙呈正相关，而地衣多样性与锰呈负相关，有时还与锌呈负相关（Ochoa-Hueso et al., 2011）。大多数元素对BSC的生存和生理活动是必需的或有益的。关于温带荒漠环境中植被恢复对BSC元素浓度和元素组成变化的长期影响的数据相对较少。了解植被恢复过程中BSC的营养条件及其变化，有助于我们进一步了解BSC在生物地球化学循环和荒漠生态恢复中的作用。

在腾格里沙漠南缘沙坡头地区对不同演替阶段固沙植被区的BSC及其下层土壤的研究显示（图4-37），藻类－地衣和藓类结皮与流沙的钾、钠、钙、镁、锰、锌、铜浓度差异显著，藻类－地衣结皮与其下层土壤的钾、钙、锌、铜的

图4-37　沙坡头地区不同演替阶段固沙植被区的BSC形态

（a）草方格固沙；（b）固沙前流沙；（c）—（f）不同恢复时间的BSC；（c）恢复56年的BSC土壤；（d）恢复48年的BSC土壤；（e）恢复31年的BSC土壤；（f）恢复21年的BSC土壤

浓度差异显著。植被恢复时间、BSC类型和BSC发育年龄显著影响BSC及下层土壤中的大多数元素浓度。植被恢复后，蓝藻类－地衣结皮、藓类结皮及其下层土壤的元素含量显著增加。在蓝藻类－地衣结皮中，大量元素如钙、钾和镁分别增加了9.5倍、4.1倍和2.1倍；微量元素如钠、锰、锌、铜和铁的含量分别提高了8.8倍、2.1倍、4.7倍、8.1倍和2.0倍。因此，植被恢复对蓝藻类－地衣和藓类结皮的发育以及这些BSC中元素水平的提高是有效的。在蓝藻类－地衣结皮中，钾、钠、钙、锰、锌、铜、铁的浓度随BSC发育时间的增加呈上升趋势，而钠、镁、锌、铜的浓度在不同演替阶段没有显著差异。相对于31年、48年和56年发育阶段，发育21年的蓝藻类－地衣结皮中所有元素的浓度都最低。藓类结皮及其下层土壤中元素的浓度呈现不同的变化，钾、钠元素含量随发育年龄的增加而增加，而其他元素含量在生长发育31年（镁、锰、铜、铁）和48年时达到峰值（图4–38和图4–39）。

BSC中元素的富集可能存在以下几种机制，第一，蓝藻可以分泌带负电荷的多糖，与带正电荷的金属元素离子结合，防止这些元素流失（Bowker et al., 2016）。这些多糖还有助于增加土壤有机质，改善表层土壤紧实度，减少营养物质的损失（Zhu et al., 2014）。第二，蓝藻可以在高pH的土壤中分泌螯合物（环状化合物）来维持有效的铁、铜、钼、锌、钴和锰（Gadd, 1999）。第三，BSC的真菌菌丝、蓝藻EPS、地衣和藓类假根组合的物理结合可以改善土壤团聚体的稳定性，减少BSC层元素的流失，进而导致土壤元素富集在土壤表层（Eldridge & Greene, 1994）。第四，BSC能增强降尘捕获能力和土壤稳定性，增加了BSC层各种元素的输入量（Li, 2012）。

元素含量富集速率（NER）被认为是评估BSC养分富集潜力的一个重要指标。植被恢复时间显著改变了BSC元素含量的富集速率。在蓝藻类－地衣结皮、藓类结皮及其下层土壤中，各种元素的富集速率随BSC的发育时间而变化。在蓝藻类－地衣结皮中，八种金属元素的富集速率随发育时间呈单峰曲线

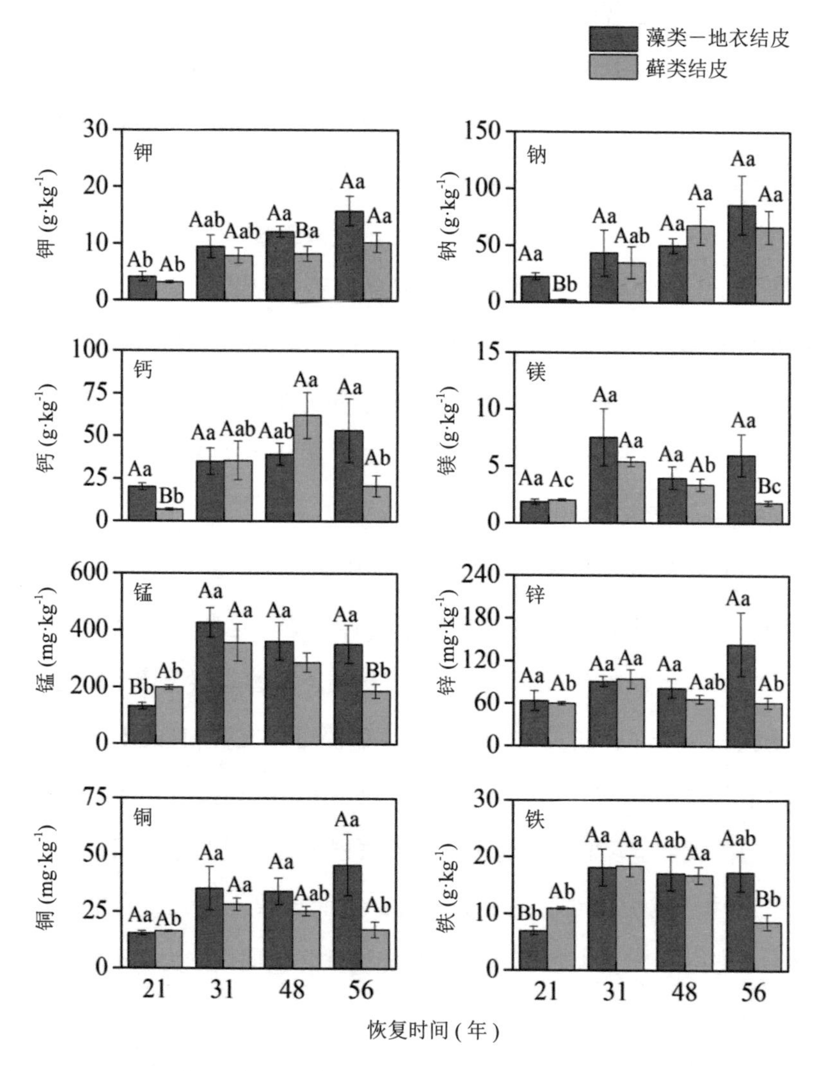

图4-38　不同演替时间植被区藻类一地衣结皮和藓类结皮土壤中的金属元素浓度

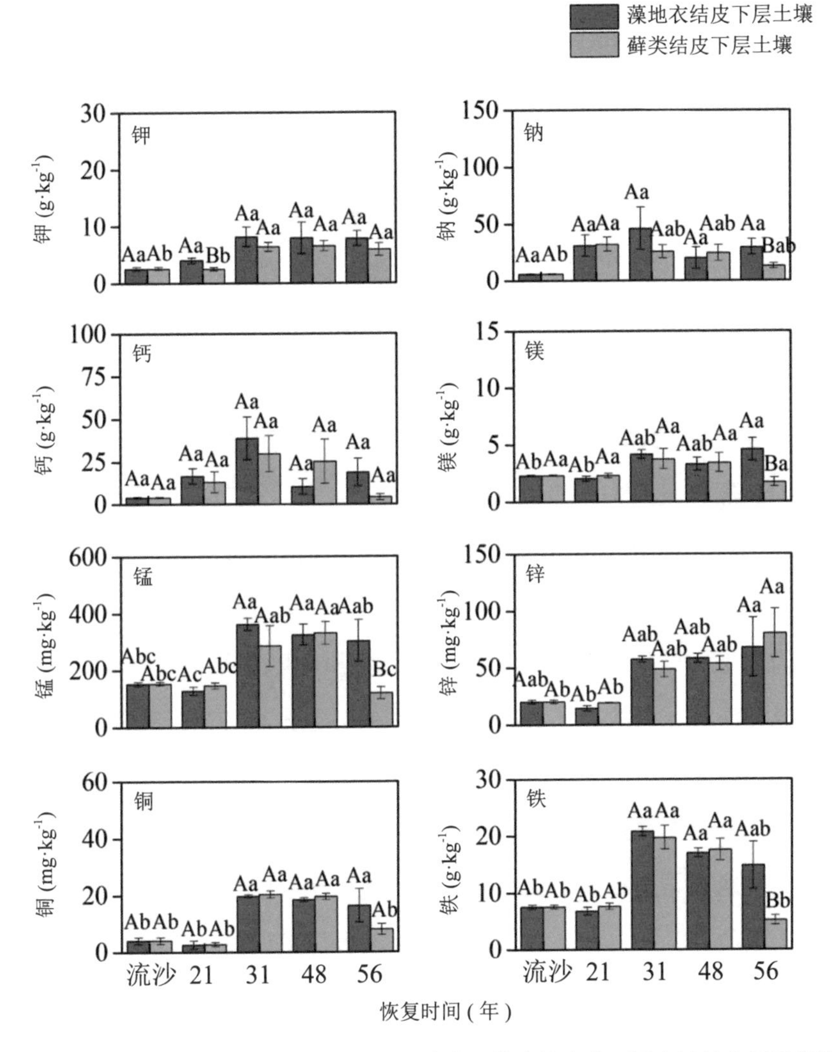

图4-39　不同演替时间植被区藻类一地衣结皮和藓类结皮中下层土壤的金属元素浓度

变化，其中生长31年BSC的金属元素富集速率最大。藓类结皮中各金属元素的富集速率也呈单峰变化趋势，其中钾、钙、镁、锰、锌、铜和铁在发育31年时达到峰值。钠的富集速率呈上升趋势，在植被恢复56年时达到最高值。在蓝藻类－地衣结皮下层土壤中，钾、钙、镁、铁、锰、锌和铜的富集速率在演替31年时达到峰值；藓类结皮下层土壤的钾、钙、镁、锰、锌、铜和铁的富集速率在31年时达到峰值；两种结皮下层土壤钠的富集速率随着结皮的演替时间呈下降趋势（图4–40）。在腾格里沙漠东南缘固沙植被区，14年植被恢复区土壤性质的年恢复率大于43－50年的植被恢复区，估计生态系统恢复到原始荒漠生态系统的完整时间为23－245年（Li et al., 2007）。莫哈韦沙漠蓝藻类结皮的完全恢复估计需要50－100年，而地衣结皮的恢复估计需要200－1200年（Belnap, 2003）。因此，在水分和养分共同限制的荒漠生态系统中，土壤（特别是BSC）的自然恢复是一个极其缓慢的过程。此外，恢复时间还与土壤性质、地理位置、气候（如潜在蒸散）、干扰强度和接种菌的可用性等条件密切相关（Li, 2012）。

BSC的大量和微量元素含量与土壤理化性质和隐花植物生物学特性有关，BSC的形成和演替显著改变了各种元素含量的时空分布特征，反过来，元素富集也显著促进了BSC的生理过程和生长发育。蓝藻类－地衣和藓类结皮中的元素含量与下层土壤元素含量有不同的相关性。斯皮尔曼等级相关分析结果表明，蓝藻类－地衣结皮与其下层土壤中镁、锰、铜、铁含量呈正相关，藓类结皮与下层土壤的钾、镁、锰、锌、铜和铁浓度也呈正相关。土壤粒径对BSC下层土壤总金属含量也有影响，土壤沙粒组分与土壤金属含量呈负相关，黏粒和粉粒与土壤金属含量呈正相关。主成分分析（PCA）结果表明，第一和第二主成分（PC1和PC2）的贡献率分别为57.6%和19.0%。第一主成分是反映镁、锰、锌、铜和铁的综合指标，而第二主成分是反映钾、钠和钙的综合指标。第一主成分与pH、容重、电导率、有机质、全氮、全磷、沙粒和粉粒显著相关，

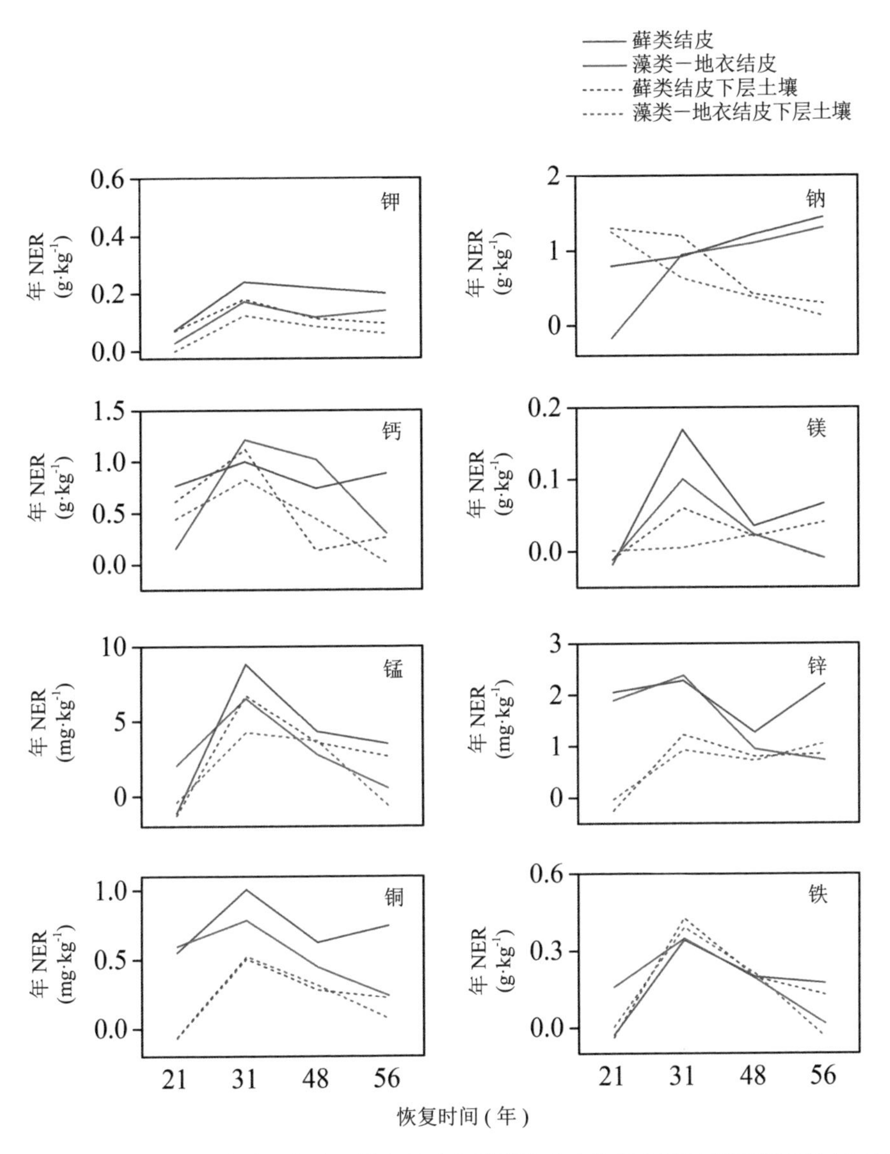

图4-40　不同演替时间植被区藻类一地衣结皮和藓类结皮中的年金属元素富集速率（NER）

而第二主成分与这些因素相关性不显著。第一主成分与光合作用和酶有关，即镁、锰、锌、铜和铁与BSC的光合作用和酶活性密切相关。镁是叶绿素的重要组成部分，有利于光合作用和酶的活化（Lambers et al., 2008），锰、锌、铜和铁都是酶的必需元素（Mengel et al., 2001; Marschner, 2012）。随着BSC的发育和演替，BSC对降水的截留能力提高，表层土壤含水量增多（Li, 2012），这一过程可导致土壤元素的有效性提高。蓝藻、真菌和地衣等生物分泌的螯合剂可以与土壤金属元素离子形成水溶性络合物（McLean & Beveridge, 1990），因此，BSC和维管束植物可以有效利用这些金属元素。钾在荒漠植物的水分利用效率和渗透调节中起着重要作用（Hartley et al., 2007; Mengel et al., 2001）。由于荒漠土壤钾的有效性较低，钠在决定荒漠草本植物水分利用效率方面可以发挥与钾同等或更重要的作用(He et al., 2016）。此外，钙有助于提高细胞膜的稳定性，可增加沙生植物的抗旱性和耐热性（White & Broadley, 2003）。

BSC对土壤理化性质影响的相关研究，有助于将其视为土壤形成的关键因素，如对养分和微量元素的富集作用促进了土壤发育和土壤层的形成，BSC对土壤的影响有助于实现联合国可持续发展目标和应对土地退化的挑战。

4.3 BSC对土壤生物属性的影响

4.3.1 对土壤酶的影响

土壤酶是土壤中最活跃的有机成分，主要由植物根系和土壤微生物分泌产生，是土壤中元素进行生物地球化学循环的催化剂，其活性可敏感地反映土壤的肥力状况及健康程度，是判别退化生态系统修复程度的重要指标之一（Lebrun et al., 2012; Liu et al., 2014）。土壤酶参与土壤有机物质转化的全过程，影响土壤的生物化学反应，进而影响生态系统的物质循环（Lebrun et al., 2012; Burns et al., 2013），并通过对土壤养分状况的影响而改变植物养分策略。同时，土壤酶有助于实现植物营养元素和有机质的循环转化，对土壤微环境的元素平衡和转化具有重要影响（张美曼等, 2020; 朱湾湾等, 2021）。此外，土壤酶活性在一定程度上可表征土壤微生物的活动状况（闫钟清等, 2017）。目前发现的土壤酶有数十种，按催化反应的类型和功能不同可分为氧化还原酶类、水解酶类、裂合酶类和转移酶类等（表4–7）。土壤酶活性主要受植被类型（Ushio et al., 2010）、土壤养分可利用性（李艳红等, 2020）、农业管理措施（Bowles et al., 2014）、土地利用方式(Acosta-Martínez et al., 2007)、微生物活性(闫钟清等, 2017)、气候变化（Belén et al., 2004; 朱湾湾等, 2021）等因素的影响。

表4–7　土壤酶的种类及功能

类型	种类	功能
土壤氧化还原酶	土壤过氧化物酶、土壤过氧化氢酶、土壤硝酸还原酶、土壤脱氢酶等	催化氧化还原反应的酶，在生物的能量传递和物质代谢方面具有重要作用
土壤水解酶	土壤淀粉酶、土壤蛋白酶、土壤磷酸酶、土壤脲酶等	土壤中能将蛋白质、多糖等大分子物质裂解成简单的、易于被植物吸收的小分子物质的一类酶，在土壤碳、氮循环过程中发挥重要作用
土壤裂合酶	土壤谷氨酸脱羧酶、土壤天冬氨酸脱羧酶等	土壤中催化有机化合物化学键非水解裂解或加成反应的酶
土壤转移酶	土壤转氨酶、土壤氨基转移酶、土壤葡聚糖蔗糖酶等	土壤中催化某些化合物中基团的分子间或分子内转移伴随能量传递的一类酶，在核酸、脂肪和蛋白质代谢以及激素合成转化过程中具有重要意义

如前所述，BSC作为特殊的生物活动层，对土壤有机质、全效养分和速效养分具有明显富集作用，在垂直分布上有一定的变化规律。同时，BSC也影响土壤酶的活性与分布。大多数研究显示，BSC的存在能显著提高土壤酶活性

（Zhang et al., 2015; 王彦峰等, 2017）。对西班牙塔韦纳斯沙漠的研究表明，BSC覆盖下的几种土壤水解酶活性高于无BSC覆盖的土壤，且演替后期的BSC下土壤水解酶活性高于演替初期的BSC（Miralles et al., 2013）。在黄土高原水蚀风蚀交错区，黄绵土和风沙土发育的典型藓类结皮能显著提升下层土壤水解酶活性。其中，黄绵土藓类结皮使脲酶、碱性磷酸酶、蔗糖酶和蛋白酶活性分别提高了2.4倍、7.6倍、20.7倍和2.4倍，而风沙土藓类结皮分别提高了3.5倍、22.2倍、22.3倍和2.0倍（王彦峰等, 2017）。同样，腾格里沙漠、黄土丘陵区和铜陵铜尾矿BSC的存在提高了土壤脲酶、脱氢酶、过氧化氢酶和蔗糖酶的活性（阳贵德, 2010; 边丹丹, 2011; Zhang, Dong, et al., 2012; Zhang, Zhang, et al., 2012; Liu et al., 2014）。库布齐固定沙丘BSC层转化酶、蛋白酶、脲酶、磷酸酶等活性均高于裸土层土壤酶活性，其中以在氮素转化过程中发挥重要作用的脲酶和蛋白酶活性增加最为明显（邵玉琴等, 2001）。一方面，BSC的存在通过菌丝体、假根和凋落物向周围土壤分泌酶，进而提高土壤酶活性（Aon & Colaneri, 2001）；另一方面，BSC的存在改变了BSC下层土壤微生物的数量和多样性，影响土壤微生物的酶分泌能力，进而影响土壤酶活性（Nagy et al., 2005; Zhang, Li, et al., 2016）。此外，BSC对土壤含水量、温度和pH等酶促反应条件的改变也间接改变了土壤酶活性（Barger et al., 2006; Zhang et al., 2015）。

BSC对土壤酶活性的影响具有空间异质性和垂直层次性。吴楠和张元明（2010）对古尔班通古特沙漠BSC影响下的土壤酶分布特征进行研究，结果发现土壤酶的分布在典型沙垄的不同地貌部位具有空间异质性，土壤酶数量具体表现为垄间低地>沙垄坡部>垄顶；在垂直分布上，土壤酶的积累以表层0－2 cm为主，随土壤深度增加显著递减。孟杰等（2010）对陕北水蚀风蚀交错区BSC进行研究发现，BSC对土壤酶活性有积极影响，且影响主要体现在BSC层。BSC层的土壤脲酶和过氧化氢酶活性分别为下层（0－2 cm）土壤的1.56倍和1.31倍，碱性磷酸酶活性增强幅度最大，为BSC下层的3.72倍。造成土壤酶垂直分布的主要原因可能是:（1）对于下层土壤微生物而言，表层土壤微生物很容易从BSC获得充足营养，充分保证了微生物生长与繁殖（刘艳梅等, 2014），土壤酶的活性也相应提高;（2）BSC的存在还改善了表层土壤的理化性质，这包括有机质含量、土壤养分含量和有效性、土壤持水量、土壤稳定性的增加及土壤pH的改变等（Li, Li, et al., 2007），这些均为微生物的生存提供了适宜的条件，从而有利于增加土壤酶的活性。

BSC类型显著影响土壤酶的活性。藓类结皮下土壤中碱性磷酸酶、蛋白酶和纤维素酶的活性高于藻类－地衣结皮（杨航宇等, 2015）。藓类结皮下层土壤脲酶、蛋白酶和转化酶的活性均大于藻类结皮下层土壤（徐杰, 宁远英, 2010），而在固定沙地中，土壤蛋白酶活性受BSC类型影响，影响大小为藓类结皮>藻类结皮>无BSC土壤（王素娟, 2009）。这些研究表明，相对于发育早期的藻类－地衣结皮而言，发育晚期的藓类结皮更有利于土壤微生物的生存，也就更有利于土壤酶活性的增加。在干旱半干旱的荒漠区，相对于藻类－地衣结皮，藓类结皮能够为土壤微生物提供更多更丰富的食物来源、更适宜的土壤温度、更高的土壤湿度和有机质含量，以及更稳定的食物网结构（Darby et al., 2007），这些藓类结皮下土壤所具备的相对优越的生存条件保证了更高的土壤微生物数量和活性，有利于土壤酶活性的增加（Liu et al., 2014）。固沙年限也是影响土壤酶活性的一个重要因素，固沙年限与土壤酶活性存在显著的正相关关系。固沙年限越长，BSC定殖时间也越久，BSC层越厚，其下土壤酶活性也越高（齐雁冰等, 2006）。由于固沙年限增加，对相同类型的BSC而言，其定殖时间及BSC厚度也相应增加（Li, Zhang, et al., 2004），BSC厚度的增加，为微生物提供了更适宜的生境和较多的食物，从而提高了微生物的活性。随着固沙年限的增加，BSC下土壤的一些重要的理化性质，如有机质的含量、全氮含量、土壤结构组成、容重、持水性等也随之改善，这些土壤性质的改善更有利于微生物生存和繁衍，从而促进了微生物活性的提高（Li, Li, et al., 2007）。

随着季节的变化，光照、温度、水分等对土壤微生物和植被生长有重要影响的自然条件也发生变化，这些变化也直接或间接地影响土壤酶活性。BSC下土壤碱性磷酸酶、蛋白酶和纤维素酶的活性表现出明显的季节变化，表现为夏季>秋季>春季和冬季（杨航宇等, 2015）。在古尔班通古特沙漠，BSC下土层蔗糖酶、脲酶和过氧化物酶活性在3－7月随着土壤含水量的增加而增加。在季节变化过程中，藻类－地衣结皮和藓类结皮下土壤酶的活性最高值均出现在夏季。夏季温度高，土壤湿度大，BSC盖度高，土壤代谢速率快，微生物数量和活性增加，土壤酶活性相应增加。秋季虽然土壤含水量较大，但土壤温度偏低，影响微生物的生长和繁殖，微生物代谢速率变慢，导致土壤酶活性出现下降的趋势。冬季和春季干旱少雨，温度低，BSC生长减弱，微生物的生长、繁殖和代谢速率也变得更慢，土壤酶活性明显降低（玛伊努尔 · 依克木等, 2013）。

人为践踏、火烧、车辆碾压等干扰对BSC的结构和功能产生了重要的影响，进而影响到土壤性质和整个荒漠生态系统的稳定性（Gómez et al., 2012; Wu et al., 2020）。研究发现，在寒冷沙漠中，车辆碾压BSC可降低BSC中固氮酶的活性，且固氮酶的活性与碾压程度呈负相关（Belnap, 2002a）。在不同放牧程度牧区的恢复过程中，中度、轻度放牧恢复样地藻类结皮和藓类结皮的4种酶活性均大于重度牧区，说明适度放牧可以提高土壤的酶活性（徐杰, 宁远英, 2010）。严重践踏BSC可降低腾格里沙漠东南缘植被区中土壤脲酶、转化酶、过氧化氢酶、脱氢酶、碱性磷酸酶和蛋白酶的活性（Liu et al., 2017c）。BSC受不同程度的干扰后，其结构、功能和分布、组分等均出现退化与减少（Ferrenberg et al., 2015; Jia, Teng, et al., 2018; Jia, Zhao, et al., 2018），BSC对土壤保护和修复功能下降，土壤的理化性质发生改变（李新荣, 马风云, 等, 2001），不能为土壤微生物提供营养和适宜的生存环境，这进一步限制了土壤微生物生长与繁殖。而在干旱半干旱的荒漠区，土壤微生物是土壤酶形成的主要因素（Trasar et al., 2008），因此土壤酶的活性也相应下降。

4.3.2　对土壤微生物的影响

土壤微生物作为土壤生物相中最活跃的成员之一，参与土壤有机质分解、腐殖质形成、养分转化和循环等一系列土壤形成和改良过程，其变化可敏感地反映土壤质量（Falkowski et al., 2008; Qi et al., 2021）。BSC中微生物群落是荒漠系统生物地球化学循环过程的主要驱动者，在物质循环和能量流动过程中发挥着重要作用（图4–41）。微生物参与的碳循环主要包括碳固定、碳降解和甲烷（CH_4）代谢途径（Zhou et al., 2012; Hu, Zhang, Xiao, et al., 2019; Zhao et al., 2020b）；参与的氮途径主要包括固氮作用、硝化作用、氨化作用、反硝化作用、厌氧氨氧化作用和（同化/异化）氮还原作用组成的循环过程（Liu et al., 2017d）。

作为BSC形成的参与者，土壤微生物又受到BSC发育程度的影响（吴楠等，2004）。BSC通过调节土壤温度、湿度、pH等土壤属性，显著影响土壤细菌、真菌、古菌等微生物群落的组成和分布（Zhang, Duan, et al., 2018）。研究结果

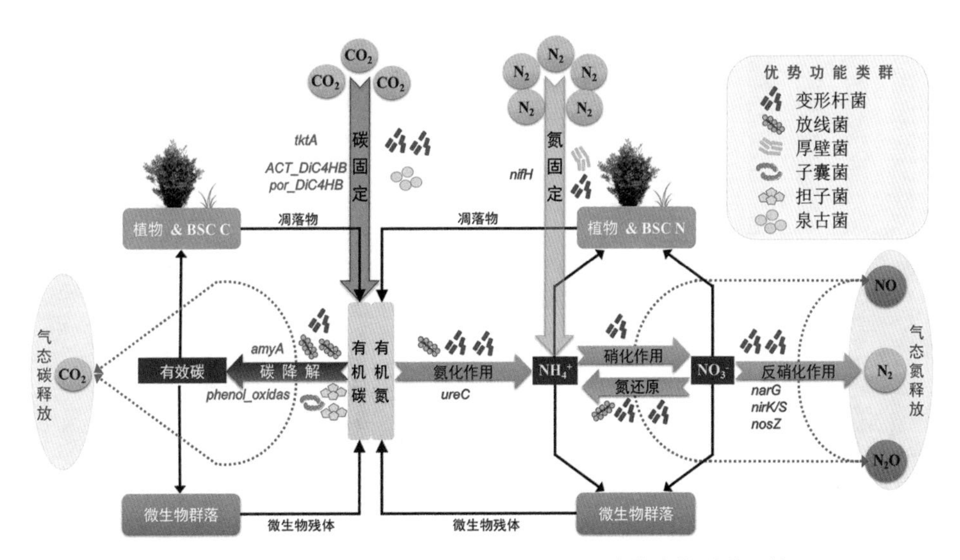

图4–41　沙坡头固沙植被区BSC碳氮循环的微生物群落调控

显示，在BSC演替过程中，不同微生物类群丰富度、绝对丰度和功能潜力发生不同的变化。细菌群落丰富度和绝对丰度在BSC演替的前17年内显著增加，然后保持相对稳定，而其功能潜力在BSC演替61年后显著增加；真菌群落丰富度和绝对丰度在BSC演替过程中持续增加，而其功能潜力在BSC演替61年后显著增加；古菌群落丰富度、绝对丰度及功能潜力均在BSC演替初期7年内显著增加，随后逐渐下降（图4–42）。此外，BSC土壤微生物随土壤深度变化呈垂直分布（赵丽娜, 2020）。古尔班通古特沙漠BSC中土壤微生物垂直分布特征具体表现为细菌数量>放线菌数量>真菌数量，且呈土壤微生物随土壤深度的增加而减少的规律（吴楠等, 2006）。

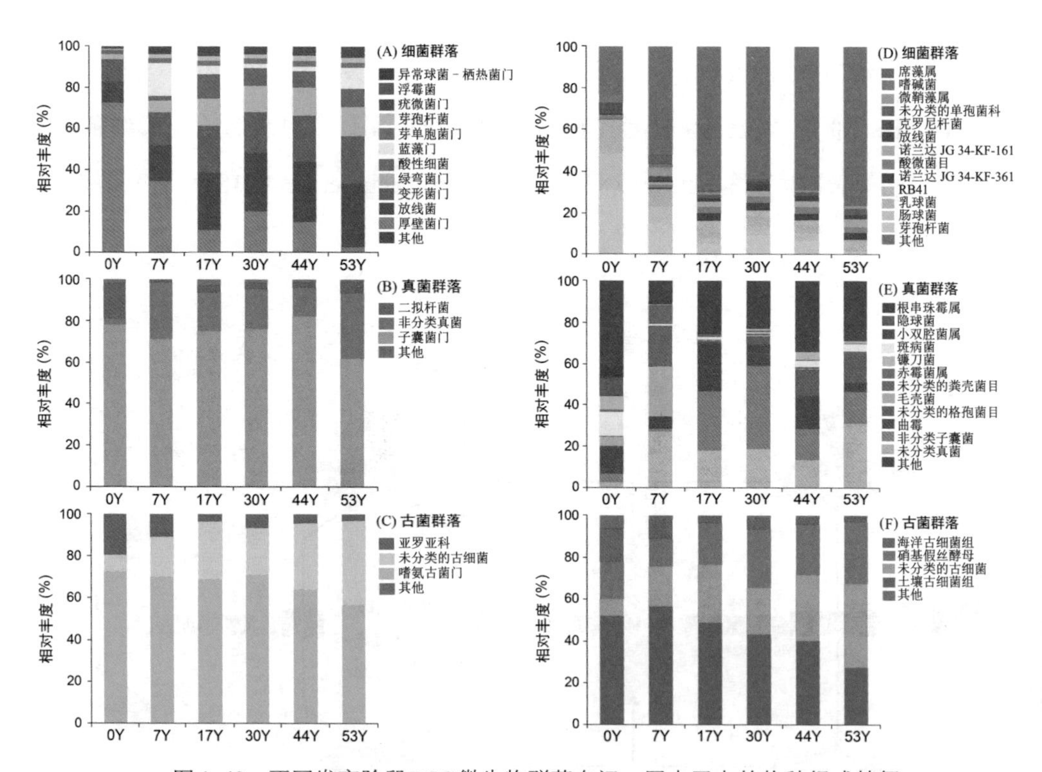

图4–42　不同发育阶段BSC微生物群落在门、属水平上的物种组成特征

一、对细菌的影响

细菌是一类细胞细短（直径约0.5 μm，长度0.5－5 μm）、结构简单、胞壁坚韧、种类繁多、多以二分裂方式繁殖和水生性较强的原核生物（周德庆，2011）。细菌是土壤微生物的主要群落，它的数量决定着微生物总数量，在土壤的养分循环中发挥着重要作用。BSC细菌群落组成结构与BSC演替阶段密切相关。对阿曼苏丹国北部和东部6个地区BSC细菌群落的物种组成的研究发现，其中大部分细菌属于放线菌门、蓝藻门、变形菌门和拟杆菌门，且随着藻类为主BSC的发育，放线菌门的相对丰度逐渐下降，而蓝藻门的相对丰度显著增加（Abed et al., 2019）。对莫哈韦沙漠BSC细菌群落组成结构的变化的研究发现，蓝藻门的多样性和丰度在藓类结皮覆盖的土壤中减少，而变形菌门的多样性和丰度则在藓类结皮覆盖土壤中增加（Fisher et al., 2020）。细菌群落的α多样性显示，在BSC演替的前17年，细菌群落丰富度显著增加，之后保持相对较高水平（Lan, Wu, et al., 2017; Liu et al., 2017a）。细菌群落16S rRNA基因绝对拷贝数变化与群落丰富度变化基本一致，表明细菌群落快速发育，无论细菌群落生物量还是丰度，都在BSC形成后的十几年内能达到较高水平（Liu et al., 2018; Zhao et al., 2020a）。李靖宇和张琇（2017）的研究也表明，土壤表层从流沙到藻类结皮再到藓类结皮演替过程中，蓝藻的丰度呈先增高后减小趋势。我们对腾格里沙漠地区不同演替阶段BSC的微生物群落结构的研究发现，细菌的丰度和多样性在发育15年的BSC中最高，并且发现细菌的恢复时间高于15年，说明细菌群落结构的改变可能是荒漠生态系统中演替早期BSC生物地球化学循环和养分贮存的重要指标（Liu et al., 2017a, b）。

固氮菌常常是氮贫瘠地区早期的拓殖者，它们随着时间的迁移和土壤有效氮的增加会被其他的微生物所替代（Walker & del Moral, 2003）。BSC中的固氮微生物能够进行光合自养，具有耐旱、耐贫瘠、耐盐碱的特性，它们固定大气中的氮，是陆地生态系统的重要氮源（詹婧等, 2014）。固氮菌与BSC的生长是一个互生互利的关系，在一定程度上，固氮菌的生长与活动可以增加BSC的拓殖，而BSC的分泌物及残体也为固氮微生物的生长提供土壤有机物（Venkatesward & Rao, 1981）。此外，固氮微生物的多样性与BSC的演替阶段密切相关。以蓝藻为主的BSC潜在的氮输入显著高于以藓类为主的BSC（Zhao, Xu, et al., 2010）。詹婧等（2014）的研究结果也表明，铜尾矿废弃地中固氮微生物以蓝藻为主，与藻类结皮和藻类－藓类混合结皮相比，藓类结皮的固氮蓝藻多样性最低，这可能与藓类结皮较低的水分和养分含量以及藓类分泌物的影响有关。

BSC土壤细菌群落组成是高度分层的，不同垂直深度的细菌群落存在一定的变化规律。仅数毫米至几厘米的BSC层细菌群落丰富度最高，而BSC下层土壤中细菌群落多样性最高；能够进行光合作用的蓝藻门等物种主要分布在BSC层，以负责养分和能量代谢为主的酸杆菌门、疣微菌门、浮霉菌门、芽单胞菌门和装甲菌门主要分布在BSC下层土壤（Maier et al., 2014; Liu et al., 2019）。

二、对真菌的影响

真菌是指土壤中具有真核细胞的单细胞或多细胞分枝丝状体或单细胞个体，属异养微生物（周德庆, 2011）。BSC真菌群落组成结构也与BSC演替阶段密切相关。对不同演替阶段BSC真菌群落的多样性的研究发现，真菌群落多样性因BSC年龄和类型的不同而不同，其多样性在BSC演替后期阶段高于BSC演替早期阶段（Bates et al., 2010, 2012）。此外，以地衣为主的BSC中真菌群落的多样性与干扰呈负相关，而与BSC盖度呈正相关。有研究证实了BSC演替过程中，真菌群落在门水平上的物种组成变化不显著，无BSC的表层土壤中壶菌门相对丰度较低，BSC中子囊菌门的相对丰度最高（>60%）（Liu et al., 2017b）。优势门的属主要有曲霉属、茎点霉属、毛壳菌属以及粪壳菌目、格孢腔菌目及其他不确定分类的属（Liu et al., 2017b; Wang, Liu, et al., 2020）。地衣结皮和藓类结皮中还存在丛枝菌根真菌，以球囊菌门的球囊霉属、类球囊霉属、盾巨孢囊霉属、巨孢囊霉属为主（漆婧华等, 2020）。真菌群落 α 多样性显示其丰富度在BSC演替过程中持续增加，真菌ITS基因拷贝数也显著增加，说明真菌的物种多样性随BSC演替阶段的推进而持续增加，演替后期（60年后）真菌数量越来越多（Liu et al., 2018）。

此外，BSC真菌群落组成结构与地理位置、季节变化、土壤营养成分和干扰密切相关（Liu et al., 2017b）。赵宇龙（2011）2009年8月在毛乌素沙地、2008年11月和2009年8月在洪善达克沙地对BSC真菌群落组成结构的分析发现，三个真菌群落的物种组成明显不同。宁远英等（2009）研究了科尔沁沙地不同放牧程度恢复区BSC覆盖下的土壤中真菌群落特征，表明BSC下的土壤真菌多样性在不同围栏封育恢复区中均高于未围栏放牧区，中度放牧区中土壤真菌多样性最高，而在重度放牧区中则最低。

三、对古菌的影响

古菌又称古细菌、古生菌，是一群具有独特的基因结构或系统发育生物大分子序列的单细胞原核生物，是地球上最古老的生命体，由于能够适应各种极端环境条件（如高酸、高热、高盐和高压等）而存活下来（Offre et al., 2014; 周德庆, 2011）。目前关于古菌群落组成结构影响因素的研究还处于起步阶段，尽管如此，研究发现古菌在荒漠BSC中有所分布，通过定量PCR分析，古菌所占比例很小，为原核生物的5%，主要为泉古菌（刘光琇, 2016）。在毛乌素沙地、塔韦纳斯沙漠和北美干旱区BSC古菌群落组成结构中的优势古菌群落为泉古菌门（Soule et al., 2009; 赵宇龙, 2011; Maier et al., 2014），在浑善达克沙地BSC古菌群落组成结构中优势古菌群落为奇古菌门（杜颖等, 2014）。

4.3.3 对土壤线虫的影响

土壤动物群落是土壤的重要组成部分。由于它们与分解、养分循环等生态系统过程紧密相关，以及与微生物群落、植物生长和成壤过程有交互作用，土壤动物常被作为生态系统健康的指示生物（Fox et al., 2006; Yang & Chen, 2009）。BSC为土壤生物（微小动物和微生物）的生存提供食物来源和适宜的栖息场所，能够显著增加土壤微小动物的数量，维持荒漠生态系统多样性（Steinberger, 1989; Belnap & Lange, 2003）

线虫是土壤动物群落中最丰富的后生动物（metazoa），在土壤生态系统腐屑食物网中扮演着重要的角色：参与土壤有机质分解、植物营养矿化及养分循环（Liang et al., 2009; Hu, Wu, et al., 2015）。土壤线虫通过取食、保护、驱散等活动调节土壤微生物的群落结构，形成复杂食物网，共同驱动土壤生态功能的发展。BSC类型对土壤线虫群落具有重要影响，研究显示，微节肢动物的数量和组成受到BSC演替阶段的影响（Neher et al., 2009）。相对于演替早期阶段的BSC（藻类结皮），演替后期的BSC（藓类结皮或地衣结皮）下土壤线虫群落更成熟、更复杂（Darby et al., 2007）。我们对腾格里沙漠东南缘的人工植被固沙区藻类结皮和藓类结皮下的土壤线虫的调查表明，BSC的存在明显改变了土壤线虫群落的组成和结构，显著增加了土壤线虫多样性（属的丰富度和多度）。这主要是因为BSC可使表层土壤线虫获得充足营养，同时还改善了表层土壤的理化性质，能为土壤线虫提供更适宜的土壤温度、更高的土壤湿度和有机质含量，为线虫的生存提供了适宜的条件（Liu et al., 2011; 刘艳梅, 2012）。但随着土壤深度的增加，线虫的数量、种类和多样性减少，食物网趋于简单化。与藻类结皮相比，藓类结皮下土壤线虫多度和属的丰富度更高（表4–8），说明演替后期的藓类结皮更有利于土壤线虫的生存。

表4-8　藻类结皮和藓类结皮下土壤线虫组成和相对多度

营养类群	目	科	属	线虫生活史策略 (c-p) 类群	藻类结皮相对多度 (%)	藓类结皮相对多度 (%)
食细菌线虫	小杆目	头叶科	丽突属	2	34.44	45.14
	小杆目	头叶科	拟丽突属	2	7.73	7.11
	小杆目	短腔科	短腔属（*Brevibu*）	1	2.14	0.58
	小杆目	头叶科	鹿角唇属	2	6.86	7.80
	小杆目	头叶科	板唇属（*Chiloplacus*）	2	1.52	0.53
	窄咽目	绕线科	唇绕线属（*Chiloplectus*）	2	0	0.19
	小杆目	头叶科	真头叶属（*Eucephalobus*）	2	0	0.06
	色矛目	微咽科	微咽属（*Microlaimus*）	2	0.71	0.07
	色矛目	色矛科	原色矛属（*Prochromadora*）	3	0.06	0
	小杆目	伪双胃总科	伪双胃属（*Pseudodiplogasteroides*）	1	0	0.08
食真菌线虫	垫刃目	滑刃科	滑刃属	2	23.23	14.96
	垫刃目	真滑刃科	真滑刃属（*Aphelenchus*）	2	3.64	2.65
	小杆目	双胃科	双胃属（*Diphtheophora*）	3	0	0.01
	垫刃目	伪垫刃科	伪垫刃属（*Nothotylenchus*）	2	0.45	0.12
	矛线目	垫咽科	垫咽属（*Tylencholaimus*）	4	0	0.11
	矛线目	膜皮科	巨宫属（*Tylolaimophorus*）	3	0.69	0
	矛线目	垫咽科	小剑属（*Xiphinemella*）	4	0	0.07

续表

营养类群	目	科	属	线虫生活史策略(c-p)类群	藻类结皮相对多度(%)	藓类结皮相对多度(%)
植物寄生线虫	垫刃目	环科	轮属(*Criconemoides*)	3	0	0.32
	矛线目	丝尾科	丝尾属(*Filenchus*)	2	0.05	0
	垫刃目	环科	鞘属(*Hemicycliophora*)	3	0	0.07
	垫刃目	环科	半轮属(*Hemicriconemoides*)	3	0	0.03
	垫刃目	异皮科	异皮属(*Heterodera*)	3	0.03	0
	垫刃目	垫刃科	垫刃属(*Tylenchus*)	2	0.01	0.01
捕食—杂食线虫	单齿目	单齿科	倒齿属(*Anatonchus*)	4	0.11	0.09
	单齿目	单齿科	基齿属(*Iotonchus*)	4	1.05	0.40
	单齿目	单齿科	等齿属(*Miconchus*)	4	0.05	0
	单齿目	单齿科	单齿属(*Mononchus*)	4	4.04	2.98
	矛线目	小穿咽科	小穿咽属(*Nygolaimellus*)	5	0.49	0.61
	矛线目	穿咽科	穿咽属	5	12.7	16.0

干扰是荒漠区BSC面临的最大威胁，其中践踏干扰是最主要的人为干扰（梁少民等, 2005）。与维管束植物相比较，BSC生境微小且脆弱，它们对践踏干扰更敏感（Concostrina-Zubiri & Martínez, 2014）。受到践踏干扰破坏后，BSC的恢复速率十分缓慢，需要至少15年的时间，甚至长达40年（Anderson et al., 1982）。人为践踏显著影响了BSC生物量、盖度、丰度和组成，降低了土壤理化性质和土壤稳定性，改变了土壤养分含量和有机物含量，从而使土壤线虫的

多度和丰富度也发生改变（Langhans et al., 2010; Gómes et al., 2012; Bao, Zhao, Gao, et al., 2019）。在科罗拉多高原的研究结果表明，践踏BSC降低了土壤线虫的数量和多样性（Darby et al., 2010）。此外，践踏后BSC对线虫的影响根据BSC演替阶段不同而有所不同。对不同强度人为践踏（无践踏、中度践踏和重度践踏）后的BSC中的线虫多度和丰富度的研究表明，践踏引起了BSC中土壤线虫的多度和属的丰富度减少，且与践踏强度和BSC演替阶段有关。演替后期的藓类结皮与演替早期藻类一地衣结皮相比，线虫的多度和属的丰富度更高，对践踏干扰有较高的耐受性（Yang et al., 2018）。土壤速效磷、速效氮、全氮和全磷含量的下降可能是导致土壤线虫减少的主要原因，它们的降低引起土壤微生物量和活性的降低，直接影响土壤线虫食物来源，进而间接影响土壤线虫生长发育（Darby, 2010）。此外，由于践踏对BSC结构和功能的破坏，引起恶劣的微气候（降低土壤含水量、增加土壤容重、减少土壤孔隙度和波动温度），最终限制了土壤线虫群落的生存（Belnap & Lange, 2003; Darby et al., 2010）。

4.3.4　对土壤微生物量的影响

土壤微生物量是指土壤中体积小于5×10^3 μm^3的生物活体的总物质量，包括细菌、真菌、放线菌和微小动物等，不包括植物根茬等残体，是土壤生物属性中最活跃和最易变化的部分（吴向华, 刘五星, 2012）。土壤微生物量包括微生物量碳、微生物量氮、微生物量磷和微生物量硫（Kaschuk et al., 2010），它们是土壤中易于利用的养分库及有机物分解和矿化的动力，与土壤中的碳、氮、磷、硫等养分循环密切相关，其变化可敏感反映土壤质量变化，并判别退化生态系统的修复程度（Dias-Ravina et al., 1993; Fernandes et al., 2005; Gu et al., 2009）。

研究认为，BSC的存在对土壤微生物量的提高有显著影响，即BSC可提高土壤微生物数量和活性（Liu et al., 2013; 赵彦敏等, 2014）。土壤微生物的数量变化特征与BSC的类型、分布以及有机质等因子有一定相关性（吴楠等, 2005, 2006）。BSC演替阶段可显著影响土壤微生物量，即发育晚期的BSC下土壤微生物量含量和活性明显高于发育早期BSC（Belnap & Lange, 2003; Yu et al., 2012）。荒漠生态系统中，人工固沙植被的建立改变了微生物群落的组成，增加了微生物磷脂脂肪酸（PLFAs）、细菌PLFAs和真菌PLFAs的总量（Liu et al., 2013）。人工植被栽植年代越长，微生物数量也越多，这主要是由于植被恢复与重建为微生物提供了重要的食物来源且改善了其生存环境，为微生物生长与繁殖提供了良好的条件（邵玉琴, 赵吉, 2004）。此外，藓类结皮下的土壤微生物总生物量高于藻类结皮，说明相对于演替早期，演替晚期的藓类结皮更有利于微生物的生长与繁殖。相对于藻类结皮，干旱的荒漠区藓类结皮能够为土壤微生物提供更多更丰富的食物来源、更适宜的土壤温度、更高的土壤湿度和有机质含量，及更稳定的食物网结构（Belnap & Lange, 2003）。宁远英（2011）的研究表明，科尔沁沙地发育晚期的藓类结皮下层土壤中微生物的数量多于发育早期的藻类结皮，且其中微生物数量表现出明显的垂直分布。邵玉琴等（2001）对库布齐固定沙丘土壤微生物量垂直分布的研究也证明，土壤微生物量与土壤酶、土壤养分的分布规律一致，随土壤深度的增加而减少，呈现明显的层次。造成土壤微生物量数量在土壤层中的垂直分布的主要原因是BSC层生物体能够进行光合作用或固氮，增加地表的养分和有机质含量（Lan, Wu, et al., 2017; Antoninka, Faist, et al., 2020; Hu et al., 2020），较丰富的养分和有机质含量给微生物的繁殖提供了有利条件，造成微生物数量土壤上层显著大于土壤下层。此外，BSC与裸沙相比具有较强的凝结水捕获能力（Zhang et al., 2009），BSC表面形成的凝结水给微生物和隐花植物提供了珍贵的水资源，使它们能够恢复活性，在一定程度上影响BSC下层土壤微生物的数量分布。

BSC下层土壤微生物量受季节影响，这种季节性变化主要与植物生长节律、凋落物、根系活动及分泌物、土壤中可利用碳和养分资源、土壤温度、土壤湿度等因素有关（曹成有等, 2011）。荒漠区干湿季差异明显，这种强烈的季节变化通过影响植被生长和土壤环境对土壤微生物量产生巨大影响。腾格里沙漠人工植被固沙区和天然植被区人为BSC下层，土壤微生物量碳和微生物量氮随季节变化均表现为夏季>秋季>春季>冬季。夏季光照充足且降水相对多，土壤温度、湿度高，促进BSC生长，为土壤微生物提供了相对充足的食物和生存条件，促进土壤微生物的生长和繁殖，土壤微生物量达到一年中最高值；秋季降水相对多但光照减弱，土壤湿度高而温度较低，BSC生长减弱，土壤微生物生长和繁殖速度相对变慢，导致BSC下土壤微生物量仅次于夏季；春季光照较强但降水少，土壤温度较高但湿度低，限制BSC生长，进而抑制土壤微生物的生长和繁殖，土壤微生物量低于夏、秋季；冬季降水稀少且光照弱，土壤温度、湿度低，严重限制BSC生长，进而抑制土壤微生物生长和繁殖，土壤微生物量为一年中最低值（刘艳梅等, 2014; 虎瑞, 王新平, 潘颜霞, 等, 2015; 杨航宇等, 2019）。

干扰改变了BSC的结构与演替阶段，降低了BSC的生物量、盖度和物种组成，改变了土壤理化性质等，进而影响了土壤微生物量（Herrick et al., 2010; Gómez et al., 2012; 李新荣, 2012）。王闪闪（2017）的研究表明，黄土丘陵区放牧干扰BSC可减少BSC层土壤微生物量氮。有学者以腾格里沙漠东南缘的人工植被固沙区和天然植被区人为践踏BSC下的沙丘土壤为研究对象，分别采集未践踏、中度践踏和重度践踏BSC下0－5 cm和5－15 cm土样，并测定土壤微生物量碳和微生物量氮（Yang et al., 2018; 杨航宇等, 2019）。结果表明，践踏藻类－地衣结皮和藓类结皮可减少BSC下土壤微生物量碳和微生物量氮，且随践踏程度的增加而减少，重度践踏显著减少土壤微生物量碳和微生物量氮，土壤速效磷、速效氮、全磷和全氮的损失是导致土壤微生物量碳和微生物量氮减少的重要因素。除践踏程度外，土壤微生物量碳和微生物量氮也受BSC演替阶段的影响。人为践踏的藓类结皮下土壤微生物量碳和微生物量氮显著高于藻类—地衣结皮，表明演替晚期的藓类结皮比演替早期的藻类—地衣结皮抗干扰能力更强。

4.4 BSC对土壤水文的影响

BSC通过改变土壤表面的水文学属性，影响水分入渗、径流形成频度、表面蒸发、非降雨水分（non-rainfall water）捕获、土壤含水量及再分配，调控植被的时间和空间分布格局。BSC介导的水文学属性改变也受限于诸多因素，其中包括土壤质地、表面粗糙度、孔隙度、毛细管堵塞程度、BSC有机体吸水膨胀特性与斥水性等。

4.4.1 BSC对土壤表面斥水性影响

BSC的斥水性研究是揭示其在生态和水文过程中作用的重要科学内容之一。但是关于BSC斥水性的存在和影响强度仍存在争议（Kidron, 2019a, b）。根据斥水性的强弱可以将BSC的斥水性划分为斥水性、亚临界斥水性和无斥水性。可以通过水滴与土壤表面（BSC）形成的接触角的大小来表征斥水性的程度，接触角是指在固、液、气三相交界处，自固—液界面经过液体内部到气—液界面之间的夹角。可以使用界面张力函数描述三相（气、液、固）界面接触角（θ）: $\cos\theta = (\gamma^{ls} - \gamma^{gs}) / \gamma^{lg}$，式中，ls、gs、lg分别为液固、气固、气液界面张力（Rowlinson & Widom, 1982）。接触角越大斥水性越强，当接触角大于90°时土壤表面具有斥水性，而接触角小于90°时土壤表面的斥水现象被定义为亚临界斥水性（Lamparter et al., 2006）。此外，为了方便野外观测研究，也可以根据水滴在BSC表面的完全渗透时间，即水滴穿透时间（water drop penetration time, WDPT）来量化斥水性的强弱，水滴渗透时间越长斥水性越强，具体划分为：非斥水性（WDPT < 1 s）、亚临界斥水性（WDPT = 1－5 s）、轻微斥水性（WDPT = 5－60 s）、强斥水性（WDPT = 60－600 s）、严重斥水性（WDPT = 600－3600 s）和极端斥水性（WDPT > 3600 s）（Dekker et al., 2001; Lamparter et al., 2006）。

BSC的存在改变了土壤表面的斥水性，但BSC斥水性的强弱在不同地区、不同BSC类型间存在差异。如在一些地区BSC具有斥水性特征，而在一些地区（如内盖夫沙漠西北地区）BSC不具有斥水性（Kidron et al., 1999; 2010; Yair et al., 2011），仅具有亚临界斥水性。此外，一些单藻种（如念珠藻和席藻）人工BSC在干燥时也表现出很强的斥水性（Witter et al., 1991; Williams et al., 1995; Kidron et al., 1999）。斥水性通过减少降水入渗、增加优先流、增加地表径流显著改变了降水的再分配过程，进而影响生态系统功能（Keck et al., 2016）。亚临界斥水性对土壤吸水性和入渗率的影响常被低估（Hallett et al., 2001, 2004），如亚临界斥水性土壤可以将其入渗率降低至1/170－1/3（Lamparter et al., 2006）。BSC表面斥水性或亚临界斥水性在干旱沙区生态水文过程中可能发挥重要作用，但现有的研究还未量化BSC斥水性对生态系统功能的影响程度，因此，需要加强干旱区BSC斥水性的相关研究。

土壤表面斥水性是由土壤表面产生的疏水性有机物引起的现象。在干旱沙区沙丘固定后，BSC的定殖和发育改善了土壤表面的理化和生物学特性（Li et al., 2002; 2010）。例如，表层土壤中的黏粉粒含量和土壤有机质显著增加，微生物或某些菌丝分泌的EPS可能具有斥水性，这些理化和生物属性的变化是斥水性发生的基础。内盖夫沙漠BSC的有机碳含量高于下层土壤，且BSC生物体如绿藻、蓝藻、细菌、地衣和丝状真菌等产生的胞外聚合物具有疏水性（Hakanpää et al., 2004; Young et al., 2012; Drahorad, Felix-Henningsen, et al.,

2013），导致BSC表面产生斥水性。斥水性强度受土壤质地、土壤有机质的数量和质量以及土壤含水量影响（Dekker et al., 2001; Mataix-Solera et al., 2013; Nadav et al., 2013 ）。这些因素影响了土壤颗粒表面的疏水性有机物的数量，以及它们的疏水性基团和亲水性基团的位置（Doerr et al., 2000; Graber et al., 2009）。如土壤干燥后，疏水性物质的亲水性基团附着在土壤颗粒上，而疏水性基团暴露在外，导致斥水性。在湿润条件下，疏水性物质的疏水性基团和亲水性基团会发生再定向过程，亲水末端暴露在外，使土壤更湿润（Doerr et al., 2000; Graber et al., 2009）。两亲分子的再定向速度是影响润湿动力学的一个重要因素，这取决于它们的性质（如烷基链长度、不饱和度的大小）（Graber et al., 2009）。此外，BSC斥水性也受自然环境（Yang, Liu, et al., 2014），BSC的发育时间与沙丘地形（周立峰等, 2020），火烧和沙埋等干扰的影响（Jia et al., 2020）。

然而，有关BSC斥水性的知识还很匮乏，涉及斥水性的相关研究较少（Jungerius & De Jong, 1989; Kidron et al., 1999）。特别是在干旱和半干旱区，对不同演替阶段BSC的斥水性关注较少，对BSC斥水性与土壤含水量、地表温度、空气湿度等环境因素之间关联知之甚少。进一步了解BSC的斥水性如何影响水分的再分配，将有利于全面认知BSC的水文功能。

一、BSC的形成和演替改变了土壤表面斥水性

腾格里沙漠东南缘固沙植被区BSC的形成演替显著改变了地表斥水性特征（图4–43），且BSC的斥水性的强弱具有时间依赖性，受降水、气温、地表温度、空气湿度等因素的影响。

降水后流沙的WDPT小于或等于0.2 s，显示流沙没有斥水性，但在流沙上发育的BSC的WDPT介于1－50 s之间，表现出不同强度的斥水性或亚临界斥水性，且均随着时间的延长发生波动。降水后不同类型BSC间的斥水性强度存在差异，地衣结皮的WDPT明显高于其他类型BSC（$p < 0.05$），土生对齿

图4–43　不同类型BSC斥水性现象

藓结皮的WDPT显著低于真藓和蓝藻结皮的WDPT。真藓和蓝藻结皮的降水后WDPT的变化比较复杂，降水后62小时内，真藓结皮的WDPT高于蓝藻结皮，但之后出现了相反的结果。BSC的演替显著改变了地表斥水性，BSC演替早期，藻类结皮的WDPT显著增加（Lichner, 2013; Yang, Liu, et al., 2014），随着BSC的发育，地衣结皮表面斥水性进一步增加，而藓类结皮的斥水性下降到演替早期的水平（Yang, Liu, et al., 2014）。在德国东北部勃兰登堡州，以丝状蓝藻和丝状绿藻为主的初期发育阶段藻类结皮的斥水性显著增加，但随着球藻和藓类出现，BSC的斥水性降低（Fischer, Spröte, et al., 2010）。随着BSC的演替，其斥水性逐渐增加（Drahorad, Steckenmesser, et al., 2013）。穿透阻力数据显示，在演替早期阶段BSC表面薄的蓝藻细菌保护层是非斥水性的。演替后期BSC斥水性增强，导电性降低。BSC湿润后胞外聚合物立即膨胀，显著影响地表径流。丝状蓝藻细菌和部分藻类通过填充基质的孔隙或包裹沙粒，在BSC表面形成了密集的覆盖层，仅留下微小的孔隙通道供自由水渗透。斥水性及孔隙堵塞作为导致径流的主要机制可能发生在BSC的润湿过程中，但也可能随时间推移发生在BSC演替过程中（Fischer, Spröte, et al., 2010）。BSC的发展引起的表面结构和斥水性的变化与BSC群落组成密切相关（Drahorad, Steckenmesscr, et al., 2013）。

BSC表面斥水性的形成和变化可能与BSC在沙丘表面的拓殖和演替过程中表层土壤理化性质的变化有关。除了要关注影响BSC斥水性的表面物质的性质外（Fischer, Spröte, et al., 2010; Lichner et al., 2013），BSC的形成和演替通过增加降尘捕获增加了黏粉粒的含量，同时BSC生物体的菌丝体、根状体和菌体以及产生的多糖或其他分泌物，将土壤颗粒结合在一起（Belnap & Lange, 2003; Li, Tian, et al., 2010; Li, et al., 2011），在土壤表面－大气界面形成一层“致密层”，在特定条件下可能具备疏水性特征，在BSC表面产生斥水性。

长期的观测显示，环境因素可能对斥水性的变化起更重要的作用，在野外条件下BSC斥水性的强弱随环境变化而变化（Yang, Liu, et al., 2014）。大量降水后，BSC的斥水性强度随时间不断变化，在降水后很短的时间内，BSC的WDPT处于较低水平，部分BSC会在暴雨后立即发生短暂入渗；降水30 h后，土生对齿藓结皮、真藓结皮、地衣结皮和藻类结皮的WDPT均显著增加，最大值分别为8 s、11 s、50 s和8 s；在达到峰值后，WDPT随着时间的延长呈震荡下降趋势，逐渐达到相对较低的稳态水平（1－3 s; 图4-44）。对于藻类结皮而言，降水使其表面湿润后，多糖鞘开始膨胀，菌丝体从鞘中伸出，分泌出更多的多糖物质；而随着BSC和下层土壤变干，菌丝开始慢慢收缩到鞘中（Belnap

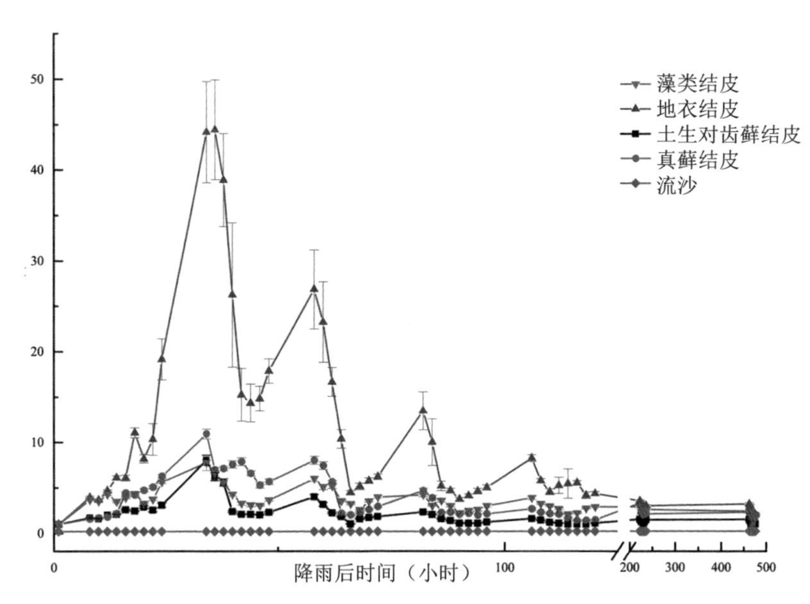

图 4-44　降水后不同类型BSC斥水性变化特征

& Lange, 2003）。这些生理生化过程可能在BSC斥水性的变化中起着关键作用。

二、BSC表面斥水性的影响因素

流沙上BSC的形成显著提升了地表的斥水性，斥水性强度与土壤含水量、空气相对湿度、地表温度和空气温度密切相关。图4-45表明，四种BSC的WDPT与表层土壤含水量的关系均为单峰曲线分布，表现为WDPT随土壤含水量的增加而增加，达到峰值后随着土壤含水量的增加而降低。但四种BSC斥水性峰值对应的平均土壤含水量不同，真藓、土生对齿藓、地衣和藻类结皮WDPT峰值对应的土壤含水量分别为13.65%、10.20%、7.00%和5.56%。BSC斥水性与空气相对湿度之间也存在显著的单峰关系，四种BSC的WDPT均随相对空气湿度的增加而增加，当相对空气湿度60%时达到峰值，之后随相对空气湿度的增加而减小（图4-46）。随着气温和BSC表面温度的升高，BSC斥水性分别呈指数和幂函数下降趋势（图4-47和图4-48）。

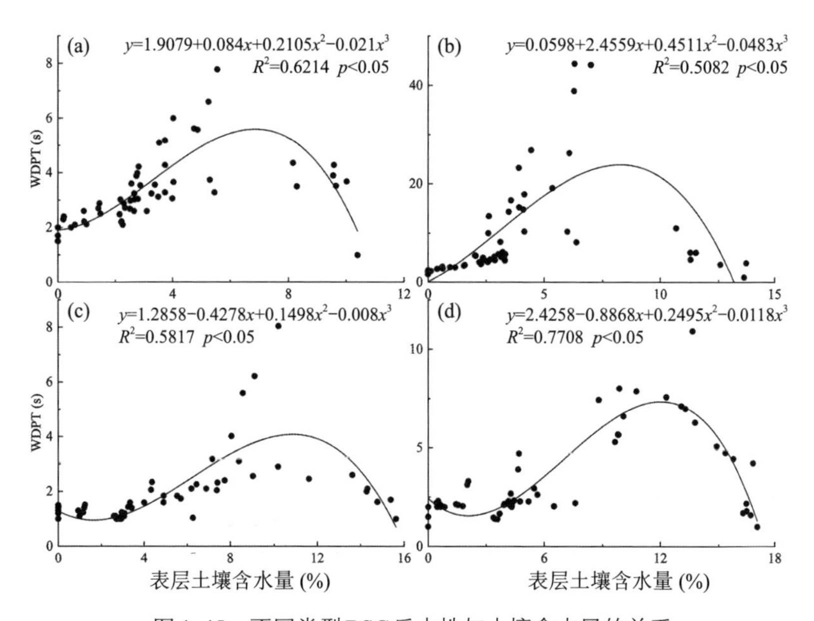

图4-45 不同类型BSC斥水性与土壤含水量的关系

（a）藻类结皮，（b）地衣结皮，（c）土生对齿藓结皮，（d）真藓结皮

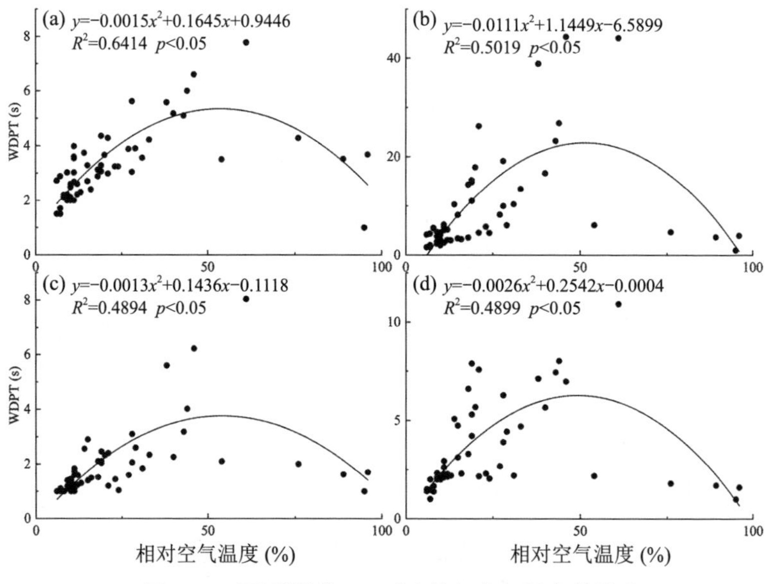

图4-46 不同类型BSC斥水性与空气湿度的关系

（a）藻类结皮，（b）地衣结皮，（c）土生对齿藓结皮，（d）真藓结皮

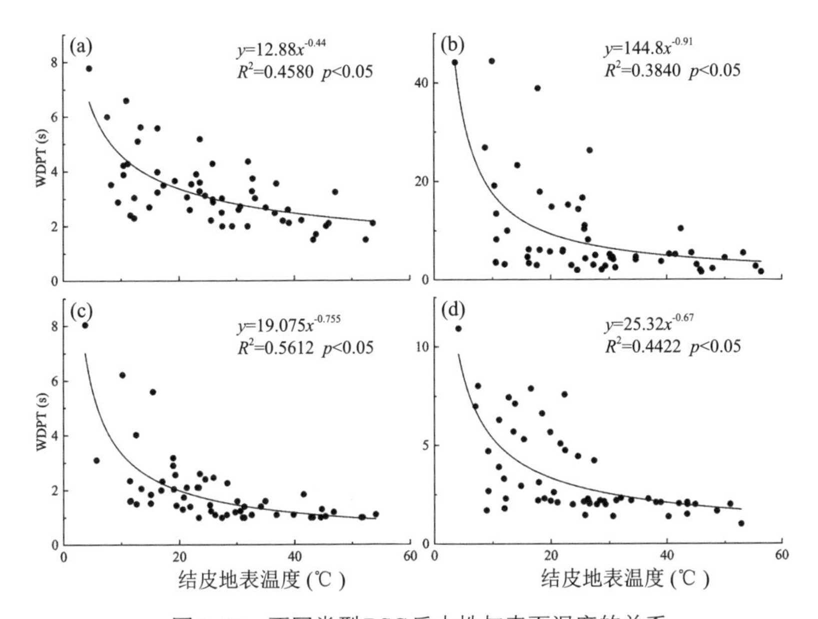

图4-47　不同类型BSC斥水性与表面温度的关系

（a）藻类结皮，（b）地衣结皮，（c）土生对齿藓结皮，（d）真藓结皮

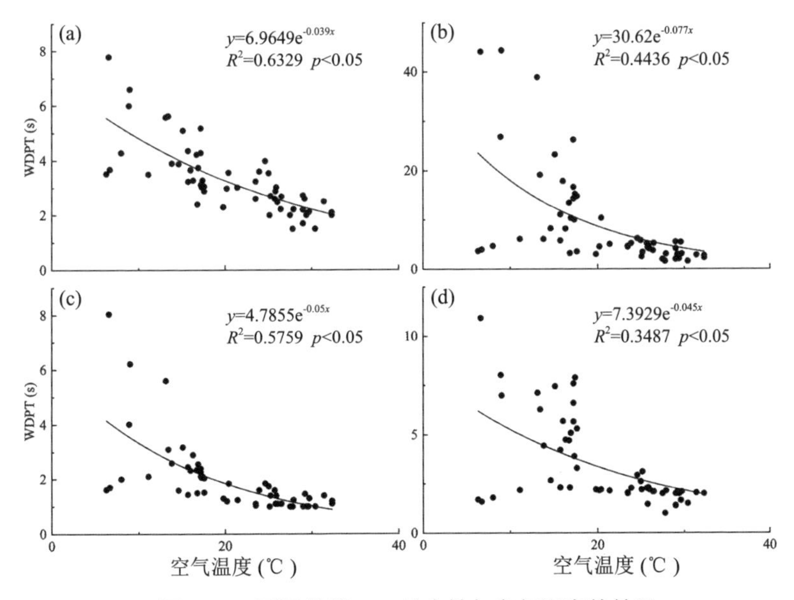

图4-48　不同类型BSC斥水性与空气温度的关系

（a）藻类结皮，（b）地衣结皮，（c）土生对齿藓结皮，（d）真藓结皮

斥水性强度很大程度上依赖于土壤含水量（Witter et al., 1991）。例如，在野外干燥的条件下，BSC表面无斥水性，而在实验室中，当BSC长期处于湿润状态时，在其表面检测到斥水性物质（Kidron et al., 1999）。在潮湿的气候下经过较长时间的湿润后，藻类结皮表面具有较高的斥水性（Katznelson, 1989）。然而，土壤含水量与BSC斥水性之间的关系可能更为复杂。我们的长期监测发现土壤含水量存在一个临界值，低于临界值时BSC的斥水性随土壤含水量的增加而增加，高于临界值时BSC斥水性随土壤含水量的增加而减少，且不同BSC类型间土壤含水量阈值差异较大。这与前人对土壤斥水性的研究结果一致，土壤斥水性随土壤含水量变化显著，两者呈现单峰曲线关系，即土壤在极低含水量时不具有斥水性，土壤含水量的增加达到一定值时，其斥水性达到最大；当土壤含水量达到一定值时，其斥水性消失（De Jonge et al., 1999, 2007; Goebel et al., 2004）。

水汽和土壤之间的相互作用会显著影响土壤斥水性。短时间内（<1d）当土壤处于相对湿度为98%的环境中时，土壤斥水性显著增加（Doerr et al., 2002）。在自然环境下，大气相对湿度处于动态变化过程，当空气相对湿度达到60%时BSC表面斥水性达到最大值，在实验室的观测发现，相对湿度低于78%时BSC无斥水性（Doerr et al., 2002）。物理化学过程（土壤表面水蒸气的凝结和吸附）伴随着能量流动，可能会破坏附着在土壤表面的有机物的疏水键（Rowlinson & Widom, 1982; Doerr et al., 2002），从而影响其斥水性的强弱。这说明，空气相对湿度可能通过在短时间内改变土壤理化过程而不是长期改变微生物过程导致斥水性的变化。

温度（空气温度和地表温度）也是影响BSC斥水性的潜在因素。BSC的实际表面温度和空气温度可能会影响BSC与水滴之间的粘附力，持续观测数据证实，BSC的地表温度对BSC表面斥水性有很大的影响。我们发现，四种BSC的斥水性与地表温度之间存在相似的关系，斥水性随地表温度升高呈幂函数下降趋势。夏季降水（地表温度较高）比秋冬降水（地表温度较低）更容易使沙土湿润（King, 1981; Blackwell, 1993）。接触角与温度相关性实验表明，随着温度的升高，液固、气固界面张力的接触角减小（接触角越大，斥水性越强）（King, 1981; Bachmann & van der Ploeg, 2002），这从理论上支持BSC斥水性随着温度的升高而降低的现象。

沙埋是影响沙漠地区藓类结皮生态水文特性的普遍干扰因素，沙埋可以改变BSC斥水性相关的土壤温度、水分和养分，还可以改变藓类结皮的生理和生长。我们通过三个模拟降水梯度（春季和秋季每隔8天分别施4 mm和6 mm、2 mm和3 mm、1 mm和1.5 mm降水）评估了不同沙埋厚度对腾格里沙漠真藓结皮斥水性的影响。真藓结皮斥水性在整个试验过程中一直处于亚临界状态，但在相同处理下，秋季BSC斥水性显著高于春季BSC斥水性。沙埋厚度使BSC斥水性降为0的阈值在春季和秋季分别为1 mm和2 mm，但经过72天的恢复期后，藓类结皮的斥水性显著增加。此外，沙埋对藓类结皮斥水性与沙埋深度显著相关。其中，较浅的沙埋（埋深小于0.5 mm）增加了藓类结皮斥水性，而较深的沙埋（埋深大于0.5 mm）则降低了斥水性。春季和秋季沙埋厚度阈值也显著增加到2 mm和4 mm。沙埋影响藓类结皮斥水性的结果提供了更多的信息，可用于更好地理解沙埋对藓类结皮拓殖和维护的影响，并帮助解释为什么BSC斥水性有截然不同的观点（Jia et al., 2020）。

火烧干扰是影响BSC斥水性的另一个干扰因素。研究者曾采用水滴穿透时间法、乙醇渗透时间法和圆盘入渗仪测定了黄土高原藓类结皮、经过不同时间火烧干扰的BSC以及裸地的斥水性持续时间和强度（Guo et al., 2016）。与裸地相比，BSC的水滴渗透时间为22.5 s，显著提高了12倍。经过15 s、30 s、45 s、60 s和90 s火烧后，BSC的水滴穿透时间分别延长了0.9 s、31.4 s、19.3 s、54.8 s和127.4 s。以藓类为主的BSC显著影响黄土高原土壤的斥水性，且火烧干扰显著增强黄土高原藓类结皮的斥水性。

斥水性可以极大地影响地表和地下水文过程：减少水分入渗，增强地面径流，增加优先流和地下水或含水层污染的风险，改变土壤含水量的三维空间分布和动态（Doerr et al., 2000），进而改变植物群落分布。鉴于其重要性，斥水性作为一个关键参数已纳入水文模型（Doerr et al., 2003），而BSC斥水性可能在干旱区植被恢复区的生态水文过程中也起着关键作用。入渗和径流对BSC的响应随BSC演替阶段以及环境条件的变化而不同，当BSC的斥水性达到最大时，入渗量减少，径流增加。斥水性结果有助于解释为什么藓类结皮的入渗量较高而地衣结皮的入渗率较低，以及与干燥土壤相比，为什么潮湿条件下BSC的径流量更大（Chamizo, Cantón, Miralles, et al., 2012）。然而，BSC的斥水性对入渗和径流的影响可能比目前所知的更为复杂，需要通过长期的观测阐明BSC斥水性与入渗和径流之间的关系。

4.4.2 BSC对吸湿凝结水的影响

吸湿凝结水是指近地表附近的气态水分，在合适的气象条件下，通过凝结和吸湿作用，附着在地表土壤颗粒和相关生物体表面的自然现象。吸湿凝结水作为一种常见的气象现象，是荒漠生态系统的稳定水源之一，是BSC及微生物（Ninari et al., 2002）、昆虫（Kidron et al., 2002）等赖以生存的水源之一，同时在促进植物种子萌发（Kalthoff et al., 2006）和沙丘稳定（Agam et al., 2006）等多方面起重要的作用。如腾格里沙漠BSC叶绿体色素含量与日均吸湿凝结水量的变化趋势相同，吸湿凝结水能够提高该区藓类结皮生长活性，有利于其生物量的积累。吸湿凝结水有利于藓类生殖器官的形成，为授精和孢子体的形成创造有利条件，对藓类结皮的繁殖发育具有重要作用（潘颜霞等, 2013）。内盖夫沙漠的研究也显示吸湿凝结水可能对藻类结皮的生命维持起重要作用（Kidron et al., 2002）。吸湿凝结水一方面直接为一些动植物提供水源，另一方面通过水的气－液态转换之间的热量释放，在一定程度上缓解了植物的干旱胁迫。吸湿凝结水也影响干旱期间水分和能量流动的量和生态过程，对土壤－植物关系具有重要作用，影响植物叶片吸水、增加光合作用和降低蒸腾作用等（潘颜霞等，2022）。

BSC需水量较少，具有非常强的极端干旱环境适应能力，在长时间无降雨条件下仍然能够存活。结合吸湿凝结水数量少、频率高、表层化的形成特点，相较其他植物，BSC对其形成更为敏感，一些学者认为，吸湿凝结水是荒漠区BSC生存的主要水分来源。BSC具有简单、反应迅速、个体小、具代表性和普遍性等模式系统的特点，可以作为一种模式系统来研究复杂的生态学问题。因此，研究 BSC与吸湿凝结水的关系，能够更为系统地揭示荒漠生态系统吸湿凝结水的生态功能，为更好地理解全球变化背景下旱地生态系统的变化过程提供重要借鉴。

有关凝结水的研究起步较早，以“凝结水”为主题词的检索结果表明，近50年来相关文献呈指数上升，从20世纪70年代的几十篇到2020年的2000余篇。以“凝结水”和“生物结皮”为主题词的检索结果显示，关于BSC与吸湿凝结水形成关系的研究在2010年之前每年仅有1－2篇，之后逐渐增加，2018年达到最高值，但数量仍然很有限。吸湿凝结水生成量少、测量困难，受边界条件影响大、形成过程复杂等，都成为阻碍其研究进展的重要原因（潘颜霞等，2022）。

吸湿凝结水的观测对测量仪器的精度要求高，且测量设备不能太大、太复杂，以免影响周围大气环境，同时，要求地表尽可能保持不受干扰的自然状态。吸湿凝结水的观测方法仍在探索中，还未形成统一的方法。根据研究目的不同，可以概括为凝结水持续时间的测量、凝结水量的测量、凝结水持续时间和形成量的同步观测三类。根据测定过程，凝结水的测量方法可以分为直接测量法和间接测量法。不同的测量方法都有其优缺点和适用条件，可根据实际情况选择最优测量方法。随着现代技术的发展，吸湿凝结水直接和间接测定方法的联合使用将进一步提高测量的精度。

一、吸湿凝结水形成的物理基础

在无降水的情况下，雾的沉积、凝结水的形成和水蒸气的吸附是增加土壤表层水分含量的三种主要机制。大气中的水汽含量、近地表气温和地表温度相互作用决定了这三种机制的发生：①当空气中的水汽含量达到饱和时，不管地表条件如何，都会形成雾；②当地表温度小于等于露点温度时，空气中的水蒸气与地表接触形成凝结水；③当地表温度高于露点温度，土壤孔隙的相对湿度低于空气相对湿度时，水蒸气的吸附作用发生，即吸湿水。非降雨水分有三个来源：大气、土壤和植被。现有观点认为简单的水汽，凝结过程包括以下几个部分：①当空气气温下降，气象条件适宜（湿度与温差）时，土壤开始吸取空气中的水汽即吸湿水，这部分水汽主要来源于近地层空气的水汽或沙面植株茎叶物理蒸发产生的水汽；②沙面继续散热使近地面空气中水汽趋于饱和，发生凝结过程，产生热凝结水，这是凝结水来源的主要部分；③一般夜间沙丘地表温度低于气温，热运动使水汽向下运动称为土壤水凝结；④气态水受土壤热力的规律支配，由表层向深层迁移或深层向表层迁移，属于水汽的土内迁移。由于土壤内部水汽的凝结不会导致土壤水总量发生变化，因此有关吸湿凝结水的研究主要是指空气中的水汽在土壤和植被表面形成的吸湿凝结水。

二、吸湿凝结水形成对 BSC 发育的响应机制

BSC显著影响吸湿凝结水的形成。荒漠生态系统中BSC的存在显著提高了表层土壤的水汽吸附能力，并增加吸湿凝结水，对区域表层土壤的水运动过程产生了重要影响。吸湿凝结水量随着BSC的演替而增加，BSC发育程度越高，吸湿凝结水量越大。与蓝藻结皮相比，由地衣和藓类组成的BSC能更有效地形成吸湿凝结水（陈荣毅, 2012）。如毛乌素沙地BSC凝结水量显著高于流沙，吸湿凝结水量为0.10 mm·d^{-1}，可占据年均降水量的12.6%（张晓影等, 2008）。古

尔班通古特沙漠凝结水形成总量从流沙、藻类、地衣到藓类依次增加，如秋季55天的观测结果显示，凝结水形成总量分别为3.46 mm、4.07 mm、4.89 mm和5.15 mm（陈荣毅, 2012）。腾格里沙漠流沙和物理结皮表层吸湿凝结水形成量没有显著差异，但两者与BSC表层的吸湿凝结水量差异显著（$p < 0.05$），藓类结皮表层吸湿凝结水的形成间期最长。内盖夫沙漠BSC一年有195天可以生成吸湿凝结水，总量达33 mm，对输入水量的贡献达到14%（Kidron et al., 2002; Moro et al., 2007）。共和高寒沙地BSC生成的吸湿凝结水量显著大于流沙（$p < 0.05$），且随着BSC的发育，吸湿凝结水量呈增加趋势，表现为流沙<物理结皮<藻类结皮<藓类结皮（图4–49）。这说明在沙漠地区，凝结水是表层土壤含水量最重要的水分来源。

凝结水的形成时间与气象因子密切相关。凝结现象一般自19:00开始，次日7:00结束，日出后，吸湿凝结水量迅速下降，其中藓类结皮与流沙下降速率最快（图4–50）（成龙等, 2018）。凝结水形成量与日均相对湿度、土壤湿度呈显著正相关，而与日均风速、日均温度、土壤温度呈负相关（陈荣毅, 2012）。沙漠白天增温快，夜晚降温迅速，较大的昼夜温差有利于藓类结皮吸湿凝结水的生成（张静等, 2009）。

地形也是凝结水重要的影响因素。不同区域观测凝结水的土壤深度要根据实际情况确定，如毛乌素沙地沙丘不同部位凝结水量差异显著，丘间地凝结水量最大（$0.0873\ mm \cdot d^{-1}$），沙丘坡面次之（$0.0768\ mm \cdot d^{-1}$），沙丘顶部最少（$0.0674\ mm \cdot d^{-1}$）。

凝结水的水汽来源于空气和土壤，其来源在季节间存在差异。古尔班通古特沙漠春季土壤含水量对凝结水形成有重要的补充作用，特别是下层土壤凝结水的水汽来源主要为土壤含水量，秋季凝结水主要来自空气中的水汽。如春季地衣表层（0－2 cm）来源于土壤水汽的凝结水比例为35.5%，夏季和秋季分别降到15.5%和11.3%（陈荣毅, 2012）。共和高寒沙地BSC凝结水主要由大

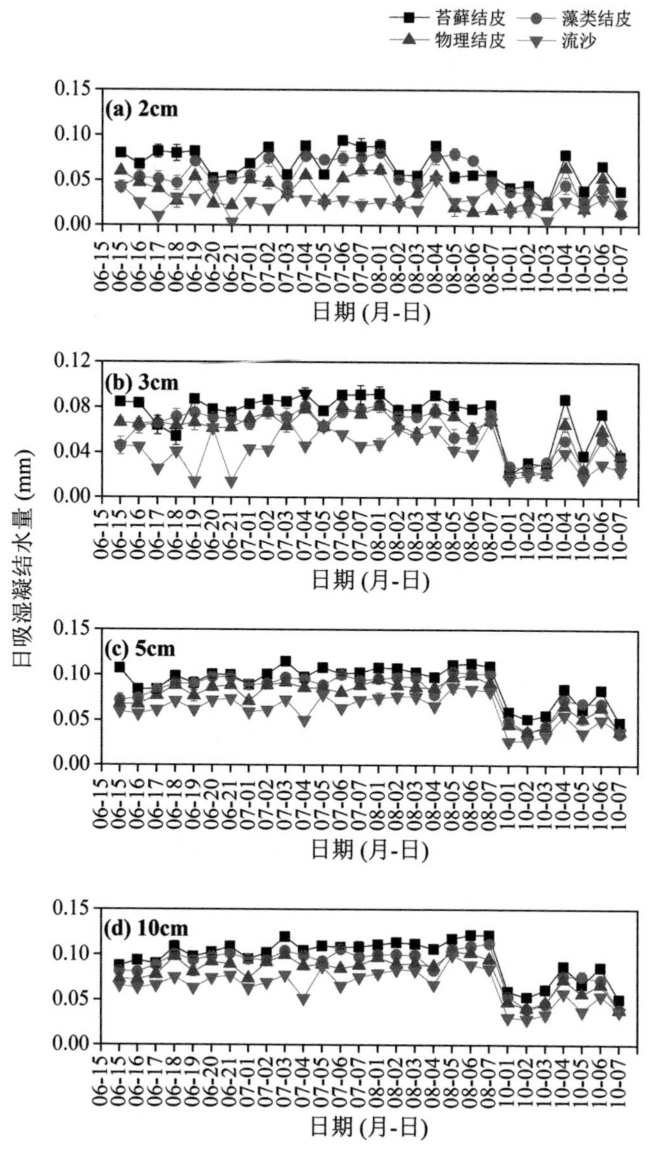

图4-49 不同地表类型和取样深度的日吸湿凝结水量变化特征（成龙等, 2018）

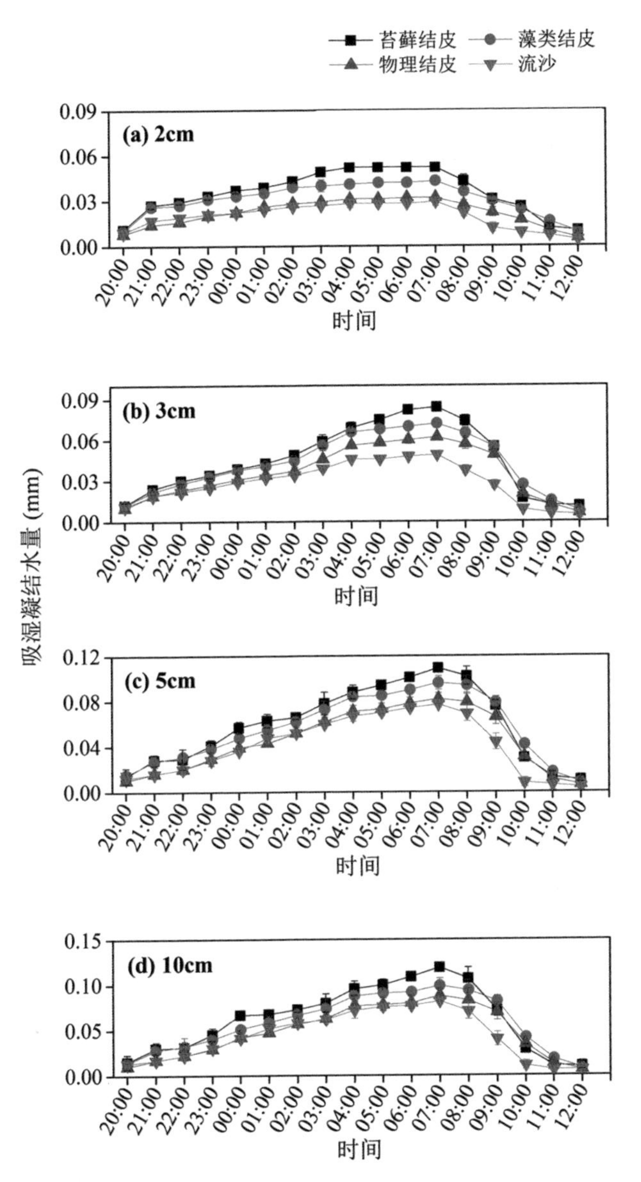

图4–50　不同地表类型凝结及蒸散过程（成龙等，2018）

气凝结水与土壤凝结水两部分组成，凝结水水分来源与夜间近地表空气相对湿度密切相关，大气凝结水总量显著高于土壤凝结水量（$p < 0.05$）；随时间的变化，大气凝结水与土壤凝结水对凝结水的贡献率呈波动性变化；吸湿水和大气水汽凝结水贡献率为65%－80%，土壤凝结水贡献率为20%－35%（成龙等，2019）。

BSC改变了表土层土壤理化和生物学属性，进而影响吸湿凝结水量。在沙区，土壤黏粉粒含量随着BSC发育程度的增高而增加，土壤黏粉粒含量越高，BSC表面毛细管力越大，越有利于吸湿凝结水的形成，故藓类结皮吸湿凝结水能力较强。与藓类结皮相比，藻类结皮、物理结皮和流沙具备空气接触面积小和土壤细颗粒物少的特点，而在这三者之中，接触面积大小表现为藻类结皮>物理结皮>流沙，土壤细颗粒物含量表现为：藻类结皮>物理结皮>流沙，这导致吸湿凝结水量表现为藻类结皮>物理结皮>流沙（成龙等，2018）。演替后期的藓类属于变水植物，含水量随周围环境的变化而变化，白天气温高使空气湿度迅速下降，藓类植物体皱缩，进入休眠状态，遇到水分（即使水量很少）后恢复生理活性，比其他类型BSC的表面积更大，对捕捉空气中水分具备更大的优势。

BSC改变了土壤热特性，导致表层土壤增温、降温过程和水热平衡能力发生改变，最终影响水汽凝结过程。BSC较深的颜色能降低地表反射率从而提升表层土壤吸热能力，同时BSC较高的热导率和热容量会造成快速的增温和降温（Xiao, Ma, et al., 2019; Xiao, Sun, et al., 2019），导致BSC能显著增加表层土壤温度，日温差的增大提升了水汽凝结量（Belnap & Büdel, 2016）。不同类型BSC吸湿凝结水的蒸散速度不同，藓类结皮大于其他BSC。这是因为藓类结皮具有增温速度快，空气接触面积大等特点，附着在植物体表面的吸湿凝结水在日出后直接暴露于空气中，被快速蒸发。藻类结皮是由藻类菌丝体与土壤颗粒胶结形成的薄膜，具有特殊的水分转运方式和藻丝体运动方式，可以将吸湿凝结水转移到下层土壤（张晓影等, 2008）。

土壤水汽吸附是水汽以膜状水和吸湿水等形式逐层附着在土壤颗粒表面的过程，其在水汽扩散、有机组分的吸附和挥发等过程中具有重要作用（Jabro et al., 2008; Arthur et al., 2018）。通常以水汽吸附等温曲线（Water vapor Sorption Isotherms,WSIs）描述给定环境条件下土壤含水量与相对湿度之间的关系，准确量化BSC的水汽吸附特征，有助于解析表层土壤水汽传输与凝结过程。BSC显著提升了表层土壤的水汽吸附能力，其平均水汽吸附量比裸沙高66.7%（李胜龙等, 2020）。随着BSC的演替，水汽吸附能力差异显著，表现为藓类结皮>混生结皮>藻类结皮（图4–51，图4–52）。水汽吸附能力的变化主要受BSC理化属性变化驱动，其一，水汽吸附过程主要受土壤颗粒的比表面积影响，不同质地土壤颗粒比表面积的差异会显著影响水汽吸附能力。沙区BSC能显著提升土壤黏粉粒及有机质含量，增大土壤颗粒的比表面积，增加水汽附着点，从而显著提高水汽吸附能力（Arthur et al., 2015; Arthur et al., 2018）。其二，BSC团聚体和有机质含有的亲水基团（如羟基、酚类和羧基）可与水分子形成氢键而成为吸附中心，随着BSC的演替土壤有机质增加，进一步增加水分子吸附位点和水汽吸附量（尹英杰等, 2019）。BSC加剧了土壤水汽吸附与解吸附曲线之间的滞后效应，其滞后指数平均是裸沙的2.0－2.9倍。BSC下层土壤的水汽凝结和蒸发过程比裸沙更为迅速（图4–53）。

综上，吸湿凝结水的生成量和持续时间在很大程度上取决于天气条件、微生境和凝结面特征。BSC的发育改变了地表微生境和凝结面特征，通过地表微地形的变化，BSC增加了其吸收的表面积，降低了表层风速；与流沙相比，BSC的热容量较低，日间增温和夜间降温速度都较快，增加了昼夜温差；较高的细物质和有机物含量使得BSC容重降低，持水力增加，黏粉粒含量增加；BSC具有较高的孔隙率和EPS，因此具有较高的含水量，吸湿凝结水的形成使得地表大气达到饱和的时间延迟，导致大气水汽向着地表转移，也就是向含水

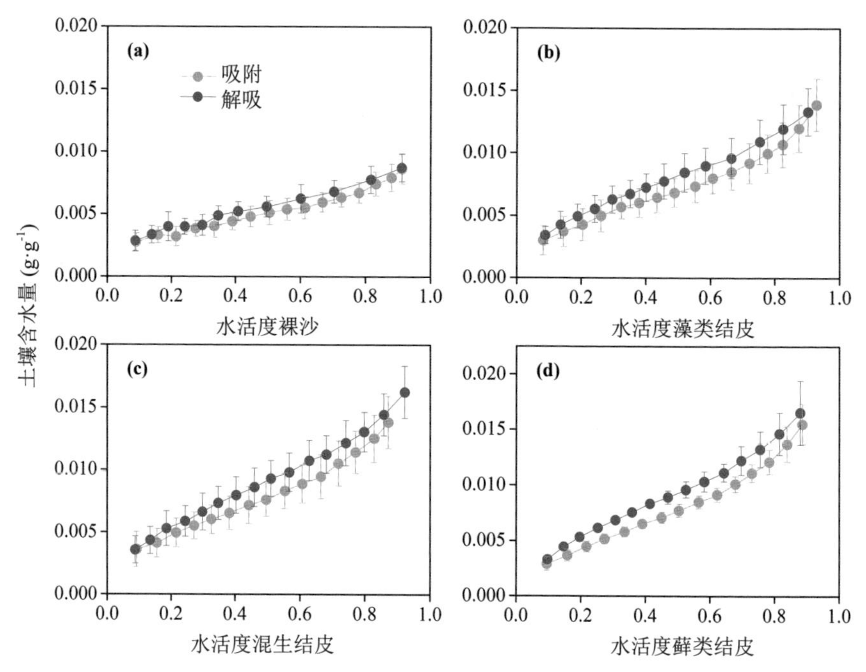

图4-51 不同处理土壤水汽吸附及解吸过程（李胜龙等，2020）

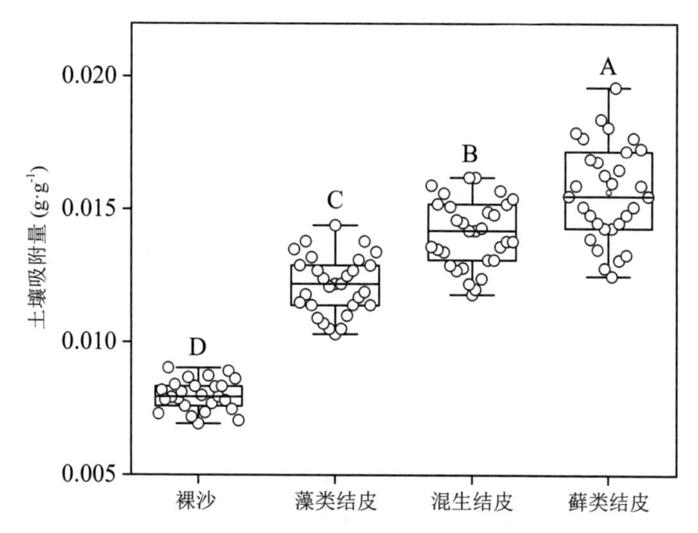

图4-52 水活度>0.8 时不同处理水汽吸附量（李胜龙等，2020）

不同字母表示不同处理，在0.01水平上差异显著

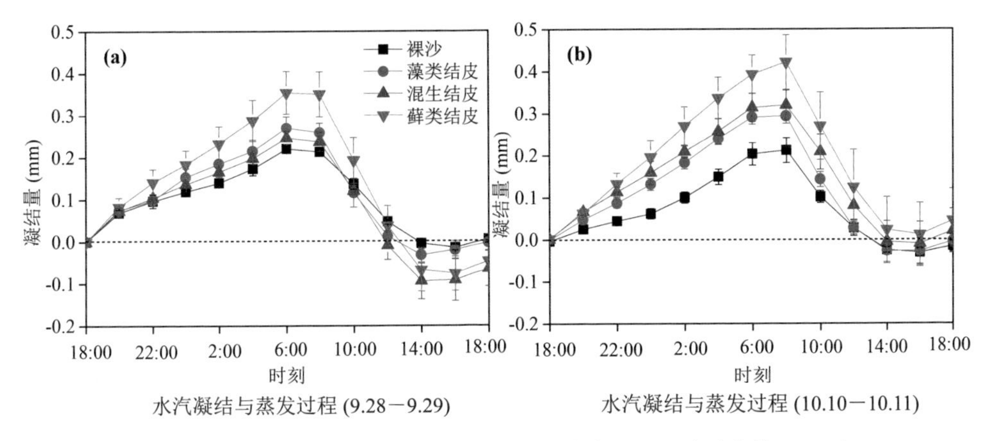

图4-53　不同处理土壤水汽累积凝结量及气象因子（李胜龙等，2020）

量较高的BSC地表土壤孔隙和EPS中转移；这些都有利于吸湿凝结水在其表面的形成。另外，BSC中生物的形成有利于吸收水分，藓类结皮能通过假根和丝状体等吸收吸湿凝结水；虽然齿肋赤藓的假根系统不具有吸收水分的作用，但其叶片顶端的白色芒尖有利于凝结水的形成，叶片顶端的芒尖分布有从纳米、微米到厘米等不同尺度的水分收集与传输系统（凹槽和疣状突起），具有采集和运输水分的多种模式，将空气中的水分子分别形成水核、水膜和水滴，然后将这些水分通过毛细管作用迅速运输到芒尖底部的叶面，被叶片吸收。

隐花植物的出现可以作为凝结水形成量迅速增加的指示剂。一方面，BSC的发育有利于吸湿凝结水的生成，另一方面，吸湿凝结水的生成促进了BSC的发育。BSC的出现和发展表明流动沙漠向固定和半固定沙漠转化的重要阶段，可被用作生态环境健康评价的指标，其时空变化可揭示干旱沙漠地区生态环境的演变趋势和对全球变化的响应规律，吸湿凝结水通过影响 BSC从而成为荒漠生态系统演化的重要驱动力。

三、吸湿凝结水形成对BSC的作用及机制

BSC中的生物体是变水植物，生物量低，其功能对水分的变化很敏感。吸

湿凝结水产生的水脉冲在大小和频率上与降雨产生的水脉冲不同，其生成量小，不能补充BSC下层土壤，但频率高，能够引起土壤表层频繁的水合/脱水循环，影响表层BSC的存活。蓝绿藻结皮在水分含量大于0.1 mm的条件下即具有生物活性，吸湿凝结水是控制蓝藻和地衣分布的一个重要因子，对其生长和快速繁殖起着重要作用。地衣结皮对小的水脉冲具有迅速的生理响应，内盖夫沙漠地衣结皮叶绿素含量的变化具有明显的海拔梯度，特定地衣物种可以作为吸湿凝结水生成量和持续时间的生物指标。藓类结皮也能够吸附非降雨水分进行光合作用，吸湿凝结水对藓类结皮含水量并无影响，但其能弥补日间迅速蒸发的表层水分，其形成量与藓类结皮中的叶绿素含量呈正相关，能够提高藓类结皮生长活性，有利于其生物量的积累。吸湿凝结水量较大时，能够直接湿润藓类的拟茎体，有利于清晨光合生物量的积累和生殖器官的成熟，当吸湿凝结水量较少时，仍能降低蒸腾作用，使藓类结皮处于预激活状态，以响应下一次降水，从而提高降水的利用效率。吸湿凝结水量和可用性减少的长期后果将间接影响碳平衡，并改变荒漠生态系统中藓类结皮的分布和演替。另外，吸湿凝结水对藓类结皮的作用极易受到环境因素变化和践踏等干扰的影响。

荒漠草地在全球碳循环中占有重要地位，BSC的光合和呼吸作用是荒漠草地碳循环的重要组分，而吸湿凝结水对BSC水、碳循环之间的联系有强烈的调节作用。吸湿凝结水的水脉冲可以激活BSC内的微生物群落，促进土壤有机质的分解。有研究发现0.03 mm的吸湿凝结水是BSC微生物有效性的阈值。表层BSC复湿后，土壤二氧化碳的释放速率通常比保持持续湿润的土壤高500%，因此，吸湿凝结水脉冲效应导致的碳排放可能是土壤二氧化碳年排放总量的很大一部分。研究表明，在一个昼夜循环中，来自干燥土壤（当水分含量低于仪器的测定精度时）的二氧化碳通量范围为2.8－14.8 $mg \cdot C \cdot m^{-2} \cdot h^{-1}$，这表明BSC中的蓝藻可以利用含量极低的吸湿凝结水激活其呼吸作用，与降水量的变化相比，非降雨水分的变化可能对BSC的碳平衡产生更大的影响。

尽管大量研究已经证明了BSC是土壤表层碳循环的重要组成部分，但在试验期间，土壤没有表现出显著的持续吸收碳的过程。这可能是由于小的降雨后，BSC微生物的自养呼吸作用抵消了光合作用的碳吸收。相关研究结果表明，蓝藻结皮至少需要2.5小时的光合作用来补偿夜间呼吸过程中的碳损失。对蓝藻和地衣结皮的研究表明，雾水提高了呼吸作用，使得地衣结皮的二氧化碳释放量为0.68 $\mu mol \cdot m^{-2} \cdot s^{-1}$，而凝结水增加了光合作用，有利于BSC的碳固定，其净光合速率为0.66 $\mu mol \cdot m^{-2} \cdot s^{-1}$。纳米布沙漠三种地衣结皮夜间吸湿凝结水的水合作用激活了暗呼吸，日出后进行短暂的净光合作用［引起净光合作用的最低水分含量非常小（为0.13－0.26 mm的降水量）］，之后吸湿凝结水蒸发引起的干燥导致代谢失活。具鞘微鞘藻和爪哇伪枝藻接种形成的蓝藻结皮对吸湿凝结水的响应结果表明，在水合50分钟内，大约80%的PSII活性可以在黑暗、5℃低温环境下被激活，只有约20%的PSII活性具有光照和温度依赖性。日出之后吸湿凝结水生成过程对BSC生理过程的影响更大，光照条件下频繁的水分补充过程表明，BSC的F_0（固定荧光）值迅速增加并在大约3分钟后达到最大值，然后在大约50分钟后逐渐下降至恒定值。再水合之前的干旱持续时间也是一个重要的影响因子，干旱时间越短，光合作用的激活越快；如果经历长时间（比如几个月）的干旱，那么再水合会很快激发呼吸作用，然后才是光合作用。对于微鞘藻占90%以上的蓝藻结皮，如果复水前的干旱持续时间较长，比如6个月，那么复水后的1小时之内都无光合作用发生，但如果模拟吸湿凝结水的频繁生成，那么复水后几分钟之内PSII活性就会被激活。另外，生长条件和物种类型等都可能影响复水后光合作用的激活率。

总之，BSC对小降水反应敏感，相对应的，吸湿凝结水生成数量小，集中在土壤表层，而且每天都会生成吸湿凝结水，因此，与降水相比，干旱区频繁生成的吸湿凝结水对BSC的生存尤为重要。BSC在干旱条件下生存的关键是，能够在有水的条件下短时间内有效激活代谢和生长，并在脱水期间延缓代谢活动。因此，吸湿凝结水导致的昼夜干湿交替过程中，BSC中的生物激活光合和呼吸作用活动的机制相当重要，但目前知之甚少。在水合和脱水期间，光能通量转移和二氧化碳固定的协调也极为重要。吸湿凝结水夜间生成时间较长可能对呼吸作用的影响更大，且不同种类BSC的光合和呼吸作用对水分的敏感程度不同，因此其对BSC固碳过程的影响比我们预想的更为复杂。

四、气候变暖背景下非降雨水对BSC的生态效应

全球变暖背景下吸湿凝结水形成特征的改变将成为调节BSC盖度和分布的重要因子。在未来全球气候变暖背景下，非降雨水分对BSC的水碳平衡将产生重要影响，但目前相关研究还比较薄弱。在西班牙中部和东南部的研究证明了非降雨水分在BSC应对气候变化的重要性，并强调变暖引起的非降雨水分输入对改变BSC碳平衡的影响比降雨更大（Mónica et al., 2014）。有学者成功地将一个基于过程的模型参数化，量化了大气二氧化碳浓度、气温、降雨量和相对湿度变化对西班牙地中海沿岸地衣结皮光合活性和盖度的影响（Baldauf et al., 2021）。结果显示，变暖单因子会增强光合作用从而增加BSC盖度，而变暖引起的BSC盖度降低主要来源于同时发生的相对湿度的降低和非降雨水分输入的减少。因此，在未来全球气候变暖背景下，影响地衣结皮存活的关键因子是相对湿度的降低，而不是气温的升高，大气二氧化碳浓度升高的作用也可以被非降雨水分输入的减少抵消。

在最近的全球变暖期间，中国西北干旱区的地表变暖幅度大于湿润和半湿润区，这导致地表相对湿度的下降幅度更大，进一步会导致吸湿凝结水的生成频率降低。中国597个连续观测站点的研究（1961－2010年）表明，由于近地层变暖和相对湿度降低，凝结水的生成频率每10年减少了5.2天，与20世纪60年代相比，21世纪初凝结水生成频率在湿润、半湿润和干旱区分别下降了28%、40%和50%。在地中海地区的研究也表明，未来数十年内，随着全球变暖，旱地的气温升高，蒸发增加，吸湿凝结水的数量和时间都可能减少。由于

吸湿凝结水极大地促进了干旱区的地表水平衡，因此吸湿凝结水频率的大幅下降可能使得干旱区对全球变暖做出“更干燥的反应”。最近的研究指出，吸湿凝结水对未来气候变暖有显著响应，并强调在气候变暖条件下，微生境条件和植物特征共同影响吸湿凝结水的形成，对未来的生态系统过程具有重要的潜在作用。我们在腾格里沙漠南缘的全球变暖长期模拟试验结果证实，长期增温和减雨使得藓类结皮的盖度显著降低，从而导致凝结水数量的减少。

尽管不同种类BSC利用非降雨水分的能力不同，但绝大多数BSC都可以利用非降雨水分进行碳固定，且非降雨水分形成的夜间BSC的碳交换特征与日间明显不同，日间光照较强时，增温通常能够导致BSC光合作用降低而呼吸作用增强，在非降雨水分形成的夜间，光照弱，此时的变暖对光合作用的增加比呼吸作用更强（Ouyang & Hu, 2017）。在未来全球气候变暖的条件下，吸湿凝结水的生成频率和数量都会发生变化，这一变化会对BSC的水分状态、生长发育及荒漠生态系统的碳、水、能量平衡产生什么结果还未可知。有学者通过观测和环境模拟估计了BSC的全球分布特征及对未来气候变化的响应，认为当前覆盖了陆地表层约12%的BSC，在未来65年内会由于气候变化和土地利用方式的改变而降低25%－40%，BSC对气候变化的响应比维管束植物要强烈得多（Rodríguez-Caballero et al., 2018）。吸湿凝结水和BSC盖度的共同变化必然影响土壤含水量的可利用性和碳通量，将对旱地功能产生不可预计的影响，在中长期尺度上可能影响全球碳水平衡。

4.4.3 BSC对土壤入渗特征的影响

土壤入渗是指水分透过地表进入深层土壤的过程，作为水文循环中的重要环节，土壤入渗是降水等地表水转化为土壤水的唯一途径，土壤入渗能力深刻影响着降水的再分配过程，对降水的有效储存与转化利用至关重要，不仅决定着土壤中的水分状况，而且对物质循环、地表径流和侵蚀过程有重要影响。

土壤渗透性是多因子综合作用的结果，表层土壤是土壤含水量入渗的重要介质，受土壤质地、结构、孔隙度和有机质等因素影响（Angulo-Jaramillo et al., 2016），BSC在土壤表层形成特殊的结构，显著改变土壤表层理化特征，造成土壤剖面上的不连续性，改变了土壤入渗过程。不同气候区BSC的发育存在较大差异，水文功能也不尽相同。目前BSC与水分入渗的关系主要存在两个观点：BSC促进土壤含水量入渗（图4–54）和BSC降低土壤含水量入渗（Wang, Li, et al., 2007; 刘翔等, 2016）。

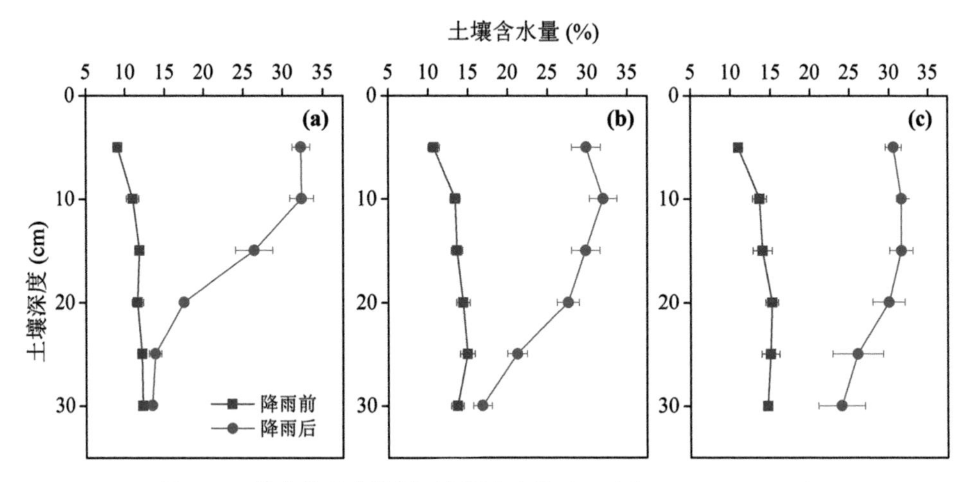

图4–54 降水前后土壤剖面土壤含水量（v/v）（Xiao et al., 2011）

（a）藓类结皮盖度为0%;（b）藓类结皮盖度为29%;（c）藓类结皮盖度为61%

一、BSC改变了土壤含水量入渗过程

BSC改变了表层土壤的理化和生物学属性，深刻影响土壤含水量入渗过程。在干旱半干旱区，多数研究显示，在粗质地沙土上BSC的形成和演替会阻碍降水入渗（Coppola et al., 2011），这与BSC本身的致密程度有关。BSC的发育条件、发育过程和发育特征不同，其本身的致密程度不同，对降水入渗的影

响亦不同。其原因可能是微生物体所分泌的EPS等化学物质吸水膨胀（Eldridge & Leys, 2003），填充土壤孔隙，堵塞BSC中的孔隙结构，或者在BSC层分泌疏水性物质，增加BSC表面的斥水性（Yang, Bu, et al., 2014），阻碍水分入渗（Fischer, Spröte, et al., 2010; Fischer, Veste, et al., 2010）。

入渗的初始阶段是水分渗润阶段，入渗过程主要在分子力的作用下进行，此时的土壤含水量入渗速率称为初渗速率。入渗的第二阶段为渗漏阶段，此时水分主要在毛细管力和重力作用下逐步填充土壤空隙。当土壤空隙被水分填满达到饱和后，入渗过程便进入渗透阶段（第三阶段），到达这一阶段的时间称为稳渗时间。古尔班通古特沙漠南缘的三种BSC（藓类、地衣和藻类结皮）改变了表层土壤的入渗特征。与无BSC覆盖的风沙土相比，三种BSC均显著降低了沙土初渗速率和稳渗速率，藓类结皮、地衣结皮、藻类结皮下沙土的初渗速率分别降低36.10%、46.42%、50.39%，稳渗速率分别降低16.50%、33.98%和35.92%。初渗速率和稳渗速率降低的可能原因是BSC在形成过程中使沙土表层孔隙不同程度地被细粒物质填充，从而减少了沙土中非毛管孔隙度，相对于裸沙来说，BSC层相当于一个堵塞层，降低了土壤入渗能力，如地衣结皮的壳状与藻类结皮致密的结构使其具有封闭的特征（张元明, 王雪芹, 2010），使这两类BSC覆盖的沙土稳渗速率减小程度更大。

腾格里沙漠地区BSC在沙丘表面的形成和发育改变了原来沙丘剖面的水分分配格局。BSC层拦截了10%－40%的年降水量，尤其是把小于10 mm的降水基本拦截在表层20 cm的范围内，只有强降水条件下（次降水量接近60 mm时），BSC对降水的拦截作用才变得不明显（Wang, Li, et al., 2007）。随固沙年限的增加，BSC进一步发育和演变，其对降水的拦截能力也进一步提高。BSC对降水的拦截有明显的季节变化，7－10月的平均拦截雨量比4－6月的高出12%（李守中等, 2002; Wang et al., 2007）。

毛乌素沙地南缘BSC的存在显著降低了入渗速率和入渗量，且随着演替时间的延长而加剧。与流沙相比，浅灰色藻类结皮、黑褐色藻类结皮和藓类结皮初始入渗率分别降低了37.7%、59.2%和73.6%，达到稳定入渗前平均入渗率分别降低了37.5%、62.2%和81.3%，稳渗速率分别降低了13.6%、67.4%和78.9%，累计入渗量分别减少了25.8%、61.3%和78.6%（吴永胜等, 2016）。演替时间的延长增加了BSC对土壤含水量入渗的作用。随着封育年限的增加，毛乌素沙地BSC的覆盖面积及厚度逐年增加，结构也更紧密，影响土壤的水分入渗，BSC覆盖的土壤入渗曲线的最高峰比无BSC覆盖的土壤低约5 cm，BSC覆盖的土壤初始入渗速率为0.8 $cm \cdot min^{-1}$，而无BSC覆盖的土壤初始入渗速率为2.6 $cm \cdot min^{-1}$（杨秀莲等, 2010）。不同类型地表达到稳定入渗所需的时间为3－8 min，水分入渗速率与砂粒含量和土壤容重呈正相关，与BSC的黏粒含量、粉粒含量、BSC厚度、BSC抗剪强度、BSC容重和有机碳含量呈负相关。主成分分析结果表明，BSC抗剪强度、黏粒含量和土壤容重是改变水分入渗速率的主要因子（吴永胜等, 2016）。

湿润锋的位置和运移速率反映水分垂向运动特征，BSC显著影响湿润锋运移过程。藓类、地衣和藻类结皮均限制了湿润锋在沙土的推进过程和渗漏量，渗漏时间分别为裸沙的2.13倍、3.04倍和2.98倍。BSC对湿润锋运移过程的影响主要通过其较高持水性实现。BSC通过菌丝和假根粘结土壤颗粒，形成水稳性团聚体，提高了土壤持水性（李守中等, 2004），将更多入渗水分储存于BSC层；部分藻类还可以分泌EPS（Rossi et al., 2018），阻塞基质孔隙，从而阻止水分入渗，BSC水文物理特性的改变会延缓水分下渗过程，最终影响湿润锋在土壤剖面的运移。藓类结皮与地衣结皮、藻类结皮之间的渗漏时间存有差异，原因可能是其表面结构的不同：藓类结皮表层以单株藓类植物体密集丛生为主，其株间间隙为降水进入下层土壤提供了良好通道；此外，藓类结皮遇水会发生膨胀，可进一步加大株间间隙；而地衣结皮与藻类结皮表层均比较致密（刘翔等, 2016）。

部分研究显示BSC的形成增加了土壤含水量入渗能力。如高寒草甸BSC提高了土壤导水性、孔隙度及表层土壤的水分入渗能力，降低了土壤在较低温度下的蒸发量（Jiang et al., 2018）。伊朗北部戈勒斯坦省BSC和非BSC土壤的土壤含水量特征曲线显示，BSC下0－5 cm土层土壤在高基质吸力（30－1500 kpa）时含水量较低，而在低基质吸力（0－30 kpa）时土壤含水量较高（图4-55）（Jalil et al., 2020）。这可能与相对较低的细颗粒物质（黏粉粒）含量、BSC结构的形成产生了大量的大孔隙以及较高的有机碳导致孔隙度增强有关。模拟降水测量土壤入渗和径流实验发现BSC提高了土壤渗透性，导致径流减少，且存在季节性差异（图4-56）。较高的累积入渗量可归因于高孔隙率、土壤表面稳定性（Kakeh et al., 2018）和BSC提供的高吸水性，以及能够快速导水的大孔隙的数量增加。

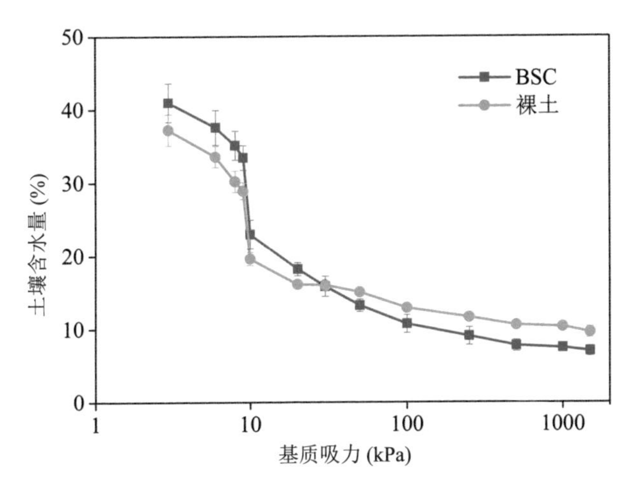

图4-55　BSC和非BSC下0－5 cm土壤层土壤含水量特征曲线（Jalil et al., 2020）

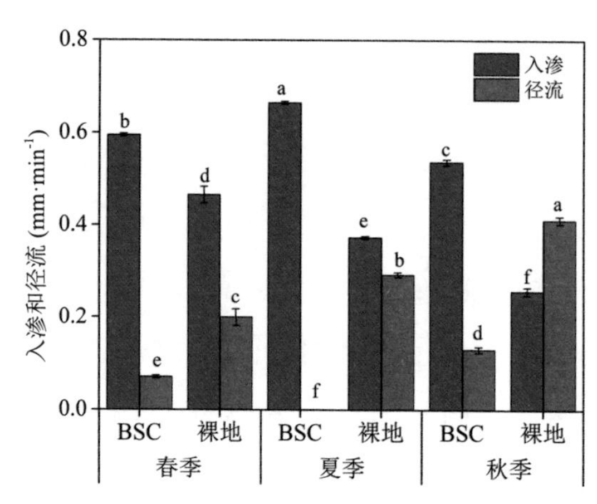

图4–56 BSC和非BSC土壤在60 mm模拟降水后的入渗和径流特征（Jalil et al., 2020）

西班牙东南部两个半干旱生态系统的模拟降水对比实验显示，BSC的入渗特征在很大程度上取决于下垫面特征。粗质地土壤发育的BSC的入渗率高于细质地土壤发育的BSC的入渗率，干燥土壤的入渗率几乎是潮湿土壤的2倍。BSC的入渗速率高于物理土壤结皮，但入渗率并不总是随着BSC的演替而线性增加，而是由其他因素决定的，比如BSC物种的特征。随着蓝藻生物量的增加，渗透增加，且在藓类结皮中最高，但鳞状地衣结皮的渗透率很低（Chamizo, Cantón, Lázaro, et al., 2012）。

土壤初渗率和累积入渗量主要受土壤质地和初始含水量影响。黄土丘陵区沿降水梯度从南到北（宜君、富县、延安、子长、子洲、榆林、东胜）的研究表明，BSC对土壤含水量入渗的影响在空间上存在差异。其中北部六个样地（富县、延安、子长、子洲、榆林、东胜）BSC显著抑制了土壤入渗作用，初渗率、稳渗率、累积入渗量和饱和导水率均低于无BSC发育的裸地，最南部宜君地区BSC增加了土壤入渗作用。空间上土壤入渗规律表现为，从南到北土壤入渗性能总体上呈现逐渐增加的趋势，但存在局部波动，这主要是因为从南到北土壤质地由细质地变为粗质地且土壤初始含水量逐渐减少。BSC的初渗率和30 min

累计入渗量与表层（0－2 cm）土壤黏粉粒含量显著负相关、与砂粒含量显著正相关，但与下层（2－5 cm和5－10 cm）土壤质地相关性较小。初渗率主要受表层（0－2 cm）土壤质地和初始含水量的影响。初渗率随土壤初始含水量的增加而降低，随土壤容重增加而降低。土壤初始含水量对有无BSC生长的土壤入渗过程的影响类似，而土壤质地对BSC生长样地的入渗过程影响更显著；有无BSC条件下土壤饱和导水率均受土壤质地的影响，且土壤质地对无BSC样地的影响更显著（王浩等, 2015）。

此外，干扰影响了BSC的入渗速率。如践踏不仅破坏BSC，而且使土壤压实，导致入渗减少，特别是当土壤湿润时入渗减少更多。表层BSC的去除最初增加了入渗，但随着时间的推移，由于雨滴的冲击再次形成了物理结皮，入渗的增强作用逐渐减弱。

综上，在粗质地沙土上发育的BSC能通过捕获降尘、分泌有机物等方式改善表层土壤质地和结构，进而降低土壤入渗率。但是在细质地土壤上发育的BSC有助于增加孔隙度，改变土壤物理结构，提升土壤入渗率。因此，土壤质地在一定程度上决定了BSC形成和演替对土壤含水量入渗的影响。半干旱生态系统中水分再分配在很大程度上依赖于占据植物间空间的BSC类型，它们极度依赖土壤特征以及降水前的土壤含水量条件。对BSC斑块的干扰改变入渗过程，对生态系统的功能产生重要影响（Chamizo, Cantón, Lázaro, et al., 2012）。

二、改变了下层土壤含水量

BSC对土壤含水量变化过程的影响较为复杂，水分来源有降水、深层土壤水和大气凝结水的补给，环境因子如风速、气压、气温、降水量、降水强度、光照强度、土壤理化性质等影响着土壤含水量蒸发，大气凝结水的形成，地下水及深层水分的补给。

土壤持水力是评价土壤涵养水源以及调节水分的重要指标，其大小取决于水分的滞留数量和时间。BSC具有较强的持水力，蓝藻、地衣结皮在几分钟内就可以吸收其本身干重3－13倍的水分（Galun et al., 1982），BSC的土壤持水量是其下层土壤的2－4倍（Issa et al., 2001），这种高持水量和蓝藻分泌的多糖类物质密切相关（Belnap et al., 1993; Verrecchia et al., 1995），因为蓝藻分泌的黏性物质具有吸水性和膨胀性，这种性质使得蓝藻在短时间内迅速吸水，体积增大为原来的几倍，能承受渗透水和基质水胁迫（Winder et al., 1989），同时蓝藻也具有快速的恢复能力（Ernst, 1987）。这一功能对增加降水的吸收量和土壤含水量有重要的影响。我们对裸沙与BSC土壤的含水量和土壤含水量特征曲线的研究进一步证实，BSC具有良好的持水力，降低了水分的渗透深度，BSC增加了BSC层和表层（0－5 cm和5－10 cm）土壤的持水力，对下层（10－20 cm和20－30 cm）土壤的持水力几乎无影响。

库布齐沙漠不同类型BSC及不同深度土壤层（0－5 cm、5－10 cm、10－20 cm和20－30 cm）土壤含水量的野外动态监测和室内实验测定显示（白秀文等, 2017），降水前干燥期和降水后，不同类型BSC下各个土层的土壤含水量具有一致的变化规律，即随着土层的深度增加，BSC下各土层的土壤含水量表现为先下降后升高的趋势；物理结皮下各土层的土壤含水量则表现为一直升高的趋势，但降水前BSC下0－5 cm土层土壤含水量显著低于10－20 cm和20－30 cm土层土壤含水量，降水后BSC下0－5 cm土层土壤含水量显著高于10－20 cm和20－30 cm土层土壤含水量（表4–9）。同一土层不同BSC之间相比，0－5 cm和5－10 cm土层土壤含水量表现为藓类结皮>藻类结皮>物理结皮，10－20 cm和20－30 cm土壤层土壤含水量表现为藓类结皮<藻类结皮<物理结皮，但差异不显著，这表明随着BSC的演替，BSC将更多的水分拦截在0－10 cm土壤层（表4–10）。BSC下不同土层土壤含水量日动态变化受土壤含水量蒸发、深层土壤水和大气凝结水补给的影响，均显示为在8:00—16:00期间下降和在16:00—8:00期间上升的规律。各土壤层土壤含水量日变化在降水前的幅度较小，在降水后明显增大，降水后表层土壤含水量变幅最大，深层土壤含水量变

幅最小；物理结皮覆盖的土壤剖面土壤含水量降幅最大，藓类结皮覆盖的土壤剖面土壤含水量升幅最大（图4–57）。

表4–9　降水前后不同类型BSC下不同土层的平均土壤含水量（白秀文等，2017）

土层/cm	降水前			降水后		
	藓类结皮	藻类结皮	物理结皮	藓类结皮	藻类结皮	物理结皮
0—5	2.39 ± 0.22b	1.82 ± 0.15b	0.84 ± 0.06a	11.50 ± 0.22c	8.55 ± 0.65b	5.35 ± 0.42a
5—10	2.09 ± 0.27b	1.68 ± 0.08a	1.31 ± 0.13a	8.78 ± 0.66b	6.96 ± 0.75b	5.92 ± 0.77a
10—20	3.78 ± 0.37a	3.92 ± 0.24a	4.32 ± 0.11a	6.40 ± 0.32a	7.06 ± 0.68a	7.34 ± 0.31a
20—30	4.06 ± 0.23a	4.26 ± 0.32a	4.83 ± 0.20a	7.62 ± 0.84a	7.63 ± 0.10a	8.17 ± 0.26a

注：单因素方差分析（ANOVA）；不同小写字母表示降水前后不同类型结皮差异显著（$p < 0.05$）。

表4–10　不同类型BSC下不同土层土壤含水量的均数差异（白秀文等，2017）

土层/cm	降水前			降水后		
	藓类结皮	藻类结皮	物理结皮	藓类结皮	藻类结皮	物理结皮
0—5	0.57 ± 0.35	1.55 ± 0.25**	0.98 ± 0.13*	2.95 ± 0.87*	4.95 ± 0.46**	3.20 ± 0.21*
5—10	0.41 ± 0.24	0.78 ± 0.16*	0.37 ± 0.11	2.87 ± 0.38	1.82 ± 0.10*	1.05 ± 0.83*
10—20	−0.14 ± 0.06	−0.54 ± 0.14	−0.40 ± 0.18	−0.94 ± 0.39	−0.66 ± 0.54	−0.28 ± 0.48
20—30	−0.20 ± 0.31	−0.77 ± 0.38	−0.57 ± 0.27	−0.56 ± 0.34	−0.01 ± 0.28	−0.55 ± 0.14

注：单因素方差分析（ANOVA）；*表示差异显著（$p < 0.05$）；**表示差异极显著（$p < 0.01$）。

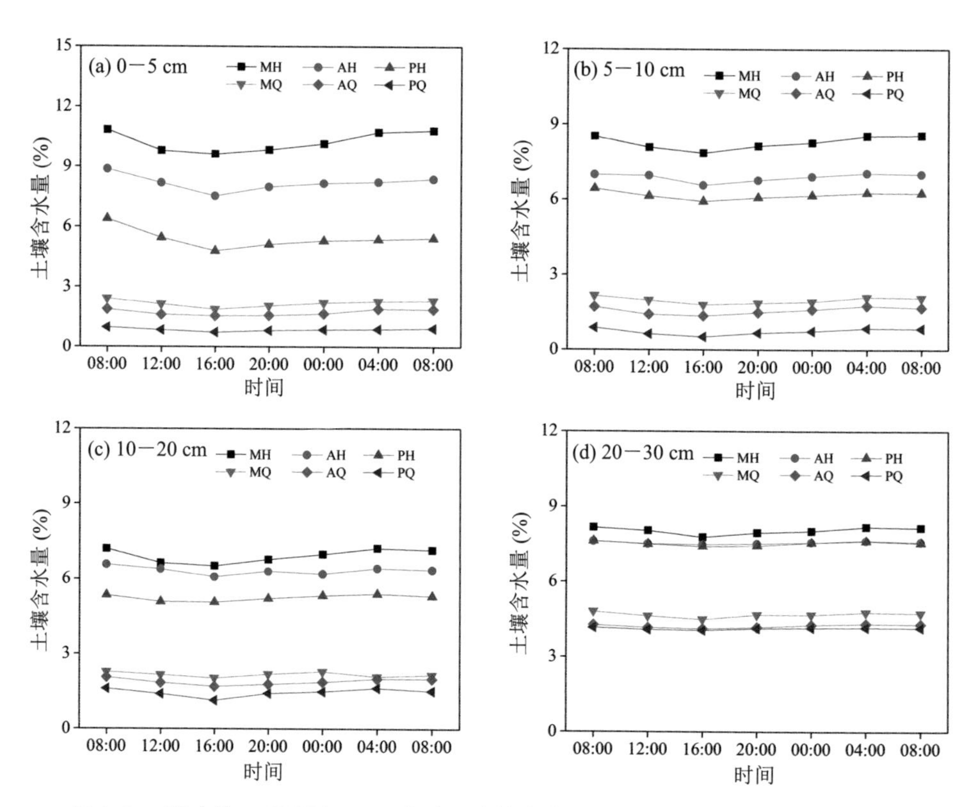

图4-57 降水前、后不同BSC下各土层土壤含水量日变化特征（白秀文等, 2017）
MQ、AQ和 PQ分别指降水前藓类结皮、藻类结皮和物理结皮覆盖下的土层; MH、AH和pH分别代表雨后藓类结皮、雨后藻类结皮和雨后物理结皮

BSC覆盖的土壤剖面含水量存在显著的季节变化特征。在伊朗北部戈勒斯坦省，BSC覆盖和无BSC覆盖的土壤剖面土壤含水量均具有明显的季节变化特征。春季降水前，BSC和非BSC覆盖的土壤剖面含水量基本相同，与非BSC相比，BSC土壤剖面在降水2天后含有更高的水分，特别是在0－30 cm土壤层，21天后BSC土壤剖面从上层向下层转移了更多的水分。夏季蒸发量较高，但与春季相比，BSC覆盖的上层土壤在2天后仍具有更多的水分，而且，BSC覆盖和无BSC覆盖的土壤剖面在21天后在上层仍具有较高的含水量。秋季，随着

蒸发率的降低，BSC覆盖的土壤剖面初始含水量高于非BSC土壤剖面，特别是上层两者含水量差异更大。在降水2天和21天后观察到类似的趋势，证明在低蒸发环境下，BSC覆盖的土壤比裸地土壤保持更多的水分（图4–58, Jalil et al., 2020）。中国北方沙区，人工柠条林BSC水分含量动态在旱季和雨季表现出截然相反的趋势，在以小降水为主和土壤蒸发强烈的旱季具有较强的持水效应，但是雨季BSC的相对持水效应弱化甚至消失。无论是旱季还是雨季，BSC的存在都会降低土壤含水量入渗性能，而无论有无BSC覆盖，雨季的土壤含水量入渗速率都低于旱季（乔宇等, 2015）。

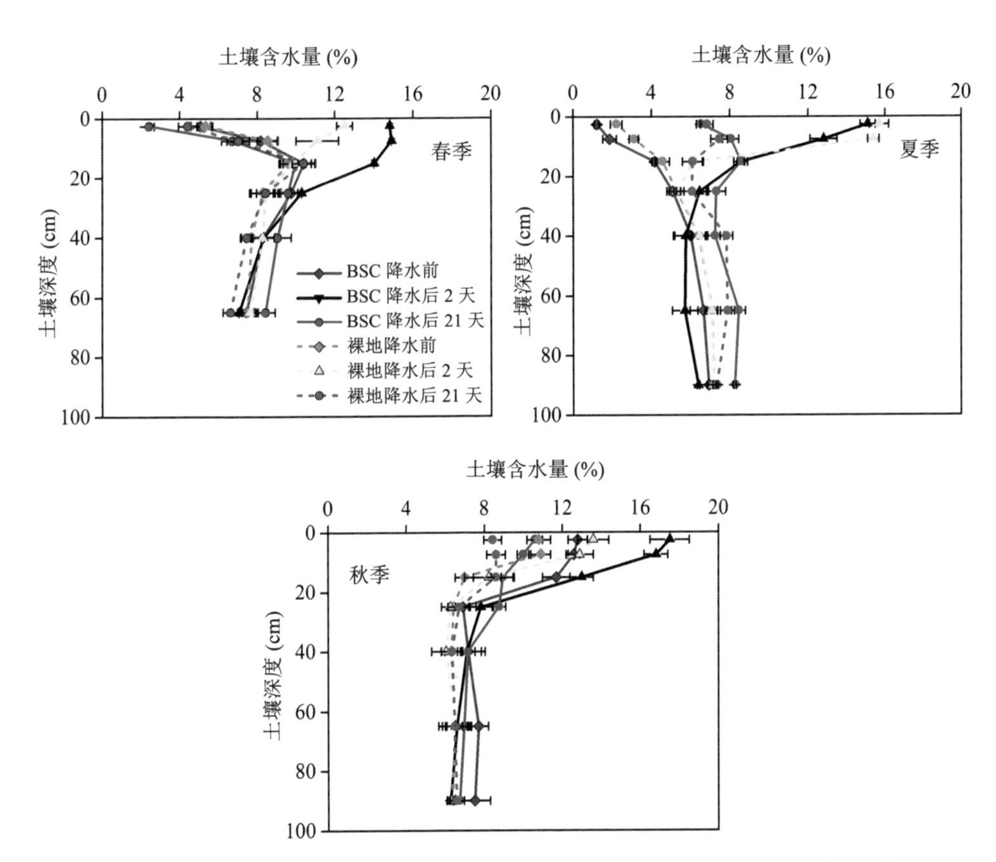

图4–58　模拟降水前、降水后2天和降水后21天BSC和无BSC土壤剖面含水量特征

4.4.4 BSC对水分蒸发的影响

BSC的形成和发育显著影响了土壤含水量蒸发过程。BSC和土壤样品完全饱和后，BSC的土壤含水量蒸发量明显高于流沙，藓类结皮的土壤含水量蒸发量高于藻类结皮，且BSC的土壤含水量蒸发量随固沙年限的延长而增加。BSC的土壤含水量蒸发过程表现出明显的阶段性，在蒸发的第一阶段（速率稳定阶段），与流沙相比，BSC的存在促进了土壤含水量蒸发；但在蒸发的第二阶段（速率下降阶段）BSC却抑制了土壤含水量蒸发。这是由于BSC具有较高的持水能力，在蒸发的第一阶段增加了土壤含水量被蒸发的可能性，当土壤干旱时，BSC可以将水分束缚在土壤中，从而抑制了水分蒸发。

科尔沁沙地BSC样地与其他植被覆盖样地耗水率差异显著，如降水10天后BSC样地的耗水率比差巴嘎蒿灌木林、小叶锦鸡儿灌木林、樟子松林、草地和裸沙样地分别低64.00%、76.85%、61.17%、78.21%和19.07%。BSC样地相对其他植被覆盖样地在0－40 cm和80－180 cm土壤层的耗水量最低，裸沙样地40－80 cm土壤层的耗水量最低，但与BSC样地无差异（图4–59; 洪光宇等，2017）。

BSC对土壤含水量蒸发的影响与BSC类型、发育时间及蒸发阶段有关，并且受降水量影响。毛乌素沙地地衣结皮在不同降水条件下，对土壤含水量蒸发速率及累积蒸发量的影响均不显著。藓类结皮在小雨（2 mm和5 mm）条件下促进土壤含水量蒸发；藓类结皮在中雨（10 mm）条件下对土壤含水量蒸发无显著影响；藓类结皮在中雨（20 mm）和大雨（30 mm）条件下，在蒸发前期土壤含水量较高时，抑制土壤含水量蒸发，后期含水量较低时，促进土壤含水量蒸发。此外，藓类结皮略微降低了土壤蒸发总量，具有一定保水作用（王莉，2017），具体表现为毛乌素沙地藓类结皮对土壤水分日蒸发量的影响在蒸发前期表现为抑制作用（第1－5天），后期表现为促进作用（第6－15天），但对

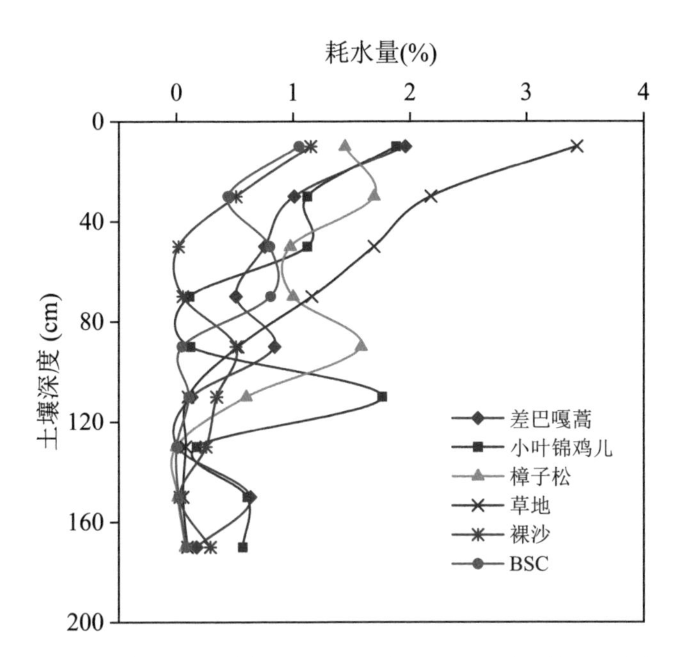

图4-59　BSC和不同植被类型沙地0－180 cm土壤层耗水量变化曲线（洪光宇等, 2017）

总蒸发量的影响不显著（王莉等, 2017）。同一地区BSC对土壤含水量蒸发的作用受发育时间的影响，土壤含水量蒸发随着BSC发育年限的增加而呈增加趋势（乔宇等, 2015）。

BSC对土壤含水量蒸发过程的影响存在促进和抑制这两种截然不同的观点。目前多将BSC和下层土壤对水分蒸发的影响作为一个整体进行研究，这并不能阐明BSC发育后究竟以何种机理影响了土壤含水量蒸发，因此有必要将BSC层和下层土壤性质对水分蒸发的影响进行区分研究。BSC主要通过BSC层对降水的截留和阻碍扩散作用及对下层土壤性质的改变来影响土壤含水量蒸发。BSC层主要体现为抑制土壤含水量蒸发，但BSC对下层土壤性质的改变促进土壤含水量蒸发。BSC发育对土壤含水量蒸发的影响以抑制作用为主，随着BSC发育程度的提高，由抑制土壤含水量蒸发渐渐转为促进土壤含水量蒸发（周丽芳, 阿拉木萨, 2011）。

干扰影响了BSC及下层土壤的水分蒸发过程。移除BSC并不能显著抑制土壤含水量蒸发作用（$p > 0.05$）（图4–60），而沙埋显著抑制土壤含水量蒸发作用（$p < 0.01$），且随沙埋厚度的增加，蒸发抑制率提高。5 mm和10 mm沙埋对土壤含水量蒸发的抑制率分别为25.20%和28.29%，20 mm沙埋对BSC及下层土壤抑制水分蒸发作用最大，抑制率达到了58.15%（图4–61；孟杰等, 2011）。

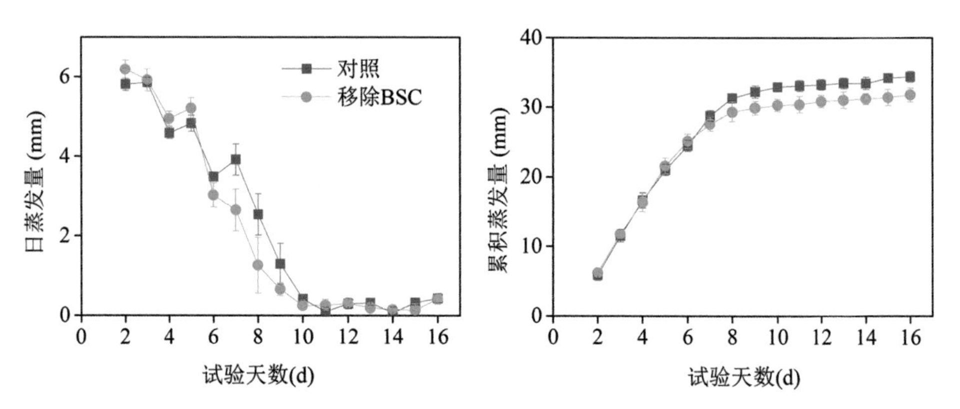

图4–60　移除BSC和对照（BSC）土壤水分日蒸发量和累积蒸发量随时间的变化（孟杰等, 2011）

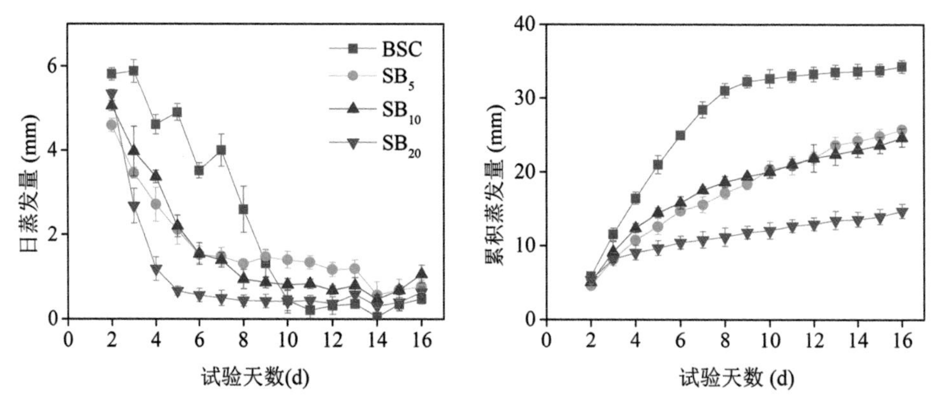

图4–61　沙埋干扰（SB）和对照（BSC）土壤水分日蒸发量和累积蒸发量随时间的变化（孟杰等, 2011）

BSC: 无干扰BSC; SB_5:5 mm沙埋BSC; SB_{10}:10 mm沙埋BSC; SB_{20}:20 mm沙埋BSC

4.4.5　BSC对地表径流的影响

BSC的形成和演替显著改变了地表径流特征，是否产生径流可能受降水量和降水强度限制。在毛乌素沙地的实验发现，次降水量大于（含）12 mm时BSC有径流产生，有径流产生的平均降水强度大于（含）0.5 mm·h^{-1}，最大降水强度大于（含）6 mm·h^{-1}。次降水量小于12 mm时BSC无径流产生，但平均降水强度也有达到0.5 mm·h^{-1}，最大降水强度大于6 mm·h^{-1}的情况（吴永胜等，2011）。由于观测次数有限，BSC产流的次降水量和雨强的阈值尚不清楚，还需要长期观测。

不同类型BSC的径流量差异较大，径流量随BSC的发育呈增加的趋势，径流量由小到大依次为浅色藻类结皮、深色藻类结皮、藓类结皮。说明沙丘表面径流不仅受降水特征的影响，还受BSC自身发育特征的影响。表现为：次降水量为21.8 mm时，浅色藻类、深色藻类、藓类结皮表面的径流量依次为1.9 ± 0.5 mm、3.4 ± 0.6 mm和3.5 ± 0.5 mm；次降水量为12 mm时，BSC表面的径流量依次为1.1 ± 0.3 mm、1.1 ± 0.5 mm和1.7 ± 0.6 mm。径流量占次降水量的比例随BSC演替依次增加，其变化规律与径流量的变化规律趋于一致。在产生径流的两次降水中，径流量占次降水量的比例分别为（8.8 ± 2.4）%、（15.8 ± 2.9）%、（15.9 ± 2.2）%和（9.2 ± 2.7）%、（9.3 ± 4.3）%、（14.0 ± 5.2）%，显示不同类型BSC对降水的再分配比例不同。BSC在沙丘表面的形成、发育和演替改变了半干旱沙地生态系统水分的空间分布，增加了水分和养分等资源的异质性（吴永胜等，2011）。

径流产生时间和径流量大小很大程度上取决于土壤的渗透性，而渗透性受土壤质地、结构、孔隙、湿度、剖面构型等因素和径流保持时间的影响。BSC表面径流量的差异可能与BSC生物和非生物组分的差异有关。非生物因素方面，沙漠和沙地BSC的形成和演替能增加表层土壤黏粉粒含量，导致BSC表面1－2 mm处的孔隙明显低于其下层土壤，在降水过程中，粘附在BSC表面的细颗粒物堵塞BSC的孔隙，降低水分在BSC中的渗透速率或延长水分在BSC层中的保持时间，阻止水分向深层的入渗，进而产生径流。随着BSC的发育和演替，细颗粒物使BSC表层的孔隙堵塞作用愈加明显，导致发育良好BSC表面产生更多径流。生物因素方面，BSC生物体在产流过程中扮演着双重作用。其一，生物体能吸收其体积10 倍甚至更多的水分，吸水之后的生物体发生膨胀，堵塞BSC的孔隙结构，影响了水分的入渗。其二，微生物所分泌的EPS等化学物质能够达到其细胞重量的10%－500%（Chenu, 1993），当BSC表面湿润以后，生物体所分泌的EPS等化学物质遇水膨胀，吸收一定水分的同时，堵塞BSC的孔隙结构（Fischer, Spröte, et al., 2010; Fischer, Veste, et al., 2010）。其三，BSC中的微生物会分泌斥水性物质，在BSC表面产生斥水性（Yang, Liu, et al., 2014），降低地表的渗透系数，减少水分入渗，促进径流的产生（Kidron et al., 1999）。此外，BSC中的生物体多分布在BSC表面。藓类或地衣的生物体较大，能够充分堵塞BSC中的孔隙。相比之下，蓝绿藻的菌丝作为丝状结构，堵塞孔隙的能力不明显。藓类植物还能够直接吸收水分，或把水分捕获在其叶状结构上，通过其特殊的结构吸收水分或传输到根部。因此，发育良好的藓类结皮能够把更多的水分拦截在BSC表面，阻止水分入渗到深层土壤。综上，BSC表面径流受降水量、降水强度、BSC表面的水分饱和程度及BSC演替、BSC理化和生物学属性的共同影响。

BSC在沙丘表面形成径流改变了水分的空间分布格局，对干旱半干旱荒漠生态系统功能和过程产生深远影响，并具有重要的生态学意义。BSC表面产生的径流流向沙丘下部区域或其他斑块区域，加大了干旱半干旱荒漠生态系统水分的空间异质性，进而影响种子萌发率、生物多样性及其分布格局（Yair, 2001; Belnap et al., 2005）。BSC能够固定大气中的二氧化碳和氮，部分养分溶于水中，通过地表径流被重新分配到沙丘下部区域或下一个斑块区域，加大了干旱半干旱荒漠生态系统的养分异质性，使分布在该区域的生物体得到更多的养分和水分，进而影响干旱半干旱荒漠生态系统的功能和过程（Li et al., 2008）。此外，BSC在沙丘坡面上的大面积发育为产生径流提供了较大汇水面积，增加了地表在强降水过程中被侵蚀的可能。小面积BSC在水资源再分配过程中所扮演的重要角色体现在其发育加大了水分和养分的空间异质性上。因此，雨季对BSC进行适当的放牧等人为干扰，有益于均衡干旱半干旱荒漠生态系统的资源。

在黄土高原地区，BSC的存在也显著影响坡面产流特征，且不同演替阶段BSC［浅色藻类结皮、深色藻类结皮、混合结皮（藻类+藓类）以及藓类结皮］间存在差异。坡面产流时间反映了产流的快慢，是描述坡面产流规律的重要指标。在放水流量为2 L·min^{-1}（相当于60 mm·h^{-1}的雨强）的条件下，与裸地初始产流时间（34.5 min）相比，浅色藻类结皮、深色藻类结皮和混合结皮的初始产流时间显著降低，分别减少89.0%、96.2%和96.0%；而藓类结皮初始产流时间显著增加，到45 min时无产流。裸地的表面粗糙度（粗糙度系数为10.56 ± 0.86）大于BSC，水流阻力大；而藻类和地衣结皮表面粗糙度的降低和水分渗透性的降低都加快坡面产流（肖波等, 2007a, b; 廖超英等, 2009）。藓类结皮有无产流与BSC的发育状态有关，藓类结皮的厚度为11.10 ± 0.47 mm，地表密集丛生，表面粗糙度为8.01 ± 0.39，显著大于其他类型的BSC，能将水分拦截在藓丛中，增加水分在藓类结皮表面滞留的时间，提高其表面水分的入渗量。退水持续时间反映了停止降水后，BSC持水性对坡面径流的贡献。与裸地退水持续时间（1 min）相比，BSC的发育延长了坡面退水持续时间。浅色藻类结皮和混合结皮的退水持续时间分别是裸地的2.28倍和2.13倍。深色藻类结皮和藓类结皮的径流流速分别降低了29.1%和67.3%，藓类结皮的径流流速显著低于其他BSC类型。在降水、土壤及地形等因素的影响基本一致的条件下，土壤表面特征是引起坡面产流过程差异的主要因素。不同类型BSC表面特征差异较大，包括粗糙度不同（李林等, 2015）、BSC表面斥水性不同且随土壤含水量变化（张培培等，2014；Yang, Liu, et al., 2014），明显改变了坡面产流过程和径流量，不同类型BSC的瞬时径流量随降水历时的波动差异较大。径流系数综合反映降水特征、前期土壤含水量和地表特征是反映产流状况的重要指标。浅色藻类结皮的径流系数显著高于裸地，深色藻类结皮和混合结皮的径流系数较裸地差异不显著；浅色藻类结皮的径流系数是深色藻类结皮的2.44倍，两者差异显著。BSC是坡面产流特征的重要影响因素，影响程度与生物结皮的发育阶段和生物组成有关（李林等，2015）。

BSC的坡面流与坡度显著相关，随坡度的增加而增加（图4-62），因此藓类结皮对陡坡的保护尤为重要；藓类结皮延缓了径流过程的启动时间，对土壤含水量的再分配过程也有较大影响，对黄土高原或类似地区水土流失防治具有一定的指导意义（Xiao et al., 2011）。

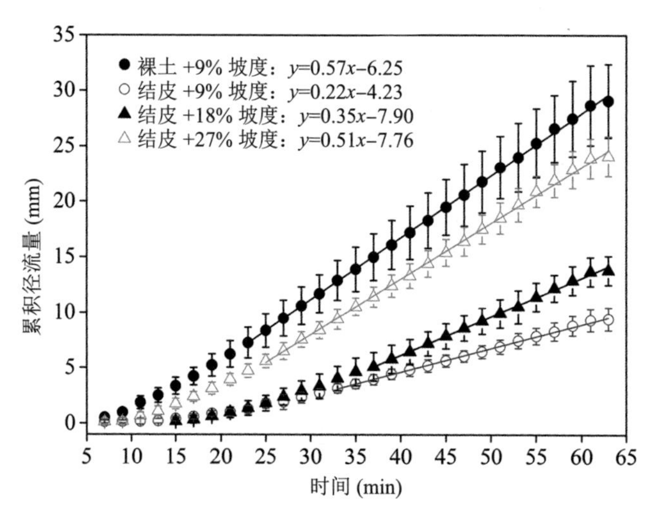

图4-62 模拟降水累积径流随时间变化，人工藓类结皮盖度接近100%（Xiao et al., 2011）

降水历时时间是BSC产流的重要影响因素。杨凯等（2019）以无干扰的高盖度BSC（平均盖度79.2%）、移除部分BSC后的低盖度BSC（平均盖度43.6%），以及翻耕平整过的裸土（对照）为研究对象，研究了黄土高原石灰性黄绵土上发育的BSC产流特征对不同降水历时的响应。BSC显著降低了初始产流时间，高盖度BSC产流时间（2.3 min）显著低于低盖度BSC产流时间（4.4 min），且两者均显著低于裸地（7.0 min）。瞬时产流量随着降水时间的延长而不断变化，15 min后高盖度BSC瞬时产流量趋于平稳，45 min后低盖度BSC趋于稳定，裸地持续增加。在90 mm·h^{-1}的雨强下，降水历时15 min时，BSC径流量较裸土增加75.42%，当降水历时60 min时，BSC坡面径流量较裸土降低52.42%。BSC影响了土壤含水量入渗速率，导致产流特征随降水历时变化出现差异，降水60 min时裸土的入渗率较15 min时降低了34.30%，高盖度BSC降低了6.38%。BSC对坡面入渗产流的影响与降水历时有极大的关系，降水历时不同，很可能得到截然相反的结论（图4–63）。

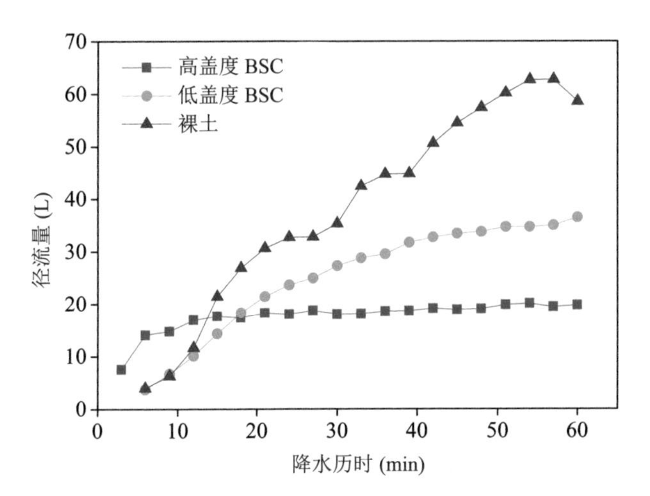

图4–63　不同处理坡面产流量随降水历时的变化（杨凯等，2019）

降水强度会显著影响BSC的坡面产流产沙量。在0.83、1.17、1.50、2.00和2.50 mm·min^{-1}雨强下，BSC坡面初始产流时间均显著高于裸土，分别是裸土的7.39倍、2.73倍、1.97倍、1.51倍、1.20倍，BSC显著延长了坡面初始产流时间。

但是随着雨强的增加，BSC坡面初始产流延长效应显著降低，稳定产流时间随降水时间增加而延长（图4–64）。雨强对BSC坡面初始土壤侵蚀模数、稳定产沙时间及稳定产沙时的土壤侵蚀模数有重要影响。初始土壤侵蚀模数随着雨强增大而增大，在0.83和1.17 $mm \cdot min^{-1}$雨强下，BSC坡面产沙量缓慢增加；1.50 $mm \cdot min^{-1}$雨强下,BSC坡面产沙量在18 min以前增加较快，之后趋于稳定；2.00和2.50 $mm \cdot min^{-1}$雨强下，BSC坡面产沙过程显著不同于其他雨强，在降水历时低于4 min时，产沙量急剧增加，之后趋于稳定。相对于裸土坡面，BSC显著延长了坡面初始产流时间，抑制了坡面产流产沙，可降低21%－78%的坡面径流量和77%－95%的产沙量（图4–65）。雨强主要通过影响BSC坡面径流而影响其产沙量。随着雨强的增加，BSC坡面产流产沙与雨强的相关性出现了由不显著相关向显著相关的转折，雨强大于1.5 $mm \cdot min^{-1}$时，BSC坡面的产流减沙作用随着雨强的增加而降低（谢申琦等, 2019）。

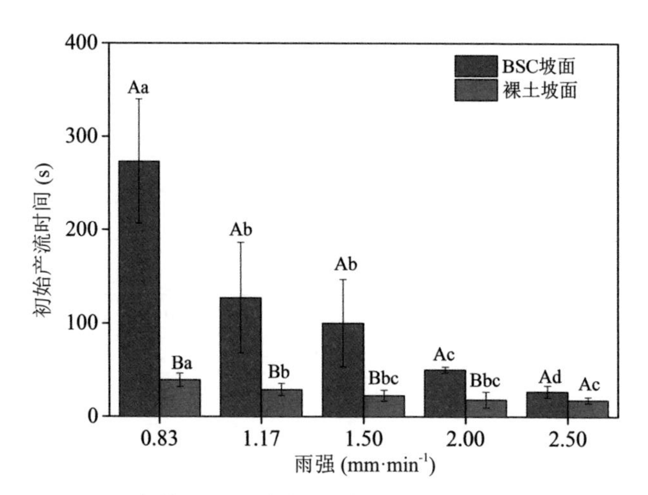

图4–64 不同雨强条件下BSC对坡面初始产流时间的影响（谢申琦等, 2019）
不同大写字母代表相同雨强不同坡面之间差异显著，不同小写字母代表相同坡面不同雨强之间差异显著，$p < 0.05$

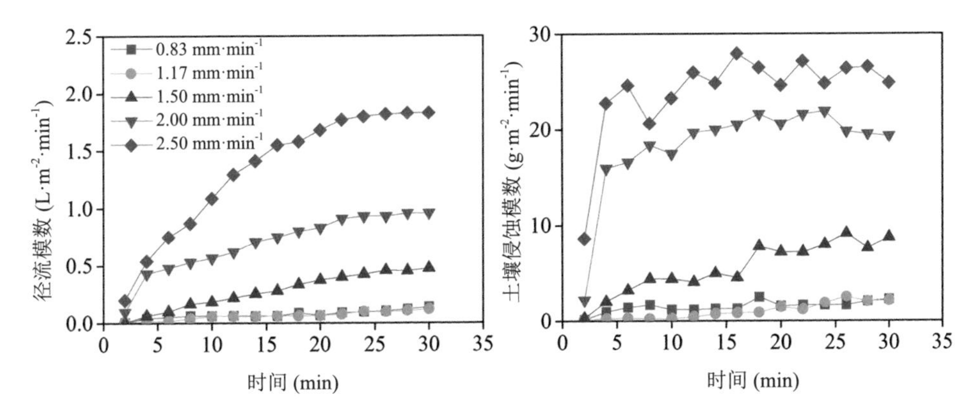

图4-65　不同雨强下生物BSC坡面径流模数和土壤侵蚀模数随降水时间的变化（谢申琦等，2019）

4.4.6　干扰和气候变化对BSC土壤水文过程的影响

干扰是自然界普遍存在的现象，BSC在干燥休眠状况下脆弱易碎，对各种自然和人为干扰，包括火烧、践踏、机械碾压、翻耕等非常敏感（Lalley & Viles, 2006; Cortina et al., 2010；石亚芳等, 2017）。干扰是生态脆弱区BSC面临的最大威胁，可以显著降低BSC的盖度，特别是降低藓类、地衣类的盖度，进而改变BSC的生态水文过程，其影响程度与干扰方式、强度、频率、季节及土壤类型等有关。

土壤渗透性、累积入渗量、坡面产流时间等与BSC的干扰程度相关。适度干扰可以增加BSC土壤的水分渗透性，减少径流（Belnap & Eldridge, 2003; Zaady et al., 2013; 李新凯等, 2018）。石亚芳等（2017）采用人工模拟降水法，量化了不同干扰程度，包括不干扰（0%）、20%、30%、40%、50%和100%（去除BSC）干扰度对BSC（自然发育8年）水文过程的影响。在合理的干扰范围内（0%－50%干扰度），随着践踏干扰程度增加，土壤渗透性和入渗速率有增加趋势（图4-66），径流系数有降低趋势。与无干扰相比，BSC破碎50%

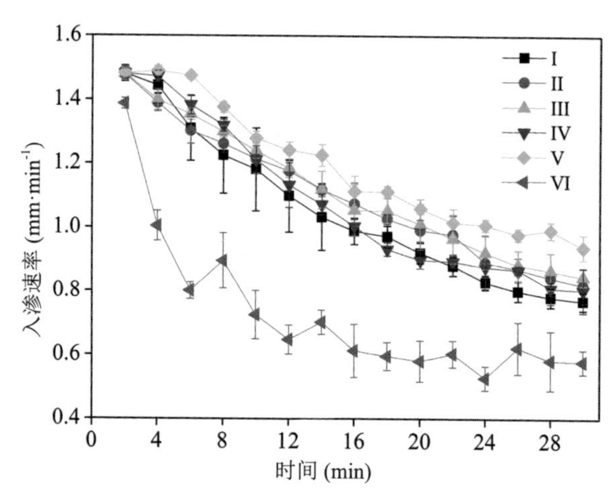

图4-66 不同干扰强度下入渗过程曲线（石亚芳等, 2017）

I：不干扰; II：20 % 干扰; III：30 % 干扰; IV：40 % 干扰; V：50 % 干扰; VI：100%去除BSC

对水文过程的影响差异显著，土壤累积入渗量增加12.6%。黄土高原的研究也证实轻度和中度践踏干扰增加入渗总量，重度践踏干扰降低入渗总量（叶菁, 2015）。毛乌素沙地藓类结皮在轻度、中度和重度干扰下，在不提高风蚀的条件下有利于提升0－200 cm土壤剖面水分，肯定了适度干扰的可行性（李新凯等, 2018）。践踏干扰延长了坡面产流时间，在20%－50%干扰度范围内，随着干扰强度的增加，初始产流时间呈线性增加趋势，50%干扰度的初始产流时间较不干扰情况下增加了169.7%（图 4-67）。BSC低于50%的破碎度干扰在不明显增加土壤侵蚀的前提下，可增加降水入渗，减小径流风险，改善土壤含水量状况（石亚芳等, 2017）。叶菁（2015）证明轻度和中度干扰降低地表径流，但重度干扰增加地表径流。这种现象可以从三个方面解释，一是干扰破坏了BSC的致密结构，增加了土壤的通气性和透水性（冯伟, 叶菁, 2016），增加了土壤渗透性；二是践踏显著增大了BSC土壤表面粗糙度，增加幅度与干扰强度有关，与未干扰相比，50%干扰度下表面粗糙度指数增加91%（石亚芳等,

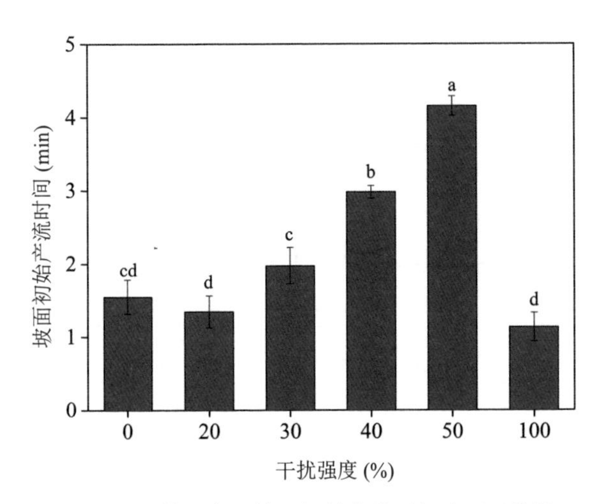

图4-67　不同干扰强度下坡面初始产流时间（石亚芳等, 2017）

2017），改变了地表的微地形和坡面径流的路径，扩大了地表的表面积，对降水的阻截作用增强，延长了水分在BSC层的保持时间（Eldridge & Leys, 2003; Belnap et al., 2005），进而增加了水分入渗；三是在以物理结皮、藻类结皮或地衣结皮分布的区域，放牧干扰破坏这些疏水性界面，可以增加水分渗透性（Bowker et al., 2011; Chamizo, Cantón, Lázaro, et al., 2012; Bowker et al., 2013）。100%去除BSC后土壤渗透性有两种不同的结果：一种结论认为土壤渗透性降低，累积入渗量较不干扰降低，增加径流，同时又显著增加了土壤侵蚀模数，增幅达10倍（石亚芳等, 2017）；另一种结论为去除BSC不会影响水分渗透性，这可能与其试验地土壤母质有关，因试验地基本为偏壤质、黏质的红土和富钙干旱土，与表层的BSC相比，其下层土壤的团聚性、孔隙度等物理性质较差（Eldridge & Greene, 1994a）。如果BSC的水分渗透性等于或超过下层土壤的渗透性，下层土壤比表层BSC对降水入渗所起的控制作用更强。

在全球气候变暖背景下，不确定的降水模式和长期增温导致BSC层藓类植物出现集群死亡现象，对荒漠地表土壤含水量蒸发与入渗过程的影响显著（李继文等, 2021)。与裸沙相比，藓类结皮的存在显著抑制了水分入渗，而藓类植物的死亡进一步抑制了水分入渗，其初渗速率、稳渗速率和累积入渗量分别是活藓类结皮的39.89%、85.91%和64.48%，仅为裸沙的5.96%、13.13%和20.42%。

在土壤蒸发初期，裸沙的水分蒸发速率明显高于藓类结皮，但藓类死亡的结皮能较长时间维持相对稳定的蒸发速率，导致藓类结皮在前期减少了土壤含水量累积蒸发量，而在蒸发后期则呈现相反趋势，表现为藓类结皮水分累积蒸发量显著大于裸沙，尤其是藓类植物死亡的BSC层累积蒸发量最大。可见，荒漠BSC中藓类植物死亡会明显减少土壤含水量入渗、增大水分蒸发，进一步影响荒漠表层土壤含水量格局，从而影响BSC与维管束植物的水分利用关系（李继文等, 2021）。

荒漠BSC中的藓类植物为应对干旱少雨环境，在个体水平和群体水平上均表现出较强的环境适应性（张元明等, 2002; Michael et al., 2007; 郑云普等, 2009a, b）。在干燥环境中，齿肋赤藓叶片紧贴于茎，通过减少暴露于空气的表面积来减少水分蒸发，而其毛尖结构有利于收集空气中的水分，较无毛尖齿肋赤藓能够多获取10.26%的凝结水（陶冶等, 2011）。在群体水平上，荒漠藓类植物密集丛生并呈现垫状分布，既提高了土壤毛细管系统的持水力，也在其表面形成了一个静止层，减弱了水分蒸发速率（李继文等, 2021）。

4.5 BSC对地表沙尘释放、旱区致病生物体传播与控制的作用

已有研究表明，温室效应导致的冰雪消融和冻土退化可能引发一些长期冰封于永久冻土层病毒的复活，如巨型病毒（即能够用光学显微镜观测到的

病毒）阔口罐病毒（*Pithovirus sibericum*）和西伯利亚软体病毒（*Mollivirus sibericum*），在全球增温的背景下很容易从史前永久冻土（大于3万年）中得到复活的案例引起了科学界的极大震惊和关注（Legendre et al., 2015），其对人类的潜在威胁或风险是不言而喻的，而我们对干旱半干旱区土壤中存在的病毒种类，以及其是否会因全球变暖或人类地表干扰得到释放复活则知之甚少。

旱地包括干旱半干旱区，占地球陆地面积的41%以上，养活着40%以上的人口，不仅是全球贫困人口的集聚地和经济最不发达的地区，也是风沙危害和环境污染严重、生态退化和土地荒漠化明显、人口死亡率最高、疾病频发和肆虐的高危地区（Elliott et al., 2019）。

BSC广泛分布于旱地，其盖度占该区域地表活体覆盖的40%以上，是联结荒漠地表生物与非生物成分的“生态系统工程师”和表征荒漠/沙地生态系统健康的重要标志（Belnap & Lange, 2003），也是干旱区陆地表面研究过程中生物学与地学交叉研究的热点科学问题和旱地地球关键带研究的重要对象（Belnap et al., 2016）。

BSC可通过抗风蚀和水蚀来稳定土壤表面并提供养分，为微生物包括病毒的生存和繁衍提供适宜的生境。演替后期阶段的BSC（如地衣结皮和藓类结皮）明显比演替初期的BSC（蓝藻结皮和绿藻结皮）具有更强的抗侵蚀能力和更丰富的微生物多样性（Ferrenberg et al., 2015）。在气候变化和干扰条件下的BSC变化，如不同类型之间的相互替代（Li et al., 2017）导致的种类组成、结构、盖度和生物量的变化可能会对这些微生物时空分布和传播产生影响。基于这一背景，通过识别和了解这些生物体的多样性和时空分布特征、传播途径的变化与BSC的关系，可为深入认知BSC在干旱半干旱区疾病防控中所发挥的潜在作用提供科学依据。

4.5.1 尘暴释放对人类健康的影响

每年有数十亿吨的沙漠尘埃被跨越洲际的距离运输，来自非洲和亚洲沙漠的大量季节性脉动被认为对下风生态系统有重大影响（Kellogg & Griffin, 2006）。人们越来越认识到微生物，特别是芽孢形成细菌和有丝孢真菌，以及人类和动物病原体与这种尘埃作为生物气溶胶有关（Griffin, 2007）。这些微生物在这种气溶胶中代谢活跃或存活的程度尚不确定，而且类群建立菌落分散后的能力可能受到局部因素的限制；尽管如此，这些生物很可能代表了一个主要的微生物水库，为各种沙漠微生物生态位提供食物（Bahl et al., 2011）。

尘暴/沙尘暴对人类健康的影响取决于其物理、化学和生物学属性。根据美国环境保护署的定义，空气动力学尺寸范围包括直径等于或小于2.5 μm（PM2.5）的细颗粒和直径在2.5－10 μm（PM10）之间的粗颗粒。PM10是指直径小于或等于10 μm的颗粒。吸入这些微粒会危害健康（UNEP, WMO, UNCCD, 2016）。从世界卫生组织（WHO, 2013）报告指出，颗粒污染物，包括粉尘比任何其他污染物对人的影响都大，因为接触这些有机和无机化学品和物质的混合物不存在不威胁健康的安全阈值。长期接触细颗粒物与因心血管和呼吸道疾病、肺癌和急性下呼吸道感染（如肺炎）而导致的过早死亡有关。吸入细尘颗粒不但使人暴露在有害的细矿物颗粒中，而且还暴露在与矿物颗粒一起携带的污染物、孢子、细菌、真菌和潜在过敏原的有害组合中（Kellogg et al., 2004; Smith et al., 2011）。粉尘颗粒在运输过程中可以吸附大气中的人为污染物（Onishi et al., 2012），包括铵离子、硫酸盐离子和硝酸盐离子以及不被认为来源于土壤的重金属化合物。因此，暴露于风吹粉尘与一系列健康问题的联系日益密切。

长期密切地接触这些粉尘会对健康产生一系列严重的影响。尽管人们认为空气传播矿物粉尘和尘暴对人类健康的影响是重大的，但这一问题的重视远远不如像对工业、能源生产和交通运输所排放的气溶胶影响健康所给予的重视。即使粉尘污染往往远远超过空气质量标准（Ginoux et al., 2012），但缺少针对重要沙尘源地区影响健康的长期系统研究（De Longueville et al., 2013）。例如，布朗等（2008）报道，科威特的PM10浓度年平均值为66－93 μg· m^{-3}（31－38 μg·m^{-3} PM2.5），远高于世界卫生组织空气质量指南中的年平均20 μg·m^{-3} PM10（10 μg·m^{-3} PM2.5）（WHO, 2006）。暴露于粉尘微粒会刺激呼吸道，并与呼吸系统疾病有关，如哮喘、气管炎、肺炎、曲霉菌病、变应性鼻炎和非工业矽肺，称为沙漠肺综合症（Derbyshire, 2007）。粉尘可引起或加重疾病，如支气管炎、肺气肿（损伤肺气囊）、心血管疾病（如中风）、眼部感染（Chien et al., 2014）、皮肤过敏、脑膜炎球菌性脑膜炎（Pérez Garcia-Pando et al., 2014）、裂谷热/球孢子菌病（Williams et al., 1979; Laniado-Laborin, 2007; Sprigg et al., 2013），以及与有毒藻华有关的疾病。它还会因能见度降低而导致与交通事故相关的死亡及伤害（Goudie, 2014）。

这种对健康造成的影响具有全球性。特别是影响到干旱和邻近地区的人口。例如，中东（Thalib & Al-Taiar, 2012）、北非、萨赫勒和澳大利亚（Merrifield et al., 2013）、中国（Yan et al., 2012）、美国西南部和墨西哥（Grineski et al., 2011）。此外，远离污染源地区的人口也受到远距离大气输送带来的尘暴危害，例如从中国和蒙古到日本和韩国（Hong et al., 2010）。亚洲沙尘对北美西部的气溶胶负荷有贡献（Fairlie et al., 2007）。非洲沙尘被运送到加勒比海和佛罗里达（Prospero & Lamb, 2003）已超出美国空气质量标准，并占到南佛罗里达夏季空气悬浮微粒的一半以上（Prospero & Mayol-Bracero, 2013）。人群中，特别易受空气传播疾病和呼吸系统疾病影响的是儿童和老年人、已有心脏和肺部疾病（如哮喘、慢性阻塞性肺病、缺血性心脏病和过敏）的人，以及处于高度接触环境中的户外劳动者、牧人和野外科技工作者。

4.5.2 尘暴可能诱发的主要疾病

心血管疾病：世界卫生组织（WHO, 2013）把因心血管疾病住院和死亡与尘暴危害联系了起来。这也得到了越来越多研究的支持。发现来自干旱区的矿物粉尘排放会导致许多呼吸道和心血管疾病（Morman & Plumlee, 2013; Gianndaki et al., 2014; Goudie 2014）。从亚洲大陆到达中国台湾的微尘与因组织血液供应受限（缺血）导致的心脏病风险增加有关（Bell et al., 2008）。当环境中PM10浓度很高时，急诊的心肺病人急剧增加。与尘前相比，高扬尘事件期间心血管疾病患者增加67%，缺血性心脏病患者增加35%，脑血管疾病患者增加20%，慢性阻塞性肺病患者增加20%（Chan, 2008）。同样，亚洲尘埃云使日本因心血管压力而到急诊室就诊的人数增加了21%，而2005年，巴格达的一场沙尘暴导致近1000人窒息（Goudie & Middleton, 2006）。

呼吸系统疾病及哮喘：在撒哈拉沙尘事件期间，老年人呼吸道死亡率增加（Jiménez et al., 2010; Sajani et al., 2011）。从奇瓦瓦沙漠进入埃尔帕索（位于美国得克萨斯州）的灰尘增加了哮喘和支气管炎患者的住院人数，尤其是儿童（Grineski et al., 2011）。由于哮喘是世界上主要的非传染性疾病之一，每年影响3.34亿人。人们特别关注空气传播的矿物粉尘在导致或加剧哮喘疾病方面的潜在作用。哮喘是一种慢性气道疾病，呼吸系统气道周围的炎症和小肌肉的收缩限制了空气的流动。它有多种原因，包括吸入花粉、霉菌和灰尘。患哮喘的最大风险因素是吸入刺激呼吸道或引起过敏反应的灰尘等颗粒（WHO, 2013）。在人类呼吸上皮细胞中发现了对沙漠矿物粉尘的生物学反应（Ghio et al., 2014），在吸入粉尘后的小鼠呼吸道损伤中也发现了这种效应。20世纪70年代早期的沙尘增加大致与加勒比海地区哮喘的显著增加呈正相关（McCarthy, 2001），有研究表明，巴巴多斯的撒哈拉沙尘可能不是一个因素（Prospero et al., 2005a, 2008）。尽管非洲尘暴通常含有真菌孢子，但当地来源的孢子和花粉对哮喘患者住院治疗的影响很大（Blades et al., 2005）。另一方面，由于特立尼达的撒哈拉沙尘增多，急诊儿科哮喘住院人数有所增加，这使我们不能忽视来自撒哈拉沙尘云的污染物、微生物、花粉和沙尘的流入（Gyan et al., 2005; Mohamed et al., 2006）。在瓜德罗普群岛进行的研究发现，当接触撒哈拉PM10和PM2.5粉尘后，5至15岁儿童的哮喘相关急诊室就诊人数增加（Cadelis et al., 2014）。流行病学研究表明，过敏性鼻炎（Chang et al., 2006）和过敏性疾病（如哮喘）的每日入院和临床就诊人数的增加与亚洲沙尘暴相一致，儿童尤其容易受到伤害（Kanatani et al., 2010; Yang, 2011）。在卡塔尔，大风天气期间和大风过后不久，哮喘病例会增加30%（Teather et al., 2013）。亚洲粉尘引起的哮喘症状恶化可能与颗粒物和空气污染物的结合有关（Watanabe et al.,2011），或与粉尘暴露引发的多种过敏反应有关（Otani et al., 2012, 2014）。

裂谷热：除了曲霉菌病（Chao et al., 2012），空气中粉尘相关的真菌疾病包括球孢子菌病或裂谷热（Williams et al., 1979）。干旱区有几个裂谷热流行热点，特别是美国西南部、墨西哥北部和巴西东北部。沙漠灰尘携带与裂谷热有关的土壤真菌孢子粗球孢子菌（*C. immitis*）和波萨达斯球孢子菌（*C. posadasii*），或球虫真菌病（球菌），随时可以被吸入和感染（Pappagianis & Einstein, 1978）。全球沙尘暴平均每年有42次，15万人感染裂谷热，而亚利桑那州有30人（ADHS, 2012）、加利福尼亚州有70人死于该病（Flaherman et al., 2007）。尘暴浮沉可能带有“搭便车”的球孢子菌，可以携带至相当远的距离（Litvintseva et al., 2014; Sprigg et al., 2008; Sprigg et al., 2013）。在该地区典型的沙尘事件期间，大量的沙尘从墨西哥越过边境进入得克萨斯州，美国的沙尘来源也影响了墨西哥的空气质量（Yin & Sprigg, 2010）。然而，尚不清楚在自由空气中，球孢子菌能存活多久。

流行性脑脊髓膜炎：脑膜炎球菌性脑膜炎，又称脑脊髓膜炎，由奈瑟菌脑膜炎引起，可引起大规模流行病，出现死亡病例。该疾病通过感染者的呼吸道飞沫（喉咙分泌物）传播（WHO, 2015）。在高发地区的大量研究表明，病例的季节性发生与旱季的低湿度水平和空气中粉尘浓度高有很强的相关性（Abdussalam et al., 2013; Agier et al., 2013; Cuevas et al., 2007），随着雨季的开始，病例数迅速减少（Molesworth et al., 2002）。虽然传播的环境联系还不完全清楚，但人们认为吸入粉尘会损害咽部黏膜并促进细菌入侵。该流行病可在世界范围内发生。但最大的脑膜炎主要发生在非洲脑膜炎带，这是一个横跨萨赫勒的半干旱区，从西部的塞内加尔到东部的埃塞俄比亚（26个国家），是发病率最高的地区（WHO, 2015）。自2010年A组脑膜炎球菌结合疫苗成功推出以来，已有15个国家超过2.2亿人接受了该疫苗，A血清组脑膜炎奈瑟菌正在消失，尽管其他脑膜炎球菌血清组流行的频率和规模仍然较低（WHO, 2015）。同样，主要脑膜炎爆发的时间与来自撒哈拉沙漠的沙尘暴似乎高度相关。假设导致脑膜炎的奈瑟菌需要含铁的灰尘生长并变得具有毒性。预测和模拟风吹沙尘有助于理解矿物沙尘在整个非洲脑膜炎暴发中可能发挥的作用（Thomson et al., 2006; Thomson et al., 2009; Pérez Garcia-Pando et al., 2014）。

眼睛和皮肤感染：有记录表明，亚洲粉尘对眼睛和皮肤感染的影响会引发结膜炎（Yang, 2011）、眼睛和皮肤瘙痒。虽然症状不是很严重，但粉尘导致鼻塞和喉咙痛等健康问题在其他健康个体中也有报道（Otani et al., 2011）。

然而，尘暴中所携带的这些致病微生物和相关病毒均有可能来自地表破坏后的BSC群落。

4.5.3 旱地BSC的多功能在国际上受到前所未有的重视

（1）BSC在土壤生态过程中发挥着重要的作用。如前面章节所述，BSC的存在提高了土壤的稳定性，菌丝体的生长特性和所分泌黏液及叶鞘能粘固土表，防止侵蚀的发生。BSC对矿物风化（如地衣分泌的酸性物质）的促进作用和大量捕获大气降尘的能力（地衣和藓类可以利用地上部分将降尘固着，然后在其上面再生长，使BSC层厚度不断增加），可为系统输入养分，促进沙区土壤成土过程。在腾格里沙漠沙坡头地区，65年自然发育的BSC，其厚度可达4cm，BSC层及下层土壤中全氮、全磷、全钾、有机质和土壤团聚结构显著提高（Li et al., 2002; 李新荣, 2012）。这些变化有效地改变了荒漠系统非生物因素的胁迫，为土壤生物繁衍创造了生境（Liu et al., 2014）。BSC是荒漠生态系统碳、氮循环的重要参与者，是土壤有机碳、氮的重要贡献者（West, 1994; Su et al., 2013; Dias et al., 2020）。

（2）BSC调控土壤水文过程。BSC对土壤水文过程的影响主要体现在对降水入渗、产流、凝结水捕获和蒸发4个环节（Belnap, 2006）。BSC对降水入渗和产流的影响取决于降水强度、区域的降水量和BSC层下土壤基质的理化性质以及隐花植物组成（Li et al., 2002）。BSC有利于凝结水的捕获，凝结水为BSC中的隐花植物和其他微小的生物体提供了珍贵的水资源，总之，BSC对降水进行了重新分配，影响了土壤湿度的时空格局，驱动植被的自组织过程（Kidron et al., 2002）。BSC的水文功能又调控和驱动着干旱半干旱区的生态格局与过程（见本节第三章3.4节和3.6节）。

（3）BSC影响土壤生物地球化学循环。BSC土壤因蓝藻的固氮功能而使土壤含氮量丰富（本节第四章见4.3节）。钾、锰、钙、镁和磷的含量在有BSC覆盖的土壤中较高（Geesey & Jang, 1990）。BSC使植物组织中锌的浓度以及铁的浓度得到提高，且以某种方式使这些元素对植物根系更有效。蓝藻、绿藻、真菌、地衣和细菌也分泌着大量的金属螯合剂，其与亲铁铬物一起形成磷酸钙、铜、锌、镍和三价铁，维持自身对植物利用的有效性（Gadd, 1990; McLean & Beveridge, 1990）。

（4）BSC与荒漠动植物密切相关。BSC通过改变土壤性状（地表粗糙度、孔隙度、土壤温度、湿度、养分含量等）来影响维管束植物的种子萌发、定居和存活（Belnap & Lange, 2003）。BSC的存在为微小土壤动物的生存提供了适宜的生境和食物来源（Chen & Li, 2012）。BSC的存在增加了土壤微生物丰富度和生物量，而细菌、真菌等微生物又分别被植食性线虫和肉食－杂食性线虫所取食（李新荣, 2012）。

（5）全球变暖和降水的不确定性对BSC产生了重要的影响。预计在未来60年，因全球气候变化，全球陆地BSC覆盖率将降低25%－40%（Rodríguez-Caballero et al., 2018）。模拟实验证明，增温和降水的增减改变了BSC群落组成、结构和群落学特征，进而影响其土壤的生态与水文学特性（Ferrenberg et al., 2015; Maestre et al., 2015; Li, Jia, et al., 2018），这直接关系到荒漠生态系统功能的改变和可持续发展（见本书第三章3.3和3.7节）。

4.5.4 BSC与相关疾病传播的研究被长期忽视

地表干扰和地被覆盖变化极大地加速了全球干旱区土壤风蚀和粉尘的释放（图4-68; Duniway et al., 2019）。风蚀尘埃和大气沉积物对自然和人类社会产生了重要影响（Middleton, 2017），包括导致土壤损失，降低作物生产力，破坏财产和设备，干扰局地和区域水文过程（如减少积雪量），降低大气能见度而影响交通，以及成为很多呼吸道疾病的起源（Griffin et al., 2001）。

粉尘释放的强度既与地球物理驱动因子如气候、土壤、地形有关，也与局地和区域尺度人类活动密切相关（Reheis & Urban, 2011; Nauman et al., 2018）。BSC是目前已知的能够抑制干旱半干旱区地表释放粉尘，保护地表完整性的旱地系统重要组成成分之一，其抗风蚀特性已被大量研究所报道（Belnap & Büdel, 2016）。BSC发育良好的地表在自然状态下几乎不受风蚀的影响（图4-69），BSC还捕获了大气中大量的粉尘等风蚀沉积物，增加BSC生物体的营养，进而有利于其稳定和持续拓殖发展（Li et al., 2002; Goossens, 2004）。这是

图4-68　干旱区频发的沙尘暴

图4-69　地表发育良好的BSC有效地遏制了沙尘暴发生

因为BSC群落中细菌、蓝藻、地衣和藓类等分别利用EPS、菌丝、假根、丝状叶鞘等胶结和缠绕着这些细小颗粒，在BSC下形成稳定的、具有良好团聚结构的土壤层。BSC发育时间越长，其下土层越厚，这种现象在风沙区尤为明显(李新荣, 2012; Li et al., 2017)。但是，当完整的BSC受到破坏后，这种功效也会丧失或弱化。大风会把这些BSC群落中被破坏的部分物质，包括病原体（Elliott et al., 2019）、营养物、有机污染物、微量金属释放到空气中（Garrison et al., 2003）。可见，促进BSC拓殖和发展是干旱半干旱区尘暴治理有效的、重要的、潜在的途径（图4–70; Fick et al., 2020）。

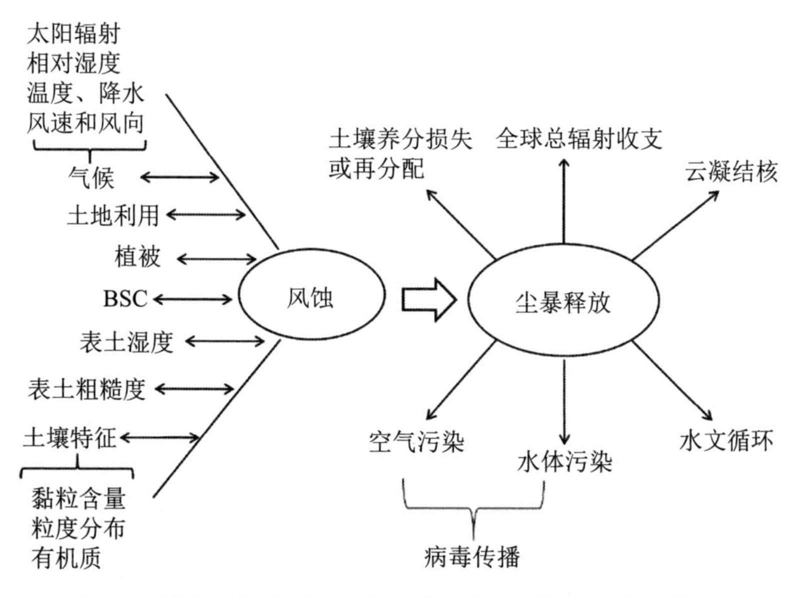

图4–70　影响土壤风蚀的因素和尘暴释放对环境及病毒传播的影响

BSC群落中的真菌、细菌、病毒等与呼吸道疾病相关的病原体自然存在于大气中（Benninghoff, 1991），BSC一旦破坏，可能在大陆和半球之间远距离输送（Warren et al., 2018）。

沙区沙尘中含有大量的原核生物附着在矿物和空气尘埃中，可以被远距离输送（Griffin, 2007）。1克沙尘中含有10^9个细菌，然而影响其种群、多样性和分布格局的非生物因素尚不明确。一般来说，沙尘发生期间，其中的细菌数量远高于真菌（Kellogg et al., 2004; Prospero et al., 2005a）。大气中微生物的存活能力与他们在沙漠环境中的一致，即取决于其对干燥、极端温度波动、氧气、营养限制和对紫外线辐射的忍受能力（Choi et al., 1997; Griffin et al., 2003）。尘埃细菌在系统发育上大多隶属于革兰氏阳性厚壁菌门（Gram-positive Firmicutes）、放线菌门和革兰氏阴性变形菌门（Gram-negative proteobacteria）。研究人员从非洲沙尘暴中分离出的细菌大部分是革兰氏阳性的芽孢杆菌属和微杆菌属（Griffin et al., 2003; Prospero et al., 2005b）；在日本，研究人员从来自亚洲的沙尘中发现了耐卤葡萄球菌、芽孢杆菌和革兰氏阴性菌（Hua et al., 2007）；研究人员使用一种新设计的高密度重测序微阵列，检测发现中东沙尘中有潜在人类病原体的存在（Leski et al., 2011）。在沙尘中已鉴定出的细菌属包括分枝杆菌（*Mycobacterium*）、梭菌（*Clostridium*）和芽孢杆菌，以及布鲁氏菌（*Brucella*）和柯克斯氏体（*Coxiella*）等。

4.5.5　对BSC中微生物可能产生的毒性危害认识不够

虽然由于沙尘暴的频发，沙漠土壤中的病毒和细菌成分已有报道，但除蓝藻外，人们对其中的病原体种类知之甚少。研究人员在BSC中发现了种类繁多的真菌群落。这些真菌可能在有机植物材料分解和植物物种共生或互利关系中发挥着重要的作用。其中，常见的有曲霉菌属、镰刀菌属和枝孢属真菌。这些真菌的存在及其对人类健康的影响已被证实（Cabral, 2010; Hedayati et al., 2010）。虽然真菌对人体健康的影响主要涉及呼吸道感染等，然而全身性慢性疾病也与真菌孢子暴露有关。这些真菌产生的真菌毒素还与肝脏、肾脏、胃肠、心脏、中枢神经系统和免疫系统的并发症和疾病有关（Piecková & Jesenká, 1999）。这些真菌的生长和毒性的产生受水热条件的限制，这意味着在水合后的BSC中会产生相关毒素。然而，目前很少有针对BSC真菌产生毒素特征的研究和人类感染的研究（Powell et al., 2015）。

4.5.6 蓝藻在荒漠环境中的负面作用尚未引起关注

虽然蓝藻可以出现在各种环境，包括陆地、极地和沙漠，但它们最常见的是生存在水环境中。它们在水中产生的剧毒化合物可使动物和人类中毒甚至死亡（Codd et al., 1999）。受蓝藻毒素影响的动物种类很多，从骆驼、牛到蝙蝠和鸟类，例如东非大裂谷湖泊中以蓝藻为主要食物来源的小火烈鸟。蓝藻毒素事件对人类健康的影响通常是很小的，人类病例的死亡率远远低于动物物种。巴西曾发生因对含有蓝藻毒素的水处理不当而引发疾病和死亡的事件（Carmichael et al., 2001）。最常见的蓝藻毒素有环肽肝毒素（cyclic peptide hepatotoxins）、微囊藻毒素（microcystins）和节球藻毒素（nodularins）。蓝藻产生的其他生物碱毒素包括阿拉托辛、阿拉托辛–a和阿拉托辛–a（S），这些毒素在足够浓度下可导致人类瘫痪和死亡。特别是在绝大多数蓝藻菌株中发现的β–甲氨基–L–丙氨酸（BMAA）与阿尔茨海默病密切相关。虽然蓝藻是荒漠环境的主要组成部分，但迄今为止，很少有研究考虑蓝藻毒素在这些环境中的发生和潜在影响（Richer et al., 2014）。最常见的感染途径是饮用受污染的水和食用受污染的食物。由于目前人们认为蓝藻毒素有可能通过水生介质发生危害，从而忽视了其可能发生的非水环境介质。荒漠BSC生物群落中蓝藻的大量存在是众所周知的，毫无疑问，蓝藻毒素在荒漠环境中也是存在的（Cox et al., 2009）。在非水介质的荒漠生境中可能存在替代暴露的其他途径的可能性，但到目前为止还没有相关研究，因此需要进一步深入了解相关可能性，以防止蓝藻毒素对人类健康的影响

（Richer et al., 2014）。比如，当蓝藻结皮破坏后，这些蓝藻成分会与沙尘颗粒一起漂浮并附着在人类居住环境中，当遇到适宜条件，如水合（干旱区发生大降水事件后）时，这些成分会被激活并释放毒素，危及人畜的健康。因此，切断这些传播和暴露的途径，可以显著降低荒漠区人类面临的相关健康风险。沙尘暴是这种疾病传播的主要途径，大量的蓝藻细菌，包括蓝藻毒素附着在沙尘中（Griffin, 2007），通过释放这种毒害物质导致人或动物面临巨大的健康风险（Metcalf et al., 2012）。

4.5.7　BSC 对旱区致病生物体传播与控制的作用

国内外研究现状分析表明，旱地土壤中的致病生物体的时空分布及生存和传播可能与地表BSC密切相关。在不同的BSC类型覆盖的土壤中它们的种类组成、多样性和生物量各异。气候变化或干扰增强会导致BSC在种类组成、盖度和生物量等方面的变化，以及发生不同类BSC的相互替代过程（Ferrenberg et al., 2015; Li, Jia, et al., 2018），其不但改变相关致病生物体在表土中的含量与种类组成及其群落结构和功能（Castillo-Monroy, Bower, et al., 2011），而且也为它们向外界传播释放提供了条件。此外，除了演替初期的蓝藻结皮抗侵蚀能力小以外，同一类型BSC盖度较小时，抗风蚀和水蚀的能力也较弱，如果发生上述变化，可能为致病生物体通过风蚀和水蚀传播提供了便利条件，而导致BSC变化的主要原因是气候变化和干扰（Li et al., 2017）。预计在未来60年，全球BSC覆盖将降低25%－40%（Rodríguez-Caballero et al., 2018），这势必会引发沙尘向大气的释放呈数量级增加，使大量的土壤微生物被尘埃携带而影响人类的健康。基于这一推论，我们认为：如果能够维持BSC在地表的完整性、高盖度和以地衣结皮和藓类结皮为优势种的BSC类型，可能会大幅度降低干旱半干旱区因风蚀和水蚀带来致病生物体的传播风险，有利于区域人畜健康和安全。

我们通过控制试验（不同类型之间、不同盖度、生物量、BSC表土厚度）、野外风洞试验和结合增温减雨（OTC，开顶式增温减雨装置）试验，研究蓝藻、地衣和藓类结皮覆盖表土中微生物类群，特别是致病生物体、病毒多样性，以及抗风蚀和水蚀的能力，从维系BSC生态系统多功能的视角，提供了旱地致病生物体传播及风险调控的研究思路（图4–71）。

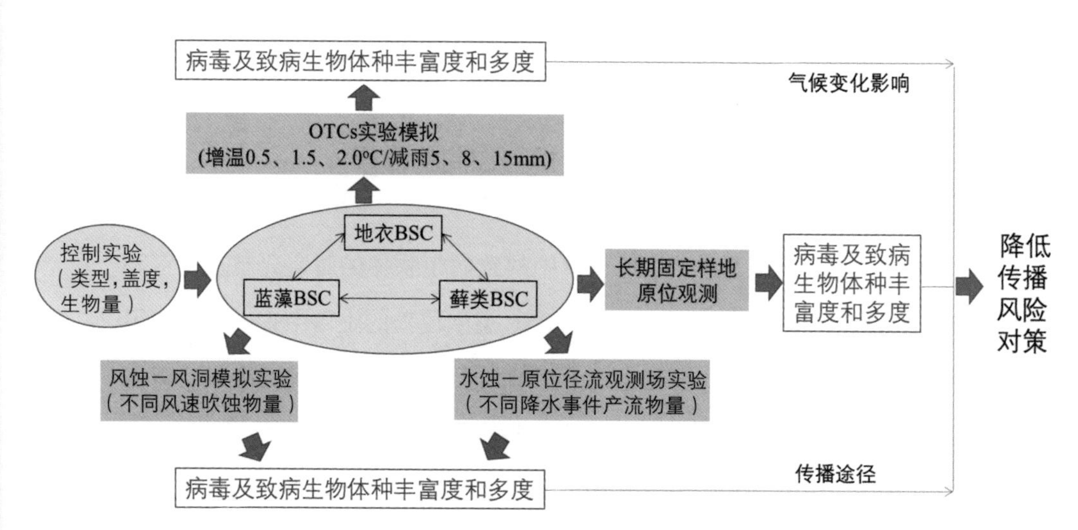

图4–71 BSC群落致病生物体传播途径模拟研究

我们的科学问题是，在气候变化背景下，即增温和降水减少是否会影响BSC对土壤中致病生物体时空分布和传播途径的调控？演替初期蓝藻结皮的土壤中致病生物体是否易通过风蚀和水蚀传播，而在演替后期的地衣和藓类结皮土壤中不易被风蚀和水蚀传播？或BSC表面的产流成为唯一传播途径？BSC的演变（优势隐花植物优势种替代、BSC总盖度和总生物量的变化）如何影响土壤致病生物体及其传播？其机制是什么？BSC的恢复是否会降低土壤致病生物体传播的风险，如由尘埃携带进行远距离传播变为水合后在局地短距离传播？为此，必须对以下内容进行深入研究和探讨：（1）不同BSC土壤中致病生物体多样性和种的多度变化规律。研究三种不同演替阶段BSC，即蓝藻、地衣和藓类为优势种的BSC表土中病毒与致病生物体种丰富度和多度变化规律；分析致病生物体与BSC群落隐花植物关键种、BSC生物量和盖度之间的关系；探明三种BSC及其覆盖下的表土层厚度、湿度、有机质等土壤理化属性对其影响。（2）土壤致病生物体的传播途径与BSC的关系。研究三种BSC覆盖土壤抗风蚀能力，明确不同盖度的同一类型BSC的起沙风速和风蚀产物的量及其致病生物体含量和存活时间，并比较三种BSC之间的差异；研究不同降水过程（降水强度、持续时间和次降水量）对不同BSC（盖度和类型）水蚀的影响，明确产流量中致病生物体量和存活时间上的差异；评估致病生物体风蚀空气传播和水蚀水源传播的概率以及主要途径。（3）气候变化对旱地致病生物体传播的影响与潜在风险评估。在以上两方面研究的基础上，研究增温和降水减少叠加效应对BSC演变的影响；解析藓类结皮、地衣结皮和蓝藻结皮相互替代对表土层土壤理化属性和生物学属性（微生物群落数量特征变化）的影响；分析其直接和间接导致的土壤中致病生物体多样性和丰富度的变化；评估其对致病生物体传播的影响。

以上工作及研究思路可以进一步明确BSC对土壤中致病生物体时空分布的直接与间接作用，了解旱地致病生物体传播的途径与风险，从维系BSC多功能性的视角提出气候变化背景下旱地致病生物体传播防控的生态系统管理对策。

4.6　BSC对维管束植物、植被格局与演替的影响

在全球干旱和半干旱生态系统中，BSC与维管束植物共存，往往呈斑块状镶嵌分布的景观特征（Zhang, Li, et al., 2016; 李新荣等, 2018; Havrilla et al., 2019）。因此，BSC与维管束植物的相互作用必然会影响生态系统的稳定和可

持续发展。BSC对维管束植物的影响已被证明并非简单的正向或负向作用。一般而言，BSC对维管束植物个体的影响主要表现在维管束植物种子散布、萌发、定居以及繁衍等方面（李新荣, 张志山, 等, 2016; 李新荣, 回嵘, 等, 2016），并随着BSC类型、维管束植物特征与当地气候、环境、土壤条件以及干扰强度的不同而改变。BSC组成和类型的差异导致土壤的不同形态、物理和化学特征，这些特征形成了独特的温度、养分（Zhuang, Downing, et al., 2015; Zhuang, Serpe, et al., 2015; León-Sánchez et al., 2020）和水分可利用性（Kidron et al., 2018）、有机质和种子捕获的微环境（陈梦晨等, 2017; Boeken et al., 2018），将最终决定BSC对维管束植物群落的生长是促进、抑制还是无影响。BSC通常对维管束植物具有物种特异性，并可能促进原生植物的建立而非外来植物的建立（Havrilla et al., 2019）。此外，BSC对土壤环境的改变，包括改变土壤表面的粗糙度、土壤质地、温度状况、养分的有效性、有机质和水分，这些因子的改变都影响到维管束植物的分布格局和生态系统的演替过程（李新荣等, 2012; Chung et al., 2016; Berdugo et al., 2017）。

4.6.1 BSC对种子传播和土壤种子库的影响

在干旱半干旱的生态系统中，种子从母株掉落并分散在非常不均一的环境中，种子借助径流或者风力被运输到新的地点，到达更有利于其萌发和幼苗生存的地方（Bochet et al., 2015）。在不同生境中，BSC组成成分的差异导致其具有不同的地表粗糙度（Bowker, Belnap & Miller, 2006; Langhans et al., 2009），进而影响它们捕获种子的能力和种子的二次扩散。在热带荒漠，蓝藻能使土壤表层变得光滑，从而降低种子在表面的停留能力（Prasse & Bornkamm, 2000）。研究表明，BSC与土壤种子库有直接而紧密的关系，而不受立地植被的调节，这种关系是由BSC的种特异性作用所驱动的，BSC在种子二次扩散及其在土壤中的运动等过程起决定作用。西班牙中部阿兰胡埃斯高原上以双壳双缘衣为优势种的BSC对持久性种子库的种子丰富度和多度有负面影响（Peralta et al., 2016）。特别是双缘衣属可以被认为是一种“光滑”地衣，它可能阻止种子进入土壤。而冷漠地区的地衣－藓类结皮增加了地表的粗糙度，增加土壤对种子和有机质、水分及土壤微粒等养分的捕获，提高了土壤微生境的养分含量（Chamizo, Cantón, Lázaro, et al., 2012；Zhuang, Downing, et al., 2015; Zhuang, Serpe, et al., 2015；León-Sánchez et al., 2020），为维管束植物的种子萌发与存活提供了一个有利的生境（Li et al., 2005）。

此外，种子自身特征（如大小、种子附属物等），通过增强种子运动（例如，逃避竞争或捕食）或抑制种子运动（例如，保持在有利的环境中）来影响扩散范围。沙生针茅（*Stipa glareosa*）即可利用其种子自身特殊的锥形繁殖体结构增强向土壤的垂直运动，该结构能促使种子在自然落地的同时，将其一端扎进BSC或者土壤表面的裂隙中，然后通过芒的吸湿旋转作用使种子进入土壤内部（Song et al., 2017a）。因此，沙生针茅种子在完整的BSC上也能够萌发。相反，种子附属物也可能降低种子从BSC的裂缝中掉落的能力，一些缺乏埋藏机制的种子，尤其是具有附属物的大种子，从母株上散落后很难在完整均一的BSC层上找到安全的停留点位。在风和水的作用下，裸露在地表的种子主要汇集到粗糙的灌丛下或动物巢穴周边，而在BSC上的散布量很低（Li et al., 2005）。这些露在地表的种子，很容易被一些鸟类、啮齿类动物及昆虫捕食，这可能也是导致BSC土壤种子库物种组成及多样性较低的原因之一（陈梦晨等, 2017）。在古尔班通古特沙漠的研究也证实了这一观点（Zhang et al., 2015）。研究者认为BSC对表面光滑的植物种子的萌发没有显著影响，但是能够抑制那些具有附属结构的植物种子萌发。这可能是因为，BSC在土壤表面的存在对不同大小及形态的植物种子产生生物过滤作用，致使部分植物在种子传播阶段在新的栖息地的空间生态位缺失（Luzuriaga et al., 2015; Zhang et al., 2015）。对沙坡头地区冬季一年生草本研究发现，砂蓝刺头花序基部有刚毛状基毛，成熟种子的散布主要靠风力传播。演替后期阶段的藓类结皮在固沙植被区的盖度达到85%以上，在未干扰的情况下可形成完整和相对光滑的“地毯状”覆盖，因而砂蓝刺头的“种子雨”很难进入土壤种子库，进而间接地降低了种子的萌发机会，这也可能是其在演替后期BSC生境中种群减小的另一个重要原因（王艳莉, 2020）。

4.6.2 BSC对种子萌发的影响

BSC对植物种子萌发的影响存在促进（Rivera-Aguilar et al., 2005; 苏延桂等, 2007）、抑制（Shem et al., 1999; Prasse & Bornkamm, 2000）和因种而异（Zaady et al., 1997; Hawkes et al., 2004）三种不同的观点。我们认为产生争议的原因是这些研究分别在不同气候条件、不同土壤质地、不同BSC种的组成以及不同植物生活条件下完成的。在腾格里沙漠的温室控制实验表明，不同类型的BSC对三种植物种子萌发的影响一致：藻类结皮、地衣结皮和藓类结皮的出现均抑制了狗尾草（*Setaria viridis*）、沙生针茅与驼绒藜（*Ceratoides latens*）种子的萌发（Song et al., 2017a）。研究认为，驼绒藜种子在完整BSC上很难进入土壤内部，即使在表面粗糙的地衣结皮上也很难散落在适宜于种子萌发的低洼微生境中，导致种子停留在BSC表面而不能吸收足够用于萌发的水分。而沙生针茅种子比驼绒藜种子小，因此有机会进入BSC的裂隙或者在表面粗糙的地衣结皮上找到一个安全点。由于狗尾草种子相对较小，有一小部分种子有机会进入粗糙的地衣结皮表面低洼微生境中，通过增加自身与土壤的接触面积来吸水萌发，但是完整BSC的覆盖使大多数狗尾草种子暴露在一个缺少萌发条件的环境，因而在大多数情况下对种子萌发起到抑制作用。BSC对植物种子萌发的抑制程度还取决于种子的大小和形态特征（Peter et al., 2016; Zhang, Deng, et al., 2016）。在完整BSC上，小粒种子（狗尾草）的萌发率显著高于大粒种子（沙生针茅与驼绒藜）（图4-72和图4-73），与滤纸上的萌发相比，三种植物的种子萌发都受到了BSC的抑制。这是因为BSC的存在阻碍了植物种子向深层土壤的运移，降低了种子对土壤含水量的利用，从而导致种子萌发率的降低。本结果也在其他研究中得到证实：BSC降低了地表粗糙度，减小了种子与土壤的接触面积，阻止种子进入土壤种子库，从而抑制植物种子萌发（苏延桂等，2007）。

美国纽约州奥尔巴尼松林保护区的一项研究，比较了两种多年生草本植物头状胡枝子（*Lespedeza capitata*）和小茬羽扇豆（*Lupinus perennis*）种子在BSC和裸土中的总萌发率和萌发时间。结果发现，头状胡枝子和小茬羽扇豆种子在裸露土壤上的萌发率分别是在BSC上的3倍和5倍。两种植物种子在BSC土壤上的萌发时间也比在裸土上推迟大约10天（Gilbert et al., 2019）。对温带沙漠冬季一年生植物砂蓝刺头的萌发实验发现，BSC的存在对砂蓝刺头种子的萌发具有显著的抑制作用，砂蓝刺头种子在藻类结皮、地衣结皮和藓类结皮

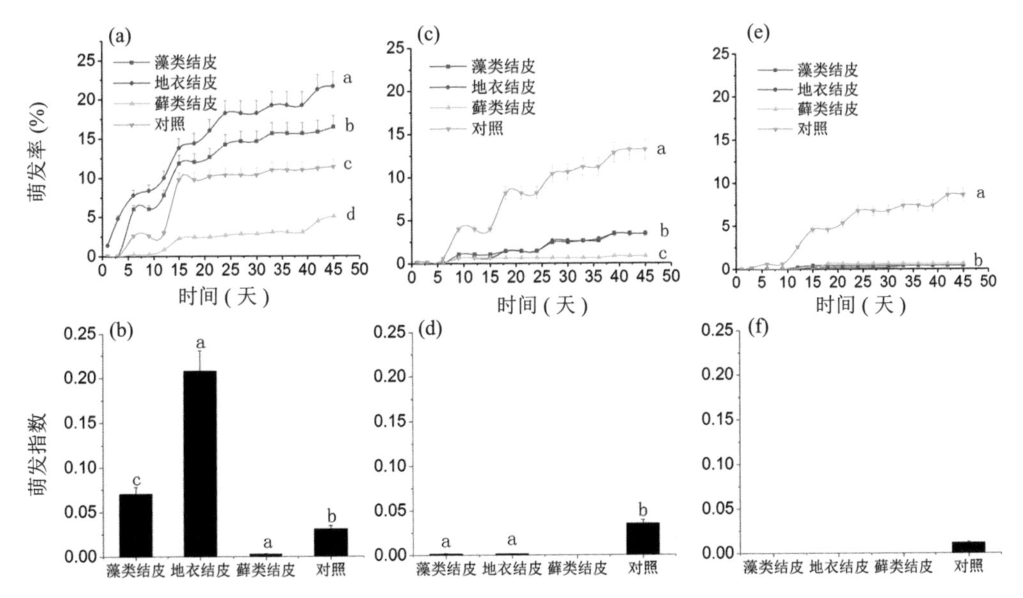

图4-72　不同植物种子在不同BSC类型上的累积萌发率与萌发指数

狗尾草（a、b），沙生针茅（c、d），驼绒藜（e、f）

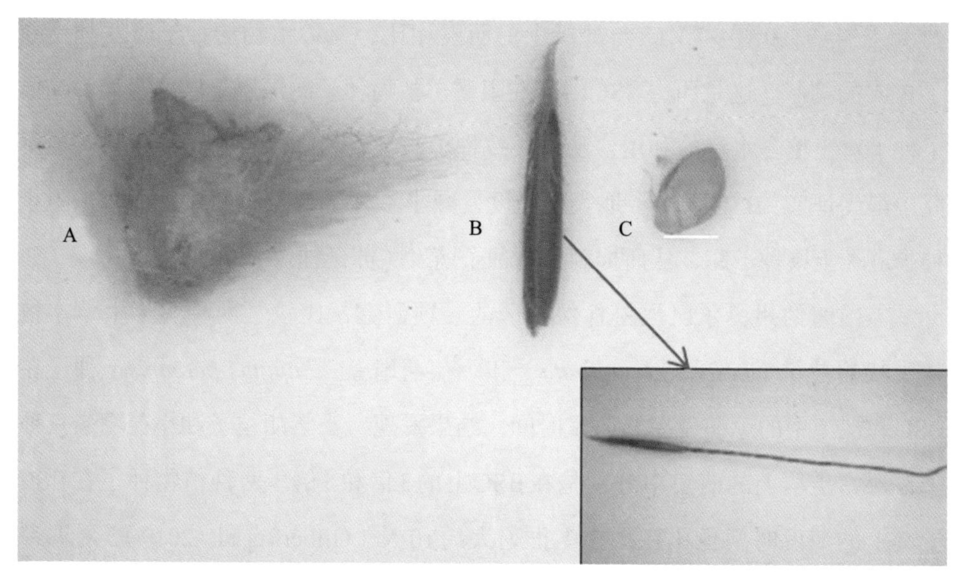

图4-73　三种供试植物种子的大小与形态比较

A、B、C分别为驼绒藜、沙生针茅和狗尾草的种子

三种BSC上的萌发率分别为23.3%、28%和12.2%，而出苗率更是不足3%，远低于裸沙表面萌发率（60.5%）和出苗率（58.9%）（王艳莉，2019）。然而，有研究认为，BSC中某些成分有利于维管束植物种子的萌发，比如蓝藻细胞分泌到周围的EPS在保护种子免受干旱等极端环境条件的压力方面发挥着重要作用（Pointing & Belnap 2012; Chittapun et al., 2017），这些物质能够形成微环境，通过缓冲渗透势来防止水分流失（Rossi et al., 2017），因此，科学家将蓝藻分泌的EPS与干旱植物种子混合，获得了更高的萌发率，说明蓝藻结皮对维管束植物种子萌发起到一定的促进作用（Xu, Rossi, et al., 2013; Xu, Sheng, et al., 2013; Muñoz-Rojas et al., 2018）。

人畜践踏、风蚀、沙埋、火烧和动物挖穴等干扰会缓解BSC对维管束植物种子萌发的抑制作用（李新荣等，2012; Song et al., 2017b）。对于生长于腾格里沙漠东南缘沙地的三种植物而言，干扰极大地提高了种子的萌发率（Song et al., 2017a)。其中狗尾草种子在破碎BSC上的萌发率提高最多，而沙生针茅种子与驼绒藜种子在移除BSC处理的土壤中萌发率提高最多（图4–74; 图4–75; 图4–76)。这种差异可能是由三种植物种子大小不同造成的，狗尾草种子较小，在BSC受到干扰破碎后能进入土壤，从而增加了与土壤的接触面积，进一步促进其萌发。中强度干扰与维管束植物种子形态特征共同影响种子萌发。而沙生针茅与驼绒藜种子较大，尤其是驼绒藜种子还具有绒毛，即使在破碎BSC处理上也只有少部分种子能够进入到土壤而正常萌发，大部分种子只能在移除BSC处理后，才能有更大的土壤接触面积。已有大量研究证明，干扰可以提高植物种子在BSC上的萌发（Hernandez & Sandquist, 2011; 宋光, 2018)。

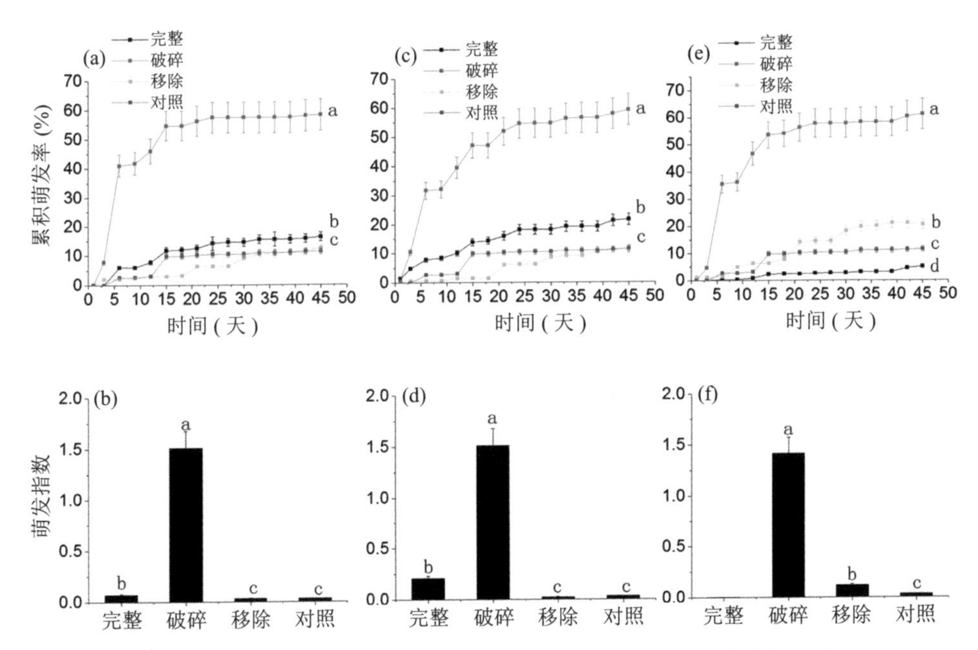

图4–74　不同干扰程度下狗尾草种子在不同BSC上的累积萌发率与萌发指数

藻类结皮（a, b），地衣结皮（c, d），藓类结皮（e, f）

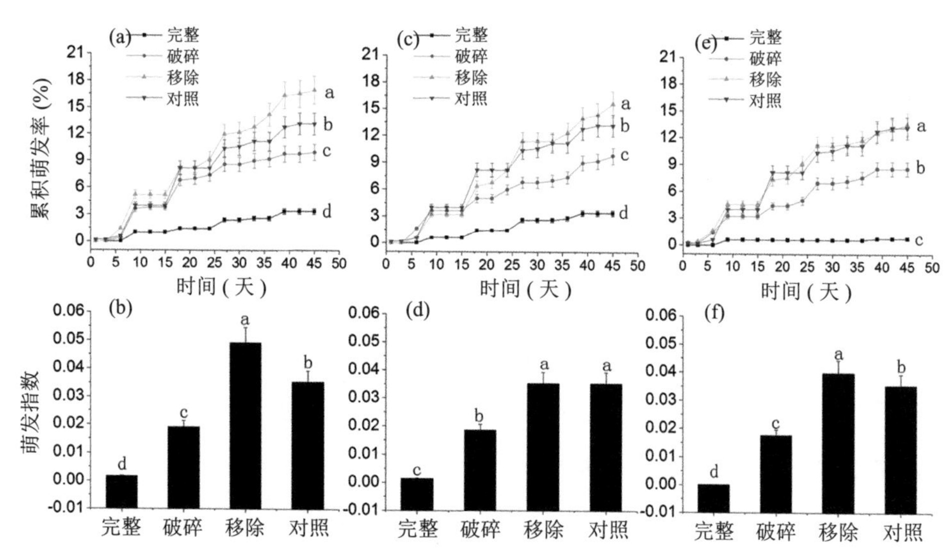

图4-75 不同干扰程度下沙生针茅种子在不同BSC上的累积萌发率与萌发指数

藻类结皮（a、b），地衣结皮（c、d），藓类结皮（e、f）

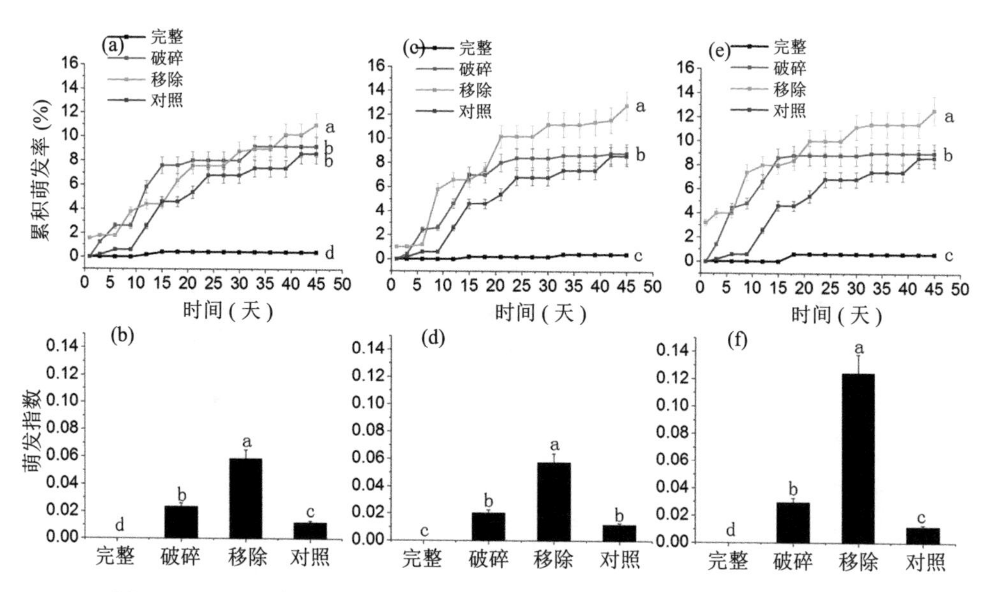

图4-76 不同干扰程度下驼绒藜种子在不同BSC上的累积萌发率与萌发指数

藻类结皮（a、b），地衣结皮（c、d），藓类结皮（e、f）

4.6.3 BSC对幼苗生长与定居的影响

在干旱半干旱区，维管束植物幼苗的存活并不能只依赖其自身特性，而是与其周围生境条件息息相关。已有大量研究认为，维管束植物种子一旦在BSC上萌发，BSC可能会为幼苗生存和生长提供有利条件。种子萌发和幼苗生长是植物发育的关键阶段，主要受水势、空气和土壤温度的影响。BSC通过改变土壤结构、孔隙度、养分和水分可用性等多种土壤特征来影响种子在土壤中的萌发以及幼苗和植株生长。在大多数情况下，由于土壤氮含量增加和有益物质（如EPS）的释放，BSC对幼苗生长产生积极影响。

西班牙的一项研究发现，与植物相比，BSC调节了无机氮的小尺度空间格局，为无机氮的空间分布创造了更为均匀的条件，这些结果可能对植物根系的养分获取方式和吸氮能力有重要影响。

BSC对维管束植物幼苗的这种促进作用因植物种而异。对于一年生狗尾草来讲，BSC的存在显著降低了狗尾草幼苗的死亡率。这是因为BSC能够截留一部分降水并将其保存在表层土壤，为狗尾草幼苗的生长提供一定的水分（Li, Zhang, et al., 2004, 2010），以及通过固碳、固氮作用为狗尾草幼苗提供养分支持（Castillo-Monroy et al., 2010; Elbert et al., 2012; 虎瑞, 王新平, 张亚峰, 等, 2015）。控制实验结果表明，沙生针茅在藻类结皮与地衣结皮上的死亡率显著高于对照组。这可能是因为沙生针茅种子较大，种子萌发后完全暴露在空气中，幼根也很难穿透BSC层而进入土壤，从而缺水死亡。与流沙相比，破碎和移除BSC均能够显著降低狗尾草的死亡率，这是因为即便BSC受到干扰或者被移除，在BSC（尤其是藓类结皮）下层形成的结构性土壤也会降低降水入渗速率，使得表层土壤含水量高于对照组。而对于还未在人工固沙植被区定居的沙生针茅来说，无论有无干扰存在，其在三种BSC上的死亡率与对照组的死亡率无明显差异（破碎藻类结皮）或者高于对照组（图4-77）。这是因为沙生针茅

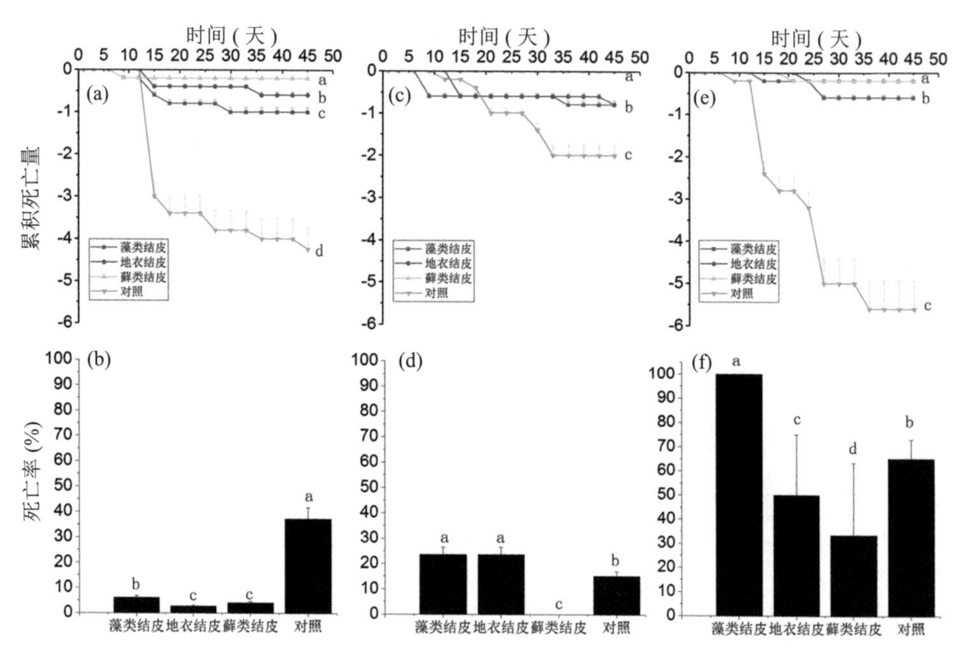

图4-77 不同植物在不同BSC类型上的累积死亡量与死亡率
狗尾草（a、b），沙生针茅（c、d），驼绒藜（e、f）

种子较大，即使在破碎或者移除BSC后也不能被土壤掩埋，萌发后的幼根暴露在空气中迅速缺水死亡。驼绒藜种子更大，理论上应该与沙生针茅死亡率情况相同，但是研究结果表明，其在破碎和移除BSC上的死亡率显著低于对照组。这可能是因为驼绒藜对水分的需求较高，而流沙在降水后表层水分一部分迅速向上蒸发，一部分无效水分向下入渗。尤其在实验后期，幼苗需水量增加后，流沙较差的保水性能导致驼绒藜幼苗缺水死亡。研究认为，BSC对植物幼苗存活的影响与植物种子的大小和质量有关，也与植物生活型相关（Eckert, 1986; Zamfir et al., 2000）。我们在腾格里沙漠的另外一项研究表明，不同演替阶段的BSC对冬季一年生砂蓝刺头种群具有不同影响，在BSC演替早期阶段的藻类结皮生境中，砂蓝刺头种群的密度和植株总生物量最高，而在演替后期阶段的藓类结皮生境中最低。不同演替阶段的BSC生境间幼苗存活率曲线的差异较小。

此外，在BSC演替的后期阶段，砂蓝刺头单株繁殖效率的降低，可能是其种群衰退的主要原因（Wang et al., 2019; 王艳莉, 2020）。

有研究认为，BSC受到干扰后，其有机体会释放出一部分养分，使土壤养分含量暂时升高，这可能会增加养分贫瘠地区的植物幼苗成功定居的概率（Beyschlag et al., 2008）。在沙坡头的研究表明，在BSC受到干扰后，一年生短命植物小画眉草与雾冰藜的密度、盖度和生长状况均优于在没有受到干扰的BSC上的状况，这可能归因于干扰增加了降水在BSC上的入渗量与入渗速率，使土壤中保持较多的水分，有利于浅根性一年生草本植物的生长。研究表明，干扰对植物生长的促进作用与干扰程度和干扰时间具有密切关系，狗尾草在轻度干扰的藻类结皮上的株高分别可以达到完整、移除藻类结皮上株高的1.9倍和1.6倍，说明BSC被移除后弱化了干扰对植物生长的促进作用。

对北美西部和中国古尔班通古特沙漠生态系统的研究表明，与缺乏BSC的相邻土壤相比，BSC覆盖土壤上本地植物物种的生物量更高（Zhang & Nie, 2011）。植物生物量积累对BSC的积极响应通常归因于BSC增加了土壤肥力，包括土壤有机质和无机氮含量增加（Ferrenberg et al., 2018; Havrilla et al., 2019）。在BSC中生长的披碱草（*E.elymoides*）和格兰马草（*B.gracilis*）叶片氮含量相对于裸露的土壤群落增加了，这可能表明BSC增加了植株对氮的吸收（Havrilla et al., 2020）。由于物种形态或生理特性的差异，植物从BSC中吸收或利用氮的能力可能不同。BSC对土壤氮肥力的贡献往往在土壤表层的几厘米处最大（Breen & Lévesque 2006; Gao et al., 2010; Zhao, Qin, et al., 2014），并且土壤深度的细微变化可能导致植物对氮素的吸收因植物根系结构的不同而不同。例如，与深根植物相比，BSC的存在对浅根或短命植物更有益（Defalco et al., 2001; Zhang & Nie, 2011）。研究人员在实验过程中，考虑到C3植物比C4植物的水分和氮利用效率低，因此假设BSC可以通过增加土壤含水量和养分的有效性，对C3植物幼苗的生长产生比C4植物更加积极的影响。然而实验结果显示，

BSC的存在只与某些C3植物（披碱草）和C4植物（格兰马草）的生长和叶片氮含量有关，与其他植物种并没有这种关系（Havrilla et al., 2020）。来自古尔班通古特沙漠的研究证明了BSC与维管束植物之间氮转运关系，BSC覆盖土壤比裸地土壤具有更高的标记氮浓度，并认为BSC促进了中国西北温带沙漠土壤和维管束植物之间的氮迁移（Zhuang, Downing, et al., 2015; Zhuang, Serpe, et al., 2015）。在内盖夫沙漠中的研究发现，BSC对一年生植物的生长具有双重作用：一方面BSC覆盖增加了沙漠地区丘间低地的土壤表面稳定性，从而使植被盖度和多样性更高；另一方面BSC降低了水分可利用性，使得一年生植物的单株生物量和繁殖性较低（Kidron et al., 2019）。

在干旱生态系统中，关键的限制资源（水）以脉冲事件（小概率事件）的形式运输，根据时间和数量的变化激发不同的初级生产者的活性（Collins et al., 2014），这使得不同初级生产者的活动分离，导致系统中的资源损失。该生态系统中的主要初级生产者是BSC中的光营养成分（蓝藻、藓类、地衣等）和维管束植物，但它们的活动往往在空间和时间上是分离的。BSC主要的作用是固定大气中的碳，在某些情况下也固定氮（Li et al., 2012; 张鹏等, 2012; Huang et al., 2014a; 虎瑞, 王新平, 潘颜霞, 等, 2015; 虎瑞, 王新平, 张亚峰, 等, 2015）。土壤表层空地上的BSC与土壤深层植物根系在空间上的异位分离意味着BSC释放的氮可能不被植物吸收。植物和BSC活动时间上的脱钩可能是因为各自所需的降水模式不同。只有大的降水量（>5 mm）才能充分增加维管束植物生根区的土壤含水量，从而激活植物光合作用（Huxman et al., 2004; Pockman & Small, 2010）。相比之下，BSC可以利用各种降水，非常小量的降水会导致碳的净损失，因为BSC没有足够长的时间保持活性来合成用于启动光合作用的碳（Dettweiler-Robinson et al., 2020）。在植物不活跃的时期，BSC产生或固定的氮可能会从系统中通过物理过程而流失（Belnap, 2002b; Veluci et al., 2006），如挥发、光降解和侵蚀、其他微生物驱动过程（Barger et al., 2016）。一种可能性是与植物根相关的真菌（RAF）介导BSC和植物之间的资源转移（Collins et al., 2014; Rudgers et al., 2018）。RAF包括暗隔内生真菌（DSE）和丛枝菌根真菌（AMF），它们被广泛认为是旱地植物生产力的重要驱动因素（Collins et al., 2014; Aguilar-Trigueros et al., 2014）。尽管BSC中也含有较低丰度的AMF（Porras-Alfaro et al., 2011; Aanderud et al., 2018; Qi et al., 2021），但BSC中主要的真菌是DSE。基因组测序研究表明，BSC和植物根际真菌群落之间存在大量重叠（Porras-Alfaro et al., 2011; Steven et al., 2014）。同位素标记研究表明，群落中BSC和植物之间的^{15}N迁移可能归因于真菌菌丝网络（Green et al., 2008; Zhuang, Downing, et al., 2015; Zhuang, Serpe, et al., 2015）。真菌循环假说的提出解决了BSC与维管束植物根系活动在空间和时间上的分离现象，真菌菌丝网络将时空分离的BSC和植物的资源动态联系起来，以提高生产力（Collins et al., 2014; Rudgers et al., 2018）。真菌位于或邻近两个生产者群体之间，植物根际和BSC共享25%－50%的真菌类群（Porras-Alfaro et al., 2011; Steven et al., 2014）。因此，这些共有的真菌有可能将植物与BSC联系起来。如果真菌在只有一些生产者活跃的条件下（如小雨之后）吸收水分或养分，然后在变得活跃时（如大雨之后）将这些资源输送给其他生产者，那么真菌可以暂时将植物和BSC的活动耦合起来（Zhuang, Downing, et al., 2015; Zhuang, Serpe, et al., 2015; Havrilla et al., 2019; Dettweiler-Robinson et al., 2020）。

4.6.4 BSC影响维管束植物的生物量分配

有部分研究发现，BSC对维管束植物生物量和生产力具有负面的（Thiet et al., 2014）和种特异性（Lan, Wu, et al., 2014）的影响，也有许多研究表明BSC对其正面积极影响（DeFalco et al., 2001; Langhans et al., 2010）。BSC对生物量产生的积极影响归因于BSC下土壤条件的改善，包括土壤持水量的增加、土壤有机质和无机氮含量的增加。因此，研究表明，相对于裸露土壤，生长在BSC中的植物使土壤的氮含量增加（Defalco et al., 2001; Langhans et al., 2010; Zhang & Nie, 2011），同时土壤也含有更高浓度的磷和其他矿物质营养素（Concostrina-Zubiri et al., 2013）。

BSC对维管束植物生长的促进作用大小是与BSC类型以及植物种的生活型密切相关的。例如，不同BSC对狗尾草和沙生针茅株高的促进作用为藓类结皮>地衣结皮>藻类结皮>流沙，而BSC对沙生针茅株高生长的促进作用远不如对狗尾草的大。从生物量积累的提高比例以及根茎生物量比均可以得到相同的结论，如狗尾草在藓类结皮上的地上生物量可以达到流沙上的4.9倍，而沙生针茅在藓类结皮上的地上生物量只达到流沙上的2.5倍（图4-78）。这是因为BSC不但可以通过减少降水入渗来提高表层土壤含水量，为维管束植物的生长提供相对充足的水分来源（Li et al., 2000; 张志山等, 2007; Wang, Li, et al., 2007; Castillo-Monroy et al., 2010），而且可以通过固氮（Belnap, Prasse & Harper, 2003; Li, Li, et al., 2007）、固碳（Elbert et al., 2012; Li et al., 2012）以及影响矿化作用来为维管束植物生长提供养分。研究证明，随着干扰程度的增加，BSC下层土壤对水分的保持能力逐渐降低，这可以从植物根茎比的变化趋势中得到证实。狗尾草与沙生针茅的根茎比在不同干扰程度BSC上从大到小依次为：移除BSC>破碎BSC>完整BSC。这是因为植物在干旱条件下具有比湿润条件更庞大的根系统，并且根冠比也随着干旱加剧而增加（Van Wijk et al., 2011）。在对BSC影响植物生产力的研究中发现，蓝藻结皮上，美国宾夕法尼亚州杨梅的根长和组织含水量与土壤含水量呈负相关（Thiet et al., 2014）。

与裸地土壤相比，在BSC中生长的披碱草和紫番荔枝（*A. purpurea*）的根冠比更低，在BSC存在的情况下，土壤养分有效性更高。随着土壤养分有效性的增加，植物对根的生物量分配通常会减少，这是因为植物对根的觅食需求减少（Van Wijk et al., 2011）。研究表明，与生长在裸露土壤中的植物相比，生长

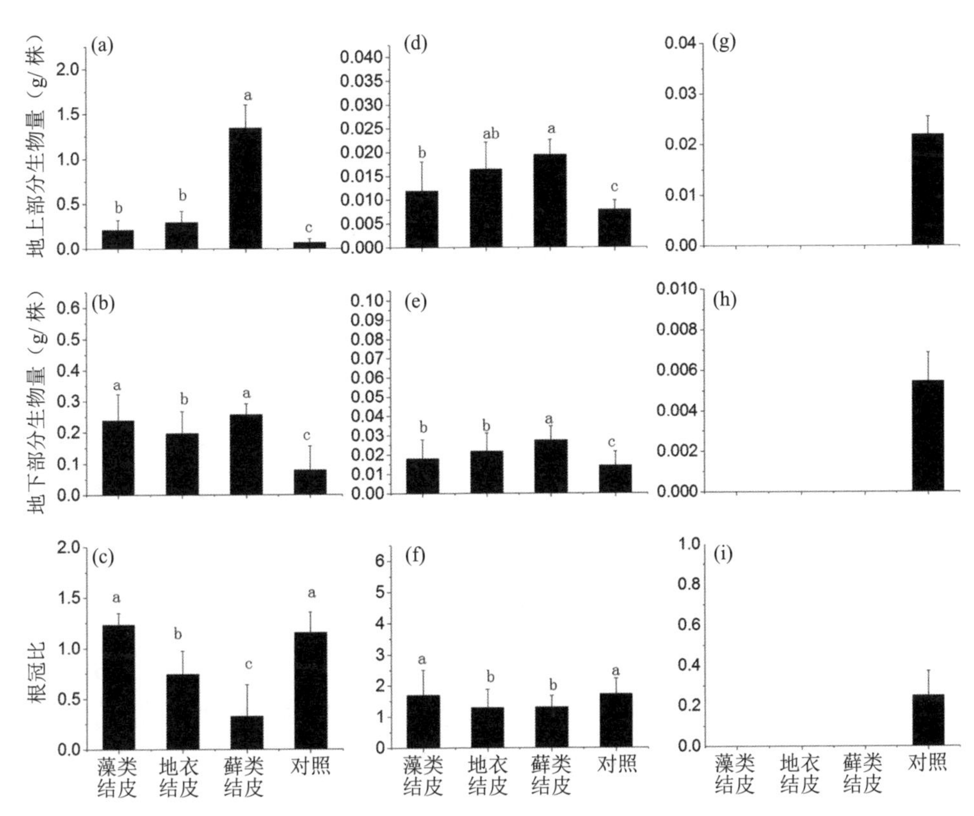

图4-78　不同植物种子在不同BSC类型上的地上生物量、地下生物量和根冠比
狗尾草（a、b、c），沙生针茅（d、e、f），驼绒藜（g、h、i）

在BSC中的植物往往具有较低的根冠比和较短的根系（Thiet et al., 2014; 宋光，2018）。BSC对根冠比影响的物种特异性与过去的研究一致，但根冠对BSC的反应并不总是积极的。有研究表明，尽管含有BSC的土壤中有机质和氮含量增加，但在含有BSC的固定沙丘中生长的植物的根冠比高于非固定沙丘（Liu et al., 2013）。在美国犹他州的研究发现，BSC与披碱草、格兰马草和玉蜀黍（*Zea mays*）的生物量和叶片氮浓度增加有关，如生长在BSC上的披碱草和玉蜀黍的生物量分别比裸地上高出28%和85%。此外，生长在BSC上的披碱草和玉蜀黍的叶片氮素浓度分别比裸地上高出32.3%和21.7%（Havrilla et al., 2020）。在

增加水分的条件下，BSC能够显著提高角果藜（*Ceratocarpus arenarius*）、涩芥（*Malcolmia Africana*）与狭果鹤虱（*Lappula semiglabra*）的生物量，但是对白梭梭（*Haloxylon persicum*）和膜果麻黄（*Ephedra przewalskii*）的生物量影响不显著（聂华丽等, 2008）。

4.6.5 BSC对维管束植物演替的影响

BSC的组成生物体（如地衣）在干旱半干旱区等极端环境中的拓殖被认为是土壤形成过程和植被原生演替的开始（Whitford et al., 2002; Schulze et al., 2005; 李新荣, 张志山, 等, 2016; 李新荣, 回嵘, 等, 2016），生物相互作用越来越多地被纳入植物群落理论以及群落如何应对加速的环境变化的预测依据中（Brooker et al., 2008; McCluney et al., 2012）。鉴于BSC对当前和未来气候变化和土地利用集约化的严重脆弱性，了解BSC对植物群落构建和结构的贡献对于预测群落演替如何应对全球气候变化有重要意义（Ferrenberg et al., 2015; Rodríguez-Caballero et al., 2018）。

对沙坡头地区的调查研究显示，人工固沙植物群落中现已分布大量狗尾草，这说明狗尾草已经通过了BSC的筛选作用，在人工植物群落中找到了合适的生态位，能与群落内其他物种很好地共存。三种BSC（藻类结皮、藓类结皮、地衣结皮）对狗尾草种子萌发、幼苗生长和生物量分配均无明显抑制。沙生针茅虽然出现在了人工固沙植被区，其幼苗在藻类结皮与地衣结皮上也有极少部分能够存活，但室内控制实验表明，完整BSC对沙生针茅种子萌发还具有一定的抑制作用。驼绒藜种子在萌发阶段即受到三种BSC强烈的抑制，这说明目前演替阶段的人工固沙植被系统尚不具备驼绒藜定居的适宜生态位。

BSC对群落中潜在植物种的促进或抑制作用取决于其受干扰程度。研究结果表明，与模拟强干扰相比，BSC可能对潜在的植物群落成员产生积极的影响，而这种作用的大小取决于BSC类型和植物性状。这一结果符合生态学假设，即一旦物种扩散的随机影响消失，增加的干扰或非生物胁迫可能会增加物种生态位分化过程的重要性（Jiang & Patel, 2008; Ferrenberg et al., 2013）和相互作用物种之间的竞争，并开始促进群落的构建（Bruno et al., 2003; Liancourt et al., 2005; Gross et al., 2010）。室内控制实验表明，对BSC的轻度干扰有利于狗尾草种子的萌发和幼苗存活，但对于沙生针茅与驼绒藜，强干扰才能提高其种子的萌发和幼苗的存活。这说明BSC的存在限制了沙生针茅与驼绒藜的空间生态位，强干扰才能为两者提供适宜的生态位。短时间来看，干扰提高了植物在BSC覆盖区域的萌发与定居概率，暂时提高了人工固沙植物群落生物多样性。但是长期干扰BSC会引起土壤养分的丧失，不利于植物的生长和生存，对整个人工植被的稳定造成威胁。

人工模拟增减雨的实验表明，增加降水后，上述三种植物的种子在干扰BSC上的萌发率显著提高，死亡率也相应降低。说明干扰为供试植物提供了空间生态位，而水分的增加为其提供了资源生态位。但是在完整BSC上，沙生针茅与驼绒藜空间生态位缺失，即使在增加降水的情况下，这两种供试植物种子萌发率也显著低于对照组；而减少降水情况下，即使存在适宜的空间生态位，沙生针茅与驼绒藜幼苗的死亡率也会显著升高，甚至全部死亡。但是已经定居的狗尾草，即使减少降水，也会有一部分幼苗在藓类结皮上完成生活史。因此，沙生针茅与驼绒藜在丰水年尤其是在出现空间生态位时，容易在人工植被区成功定居。但是在平水年，沙生针茅和驼绒藜很难成功定居在人工植被系统中。

人工固沙植被区经过近60年的发展和演替，其固定沙面BSC的盖度和物种丰富度显著增加，土壤生境得到改善，显著增加了入侵植物种与本地物种生态位重叠的概率。供试植物种在人工固沙植被区定居过程中会与生态位重叠的物种对水分和养分等资源利用和分配上产生强烈的种间竞争，降低了其成功定居的概率。这说明人工植被系统目前已经进入演替中后期，系统已经相对稳定，从而减缓了植物自然定居的速率。

沙坡头人工植被经过60年的演变，物种多样性与丰度都已经达到了相对稳定的状态，典型荒漠草原植物沙生针茅在人工植被区的发现，标志着沙坡头固沙植被从人工干预植被系统开始向着天然荒漠草原的方向发展。人工植被要向着更加稳定的顶级群落逐渐演替，必定会出现新物种的入侵和定居，在人工植被群落的物种出现与消失过程中，除了物种本身的特性外，植物种的演变和替代还与整个生态系统的生物组成和结构有关。BSC对植物种的自然定居起到了一定的物种筛选作用，促进了适应现阶段生境的植物种在群落中定居与存活，筛除和过滤了目前暂不适宜的植物种。通过研究人工固沙植被区发育的BSC对三种供试植物定居过程的影响机理，研究人员探明了沙地人工植被的演替方向，并从影响生态系统演替的视角阐明了BSC的存在对维护沙地生态健康的重要科学意义，有助于我们更好地通过人工干预来引导和加速植被的演替过程。

4.6.6 BSC对干旱生态系统植被格局的影响

维管束植物是干旱生态系统功能的主要贡献者，其中植被斑块增强了生态系统总体的多功能性，而BSC能够提高土壤稳定性、抵抗侵蚀以及调节斑块与空隙间的土壤含水量入渗，在旱地植物覆盖减少的地区，具有替代维管束植物的潜力。此外，BSC对与养分循环相关的多功能性的影响不显著，可能是BSC对系统中氮的储存和循环作用之间权衡的结果，BSC对土壤全氮有正效应，但对无机氮浓度，特别是植被空隙中无机氮的浓度有负效应（Zhang, Zhou, et al., 2016）。与养分释放、吸收和保存相关的功能特性可以同时增强养分循环过程，并削弱其他过程，这可能促使BSC群落在植被斑块和空隙中都产生了小尺度的土壤功能异质性和多功能异质性，并驱动干旱生态系统斑块格局的形成和演化

(Garibotti et al., 2018)。

土壤含水量有效性通过影响植物光合作用决定生态系统的能量流，从而影响干旱和半干旱区的植物生长与分布格局（Kidron & Aloni, 2018）。在这些地区，BSC通过改变土壤水文特性对土壤含水量有效性进行调控。在毛乌素沙地的研究中，发育良好的藓类结皮降低了土壤的渗透性，从而降低了深层土壤含水量，导致维管束植物的盖度降低。此外，BSC还抑制了前期土壤蒸发，又缓解了BSC对土壤含水量的负面影响。BSC的存在不仅影响了湿润期的水分入渗，还影响了干旱期的土壤蒸发，两者都改变了土壤含水量，从而导致维管束植物的生长和分布发生变化（Guan et al., 2019）。

先前的研究也表明，BSC的存在抑制了人工种植灌木的生长。在黄土高原的相关研究发现，BSC降低了维管束植物的土壤含水量有效性，从而减少了人工种植灌木的生长。研究人员还发现，由于BSC的存在，土壤含水量的变化导致植被从盖度较高的种植灌木群落（35%）转变为以草本物种为主的复杂群落，灌木盖度较低（9%）。这意味着BSC在干旱和半干旱生态系统中发挥着重要的生态作用和多功能性。然而，这并不意味着维管束植物完全被BSC所取代，稳定的群落通常包括灌木、草本和BSC。我们的研究发现，灌木、草本和BSC的盖度分别稳定在10%、35%和60%左右，灌木盖度相对稳定。BSC与维管束植物之间的竞争或共生关系取决于它们的相对位置。发育良好的BSC被认为是干旱生态系统的关键组成部分，因为它们不仅影响生态系统的功能（Maestre & Cortina, 2003; Castillo-Monroy et al., 2010），还提供了一个额外的物种间生态分化轴，促成小空间尺度上的异质性和生态位分配，最终决定一年生植物群落的结构和组成（Luzuriaga et al., 2012）。

研究人员通过建立三层土壤含水量与植被动态耦合的动态生态水文模型，分析探讨了BSC在旱地生态系统由灌木为主向草本为主过渡过程中的潜在作用。结果发现，BSC通过截留结皮层和浅砂层的更多降水，显著改变土壤中水分的再分配，从而更加有利于草本发育，而对灌木层的生长产生负面影响。草本层通过BSC获得的这种优势最终在该区域获得了更高的盖度（大约40%），而灌木层的盖度只占约20%，从而可以更好地保护干旱区地表免受风力和水力侵蚀（图4-79）。如果在模型中没有BSC的影响，这种向新的（以草本为主的）状态的转变是不可能发生的。我们的研究表明，BSC在影响恢复动态方面起着非常重要的作用，在旱地生态系统的研究中，研究BSC是至关重要的（Chen et al., 2018）。

另一项收集了全球旱地数据集的研究，分析了全球干旱区生态系统的多种稳态，结果认为，BSC可以通过稳定地表，从而间接促进维管束植物斑块形成，或者BSC斑块也可能会增加地表径流量而有利于维管束植物斑块获得更多水分。从BSC到维管束植物斑块的水平方向的水分再分配，也可能有利于一系列BSC与维管束植物斑块共存的混合状态，而不仅仅是以BSC斑块或维管束植物斑块为主的状态（Chen et al., 2020）。此外，一些干扰，如放牧、践踏、火烧和沙埋，可能会干扰甚至完全阻止生物信任的正反馈状态（Zaady et al., 2016）。

没有BSC影响的情况下，灌木主导的初始状态似乎是稳定的，但这实际上是一个过渡状态，因为在BSC的影响下，它最终会过渡到以草本为主的状态。

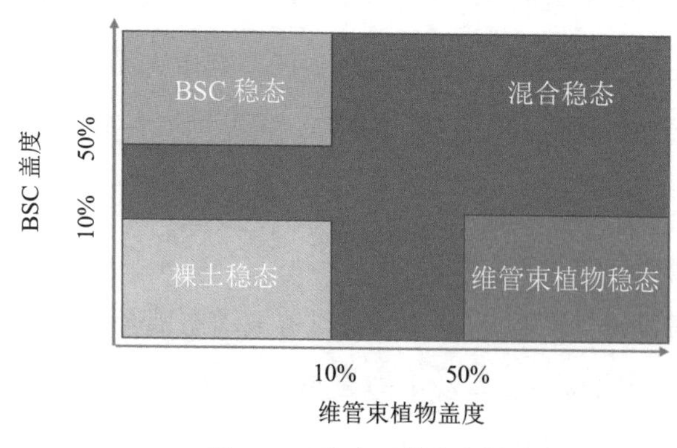

图4-79　生态系统稳态概念图示

即使BSC发育到一定程度后降低了灌木优势，但增加的优势草本层通常具有较高的植被盖度。灌木优势向草本优势的转变，减少了植被对深层土壤水资源的依赖，而深层土壤水资源在干旱气候和人类活动日益增加的影响（即灌溉和地下水枯竭）下已基本枯竭。这种可持续的草本层（尽管是一年生的）和BSC的光合作用能力可能有助于防止荒漠化，促进退化生态系统的恢复，并增加干旱生态系统的碳固存（Ransijn et al., 2015; Chen & Wang, 2016）。

4.6.7　BSC对外来植物入侵的影响

在干旱和半干旱生态系统中，由于人类活动的增加，外来入侵物种的潜在威胁有所增强。BSC在防止外来入侵植物方面可能发挥重要作用。研究发现，植物群落组成的变化通常归因于干扰，其通过降低本地维管束植物的竞争性来降低生物抵抗的强度（Besaw et al., 2011; Jauni et al., 2015）。对BSC的干扰也给外来物种的入侵提供机会。这些发现表明，BSC可能是半干旱生态系统中影响生物抗性的一个独特生物因素，在入侵理论中应予以考虑（Havrilla et al., 2020）。我们可以预期，在本地和非本地物种具有相似性状的情况下，作为强促进剂或抑制剂的BSC同样会影响本地和非本地植物物种的表现。然而，由于本地植物群落可能在BSC的存在下共同进化，并且可能已经经历了持续的促进或过滤过程，我们可能期望外来植物和本地植物的特性发生差异，并对BSC产生不同的反应。在腾格里沙漠进行的一项研究，采用室内控制实验，研究了三种BSC类型（蓝藻结皮、地衣结皮和藓类结皮）在两种干扰条件下（完整和被干扰）对驼绒藜和狗尾草这两种潜在外来植物扩张的影响。结果发现，BSC对这两种外来植物的扩张既有积极的影响也有消极的影响。与受到干扰BSC相比，驼绒藜和狗尾草在完整BSC上的萌发率分别降低了54%－87%和89%－93%，但是BSC的存在提高了土壤含水量和养分的有效性，显著促进了两种外来植物的生长高度和地上部分的生物量。因此，BSC可以抑制大尺寸或具有附属物种子的萌发，对外来植物种群的快速扩张具有较强的抑制作用，而对种子小而光滑的外来植物则具有较弱的抑制作用，这可能会减少外来物种繁殖的威胁。我们在沙坡头的研究发现，两种外来植物驼绒藜和狗尾草种子萌发率在藓类结皮上分别降低87%和93%，在地衣结皮上降低54%和89%，在蓝藻结皮上降低70%和95%（图4–80）。

狗尾草株高在完整BSC与干扰BSC间无显著差异，而在完整与干扰BSC上的株高均显著高于流沙（$p < 0.05, F = 15.755, df = 1; p < 0.01, F = 54.706, df = 1$）。在受干扰条件下，驼绒藜在苔藓结皮上的株高高于地衣和蓝藻结皮（图4–81）。

在干扰BSC上，狗尾草和驼绒藜的地上生物量随流沙→蓝藻结皮→地衣结皮→苔藓结皮的演替系列而逐渐增加。与流沙相比，狗尾草在苔藓结皮、地衣结皮和蓝藻结皮上的地上生物量分别增加了600%、300%和100%（图4–82a），驼绒藜地上生物量分别增加了700%、100%和100%（图4–82b）。在完整BSC上，狗尾草地上生物量也呈现随演替系列逐渐增加的趋势。然而，驼绒藜种子尺寸较大并多毛，这阻碍了它们在完整BSC上的萌发，导致缺乏完整BSC上的生物量数据（图4–82b）。

总的来说，BSC抑制了非本地物种种子的萌发，这种抑制作用可能部分解释了外来植物种子形态性状和BSC之间的物理性相互作用（Deines et al., 2007; Hernandez & Sandquist, 2011）。外来入侵一年生禾本科植物（如雀麦属、针茅属）的种子具有的长芒可减少或阻止种子与矿物土壤表面的接触，并可阻挡种子滑入BSC的小裂缝中，使土壤表面的种子容易被捕食，或因缺乏足够的水分使种子萌发（Morgan, 2006; Deines et al., 2007; Zhang & Belnap, 2015）。外来入侵植物种子的大小也可以影响BSC对其种子萌发的影响。例如，在澳大利亚西南部的草原上进行的一项研究发现，BSC对大种子的非本地草种比小种子本地

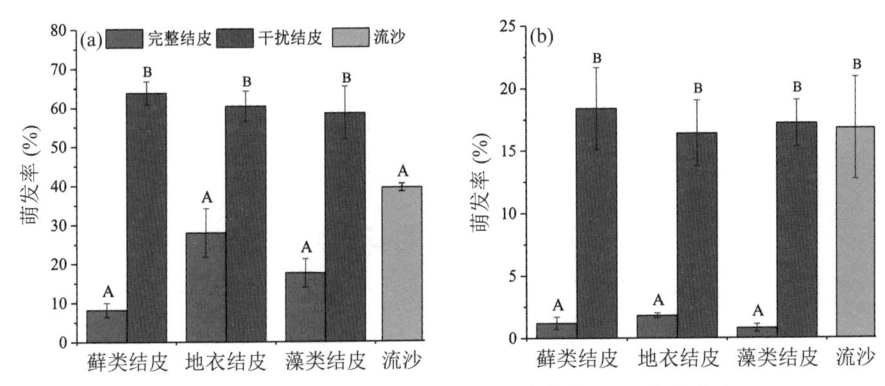

图4-80　不同处理下狗尾草（a）和驼绒藜（b）的萌发率

不同字母表示不同BSC处理间差异显著（$p < 0.05$）

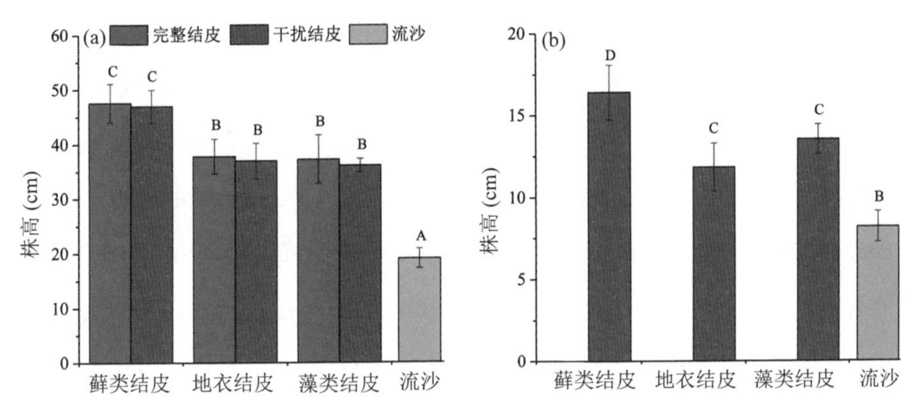

图4-81　不同处理下狗尾草（a）和驼绒藜（b）的株高

不同字母表示不同BSC处理间差异显著（$p < 0.05$）

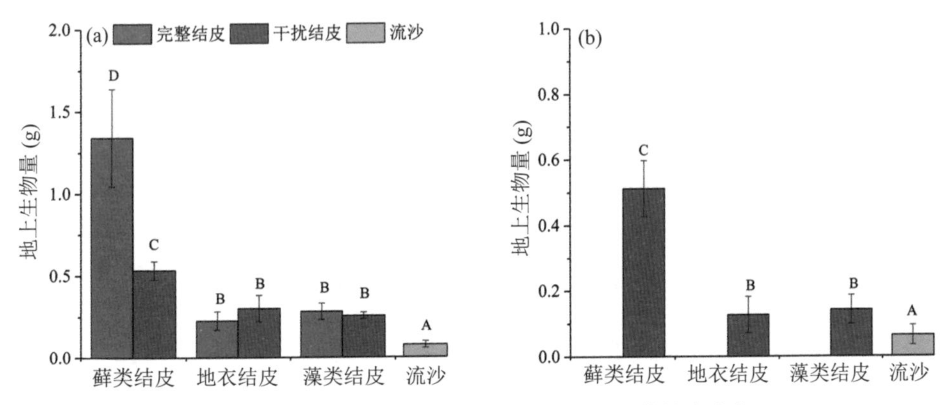

图4-82　不同处理下狗尾草（a）和驼绒藜（b）的地上生物量

不同字母表示不同BSC处理间差异显著（$p < 0.05$）

草种表现出更强的抑制作用（Morgan, 2006）。在美国西部的研究发现，BSC对冬季一年生入侵植物早雀麦的抑制作用沿着降水梯度从干旱区到半干旱区（年降水量250 mm为界）由强变弱，并认为这可能是由于半干旱区BSC和入侵一年生草种的生长模式或物种组成的变化引起的（Cellini, 2016）。

现有的大多数研究比较了BSC对外来一年生植物与本地多年生植物的影响。由于在关键资源不受限制的情况下，一年生植物通常比本地多年生植物具有更高的相对适应性（Van Kleunen et al., 2010）。这些结果还表明，完整的BSC群落可以通过抑制种子萌发来阻止外来草种入侵。然而，幼苗一旦成功定居，外来一年生植物可能比本地多年生植物更能利用土壤中的资源，从而提高竞争力。许多关于BSC对维管束植物定居的影响都来自对蓝藻或地衣组成的BSC类型的研究，在这些BSC类型中，蓝藻类一地衣结皮通常抑制植物种子萌发，而对BSC的干扰通常会提高本地和外来植物的萌发（Deines et al., 2007; Havrilla & Barger, 2018）。上述BSC对种子萌发的抑制作用主要归因于完整BSC对种子水分有效性的负面影响（Escudero et al., 2007; Serpe et al., 2008; Zhang, Nan, et al., 2010）。此外，在完整BSC上萌发的种子通常无法存活，因为BSC在物理和化学层面上抑制了幼苗根系渗透入土壤内部（Beyschlag et al., 2008; Serpe et al., 2008）。

我们研究对比了外来植物与本地植物在蓝藻结皮上的种子萌发与生长，发现本地植物小画眉草和茵陈蒿（*Artemisia capillaris*）与外来植物沙生针茅在蓝藻结皮上的种子累积萌发率均遵循以下模式：流沙>干扰BSC>完整BSC（图4-83）。小画眉草种子的累积萌发率在不同处理下的蓝藻结皮上的差异显著（$p < 0.001$），最大值出现在流沙上（45%），最小值在完整蓝藻结皮上（10%），受干扰的蓝藻结皮上的累积萌发率（21%）也高于完整的蓝藻结皮。多重比较结果表明，流沙上茵陈蒿种子的累积萌发率与两种处理下蓝藻结皮差异显著（$p < 0.01$），但干扰结皮和完整蓝藻结皮处理间差异不显著（$p = 0.152$）。

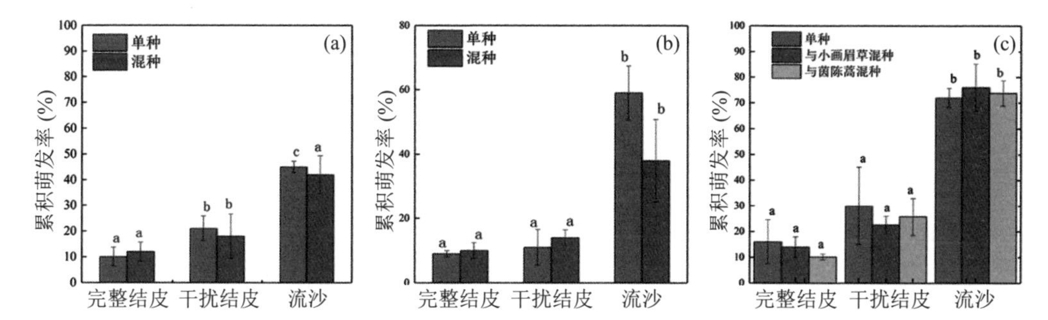

图4–83　不同蓝藻结皮处理下小画眉草（a）、茵陈蒿（b）、沙生针茅（c）种子累积萌发率
不同字母条表示不同BSC处理间差异显著（$p < 0.05$）

蓝藻结皮对外来植物沙生针茅种子的累积萌发率有显著的影响($p < 0.001$)，但物种组合（$p = 0.528$）或BSC处理 × 物种组合的相互作用对累积萌发率没有影响。单种和混种条件下，流沙上沙生针茅种子的累积萌发率最高，其次是干扰蓝藻结皮，完整蓝藻结皮上的萌发率最低。结合种子萌发时间过程（图4–84）与50%累积萌发时间（T50；表4–11），分析了蓝藻结皮对外来植物和本地植物种子萌发速度的影响。对于小画眉草而言，无论是否受到外来植物的影响，流沙（单种4.11 ± 0.51天和混种4.55 ± 2.24天）比完整（单种10.33 ± 1.94天和混种10.77 ± 2.55天）和干扰蓝藻结皮（单种6.84 ± 0.97天和混种7.66 ± 2.3天）上的种子萌发更快（表4–11）。

茵陈蒿种子在干扰蓝藻结皮与流沙上的T50差异不显著（$p > 0.05$）。相比之下，完整蓝藻结皮显著延迟了茵陈蒿种子的萌发，单种和混种分别需要13 ± 3.21天和17.88 ± 2.16天。对于外来物种而言，完整和扰动蓝藻结皮的T50差异不显著（$p > 0.05$），但流沙上的种子萌发速度快于完整和扰动蓝藻结皮上的速度，单种和混种萌发分别需要16.01 ± 1.02天和15.44 ± 1.69天（表4–11）。

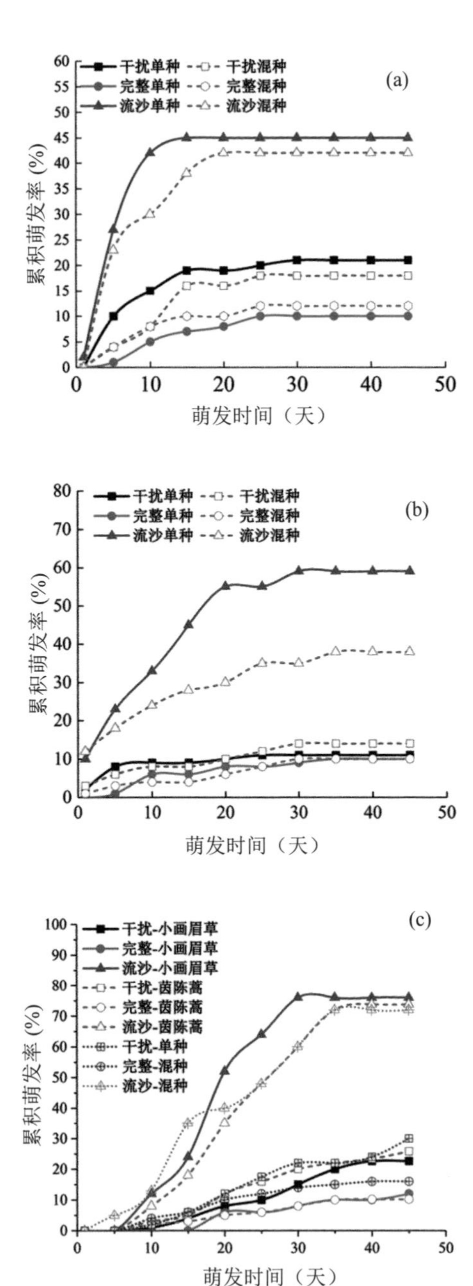

图4-84　不同的蓝藻结皮处理条件下小画眉草（a）、茵陈蒿（b）、沙生针茅（c）的种子萌发过程

表4-11　不同处理下外来和本地植物的累积萌发率达到50%的时间（T50）

物种	处理	完整 BSC	干扰 BSC	流沙
小画眉草	单种	10.33 ± 1.94a	6.84 ± 0.97b	4.11 ± 0.51c
	混种	10.77 ± 2.55a	7.66 ± 2.3b	4.55 ± 2.24c
茵陈蒿	单种	13 ± 3.21a	5.22 ± 2.13b	6.11 ± 1.75b
	混种	17.88 ± 2.16a	7.66 ± 1.6b	5.88 ± 2.12b
沙生针茅	单种	21.44 ± 2.31a	22.27 ± 1.65a	16.01 ± 1.02b
	与小画眉草混种	20.11 ± 1.74a	20.63 ± 2.31a	15.44 ± 2.03b
	与茵陈蒿混种	23.22 ± 2.18a	20.24 ± 2.07a	15.44 ± 1.69b

注：不同小写字母表示不同处理间T50在0.05水平下差异显著。

随着蓝藻结皮盖度的降低，小画眉草的地上生物量有增加的趋势（图4-85）。与沙生针茅混种后，小画眉草的地上生物量显著降低。茵陈蒿在单种条件下，干扰蓝藻结皮上的地上生物量最高。在单种和混种试验中，完整BSC和流沙之间的生物量也存在显著差异（$p < 0.001$）。结果表明，两种本地植物与外来草混种后，其地上生物量均显著降低（图4-85）。温室试验表明，BSC将构成干旱生态系统的生物屏障，并在该生态系统抵御外来植物入侵中发挥积极作用。

相比之下，由地衣和藓类组成的BSC似乎对植物的影响不同于蓝藻类－地衣结皮。完整的地衣－藓类结皮对本地植物萌发的影响有正向的也有负向的，这可能是由维管束植物的特异性决定的（Deines et al., 2007; Hernandez & Sandquist, 2011; Godínez-Alvarez et al., 2012），但是，完整的地衣－藓类结皮对外来入侵植物的种子萌发通常会产生抑制作用（Hernandez & Sandquist, 2011）。值得注意的是，已有的研究大多是在人工环境中进行的，或者只纳入了少数本地或外来物种（Deines et al., 2007; Godínez-Alvarez et al., 2012）。在为数不多的一项田间试验中，评估了地衣－藓类结皮对多个本地植物种和外来入侵物种的影响，结果发现与本地物种相比，外来入侵物种从干扰后的BSC中获益更多（Hernandez & Sandquist, 2011）。研究结果表明，干扰降低了BSC对外来物种的生物抗性，促进了物种入侵（Von Holle & Simberloff, 2005）。此外，鉴于某些BSC和外来植物之间的相互作用机制随植物个体发育而变化，未来研究应关注BSC不同发育阶段对入侵物种的影响（Prasse & Bornkamm, 2000; Serpe et al., 2008; Zhang, Nan, et al., 2010; Godínez-Alvarez et al., 2012; Song et al., 2017）。

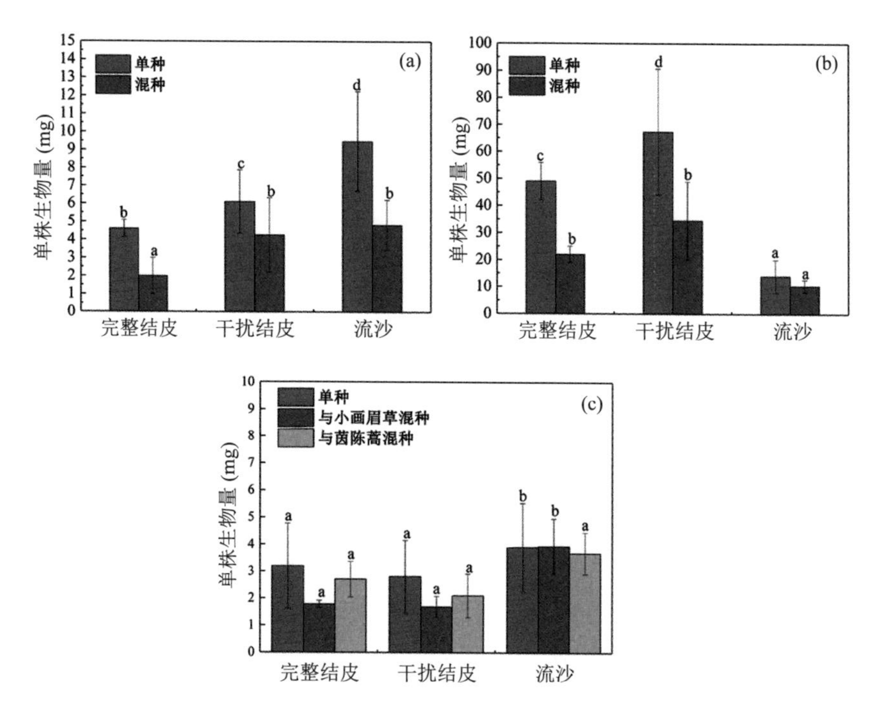

图4-85 单种与混种的小画眉草（a）、茵陈蒿（b）、沙生针茅（c）个体生物量比较
不同小写字母表示不同处理间个体生物量在0.05水平上存在显著差异。单个生物量为一盆内所有植物生物量的平均值

4.7 BSC生态系统多功能性对全球气候变化的响应

4.7.1 BSC生态系统多功能性的重要意义

联合国政府间气候变化专门委员会（IPCC）第五次报告指出，1880—2012

年全球温度平均升高了0.85℃，北半球高纬度地区增温更明显，预计到21世纪末将增温0.3－4.8℃。气候变暖将导致极端天气和气候事件发生频率增加（IPCC, 2013），同时将导致包括降水量、降水频率、降水强度和降水分布等在内的降水格局变化（Swemmer et al., 2007）。降水变化将会对土壤、植被、水文和土地荒漠化等多方面产生影响（朱雅娟等, 2012）。在全球尺度上，干旱和半干旱区占全球陆地表面积的40%左右，但对于未来气候变化是否影响以及如何影响这些地区生态系统，在学术界仍然存在争议。有研究认为，未来气候变化将加速干旱区面积扩张（Huang et al., 2016）的同时，也会对干旱区生态造成潜在威胁（Huang et al., 2017）；但也有研究认为，未来气候变化下干旱区会出现多面性的变化（Lian et al., 2021）。遗憾的是，已有研究大多忽略了BSC的存在及其作用，这也可能是导致研究结果不确定的原因之一。为了解决这一不确定性，需要制定科学应对策略，对生态系统的关键组分及其对气候变化的响应进行全面而深入的研究。

大量研究也已证实，旱地生态系统的多功能性在很大程度上取决于生物群落（包括BSC中藓类、地衣和蓝藻的微小植被）的多样性及斑块大小（Bowker et al., 2011; Bowker et al., 2013; Webber et al., 2016）。根据相关研究的估算，BSC全球盖度达到12.2%。尽管存在显著的地区差异，BSC对全球净初级生产力（NPP）和氮固定的贡献不容小觑，达到约0.58（0.31－0.84）$Pg \cdot C \cdot a^{-1}$和约24.39（3.14－45.63）$Tg \cdot N \cdot a^{-1}$（Rodríguez-Caballero et al., 2018），这两个值与另一研究的估值0.59 $Pg \cdot C \cdot a^{-1}$和25.7 $Tg \cdot N \cdot a^{-1}$很接近（Elbert et al., 2012）。BSC在很大程度上被视为独特的一个实体，并且目前的研究主要在多年生植物之间的间隙分布，这限制了目前对其作为生态系统功能驱动力的作用及其与维管束植物相比的相对贡献的理解（Garibotti et al., 2018）。通过检验土壤水动态、养分循环和侵蚀潜力相关的9种生态系统功能变化，发现维管束植物和BSC对不同关键生态系统功能的发挥和多功能性维持具有特殊作用，BSC可替代维管束植物起到稳定土壤和调节间隙水的作用。BSC极大地促进了植被斑块和空间功能的小规模异质性，因此，除了全球尺度，考虑更小尺度中的BSC在不同区域范围内的功能及其变化也尤为重要。

有研究调查了中国北方干旱梯度沿线2200千米的植物多样性、土壤细菌多样性、BSC和土壤多功能性（SMF）的地理格局，并评估了BSC发育如何调节与碳、氮和磷循环相关的多种土壤功能（Su et al., 2021）。研究发现，植物物种丰富度和SMF随着干旱度（I–AI）的增加呈线性下降，但干旱区和半干旱区土壤细菌多样性和BSC与干旱度的关系存在差异；植物多样性和土壤细菌多样性在干旱区随BSC发育指数（BSCDI）呈线性增加，在半干旱区随BSCDI呈线性下降。植物种类和土壤细菌多样性都对干旱区的SMF产生了积极影响，但土壤细菌多样性和植物种类并不能解释半干旱区SMF的任何变化。最重要的是，BSC发育对干旱区的SMF产生直接影响，但对半干旱区土壤仅通过改变微生物生物量碳产生间接影响。这些研究结果表明，BSC作为旱地的基本组成部分，对SMF的影响和影响途径在干旱和半干旱区是不同的，在水分变化情况下，BSC发育可通过调节微生物群落和影响植物物种促进SMF的改善。在高寒的青藏高原中部，通过对来自BSC的碳/氮固定动能团的高通量测序和多样性的多个方面（即丰富度、均匀度和系统发育相关性状差异）评估，以及土壤功能的7个关键变量来计算土壤多功能性发现：综合生物多样性指数是更强的预测因子，多样性不同方面的不同表现决定了每个功能群对SMF的影响（Li et al., 2021）。此外，物种水平的功能意义评估给出了关于每个功能组中的权衡和冗余的重要线索，解释了多样性影响的不同模式。丰富度是固氮菌最大化SMF的主要因素，而系统发育差异是光养生物必不可少的，从而进一步强化了BSC生物多样性与生态系统功能间的紧密关系。

此外，更为重要的是，以藓类、地衣和蓝藻为主的BSC群落在地表的拓殖与发育，不但在支持生态系统多功能性方面发挥着关键作用，而且可以显著缓解未来干旱加剧对生态系统多功能性的负面影响（Delgado-Baquerizo et al., 2016; Su et al., 2020），增强土壤氮循环抵御温度变化的能力（Delgado-Baquerizo, Covelo, et al., 2013）。氮输入增加和不断变化的降水格局将导致旱地多种生态系统功能的急剧变化，如养分循环、有机物质分解和气体交换的变化。作为旱地的基本组成部分，BSC在调节多种生态系统功能对全球环境变化的响应中发挥着重要作用。然而，目前我们对与不同类型BSC相关的微生物群落在调节多种生态系统功能对全球变化的响应方面的作用知之甚少。因此，我们进行了一个微观实验，以评估BSC的形成在调节降水频率和氮添加对土壤多功能性影响中的作用，包括对养分有效性、温室气体通量和酶活性的影响。与不同地衣物种相关的特定微生物群落的相对丰度，调节了土壤多功能性对降水频率（负）和氮添加（正）影响的响应。我们的研究结果表明，BSC可以调节全球变化对旱地土壤多功能性的影响，尽管BSC物种的强度和方向各不相同。这些发现强调了保护BSC作为干旱区微生物遗传资源和生态系统功能的保护热点的重要性。

有学者收集了全球59个旱地生态系统的土壤（但不包括中国典型干旱区土壤），研究了微生物群落作为土壤多功能性抵抗气候变化和氮肥的预测因子的重要性（Delgado-Baquerizo et al., 2017）。结果发现，土壤多功能性对干湿循环的抵抗力低于对变暖或氮沉积的抵抗力。土壤多功能性受微生物组成变化（系统发育的相对丰度）的调节，但不受丰富度、真菌和细菌的总丰度、真菌和细菌比例的调节，从而强调了全球尺度上，微生物群落组成对缓冲全球旱地变化影响的重要性。与裸地相比，BSC群落物种总是促进多功能性。多功能性响应的强度和方向因BSC群落物种而异。与不同BSC群落物种相关的微生物群落，推动土壤多功能性对全球变化的响应。因此，我们需要保护BSC以保护土壤微生物遗传资源和生态系统功能。

然而，基于调查和环境模型分析的研究发现，BSC对由于人类活动引起的气候变化和土地利用变化的响应远比维管束植物强得多，目前覆盖地球陆地表面约12%的BSC在65年内减少约25%－40%，由此可能会大大减少微生物对氮循环的贡献，并增加土壤粉尘的排放（Rodríguez-Caballero et al., 2018）。这打破了以往我们对BSC气候变化耐受性的认知，尽管之前已有一些研究表明了BSC较强的环境变化敏感性（Reed et al., 2012）。预测结果同时显示，目前BSC的变化主要是由降水、温度和土地管理共同驱动的，预计未来的变化将以相似的比例受到土地利用和气候变化的影响。气候变化和物理干扰对BSC生物群落影响的等同效应也被其他研究者的工作所证实，但是这可能与特定的研究环境和实验方法有关（Ferrenberg et al., 2012）。因此，全面科学评估BSC生态系统功能对全球气候变化的响应趋势和程度，并提出响应和适应对策，是国际BSC研究面临的挑战。

4.7.2 BSC不同生物组成对全球气候变暖的差异性响应

荒漠区气候变暖已成为不争的事实，至2050年，我国西北荒漠区的气温将升高1.9℃－2.3℃，而降水的变化存在一个较大的不确定性（Qin, 2002）。但是我国极端干旱和干旱区的降水量总体上呈增加趋势，而半干旱和半湿润区的降水量总体上呈减少趋势（朱雅娟等, 2012）。来自中国科学院沙坡头沙漠研究试验站的长期监测结果显示，沙坡头地区的降水量在近60年内呈减少趋势（李新荣, 张志山, 等, 2016; 李新荣, 回嵘, 等, 2016）。我们经过十余年的增温减雨实验，发现BSC组成群落中优势种对气候变暖的响应差异很大，长期的增温对以蓝藻为优势种的群落各成分影响不明显，对地衣群落各优势种的影响也没有显著差异，但对藓类群落优势种影响明显，主要体现在一些优势种的退出，与蓝藻和地衣相比，藓类生物量和盖度明显减少，这可能与增温和降水减少使藓类光合固碳优势降低、有效湿润时间减少，出现碳亏缺有关（Li, Zhou, et al., 2018; Li et al., 2021）。

来自西班牙中部8年的田间控制实验的数据表明，气候变暖减少了以地衣为主的BSC盖度、丰度和均匀度，但促进了藓类的生长，实验评估了增温、降水变化及其组合如何影响最初具有低（< 20%）和高（> 50%）盖度的BSC。增温降低了原始BSC盖度较高的样地（high initial biocrust, HIBC）地块中BSC的丰度（35.6%）、多样性（25.8%）和盖度（82.5%）。在这些地块中，藓类的存在和丰度随着时间的推移而增加，它们的增长率远低于地衣死亡的速度，因而导致BSC覆盖的净损失。平均而言，变暖导致 HIBC中物种的丰度（64.7%）和存在（38.24%）减少。随着时间的推移，地衣和藓类在HIBC地块上定居，但对地衣而言，这一过程因气候变暖而受到阻碍。以地衣为主的BSC的盖度和多样性随着气候变暖而减少，这将降低旱地的能力，例如旱地封存大气二氧化碳并提供与这些群落相关的其他关键生态系统服务的能力（de Guevara et al., 2018）。

4.7.3　BSC固碳作用对全球气候变化的响应

BSC在荒漠土壤－大气界面碳交换中扮演重要角色。来自古尔班通古特沙漠的研究结果表明，BSC在土表的发育显著阻碍了土壤二氧化碳向大气的释放，地表BSC能有效减少1/4－1/2的土壤碳释放，显著影响土壤—大气界面碳交换过程（Su et al., 2013）。在这一生态过程中，自然条件下土壤含水量和温度的耦合关系起着关键作用。温度变动（10℃－30℃）对BSC的光合作用无显著影响，但温度的升高却能显著刺激土壤呼吸；相反，低温能延长BSC光合活性时间，增加BSC发育土壤的碳截获量。这一结果显示，早春融雪和积雪覆盖期可能是该地区BSC发育土壤碳截获的主要时段。

尹本丰等（2016）研究了灌丛的移除造成的温度波动加剧了冬季低温对BSC中藓类植物的伤害。灌丛的部分移除（50%）对齿肋赤藓的生理生化特性影响不显著，就积雪融化期叶绿素荧光活性持续时间而言，与自然灌丛和移除50%灌丛相比，完全移除灌丛的齿肋赤藓植株叶绿素荧光活性持续时间明显缩短。这可能是灌丛移除导致其UV–B辐射增加及“湿岛效应”消失所致，UV–B辐射的增加加剧了对植物的伤害，而春季融雪期保水能力的下降也是其叶绿素荧光活性时间缩短的重要原因。

4.7.4 BSC固氮作用对全球气候变化的响应

固氮物种对大气化学和气候有很大影响，能将地球的氮循环与生物圈中的微生物活动紧密耦合。一氧化氮和亚硝酸高度相关，影响低层大气的自由基形成和氧化能力，还与气候变化相互作用。然而，它们的来源并没有受到很好的限制，特别是在占全球陆地表面主要部分的干旱区。通过对BSC固定氮代谢过程研究，发现BSC是一氧化氮－氮和亚硝酸－氮的排放源（Weber et al., 2015）。深色蓝藻占主导地位的BSC具有最大的通量，比邻近的无BSC覆盖土壤高约20倍。根据实验室、野外和卫星测量数据，获得了每年约1.7 Tg的全球BSC活性氮排放的最佳估计值（一氧化氮－氮为1.1 $Tg \cdot a^{-1}$，亚硝酸－氮为0.6 $Tg \cdot a^{-1}$），约等于全球自然植被下土壤中氮氧化物排放量的20%。在陆地尺度上，非洲和南美洲的排放量最高，欧洲最低。干旱区活性氮的排放主要是由BSC而不是底层土壤驱动的。由于BSC的排放强烈依赖于降水，影响降水分布和频率的气候变化可能对活性氮的陆地排放和相关的气候反馈效应产生强烈影响，加速干旱区氮循环。

有学者研究了增温后BSC下层土壤氮转化特征、关键酶活性和功能基因丰度，明确了BSC对下层土壤氮转化过程具有重要的调节作用，发现藻类结皮的繁衍和拓殖促进了土壤的硝化过程，并通过改变土壤酶活性和功能基因丰度来影响土壤氮转化对增温的响应（Hu et al., 2020）。

土壤氮转化过程与温度和水分密切相关，气候变化（增温减雨）能够对土壤氮转化产生深远影响。由于生态系统间的差异，土壤氮转化对增温的响应特征存在很大差异，即使如此，大多数研究也主要集中在农田、森林和草地生态系统，对于受水分限制的荒漠生态系统的研究鲜见报道（Dijkstra et al., 2010）。然而，全球30%氮的释放来自该区域，因此，BSC参与的土壤氮转化过程对增温的响应已成为研究的核心。已有的单一室内控制实验未考虑荒漠区温度和降水的年内以及年际的异质性，不足以真实反映BSC－土壤氮转化对气候变化的响应特征。此外，土壤酶活性和微生物功能基因在土壤氮转化中起着至关重要的作用，对气候变化较为敏感（Gallet-Budynek et al., 2009; Nannipieri et al., 2012）。因此，对BSC下层土壤氮转化关键酶活性和功能基因丰度的研究，有助于我们从不同层面揭示以BSC为主的土壤氮转化对增温的响应机制。

增温减雨显著抑制了藓类结皮－土壤氮转化速率和胞外酶活性，降低功能基因丰度。而藻类结皮－土壤胞外酶活性虽然受到抑制，但与硝化过程密切相关的功能基因丰度在增温减雨后呈增加趋势，土壤硝化速率明显增加。除了功能基因丰度降低外，无BSC土壤氮转化和胞外酶活性无明显变化。由此可见，增温减雨显著抑制了BSC下层土壤氮素转化过程。增温后土壤含水量明显减少，降低了参与氮转化过程的微生物的活性。一方面，由于增温减雨不利于藓类结皮的生长（Li, Jia, et al., 2018），使其丧失了对土壤含水量的调节作用，造成藓类结皮的土壤氮转化速率明显降低。另一方面，增温减雨后，藻类结皮土壤高温低湿的环境增加了土壤的通气性，有利于有氧微生物的活性，进而促进了土壤的硝化过程（Yu & Ehrenfeld, 2009）。因此，土壤氮转化过程对气候变化的响应是由BSC所介导和调节的，但是增温条件下，特别是在沙漠地区，BSC下层土壤氮转化的驱动机制是什么？

从土壤酶活性方面来看，增温减雨后，由于土壤含水量的降低，微生物可能减少了酶的合成和分解，酶活性显著降低（Vogel et al., 2012）。此外，由于

BSC的繁衍和拓殖增加了土壤的养分，BSC土壤中表现出较高的酶活性（Liu et al., 2014）。从功能基因水平来看，与铵化过程相关的功能基因对增温较为敏感，随着温度的升高，编码脲酶和谷氨酸脱氢酶的基因丰度显著下降。但是硝化过程中的关键编码基因丰度却有所增加，特别是蓝藻结皮中编码单加氨氧酶的基因对增温不敏感，表明温暖干燥的环境可以促进土壤的硝化过程。可以看出，增温减雨减少了土壤微生物氮铵化过程而不是藻类结皮中硝化过程中功能基因的丰度，说明BSC可以通过调节土壤微环境来影响氮循环。综上所述，增温减雨抑制了BSC土壤氮转化过程，主要是通过降低酶活性以及功能基因的丰度来实现，然而BSC在驱动土壤微生物功能转变和影响氮循环中起关键作用。

4.7.5 BSC化学计量对全球气候变化的响应

剧烈的降水变化，特别是强干旱，可能会导致全球旱地土壤养分循环的解耦（Delgado-Baquerizo, 2013）。吴旭东等（2020）以自然降水为对照，通过使用遮雨棚和喷灌系统控制降水输入，开展增水和减水实验，研究了降水量变化对荒漠草原BSC化学计量的影响，结果表明：（1）减水处理增加了BSC层碳－氮、碳－磷和氮－磷的比例，增水处理增加了BSC层下垫面碳－氮、碳－磷和氮－磷比例；（2）减水处理增大了BSC层与下垫面之间碳含量的差异，同时减小了氮和磷含量的差异，增水处理增大了BSC层与下垫面之间氮和磷含量的差异，减水处理有利于BSC层碳的积累，而增水后BSC层中磷的有效性降低；（3）适宜的土壤含水量条件促进了BSC层及下垫面土壤微生物量碳和土壤微生物量氮的积累，而过高的降水量导致土壤养分损失，不利于土壤微生物量碳和土壤微生物量氮的积累。相对干旱的土壤环境有利于BSC层土壤碳、氮的富集，为土壤微生物呼吸提供较多的营养物质，有利于土壤微生物量碳和土壤微生物量氮的积累。因此，在中国北方荒漠化地区，BSC和下垫面的碳、氮、磷的化学计量对降水量有不同的响应。

4.7.6　BSC水文功能对全球气候变化的响应

水的捕获和使用对构成地球上最大的生物群落的旱地至关重要。旱地土壤支持丰富的BSC，因为它们调节水的输送和保留，并越来越重要。有研究综合了全球109份出版物中的2997项观察结果，分析了BSC对水文过程的主要影响（Eldridge et al., 2020）。结果表明，增加BSC的覆盖缩短了水分在地表积聚时间（40%），缩短了初始产流时间（33%），减少了入渗（34%）和沉积物产量（68%）（图4–86）。当BSC盖度超过这一值时，其对吸附性或径流率/量没有显著影响，但能增加水分储存（14%）。在微小尺度上渗透下降最多（56%），在大尺度上水分储存最大（36%）。BSC类型（蓝藻、地衣、藓类、混合）、土壤质地（沙子、壤土、黏土）和气候带（干旱、半干旱、亚湿润干燥）差别不明显。随着全球气候变暖加剧，这些信息对于提高我们管理日益减少的旱地供水的能力至关重要。

为厘清BSC对气候变暖的水文学响应及对荒漠系统水量平衡的影响，我们利用开顶式增温减雨装置进行长达10年的长期模拟研究，以入渗、凝结水和蒸发量变化作为BSC水文功能的代用参数。研究发现，增温伴随降水的减少显著地改变藓类在BSC群落中多度、盖度和生物量。相对而言，对蓝藻和地衣在BSC群落中的组成和结构影响不显著。由于BSC群落的种丰度、多度、盖度和生物量在很大程度上由藓类决定，气候变化导致的BSC群落的这种变化直接降低了BSC对凝结水的捕获，增加了入渗，增大了地表蒸发，减少了表土层含水量，最终将改变原来水量平衡，限制草本植物的繁衍和定居，对生态恢复产生不利影响。

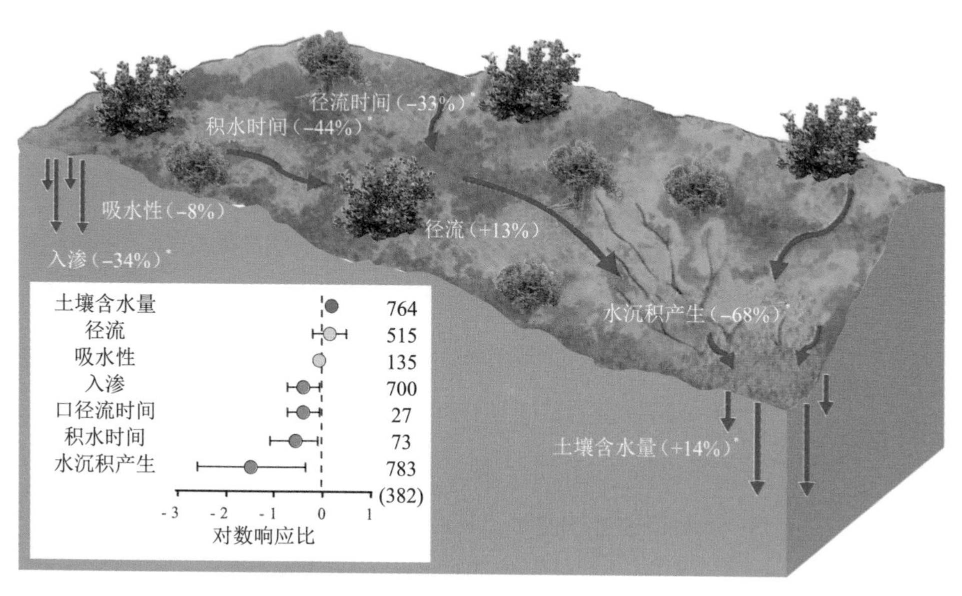

图4-86 旱地景观示意图（修自Eldridge et al., 2020）

图中显示水分运移、土壤含水量和水沉积产生的主要过程和结果，以及更大的BSC覆盖所造成的总体百分比变化。*表示增加BSC盖度的显著效应（p <0.05）。插入图显示了对数响应比（95% CI）的平均值和用于分析每个水文过程或结果的对比次数。对于沉积物产生，对比次数n=783，仅限于裸露（<10% 总盖度）对比的分析次数n = 382

4.7.7 BSC构建土壤食物网对全球气候变化的响应

建立固沙植被后，从裸土向BSC的发展是旱地生态系统沙漠化修复的重要过程。虽然后续的地表变化已经有了很好的记录，但很少有研究关注BSC在植被建立后对土壤食物网的影响。有研究者以科尔沁沙地为研究对象，探讨了土壤食物网通道对BSC的响应，特别是碳从微生物向高营养水平生物流动的影响（Guan, Zhang, et al., 2018）。结果表明，BSC的存在增加了土壤表层微生物的磷脂脂肪酸和生物量碳。BSC提高了线虫营养类群的丰度、生物量碳和代谢足迹（包括真菌食用者和杂食性捕食者）。BSC总有机碳与真菌生物量碳、真菌生物量碳与食真菌动物生物量碳呈正相关。BSC增强了碳从真菌向食真菌动物流动，其在真菌通道中的连接值高于无BSC土壤。BSC总有机碳与杂食－捕食者之间的密切关系，以及真菌通道和杂食－捕食者通道的高连接度，表明平衡生态系统的土壤食物网具有网状的通道，BSC的定殖提高了土壤微生物食物网通道的连通性，有益于提高旱地生态系统对气候变化干扰的弹性。

第五章
BSC对沙化土地生态恢复与重建的作用机理

5.1 促进沙化土地土壤生境的恢复

BSC的存在可以改善土壤性状（地表粗糙度、土壤养分含量等），提高土壤抗蚀性和稳定性；影响降水入渗、地表蒸发和凝结水捕获，改变沙地水分再分配；有利于维管束植物种子的萌发和定居以及土壤微生物和微小动物的生存，改变沙地生境的生物多样性。其中，BSC对土壤质地和稳定性的改善、土壤养分循环过程的调控是实现沙化土地恢复与重建的关键过程（Li, 2005; Chamizo, Stevens, et al., 2012; Xiao, Hu, et al., 2019）。

5.1.1 促进土壤质地和稳定性的改善

BSC的拓殖和发展促进了沙面土壤的形成，改变了土壤质地。BSC通过真菌等微生物的菌丝体、凝胶体或其分泌的多聚糖、黏液，以及藻类、地衣、藓类等隐花植物的假根将土壤颗粒和有机质粘结起来，形成水稳性团聚体，从而改善了土壤的物理结构（李新荣, 2012; Niu et al., 2017）。赵允格等（2006）的研究表明，BSC增加了表层土壤的粘结力。通过稳定性实验证明，念珠藻接种到土壤后，改善了土壤团聚体抗分解的能力（Issa et al., 2007）。当接种念珠藻6周后，土壤团聚体的稳定性达到未接种土壤的2－4倍。腾格里沙漠不同演替阶段BSC对土壤的影响显示，土壤砂粒含量随着BSC演替逐渐下降，而土壤黏粉粒含量随着BSC演替逐渐增加（Li, Li, et al., 2007）。与演替初期的BSC相比，演替后期BSC覆盖的浅层土壤黏粉粒含量由初期的3%－5%增加至8%－25%（李新荣等, 2018）。也有研究提出BSC的拓殖和发展能够细化土壤，由藻类结皮演替至藓类结皮时土壤粗砂粒含量降低了86%（Gao, Bowker, et al., 2017）。随着BSC生物量的增加，土壤容重和硬度较初期分别降低了15%和68%，田间持水量和孔隙度分别增加了36%和14%，BSC粘结力是下层土壤的6－7倍。BSC通过改善土壤团粒结构，增加了土壤有机质含量，降低了土壤发生水蚀、风蚀的概率。

BSC的存在改变了土壤表面粗糙度，提高了土壤的抗风蚀的能力。BSC中有机体的存在可显著增加地表粗糙度：一方面增大风沙流与BSC的摩擦力，使部分沙粒沉积；另一方面增加沙粒的起动风速，防止风蚀的发生（Belnap, 2006; Williams et al., 2012）。与无BSC覆盖的土壤相比，BSC覆盖的土壤风蚀降低了近5倍（Leys, 1990）。

随着BSC的生长发育，土壤电导率显著增加。当土壤酸碱度升高时，土壤阳离子的交换能力增加，大量K^{+}、Mg^{2+}、Ca^{2+}等离子和多种无机物，以多聚糖形式聚集在BSC周围，且大部分金属离子分布在胞外叶鞘上或其内部，为维管束植物生长提供更多可利用的营养物质（徐海量等, 2020）。BSC的存在不仅增加了土壤的稳定性，同时对荒漠土壤的形成也具有重要作用。BSC对矿物有明显的生物侵蚀作用，次生矿物分布层次与BSC中生物体分布特点一致，而且BSC一旦出现，次生矿物迅速增加，这说明BSC创造了有利于荒漠表层土壤原生矿物风化的条件，降低土壤粒径的同时增加了土壤养分（Chen, Zhang, et al., 2009）。

土壤物质组成和机械组成的变化，引起了土壤含水量的变化。BSC增加了表层土壤持水力，阻止水分向深层土壤的入渗，进而影响降水的再分配（Kidron & Tal, 2012; Xiao, Hu, et al., 2016）。BSC覆盖的土壤持水性能达到6.8%－36.0%，而裸露的土壤只能保持2.1%－3.8%（Darby & Neher, 2007）。不同演替阶段的BSC因物种组成不同，其土壤表面粗糙度也不同，进而对土壤含水量入渗能力的影响也不同（Belnap, 2006）。土壤表面越粗糙，捕获空气中粉尘和降尘的能力也越强，土壤孔隙度越小，越能促进土壤降雨入渗并截获到达深层土壤的水分，使水分在浅层土壤积累（Chen et al., 2018）。凝结水是仅次于降水的沙区BSC生物体的重要水分来源，BSC对凝结水的捕获，驱动了维管束植物的组成、结构和功能的演变。BSC的微生物及其分泌的胞外多糖等物质能吸收水分，在凝结水捕获方面发挥积极作用，从而提高BSC对凝结水的捕获能力。

在BSC演替初期，蓝藻、真核藻类和丝状真菌所分泌的复杂EPS以及微丝能提高沙区土壤粘结力，改善土壤稳定性（Adessi et al., 2018）。这些EPS聚集在BSC表面形成有机层（图5-1），这层有机层具有吸附、捕捉大气降尘的作用，有机层吸附、粘结大气降尘后，形成了无机层，提高了表面BSC的密度及强度（张元明, 2005; 罗征鹏等, 2020）。当沙区BSC中出现大量丝状藻类后，BSC形成早期沙粒间通过细菌分泌物所产生的粘结作用将逐渐减弱，而丝状蓝藻高强度的机械束缚作用以及藻体胞外聚合物对沙粒的粘结作用将大大增强（张元明, 2005）。此外，在显微镜下也观察到，BSC中丝状藻类和EPS错综复杂的网状结构，能够共同承担着捆绑、粘结和固定沙粒的作用，最终起到抵御水蚀和风蚀的生态效应（Issa et al., 1999; 郑云普等, 2009a, b）。胞外多聚物在BSC中具有多重功能，以EPS为主的BSC胞外多聚物能够有效地聚集土壤颗粒，在保持水分和营养供应、防止胁迫和抵抗侵蚀等方面发挥着至关重要的作用（Rossi et al., 2018）。随着BSC的生长发育，地衣和藓类植物逐渐定居，BSC中的细菌和真菌逐渐丰富，它们的地下菌丝和假根能粘结粒径小于0.25 mm的颗粒，使之成为粒径大于0.25 mm的稳定的微团聚体，使得土壤细粒相互粘结形成球形表面团聚体，进而提高了土壤抗风蚀、水蚀的能力（Tisdall & Dades, 1982; 熊文君等, 2021）。BSC的组织结构显示，BSC中生命体的菌丝体、假根和EPS能够通过机械束缚作用和黏性功能紧紧地将土壤颗粒聚集在一起，显著地提高土壤的稳定性（Belnap & Büdel, 2016）。

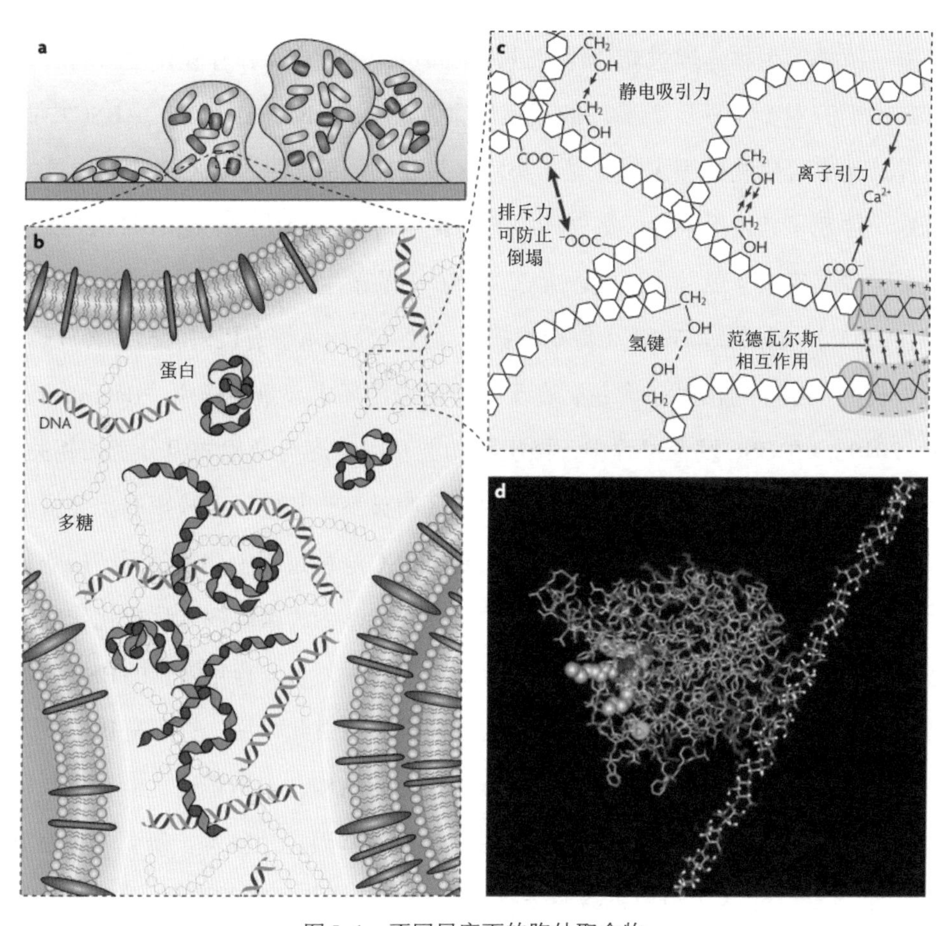

图5-1　不同尺度下的胞外聚合物

（a）有机层在固相表面的形成过程；（b）胞外聚合物的主要组分多糖、蛋白质和DNA在微生物细胞间的不均匀分布；（c）胞外聚合物的物理化学作用主导聚合物间稳定性牵连；（d）液相环境中绿脓杆菌（*P. aeruginosa*）的胞外多糖（右）与胞外脂肪酶（左）相互作用的分子模拟示意图（Flemming & Wingender, 2010）

5.1.2 BSC在土壤养分循环过程中的作用

在BSC形成和发育过程中，BSC可以通过固定和保持碳、氮、磷的能力来促进土壤中碳、氮、磷的稳定增长。作为干旱沙区重要的碳汇，BSC中蓝藻、地衣、藓类等生物体通过光合作用进行碳固定，尽管也存在呼吸作用引起的碳释放，但其对干旱沙区碳循环的贡献毋庸置疑（Zaady et al., 2000）；BSC中的蓝藻、地衣等生物体固定的氮是干旱沙区重要的氮源之一，BSC对大气中氮的固定，体现了其在干旱沙区氮循环中的重要生态效应（Hu, Wang, et al., 2015）；此外，磷是仅次于氮的主要受限元素，BSC中的微生物可以释放H^+，溶解磷酸铝（$AlPO_4$）、磷酸铁（$FePO_4$）等磷酸盐，通过磷酸酶水解有机磷酸盐，释放磷，从而提高土壤中可溶性磷含量，在干旱沙区磷循环中起重要作用（Baumann et al., 2019）。在BSC发育过程中，微生物功能基因丰度与微生物组分密切相关，发育年限长的BSC，其微生物功能基因丰度明显高于其他年限较短的。分析表明，真菌和藓类的丰度以及土壤理化性质是BSC演替过程中功能基因结构变化的主要决定因子。参与碳氮循环过程的主要功能基因为碳降解和反硝化作用的基因，两者都与BSC演替后期真菌丰度的增加有关，且发育年限长的BSC的碳氮循环基因丰度的增加促进了微生物的代谢潜力。由此可见，真菌是BSC发育后期碳氮循环的主要微生物调控者，微生物功能结构在一定程度上能够反映荒漠系统重建植被的稳定性。我们采用定量PCR和基因芯片技术，研究了腾格里沙漠东南缘61年人工植被土壤微生物功能基因结构和潜能的变化。结果表明，不同演替阶段间土壤微生物功能群结构差异显著，但是也共享了很高比例的功能基因，嵌套型成分（nestedness-resultant component）主要决定了微生物功能群β多样性的变化。细菌、真菌和古菌群落的总基因丰度随着演替的深入逐渐增加，但α多样性和大多数与碳、氮和磷循环相关的基因丰度呈现出先增加后降低的驼峰状变化模式。微生物功能群与BSC植被盖度、结皮厚度和生物量、土壤黏粒和粉粒含量、土壤全碳含量、土壤全磷含量以及土壤碳氮比例和土壤碳磷比例显著相关，典型对应分析（CCA）和方差解分析（VPA）发现，环境因子解释了56.6%和85.3%的功能基因变化（Hu, Zhang, Huang, et al., 2019; 图5-2）。

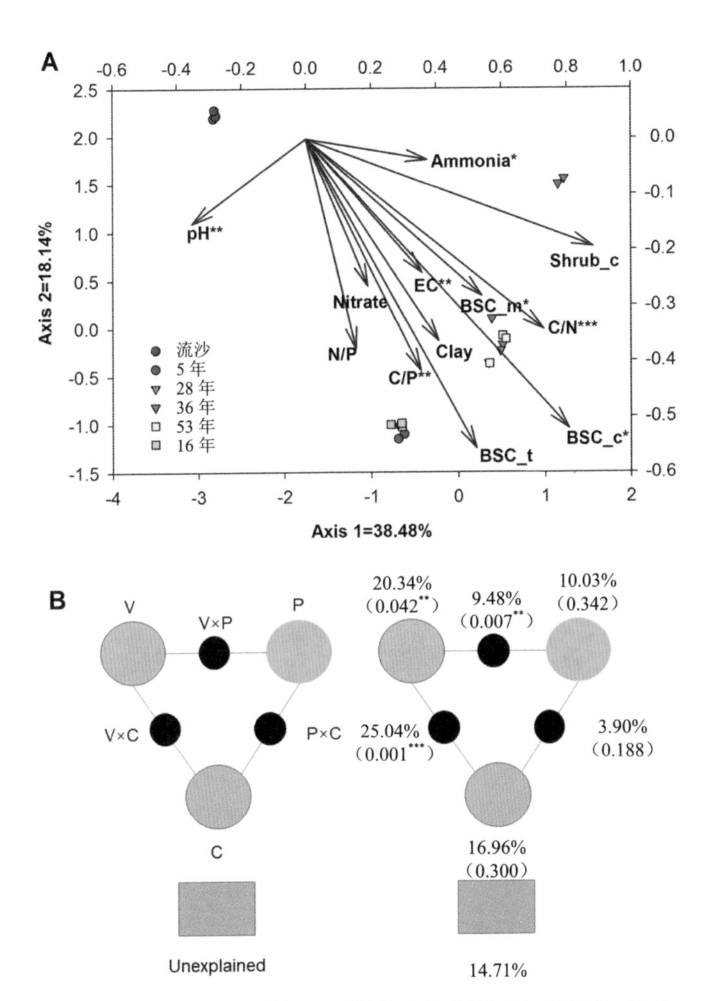

图5-2 微生物功能结构和环境变量的典型对应分析（CCA）

Ammonia：土壤氨态氮含量；Shrub_C：灌木盖度；EC：电导率；Nitrate：土壤硝态氮含量；BSC m：生物土壤结皮生物量；C/N：碳氮比；N/P：氮磷比；Clay：黏粒；C/P：碳磷比；BSC_c：生物土壤结皮盖度；BSC_t：生物土壤结皮厚度；V：植物属性；P：土壤物理属性；C：土壤化学属性。图中星号表示处理间差异显著

5.2 为土壤微生物繁衍和生物定居创造生境

5.2.1 BSC中的蓝藻

蓝藻门是干旱半干旱区BSC中藻类的优势类群，蓝藻拓殖后可为土壤提供重要的氮源和碳源。蓝藻在进行光合作用与固氮的过程中一定程度上会增加土壤有机物的含量，改善土壤的微环境（陈兰周等, 2003a, b）。另外，蓝藻还能与土壤中的其他微生物构成微生物群落，使土壤表面土壤酶的数量和活性均有所增加，从而加速土壤的发育。藻类可以分泌EPS，将松散的沙粒胶结在一起，而BSC中的丝状蓝藻、真菌菌丝可以把土壤中的颗粒胶结在一起，从而稳定和保护土壤表面免受风蚀和水蚀的影响。由此可见，蓝藻在干旱半干旱区生态系统中发挥着重要的生态功能（张丙昌等, 2005）。同时，藻类分泌的EPS很容易与荒漠区的临时性降水和凝结水相结合，对BSC水分的获得起着特殊的作用。这些水分在BSC的上表层参与光合作用，能够积累能量和有机质作为维持整个生态系统功能的物质基础（陈兰周等, 2002）。藻类结皮可以降低地表径流的速度，使水分被充分吸收，从而增加土壤含水量的含量。然而，BSC层土壤存在大量的丝状蓝藻、微鞘藻、单歧藻和席藻等所形成的密集网状结构，其在有水分时会迅速吸水，使其体积增加为原来的4－5倍，而吸水膨胀起来的藻体又会部分堵塞土壤孔隙，从而影响了土壤水文过程，阻碍降水向深层土壤的渗透，造成高等植物无法得到地下水分的及时补给，从而对荒漠区植被的生长造成影响。

蓝藻能促进早期BSC的形成，为土壤碳氮的初始输入做出贡献。作为BSC的主要组成部分，蓝藻能在水分和养分贫乏的沙漠土壤中快速存活和生长，通过分泌EPS结合沙粒、稳定地表、减轻风蚀，对维持沙土稳定性至关重要。目前，将蓝藻作为主体进行人工接种BSC防治风蚀是恢复生境、促进生态系统再生的有效途径。然而在中纬度的亚洲温带荒漠区，水热因子同步和不同步均有发生，在这两种水热条件下，BSC中蓝藻的多样性及其分布有何特点？构建BSC的核心蓝藻物种是什么？这些问题有待科研人员去研究和探索。

一项关于中亚克孜勒库姆沙漠沿阿姆河中下游和中国腾格里沙漠东南缘的BSC中蓝藻的研究，首次对两大温带沙漠BSC中蓝藻的多样性特征和分布规律进行了比较，并填补了中亚克孜勒库姆沙漠BSC中蓝藻研究的数据空白（Wang, Zhang, et al., 2020）。相比演替初期的藻类结皮，演替后期的藓类结皮和地衣藓类混生结皮具有更高的碳底物含量，从而支持更高的蓝藻多样性。然而，在演替初期的BSC中蓝藻丰度显著高于演替后期的BSC，这归因于蓝藻不仅是自养光合微生物，也是BSC中的先锋固沙种，可以为其他异养微生物提供光合碳。随着演替的推进，先锋种也为其他微生物的繁殖提供了适宜的生态位。蓝藻群落的香农多样性指数（SHDI）和基于丰度的覆盖估计值（ACE）对BSC类型和地理分布具有不同的响应模式：BSC类型和地理分布显著影响了蓝藻群落的SHDI，但对ACE影响不显著。在群落组成上，丝状无异形胞蓝藻具鞘微鞘藻和*Wilmottia.spp*，以及具异形胞的蓝藻（鞭枝藻和拟甲色球藻）在两大沙漠各种类型BSC中均占据优势，表明这些蓝藻可能是两大沙漠BSC中的核心蓝藻属种（图5-3; 图5-4）。该研究结果对科学筛选适合当地环境的潜在高效蓝藻菌种、人工培育BSC进而恢复生境、促进生态系统再生，具有重要的指导意义，也对认识温带荒漠BSC中的蓝藻多样性及其分布规律等相关研究具有一定启发。

5.2.2　BSC 中的细菌和真菌

细菌和真菌是BSC中的主要微生物类群。在BSC演替过程中，微生物种类组成和群落结构发生了显著变化。目前对BSC原核生物多样性的研究主要集

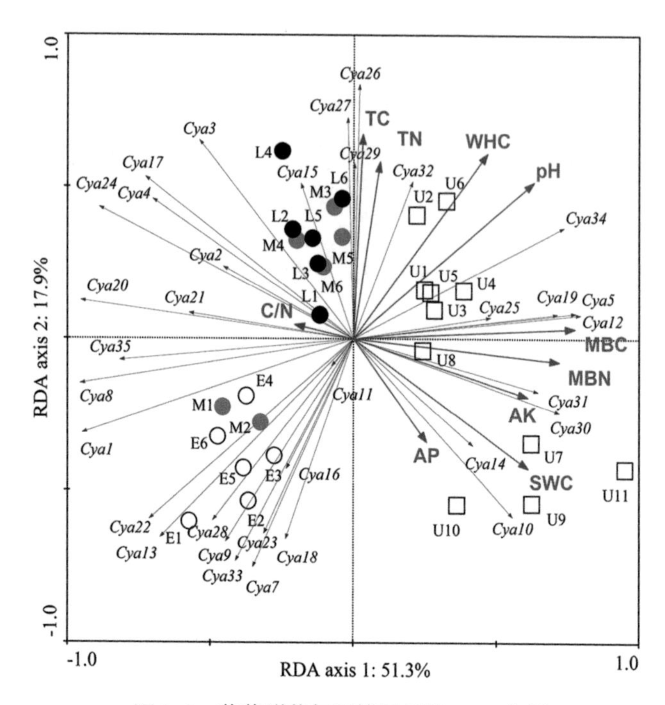

图5-3　蓝藻群落与环境因子的RDA分析

Cya：蓝藻；C/N：碳氮比；TC：总碳；TN：总氮；WHC：土壤持水力；MBC：微生物碳；MBN：微生物量；AK：速效钾；AP：速效磷；SWC：土壤含水量。腾格里沙漠BSC的蓝藻主要位于排序主轴Axis1的左侧（E1－E6，M1－M6，L1－L6，以圆形表示），克孜勒库姆沙漠BSC的蓝藻主要位于Axis1的右侧（U1－U11，以方框表示）

中在干旱半干旱区以蓝藻为主的BSC、藓类植物或地衣为主的BSC。那么，在BSC发育的不同阶段，微生物群落的组成和功能发生了哪些变化？此外，这些变化对温带荒漠植被恢复过程中BSC的恢复过程有何影响？我们在腾格里沙漠固沙植被区的研究发现，BSC类型随植被演替年限而变化。对不同年限发育的BSC中的细菌和真菌进行了研究，发现细菌可操作分类单元（OUT）数量介于1197－2307个，真菌可操作分类单元数量介于156－441个。α多样性分析揭示了微生物的丰度和多样性。稀疏曲线分析表明，演替15年的BSC细菌多样性高于演替5年的BSC和流动沙丘；真菌多样性随固沙时间的延长而增加。利用

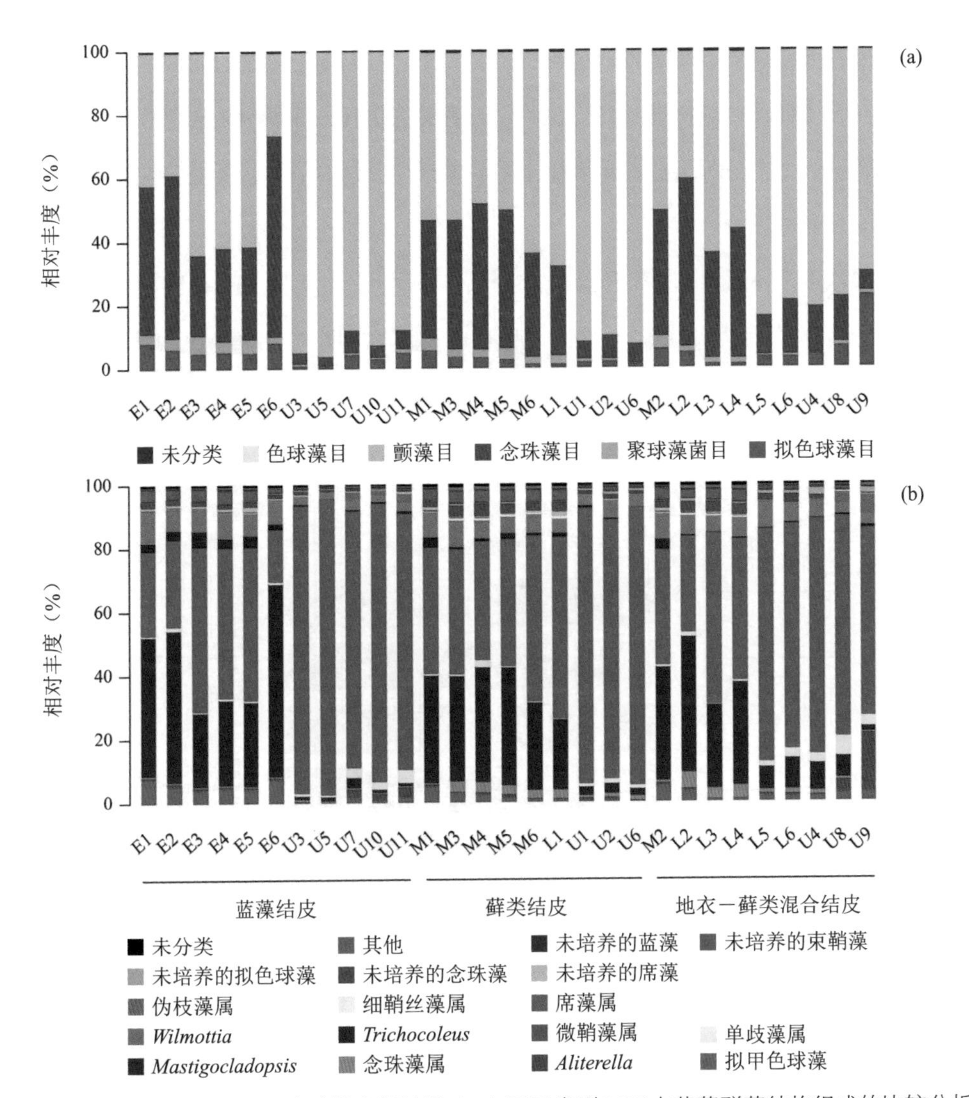

图5-4　腾格里沙漠（a）和克孜勒库姆沙漠（b）不同类型BSC中蓝藻群落结构组成的比较分析
腾格里沙漠BSC的蓝藻样品为E1－E6，M1－M6和L1－L6；克孜勒库姆沙漠BSC的蓝藻样品为U1－U11，有些物种没有官方中译名，故保留拉丁名。

ACE和Chao多样性指数估计的群落丰度与群落多样性的趋势相似，SHDI进一步支持了这一趋势。因此，演替15年是BSC细菌发育成熟的重要标志，此时细菌群落的多样性和丰度均达到最高水平。相反，虽然真菌多样性也增加了，但丰度在51年内有所提高，这与固沙后土壤性质恢复过程的研究一致，即相比恢复年限最长的试验地（43－50年），在恢复的0－14年内土壤性质的年恢复速率较高，说明BSC细菌群落在土壤性质恢复最快阶段也恢复较快，而真菌恢复时间较长。

层次聚类和系统发育群落组成分析（属水平）表明，BSC细菌和真菌群落分别分为两组和四组（图5-5）。细菌分为演替初期（流动沙丘和演替5年的物理结皮）和长期演替（演替大于15年的BSC，以藻类、地衣或藓类为主）；真

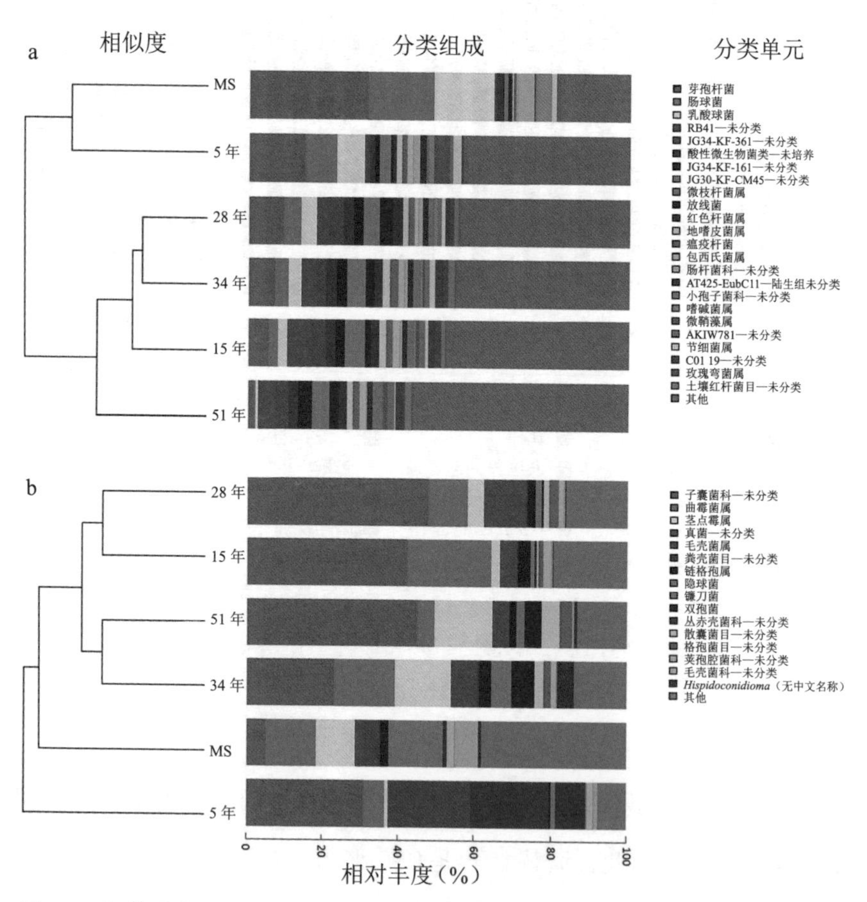

图5-5　细菌群落（a）和真菌群落（b）层次聚类和系统发育群落组成分析（属水平）

菌分为流动沙丘，演替5年，演替15－28年和演替34－51年四组。主成分分析显示，组间细菌和真菌群落组成存在显著差异。宏基因组分析显示，在不同演替年限的BSC中存在相同的优势微生物门，尽管相对丰度有所不同，在所有BSC中，除了在流动沙丘和物理结皮中厚壁菌门占优势外，放线菌和变形菌是占优势的细菌，其次是绿弯菌、酸杆菌、厚壁菌和蓝藻（图5-6a）。放线杆菌和变形杆菌通常被认为是富营养的，在高碳环境中占优势（Fierer et al., 2007）。然而，这些结果与其他BSC类型和土壤中的研究结果并不相同（Moquin et al., 2012; Zhang et al., 2016a）。

放线菌和蓝藻在BSC中一直占主导地位，它们在演替早期普遍存在，并且在BSC发育初期发挥了重要作用，而绿弯菌门的较高占比表明其对干旱环境的普遍适应及其在干旱区BSC形成和维持过程中的重要性。此外，在所有真菌群落中，子囊菌群占优势（图5-6b），表明无论其来源如何，子囊菌群都是所有BSC中占优势的真菌群落。在BSC演替过程中优势菌群的不同比例影响着微生物群落的功能，从而促进了BSC的发育。总之，在腾格里沙漠植被恢复过程中，最初的15年对BSC微生物的恢复非常关键。细菌的恢复时间超过15年，而真菌的恢复时间从几十年到几百年不等，说明真菌比细菌更敏感，因此，真菌丰度可作为预测该地区BSC恢复程度的一个潜在指标。

5.2.3 BSC中的古菌

古菌群落可以促进海洋和其他生态系统的生物地球化学循环和能量代谢（Offreet al., 2013; Williams et al., 2013）。在温带沙漠生态系统中，我们普遍认为细菌和真菌在维持BSC结构和功能稳定性方面起着重要作用（Belnap & Lange, 2003; Yeager et al., 2004; Bowker, 2007）。然而，目前对荒漠生态系统中BSC古细菌群落的组成和功能的研究还比较缺乏，关于BSC古菌在沙漠生态系统中的

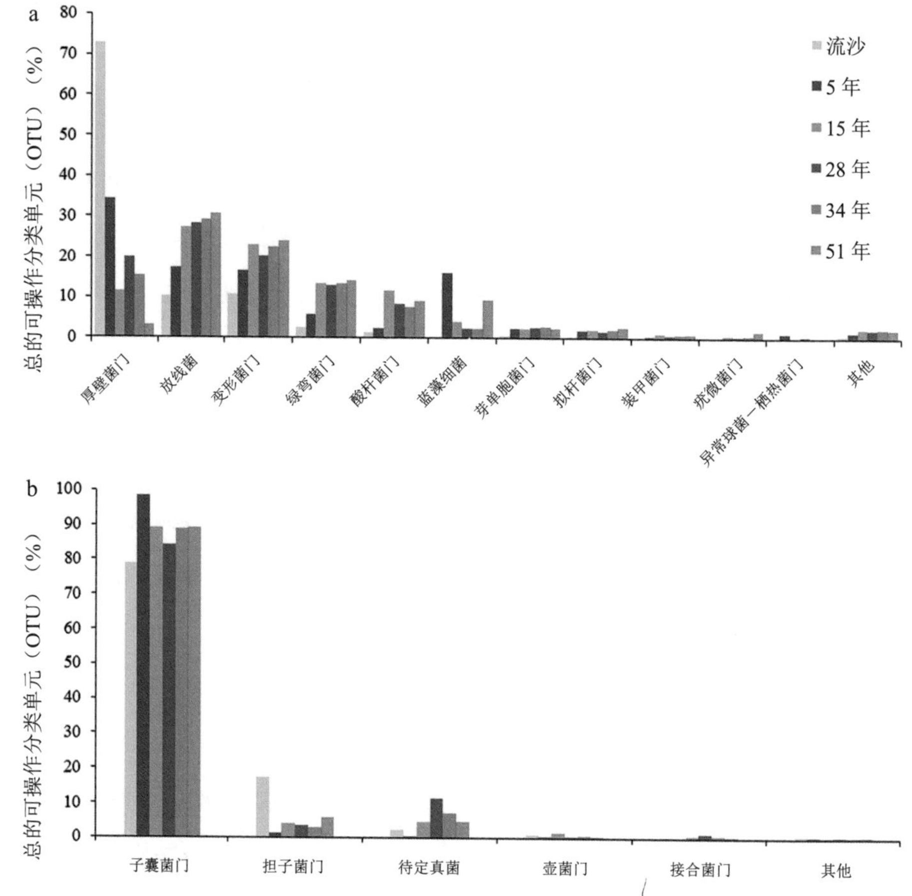

图5-6　BSC中较高丰度（大于总OTU数的10%）和较低丰度（大于总OTU数的1%）的细菌（a）和真菌（b）分布图

功能研究尚处于起步阶段。有研究者利用变性梯度凝胶电泳技术对北美干旱区浅色和深色的地衣和藓类结皮进行了研究，发现所有检测到的系统类型都属于泉古菌门，并认为古菌群落组成在不同的BSC类型和气候区域是恒定的（Soule et al., 2009）。然而，杜颖等（2014）在浑善达克沙漠的研究发现，浅色BSC中的古菌群落结构随季节变化而显著变化，多数古菌群属于奇古菌门。由于这些结果不一致并缺乏其他支持性证据，因此，我们有必要进一步研究BSC演替过程中古细菌群落生物多样性和功能的变化。我们在腾格里沙漠东南缘的研究发现，在不同恢复年代的BSC中，共鉴定出奇古菌门、广古菌门和未分门类的反硝化细菌三类古菌，其中奇古菌门是优势种，相对丰度随着演替年限增加而逐步减少（从演替初期的19.20%，降为演替51年后的2.94%）（Zhao et al., 2020a; 图5–7）。

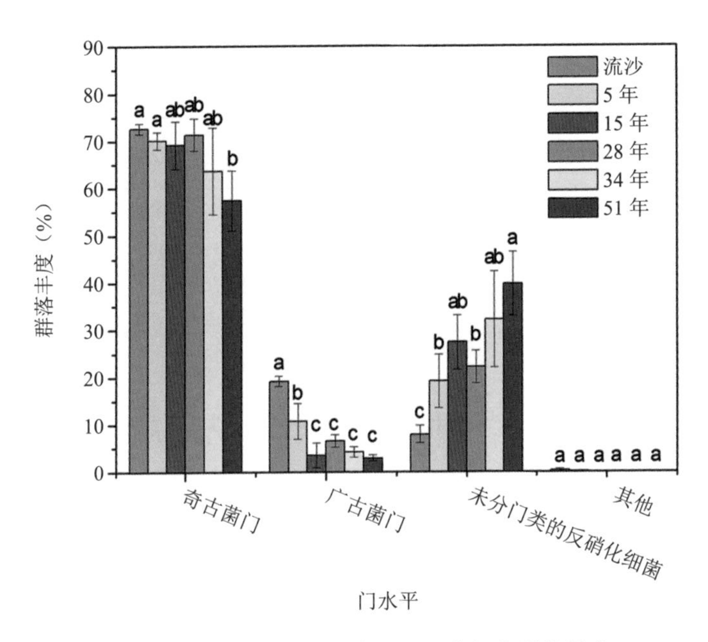

图5–7　门水平上6个不同阶段BSC古细菌群落组成

RDA分析表明，前四个轴解释的古菌群落组成（图5–8a）和功能结构（图5–8b）的累积变异率分别为92.5%和97.0%，第一个轴解释率分别为59.5%和76.1%，以及相应的第二轴解释率分别为18.1%和12.0%。根据蒙特卡洛排列检验，第一轴在组成结构（$F = 5.072, p < 0.01$）和功能结构（$F = 10.742, p < 0.01$）中均具有显著性。土壤质地（粉粒+黏粒）、养分含量（碳氮比、总磷含量）和酶活性（脲酶UE、脱氢酶DHA、过氧化氢酶CAT和转化酶IT）梯度的古细菌

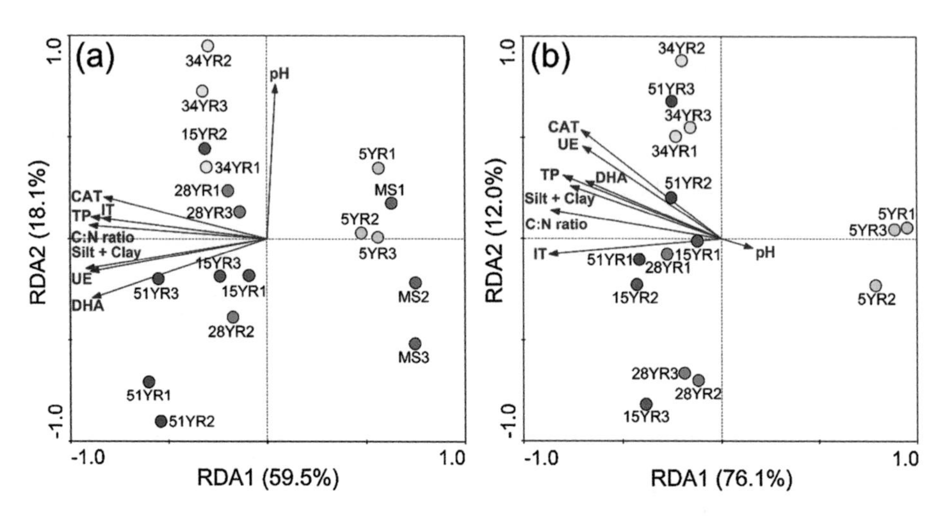

图5-8　土壤生化特性与古细菌成分（a）和功能（b）结构的冗余分析（RDA）

CAT：过氧化氢酶活性；UE：脲酶活性；DHA：脱氢酶活性；IT：转化酶活性；TP：全磷；C:N-ratio：碳氮比；Silt+ Clay：黏粒+粉粒；YR：年

组成结构反映在第一轴上，其中相关性最高的变量为土壤质地（−0.8996）和碳氮比（−0.8827）。在古细菌功能结构方面，碳氮比值（−0.8493）和IT（−0.8593）与古细菌群落的相关性最强，相关变量在第一轴处最高，表明这两个特征是古细菌功能结构的主要决定因素。由于古细菌群落丰度和功能的最高水平出现在BSC的演替早期，除土壤pH外，土壤因子与古细菌的组成和功能结构均呈极显著负相关。

5.2.4　BSC中参与碳氮循环功能的微生物群落

参与碳循环过程的微生物群落主要涉及碳固定、碳降解和甲烷代谢过程。在碳固定过程中，微生物群落通过卡尔文循环、还原性乙酰辅酶A途径、还原性柠檬酸循环（还原性TCA循环）、3−羟基丙酸双循环、3−羟基丙酸/4−羟基丁酸循环和二羧酸/4−羟基丁酸循环六类不同的途径将大气中的二氧化碳固定到土壤中，促进土壤环境中有机质的合成（Berg, 2011）；在碳降解过程中，微生物群落将土壤中的易降解碳（淀粉、半纤维素和纤维素等）和难降解碳（芳烃类和木质素等）降解生成的二氧化碳释放到大气中，显著影响土壤中碳的稳定性（Zhou et al., 2012; Hu, Zhang, Xiao, et al., 2019）；此外，微生物群落在甲烷生成和氧化方面发挥重要作用。目前，关于BSC微生物群落碳循环过程的研究主要集中在碳固定过程和碳降解过程中，对于BSC微生物群落介导的甲烷代谢过程仍知之甚少。BSC微生物群落的固碳作用是荒漠生态系统土壤碳的重要来源。我们对参与BSC碳固定过程的功能物种的研究发现，蓝藻门的聚球藻属（*Synechococcus*），以及变形菌门的假单胞菌属（*Pseudomonas*）、伯克氏菌属（*Burkholderia*）和红假单胞菌属（*Rhodopseudomonas*）是BSC碳固定作用的关键功能菌属（Zhao et al., 2020b）。对科罗拉多高原和奇瓦瓦沙漠不同演替阶段BSC微生物群落的光合固碳能力研究表明，蓝藻门的微鞘藻属、念珠藻属和伪枝藻属为BSC的主要光合固碳菌，且以微鞘藻属为主的BSC演替早期阶段的光合固碳能力显著低于以念珠藻属和伪枝藻属为主的BSC演替后期阶段的光合固碳能力（Housman et al., 2006）。BSC微生物群落介导的碳降解作用可以将土壤微生物及微小动物等的死亡组织、隐花植物及灌木植被等的凋落物，以及BSC生命体的次级代谢产物等转化为有机质，是荒漠生态系统土壤有机质的重要来源，也是气态碳释放的主要方式（Li, Jin, et al., 2020）。藓类为主的BSC较其他BSC能够产生更多的难降解碳基质，从而导致其中对难降解碳具有偏好性的真菌群落的降解功能显著增加（Xu et al., 2020）。同样地，有研究揭示了真菌群落在难降解碳降解过程中的巨大贡献（Boer et al., 2005; Schneider et al., 2012）。同时，曲霉属和毛壳菌属也被证实是难降解碳降解过程中的优势功能菌属（Zhao et al., 2020b）。

参与氮循环的微生物群落主要参与固氮作用、氨化作用、硝化作用、（同化/异化）氮还原作用、反硝化作用和厌氧氨氧化作用等过程。BSC微生物群落介导的氮固定作用为荒漠生态系统BSC氮循环的优势过程（Strauss et al., 2012）。例如，对美国犹他州BSC微生物群落介导的氮循环的研究发现，变形菌门的假单胞菌属、克雷伯氏菌属（*Klebsiella*）、志贺氏菌属（*Shigella*）和艾德昂菌属（*Ideonella*），以及梭菌科（*Clostridiaceae*）为BSC演替早期阶段固氮作用的主要功能微生物（Pepe-Ranney et al., 2016）。对不同演替阶段BSC固氮微生物组成结构的研究发现，蓝藻门为BSC演替过程中固氮微生物的优势功能菌门，念珠藻属、眉藻属、鱼腥藻属、筒孢藻属、节球藻属和鞭枝藻属为BSC演替过程中固氮微生物的优势功能菌属（Wang, Bao, et al., 2016; Wang, Wang, et al., 2016）。对美国科罗拉多高原BSC固氮微生物组成及其对降水和增温的响应的研究发现，伪枝藻属的透明伪枝藻（*Scytonema hyalinum*）、念珠藻属的普通念珠藻、螺旋菌（*Spirirestis rafaelensis*）和变形菌门的α变形菌纲、β变形菌纲和γ变形菌纲为BSC演替过程中的优势固氮微生物（Yeager et al., 2012）。我们研究还发现土壤温度的升高会严重影响固氮微生物的组成，同时夏季降雨对固氮微生物的组成影响较小，且固氮微生物的丰度随着小降雨的发生而减少。

近年来BSC中参与反硝化作用、氨化作用、（同化/异化）氮还原作用和硝化作用的微生物群落也得到了一定的研究。对腾格里沙漠东南缘荒漠生态系统BSC氮循环的反硝化作用和氨化作用的研究发现，反硝化作用（*narG*、*nirK/S*和*nosZ*）和氨化作用相关功能基因在BSC演替过程中具有较高的丰度，变形菌门的假单胞菌属为反硝化作用的关键功能物种，放线菌门的链霉菌属为氨化作用的关键功能物种（图5-9; Zhao et al., 2020b）。还有研究发现，变形菌门的β变形菌纲和γ变形菌纲为阿曼苏丹国藻类结皮和地衣结皮氨氧化作用的优势微生物类群（Abed, Lan, et al., 2013）。

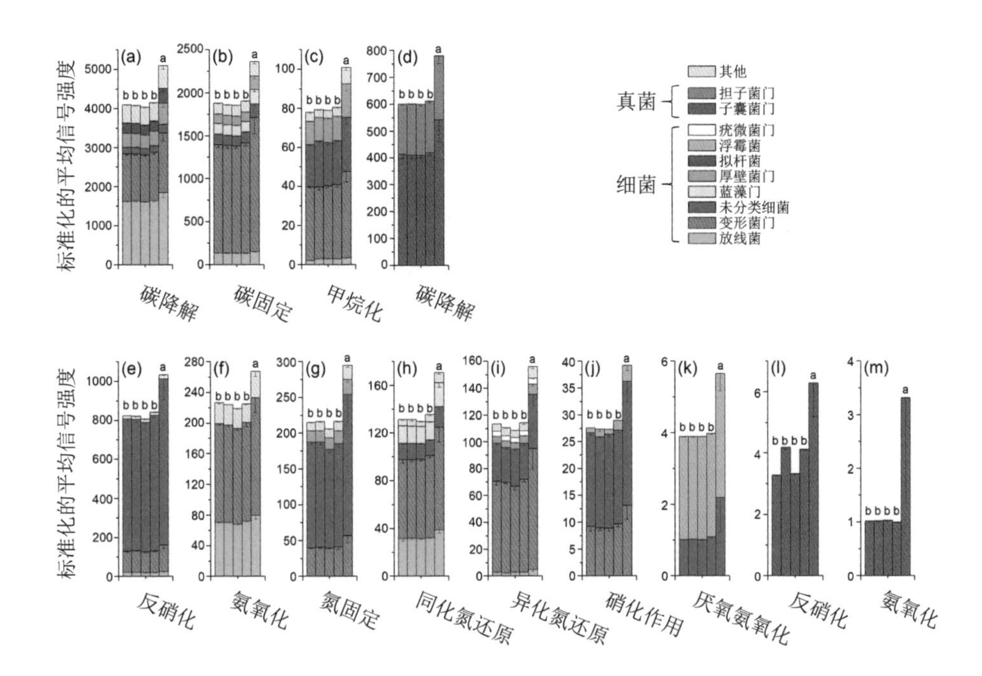

图5-9　不同演替年限BSC中参与土壤碳氮循环的优势细菌和真菌属的标准化平均信号强度

5.2.5　BSC中的土壤线虫

一、BSC为荒漠土壤线虫繁衍提供生境

在腾格里沙漠东南缘的研究发现，固沙植被区线虫主要分为食细菌类群、杂食性偏好肉食类群、植食性类群和食真菌类群。两类BSC下土壤线虫的优势类群为丽突属、拟丽突属、鹿角唇属、滑刃属和穿咽属（图5-10）。研究发现，藻类结皮和藓类结皮均可显著提高其下土壤线虫多度、属的丰富度、香农－维纳多样性指数、富集指数和结构指数（$p<0.05$），这可能是因为BSC的存在为土壤线虫提供了重要的食物来源和适宜的生存环境；固沙年限与BSC下土壤线虫多度、属的丰富度、香农－维纳多样性指数、富集指数和结构指数存在显著的正相关（$p<0.05$），这说明固沙年限越久，越有利于土壤线虫的生存和繁衍；

BSC类型显著影响土壤线虫群落，相对于藻类结皮而言，藓类结皮下土壤线虫多度与属的丰富度更高（$p < 0.05$；图5–11），这说明演替后期的藓类结皮比演替早期的藻类结皮更有利于土壤线虫的生存和繁衍。

此外，藻类结皮和藓类结皮均可显著增加其下0－10 cm、10－20 cm和20－30 cm土层线虫多度和属的丰富度（$p < 0.05$；图5–12），但随着土壤深度的增加，这种影响逐渐减弱，表明BSC更有利于表层土壤线虫的生存。

而且，随着季节的变化，藻类结皮和藓类结皮下土壤线虫多度基本表现为秋季＞夏季＞春季＞冬季，这反映了BSC的生物量、盖度和种类组成随着季节变化而变化（图5–13）。因此，腾格里沙漠东南缘的人工固沙植被区BSC的存

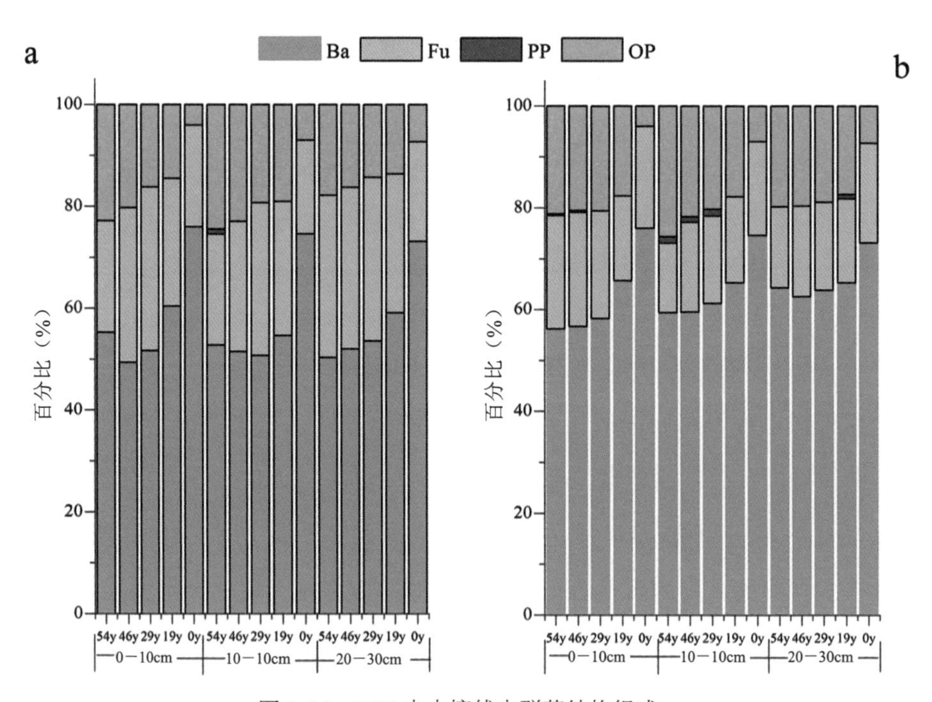

图5–10 BSC中土壤线虫群落结构组成

BSC类型为（a）藻类－地衣结皮，（b）藓类结皮；Ba: 食细菌类群；Fu: 杂食性偏好肉食类群；PP: 植食性类群；OP: 食真菌类群；y: 年

在与演替有利于土壤线虫的生存和繁衍，增加了线虫数量、种类和多样性，这表明BSC有利于该区土壤及其相应生态系统的恢复（刘艳梅等, 2013）。

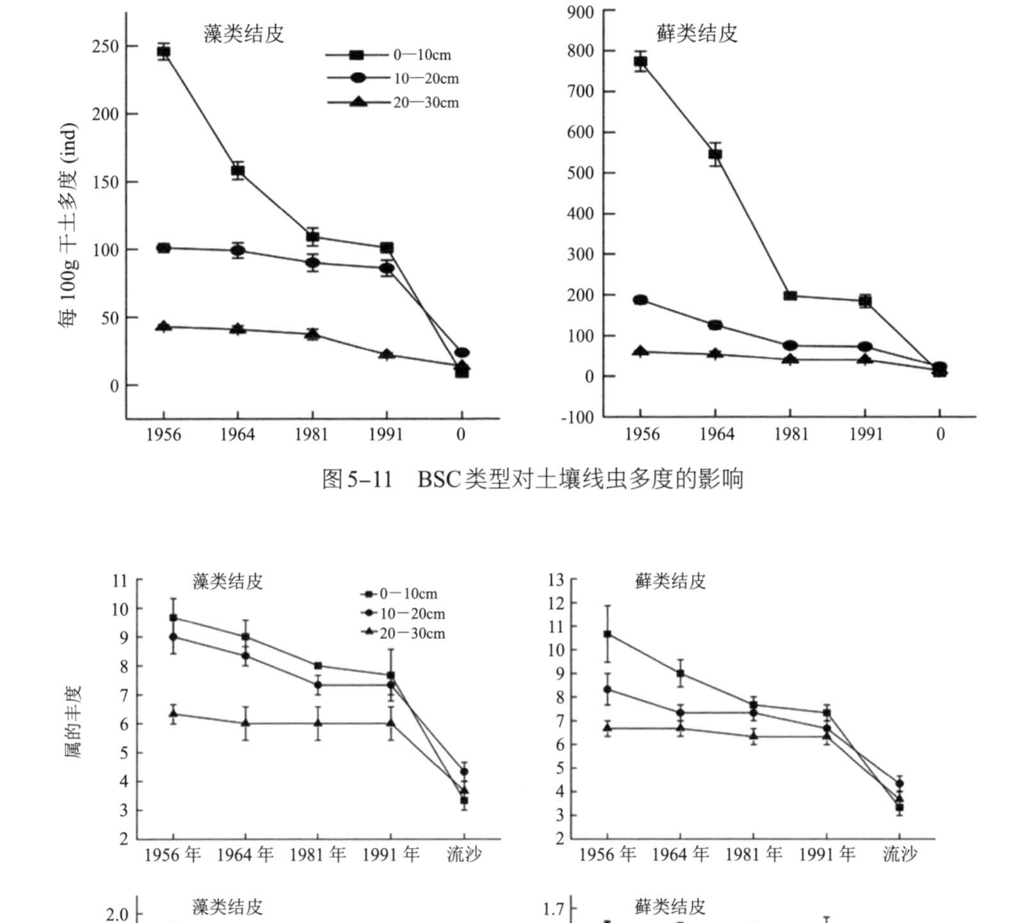

图5-11　BSC类型对土壤线虫多度的影响

图5-12　BSC类型对土壤线虫丰度和香农一维纳多样性指数的影响

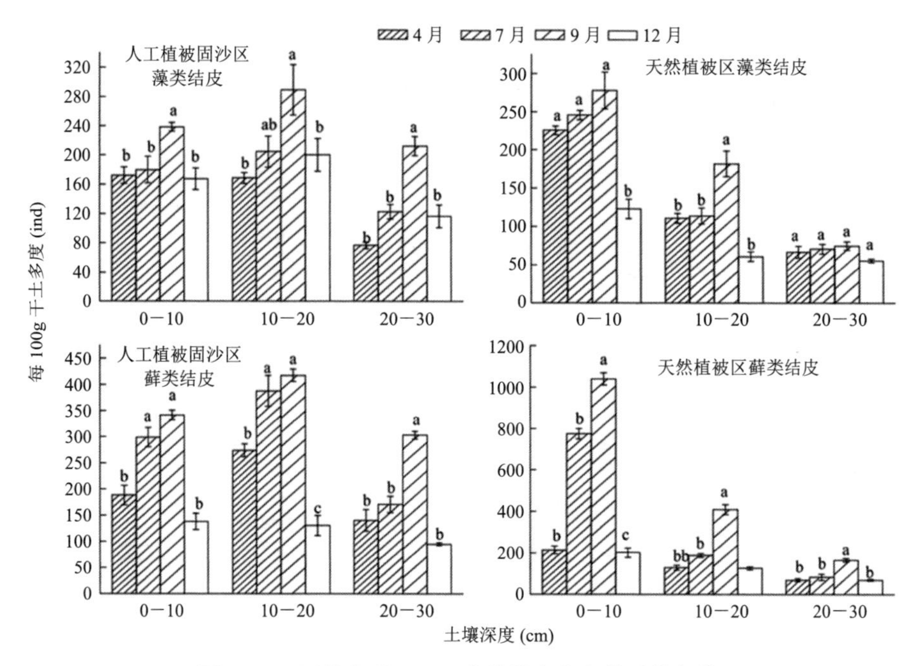

图5-13　两种类型BSC下土壤线虫多度的季节变化

二、践踏对BSC中线虫群落的影响及生态指示意义

土壤线虫是土壤中普遍存在的生物，具有重要的生态功能，是土壤监测的重要指标（Griffiths et al., 2018），许多研究都报道了土壤微生物和线虫对BSC受干扰的响应。例如，有研究证明地衣为主的BSC中的真菌多样性和固氮酶活性都与BSC受干扰的强度呈负相关（Belnap, 1996; Bates et al., 2010）。践踏会显著改变土壤微生物群落（Kuske et al., 2012; Steven et al., 2015），严重践踏使沙漠地区BSC降低了土壤的基础呼吸和土壤碱性磷酸酶、蛋白酶和纤维素酶的活性（Liu et al., 2017a），踩踏BSC降低了科罗拉多高原土壤线虫的丰度、属丰富度和多样性（Darby et al., 2010）。因此，通过研究践踏BSC对土壤线虫的影响，可以评估由践踏造成的土壤质量的变化，并进一步预测沙漠生态系统的发展状况和沙漠生态系统管理干预的有效性。

在腾格里沙漠东南缘固沙植被区（天然固沙植被区和人工固沙植被区），相关研究（Yang et al., 2018）发现，在这两个植被区未经践踏和践踏的BSC中，共观察到25个线虫属：10种食细菌属、4种食真菌属、2种食植物属和9种杂食属。在已鉴定的线虫中，优势属为丽突属、拟丽突属、鹿角唇属、滑刃线虫属和锉齿属（*Mylonchulus*）（相对丰度>7%）。在两个植被区的0－5 cm和5－15 cm土层中，受践踏BSC的土壤线虫丰度、属丰富度、香农多样性指数（H′）和成熟度指数（MI）均低于未践踏BSC，严重践踏对BSC的影响更为显著（图5-14; 图5-15, $p < 0.05$）。严重践踏早期显著降低了土壤线虫的丰度，与未践踏的BSC相比，在0－15 cm土层中，人工植被区的线虫的丰度、属丰富度、H′和MI分别下降了44.7%、25.5%、11.3%和13.7%，自然植被区的线虫的丰度、属丰富度、H′和MI分别下降了47.6%、33.8%、13.6%和14.0%（$p < 0.05$）。

同样，与未践踏的BSC相比，在0－15 cm土层中，严重践踏后期导致人工植被区线虫丰度、属丰富度、H′和MI分别下降55.3%、33.8%、13.6%和14.0%，天然植被区分别下降52.1%、28.0%、9.5%和13.8%（$p < 0.05$）。但是，与未践踏早期和晚期相比，中等程度践踏早期和晚期对0－15 cm土层线虫丰度、属丰富度、H′和MI没有明显影响（图5-14; 图5-15）。线性回归分析表明，线虫丰度、属丰富度、H′和MI与践踏强度呈显著负相关（均$R^2 > 0.79$）。

三因素方差分析表明，践踏后线虫的丰度和属丰富度随BSC的演替阶段和土壤深度而变化。践踏/未践踏藓类结皮中线虫丰度和属丰富度高于相应的蓝藻－地衣结皮（$p < 0.05$）。藓类结皮与相应的蓝藻结皮相比，H′和MI在践踏和未践踏下无显著性差异。严重践踏后，蓝藻－地衣结皮和藓类结皮之间土壤线虫丰度、属丰富度、H′和MI的差异消失，而且践踏后，两个植被区0－5 cm土层的线虫丰度、属丰富度、H′和MI显著高于5－15 cm土层（$p < 0.05$）。

总的来说，践踏降低了腾格里沙漠植被区BSC土壤线虫丰度、属丰富度、H′和MI，严重践踏会显著降低这些指标，而且演替晚期的BSC比演替早期的

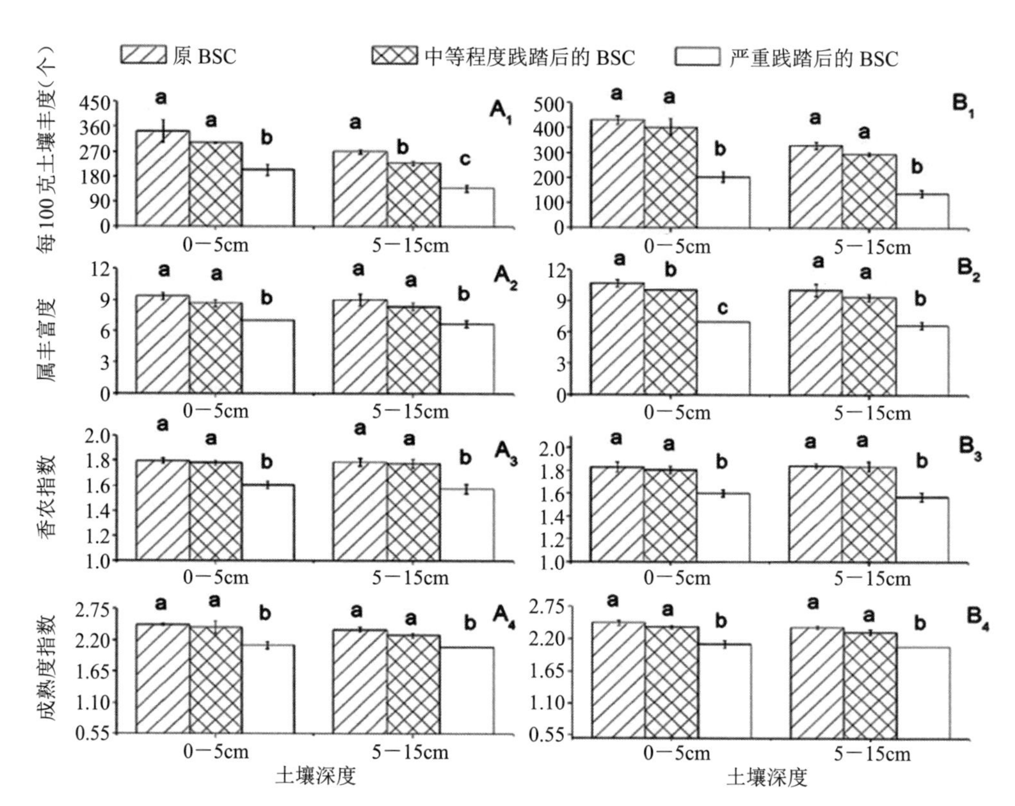

图5-14　践踏对人工植被区蓝藻－地衣结皮（A_1－A_4）和藓类结皮（B_1－B_4）土壤线虫群落的影响

BSC对践踏干扰有更高的耐受性，BSC的践踏干扰会导致腾格里沙漠生态系统沙质土壤质量的退化。因此，迫切需要保护沙漠生态系统BSC免受人为干扰和践踏，影响BSC存活的人为干扰会影响沙漠生态系统的恢复。

5.3　促进了沙地碳、氮、磷循环

荒漠生态系统作为陆地生态系统的重要组成部分，与其他类型的生态系统一样，在维持全球生态健康和安全中起着重要的作用，深刻影响着整个陆地生

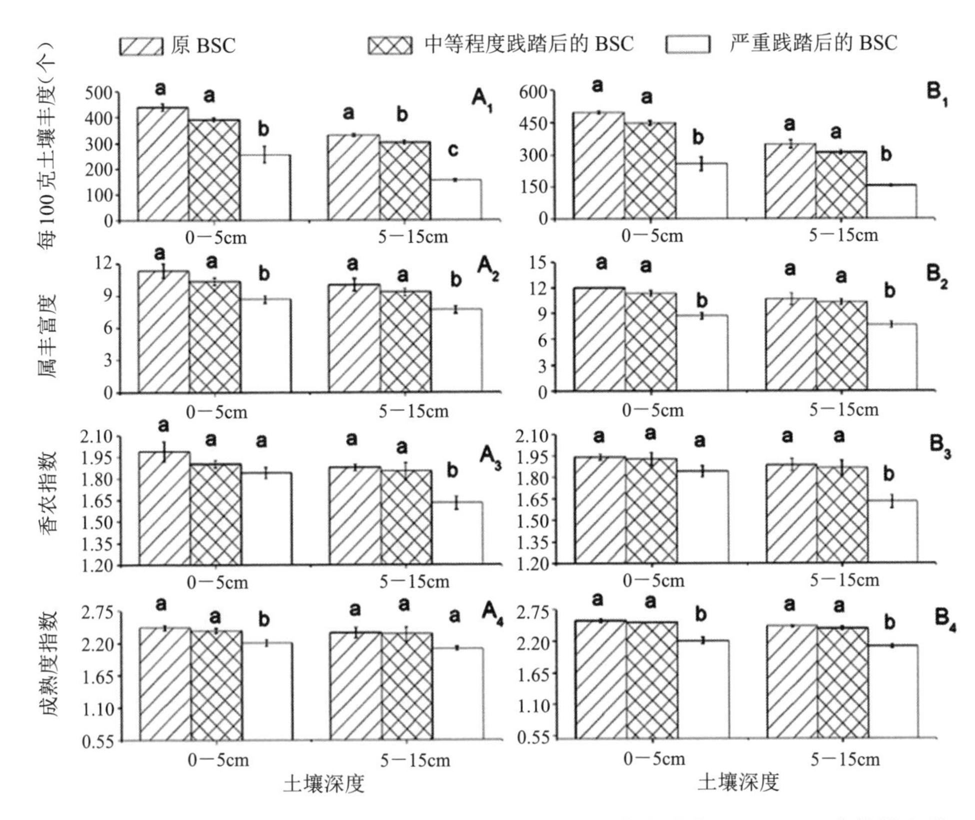

图5-15　践踏对天然植被区蓝藻—地衣结皮（A_1 — A_4）和藓类结皮（B_1 — B_4）土壤线虫群落的影响

态系统的碳、氮、磷循环过程（图5-16）。由于植被稀疏、土壤贫瘠和生物生产力低下，相对于其他类型的生态系统，我们不但对荒漠生态系统碳循环了解很少，而且对其在全球碳循环中的作用重视不够（Belnap, 2006）。考虑到旱地生态系统的低碳密度，其在全球碳循环中的强大作用似乎令人惊讶。但除了其广阔的空间外，干旱半干旱生态系统对气候变化的响应也很强烈（Poulter et al., 2014）。旱地生物过程的脉冲动力学性质表明，这些生态系统能够对气候变化作出迅速反应（Austin et al., 2004; Maestre et al., 2012b）。事实表明，BSC对干旱半干旱生态系统的碳通量有很大的贡献。与稀疏植被相比，即使是低呼吸或低光合作用速率，BSC的作用也可能被高覆盖率放大。在全球沙漠中，BSC可

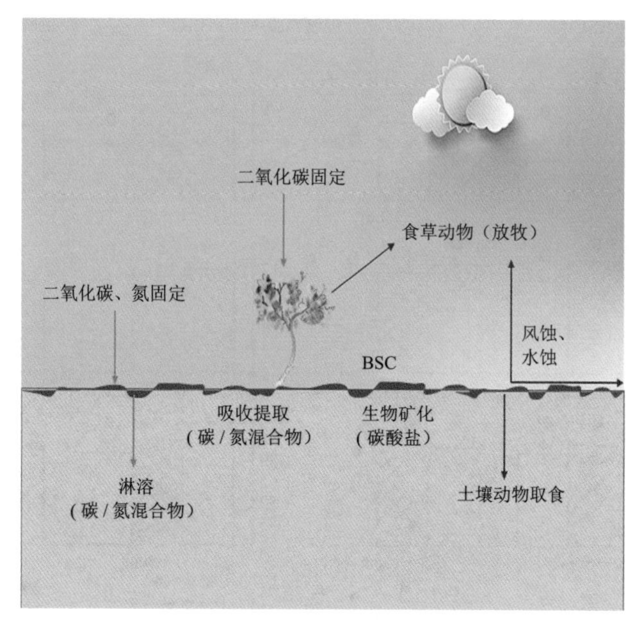

图5-16　BSC的生物地球化学活性与生命循环（Elbert et al., 2012）

能占净初级生产力的9%（Elbert et al., 2012）。与维管束植物不同，BSC不是季节性衰老或休眠的，它可以在一年中的任何时候利用降水和非降水（Jasoni et al., 2005; Darrouzet-Nardi et al., 2015）。这一事实对BSC的碳平衡有着复杂的影响：炎热时期的小降水脉冲可能会导致碳损失，此时BSC的呼吸作用超过光合作用（Coe et al., 2012; Reed et al., 2012）；而BSC的净碳同化多发生在潮湿甚至下雪的时期（Darrouzet-Nardi et al., 2015），最高碳吸收可能只发生在连续的降水之后（Burgheimer et al., 2006a, b）。

BSC中的光自养群落可以吸收大气中的二氧化碳，如蓝藻可以固定大气中的氮气（Belnap, 2003），它们产生含碳和含氮的有机化合物，如氨基酸、碳水化合物和胞外聚合物质（Guo, 2008; Delgado-Baquerizo, 2010）。这些产物以及隐花生物量部分被周围生态系统中的植物、动物和其他有机体消耗，或被侵蚀和通过径流重新分配（Walvoord et al., 2003; Bamforth, 2008）。因此，隐花植物能够通过光合作用和固氮作用为食物网提供物质和能量，这在干旱区和其他有机养分丰度较低的陆地环境中尤为重要。通过矿物、细胞丝和有机聚合物的相互作用，BSC覆盖层还可以形成生物矿物并稳定地表，促进旱地被侵蚀土壤的恢复（Bowker, 2007; Dojani et al., 2011）。

因此，了解BSC的光合固碳特征和其对碳循环的贡献和影响是全面解析荒漠区碳循环不可或缺的重要环节。对BSC的碳固定和碳循环特征的研究是全面认知我国荒漠生态系统碳循环的重要基础，也是进一步研究荒漠生态系统如何适应和响应全球变化机制，并提出区域科学对策的重要前提。因此，对BSC碳固定的研究是对目前进行的相关陆地生态系统碳循环研究的一个重要补充，是客观认知荒漠生态系统碳量平衡不可或缺的重要科学问题。此外，为减缓大气中二氧化碳增加，保护全球气候系统，中国在第七十五届联合国大会上宣布，中国将提高国家自主贡献力度，采取更加有力的政策和措施，二氧化碳排放力争于2030年前达到峰值，努力争取2060年前实现碳中和。此前，《京都议定书》中也明确提出，各国可以通过对陆地生态系统的有效管理来增加其固碳能力，并且管理成效可以部分抵消所承担的碳减排份额，这些管理措施包括植被建设和加强对现有陆地生态系统管理等。作为世界上最大的发展中国家，如何通过对陆地生态系统的有效管理来增加生态系统固碳能力，以尽早达到国家层面的“碳达峰”和“碳中和”目标，是目前我国碳外交战略中重大科技需求之一（李新荣等, 2012）。

BSC对荒漠生态系统碳循环具有重要的影响，但在现有的荒漠生态系统碳循环的研究中却忽略了BSC的光合固碳和呼吸损失对该生态系统碳收支的影响（Bowker, Koch, et al., 2008; 李新荣等, 2009; Li, Tian, et al., 2010）。虽然自20世纪90年代以来，国内外学者相继开展了一系列的探索研究，但是距全面了解BSC对荒漠生态系统碳循环的影响还相距甚远（Belnap & Eldridge, 2003）。一方面是因为目前对不同研究手段和方法所得的研究结果与实际情况是否“失真”的争论仍然十分激烈（Elbert & Peterson, 2010）；另一方面是因为这些研究所涉及的BSC的类型不全面且研究区域不平衡（Belnap & Lange, 2003），有限的研究主要集中在寒漠和热漠的藻类结皮和地衣结皮，而国内温带荒漠BSC的相关研究相对较少（Büdel, 2001; 李新荣等, 2018）。因此，通过对BSC固碳能力和碳循环特征的跟踪研究，正确评估荒漠区BSC的固碳能力，量化BSC在荒漠生态系统碳量平衡中“源－汇”关系及其周转机理，能够为客观评价我国广袤荒漠区在陆地系统碳循环中的地位提供科学依据。

5.3.1 BSC促进沙地碳循环

碳是荒漠生态系统的重要资源，也是非常缺乏的资源之一。BSC在碳固定和气态碳释放过程中的重要作用对于干旱半干旱区净初级生产力的调节至关重要。BSC中如蓝藻、地衣、藓类等生物体含有大量的光合色素，可利用大气中有限的水分进行光合作用，从而固定大气中的二氧化碳。另外，BSC生物体的分解矿化、藻类分泌的蛋白质、EPS等次生代谢产物和BSC生物体死亡残体等，成为沙区土壤有机碳的主要来源（Maestre et al., 2011; Bertrand et al., 2014）。针对不同生态系统BSC的净初级生产力，全球范围内BSC净初级生产力的变化范围为0.31－0.84 Pg $C \cdot a^{-1}$，极端干旱区BSC净初级生产力为0.07 Pg $C \cdot a^{-1}$，而干旱区和半干旱区BSC净初级生产力分别为0.16 Pg $C \cdot a^{-1}$和0.22 Pg $C \cdot a^{-1}$，BSC净初级生产力在全球范围内占据一定比例，对干旱半干旱区土壤碳资源的贮存和利用至关重要（Rodriguez-Caballero et al., 2018）。

BSC中地衣的光能利用率为0.5%－2%，与维管束植物处于同一数量级（Palmqvist, 2000），在适宜的温度、湿度、光照等条件下，其光合速率在0.1－11.5 μmol $CO_2 \cdot m^{-2} \cdot s^{-1}$之间变动，而维管束植物与同一气候区旱生灌木的光合速率相当（Lange & Green, 2006）。虽然BSC的瞬时光合速率比维管束植物低，但BSC的覆盖度约为干旱区地表活体覆盖面积的40%以上（Belnap, 2003），因此，BSC的生物光合固碳毫无疑问是该地区主要的碳汇（Harper & Marble, 1998）。有研究比较了科罗拉多高原寒漠和奇瓦瓦热漠演替早期和演替晚期BSC的净光合速率，结果发现演替晚期BSC的净光合速率显著高于演替早期，可见处于演替晚期的BSC能够增加生态系统碳的输入量（Housman et al., 2006）。在实验室控制条件下，研究者对不同温度（5－35℃）和土壤含水量（20%－100%）条件下的二氧化碳交换量进行对比，发现科罗拉多高原寒漠和奇瓦瓦热漠的浅色（藻类为优势种）和深色（藻类/地衣和藓类等为优势种）BSC的最高净光合速率均出现在温度大于25℃且土壤含水量为40%－60%的条件下，两种类型BSC的最高呼吸速率均出现在温度35℃且土壤含水量为40%的条件下（Grote et al., 2010）。还有人综合分析了早期发表的不同生态系统关于BSC空间异质性的研究结果，估算了全球范围内BSC覆盖地区的净碳固定量约为3.9 Pg $C \cdot a^{-1}$，约相当于陆地生态系统植物净初级生产力的7%（Elbert et al., 2012）。对5个不同气候梯度下温度、湿度和BSC盖度对土壤呼吸的影响进行分析后的结果表明，湿度是首要的限制因子，干旱状态下土壤呼吸速率在1.5－5.9 mg $C \cdot m^{-2} \cdot h^{-1}$之间，在2 mm和5 mm降水后土壤呼吸速率分别在4.0－21.8 mg $C \cdot m^{-2} \cdot h^{-1}$和8.6－41.5 mg $C \cdot m^{-2} \cdot h^{-1}$之间（Thomas et al., 2011）。

国内有关BSC碳收支的研究起步相对较晚，且相关研究主要集中在腾格里沙漠和古尔班通古特沙漠。我们评估了腾格里沙漠南缘不同演替阶段BSC的光合固碳能力，发现不同演替阶段BSC的光合固碳能力受土壤含水量影响程度大于温度，演替初期以藻类为优势种的BSC年固碳量11.36 g $C \cdot m^{-2}$，演替后期以地衣、藓类为优势种的BSC年固碳量为26.75 g $C \cdot m^{-2}$，可见，BSC是荒漠生态系统重要的碳输入来源（Li et al., 2012）。对古尔班通古特沙漠藻类－地衣混生结皮、藓类结皮净光合作用对不同降水量（0 mm、2 mm、5 mm、15 mm）的响应的研究，结果显示，上述两类BSC净光合速率（-0.28 ± 0.14－1.2 ± 0.07

μmol·m^{-2}·s^{-1}）无显著差异，净光合速率的日变化与土壤表面温度显著相关，而季节性净光合速率则与土壤湿度（VWC < 3%）呈显著的线性相关（Su et al., 2013）。有人研究了腾格里沙漠人工恢复沙区藻类结皮、藓类结皮光合速率与土壤湿润时间之间的关系，并建立了光合速率与土壤湿度之间的理论模型，结果表明，这两类BSC均能通过限制降水入渗来改变土壤的温度和湿度，且在总降水量不变的情况下，荒漠区降水频率越高，植被的光合固碳量越大（Huang et al., 2014a, b）。还有人在古尔班通古特沙漠分析了降水强度对土壤二氧化碳通量的影响及藓类结皮在荒漠生态系统土壤碳循环中的作用，结果表明，藓类结皮的净光合速率同时受土壤温度和湿度的影响，且土壤湿度的影响占71%－74%（Wu et al., 2015）。赵允格等（2010）分析了黄土丘陵区典型藻类结皮、藓类结皮光合作用过程对环境因子的响应，结果表明，水分是影响BSC光合作用的关键因子，此外，温度也显著影响BSC的光合作用，藻类结皮和藓类结皮光合作用最适宜的温度分别为25－30℃和20－25℃。我们在腾格里沙漠东南缘人工植被区研究了三种类型BSC（藻类结皮、藓类结皮和混生结皮）土壤碳释放对极端降水事件的响应，结果显示，极端降水事件（包括极端降水量和极端降水强度）结束初期，藻类结皮和混生结皮土壤呼吸受到显著抑制，而处于演替晚期的藓类结皮土壤呼吸未受到显著影响，可见，处于演替晚期的BSC能够更好地适应短期的极端降水事件（赵洋等, 2013）。

BSC气态碳的释放对荒漠生态系统的净初级生产力具有较大影响，不同区域间也存在着巨大差异。例如，西班牙半干旱荒漠生态系统BSC的气态碳释放量为240.4－322.6 g C·m^{-2}·a^{-1}（Castillo-Monroy, Maestre, et al., 2011），而土壤呼吸释放的二氧化碳通量的85%来源于BSC覆盖土壤。然而，对中国科尔沁沙地的研究得出了不同的观点，BSC在土壤碳平衡中具有减少土壤碳排放的作用，土壤环境条件（水分、温度等）的差异是造成土壤碳释放的主要原因（李玉强等, 2008）。其他地区的相关研究也显示BSC在土表的发育显著抑制了土壤二氧化碳向大气的释放，地表BSC能有效减少1/4－1/2的土壤碳释放，显著影响土壤－大气界面碳交换过程（Su et al., 2013）。非洲卡拉哈里沙漠藻类结皮覆盖土壤的气态碳释放显示，干旱情况下土壤二氧化碳排放量为2.8－14.8 mg $C\cdot m^{-2}\cdot h^{-1}$；小降水事件可以迅速地增加二氧化碳排放量至65.6 mg $C\cdot m^{-2}\cdot h^{-1}$；而强降雨事件1小时后二氧化碳排放量高达339.2 mg $C\cdot m^{-2}\cdot h^{-1}$，两天后土壤二氧化碳排放量仍然保持在较高水平。这表明二氧化碳的排放与土壤含水量密切相关。同时，研究还发现，当水分处于充足状态时，二氧化碳的排放量会随着温度的升高逐渐增加（Thomas & Hoon, 2010）。在BSC占优势的荒漠生态系统中，气候变暖和不同类型的降水事件通过改变土壤呼吸强度影响土壤碳的释放。不同自然降水条件下（降水量为0.3－30.0 mm），藓类结皮土壤呼吸速率在0.16－4.69 $\mu mol\cdot m^{-2}\cdot s^{-1}$之间变动，藻类－地衣结皮土壤呼吸速率在0.21－5.72 $\mu mol\cdot m^{-2}\cdot s^{-1}$之间变动。对照条件下，两类BSC土壤呼吸速率平均为1.24 $\mu mol\cdot m^{-2}\cdot s^{-1}$，增温条件下为0.79 $\mu mol\cdot m^{-2}\cdot s^{-1}$，增温显著降低了BSC的呼吸速率，增温主要是通过加速土壤含水量的散失，降低土壤含水量有效性从而抑制土壤微生物活性，进而抑制BSC土壤呼吸（Guan, Li, et al., 2018; 2021）。高原（高寒）沙区降水会刺激藻类结皮和藓类结皮的碳释放，且释放量与降水量的大小呈正相关（辜晨等, 2017）。针对不同演替阶段的BSC土壤呼吸速率的测定发现，随着BSC的生长与发育，发育后期的BSC土壤呼吸速率高于发育早期（Housman et al., 2006）。我们在腾格里沙漠流沙对不同演替阶段BSC的年碳释放量的研究显示，流沙、藻类结皮、混生结皮以及藓类结皮的年碳释放量分别为56.6 g $C\cdot m^{-2}$、67.9 g $C\cdot m^{-2}$、90.3 g $C\cdot m^{-2}$和128.8 g $C\cdot m^{-2}$（Zhao et al., 2016）。

一、BSC演替和群落组成对碳循环的影响

BSC固定的碳是荒漠生态系统土壤碳的主要来源。不同生物体组成的BSC固碳量存在一定差异。藻类结皮、地衣结皮和藓类结皮的年固碳量分别为

2.9－11.3 g C·m^{-2}、3.5－37.0 g C·m^{-2}和26.8－64.9 g C·m^{-2}，表明BSC生物体组成是影响荒漠生态系统土壤碳固定过程的关键因素（李新荣等, 2018）。研究人员对科罗拉多高原和奇瓦瓦沙漠演替早期的BSC（以微鞘藻属为主的藻类结皮）和演替后期的BSC（以念珠藻属/伪枝藻属为主的藻类结皮或以光叶衣属/胶质地衣属为主的地衣结皮）碳固定速率的研究发现，科罗拉多高原演替后期BSC的光合碳固定速率为演替前期BSC的1.2－1.3倍，奇瓦瓦沙漠演替后期BSC的光合碳固定速率为演替前期BSC的2.4－2.8倍，说明BSC演替后期阶段碳固定速率更高，这对土壤环境碳资源的积累至关重要（Housman et al., 2006）。同样地，与裸地相比，中国黄土丘陵区BSC的存在增加了光合固碳速率，且随着BSC的发育和演替，演替后期的BSC光合固碳速率显著高于演替早期（王爱国等, 2013）。随着BSC的演替，BSC生物体（藻类、藓类、地衣）的组成比例发生了变化，从而影响了光合碳固定速率。与地衣和藓类相比，藻类结皮通常具有较低的生物量和叶绿素含量，以及更加有限的光穿透力，使得其固碳能力相对降低（谢婷等, 2021）。比如，干旱区以具鞘微鞘藻为主的BSC的固碳速率（约1 μmol CO_2·m^{-2}·s^{-1}）显著低于地衣和藓类为主的BSC的光合速率（约10 μmol CO_2·m^{-2}·s^{-1}）。基于受土壤含水量驱动下的固碳模型，我们可综合计算出藻类结皮和藓类结皮的年际固碳潜力，藓类结皮和藻类结皮的年固碳量分别为64.9 g C·m^{-2}和38.6 g C·m^{-2}，其中由非降水所引起的年固碳量达到了11.6 g C·m^{-2}和8.8 g C·m^{-2}，分别占全年固碳量的30.2%和43.6%，充分体现了BSC在人工植被区碳汇的功能（Huang et al., 2014a, b）。

气候变化对BSC群落组成影响显著。例如，有研究表明，夏季小降水事件（1.2 mm）频率的增加，可能导致藓类结皮在一个生长季节几乎全部消失（Reed et al., 2012）。同样，通过6年增温实验，证明了BSC从藓类结皮、地衣结皮到蓝藻结皮的转变，气候变暖引起的BSC的变化类似于10多年反复践踏干扰后的结果（Ferrenberg et al., 2015; Tucker et al., 2019）。在严重干扰之后，BSC演替通常会在许多旱地经历类似的阶段（Weber et al., 2016）。裸露的土壤被色素较浅的早期演替蓝藻定殖，这些蓝藻稳定了土壤表面，为随后形成藓类和地衣提供了条件。蓝藻结皮对藓类和地衣的替代是对物理践踏干扰，或对气候变暖和降水变化的响应（Ferrenberg et al., 2015）。我们的研究结果为解释藓类结皮向早期蓝藻结皮转变的原因提供了一个机制框架，并对这种转变对生态系统碳循环的影响进行了深入的探讨。BSC对碳的吸收在演替晚期会受到变暖的负面影响，而在演替早期，BSC的碳吸收不受影响。因此，在气候变暖条件下，从晚期BSC到早期BSC的转变可能是由于藓类和地衣对碳的吸收减少，导致土壤碳饥饿，因此，逐渐被更能耐受高温的蓝藻所替代，蓝藻定殖到了新的土壤表面。由于气候变暖可能导致晚期BSC向早期BSC的转变，并且早期BSC从大气中固定的碳比晚期BSC少得多，预计这种连续性退化与BSC旱地的碳吸收率显著降低有关。最后，裸露土壤中的增温对呼吸作用的刺激表明，表层土壤碳对增温的响应是净损失。这一机制得到了以下观察结果的支持：在全球范围内，土壤碳含量随着干旱度的增加而下降（Delgado-Baquerizo, Maestre, et al., 2013; Tucker et al., 2019）。

BSC的碳固定能力受不同类型BSC的丰度、物种组成以及温度和水合历史影响（Jeffries et al., 1993; Garcia-Pichel et al., 2003）。微鞘藻占优势的BSC固碳率通常较低，这是因为它们的总蓝藻生物量和叶绿素含量较低（Garcia-Pichel & Belnap, 1996），并且它们对土壤表面以下区域的光穿透有限（Lange, 2003）。

演替后期BSC的碳循环速率高于演替早期BSC和裸土。演替后期BSC的呼吸作用和总初级生产力（GPP）对土壤含水量高度敏感，湿润期的高通量随着土壤干燥而迅速减少。在湿润条件下，几个小时内，演替后期BSC的呼吸作用因增温而增强，但随着增温土壤更迅速地干燥，增温开始抑制BSC的呼吸作用。同地区现场土壤呼吸研究也证实，相对于直接控制温度，通过干燥对温度的间接控制对土壤二氧化碳释放影响更强（Tucker & Reed, 2016）。演替后期

BSC的GPP也因土壤加速干燥而受到增温的抑制；而气候变暖对演替后期BSC的GPP的直接负效应作用很小。

二、BSC中微生物对碳循环的影响

BSC中微生物群落的固碳作用是荒漠生态系统土壤碳的重要来源。在BSC的形成和发育过程中，BSC层及下层土壤中多种微生物的生物量及群落结构多样性增加（熊文君等, 2021），并进一步形成了复杂的微生物群落，这在一定程度上可改变荒漠生态系统的碳收支。BSC中微生物群落在碳循环中发挥着重要作用，主要参与碳固定、碳降解和甲烷代谢过程（Berg, 2011; Hu, Zhang, Huang, et al., 2019）。随着BSC的生长发育，土壤中的微生物丰度和种类发生变化，光合自养微生物减少，而细菌和真菌等异养微生物增加（吴永胜等, 2010）。与细菌相比，真菌的降解作用更为突出，其中子囊菌门和毛霉菌门主要参与纤维素或糖类的降解，担子菌门主要参与难降解物质的水解（Schneider et al., 2012）。一些研究揭示了真菌在难降解物质分解过程中的重大贡献（Boer et al., 2005; Schnerder et al., 2012）。也有研究证实了BSC中曲酶属和毛壳菌属是碳降解过程中参与难降解物质分解过程的优势功能菌属（Zhao et al., 2020a）。细菌主要参与土壤有机碳的降解，参与碳降解的相关功能基因主要来源于细菌群落，其中降解易降解类底物淀粉的功能基因丰度最高，真菌中分解难降解碳的基因丰度较高（Glassman et al., 2018; Liu et al., 2019）。塔韦纳斯沙漠藻类为主的BSC和地衣为主的BSC与碳降解相关水解酶显著相关，BSC能够有效提高土壤环境中的水解酶活性，且相关水解酶水解低分子量底物的酶活性高于水解高分子量底物（纤维素和蛋白质）的酶活性。同时研究发现，水解酶活性在地衣为主的BSC中最高，这表明BSC能够通过降解低分子量碳基质增加土壤环境中的碳资源，且BSC中隐花植物组成对于水解酶活性的影响显著（Miralles et al., 2013）。藓类结皮能够产生更多的难降解碳基质，从而导致其对难降解碳具有偏好性的真菌群落的降解功能显著增加（Xu et al., 2020）。

腾格里沙漠南缘不同演替阶段人工植被区的细菌和真菌群落的碳循环功能潜力在以藓类为主的BSC中显著高于以地衣和藻类为主的BSC（图5–17），而古菌群落的碳氮循环功能潜力均以藻类为优势的BSC类型中最高（图5–18），这表明细菌群落和真菌群落更有利于BSC演替后期阶段的碳循环功能发挥，而古菌群落更有利于BSC演替早期阶段的碳循环功能发挥。结合BSC微生物群落的丰富度变化，在以藻类为主的BSC中古菌群落的丰富度与其碳循环功能潜力显著高于其他类型的BSC（图5–18）；在以藓类为主的BSC中的真菌群落的丰富度与其碳循环功能潜力均显著高于其他类型的BSC，这验证了真菌群落在BSC演替后期阶段至关重要的结论。

然而，细菌群落的丰富度在BSC演替后期阶段保持相对稳定的现象看似与其碳循环功能潜力不一致（图5–17），但其实都表明细菌群落组成结构在BSC演替后期阶段不断恢复和稳定，其碳循环功能潜力在BSC 演替后期阶段发挥着重要的作用。上述研究结果表明，BSC微生物群落的丰富度在很大程度上决定了其碳循环的功能潜力，即BSC微生物群落组成结构的恢复在很大程度上促进了其碳循环功能潜力的发挥。然而，对于细菌群落而言，其群落组成结构的恢复并不完全意味着碳循环功能潜力的恢复，其碳循环功能结构的恢复被证实需要更长的时间。这也为人类社会敲醒警钟，即生态系统一旦遭受实质性破坏（功能性紊乱），要想实现真正意义上的恢复（生态功能的恢复）需要很长的时间。

腾格里沙漠BSC演替过程中，放线菌门、变形菌门、厚壁菌门、绿弯菌门、子囊菌门、担子菌门、奇古菌门和广古菌门在碳循环过程中发挥重要作用。同样地，上述优势功能菌门也被证实为其他陆地生态系统土壤碳循环过程的优势功能菌门（Berg, 2011; Gao et al., 2011; Offre et al., 2013; Fan et al., 2014）和BSC微生物群落组成结构中的优势微生物菌门，表明微生物群落组成结构的优势类群在门水平上与微生物群落碳循环的优势功能类群具有一致性。换言

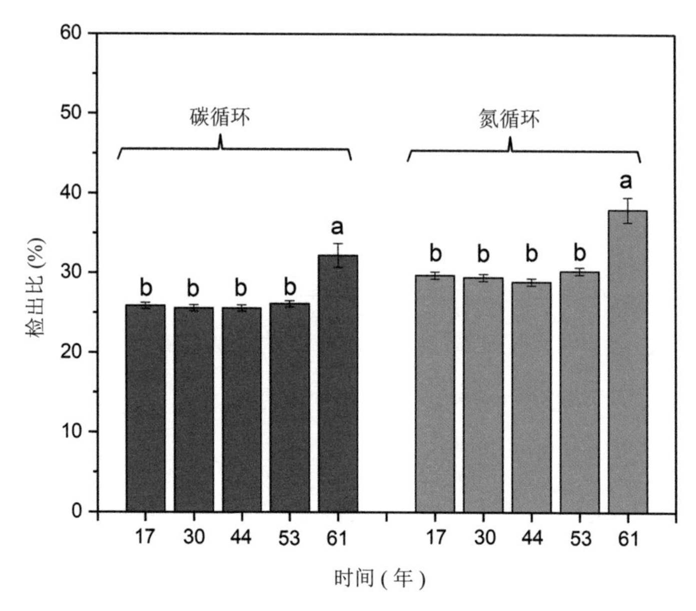

图5-17 不同发育阶段BSC细菌群落碳氮循环功能基因的检出比

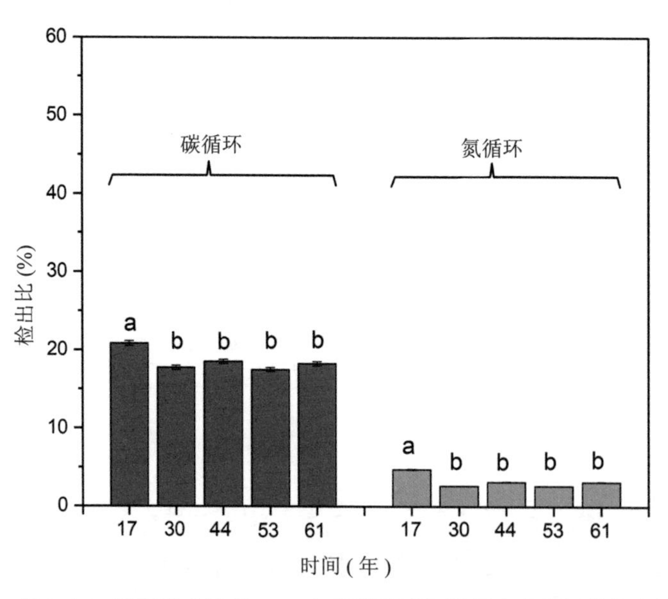

图5-18 不同发育阶段BSC古菌群落碳氮循环功能基因的检出比

之，微生物菌门在组成结构上的优势性决定了其在碳循环功能潜力上的优势性。在BSC演替过程中，细菌群落的放线菌门和变形菌门、真菌群落的子囊菌门和担子菌门，以及古菌群落的广古菌门在不同碳基质的降解过程中共同发挥调控功能。其中，细菌群落的放线菌门和变形菌门物种是淀粉、果胶、半纤维素、纤维素、几丁质和芳烃降解过程的关键微生物功能物种，而真菌群落担子菌门物种是木质素降解过程的关键微生物功能物种。淀粉作为BSC 演替过程中被检测到的最易降解碳，其降解过程是BSC 碳降解的关键过程，而该过程主要由放线菌门的链霉菌属通过*amyA* 基因进行调控。

同样地，链霉菌属*amyA* 基因在淀粉降解过程中的优势性也在先前研究中被证实（Sato & Kaji, 1980; Hwang et al., 2013）。木质素作为BSC演替过程中被检测到的最难降解碳，其降解过程主要由担子菌门的栓菌属和平革菌属通过酚氧化酶基因进行调控。无独有偶，细菌群落以高效方式对易降解碳的降解，真菌群落在难降解碳降解过程中的优势性也被先前的研究所证实（Green et al., 2008; Porras-Alfaro et al., 2011; Schneider et al., 2012）；而以藓类为主的BSC能够产生更多难降解的有机质，从增加降解底物方面促进真菌群落绝对丰度和木质素降解潜能的增加（Xu et al., 2020）。根据细菌和真菌群落的丰富度、绝对丰度和功能潜力均在以藓类为主的BSC中占据优势地位，上述研究结果表明，在荒漠生态系统的BSC中，细菌群落主要以淀粉等碳基质的降解为主，而真菌群落可以补充降解难降解碳，随着BSC的继续演替，细菌和真菌群落将为土壤环境带来源源不断的有机质资源。BSC演替过程中，细菌群落的变形菌门和绿弯菌门，以及古菌群落的泉古菌门和广古菌门在不同碳固定过程中共同发挥调控功能。其中，细菌群落的变形菌门和绿弯菌门物种是卡尔文循环、还原性乙酰辅酶A途径、还原性TCA循环和3-羟基丙酸双循环过程的关键微生物功能物种，而古菌群落的泉古菌门物种是二羧酸/4-羟基丁酸循环和3-羟基丙酸/4-羟基丁酸循环过程的关键微生物功能物种。卡尔文循环作为自然界中最普遍、最重要、能耗最高的固碳途径，其固碳过程是BSC碳固定的关键过程，而该过程主要由变形菌门的假单胞菌属和伯克氏菌属通过*tktA*基因进行调控。同样地，先前研究也证实了变形菌门与碳固定过程功能基因的转录密切相关（Ren et al., 2018），而假单胞菌属和伯克氏菌属作为碳固定过程的关键微生物功能物种也被先前研究报道所揭示（Hayashi et al., 1998; Scanlan et al., 2009）。二羧酸/4-羟基丁酸循环作为新发现的严格厌氧的固碳途径（巩伏雨等, 2015），其固碳过程主要由泉古菌门的热变形菌属和热棒菌属通过*AACT_DiC4HB*和*por_DiC4HB*基因进行调控；3-羟基丙酸/4-羟基丁酸循环作为有利于环境有机酸吸收和同化的固碳途径（Herter et al., 2001），其固碳过程主要由泉古菌门的金属球菌属通过*3HP_CoAs*基因进行调控。

目前，关于微生物群落参与二羧酸/4-羟基丁酸循环和3-羟基丙酸/4-羟基丁酸循环过程的功能基因及关键物种的研究较少，已有研究证实了泉古菌门在这两种碳固定过程中的关键作用。根据细菌群落的丰富度、绝对丰度和功能潜力均在以藓类为主的BSC中占据优势地位（图5-17; 表5-1），而古菌群落的丰富度、绝对丰度和功能潜力均在以藻类为主的BSC中占据优势地位（图5-18和表5-1），上述研究结果表明，在荒漠生态系统的BSC中，细菌群落主要通过卡尔文循环为土壤源源不断固定碳资源，而古菌群落参与的二羧酸/4-羟基

表5-1 不同发育阶段BSC微生物群落的绝对丰度

恢复时间	细菌群落（个/g）	真菌群落（个/g）	古菌群落（个/g）
0年	$1.12 \times 10^6 \pm 4.19 \times 10^{5c}$	$1.24 \times 10^4 \pm 3.76 \times 10^{3e}$	$5.83 \times 10^4 \pm 1.36 \times 10^{3a}$
7年	$3.94 \times 10^7 \pm 2.21 \times 10^{6b}$	$6.32 \times 10^4 \pm 4.11 \times 10^{5de}$	$4.49 \times 10^8 \pm 3.82 \times 10^{7a}$
17年	$2.70 \times 10^8 \pm 1.19 \times 10^{7a}$	$1.36 \times 10^5 \pm 5.22 \times 10^{4d}$	$3.13 \times 10^8 \pm 4.04 \times 10^{6b}$
30年	$5.44 \times 10^8 \pm 4.23 \times 10^{7a}$	$8.67 \times 10^5 \pm 1.02 \times 10^{5c}$	$2.11 \times 10^8 \pm 1.97 \times 10^{7c}$
44年	$7.61 \times 10^8 \pm 8.50 \times 10^{7a}$	$1.13 \times 10^6 \pm 4.88 \times 10^{5c}$	$1.20 \times 10^8 \pm 3.36 \times 10^{7d}$
53年	$9.03 \times 10^8 \pm 2.55 \times 10^{7a}$	$3.29 \times 10^6 \pm 7.14 \times 10^{5b}$	$3.16 \times 10^7 \pm 2.24 \times 10^{6e}$
61年	$1.46 \times 10^9 \pm 7.56 \times 10^{8a}$	$6.90 \times 10^7 \pm 2.91 \times 10^{6a}$	$2.74 \times 10^7 \pm 3.94 \times 10^{6a}$

丁酸循环和3-羟基丙酸/4-羟基丁酸循环为BSC演替早期阶段固定必要的碳资源。BSC演替过程中，细菌群落的变形菌门和厚壁菌门，以及古菌群落的广古菌门在甲烷代谢过程中共同发挥调控功能。其中，细菌群落的变形菌门物种是甲烷氧化过程的关键微生物功能物种，而古菌群落的广古菌门物种是甲烷产生过程的关键微生物功能物种。甲烷氧化作为目前温室气体甲烷减少的唯一方式，该过程主要由变形菌门的甲基弯曲菌和甲基细胞菌属通过*pmoA*和*mmoX*基因进行调控。其中，*mmoX*基因作为常温条件下即可介导该过程的关键酶，在减少甲烷排放量方面贡献巨大（梁战备等, 2004; 韩冰等, 2008; Shen & Hu, 2012）。作为温室气体甲烷主要来源，甲烷的产生过程是BSC甲烷代谢的关键过程，而该过程主要由广古菌门的甲烷丝状菌属通过*mcrA*基因进行调控。同样地，广古菌门厌氧类古菌在甲烷产生过程中的主要贡献也被证实（Offre et al., 2013），而甲烷丝状菌作为产甲烷菌的一个重要组成部分，可以通过关键基因*mcrA*介导甲烷产生的最后一步（Friedrich, 2005）。根据细菌群落的丰富度、绝对丰度和功能潜力均在以藓类为主的BSC中占据优势地位，而古菌群落的丰富度、绝对丰度和功能潜力均在以藻类为主的BSC 中占据优势地位，上述研究结果表明，BSC的演替可以抑制古菌群落介导的甲烷产生过程，促进细菌群落介导的甲烷氧化过程，从而有效地降低BSC演替过程中温室气体甲烷的产生及向自然界中的排放。

三、水分对BSC碳循环的影响

环境因子对BSC碳收支的影响以水分最为重要。水分有效性是限制干旱半干旱区一切生命活动的关键因子（Noy-Meir, 1973）。降水格局的变化会影响包括土壤呼吸在内的生态系统碳循环（Bowling et al., 2011）。干旱半干旱区通常以小降水事件（降水量小于5 mm）为主，降水直接关系到土壤含水量的有效性(Sala & Laurenroth, 1982）。这些小的降水虽然只能湿润地表0－5 cm的土壤，但足以激发植被和土壤中的生命活动（Schwinning & Sala, 2004）。而BSC的存在延长了水分在浅层土壤中的保存时间，特别是当干旱胁迫发生时，BSC增加浅层土壤含水量有效性的功能显得尤为重要(李新荣，张志山，等，2016；李新荣，回嵘，等，2016)。BSC仅在湿润时才能进行新陈代谢活动，因此其生物活性主要与降水量、降水频度和降水持续时间密切相关（Belnap et al., 2004）。BSC通过光合作用固定大气中的碳，并向下层土壤食物网提供碳。BSC提供这些生态系统服务的速度取决于几个非生物因素，最突出的是水和温度，这些因素因沙漠所处季节和纬度而异（例如，冬季和夏季，热沙漠和冷沙漠）。

固碳速率还取决于BSC的发育以及BSC中物种的类型和丰度。例如，与演替早期的BSC中的蓝藻相比，演替后期BSC中含有的藓类和地衣可增强二氧化碳通量，沙漠BSC中的碳固定最终是由水分决定的。BSC通常具有最佳的水化作用水平，高水平的水化会增加二氧化碳扩散阻力，降低生物体对二氧化碳的可获得性，而水太少则会抑制细胞功能。蓝藻－地衣需要液态水，而绿藻－地衣可以成功地利用露水或雾中的水分固定二氧化碳。一旦被水湿润，BSC立即通过非代谢途径流失二氧化碳，而“再饱和呼吸”被认为与干燥后的代谢恢复有关。为了获得碳，BSC必须将水分保持足够长的时间以克服这种初始的碳损失。因此，水化时间的长短和以往的湿润程度会影响二氧化碳通量，并决定BSC覆盖区是作为碳源还是进行碳汇。

降水能够加快土壤呼吸速率，且降水对土壤呼吸的影响取决于降水量的大小、前期情况及土壤含水量状况等因素（Shen et al., 2015）。古尔班通古特沙漠降水显著增加了BSC土壤呼吸速率，并且随着降水后时间的延长土壤呼吸速率逐渐减小直至恢复到降水前水平（吴林等，2012）。土壤微生物呼吸对降水响应迅速且强烈（Wang, He, et al., 2016），降水的增加会通过协同增加土壤中细菌和真菌的丰富度进而增加微生物的生物量，并进一步增加荒漠生态系统土壤的碳释放量（Huang et al., 2015）。因此，通过土壤微生物呼吸速率的变化可以确定全球变化背景下降水变化对土壤碳含量的影响（Wang, He, et al., 2016）。对阿兰胡埃斯半干旱生态系统的研究表明，不同盖度BSC土壤呼吸均与0－5 cm土壤湿度呈显著的二次曲线关系（Castillo-Monroy, Maestre, et al., 2011）。在腾格里沙漠东南缘沙坡头地区研究了不同演替阶段BSC的光合固碳特性，结果表明，在三个测量季节中，以地衣－藓类为主的BSC比以藻类为主的BSC具有更高的净光合速率（Pn）值，这可能是由于以地衣－藓类为主的BSC具有更高的叶绿素含量。事实上，许多研究表明Pn和叶绿素含量之间存在正相关（Bowker et al., 2002）。此外，地衣－藓类为主的BSC比以蓝藻为主的BSC具有更高的持水能力，可以延长BSC隐花植物获得碳的有效湿润时间。同样，在中国的温带沙漠中，以地衣－藓类为主的BSC比以藻类为主的BSC更有利于露水的滞留（Liu et al., 2006）。因此，确定准确的湿润时间对于估计自然条件下BSC的碳固定是至关重要的，因为BSC的碳固定作用是由沙漠生态系统中的水驱动的。1991－2010年，对不同BSC湿润时间的监测结果还表明，以地衣－藓类为主的BSC比以藻类为主的BSC的湿润时间更长，这导致了年际碳输入的变化。因此，碳固定差异在很大程度上取决于BSC的湿润时间，这意味着全球气候变化下区域降雨机制的改变将导致沙漠生态系统碳平衡的变化。

在腾格里沙漠的夏季，BSC经常表现出较高的碳收益，因为它们在湿润期（夏季）比春季和秋季更容易达到BSC光合作用要求的最佳温度和光照强度。然而，该研究没有考虑在实验室条件下BSC光合作用对含水量、气温和光照强度的变化的响应。我们认为，现场测定的Pn日变化在很大程度上反映了这些因素对BSC光合作用的综合影响。同样，测定的Pn值也能反映出BSC中所有生物的固碳能力，而不是某些或其他隐花植物的固碳能力。利用四年期间几乎所有降雨事件后的测量结果，我们可以估计平均日净光合速率或季节净光合速率。估算结果表明，腾格里沙漠蓝藻结皮的季节平均固碳量分别为0.48 g $C\cdot m^{-2}\cdot d^{-1}$、0.65 g $C\cdot m^{-2}\cdot d^{-1}$和0.56 g $C\cdot m^{-2}\cdot d^{-1}$，藻类结皮的季节平均固碳量分别为0.75 g $C\cdot m^{-2}\cdot d^{-1}$、1.05 g $C\cdot m^{-2}\cdot d^{-1}$和0.83 g $C\cdot m^{-2}\cdot d^{-1}$（Li et al., 2012）。

四、温度对BSC碳循环的影响

除了水分之外，温度也是影响BSC碳收支的重要环境因子（Noy-Meir, 1973）。环境因子对BSC土壤呼吸的影响层次分明，水分是影响BSC土壤呼吸的关键因子，而在水分充足的条件下温度是制约BSC土壤呼吸的关键因子（管超等, 2016）。温度为0－50℃时，BSC进行光合作用，羧化反应的最适温度为10－28℃（Lange & Green, 2006）。随着温度升高，主要羧化酶核酮糖-1, 5-二磷酸羧化酶对氧气的亲和力会增加，从而降低羧化效率（Lange & Green, 2006）。这一过程被称为光呼吸，很可能在高温下普遍存在于BSC中。除了酶促反应外，温度还影响土壤表面水分蒸发的速率和水化时间。较高的温度意味着更快的干燥速度，但在给定的温度下，绝对干燥时间也因BSC类型而异。研究表明，当土壤湿度大于11%时，不同盖度BSC土壤呼吸均与0－2 cm深的土壤温度呈显著的指数正相关（Castillo-Monroy et al., 2011）。在宁夏盐池半干旱生态系统对土壤湿度对土壤温度对土壤呼吸日变化响应过程中的作用的研究结果显示，在较高的土壤含水量（VWC > 0.08 $m^{-3} \cdot m^{-3}$）下，土壤呼吸的日变化与10 cm深的土壤温度显著相关，而在较低的土壤含水量（VWC < 0.08 $m^{-3} \cdot m^{-3}$）下没有上述相关性。胡宜刚等（2014）在沙坡头人工植被区的研究发现，藻类结皮、藓类结皮及流沙的二氧化碳通量均与5 cm深的土壤温度呈显著的线性正相关（图5-19）。对科罗多拉高原一种广泛分布的藓类结皮死亡率对增温和增雨响应的研究结果显示，夏季增加1.2 mm降水量的降水频次显著降低了藓类结皮的盖度（从25%减少到2%），而增温对藓类结皮盖度没有显著影响，表明小降水事件破坏了藓类结皮的碳平衡，而大降水事件确保了藓类结皮的净碳吸收。有研究者在半干旱区开展了4年的增温试验，当空气温度升高2－3℃时，BSC的盖度显著降低了44%，且增温显著提高了BSC的呼吸速率（Maestre et al., 2013）。还有研究者通过分析模拟增温和减少降水量对丰水年和枯水年土壤呼吸的影响，评价了BSC碳释放的影响因子，结果显示，丰水年不同盖度

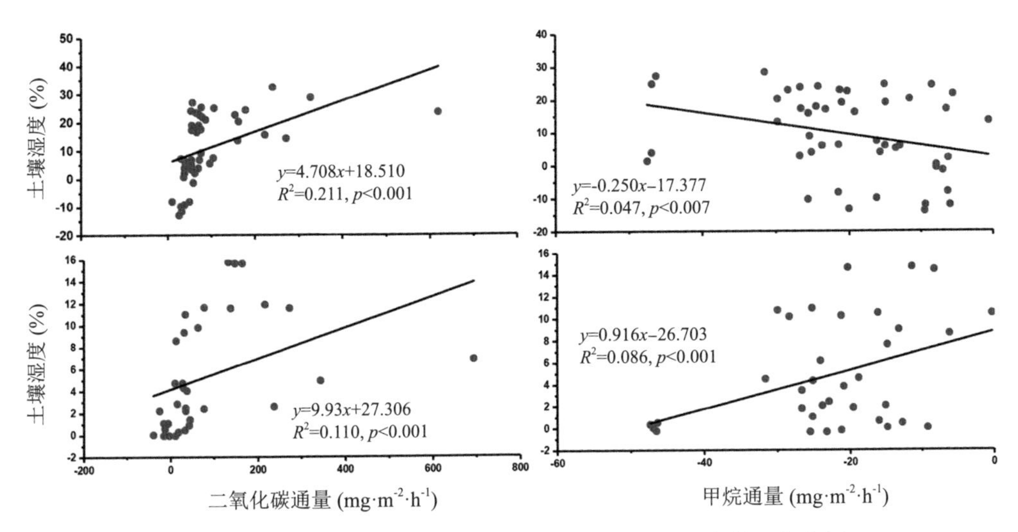

图5-19　二氧化碳和甲烷通量与5 cm深的土壤温度和湿度的回归分析

BSC土壤呼吸均显著高于枯水年，而仅当BSC盖度大于50%时增温才能显著提高土壤呼吸速率（Escolar et al., 2015）。徐冰鑫等（2014）在腾格里沙漠东南缘天然植被区以藻类结皮、藓类结皮和混生结皮土壤为研究对象，分析了增温对BSC土壤二氧化碳通量的影响，结果表明，增温降低了藓类结皮和藻类结皮土壤的年均二氧化碳通量，但其降低程度的差异不显著；此外，该研究中BSC土壤二氧化碳通量与5 cm深的土壤温度呈显著的指数正相关。

美国西南部的BSC在一年中所经历的土壤表面温度范围（15－80℃）大于光合作用最适温度范围，因此BSC必须能耐受极端温度，并对水化反应迅速，以实现净碳增益。凉爽的科罗拉多高原沙漠（美国犹他州）位于北美洲中西部。在秋季和冬季，湿气从西北部以大锋面系统的形式到达，这些大锋面系统提供了大约65%的年总降水量。夏季降水则来自墨西哥湾至东南部的强烈局部对流风暴，约占年降水量的35%。在过去的10000年里，随着这些降水系统强度的变化，这个地区经常经历夏季和冬季降水丰度的变化（Petersen, 1994）。相比之下，炎热的奇瓦瓦沙漠（美国新墨西哥州）的降水主要来自墨西哥湾夏季季风的水汽。这两个地点在2040－2070年的未来气候模型预测中，气温将大幅上升。这种上升将在夏季尤其明显，并且科罗拉多高原的上升幅度将大于奇瓦瓦沙漠（分别为5－7℃和3.5－4℃）。在这两个地区，该模型还预测了冬季降水量的大幅下降和夏季降水量的部分增加（Grote et al., 2010）。

此外，在沙坡头地区进行的模拟增温实验表明，随着年均温度上升，藻类一地衣结皮第一试验年的累计土壤碳释放量为70.94 g $C \cdot m^{-2}$，第二试验年的累计土壤碳释放量为69.01 g $C \cdot m^{-2}$；藓类结皮第一试验年的累计土壤碳释放量为97.67 g $C \cdot m^{-2}$，第二试验年的累计土壤碳释放量为119.89g $C \cdot m^{-2}$。可见，增温减少了本研究区内BSC累计土壤碳排放量。类似的，来自腾格里沙漠东南缘天然植被区的研究结果表明，藓类结皮年累计土壤碳释放量约为120.17 g $C \cdot m^{-2}$，增温减少了藓类结皮年累计土壤碳释放量的13.5%（徐冰鑫等, 2014）；藻类结皮年累计土壤碳释放量约为102.97 g $C \cdot m^{-2}$，增温减少了藻类结皮年累计土壤碳释放量的18.9%（管超等, 2016）。

5.3.2 BSC促进沙地氮循环

氮是荒漠生态系统除水分之外最重要的资源。BSC覆盖的土壤含有较高含量的氮，可以被细菌、真菌及维管束植物直接利用。BSC的固氮作用是该区域土壤氮的主要来源。有学者研究了全球范围内隐花植物的氮固定量，发现隐花植物的氮固定量为49 Tg $N \cdot a^{-1}$，约占陆地生态系统生物固氮量的50%，而BSC隐花植物在该过程中贡献巨大（Elbert et al., 2012）。还有学者研究了全球范围不同生态系统BSC的氮固定量，发现BSC氮固定量的变化范围为3.14－45.63 Tg $N \cdot a^{-1}$；极端干旱区BSC的氮固定量为4.44 Tg $N \cdot a^{-1}$，而半干旱区和干旱区BSC的氮固定量分别为8.58 Tg $N \cdot a^{-1}$和7.79 Tg$N \cdot a^{-1}$；表明BSC氮固定量在不同的生态系统和气候条件下各不相同（Rodríguez-Caballero et al., 2018）。

关于气候变暖条件下BSC的氮转化的研究发现，气候变暖会导致藓类结皮的退化，从而影响藓类结皮覆盖土壤的氮资源转化（Hu et al., 2020）。此外，对全球范围内BSC的气态氮排放量的研究发现，BSC气态氮排放量约为每年1.7 Tg，相当于全球天然植被覆盖土壤氮氧化物排放量的20%；无BSC、藻类结皮、地衣结皮和藓类结皮覆盖土壤的一氧化氮释放量分别为0.22 $mg \cdot m^{-2}$、2.00 $mg \cdot m^{-2}$、1.53 $mg \cdot m^{-2}$和1.01 $mg \cdot m^{-2}$，气态亚硝酸释放量分别为0.06 $mg \cdot m^{-2}$、1.22 $mg \cdot m^{-2}$、0.33 $mg \cdot m^{-2}$和0.82 $mg \cdot m^{-2}$（Weber et al., 2015）。对内盖夫沙漠BSC一氧化二氮的排放情况的研究发现，研究区反硝化速率占氮固定速率的四分之一，是该地区主要的氮损失方式。

一、不同演替阶段BSC对氮循环的影响

BSC群落的演替特征是从演替早期的浅色BSC向成熟的深色BSC过渡（Belnap, 2002b; Yeager et al., 2004）。游动的非异囊蓝藻不能固氮，是BSC演替早期的先锋物种，在所有类型的BSC中都很丰富（Yeager et al., 2004; Garcia-Pichel et al., 2013）。成熟BSC的发育伴随着非运动固氮异囊蓝藻的二次定殖所产生的颜色变化，后者产生大量的防晒化合物，降低土壤反照率（Belnap, 2002b; Yeager et al., 2004）。这些异囊蓝藻（例如，伪枝藻属、念珠藻属）在BSC演替过程中数量逐渐增加，在成熟BSC中数量丰富（Yeager et al., 2007; Yeager et al., 2012）。异囊蓝藻在BSC中的*nifH*基因多样性中占优势（Yeager et al., 2007; Yeager et al., 2012）。例如，来自科罗拉多高原和新墨西哥BSC的693个*nifH*序列中有89%属于异囊蓝藻（Yeager et al., 2007）。BSC中的其他*nifH*序列属于α变形杆菌、β变形杆菌和γ变形杆菌，以及包括各种厌氧菌的*nifH*分支（*nifH*簇III），如梭状芽孢杆菌、硫酸盐还原菌和无氧光合细菌（Yeager et al., 2007）。

有证据表明，在早期演替BSC中，固氮菌比光合细菌更重要。首先，早期演替阶段BSC对干旱生态系统固氮的贡献可能被低估了。在成熟BSC中，异

囊蓝藻大量存在于BSC表面，其存在与乙炔还原的最大速率相对应。然而，在演替早期的BSC中，乙炔还原速率在BSC表面以下最大，这些群落几乎没有异囊蓝藻（Johnson et al., 2005）。固氮率通常由在BSC表面用乙炔还原法进行的面积测量确定，以这种方式确定的固氮率在不同的样本和研究中有显著差异（Evans & Johansen, 1999）。站点间和研究间变异的原因很复杂，可能包括BSC的空间异质性。然而，乙炔还原分析法也受到人为因素的影响，这些人为因素可能会受到样品物理和生物特性的影响（Belnap et al., 2001）。如果BSC固氮是通过整合整个深度剖面的速率来估计的（这消除了扩散的限制），那么在演替早期的BSC和后期的BSC之间，固氮的总速率没有显著差异（Johnson et al., 2005）。这一结果表明，在演替早期的BSC中，重氮营养菌是重要的固氮贡献者，而不是异囊蓝藻。其次，与后期BSC相比，在早期BSC形成过程中的裸土氮含量非常低（Beraldi-Campesi et al., 2009），且最初定殖新蓝藻无法固定氮，因此，演替早期BSC的建立所需的固氮物种来源，仍然有待研究。

对科罗拉多高原和奇瓦瓦沙漠BSC演替早期阶段和后期阶段的氮固定速率的研究发现，在科罗拉多高原，演替后期阶段BSC的氮固定速率为演替早期阶段BSC的1.3－7.5倍，在奇瓦瓦沙漠，BSC演替后期阶段的氮固定速率为BSC演替早期阶段的1.3－25.0倍；表明演替后期阶段BSC对于氮固定速率的提高至关重要。然而，对中国沙坡头地区不同类型BSC 固氮活性的研究发现，藻类结皮的固氮活性最高，其次依次是地衣结皮和藓类结皮（Su et al., 2011）。这与另一组人的研究结果相同，表明演替初期阶段BSC的固氮活性高于演替后期阶段（Weber et al., 2015）。土壤环境中氮转化是氮可利用性和氮氧化物排放的关键步骤。古尔班通古特沙漠藻类结皮和地衣结皮覆盖土壤的氮的动态变化显示，地衣结皮上覆盖土壤的氮多样性和可利用性高于藻类结皮，表明BSC演替可以有效地促进土壤氮的积累和转化。同时，生长季早期阶段土壤中的氮以铵态氮和硝态氮为主，且它们的含量主要受土壤微环境和季节变化的影响，表明氮固定作用和氮矿化作用为生长季早期阶段的关键氮循环步骤（Zhou et al., 2020）。尽管BSC在一定程度上使沙区土壤氮含量增加，但同时BSC也通过硝化、反硝化及淋溶过程使氮流失（图5-20）。

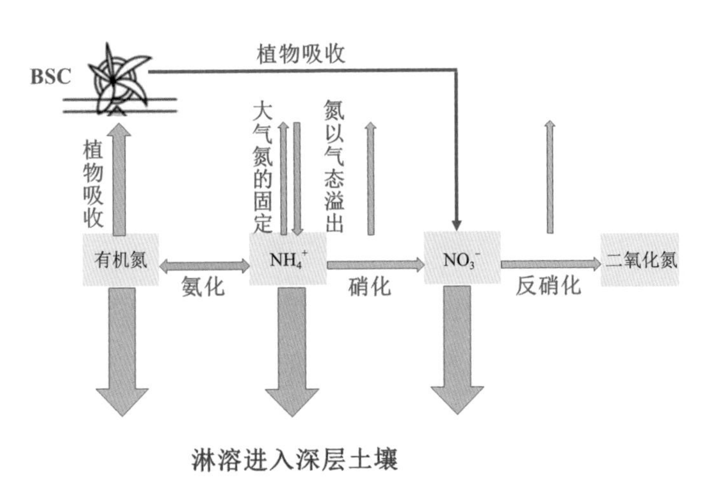

图5-20　荒漠生态系统的氮循环（戴黎聪等, 2018）

二、BSC中微生物对氮循环的影响

在干旱半干旱区，氮资源是除水分以外土壤生产力的第二大限制因子。和微生物参与碳循环一样，BSC微生物群落参与的氮固定和转化过程对于土壤氮的储存和可利用性至关重要（Abed et al., 2010）。放线菌门、变形菌门、厚壁菌门、浮霉菌门、子囊菌门、奇古菌门和广古菌门在BSC氮循环过程中发挥重要功能。同样地，上述优势菌门也被证实为陆地生态系统土壤氮循环过程的优势微生物菌门（Hayatsu et al., 2008; Offre et al., 2013; Fan et al., 2014; Ren et al., 2018）和BSC微生物群落组成结构中的优势菌门（图5-19），表明微生物群落组成结构的优势类群在门分类水平上与微生物群落氮循环过程的优势功能类群具有一致性。换言之，微生物在组成结构上的优势性决定了其在氮循环功能潜力上的优势性。BSC演替过程中，细菌群落的功能物种是氮循环所有途径的关键微生物功能物种，因此，需要详细讨论细菌群落对BSC氮循环过程的调控。硝态氮作为重要的土壤速效氮，其输入和输出途径是BSC氮循环过程的研究重点。硝态氮的形成途径为硝化作用，其输出途径包括反硝化作用和（同化/异化）氮还原作用。硝化作用通常被认为包括氨氧化作用和亚硝化作用两部分（Ouyang et al., 2016）。其中，氨氧化作用作为氮循环硝化作用的限速步骤，主要是好氧微生物将铵态氮转化为亚硝酸盐的专性好氧自养过程（Gubry-Rangin et al., 2010; Jung et al., 2011; Pester et al., 2012）。

一般情况下，参与氨氧化作用的主要类群是氨氧化古菌（AOA）和氨氧化细菌（AOB）。目前，关于AOA和AOB在氨氧化作用中的主要贡献仍没有定论。一些研究学者认为AOB为氨氧化作用的主要执行者（Ouyang et al., 2016）；而另一些研究学者认为AOA在各生态系统中的分布更加广泛且其*amoA*基因的拷贝数更高（高于AOB类群10－3000倍），在氨氧化作用中更具有优势（刘晶静等, 2010; Gubry-Rangin et al., 2010）。来源于AOA和AOB的*amoA*的基因丰度相似，表明BSC演替过程中的氨氧化作用由AOA和AOB协作，共同发挥调控功能。但是，调控硝化作用的*amoA*基因和*hao*基因的丰度较低，且*nxrA*基因在GeoChip 5.0功能基因芯片中未被检测到，表明硝化作用在BSC氮循环过程中的功能潜力较低。

反硝化作用作为氮循环过程中硝态氮的重要输出方式，其作用过程是BSC氮循环的关键过程，也是BSC氮流失的主要方式。研究发现，反硝化作用主要由变形菌门的假单胞菌属通过*narG*、*nirK/S*和*nosZ*基因进行调控。同样地，对阿曼苏丹国BSC反硝化作用的研究也表明，BSC具有较高的反硝化速率，但沙坡头固沙植被区不同发育阶段的BSC具有较低的*norB*基因丰度和较高的*nosZ*基因丰度，表明BSC反硝化作用并不会造成温室气体一氧化二氮的大量释放（Abed et al., 2013b）。此外，（同化/异化）氮还原作用作为硝态氮向铵态氮转化的关键步骤，在BSC氮循环过程中具有一定的功能潜力。细菌群落的丰富度、绝对丰度和功能潜力均在藓类为主BSC中占据优势地位，在荒漠生态系统的BSC中，微生物群落在土壤硝态氮的产生和贮存方面潜力较小。铵态氮作为土壤速效氮的另一重要组分，其输入过程包括氨化作用、氮固定作用和（同化/异化）氮还原作用，而其输出过程包括厌氧氨氧化作用和硝化作用。对于其他铵态氮的输入和输出途径而言，变形菌门的红杆菌属物种和玫瑰变色菌属物种，及厚壁菌门的新月形单胞菌属物种通过*nifH*基因调控氮气转化为铵态氮的氮固定过程，并且放线菌门的链霉菌属物种通过*ureC*基因调控尿素转化为铵态氮的氨化作用具有较大的功能潜力。无独有偶，国内的研究均表明微生物群落驱动的氨化作用和氮固定作用具有较高的功能潜力，而具有此功能的细菌群落也是上述氮循环过程的微生物关键物种（Strauss et al., 2012; Delgado-Baquerizo, Maestre, et al., 2013; Yu et al., 2018）。此外，由浮霉菌门发挥主要调控功能的厌氧氨氧化作用并不是荒漠生态系统BSC氮流失（氮气释放）的主要途径（许芳涤, 2013; Abed et al., 2013b）。这些研究结果表明，在荒漠生态系统BSC中，微生物群落在土壤铵态氮的产生和贮存方面潜力较大。

BSC固氮作用可向土壤输入的氮在0.7－100 kg $N \cdot m^{-2} \cdot a^{-1}$之间，其固氮能力受BSC演替阶段、水分、温度、氮添加、干扰等多种因素影响（Russow et al., 2010; Stewart, Coxson, Grogan, et al., 2011; Stewart, Coxson, Siciliano, Caputa et al., 2013）。荒漠中自生固氮菌的数量很少（Venkatesward & Rao, 1981）。随着固沙时间的增加，BSC发育时间的延长，土壤中的养分含量显著增加，自生固氮菌数量和固氮活性增大。腾格里沙漠东南缘沙坡头地区不同演替阶段BSC的固氮活性差异显著，藻类结皮的固氮活性显著高于藓类结皮和地衣结皮（Li, Tian, et al., 2010; Su et al., 2011）。其固氮活性介于2.5－62.0 μmol $C_2H_4 \cdot m^{-2} \cdot h^{-1}$，不同结皮的平均固氮活性表现为藻类结皮>地衣结皮>藓类结皮；BSC的年固氮量介于3.7－13.2 mg $\cdot m^{-2}$，表现为藻类结皮>地衣结皮>藓类结皮（Wu et al.,

2009; Su et al., 2011）。科罗拉多高原和奇瓦瓦沙漠演替后期的BSC（以念珠藻属/伪枝藻属为主的藻类结皮或以光叶衣属/胶质地衣属为主的地衣结皮）具有极大的固氮活性，与演替早期的BSC（以微鞘藻属为主的藻类结皮）相比分别提高了1.3－7.5倍和1.3－25倍（Housman et al., 2006）。

BSC中固氮微生物通过固氮作用将大气中的氮气转化为可以被利用的氮；氨化微生物通过氨化作用将有机氮化物分解转化为铵态氮；硝化微生物在有氧环境下通过硝化作用将土壤中的铵态氮转化为硝态氮；反硝化微生物在厌氧环境下通过反硝化作用将土壤中的硝态氮转化为一氧化氮、一氧化二氮和氮气返回到大气中（Wang, He, et al., 2016）。在BSC介导的氮循环过程中，固氮作用是沙区BSC氮循环的优势过程，也得到了科学家的大量关注。利用宏基因组测序的方法对藻类结皮和藓类结皮微生物群落的氮固定功能进行研究后发现，微生物群落介导的氮固定过程相关功能基因（包括*nifH*、*nifD*和*nifK*）的丰度在藓类结皮中显著低于藻类结皮（Li, Jin, et al., 2020）。在腾格里沙漠的研究发现，BSC演替过程中参与氮循环的不同功能基因组结构基本一致，其中细菌、真菌和古菌群落的功能基因丰度分别占BSC氮循环功能基因总丰度的95.12%、0.82%和4.05%，即细菌在BSC微生物氮循环中发挥主要作用（Zhao et al., 2020a）。

三、水分对BSC氮循环的影响

全球气候变暖引起的干旱可能抵消变暖对土壤氮矿化的影响，特别是在增温减雨实验中，温度升高的同时还减少了降水量（Hu et al., 2020）。土壤含水量可以影响土壤通气和与土壤氮周转相关的微生物活性，并进一步调节氮矿化。BSC在控制土壤含水量有效性和调节水分再分配方面起着至关重要的作用。在同一地区进行的长达十年的研究表明，气候变暖加上降水量减少，导致BSC（特别是藓类结皮）的退化（Li, Jia, et al., 2018）。BSC群落中藓类的覆盖率和生物量的减少可能会导致土壤微环境的失调，并可能抑制更丰富的微生物群落的产生。在藓类结皮覆盖的土壤中，净氨化速率（Ra）和矿化速率（Rm）在增温和降水减少后迅速下降（图5-21）。令人惊讶的是，蓝藻结皮覆盖的土壤的土壤净硝化率在变暖后增加。蓝藻覆盖的土壤中较高的温度和较低的含水量促进了好氧微生物的繁殖，这是硝化过程中的关键微生物成分，因而其促进了土壤硝化作用（Corre-Hellou et al., 2007）。此外，由降水量减少导致的淋溶减少会增加氮氧化物的排放，因此，由气候变暖和降水减少引起的氮矿化的显著变化是由BSC介导的，这一发现有利于解释干旱和半干旱区的氮矿化。

水分和氮添加影响BSC的固氮能力。在湿润条件下BSC固氮能力较强，当BSC生物体水分含量达到36%－50%时，其固氮能力最强（Lange et al, 1998）。在古尔班通古特沙漠的研究中，与湿度和温度有关的几种机制可以解释氮有效

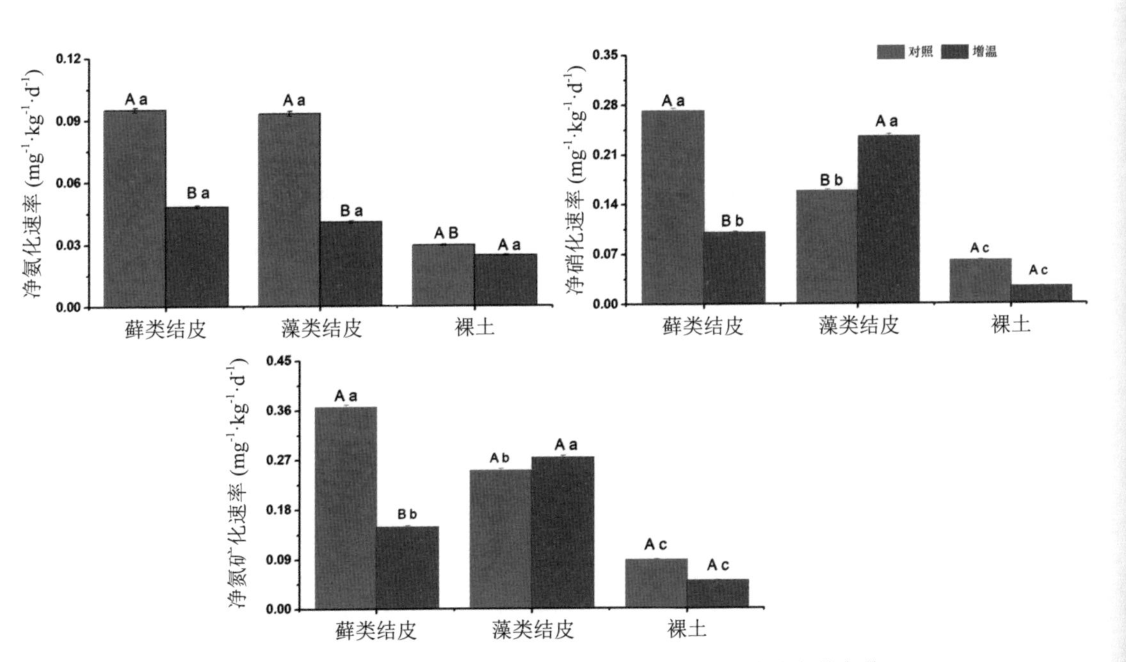

图5-21　增温减雨处理3年后不同BSC覆盖的土壤净氮转化速率的变化

不同大写字母表示控制与增温之间存在显著差异；不同小写字母表示3种土壤类型之间存在显著差异（$p < 0.05$）。

性的波动。首先，无机盐和溶解性有机氮（DON）的变化与季节降水和土壤含水量状况密切相关。尽管也可能发生一些降水输入，降水脉冲往往通过渗透和径流导致土壤和生态系统氮素的直接损失，因此降水的季节趋势预测了氮的有效性的波动。此外，降水后微生物活性和植物的氮需求普遍增加，尤其是在旱地（Sturges, 1986）。土壤含水量可以促进氮的固定、转化和转移，从而导致不同形态氮有效性的不同变化。此外，露水已被证明能促进有机物的分解，这将有助于溶解性有机氮浓度的增加（Delgado-Baquerizo, Maestre, et al., 2013）。

对在森林土壤中执行具有硝化和反硝化作用的微生物进行研究后发现，随着温度的升高，土壤含水量越低，古细菌*amoA*的丰度越高（Szukics et al., 2010）。这些差异可能归因于微生物的功能基因类型。较高的水分条件可能使氧气含量降低，从而抑制古细菌*amoA*丰度。此外，在蓝藻覆盖的土壤中，作为硝化过程中NH_2OH转化为NO_2^{-1}的关键基因的基因家族*hao*的丰度增加。随着降水量的减少，变暖降低了净氨化率，同时增加了蓝藻覆盖土壤中的净硝化率。这说明降水量减少导致的气候变暖通过改变功能基因丰度，降低土壤氮有效性和氮代谢潜力，破坏了氨代谢的动态平衡，但增加了硝化过程的发生频次，促进了氮的排放。气候变暖导致的藓类结皮的退化将改变土壤的微环境，并进一步加速这一过程。

不同程度降水频率和氮添加对BSC下层土壤可利用的硝酸氮和一氧化二氮通量影响显著，在降水频率较低的情况下，以鳞网衣为主的BSC下层土壤可利用的硝酸氮对氮添加响应最大；在高降水频率、无氮添加条件下，以黄梅衣为主的BSC下层土壤的一氧化二氮通量最高，且降水频率和氮添加对以黄梅衣为主BSC下土壤可利用的硝酸氮有直接影响（Liu, Delgado-Baquerizo, et al., 2016）。此外，干扰通过直接或间接作用影响BSC的理化性质和生物学性质，如改变BSC组成、固氮酶活性、土壤团聚体等性质，最终影响BSC的氮循环。轻度放牧对BSC氮固定具有积极效应（Liu et al., 2009）。在寒冷的荒漠生态系统中，BSC利用降水为反硝化过程提供一个有利的环境，通过硝化、反硝化以及气态氮挥发过程将土壤中的氮重新排放到大气中，从而降低土壤中氮含量（West, 1990）。

四、温度对BSC氮循环的影响

在湿度和光照适宜的环境中，BSC的固氮速率主要受制于温度。大多数蓝藻和蓝藻－地衣能在-5－30 ℃的温度范围内固氮（李新荣等, 2012）。美国科罗拉多高原BSC固氮微生物组成及其对降水和增温的响应显示，土壤温度的升高会严重影响固氮微生物的组成，夏季降雨对固氮微生物的组成影响较小，且固氮微生物的丰度随着小降雨事件的发生而减少（Yeager et al., 2012）。腾格里沙漠南缘增温抑制了BSC土壤净氨化和矿化速率，藻类结皮土壤净硝化速率显著增加（图5-21）。藓类结皮、藻类结皮和无BSC土壤间净氨化速率无显著差异，藓类结皮土壤具有较高的净矿化速率，这与增温对土壤酶活性的影响有关，增温处理降低了土壤酶活性，相对于藻类结皮和无BSC土壤，藓类结皮土壤酶活性最高（Hu et al., 2020）。在一定温度范围内，BSC的固氮能力与温度呈正相关，但当温度高于30℃时，BSC的固氮能力显著下降（Solheim et al., 2006）。气候变暖和降水减少条件下藻类结皮、地衣结皮和藓类结皮的氮转化的研究发现，藻类结皮的微生物群落可以通过抑制氨化作用相关功能基因（*ureC*和*gdh*）和刺激硝化作用相关功能基因（*hao*）的表达来驱动气候变暖和降水减少条件下的土壤氮转化。这表明气候变暖能够通过抑制土壤氨化过程降低土壤铵态氮的有效性，并通过促进氮氧化物的排放进一步加重气候变暖（图5-21; Hu et al., 2020）。美国西部沙漠区BSC微生物群落在氮循环过程中的研究表明，AOA和AOB可以通过*amoA* 基因介导BSC氮循环的氨氧化作用；其中，AOB主要参与北方寒冷沙漠BSC的氨氧化作用，而AOA主要参与南方温暖沙漠BSC的氨氧化作用。这表明温度是BSC氨氧化作用的主要影响因子（Marusenko et al., 2013）。

土壤功能基因和酶调控着氮矿化作用对气候变暖的响应在不同水平揭示了几种可能的机制。第一种机制与基因丰度的变化有关，而基因丰度的变化主要是由气候变暖引起的土壤微环境（温度和湿度）和BSC结构的变化所驱动的。功能基因的丰度表明了土壤微生物功能群的潜力（Sinsabaugh et al., 2010），它们控制着氮转化过程。在蓝藻覆盖的土壤中，增温和降水量的减少降低了氮氨化过程中微生物功能基因的丰度，但没有降低氮硝化过程中微生物功能基因的丰度。这说明BSC能够通过调节土壤微环境影响氮循环，硝化过程的增加会使氮氧化物的排放增加，进而影响气候环境。第二种机制是通过降低酶的活性抑制氮的转化过程。微生物的功能是通过催化活性来实现的。干扰酶合成的过程可导致微生物功能的变化（Sinsabaugh, 2010），并进一步影响土壤氮的转化过程。总之，这些相互关联的机制共同调节气候变暖对BSC覆盖的土壤氮矿化过程的影响。微生物聚合过程的反应是阳性还是阴性，取决于哪些相关功能受到影响。因此，要全面了解干旱区BSC覆盖的土壤氮循环对气候变化的响应，必须在不同季节动态下，至少在微生物结构和功能水平上考虑土壤氮转化对气候变暖的响应机制。

气温和土壤温度对土壤氮有效性有显著影响。在以前的研究中，虽然模拟气候变暖引起的温度升高对土壤微生物生物量和细菌群落组成没有明显影响（Johnson et al., 2012），但一些氮循环过程（例如固氮和氮的氨氧化）受温度控制。此外，实验室培养中的环境变暖已被证明会增加净硝化作用和氮矿化，气候的季节变化显著影响氮转化（Hu et al., 2020）。上述过程也可能影响氮的有效性，例如，空气和土壤温度，再加上水分，影响土壤无机氮的有效性。有趣的是，在这项研究中，土壤取样前10天内的温差大小与溶解性有机氮有效性的变化相关，尤其是在冬季。温度波动过大导致的微生物死亡可能解释了冬季土壤中溶解性有机氮增加的原因。此外，通过在土壤5 cm深处测量土壤温度/土壤含水量，我们发现其中最低和最高温度之间的范围比表层温度更适中。因此，在土壤5 cm深处的微生物种群可能比在土壤表面更稳定，在土壤表面，微生物种群可能表现出更明显的时间波动。此外，冬季的冻融循环也可能增加氮的有效性（Song et al., 2018），反复的冻融循环发生在11－12月，再次发生出现在3月，这两个时期似乎是多形态氮的过渡期。

5.3.3　BSC促进沙地土壤磷循环

磷循环包括可溶性无机磷的同化、有机磷的矿化、不溶性磷的溶解等。在BSC的生长与发育过程中，BSC中微生物丰富度和多样性增加，这些微生物在呼吸作用分泌有机酸的过程中释放H^+，溶解含磷化合物，释放磷；此外，存在于微生物细胞壁和黏液鞘质中的磷酸酶水解有机磷酸盐，提高土壤可溶性磷含量（Baumann et al., 2017; 2019）。尽管BSC在土壤磷循环发挥着举足轻重的作用，但关于BSC在土壤磷循环中作用的研究却少之又少。黄土丘陵区不同年限退耕地BSC主要通过提高BSC层土壤碱性磷酸酶活性和有机质含量，降低土壤pH，进而提高土壤磷的有效性（张国秀等, 2012）。BSC通过影响土壤碱性磷酸酶的活性间接调控土壤磷的排放，进而改善土壤表层的磷含量，碱性磷酸酶活性越高，土壤中磷释放越高（Jafari et al., 2004; 吴易雯等, 2013）。此外，BSC中微生物的丰富度与土壤中总磷含量相关，藻类丰富度与土壤中无机磷含量呈正比，说明BSC藻类多样性越高，土壤磷循环也随之被强化，即BSC中光养微生物多样性对磷循环有重要影响（Glaser et al., 2018）。德国温带森林沙土成土过程中BSC参与磷的生物地球化学循环，随着矿物风化的增加，BSC中稳定磷的浓度大大降低，而不稳定磷的浓度则增加。BSC参与了温带森林中无机磷向有机磷化合物的转化。BSC可积累磷，其中以无机磷含量较高。BSC土壤中不稳定无机磷库和中度不稳定无机磷库的比例高于无BSC土壤，这表明BSC对无机磷的风化起到了一定作用（Baumann et al., 2017; 2019）。

我们利用功能基因阵列研究了腾格里沙漠BSC演替过程中与磷循环相关的微生物群落功能组成及其基因的变化。与多聚磷酸盐降解还原相关的功能基因是参与磷循环的主要成分，参与磷循环的功能基因表达强度在发育了61年的BSC中显著增加（图5–22）。与真菌群落和古菌群落相比，细菌群落是磷循环的主要贡献者，其中变形菌门和放线菌门是优势门。冗余分析表明，土壤性状（如土壤养分含量）的改善与磷循环相关的基因表达强度之间存在显著的协同效应。经过61年的发育，BSC显著促进了土壤磷循环的微生物代谢潜力，进而促进了沙漠化旱地土壤的修复（Qi et al., 2021）。

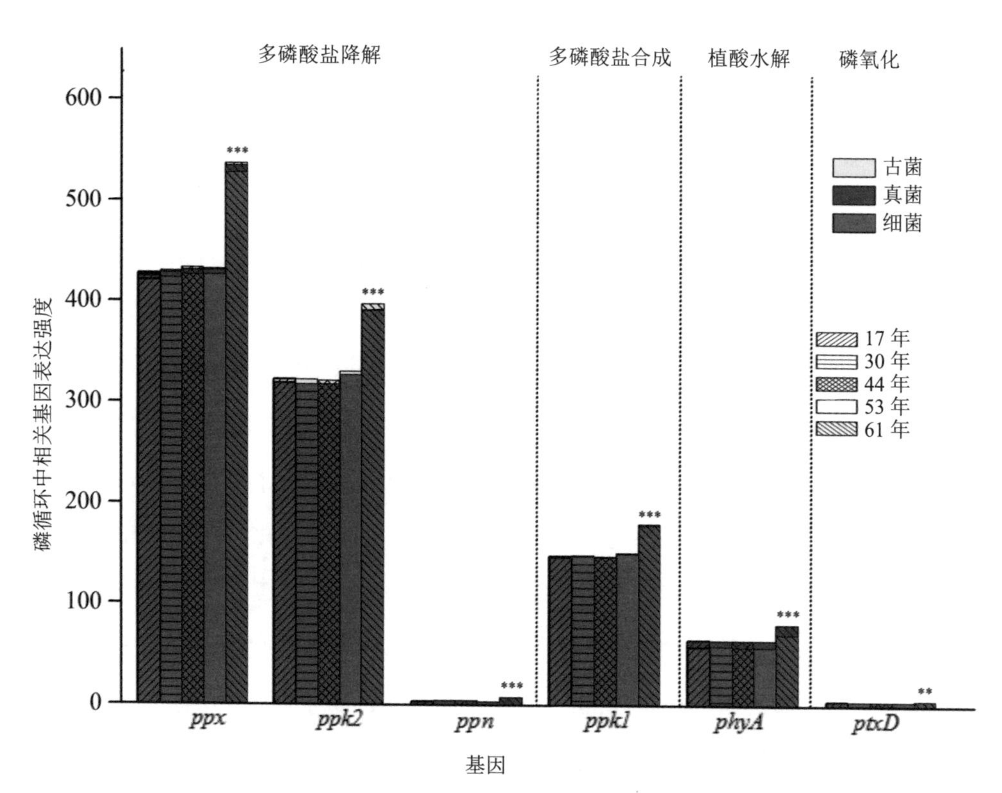

图5–22　BSC演替过程中细菌、真菌和古菌在磷循环过程中的功能基因表达强度

图中***表示$p < 0.01$, **表示$p < 0.05$

5.4　维持沙地水量平衡

BSC在水文过程中发挥着至关重要的作用。BSC通过改变土壤母质的许多特征，包括土壤孔隙度、吸水性、粗糙度、团聚体稳定性和质地等，控制土壤含水量有效性和调节水从源到汇的再分配，进而影响水文循环的各个环节。BSC对水文循环的影响取决于BSC的内外结构，并随气候变化、人为干扰而变化。长期以来，关于BSC如何影响入渗和径流等水文过程一直存在争论：有研究表明BSC的存在增加了渗透和蒸发，减少了径流；也有研究表明BSC的存在减少渗透和蒸发，增加径流；还有研究表明，BSC对这几个过程都无影响。但针对某一特定区域和BSC类型的研究结果一致，如BSC在超干旱区具有减少入渗和增加径流的作用，在干旱区具有混合效应，在半干旱区和冷旱地区具有增加入渗和减少径流的作用；BSC减少了沙土的入渗，增加了黏土的入渗。虽然先前的研究强调了BSC可以影响水文过程的各个环节，但其在水文模式中的作用还远未得到充分了解。目前，我们尚未明确不同类型BSC和其他土壤因素对入渗和径流的相对贡献。要回答这个问题，需要创造性思维，也许还需要改变研究的尺度。

早期大多数关于BSC对水文过程影响的研究都是通过比较未受到干扰的BSC和干扰状态的BSC来完成，这使实验结果更复杂。因为干扰会改变许多土壤特征，如土壤质地、粗糙度、团聚体稳定性、孔隙度和容重，所以相关研究很难解释BSC在水文过程中的相对作用。因此，我们需要加强对BSC下层土壤特征的研究。近年来，研究者通过比较流沙上拓殖的不同演替阶段BSC对水文过程各个环节的影响，消除了干扰对研究的影响，更有效地量化了BSC的生态水文作用。未来土地利用和气候变化可能会对BSC的存在和发展产生负面影响。因此，目前BSC对入渗、径流和蒸发等水文过程的影响在未来可能会有很大的改变。

20世纪50年代以来，中国政府在北方风沙危害区采取了大量的生态恢复措施，这些合理的生态恢复措施有助于BSC的形成，而BSC的形成和演替显著改变了降水入渗、地表径流、蒸散发以及凝结水的形成等水文过程，维持了生态系统结构和功能的稳定性。经过多年发育和演替，该地区形成了完整的BSC类型，为BSC生态水文过程的研究提供了理想的实验场所。下面，我们将结合多年的研究结果，分别从BSC对沙地生态系统降水入渗、蒸散发、凝结水形成和径流等几个关键水文过程的影响阐述BSC如何维持沙地的水量平衡。

5.4.1 生态恢复区BSC通过改变降水入渗过程维持土壤含水量

土壤入渗特性一般包括土壤吸水性、土壤导水率和湿润锋深度（Alletto & Coquet, 2009），受表层BSC（Kidron, 2016）和土壤理化性质（如质地、结构、容重、土壤含水量、有机质含量）(Chamizo et al., 2012a; 2012b; Gao, Bowker, et al., 2017）的影响。BSC对土壤入渗和土壤含水量的影响取决于气候、土壤质地、土壤结构以及BSC类型和形态特征（Belnap, 2003）。全球范围内，BSC对土壤入渗的影响存在不同的特点。一些地区BSC的存在阻碍了入渗（Li et al., 2002; Wang, Li, et al., 2007; Lichner et al., 2012），主要有两方面的原因，一是BSC可以通过蓝藻鞘多糖的膨胀堵塞土壤孔隙，形成无孔层（Verrecchia et al., 1995; Belnap, 2006; Wang, Michalski, et al., 2017）；二是BSC在降雨开始时具有较强的斥水性，导致入渗减少，径流增加（Wang et al., 2017）。相反，其他一些研究表明，BSC可以通过吸收水分增加土壤入渗（Belnap, 2006; Bu, Wu, et al., 2013）。一是土壤表面粗糙度的增加促进了水分在土壤表面的滞留时间（Bu, Wu, et al., 2013）；二是BSC可以通过对微地形的改变（Eldridge & Greene, 1994a）或促进团聚体的形成增加土壤孔隙度（Warren, 2003）来增加土壤入渗。BSC对土壤入渗过程的影响与BSC的组成、盖度、水分状况、微地形、粗糙度、扰动、降雨特征、土壤性质等密切相关，对土壤入渗影响的矛盾结果可能归因于多因素的相互作用。

腾格里沙漠南缘流动沙丘或新建的无BSC覆盖的生态恢复区入渗速率达到100%。建植多年后生态恢复区BSC的存在显著降低土壤入渗（$p < 0.05$），改变了降水对浅层和深层土壤含水量的补给，且随着BSC的发育和演替，不同类型BSC间的土壤入渗存在差异，藓类结皮和地衣结皮的入渗深度小于藻类结皮。BSC对不同的自然降水事件的响应存在差异（图5-23），当次降雨量小于5 mm或者大于10 mm时，不同BSC间入渗差异不显著（$p > 0.05$）；当单次降雨接近或者大于20 mm时，所有BSC对入渗几乎都没有影响。考虑到大于20 mm的降水量占该区年总降水量的比例接近20%，也就意味着生态恢复区每年约有

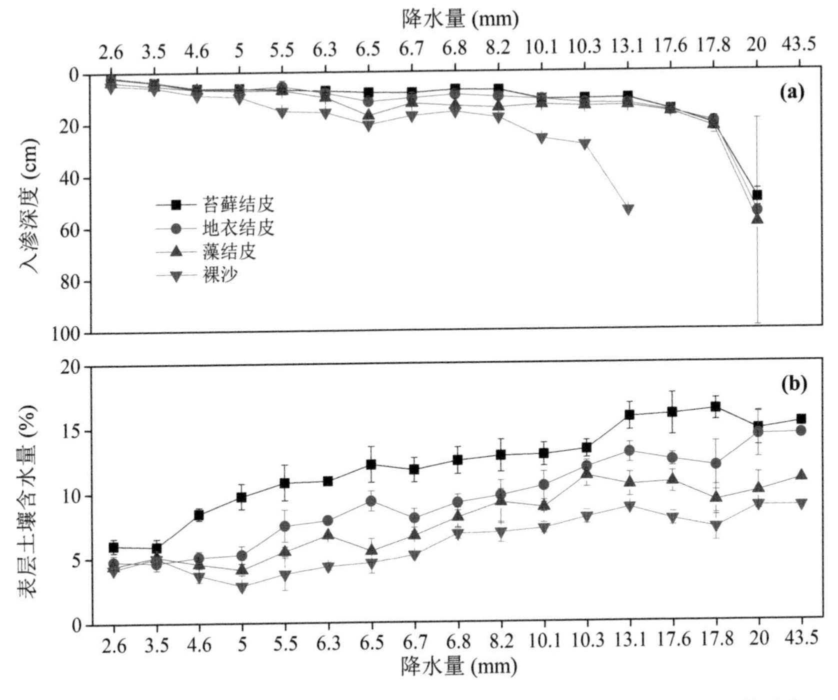

图5-23　BSC入渗深度（a）和表层土壤含水量（b）对不同降水量的响应

34.1 mm的降水补给到深层土壤（Li et al., 2010b）。浅层土壤含水量与入渗深度高度相关（图5-23），两者呈显著负相关（$p < 0.05$）。当次降雨量大于5 mm，小于10 mm时，BSC的存在显著增大了表层土壤含水量，藓类结皮尤为明显；无BSC覆盖时，浅层土壤含水量随降雨增加没有显著上升（$p > 0.05$; Li et al., 2010a）。总之，在大部分降水情况下（80%），BSC的存在减少了土壤入渗。

降水期间，不同类型BSC对入渗的影响与BSC厚度和表层土壤的持水能力紧密相关。表层土壤的持水能力与BSC厚度呈线性正相关，而BSC厚度又依赖BSC类型（Li et al., 2010a）。降水入渗深度同土壤持水能力呈显著负相关，而同深层土壤含水量呈显著正相关，降水是深层土壤含水量唯一的补给源（Li, Zhang, et al., 2004）。BSC层对降水的拦截影响土壤理化属性和生态系统功能，如表土层结构改善（Li et al., 2006）、大气降尘捕获（Li et al., 2002; Jia et al., 2008）、BSC层厚度增加（Li et al., 2010a）以及浅根系植物的土壤含水量可利用性增加和水分利用的时间长度延长。

BSC可能对总水量平衡有显著的正向影响。随着BSC的发育，表土层渗透性通常会增加（Chamizo, Cantón, Lázaro, et al., 2012），BSC的饱和水分和有效水分含量大于物理结皮，发育良好BSC的饱和水分和有效水分含量大于发育不良的BSC。干旱区多为小降水事件，因此土壤含水量很少能达到饱和状态。此外，在不同的环境、不同季节和不同的土壤质地条件下，研究不同的BSC对蒸发入渗的影响具有重要的意义，鉴于未来气候可能会改变干旱区BSC的物种组成，将这些研究扩展到可能出现的新的BSC群落也很重要（Rodríguez-Caballero et al., 2018）。

生态水文模型显示，BSC显著降低了降水入渗到深层土壤的比例，导致更多的降水被重新分配到浅层，有利于浅根系植物繁殖，不利于深根系灌木生长。因此，沙地生态恢复系统的优势种逐渐由灌木转变为草本（Chen et al., 2018）。在沙地生态系统中，BSC是生态水文模型不可缺少的重要组分（Baudena et al., 2013; D'Onofrio et al., 2015）。陈宁等（2018）的研究结果为风沙危害区生态系统恢复后BSC影响下的生态水文过程建模提供了一种基于最小过程的土壤资源－植被动态耦合生态水文模型。该模型的建立有以下几方面的原因，第一，BSC通过改变沙地的入渗等水文过程对生态系统恢复动态的作用应明确作为生态水文模型的重要参数（Assouline et al., 2015），否则可能会得出误差较大甚至错误的结论。例如，在没有BSC的影响时，灌木占优势的初始状态是稳定的，但在有BSC影响时，这种稳定状态实际上是一个短暂的状态，因为它最终会转变为草本占优势的状态。第二，BSC降低了灌木优势度，增加了草本优势度和盖度，灌木优势向草本优势的转变减少了植被对深层土壤水资源的依赖。草本和BSC可持续的光合作用能力可能有助于防止荒漠化，促进生态系统恢复，并增加沙地生态系统的碳封存。第三，在BSC的影响下，沙漠或沙化生态系统恢复后，可能需要很长时间才能达到最终稳定状态，这通常是一个缓慢的过程。

生态系统恢复后BSC厚度和土壤持水量增加，BSC层截留的降水量越来越多。在整个恢复期内，达到浅沙层的入渗量减少，但蒸发和蒸腾的土壤总水分从每天0.75 mm增加到每天1.11 mm。随着草本盖度的增加，蒸腾速率（图5-24a、图5-25a）的变化更明显。草本盖度的增加促进了浅层土壤含水量的消耗，导致有BSC和无BSC的情况下土壤含水量的差异不显著（图5-26a）。BSC具有较高的持水性和相对稳定的土壤含水量，减少了到达灌木根系的降水入渗比例。灌丛蒸腾的有效土壤含水量减少（图5-24b、5-25b），但灌木的蒸腾作用几乎消耗了到达灌木根系层的全部水分，导致生态系统恢复后第8年土壤含水量较低，约为1.98%（图5-26b）。因此，灌木盖度逐渐减少，最终长期稳定在4%左右。BSC对降水入渗的影响通常取决于BSC的类型和土壤质地。一般来说，与中纬度冷沙漠和较冷沙漠相比，超干旱热漠（如撒哈拉沙漠光滑的BSC）和旱地中的BSC表现出较低的土壤田间含水量和厚度，这限制了自身影响渗透过程和可能的恢复动态（如终态）的能力（Belnap, 2006）。从土壤质地的角度来看，在深层土壤质地较细的地区，BSC对降水入渗的影响可能比粗质地土壤的影响更为深远，原因可能是上层降水输入减少对后者的影响较弱，因为其拦截降水入渗的能力相对有限（Chamizo et al., 2016）。

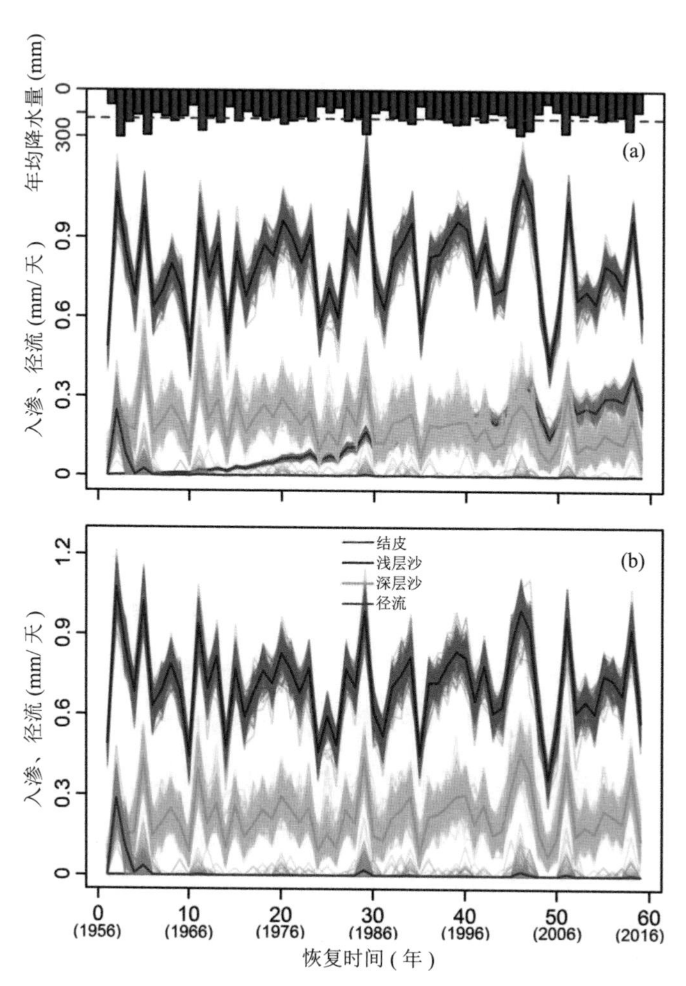

图5-24 有（a）或无（b）BSC影响的分层土壤中每天的降水渗透和径流

黑线表示超过500次重复的渗透百分比的平均值（阴影区域）。上方的条形图显示了自生态恢复建设以来（1957—2015年）0—59年的年降水量时间序列（Chen et al., 2018）

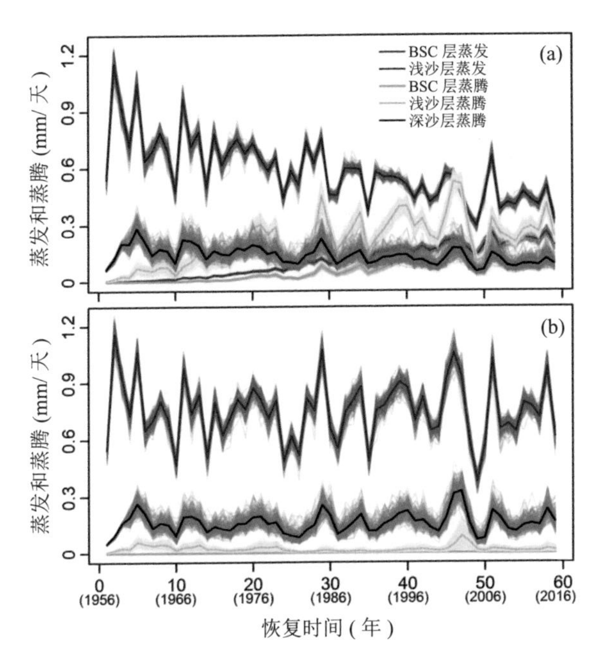

图5-25　有（a）和无（b）BSC影响的各土壤层蒸发和蒸腾

黑线显示了超过500次重复的平均值（浅色线）（Chen et al., 2018）

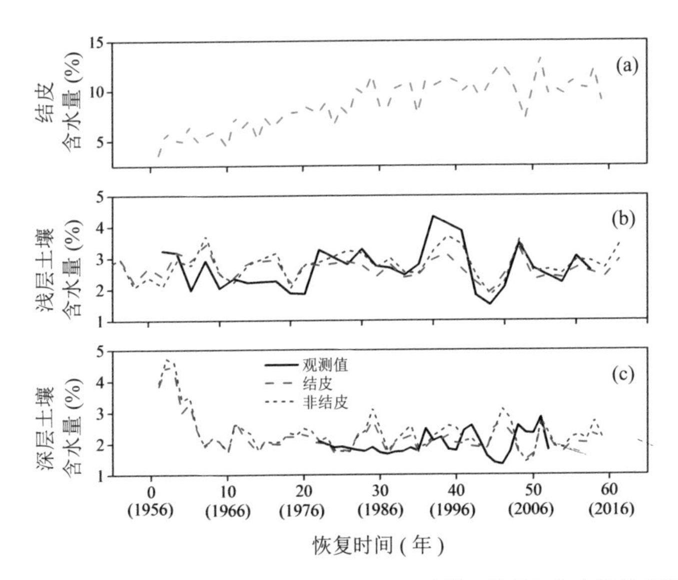

图5-26　BSC层（a）、浅沙层（b）和深沙层（c）三层土壤（体积）含水量的观测和模拟时间序列

需要注意的是，对恢复案例区（1956年恢复）的监测从1982年（恢复后26年）开始，持续到2012年（恢复后56年）（Chen et al., 2018）

5.4.2 生态恢复区BSC通过影响土壤蒸发过程维持沙地土壤含水量

在沙漠生态系统中，蒸发是水量平衡的关键过程之一（Cantón et al., 2010），超过90%的年降水量因蒸发而损失（Zhang et al., 2001），这一过程受植被覆盖度、组成以及BSC的影响。BSC改变了影响水分状况的土壤属性，包括土壤孔隙度、吸水性、粗糙度、团聚体稳定性、土壤质地等，从而影响蒸发损失。BSC对蒸发的影响比较复杂，即自然BSC对蒸发具有正影响、负影响或无影响。虽然BSC可以通过覆盖土壤表面和减少孔隙率来减少蒸发（Kidron et al., 1999），但也可以使地表变暗并增加土壤表面粗糙度，从而增加潜在蒸发的表面积来增加蒸发（Belnap et al., 2005）。此外，气候变化可能会改变BSC中的物种组成（Bowker et al., 2002），进而会极大地影响蒸散发过程（George et al., 2003）。

BSC显著改变了流沙中水分蒸发速率和蒸发量，但受降水量的限制。在腾格里沙漠南缘生态恢复区，当降水量小于7.5 mm时，BSC的累积蒸发量小于流沙，说明BSC有抑制蒸发的作用，且随着BSC的演替，抑制蒸发的效果越明显，藓类结皮的抑制效果最强。但当降水量大于10 mm时，BSC的累积蒸发量高于流沙。模拟降水10 mm和12.5 mm后，物理结皮的累积蒸发量最大；随着模拟降水量的增加，藻类结皮（模拟降水15 mm和17.5 mm）和藓类结皮（模拟降水20 mm）的累积蒸发量最高（图5-27）。鉴于干旱沙区主要以小于5 mm和小于10 mm的小降水事件为主，并分别达到腾格里沙漠南缘降水事件的65%和83%，因此BSC在增加表层土壤截留量和土壤含水量的同时，还减少了土壤含水量的累积蒸发量，维持了表层土壤含水量，相比于偶发的、不连续的大降水事件，BSC的存在使得小降水可作为浅根系植物稳定的水源之一。这也间接证明BSC在生态恢复区从流沙演变为近自然生态系统过程中起到关键的水文调控作用（李新荣，张志山，等，2016；李新荣，回嵘，等，2016）。

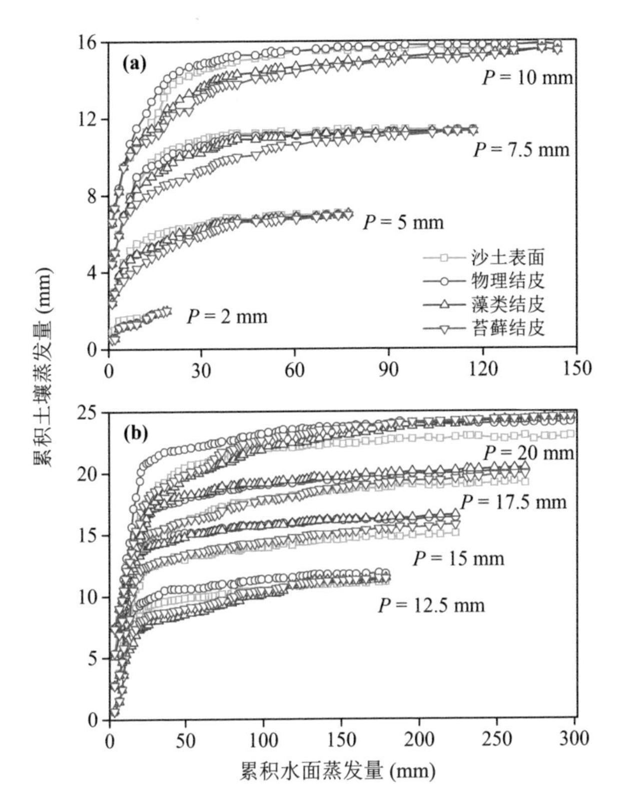

图5-27　不同模拟降水水平下累积土壤蒸发量同累积水面蒸发量关系

（a）2 mm、5 mm、7.5 mm；（b）12.5 mm、15 mm、17.5 mm、20 mm，不同降水水平间以2 mm的间隔互相平行

土壤蒸发速率与水面蒸发速率的比值（K）能有效反映土壤的蒸发过程（图5-28），将其过程分为三个阶段：速率稳定阶段、速率下降阶段和水汽扩散阶段，且表现为反“S”形的下降趋势。在蒸发的三个阶段，各类BSC土壤蒸发持续的时间不同，流沙的时间最短，藻类结皮的次之，藓类结皮的最长，并随发育时间的延长而增加（张志山等，2007）。在速率稳定阶段，参数K为1左右，在这个阶段BSC的蒸发量明显高于流沙，且藓类结皮的蒸发量高于藻类结皮，水面蒸发量也有一致的趋势。在蒸发的第二阶段，参数K迅速下降（0.5左右）；

BSC土壤的蒸发量明显低于流沙，并且远低于第一阶段的蒸发量；水面蒸发量也表现出一样的变化趋势。而在水汽扩散阶段，参数K的值（小于0.18）达到最小，流沙和BSC土壤的蒸发量低于第二阶段。BSC对蒸发的影响表现出阶段差异性及对降水量的依赖性。同流沙相比，在速率稳定阶段，BSC有较高的蒸发速率；在随后速率下降阶段和水汽扩散阶段，BSC的蒸发速率较低。当样品完全饱和后，BSC样品能够维持较长的速率稳定阶段；随着降水量的递减，BSC样品维持该阶段的时间缩短，使得该阶段累积蒸发量也降低，进而可能导致总蒸发量低于流沙。考虑到沙坡头地区80%降水事件的降水量小于10 mm，这些水分不足以使表层土壤饱和，因而蒸发很少处于速率稳定阶段，也意味着

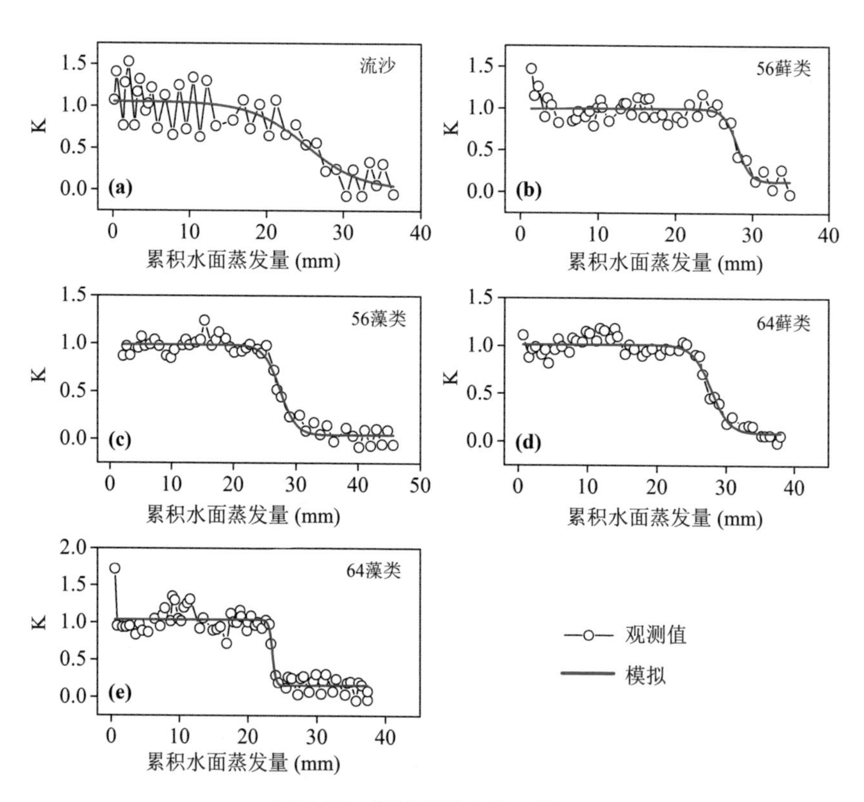

图5-28 实测和拟合的K值

56和64表示1956年和1964年人工固沙样地

大多数情况下固沙区的BSC有抑制土壤蒸发的作用，且随着它们的发育抑制作用愈发明显（张志山等，2007）。

表5-2　三个蒸发阶段的参数K、累积蒸发量和历时

P*	WE	土壤类型	速率稳定阶段			速率下降阶段			水汽扩散阶段		
			K	CE	D	K	CE	D	K	CE	D
2	16.0	BSC	/	/	/	0.188 ± 0.130	1.61	5	0.060 ± 0.061	0.35	18
		流沙	/	/	/	0.222 ± 0.240	1.86	5	0.029 ± 0.036	0.15	18
5	31.5	BSC	0.761 ± 0.105	2.61	4	0.096 ± 0.054	1.22	23	0.034 ± 0.020	0.97	58
		流沙	0.727 ± 0.036	2.54	4	0.143 ± 0.116	1.84	23	0.027 ± 0.028	0.63	58
10	74.7	BSC	0.856 ± 0.078	6.33	6	0.171 ± 0.196	2.44	21	0.021 ± 0.016	1.23	73
		流沙	0.827 ± 0.075	5.32	6	0.193 ± 0.185	3.54	21	0.028 ± 0.043	1.06	73
20	196.6	BSC	0.856 ± 0.078	9.76	20	0.171 ± 0.196	6.76	76	0.021 ± 0.016	2.56	264
		流沙	0.827 ± 0.075	9.44	20	0.193 ± 0.185	7.52	76	0.028 ± 0.043	2.43	264

注：P*：模拟降水量；WE：累积水面蒸发量；K：土壤蒸发速率同水面蒸发速率的比值；CE：不同阶段的累积土壤蒸发量；D：阶段历时（h）。除K和D外，其他单位均为mm。

5.4.3　BSC通过增加凝结水维持沙地土壤水量平衡

干旱沙区的凝结水通常表现为夜积日消，腾格里沙漠南缘流动沙丘的凝结水全年大约仅有3.3 mm，对沙丘的影响深度不超过10 cm，对隐花植物和微生物作用有限（曾文炳等，1995）。生态恢复区藻类和地衣混合结皮的拓殖显著促进了凝结水的形成，全年凝结水量约为12 mm，但存在季节差异，其中5－10月凝结水形成天数和形成量占全年的70%－80%，7－8月的形成量占全年总量近50%（表5-3）。大部分夜间形成的凝结水参与日间土壤蒸发过程，对土壤水储量的影响不大，但凝结水对植物生长有良好的促进作用：一部分可为植物所利用，特别是一年生草本和隐花植物，保证植物在干旱状态下具有正常的生物生理活性；对于高等植物来说，夜间形成的凝结水能够迅速提高植被冠层相对湿度，减少植物及其下土层的蒸发蒸腾作用，减少植物体内和沙层中的水分消耗（图5-29）。

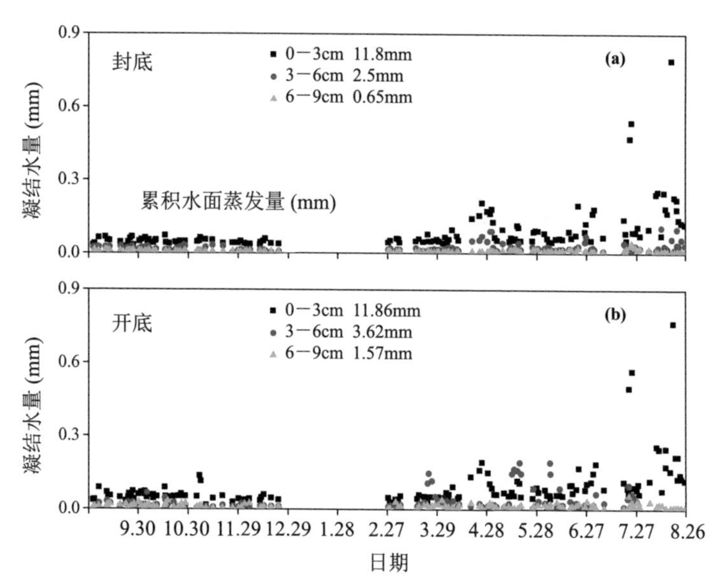

图5–29　吸湿凝结水在藻类和地衣混合结皮层及其下土壤层形成的年度变化特征

封底和开底表示PVC管底部与下层土壤不通和相通

表5–3　不同土壤类型表层凝结水的年度形成特征

月	凝结水产生日数（观测日数）			总凝结水量（降水量总）(mm)		
	A	B	C	A	B	C
一月	0（30）	0	0	0（0.2）	0	0
二月	0（22）	0	0	0（2.6）	0	0
三月	10（30）	11	7	0.49（0.2）	0.69	0.37
四月	12（23）	12	12	1（21.2）	1.26	0.81
五月	16（26）	16	16	1.27（9.2）	1.52	1.12
六月	13（20）	13	13	1.02（27.4）	1.47	0.86
七月	13（26）	13	13	2.23（31.8）	2.15	1.86
八月	17（20）	17	17	3.26（68.2）	4.05	2.85
九月	13（20）	13	8	0.68（16.8）	1.29	0.4
十月	18（26）	18	14	1（9.4）	1.65	0.6
十一月	7（30）	7	5	0.46（0）	0.53	0.38
十二月	10（31）	10	4	0.44（0）	0.63	0.32
年	129（304）	130	109	11.9（187）	15.3	9.6

注：A表示藻类—地衣混合结皮，B表示藓类结皮，C表示流沙。

凝结水的形成量随着BSC的发育而升高，并且微生物的出现导致凝结水量显著增加。恢复生态系统演替过程中，土壤表层主要存在三种类型（流沙、藻类－地衣混合结皮、藓类结皮），土壤表层形成的凝结水时间变化趋势一致，但藓类结皮和流沙形成的凝结水量显著不同（$p < 0.01$）。藻类－地衣混合结皮、藓类结皮和流沙表层的日均凝结水形成量分别为0.04 mm、0.05 mm和0.03 mm。在年内变化尺度上，藓类结皮、藻类－地衣混合结皮和流沙表层形成的日凝结水量范围分别为0.019－0.82 mm、0.018－0.77 mm和0.015－0.72 mm（图5-30）。隐花植物的出现可以作为凝结水大量增加的指示剂（Liu et al., 2006）。吸湿凝结水对微生物活性有效性的阈值是0.03 mm（Lange et al., 1992），沙坡头地区较高的凝结水量能够供该区BSC中的隐花植物和微生物所用，确保BSC的光合活性。

BSC改变了凝结水的昼夜变化过程。在昼夜尺度上蒸发和凝结作用交替发生，即夜间凝结白天蒸发（图5-31）。与流沙相比，相同微生境下BSC表层不仅凝结水形成量较大，且持续时间较长，凝结水形成量与形成间期变化趋势一致，即较高的凝结水形成量对应较长的形成间期。该区流沙表层夜间和清晨形成的凝结水在日出后迅速蒸发，其昼夜变化特征表现为缓慢的夜间升高和迅速的日间下降过程，而BSC表层凝结水夜间形成和日间蒸发过程均比较缓慢，能够在土层中保留较长时间。从凝结水开始形成时间看，BSC能够较早地开始吸湿凝结作用——BSC表层的吸湿凝结过程较流沙早2小时左右。

BSC形成凝结水具有重要的生态作用。自然状态下，BSC表层夜间有凝结水生成，且其量在清晨7:00－8:00左右达到峰值，随后开始下降，但由于夜间生成的凝结水的影响，BSC表层水分在白天不会迅速减少，而是存在缓慢的蒸发过程，凝结水的存在弥补了其表层水分的蒸发散失，使BSC表层含水量不会无限降低（图5-32）。作为对照，夜间玻璃罩的封闭作用阻止了BSC表层和大气层的水汽交换，阻碍了凝结过程的发生，相较自然状态下的BSC，此状态下

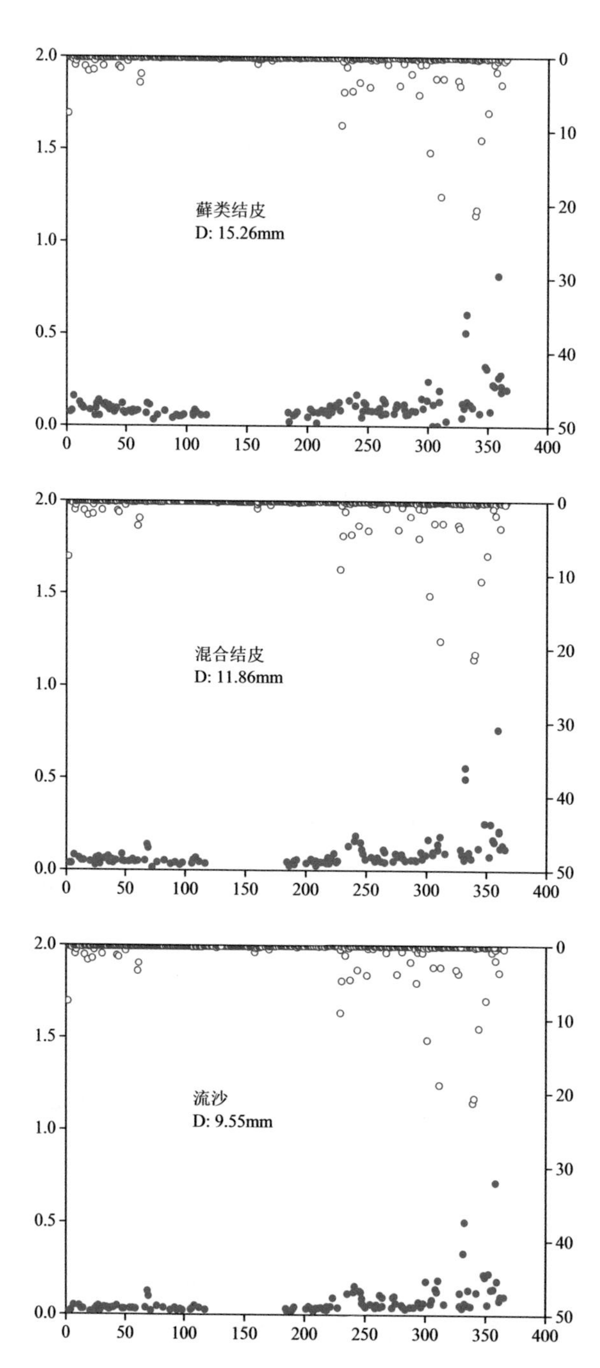

图5-30　土壤表层不同类型BSC凝结水形成特征，D为年凝结水形成总量

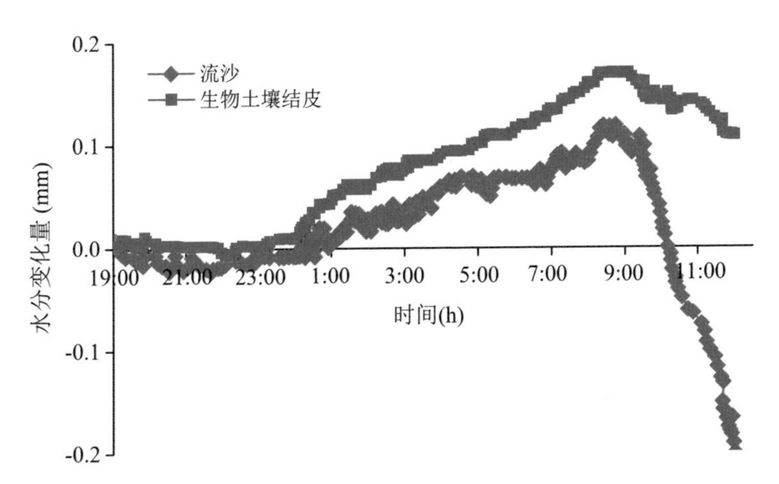

图5-31　柠条植被灌丛间流沙和BSC表层凝结水的昼夜形成特征（2009.10.13—10.14）

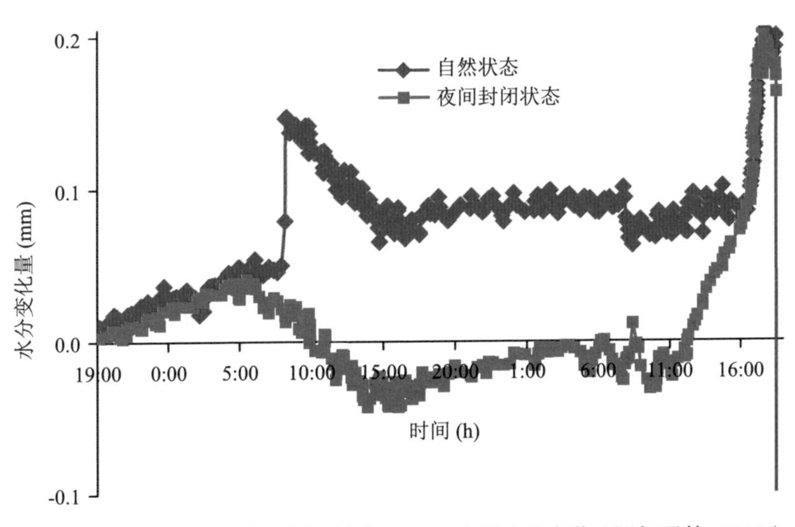

图5-32　自然状态和夜间封闭状态下BSC表层水分变化（潘颜霞等，2013）

的BSC凝结水生成量较少且持续时间较短，这些水分在日出后迅速蒸发，BSC内原有的土壤含水量也有部分蒸发，使其表层的水分量低于前一天凝结水生成之前的水分量。在无降水条件下，如果夜间没有凝结水的补充，BSC表层的水分会由于日间蒸发作用而一直降低。腾格里沙漠南缘夜间生成的凝结水在日出后的蒸发过程中能够弥补土壤表层水分的散失，有利于BSC表层水分的保持，是表层水分在旱季不会无限降低的主要原因。

沙漠地区凝结水的生成能够提高藓类结皮的生长活性，有利于其生物量的积累。BSC叶绿体色素含量与日均凝结水量的变化趋势相同（图5–33），凝结水量较高的早晨，BSC中叶绿素a、叶绿素b和类胡萝卜素的含量均升高，BSC中总叶绿体色素含量与凝结水生成量呈正相关（$R^2 = 0.69$）。但与凝结水量的变化相比，BSC中叶绿体色素含量的变化幅度较小（潘颜霞等, 2013）。

沙坡头地区夜间形成的凝结水量大于该区的最大吸湿量（0.45%），可能超

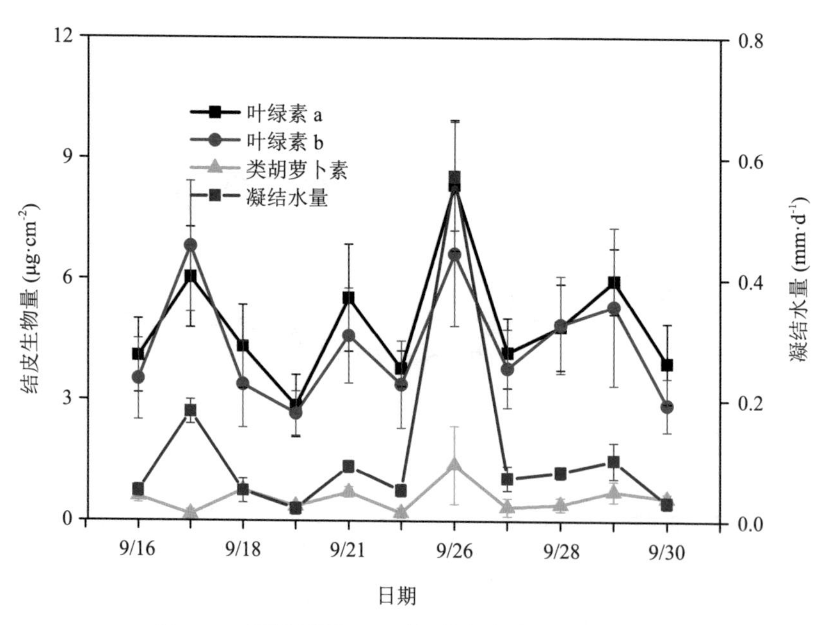

图5–33　不同日期BSC叶绿体色素含量和凝结水量

过植物的凋萎湿度（0.6%），但凝结水在沙土内侵入的深度有限，主要集中在表层0－3 cm，影响的最大深度为7－9 cm（陈荷生，康跃虎，1992）。对于该区人工种植的柠条、油蒿等灌木植被而言，其主要根系分布层在地下100－300 cm，因而不能吸收凝结水作为水源，但对于该区人工固沙过程中入侵的草本和隐花植物，凝结水可以作为其生长发育的重要补充水源。沙区BSC表层生成的凝结水使土壤在干旱条件下能够间歇性地保持表层湿润，特别是在凝结水生成量较高的凌晨，这部分外来水源参与了土壤内的水热交换，对干旱区的生态环境建设具有重要意义。

5.4.4 BSC通过增加地表径流维持沙地土壤水量平衡

BSC通过产生径流改变了沙漠生态系统降水在地表的分配格局，构建了新的水量平衡模式。在干旱半干旱区，降水强度超过BSC的入渗能力时，就会发生径流，这种类型的坡面流被称为霍顿坡面流（hotonian overland flow, HOF），与湿润区土壤饱和后发生径流不同。如在热漠地区，由于光滑BSC和粗糙BSC中的生物减少了水分进入土壤的孔隙大小和数量，增加了水分停留时间，因此水分入渗普遍减少，同时BSC形成的径流通常是决定植被不均匀分布或带状分布的关键。破坏这些地区的BSC，可以导致局部渗透增加，但可能导致下坡植物死亡（Belnap, 2003）。

以色列与埃及边界沙区5个不同降水梯度（86－160 mm）的沙质土壤质地相似，但BSC存在空间异质性，对入渗、土壤含水量状况、水分有效性和径流产生强烈的影响。年降水量的差异导致表土BSC发育的不同，降水量小的地方BSC较薄，降水量较大的地区BSC发育较好，有机质含量、细粒颗粒和藓类较丰富，因而能够吸收大量的降水，从而限制了降水入渗的深度和水分有效性（Ram & Aaron, 2007）。BSC通过地表径流将降水汇集到沙丘底部并渗透到深层土壤。

产流与BSC厚度和细粒物质含量呈正相关，而在以色列内盖夫沙漠沙丘上的实验表明，BSC产流仅发生在0.5－0.7 mm薄的地表，与细粒物质（粉沙、黏土）含量无关。早期藻类结皮较薄，仅0.6 mm，能产生大量的径流。成熟蓝藻结皮，厚约1 mm，产流量高于以藓类为主的BSC（厚约10 mm）。藓类结皮的产流量较低，它含有31.9%的黏粉粒，而藻类结皮的黏粉粒含量仅为15.4%。同样地，去除BSC后，藓类结皮下层细粒物质含量减少，但土壤产流量更高。这一结果可以解释为BSC的胞外多糖堵塞有效孔隙引发了径流，另外，地表粗糙度的负面影响也降低了径流的产生比率。这些发现突出了BSC产流复杂的相互作用，挑战了产流量与BSC厚度或黏粉粒含量之间存在正相关的普遍认知（Kidron, 2014a, b）。

在干旱半干旱生态系统中，BSC对侵蚀过程有很大影响。在西班牙东南部的小空间尺度下，模拟（Chamizo et al., 2009）降雨事件和自然（Cantón et al., 2001）降雨事件对荒漠生态系统BSC地表径流和侵蚀的影响存在差异。在模拟极端降雨（雨强为每小时50－55 mm，降雨历时1小时）和0%－71%之间的自然降雨条件下，BSC地表径流系数变化较大。这种变异性归因于各种因素的相互作用，如土壤质地、坡度、BSC的物种功能属性和群落组成。在相同的环境条件下，藓类结皮的径流系数降低（约12%），鳞状地衣的径流系数提高60%（Chamizo et al., 2009）。此外，BSC往往与不同程度的物理结皮镶嵌分布，物理结皮比例的变化影响径流和产沙量。BSC的其他特性，如粗糙度、孔隙度和疏水性被认为是控制径流的关键因素（Alexander & Calvo, 1990; Chamizo et al., 2009）。这些研究突出了两种常见的模式：一种是BSC的入渗率低于植物覆盖的斑块，在许多情况下与覆盖物理结皮土壤相当，BSC的存在显著减少了斑块尺度上的泥沙产量（Cantón et al., 2001）。然而，BSC斑块径流对侵蚀的影响必须在更大的空间尺度上进行评估，特别是在BSC覆盖完整地形的生态系统中，因为它会增加坡下侵蚀风险或有利于植被区的蓄水。如西班牙东南半干旱的针茅干草原上，降水通常从裸露的地面流向植被斑块。另一种是BSC群落组成的差异导致草丛下的渗透性增加，因为裸地斑块以蓝藻结皮为主，而蓝藻与渗透性呈负相关（Maestre et al., 2012）。

5.5 减轻地表风蚀，为植物繁衍与近自然恢复创造了生境

传统的防治措施多注重增加植被盖度，忽视了生态系统其他要素，在植被建植模式和规范制定过程中往往忽略了区域水资源的植被承载阈限，导致在气候变化和不合理资源利用方式双重驱动下，固沙植被出现大面积衰退、生态结构被破坏、生态功能与生产功能失衡、防治效益低下等“后遗症”凸显，甚至出现新的沙化，严重影响人工固沙植被的生态效应和生态恢复的可持续性（李新荣等, 2013; 2014; 孙鸿烈, 张荣祖, 2004）。因此，构建符合当地气候与土壤含水量承载力的退化生态系统可持续恢复的有效模式，并在生态建设实践中实现规范化和标准化，是目前沙化土地生态建设中亟待解决的重要理论与技术问题。

当前近自然恢复理念已成为半干旱沙地植被恢复与重建的重要发展方向。BSC的形成和发育成为沙化土地生态恢复与健康的重要标志之一，在促进植被－土壤生态系统整体近自然恢复过程中扮演着不可替代的重要角色。那么，BSC是如何促进沙化土地近自然恢复的呢？除了上文所述的机理之外，减轻地表风蚀，为植物繁衍与近自然恢复创造了生境是其在沙化土地生态恢复与重建过程中起到关键主导作用的原因之一。

5.5.1 为植物繁衍创造条件

土壤风蚀的形成必须满足两个基本条件，其一是存在足够多的可蚀性土壤颗粒，其二是存在使土壤颗粒产生运动的风速（移小勇等, 2007）。因此，有效控制风蚀的措施应当是改变表层土壤结构、增大地表粗糙度、降低近地面层风速、避免气流和可蚀物质直接接触等。BSC就是一种使可蚀性物质与风相隔绝的风蚀防治材料（王渝淞, 2019）。BSC在形成与发育过程中不断通过菌丝、假根和EPS等分泌物粘结沙粒，在地表形成稳定壳状结构，有效地减小风和水对地表的侵蚀，为土壤保育奠定了基础，也减轻了风沙活动对植物生理生长的损伤。

在风沙地区维持生态安全的植物，大多是经过自然选择，并具有适应风沙能力的植物种。它们在长期进化中形成了适应沙漠环境的生理特点和形态结构，如沙生植物中的束缚水/自由水比值高，具有栅栏组织、海绵组织发达以及叶片针状化等特点（于云江, 林庆功, 等, 2002; 于云江, 史培军, 等, 2002）。尽管如此，在生态脆弱的风沙地区，裸沙上频繁的风沙流对植物的生理生长乃至生存构成了威胁。

风沙流是荒漠和沙地生态系统中一种常见现象，是起沙风通过对地面侵蚀，使不饱和气流携带沙子而形成的气固两相流，具有比净风更强的侵蚀力和破坏力（于云江等, 1998; 于云江, 林庆功, 等, 2002; 于云江, 史培军, 等, 2002）。利用野外风洞条件，于云江等就不同风况下的风沙胁迫对某些植物生长特征的影响进行了实验研究，他们发现：风沙流胁迫可使植物的净光合速率、气孔导度、叶温、叶片水势降低，使蒸腾速率升高；且风速越大，吹风间隔越短，这些参数变幅越大。特别是风沙流比净风对植物的影响更大，风沙流降低了植物的水分利用率。风沙流威胁强度和持续时间的增加，势必会影响到这些植物的生存（图5-34）。而BSC凭借自身特殊的适应能力（于云江等, 1998; Jia et al.,

图5-34　有无BSC保护下风蚀对一些草本植物幼苗定殖和灌木存活影响

A: 地表无BSC保护草本植物幼苗根部暴露; B: 地表无BSC保护灌木根部被掏蚀后死亡; C: 地表有BSC保护草本植物幼苗成功定殖; D: 地表有BSC保护灌木安全生长

2008, 2012; 徐娟娟等, 2010; 陶照堂, 2012）和微生境分布格局（图5-35），抵御风沙流的能力大大高于维管束植物。因此，BSC在地表的覆盖可以大大降低风蚀下地表土壤颗粒的跃移、减轻风沙流发生的强度和频次、减少对维管束植物生长和生存威胁。

在地质作用过程中，岩石发生风化成为土壤母质，土壤母质则会经过漫长的成土过程才能形成为提供植被生长基础的土壤。而在成土过程中，藻类是干旱半干旱区生态系统的先锋物种，对土壤的形成具有促进作用。BSC壳状结构的形成及黏性分泌物的增加也促进了其对大气降尘的捕获，改善了地表质地和养分状况。同时，大气中的碳、氮等营养元素也被BSC中的蓝藻、绿藻、地衣和藓类等主要自养生物组分通过光合作用、固氮作用固定到土壤中，对土壤理

图5–35 BSC不同物种适应腾格里沙漠人工植被区不同风蚀强度微生境分布格局

化性质的改变和土壤有机质含量的增加起着重要作用。BSC带来的地表结构的稳定和水养条件的改善为维管束植物的定居创造了有利条件。

5.5.2 促进近自然恢复

一、BSC具有对生态系统植物物种组成进行筛选的历史属性

尽管当前学界对地球生物及陆地生态系统最早出现时间仍然无法准确判定，但来自最早的化石结构记录显示，由蓝藻组成的BSC在26亿年前就已经出现了，之后在漫长的历史进程中，BSC不断演化并存续至今（图5–36）。在这个过程中，BSC的不同物种不断适应周边环境，包括与后来出现的维管束植物进行竞争、协作，达成阶段性的平衡、共存。毋庸置疑，近现代以来由气候变暖和人类活动造成的生态系统退化（包括土地沙化），仅是BSC与维管束植物协同演化过程中一小段。在BSC的记忆中，很可能保留有生态系统退化前的“模样”。利用BSC引导植被系统朝着近自然未退化前的方向演变具有先天的优

图 5-36 BSC 在陆地生态系统中的演化史

图中前七段为蓝藻和藻类向种子植物的进化，随着种子植物的出现及其强大的竞争力，BSC 仍然存续但仅限于旱地和其他极端栖息地。即使它们也在大扰动后出现在雨林地区，但也只持续很短的时间，逐渐被维管束植物植被所取代。最后一段展示的是当代 BSC 的一个具有代表性的旱地栖息地——稀树草原。除了稀树草原，BSC 在沙漠、草原和苔原植被中也常见。图中时代的持续时间并不是真实的尺度（Weber et al., 2016）

势，虽然还没有直接的证据证实，但BSC在很多地区促进退化生态系统恢复中起到的方向引领作用也在一定程度上间接地说明了这一点。

二、BSC 与生俱来的结构与改造生境特质决定了其在促进退化系统近自然恢复中的主导作用

地表风蚀是土地沙化的最主要危害。要逆转或恢复沙化土地，第一步就要稳定地表、减轻风蚀，这是多年来防沙治沙在理论研究和实践中所取得的共识。尽管目前防沙治沙所用的材料和方法多样，但地表的稳定性是判定治沙成

败的唯一标准。BSC作为干旱沙区地表的主要覆盖物，它的出现和繁衍成为这一标准的生物指示物，对BSC的保护被列为荒漠生态系统管理的最优先等级（Eldridge & Greene, 1994a; 张元明, 王雪芹, 2010）。

BSC中的藻类、地衣和藓类在拓殖和发育过程中，为了适应环境，会通过自身结构或分泌物与土壤颗粒形成稳定的壳状物理结构。尽管BSC很薄，但这种物理结构明显改变了流沙表面松散的结构，并对种子捕获、萌发、定殖生长以及发育产生影响，而且这种影响具有强烈的选择性。例如，不同形状、大小的种子进入不同类型和发育阶段的BSC覆盖土壤种子库内的概率差异巨大（李新荣, 张志山, 等, 2016; 李新荣, 回嵘, 等, 2016）。由于BSC在生态系统退化前就存在，它的这种选择作用就“遗传”到了待修复生态系统中。除了种子库，维管束植物的种子萌发、生长、发育和繁殖无疑也受到BSC的影响，最终促进退化系统向近自然恢复。

BSC的定殖与发育显著改变了地表土壤的水养状况，这种改变同样源于“自然”，也同样具有选择性。BSC提高荒漠灌木和草本植物光合生理生长指标（庄伟伟, 张元明, 2017）及营养成分含量（张元明, 聂华丽, 2011; 庄伟伟等, 2017）也不是一成不变的，而是随时间和环境条件的变化而变化的。值得注意的是，即使是经过人工改造的生态系统，不管初始栽植的植物物种如何配置，BSC也会“按部就班”地控制沙化土地生态恢复与重建的过程及方向，促进其近自然恢复（Li, He, et al., 2010），但这种恢复所需的时间是不固定或不确定的，可能需要经过漫长的时间才能完成。这可能与BSC自身形成与发育以及改变植被一土壤系统生态水文特性的速度较慢有关（李新荣, 回嵘, 等, 2016）。

BSC与维管束植物间的关系错综复杂，目前还没有一致的论断。一方面说明我们可能还没有掌握控制两者关系的关键钥匙，另一方面也正反映了它们的关系随时空演变、气候、土壤质地、生态系统类型以及它们自身物种不同而变化的多样性（Li et al., 2005; Kidron, 2014a, b; 2019a, b）。此外，动物活动（如蚂蚁筑巢）对BSC和维管束植物间关系的调节（Havrilla & Barger, 2018），也加剧了它们关系的复杂性。尽管生态系统复杂性和稳定性及其与BSC演变间的关系也是不确定的，但BSC所带来的其与维管束植物间关系变化不可否认地打破了土地退化（包括沙化）所带来的生态系统简单而定向的趋势。或许，这就是BSC能够主导退化的生态系统近自然恢复的天然使命吧！

第六章
人工BSC关键物种培养

中国是世界上受沙漠化威胁最为严重的国家之一，每年因沙漠化问题造成的生态破坏转化成经济损失超过640亿元人民币，近4亿人直接或间接受到沙漠化问题的困扰，严重影响我国生态安全，制约我国社会经济可持续发展（Wang, Xue, et al., 2015; 国家林业局, 2015）。近60年来，我国的防沙、治沙工作在探索中不断前进，积累和总结了众多防沙、治沙模式和典范，针对不同生物组成，不同气候带的沙区，建立了多种类型的沙漠化治理模式和系统的沙漠化治理技术体系，推动了区域沙漠化的治理进程（Wang, Xue, et al., 2015）。目前，利用人工植被进行土地沙化（或沙害）防治也是国际上公认的沙区生态重建和沙害防治最为有效的方法和途径之一（卢琦等, 2003; 包岩峰等, 2018）。然而，在干旱区利用人工植被进行沙区生态重建和沙害防治却遇到了很多问题。受水源的限制，人工植被建设周期长、重复率高、稳定性差、成本高，影响了沙化治理的进程和成效（李新荣, 赵洋, 等, 2014）。此外，使用最广、效果最明显的半隐蔽式草方格沙障（简称草方格）流沙固定措施，但所用的麦草/稻草等容易老化腐烂，维持时间短（屈建军等, 2019; 吴正, 2003）。更重要的是，一些区域通过传统方式进行沙漠治理时很难达到治沙目标，因此干旱区沙化土地治理必须要有新的思路（魏江春, 2005; 李新荣等, 2014b; 屈建军等, 2019）。

沙化土地治理是中国生态文明建设的重点和难点（傅伯杰等, 2009），也是美丽中国建设必须面对和解决的问题。为了加快沙化土地治理进度，需要人为干预保障生态自然恢复的质量，在科学干预下加快自然恢复的速度，深入研究生态保护与经济发展双赢的途径。因此，如何在提质和加速上攻坚克难，确保沙化土地可持续发展，是沙区实现生态文明建设和美丽中国目标的当务之急。

作为荒漠生态系统的重要组成，BSC的形成和发育是生态系统健康的主要标志之一，其在防治沙化、维护荒漠生态系统的稳定性和生态修复等方面所发挥的独特作用引起了广泛关注（Li, Zhang, et al., 2004）。我国大量风沙治理实践证明了BSC对防治风蚀、稳定沙面、促进成土过程、改善生境的重要性（为贫瘠的沙丘提供碳、氮，促进生物地球化学循环），BSC已成为人工固沙防护体系不可或缺的部分，因此，如何通过人工培育和扩繁技术，加快沙区生态恢复和重建的进程是荒漠化防治的重大实践需求（魏江春, 2005; 李新荣等, 2018）。

在干旱半干旱区天然BSC形成缓慢，10年左右才能形成稳定的BSC，而人工培育的BSC可以在1－2年时间内完成自然生长过程。人工BSC固沙技术就是利用BSC的固定沙表和抗风蚀的作用，与传统的生物治沙措施相结合，将BSC中的主要生物体（藻类、藓类和地衣）进行人工培育并接种到沙地表面，养护成活后在地表形成BSC，提高防风固沙效果。人工培育的BSC具有形成速度快的特点（李新荣, 张志山, 等, 2016; 李新荣, 回嵘, 等, 2016）。

人工BSC快速治沙和生态修复技术发展迅速，成为近年来沙化土地治理的新方法和新模式（李新荣等, 2018; 屈建军等, 2019），已成为沙区恢复生态学研究的前沿和热点。以人工BSC为代表的生物载体固沙技术是我国未来新型绿色环保固沙技术发展的主要方向，这种技术对荒漠化地区生态环境的恢复与重建不但必要而且可行，在沙化土地治理中也有着重大的理论价值和广阔的应用前景。BSC中生物体（藻类、地衣和藓类）的培养是人工BSC形成的前提和基础。以下我们从BSC关键物种的筛选、分离与培养、抗性锻炼和适应能力提升、工厂化扩繁，以及新材料（如纳米材料、微生物）在人工BSC形成中的应用等几个方面进行阐述。

6.1 人工BSC关键物种分离、筛选和培养方法

6.1.1 蓝藻结皮人工培养关键物种分离、筛选和培养方法

蓝藻作为陆地生态系统最古老的拓殖者和先锋种，它对整个生态系统生物和非生物相互关系有着重要的影响。在生态修复实践中，蓝藻受到了科学家的广泛关注，常被认为是极端胁迫环境（干燥脱水、高低温、强辐射、强盐碱和强干扰等）的拓殖者。蓝藻具有特殊的生物学特征，如分泌大量EPS和丝状菌丝体、能够自由行走在表土层、通过叶鞘将土壤颗粒胶结在一起形成稳定的网状结构，形成了新的生境，为其他生物在陆地表面拓殖和繁衍创造了条件。因此，蓝藻被认为是极端环境和受损生态系统恢复最具潜力的生物材料。然而，蓝藻对土壤生境的改善是通过它所形成的蓝藻结皮来实现的。BSC中已鉴定出300余种蓝藻，仅有少数种参与了BSC的形成。因此，如何筛选、界定和培育目标种是研发蓝藻结皮固沙技术体系首要解决的问题。

蓝藻结皮人工培养，就是运用蓝藻生态学和生理学原理，分离、选育自然发育形成的蓝藻结皮中的优良藻种，对其进行大规模人工培养后返接流沙表面，使其在流沙表面快速形成并发育成具有藻类、细菌、真菌在内的人工藻类结皮。该技术包括5个环节：藻类结皮中优良藻种的分离、纯化与选育；种藻扩繁；种藻工厂化/规模化生产；野外接种；管理与维护。其人工培养的主要过程和步骤如下（图6–1）：

1. 采取自然条件下发育良好的藻类结皮。采样时首先将采样框用力按入土壤中，使采样框完全进入土壤中，然后用75%酒精消毒过的铲子轻轻取出不锈钢框内约50 cm^2藻类结皮，装入信封中待用。

2. 样品过筛。操作前需用75%酒精对手套进行消毒，并佩戴手套；将采集的藻类结皮样品揉碎，过0.2 mm筛子，待用。

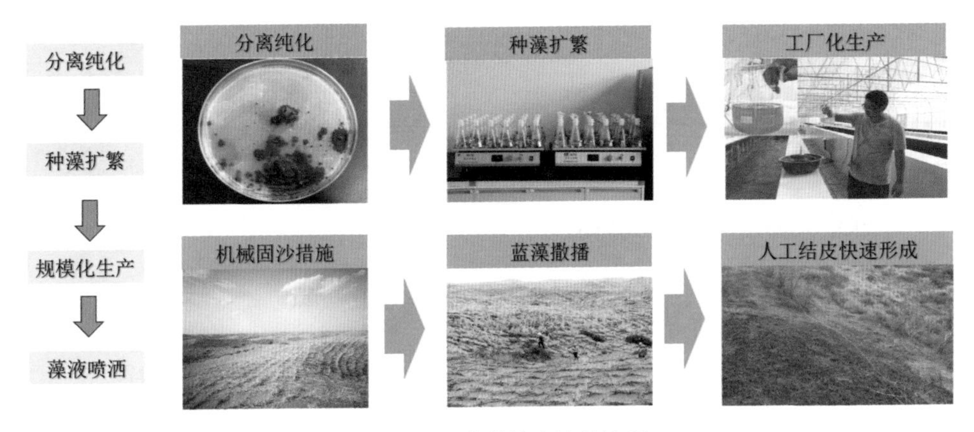

图6-1 人工蓝藻结皮培养流程

3. 清洗。取过筛后的藻类结皮样品20 g，浸泡在50 mL蒸馏水中，静置20分钟。将浸泡后的藻类结皮样品放在普通医用纱布上，在蒸馏水中慢慢漂洗，直至样品中的杂质和土壤全部清洗干净，剩下的液体为混合藻类悬浮液。

4. 藻种的分离。将步骤3中的藻类悬浮液在显微镜下检查。若发现需要分离的藻类数量较多时，可立即分离。若数量很少，先进行预培养，待其增多后再分离。

5. 种藻培养。取分离后的单一或混合藻种悬浮液2－5 mL，加入装有300 mL BG11培养液（组分和用量详见表6-1）的三角烧瓶中。将装有BG11培养液的三角烧瓶置于摇床上（转速为每分钟140转）进行初步培养，室内温度控制在25－30℃，光照强度控制在600 Lux。室内培养7－10天后，将进行了初步培养的藻类悬浮液转移至室外进行种藻扩繁；室外培养装置为100 L的塑料收纳箱，每个箱子中装有BG11培养液60 L，并配有增氧设施1套；种藻在室外培养7天左右，即可达到种藻工厂化生产的用量要求。

表6-1 BG11培养液组分和用量

成分	用量 (g · L^{-1})	成分	用量 (g · L^{-1})
$MgSO_4 \cdot 7H_2O$	0.07	H_3BO_3	2.86
$K_2HPO_4 \cdot 3H_2O$	0.04	$MnCl_2 \cdot 4H_2O$	1.86
$CaCl_2 \cdot 2H_2O$	0.036	$Na_2MoO_4 \cdot 2H_2O$	0.39
Na_2CO_3	1.50	$ZnSO_4 \cdot 7H_2O$	0.22
柠檬酸	0.006	$CuSO_4 \cdot 5H_20$	0.08
柠檬酸铁铵	0.006	$Co(NO_3)_2 \cdot 6H_2O$	0.05
EDTA	0.001		

6. 藻类规模化生产。将步骤5中培养好的藻种加入生产池，每池加入藻种（鲜重约200 g，干重约2 g）。培养池所用培养液为BG11培养液，水深约0.5 m。蓝藻培养过程中，水体温度在25－30℃时蓝藻生长情况最佳，水体温度大于40℃时（因为水温超过40℃，蓝藻将停止生长），需采取降温措施；水下光强控制在1500－3000 Lux。蓝藻培养7－12 天进行收获（夏季7－8月7 天左右，春季4－6月和秋季9－10月 10－12天）。根据蓝藻的生长曲线确定（生长曲线的测定方法详见下节内容）收获时期，当蓝藻的生长速率或增长量开始下降时（生长量达到最大值后开始下降），进行收获。收获前，将培养池中液体静置6－8 小时，然后将培养液排放到空池子中（培养过1次蓝藻的液体仍可以继续培养蓝藻，但是产量会下降30%－40%左右。因为在培养过程中空气的绿藻会进入培养池，导致藻种间的竞争加剧和蓝藻种的纯度降低），待池中的水深约为0.5 cm时，将藻液收集至塑料桶中待用。

7. 野外接种。将收集的藻液用喷雾器均匀地接入沙地表面，藻液用量为每平方米3 g（干重）。接种后前10天，每隔2天用喷雾器进行浇水（表面湿润即可），下雨期间停止浇水。1个月后对形成的藻类结皮进行检测，检测时采取表土层面积5 cm^2、厚度约5 mm的样品（由于藻类主要分布在土壤表层5 mm内，所以每次采样尽可能不超过5 mm），测定叶绿素a和叶绿素b的含量。

叶绿素a和叶绿素b含量的测定方法为：将采集的样品置于研钵中，研磨成粉末状，放入盛有10 mL提取液的试管内，提取液为无水乙醇、丙酮和水的混合液（混合比：4.5 ∶ 4.5 ∶ 1）；然后塞上橡皮塞。放入45℃的恒温箱静置24 小时，至藻粉变成白色后取出。比色用紫外分光光度计测定波长645 nm、652 nm、663 nm处的吸光值，计算叶绿素含量：

叶绿素a含量（$mg \cdot g^{-1}$，鲜重）=（12.71 × D663 − 2.59 × D645）× V/1000；

叶绿素b含量（$mg \cdot g^{-1}$，鲜重）=（22.88 × D645 − 4.67 × D663）× V/1000；

叶绿素总量（$mg \cdot g^{-1}$，鲜重）=（20.29 × D645 + 8.04 × D663）× V/1000。

式中，V表示提取液体积。若叶绿素总含量（叶绿素a和叶绿素b）不低于接种初期的60%，则接种成功；若叶绿素的总含量低于接种初期的20%，则接种失败，需要重新进行接种。

6.1.2　藓类结皮人工培养关键物种分离、筛选和培养方法

藓类结皮是BSC演替的高级阶段。藓类植物的脱水复苏机制使其具有较强的生理耐旱能力。与维管束植物相比，藓类植物具有较低的水势。环境变湿润后，植株利用水势梯度迅速吸收周围环境中的水分，进行生理活动。藓类具有很强的修复作用，它能将因干旱损伤的膜系统全部修复。干旱环境促进了藓类植株的抗旱能力，体现了藓类植物对环境的适应性。

藓类植物具有强大的无性繁殖能力和耐旱能力，因此，我们可以利用藓类植物的生物学特性，从环境较适宜、藓类植物群落面积较大的区域采样，对其进行机械粉碎，进而使用藓类植物的茎叶碎片人工培养出一定面积的人工藓类

结皮，然后移植到野外环境，通过人工方法加速其定居、扩繁，使其与周围土壤复合形成具有较强后期维持能力的藓类结皮，从而对荒漠化防治、植被重建和生态恢复起到促进作用。此外，藓类结皮覆盖土壤的稳定性比藻类结皮和地衣结皮高。因此，通过人工培养的方法实现藓类结皮的快速拓殖和定居，也将进一步丰富人工BSC防沙治沙的手段和方法。

藓类结皮人工培养，主要包括4个环节：藓类配子体的采集；藓类人工培养；野外接种；管理与维护。在我国腾格里沙漠东南缘、古尔班通古特沙漠和毛乌素沙地等地区，构成藓类结皮的优势种和先锋种各异。因此，BSC中藓类的人工培养，应以所在区域的优势种或广布种为主。藓类结皮人工培养的主要过程和步骤如下（图6–2）：

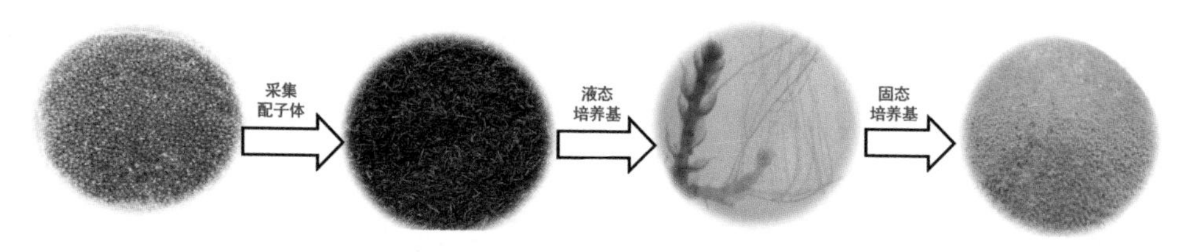

图6–2　藓类分离、纯化培养流程

1. 采取自然条件下发育良好的藓类结皮。样品采集时，选择单一藓种组成的藓类结皮。因为单一藓种形成的藓类结皮培养时不需要进行纯化处理，节约了培养时间，简化了培养步骤。采样时首先将采样框用力压入土壤中，至采样框完全进入土壤中，用75%酒精消毒过的铲子轻轻取出采样框内约50 cm^2藓类结皮，装入信封中待用。

2. 藓类配子体的采集。用75%酒精消毒过的剪刀，将藓类上部发育良好的叶尖剪下，待用。

3. 藓类人工培养。将采集好的藓类配子体放入液态培养基中。称取剪切下的藓类配子体1 g（干重），加入装有300 mL的 Knop营养液（Knop营养液成分和含量详见表6-2）的三角烧瓶中。将三角烧瓶置于转速为140转/分的摇床上进行初步培养，室内温度控制在25－30℃，光强控制在600 Lux，室内培养时间20天左右。培养完成后将培养好的藓类置于消毒后的医用纱布上，放置在阴凉通风处，自然风干后待用。

4. 接种。取步骤3中干燥的藓类，然后均匀地撒播在沙面（经多种方法尝试，发现手工撒播方法最好）。撒播后每隔两天对土壤含水量进行补充，补充水分的标准为土壤表面湿润即可。

表6-2　人工藓类培养Knop营养液成分和含量

成分	$Ca(NO_3)\cdot 4H_2O$	KNO_3	$MgSO_4\cdot 7H_2O$	KH_2PO_4	$ZnSO_4\cdot 7H_2O$
含量（$mg\cdot L^{-1}$）	1000	250	250	250	3

6.1.3　地衣结皮人工培养关键物种分离、筛选和培养方法

地衣结皮是BSC的主要类型之一，处于BSC演替的过渡阶段。地衣是地衣专化型真菌与一些低等光合共生物如藻类及菌类紧密结合成的体内胞外互惠共生型生态系统。藻类进行光合作用制造营养被菌类利用，而菌类为藻类提供水分及矿物质，形成一种共生互惠的关系。由于地衣在沙面BSC形成中起着重要的作用，它可以利用菌丝和假根黏合沙粒，有效地束缚沙粒的流动，从而起到固沙的作用，进而减少荒漠地表的风蚀和水土流失。

地衣的人工培养，主要包括4个环节：地衣的采集；共生菌的分离和培养；共生藻的分离和培养；接种。在我国腾格里沙漠东南缘、古尔班通古特沙漠和毛乌素沙地等地区，构成地衣结皮的优势种和先锋种各异。因此，BSC中地衣

的人工培养，应以所在区域的优势种或广布种为主。地衣培养的主要过程和步骤如下（图6–3）：

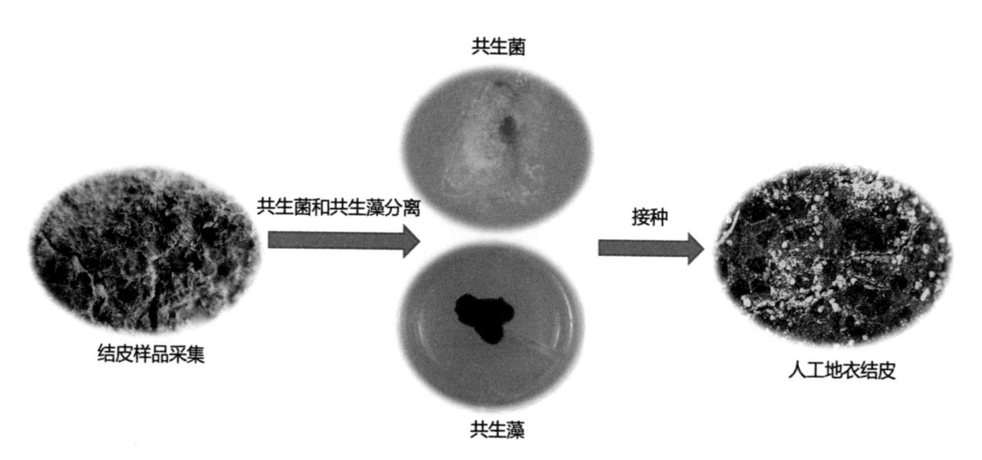

图6–3 地衣结皮的分离、纯化培养流程

一、地衣的采集

采取自然条件下发育良好的地衣结皮。样品采集时，选择所在区域发育良好的地衣结皮。采样时首先将采样框用力按入土壤中，至采样框完全进入土壤中，用75%酒精消毒过的铲子轻轻取出采样框内约50 cm^2 地衣结皮，装入信封中待用。

二、共生菌的分离和培养

共生菌可以从子囊孢子、分生孢子、裂芽、粉芽和菌体碎片中分离出来。共生菌通常使用固体培养基进行培养。培养基为LB培养基，主要成分和含量详见表6–3。

1. 孢子释放。把野外采集的地衣体洗净，放置几天，使其与周围环境达到水分平衡。从地衣体上取下子囊盘或子囊壳，并将其放在有蒸馏水的培养皿中浸泡4小时或在流动水中清洗。通过挤压去除多余的水分。用凡士林将其固定在培养皿底部，然后加入含量4%的琼脂培养基。在适当的时间间隔（依据释放时间，通常为24小时）多次旋转琼脂层。另外，在潮湿的环境中也可以将孢子释放到玻璃片上或无菌的薄膜上，然后用蒸馏水将孢子冲下，并立即转移到培养基上。用超薄膜将培养皿封口，将培养皿在培养箱中进行培养，条件为无光，温度15－20℃。可以在高倍电子显微镜下检验孢子的萌发情况，观察孢子的释放情况。

表6-3　LB培养基成分和用量

成分	含量	成分	含量
葡萄糖	10.0 g	天冬酰胺酸	2.0 g
KH_2PO_4	1.0 g	$MgSO_4 \cdot 7H_2O$	0.5 g
$Fe(NO_3)_3 \cdot 9H_2O$	0.2 mg	$MnSO_4 \cdot 4H_2O$	0.1 mg
$ZnSO_4 \cdot 7H_2O$	0.2 mg	琼脂	15－20 g
维生素 B_1	0.1 mg	蒸馏水	1000 mL
维生素 H	5 μg		

2. 从地衣体中分离出共生菌。用消毒的手术刀将新鲜的地衣切成薄片，然后存放于装有蒸馏水的小试管（25 mL）中，或放在15℃环境下的潮湿的滤纸上。然后将冲洗后的地衣体碎片在研钵中磨碎并加水混匀成悬浮液。过滤后的滤液再经过第二次过滤。从第二次过滤的滤纸上取出少部分地衣体碎片接种至斜面培养基上。新的菌丝通常会在2－3周后延长。采用无菌技术切取一部分新长出的菌丝，转移到试管培养基上。此步骤应多次重复进行，以保证生长的真菌最有可能为共生菌而不是生长于地衣体表面或内部的其他真菌。

3. 共生菌的保存。共生菌可以存放很长时间（大约1年）。利用解剖刀将培养的共生菌分为几部分（每部分通常为5 mg），将各个部分放在培养皿中的LB

培养基中，在15℃无光条件下培养2－3个月。每2－3个月重复一次该步骤。通常共生菌在15－20℃时生长速率最快。在共生菌的培养中，培养基的pH对群体生长有着重要的影响。其最适共生菌生长的pH通常为5－6，太高或太低均会阻碍其生长。在共生菌群体保存培养中，光照强度没有明确的要求。地衣共生菌可以在液氮中保存很长时间，且仍具有活性。

三、共生藻的分离和培养

1. 采样方法详见共生菌分离和培养中地衣采样方法。

2. 共生藻的分离和培养。

地衣体的清洗：对于大型地衣（叶状和枝状），应从地衣体顶端切下面积约1 cm^2的地衣体，然后将其放在蒸馏水中浸泡5－10分钟，用软毛刷（画笔刷或毛笔等）在流动的蒸馏水中清洗地衣体表面，然后用无菌水冲洗。对于小型地衣，应将其放入装有1－2 mL的无菌水和1滴聚氧乙烯失水山梨醇单月桂酸酯（吐温20）的小试管中。超声波粉碎3分钟，离心（离心机转速2000 rpm）去除地衣体表面的杂质和附属物。

地衣体匀浆液的制备：清洗之后，将地衣体放在一个无菌的载玻片上。在解剖镜下，利用针锉平的小刀仔细刮去地衣皮层。在显微镜下，取下藻层并转移到新的无菌玻片上。在无菌玻片上滴一滴无菌水，用另一个玻片把藻层盖上，轻压玻片，将地衣体磨成小碎片，分离共生菌和共生藻。两种共生体均悬浮在液体中。

除了清洗步骤，所有的操作都在超净工作台或无菌条件下进行。所有仪器均应高压灭菌（15－20分钟，121℃，1 atm）或干热灭菌（30分钟，180℃）。用酸或清洁剂清洗玻片，然后用蒸馏水冲洗。

共生藻的分离：在皮氏培养皿的固体琼脂培养基上滴2－3滴含有共生菌藻的悬浊液。绿藻的培养用1×N的BBM培养基，而蓝藻则需要用BG11培养基。另外，也可以将含有共生菌藻的悬浊液喷到皮氏培养皿的琼脂培养基上，在15℃的培养箱中培养15天。通常培养应在15－20℃，光照强度为10－27 $\mu mol \cdot m^{-2} \cdot s^{-1}$（白天的太阳光源下，1000 Lux＝18 $\mu mol \cdot m^{-2} \cdot s^{-1}$）的条件下进行。培养基最初应放于低光强条件下，培养约30天后（时间长短取决于共生藻的种类），琼脂培养基上就会出现较少的共生藻群。

无菌培养群体的获得：无菌共生藻培养群体的获得主要有两种方法。第一种是直接法，在高倍电子显微镜下将未受污染的群体选出来，并移植到适宜的固体培养基上。在试管或皮氏培养皿中的共球藻属（*Trebouxia*）有机营养培养基用于绿藻培养，BG11培养基用于蓝藻培养。如果未受污染，就可获得无菌培养的蓝藻或绿藻群体。第二种是喷雾法，该技术适用于绿藻单细胞的分离，对于单细胞绿藻或无菌群体获得很有用。具体步骤为：从单细胞中获得群体，然后从生长在琼脂上的群体中选择污染低（或未污染）的群体，并转移到试管中1×N的BBM的斜面培养基上，培养若干周；在10 mL的离心管中加入1 mL蒸馏水和1滴吐温20，将共生藻悬浮液移入，并用超声波粉碎。这样会使共生藻群与附着在其细胞壁表面上的细菌和其他共生菌及污染物分开；移去上清液，在离心管剩下的共生藻细胞中加入1 mL无菌水和吐温20，重复以上操作约10次；在离心管底部插入一个毛细管，并保持直立。通过毛细管的小开口引出压缩空气，压缩空气穿过伸出离心管的毛细管；藻培养液就会被冲出毛细管形成喷雾；快速将含有培养基（通常为共球藻属有机培养基）的皮氏培养皿通过喷雾，培养皿上就会附着一层藻细胞的悬浊液；一周或两周后，将未污染的藻群体移到合适的培养基上。

四、接种

首先将培养的共生藻藻液用喷雾器均匀地接入沙地表面，藻液用量为干重1 $g \cdot m^{-2}$，然后将培养的共生菌喷洒到沙地表面。接种后前20天，每隔2天用喷雾器进行浇水（表面湿润即可），下雨期间停止浇水。

6.2 人工BSC关键物种培养的适宜环境因子与抗胁迫锻炼

6.2.1 蓝藻培养的适宜环境因子

利用不同的方式将蓝藻接种于荒漠土壤中，有助于促进BSC的形成并改善土壤理化性质。然而在蓝藻培养过程中，我们对促进荒漠蓝藻生长的关键因子的科学认知还远远不够，这限制了荒漠蓝藻高效培养方法的建立。光照、温度、pH、电导率和接种密度是影响荒漠蓝藻生长的主要因素。有研究人员对中国、美国、南非、坦桑尼亚、津巴布韦等不同国家或地区的8种荒漠蓝藻进行研究后得出了蓝藻生长的最佳光照强度。有研究者综合分析已有文献报道，提出具鞘微鞘藻生长的适宜温度范围为20－30℃（Rossi et al., 2017）。然而，尽管许多学者尝试探究荒漠蓝藻的生长特征理论，但至今仍未得出荒漠蓝藻适宜生长的接种密度范围（Chamizo et al., 2020; Román et al., 2020）。

目前，对蓝藻接种密度的研究主要集中在淡水蓝藻和海洋蓝藻的生长特征等方面，如研究表明，钝顶螺旋藻（*Spirulina platensis*）的生长速度会因接种密度而表现出差异（Khanh et al., 2017）；当接种密度从1069 cell · mL^{-1}增加至6417 cell · mL^{-1}时，铜绿微囊藻（*Microcystis Aeruginosa*）的总质量提高了3.7倍（Dunn et al., 2016）。可见，大多数水生蓝藻生长都会受到接种密度的制约，但不同蓝藻生长的最佳接种密度存在差异（蔡恒江等, 2005; 闫阁等, 2020）。然而，接种密度是不是制约BSC中蓝藻增殖的关键因子，仍不清楚。此外，大多数对荒漠蓝藻生长影响的非生物因子研究主要集中于温度和光照强度，而pH、电导率对不同荒漠蓝藻生长特征的影响仍鲜见报道。因此，探明不同荒漠蓝藻在不同接种密度下的生长特征，得出不同荒漠蓝藻适宜生长的接种密度、pH和电导率范围，对揭示荒漠蓝藻最适生长条件具有重要科学意义。

具鞘微鞘藻和念珠藻是蓝藻结皮中的优势物种，在人工BSC培育中应用广泛（Rossi et al., 2017）。我们以上述两种蓝藻为对象，在实验室条件下，设置不同接种密度，比较研究它们的生长规律和差异，探讨密度、物种以及pH、电导率对应的生物和非生物因子对其生长特征的影响，为这两种蓝藻规模化培养提供最佳方案，促进人工BSC技术的发展。

一、接种密度对具鞘微鞘藻和念珠藻生长特征和产量的影响

在5种接种密度下具鞘微鞘藻均在0－3天迅速生长，其中在35.33 μg · 100 mL^{-1}和95.33 μg · 100 mL^{-1}密度下干重均在第3天达到最大值，随后分别在第12天和第9天达到稳定期；在213.33 μg · 100 mL^{-1}密度下干重在第9天达到最大值后逐渐下降；在658.89 μg · 100 mL^{-1}密度下干重持续增长，在第15天达到最大值；在1341.67 μg · 100 mL^{-1}密度下干重在3－15天保持稳定。在5种接种密度下，念珠藻均在0－3天迅速生长，其中在4.44 μg · 100 mL^{-1}和32.22 μg · 100 mL^{-1}密度下干重均在第3天达到最大值后呈波动状态；在85.56 μg · 100 mL^{-1}和258.89 μg · 100 mL^{-1}密度下干重均在第3天达到最大值后逐渐趋于稳定；在485.56 μg · 100 mL^{-1}密度下干重在3－12天保持稳定（图6–4）。

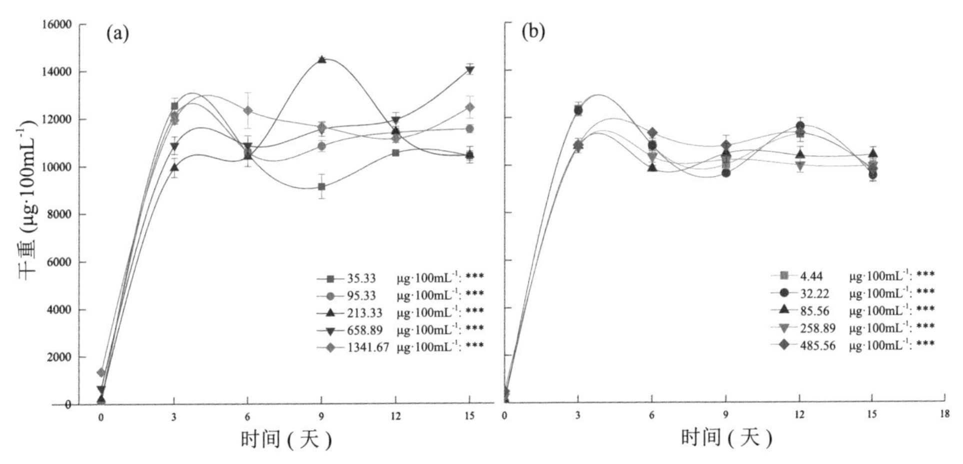

图6–4　不同接种密度下具鞘微鞘藻（a）和念珠藻（b）蓝藻干重变化特征

平均值 ± 标准误差；图中***表示$p < 0.001$

具鞘微鞘藻在第3天、9天、12天和15天时5种接种密度干重之间存在显著差异（$p < 0.05$）。具鞘微鞘藻在第3天时在213.33 μg · 100 mL^{-1}、658.89 μg · 100 mL^{-1}密度下干重显著低于其他3种密度（$p < 0.05$）；第15天时在658.89 μg · 100 mL^{-1}密度下干重显著高于其他4种密度（$p < 0.05$）。念珠藻在第3天、6天和12天时5种接种密度干重之间存在显著差异（$p < 0.05$）。念珠藻在第3天时在85.56 μg · 100 mL^{-1}、258.89 μg · 100 mL^{-1}和485.56 μg · 100 mL^{-1}密度下干重显著低于其他2种密度（$p < 0.05$）；第12天时在32.22 μg · 100 mL^{-1}和485.56 μg · 100 mL^{-1}密度下干重显著高于其他3种密度（$p < 0.05$）。

由图6–5可见，具鞘微鞘藻在5种接种密度下干重增量均在0－3天达到最大值，其中在35.33 μg · 100 mL^{-1}和95.33 μg · 100 mL^{-1}密度下干重增量分别为12498.00 μg · 100 mL^{-1}和12038.00 μg · 100 mL^{-1}，显著高于在213.33 μg · 100 mL^{-1}、658.89 μg · 100 mL^{-1}和1341.67 μg · 100 mL^{-1}密度下干重增量9720.00 μg · 100 mL^{-1}、10207.78 μg · 100 mL^{-1}和10591.67 μg · 100 mL^{-1}（$p < 0.05$），随后5种接种密度的干重增量均降低。念珠藻在5种接种密度下干重增量均在0－3天达到最大值，其中在4.44 μg · 100 mL^{-1}和32.22 μg · 100 mL^{-1}密度下干重增量分别为12328.89 μg · 100 mL^{-1}和12234.44 μg · 100 mL^{-1}，显著高于85.56 μg · 100 mL^{-1}、258.89 μg · 100 mL^{-1}和485.56 μg · 100 mL^{-1}密度下干重增量，其增量分别为10714.44 μg · 100 mL^{-1}、10474.44 μg · 100 mL^{-1}和10347.78 μg · 100 mL^{-1}（$p < 0.05$），随后5种接种密度的干重增量均降低。

具鞘微鞘藻和念珠藻在5种接种密度下的总质量见表6–4。在5种接种密度下，具鞘微鞘藻总质量之间存在极显著差异（$p < 0.01$），念珠藻总质量之间存在显著差异（$p < 0.05$）。具鞘微鞘藻在658.89 μg · 100 mL^{-1}和1341.67 μg · 100 mL^{-1}密度下总质量显著高于密度为35.33－213.33 μg · 100 mL^{-1}下的总质量。念珠藻在4.44 μg · 100 mL^{-1}、32.22 μg · 100 mL^{-1}和485.56 μg · 100 mL^{-1}密度下总质量显著高于85.56 μg · 100 mL^{-1}和258.89 μg · 100 mL^{-1}密度下的总质量。

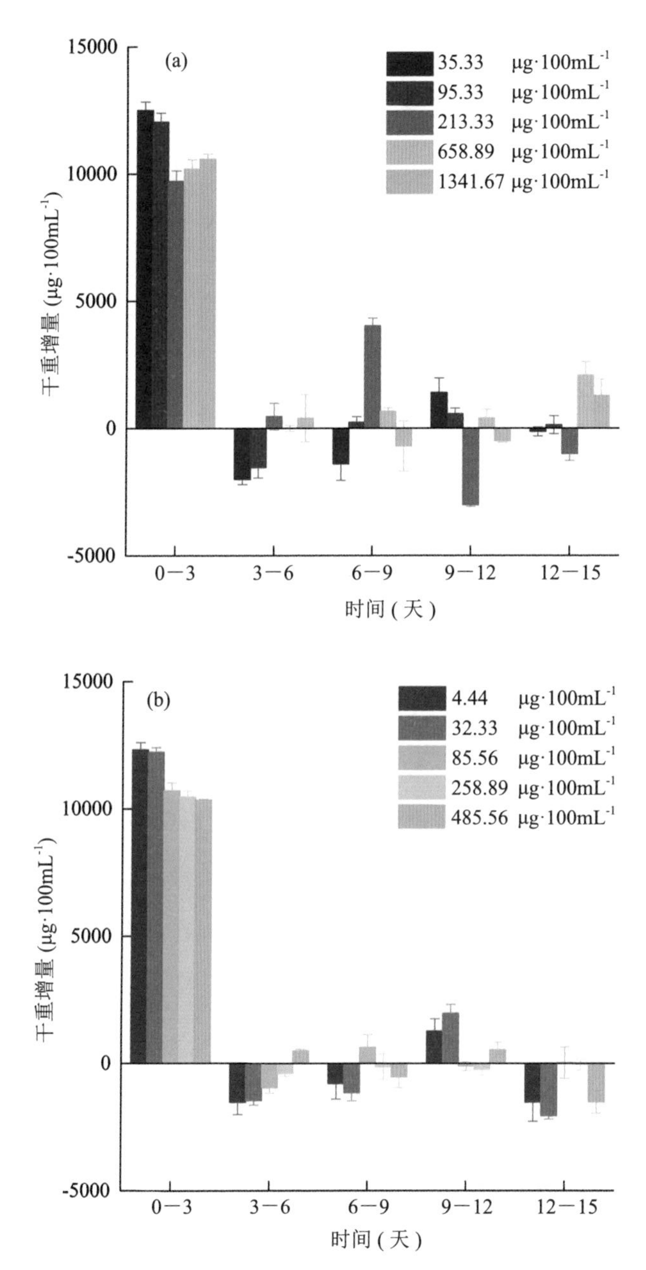

图6-5 不同接种密度下具鞘微鞘藻（a）和念珠藻（b）蓝藻的干重增量（平均值 ± 标准误差）

表6–4　不同初始密度下具鞘微鞘藻和念珠藻的总质量(平均值 ± 标准误差)

物种	初始密度（μg · 100mL^{-1}）	总质量（μg · 100mL^{-1}）
具鞘微鞘藻	35.33	169288.89 ± 1058.53c
	95.33	179277.77 ± 1629.62b
	213.33	180122.22 ± 3281.50b
	658.89	191477.78 ± 4448.48a
	1341.67	190511.11 ± 2616.85a
念珠藻	4.44	175288.89 ± 1115.77a
	32.22	173833..33 ± 3105.97a
	85.56	166488.89 ± 1551.14b
	258.89	166500.00 ± 2217.69b
	485.56	175633.33 ± 1511.56a

注：不同小写字母表示具鞘微鞘藻和念珠藻蓝藻总质量在不同接种密度之间存在显著差异（$p < 0.05$）。

接种密度是蓝藻生长和增殖的重要因素，会影响蓝藻在生长过程中的生长期、最大干重、干重增量和总质量等。具鞘微鞘藻和念珠藻的生长特征既表现出相似性，又体现出差异性。相似性一方面体现在随着接种密度的增加，具鞘微鞘藻和念珠藻的生长进入稳定期的时间提前，因此高接种密度下可以缩短培养时间。另一方面体现在本实验中具鞘微鞘藻和念珠藻的最大干重增量均出现在0－3天，随后逐渐降低，在生长初期低接种密度的蓝藻干重增量始终高于高接种密度。这可能由于培养初期的蓝藻对光照强度、营养物质等资源竞争压力不大，因此干重出现迅速增加的现象，且接种密度越高，蓝藻间的遮光量越大，导致光合作用受限，因此蓝藻在高接种密度下培养初期干重增量较小（Torzillo, 1997；Matsudo et al., 2009）。

具鞘微鞘藻和念珠藻在培养过程中的差异性体现在不同接种密度下干重达

到最大值的时间和总质量是不同的。具鞘微鞘藻在较高接种密度下，干重达到最大值的时间较晚，这与朱昔恩等（2018）报道的接种密度越高，海洋浮游硅藻牟氏角毛藻（*Chaetoceros muelleri*）细胞密度达到峰值的时间越晚的结论一致，而念珠藻没有表现出这种特征。这可能是由异形胞具鞘微鞘藻和非异形胞念珠藻自身的生长和繁殖特性所决定的（Giraldo-Silva et al., 2019）。接种密度对蓝藻总质量的影响可能归因于其对培养中单个蓝藻光有效利用性的影响。由于蓝藻在培养过程中会相互遮挡，形成光暗循环，光暗循环的频率和单个蓝藻在一定光照强度下的光周期总长度取决于接种密度，接种密度越高，光暗周期的频率也会越高，单个蓝藻从每个光暗周期下接受的光照强度时间越短（Wang et al., 2013）。在本实验设置的接种密度范围内，具鞘微鞘藻总质量和接种密度呈幂相关，可见接种密度是影响这两种蓝藻的生物因子。具鞘微鞘藻在658.89 $\mu g \cdot 100\ mL^{-1}$、1341.67 $\mu g \cdot 100\ mL^{-1}$密度下总质量最高，这可能由于接种密度越高，光暗周期越频繁，单个蓝藻接受的光照强度时间越短，因此减小了光氧化引起的蓝藻损伤或死亡，使高接种密度下总质量较高，可见658.89－1341.67 $\mu g \cdot 100\ mL^{-1}$是具鞘微鞘藻适宜生长的接种密度范围（Li, Cai, et al., 2020）。在本实验设置的接种密度范围内，念珠藻总质量与接种密度呈二项式相关。念珠藻在4.44 $\mu g \cdot 100\ mL^{-1}$、32.22 $\mu g \cdot 100\ mL^{-1}$密度下总质量最高，表明其在此密度下达到了最佳的光暗循环频率和光照时间。然而接种密度的进一步增加可能造成更长的光暗周期频率和更长的光照时间，从而导致总质量减少，可见4.44－32.22 $\mu g \cdot 100\ mL^{-1}$是念珠藻适宜生长的接种密度范围（Wang et al., 2013）。

在消除接种密度的差异后，具鞘微鞘藻的总质量显著高于念珠藻，这两种蓝藻的生长特征表现出物种差异。研究表明，在同一条件下大规模培养念珠藻比具鞘微鞘藻总产量更高（Giraldo-Silva et al., 2018）。但此研究的结果与本书研究结论相反，可能是培养条件和所选藻种来源的差异导致的。因此在人工BSC培育选择荒漠蓝藻时，应该考虑当地自然BSC中的蓝藻种类及其性能差异，此后还需探索新的生产系统和培养条件，以提高更多荒漠蓝藻物种的生物量，从而以最适合的接种物种和接种比例进行大面积接种。

二、具鞘微鞘藻和念珠藻培养过程中pH和电导率变化特征

在5种接种密度下具鞘微鞘藻和念珠藻pH整体均呈上升趋势。在35.33 μg · 100 mL^{-1}和95.33 μg · 100 mL^{-1}密度下具鞘微鞘藻的pH在整个培养周期呈现波动上升的变化，分别在第9天和第15天达到最大值8.26和8.21；在213.33 μg · 100 mL^{-1}、658.89 μg · 100 mL^{-1}和1341.67 μg · 100 mL^{-1}密度下pH在0－6天先上升后下降，在6－15天持续上升，并在第15天分别达到最大值9.04、10.06和10.18。在5种接种密度下念珠藻的pH均在0－9天呈现先上升后下降又上升的趋势，其中在4.44 μg · 100 mL^{-1}和32.22 μg · 100 mL^{-1}密度下pH在9－15天变化较为平缓，分别在第12天和第15天达到最大值8.64和8.23；在85.56 μg · 100 mL^{-1}、258.89 μg · 100 mL^{-1}和485.56 μg · 100 mL^{-1}密度下pH在9－15天均持续上升，在第15天分别达到最大值8.51、9.09和9.91（图6–6）。

具鞘微鞘藻和念珠藻在同一时间下5种接种密度pH的对比结果如下：具鞘微鞘藻和念珠藻分别在第3天、6天、9天、12天、15天和3天、9天、12天、15天培养下5种接种密度pH之间存在极显著差异（$p < 0.001$）。具鞘微鞘藻在第3天、6天、9天和12天时，在1341.67 μg · 100 mL^{-1}密度下pH显著高于35.33－658.89 μg · 100 mL^{-1}；第15天时，在658.89 μg · 100 mL^{-1}和1341.67 μg · 100 mL^{-1}密度下pH显著高于35.33－213.33 μg · 100 mL^{-1}。念珠藻在第3天时，在485.56 μg · 100 mL^{-1}密度下pH显著高于4.44－85.56 μg · 100 mL^{-1}；在第9天时，在4.44 μg · 100 mL^{-1}密度下 pH显著高于85.56－485.56 μg · 100 mL^{-1}；在第12天和15天时，在485.56 μg · 100 mL^{-1}密度下pH显著高于4.44－258.89 μg · 100 mL^{-1}（图6–6）。

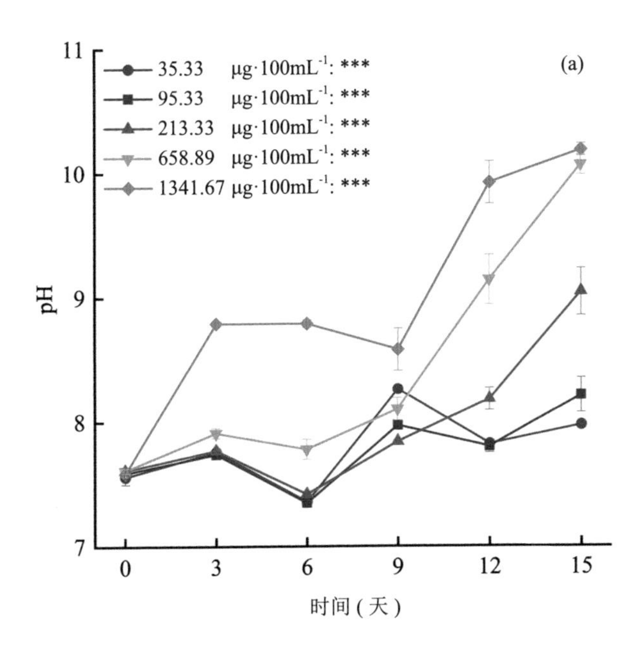

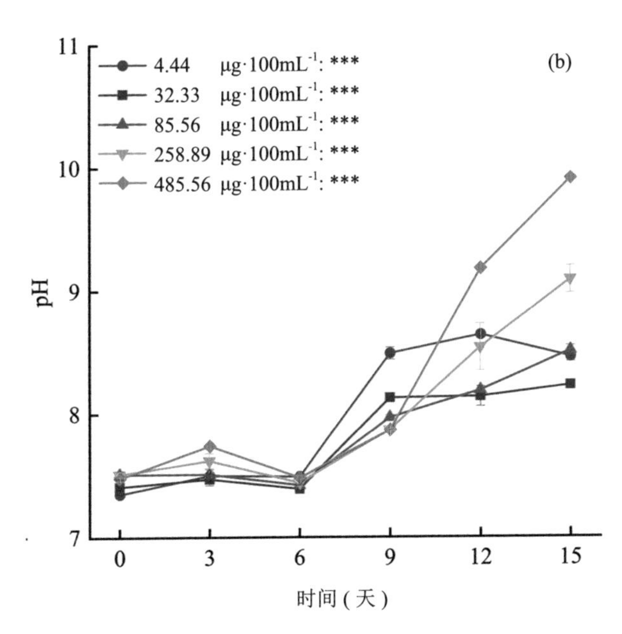

图6-6　不同接种密度下具鞘微鞘藻（a）和念珠藻（b）pH变化特征

平均值 ± 标准误差; *** 表示$p < 0.001$

具鞘微鞘藻和念珠藻在5种接种密度下电导率变化见图6–7。具鞘微鞘藻的电导率在35.33 μg · 100 mL^{-1}、95.33 μg · 100 mL^{-1}和213.33－1341.67 μg · 100 mL^{-1}密度下随时间分别呈上升和下降趋势，但只在35.33 μg · 100 mL^{-1}、213.33 μg · 100 mL^{-1}和658.89 μg · 100 mL^{-1}密度下电导率随时间变化存在极显著差异（$p < 0.01$）。具鞘微鞘藻在35.33 μg · 100 mL^{-1}密度下电导率在0－6天缓慢上升至最大值165.17 μS · s^{-1}，后趋于平缓；在213.33 μg · 100 mL^{-1}密度下电导率在0－12天缓慢上升后在12－15天迅速下降至最低值154.17 μS · s^{-1}；在658.89 μg · 100 mL^{-1}密度下电导率在0－6 天缓慢上升，随后迅速下降，在第12天达到最低值156.73 μS · s^{-1}。念珠藻的电导率在5种接种密度下均呈下降趋势，但只在4.44 μg · 100 mL^{-1}和485.56 μg · 100 mL^{-1}密度下电导率随时间变化存在显著差异（$p < 0.05$）。在4.44 μg · 100 mL^{-1}和485.56 μg · 100 mL^{-1}密度下的电导率分别在第9天和第12天达到最低值166.43 μS · s^{-1}和158.77 μS · s^{-1}。

具鞘微鞘藻和念珠藻在同一时间下5种接种密度电导率的对比结果如下：具鞘微鞘藻在第12天和15天时5种接种密度的电导率之间存在显著差异（$p < 0.05$）。具鞘微鞘藻在第12天时，在658.89 μg · 100 mL^{-1}密度下电导率显著低于其他4种密度；在第15天时，在213.33－685.89 μg · 100 mL^{-1}密度下电导率显著低于其他3种密度。念珠藻在第12天时5种接种密度电导率之间存在显著差异（$p < 0.05$）。念珠藻在第12天时，在258.89 μg · 100 mL^{-1}和485.56 μg · 100 mL^{-1}密度下电导率显著低于其他3种密度（图6–7）。

在相同用量条件下，具鞘微鞘藻总质量整体上显著大于念珠藻（$p < 0.01$；表6–4和表6–5）。具鞘微鞘藻和念珠藻的干重在0－12天没有显著差异，但在第15天具鞘微鞘藻干重显著高于念珠藻（表6–5和图6–4）。具鞘微鞘藻的pH在第0天和3天时显著高于念珠藻，在第12天显著低于念珠藻（表6–5和图6–6）。具鞘微鞘藻的电导率在第0天、3天和9天时均显著低于念珠藻（表6–5和图6–7）。具鞘微鞘藻的pH和电导率在第15天均没有显著差异。

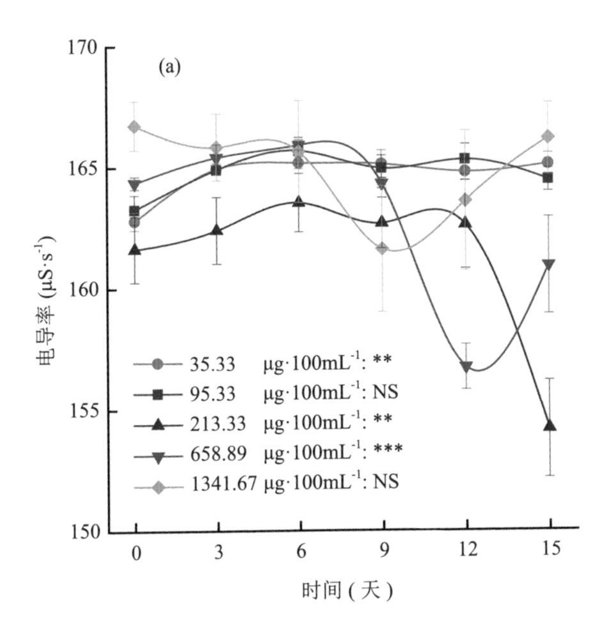

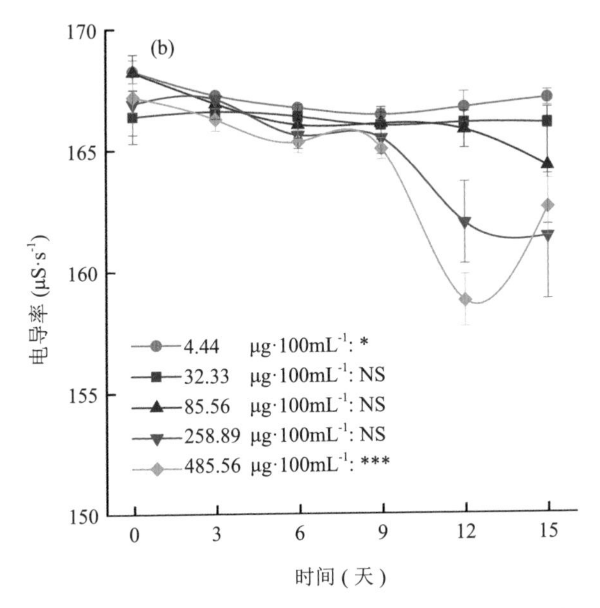

图6-7　不同接种密度下具鞘微鞘藻（a）和念珠藻（b）电导率变化特征

平均值 ± 标准误差；图中 * 表示 $p < 0.05$；*** 表示 $p < 0.001$；NS 表示 $p > 0.05$

三、具鞘微鞘藻和念珠藻总质量与接种密度、pH和电导率的相关特征

由图6-8可知，具鞘微鞘藻的总质量与5种接种密度、培养第15天的pH和电导率分别呈幂相关、线性正相关和不相关。念珠藻的总质量与5种接种密度、培养第15天的pH和电导率分别呈二项式相关、二项式相关和不相关。

表6-5　具鞘微鞘藻和念珠藻各项测定指标的协方差分析

指标	初始密度	时间（天）					
		0	3	6	9	12	15
总质量	0.008**						
干重		0.226	0.626	0.724	0.055	0.226	0.000***
pH		0.000***	0.000***	0.911	0.859	0.000***	0.088
电导率		0.000***	0.000***	0.138	0.035*	0.911	0.152

注：* $p < 0.05$；*** $p < 0.001$。

蓝藻在生长过程中的环境变化会影响其代谢物的产生和生物量的变化（Piersma & Drent, 2003），pH是影响其生长速率、初级和次级代谢产物及酶活性等生理因素的主要影响因子之一。蓝藻的光合作用、营养盐的吸收等均需要在特定pH下工作的酶。在本实验中具鞘微鞘藻和念珠藻在培养过程中pH均升高（7.50－10.50），这是两种蓝藻在生长过程中消耗碳酸（H_2CO_3）所导致的（Brewer & Goldman, 1976）。pH的升高可能会影响两种蓝藻光合作用的功能或使参与光合作用的酶变性，进而影响其总质量（Patel et al., 2017）。具鞘微鞘藻和念珠藻的总质量与pH分别呈线性正相关和二项式相关，可见pH是影响这两种蓝藻的非生物因子。具鞘微鞘藻在pH为9.75－10.50时总质量最高，念珠藻在pH为8.00－8.50时总质量最高，可见在此pH范围下两种蓝藻用于营养盐吸收、光合作用的酶活性最高，且在如此高pH范围下两种蓝藻的细胞均没有受到破坏，说明其抗氧化的功能非常强大，能有效保护细胞膜的完整性（曹广霞，2012）。

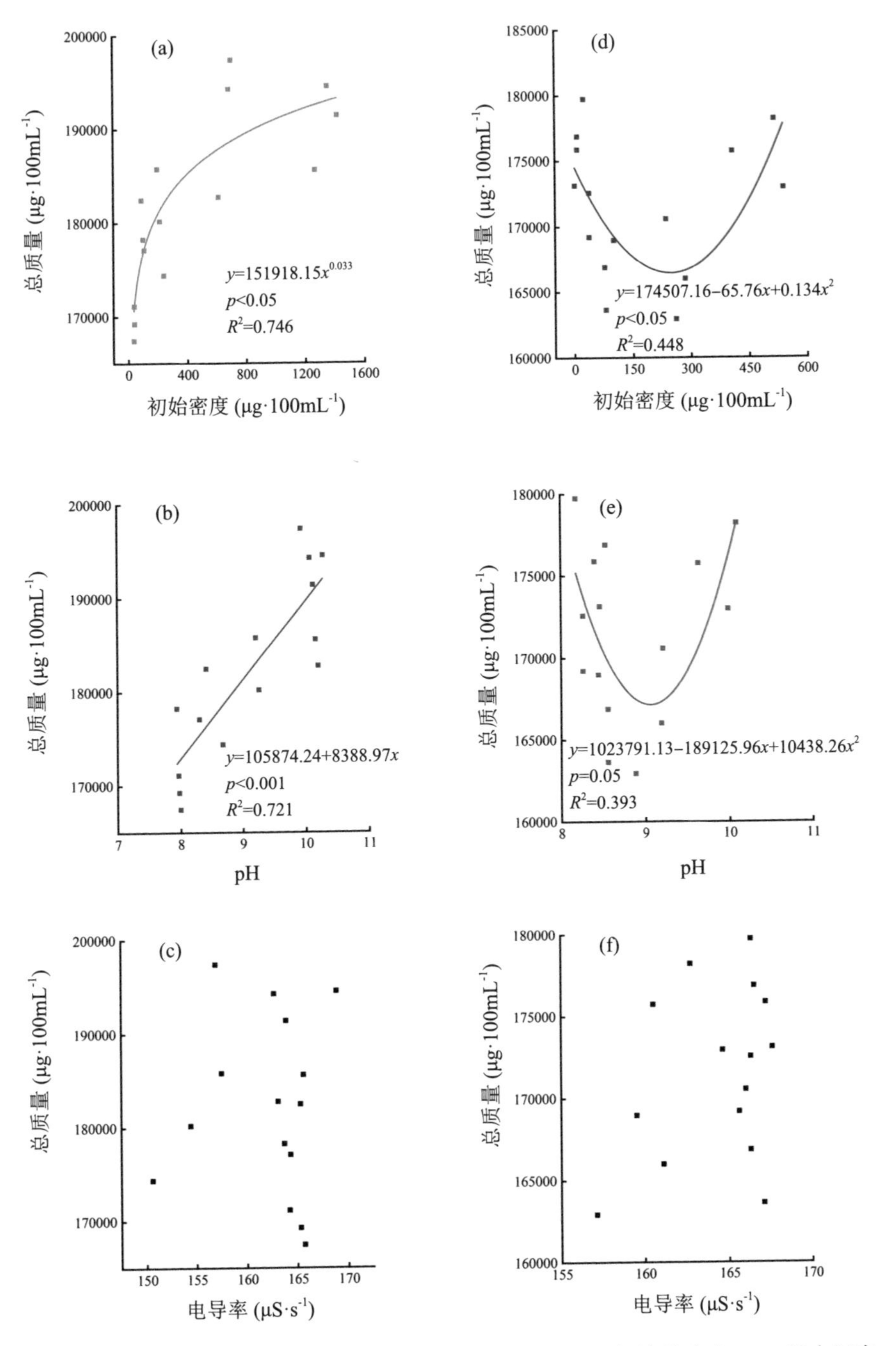

图6-8　具鞘微鞘藻（a、b、c）和念珠藻（d、e、f）的总质量与接种密度、pH和电导率的相关关系

水的电导率是用来衡量水携带电子的能力，与水体中的离子浓度和种类有关，主要反映水体中无机盐含量（Iyasele & Idiata, 2015）。在我们的研究中具鞘微鞘藻和念珠藻的电导率整体均呈下降的趋势。其原因可能是在BG11培养液作为氮源、磷源、硫源，分别用来参与蛋白质、核酸和脂类的合成，在培养蓝藻过程中都会被消耗，因此电导率会下降（鲍亦璐等, 2011; Chamizo et al., 2020）。已有研究表明，藻类群落的最佳电导率是不同的，电导率会影响浮游植物群落的生长、组成和分布（文新宇等，2016）。但在本研究中，具鞘微鞘藻和念珠藻的总质量与电导率均无相关性，电导率可能不是影响这两种蓝藻的非生物因子，但关于电导率对这两种蓝藻生长的影响还需进一步探究。

6.2.2 人工培育藓类结皮抗高温锻炼

在干旱半干旱区，BSC在抗风蚀、水蚀及增强土壤肥力等方面发挥着重要的作用。藓类结皮作为BSC发育的最高级阶段，其固沙、增加土壤稳定性和肥力的能力在各种结皮中表现的最强。近年来，随着人们对干旱半干旱区生态环境的重视，藓类结皮的人工培养及其在土壤沙化防控及土壤改良等方面备受关注。目前，在实验室内，通过人工培养的方式培养盖度和密度较高、同自然生长藓类结皮一样能固定沙土表面的藓类结皮的相关技术已经比较成熟，但在野外实施这一培养方法还存在较大的困难，一个最主要原因是室内人工培养的藓类结皮材料在野外自然严酷生境中生存能力较差——抗逆能力弱。相关研究表明，尽管藓类植物具有强大的无性繁殖和抗逆能力，但其生长发育仍然受到温度、水分以及辐射等胁迫因素的限制，其中高温是限制藓类结皮野外分布的最常见的环境胁迫因素之一。因此，提高人工培育藓类结皮的抗高温能力是解决其野外生存能力差，打破野外大规模应用瓶颈的主要出路之一。

为了解决人工培育藓类结皮在野外生存能力受高温胁迫的问题，我们探索了一种提高沙区人工培育藓类结皮抗高温能力的方法。具体实施方式如下：

第一步，选择发育良好的人工培育真藓结皮，用底部钻孔的器皿培养真藓结皮，真藓结皮平均厚度约为10 mm。将装入真藓结皮的器皿放在托盘中，通过控制托盘里的供给水量来实现真藓结皮含水量的控制。

第二步，对人工培育的真藓结皮进行高温—热蔫—室温—恢复的逐级高温锻炼，将样品放在数显光照培养箱中，每天分别在30℃、40℃和50℃的温度下各处理1小时，保证水分恒定（2/3饱和含水量），维持样品对温度变化的敏感性，提高藓类植物体内的渗透调节物质含量，增强藓类植物体抗高温能力。试验连续处理5天，在真藓结皮抗高温锻炼期间，保证水分恒定（2/3饱和含水量），空气湿度为60%，二氧化碳浓度400 ppm，光照周期为12小时。无高温处理时正常培养，温度25℃（白昼）/17℃（夜间），其他条件与抗高温锻炼时相同。

一、高温锻炼

为了验证本方法的可行性和有效性，将人工培育的真藓结皮抗高温锻炼分为三组，即对照组（A）、逐级高温处理组（B）和恒定高温处理组（C）；恒定高温处理组又分为恒定组1（C1）、恒定组2（C2）和恒定组3（C3），以便进行比照。

对照组（A）：正常培养，培养条件和抗高温处理组无高温处理、正常培养时保持一致，保证水分恒定（2/3饱和含水量）。

逐级抗高温处理（B）：将采集人工培育的真藓结皮，装有试验材料的器皿放在托盘中，通过控制托盘里的供给水量来实现对真藓结皮湿度的控制。将人工培育的真藓结皮样品放在数显光照培养箱中，每天在30℃、40℃、50℃高温下逐级处理1小时，共处理3小时，连续处理5天，无高温处理的时候正常培养。逐级高温处理及间期都保证样品水分恒定（2/3饱和含水量），维持样品对温度变化的敏感性。

恒定高温处理（C）：1. 恒定组1（C1）。将样品放在数显光照培养箱中，每天30℃处理8.8 小时，连续处理5天，无高温处理时候正常培养，保证抗高温锻炼组样品增加积温相同。高温处理及无高温处理的间期都保证样品水分恒定（2/3饱和含水量），维持样品对温度变化的敏感性。2. 恒定组2（C2）。将样品放在数显光照培养箱中，每天40℃处理3小时，连续处理5天，无高温处理时正常培养，保证抗高温锻炼的各组样品增加积温相同。高温处理及无高温处理的间期都保证样品水分恒定（2/3饱和含水量），维持样品对温度变化的敏感性。3. 恒定组3（C3）。将样品放在数显光照培养箱中，每天50℃处理1.8小时，连续处理5天，无高温处理时正常培养，保证抗高温锻炼的各组样品增加积温相同。高温处理及无高温处理的间期都保证样品水分恒定（2/3饱和含水量），维持样品对温度变化的敏感性。

二、抗高温锻炼效果评估

为比较上述5组高温锻炼处理的效果，将处理后的样品分成两组，一部分放置于适宜温度条件下正常培养（无高温胁迫处理），另一部分放置于高温条件下培养（高温胁迫处理）。

无高温胁迫处理：将上述5组样品取一部分在25℃（昼）/17℃（夜）条件下正常培养，保证样品水分恒定（2/3饱和含水量），维持样品对温度变化的敏感性，其他条件与抗高温锻炼间期时相同。

高温胁迫处理：将上述5组样品另一部分放在数显光照培养箱中，每天在50℃（昼）下处理3小时，其余时间培养条件与上面无高温胁迫处理组相同。

在对照处理的第3天，取出上述经过不同处理的两组部分样品，测定叶绿素含量、可溶性糖含量和丙二醛含量（结果见图6-9至图6-11）。另一部分继续对照处理，在第8天时，测定每个样品的盖度（结果见图6-12）。通过上述4个指标变化对比观察高温锻炼效果，优选出人工培育藓类结皮的最佳抗高温锻炼方法。

图6-9表明，无高温胁迫时，对照A组叶绿素含量最高，C3组最低；而在

高温胁迫下，经逐级抗高温锻炼的B组叶绿素含量最高，未经过抗高温胁迫锻炼的对照A组叶绿素含量最低。图6–10表明，逐级抗高温锻炼和恒定抗高温锻炼都增加了人工培育真藓结皮的可溶性糖含量，C2组和C3组可溶性糖含量最高，对照A组最低。图6–11表明，逐级抗高温锻炼和恒定抗高温锻炼均提高了人工培育真藓结皮的丙二醛含量，C3组最高，对照A组最低。

图6–12表明，无高温胁迫下各组盖度均可达到100%，而高温胁迫均大幅度降低了各组真藓结皮盖度。但是，经抗高温锻炼的各组真藓结皮盖度均明显大于未经过抗高温锻炼的对照A组，其中，经逐级抗高温锻炼的B组真藓结皮盖度最高，未经过抗高温胁迫锻炼的对照A组真藓结皮盖度最低。

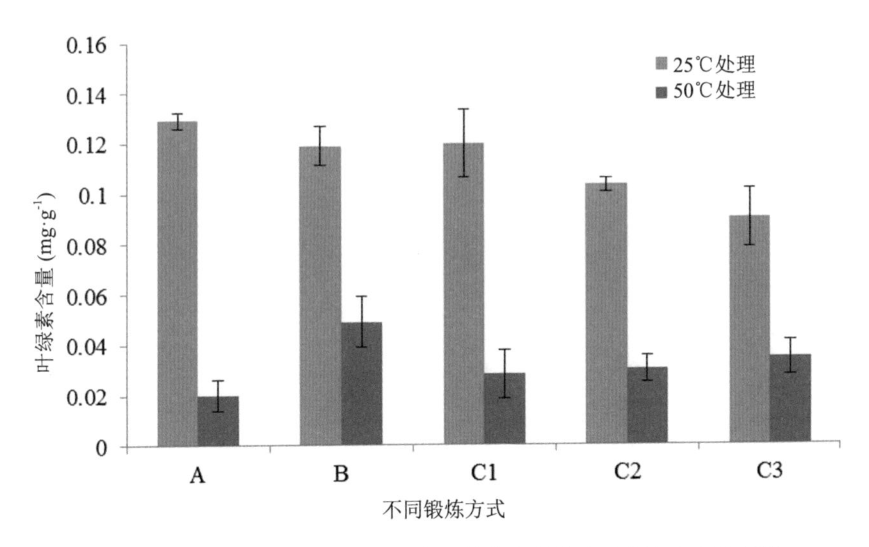

图6–9　不同抗高温锻炼方式对人工培育真藓结皮叶绿素含量的影响

A: 对照组; B: 逐级抗高温锻炼组; C1: 30℃恒温锻炼组; C2: 40℃恒温锻炼组; C3: 50℃恒温锻炼组

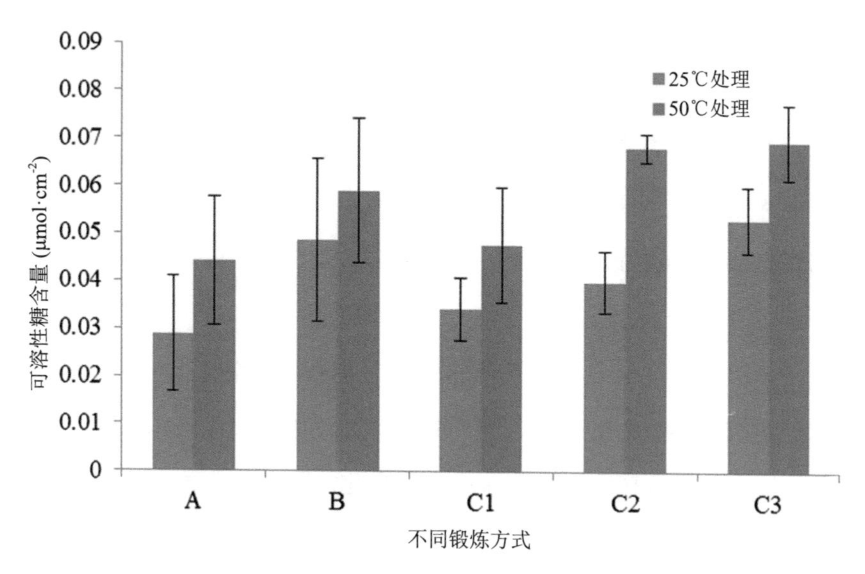

图6-10　不同抗高温锻炼方式对人工培育真藓结皮可溶性糖含量的影响

A: 对照组; B: 逐级抗高温锻炼组; C1: 30℃恒温锻炼组; C2: 40℃恒温锻炼组; C3: 50℃恒温锻炼组

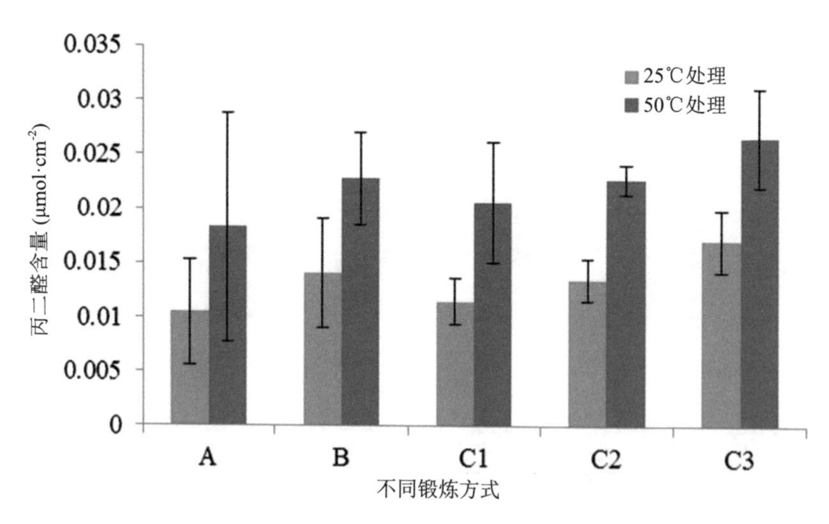

图6-11　不同抗高温锻炼方式对人工培育真藓结皮丙二醛含量的影响

A: 对照组; B: 逐级抗高温锻炼组; C1: 30℃恒温锻炼组; C2: 40℃恒温锻炼组; C3: 50℃恒温锻炼组

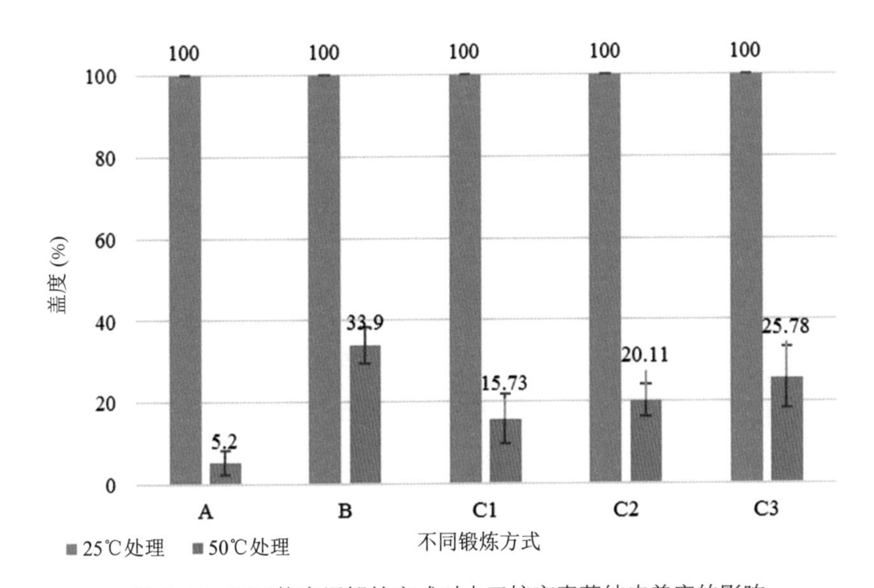

图6–12　不同抗高温锻炼方式对人工培育真藓结皮盖度的影响

A: 对照组; B: 逐级抗高温锻炼组; C1: 30℃恒温锻炼组; C2: 40℃恒温锻炼组; C3: 50℃恒温锻炼组

上述结果表明，逐级抗高温处理后的B组真藓结皮抗高温能力较强，生长最优。因此，对藓类结皮进行抗高温锻炼，为人工培育藓类植物可以广泛应用在干旱半干旱区防风固沙和荒漠化治理中提供了技术支撑。本方法对人工培育藓类结皮进行高温－热蔫－室温－恢复的循环高温锻炼，人为地给予人工培养的藓类结皮以亚致死剂量的高温条件，对其进行抗高温锻炼，使得藓类植物通过一定时间抗逆锻炼后启动自身的抗性机制，提高了藓类植物抗高温能力，从而使人工培育的藓类结皮更好地适应沙区室外自然高温胁迫环境。这种锻炼方法具有操作简单、成本低、耗时短等特点，为人工培育藓类结皮在野外的大面积快速恢复实践提供技术支持，解决了人工培养藓类结皮材料难以适应沙区自然高温胁迫环境的难题。

6.2.3 人工培育藓类结皮抗旱锻炼

由于干旱半干旱区水分条件的限制，导致在野外环境下，具有很强的抗旱能力的藓类结皮依然发育缓慢。现有研究及技术主要集中在人工快速培育藓类结皮方面，关于人工培育藓类结皮的抗旱能力的研究还很少涉及。人工培养藓类结皮的抗旱能力的不确定性限制了其在野外的实施与应用。在室内条件通过人工培养的方式培养出盖度和密度较高、具有同自然生长藓类结皮一样能固定沙土表面的藓类结皮，并加强这类具有抗旱能力藓类结皮的野外的实施，是改善干旱半干旱区生态环境的重要途径。

针对现有人工培养藓类结皮在野外严酷生境中抗逆能力弱、生存能力差、无法适应从条件优越的实验室条件到野外胁迫生境中的巨大转变的特点，研究人员认为解决水分胁迫是干旱半干旱区藓类植物普遍面临的最主要的问题。

提高沙区人工培育藓类结皮野外抗旱能力包括以下步骤：选择发育良好的藓类植物，进行控水－干旱－复水－恢复的循环干旱锻炼。即首先对人工培育藓类植物供应充足的水分（100%饱和），待BSC表面变干后再施以60%饱和水量的水分，使BSC恢复正常生长，待BSC表面变干后再次施水，供给水量为饱和水量的20%，待BSC表面再次变干后即为一个循环。抗旱锻炼期间，培养条件固定为：25℃（昼）/17℃（夜）的温度、60%的空气湿度、400 ppm的二氧化碳浓度，以及12小时的光周期。

人工培育藓类控水－干旱－复水－恢复的循环干旱锻炼包括气态水处理和液态水处理两种方法。

一、抗旱锻炼方法的确定

气态水处理：1. 对照组（A）。每天加湿60分钟，其余时间正常培养（加湿功率250 mL·h^{-1}，加湿BSC面积500 cm^2，下同）。2. 逐级增强干旱锻炼组（B）。将样品放在有加湿器的透明罩中，第1天加湿60分钟，第2天加湿30分钟，第

3天加湿10分钟，其余时间正常培养。3. 间断干旱锻炼处理组（C1）。将样品放在有加湿器的透明罩中，每天加湿10分钟，其余时间正常培养。④间断干旱锻炼处理组（C2）。将样品放在有加湿器的透明罩中，每天加湿30分钟，其余时间正常培养。

液态水处理：用底部钻孔的器皿采集人工培育的真藓结皮，平均厚度约为10 mm。将装有试验材料的器皿放在大托盘中，通过控制大托盘里的供给水量来实现不同的水量供给。试验样品共有4个处理组：

1. 对照组（A）：每3天定时补给水，每次5 mm（饱和水量）；

2. 逐级增强干旱锻炼组（B）：第1天浇水5 mm，第4天浇3 mm（60%饱和水量），第7天浇1 mm（20%饱和水量）；

3. 间断干旱锻炼处理组（C1）：每3天浇水一次，每次1 mm；

4. 间断干旱锻炼处理组（C2）：每3天浇水一次，每次3 mm。

气态水处理与液态水处理均持续锻炼1、3、5次后，将各组经过干旱锻炼后的一部分样品自然干燥，测量生理指标（结果见图6-13至图6-15），另一部分样品揉碎后播种于野外扎设好的草方格内（样品面积:草方格面积=1 ∶ 10），开始的30天定期补给水分（两种处理，一组每天补给水分，另外一组每3天补给水分），30天后无人工水分施加，观察形成的藓类结皮的盖度变化（结果见图6-16至图6-17）。

适度的抗旱锻炼有助于提高人工培育藓类结皮的抗旱能力，过度的抗旱锻炼可能损伤藓类植物。实验结果表明，气态水处理和液态水处理对人工培育藓类结皮生长的影响相同，故以下关于结果的描述中不再区分气态水处理和液态水处理。经过3次抗旱锻炼后：

各组叶绿素含量均为B组>A组>C2组>C1组（图6-13），B组的叶绿素含量高于其他组，说明B组人工培育藓类结皮长势较好。

各组可溶性糖含量大小为B组>C2组>A组> C1组（图6-14），锻炼5次后

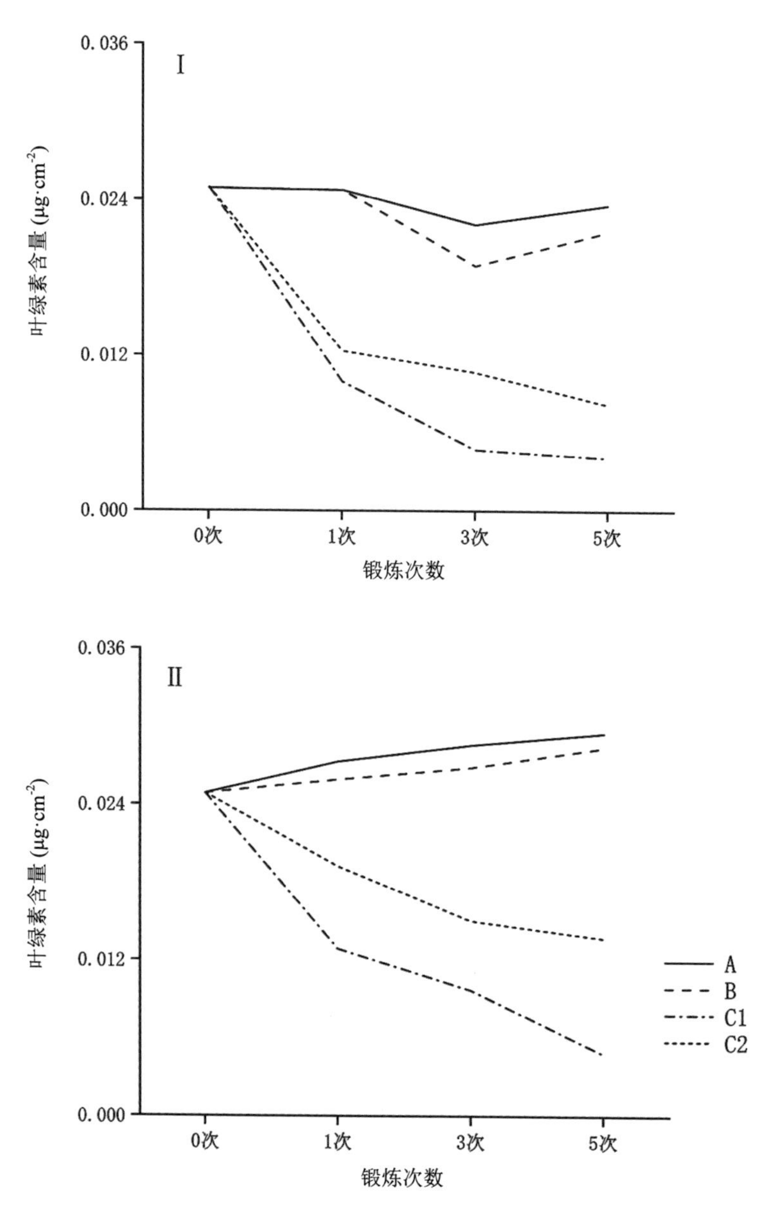

图6-13　不同抗旱锻炼方式对人工培育藓类结皮叶绿素含量的影响

Ⅰ：液态水处理；Ⅱ：气态水处理

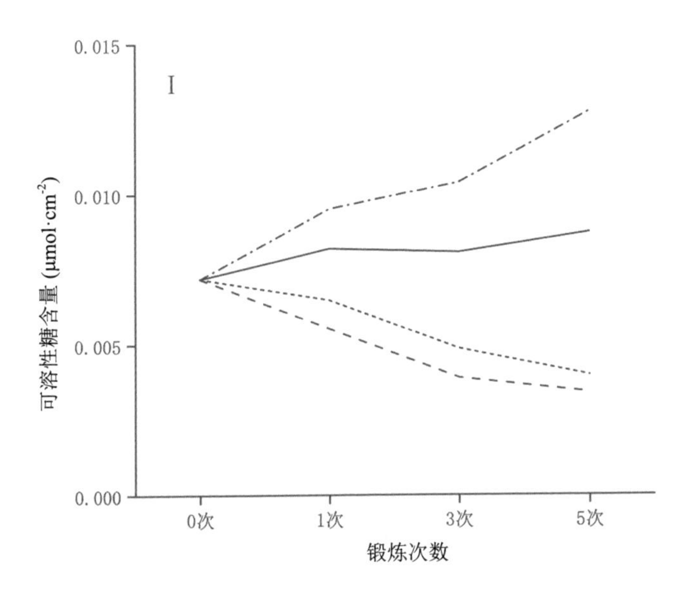

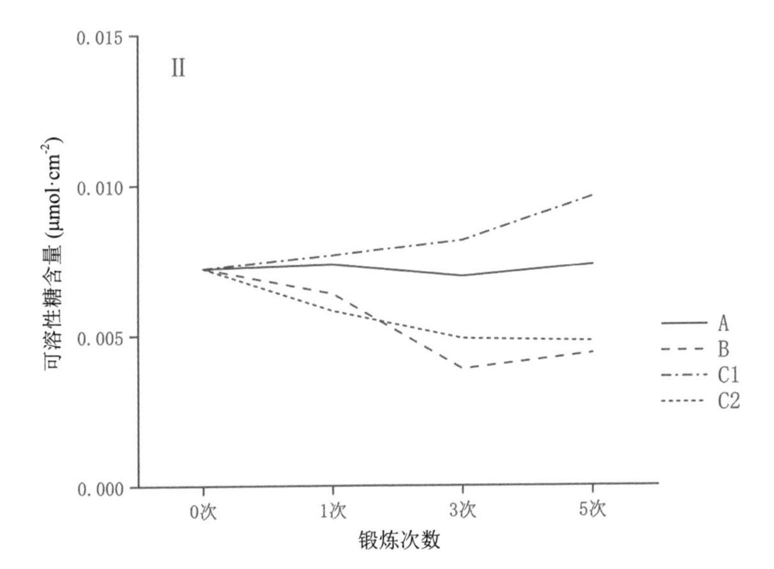

图6-14　不同抗旱锻炼方式对人工培育藓类结皮可溶性糖含量的影响

Ⅰ：液态水处理；Ⅱ：气态水处理

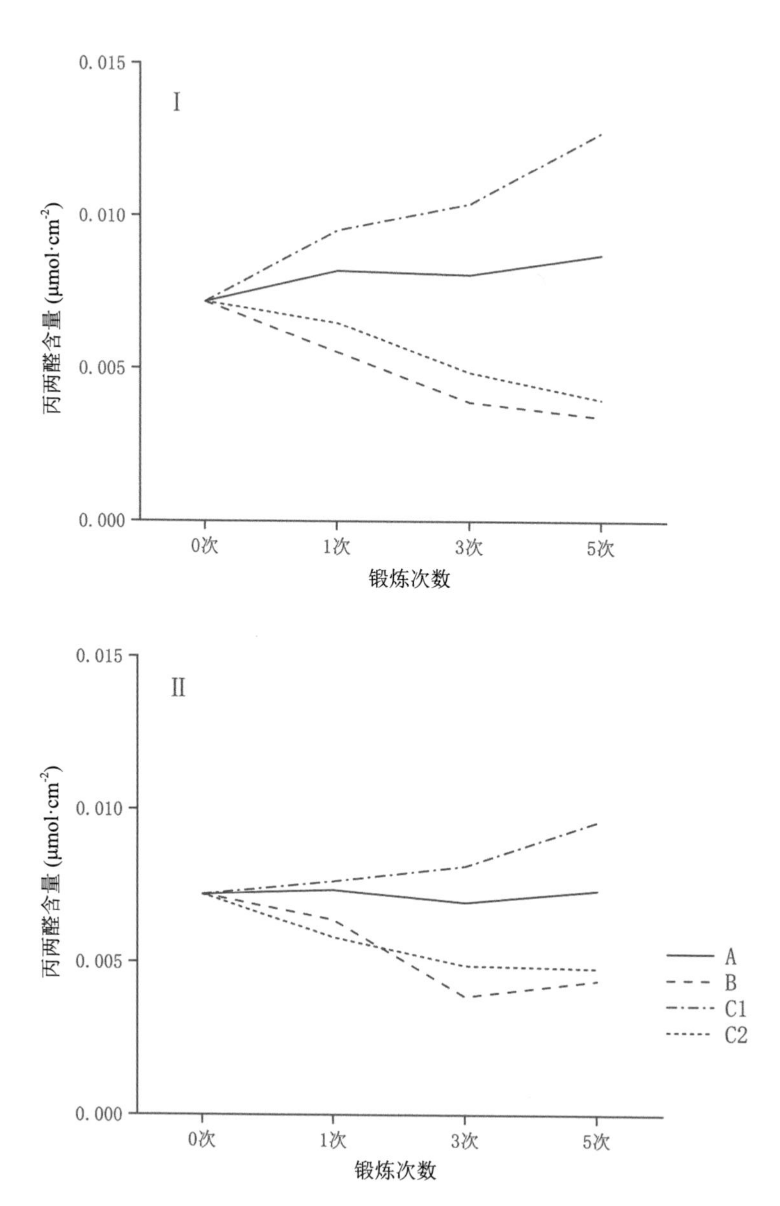

图6-15 不同抗旱锻炼方式对人工培育藓类结皮丙二醛含量的影响

Ⅰ：液态水处理；Ⅱ：气态水处理

人工培育藓类结皮的可溶性糖含量可达到4－8个月的野外真藓结皮可溶性糖含量均值（0.0422 $\mu mol \cdot cm^{-2}$）的60%以上，说明应用本抗旱锻炼方法提高了人工培育藓类结皮的抗旱能力。且B组的可溶性糖含量高于其他组，说明经过逐级抗旱锻炼的人工培育藓类结皮的抗旱性更强，逐级增强抗旱锻炼方法的效果最好。

各组丙二醛含量大小为B组< C2组< A组< C1组（图6–15），干旱胁迫下藓类结皮丙二醛含量随水分亏缺程度的加深而逐步增加，胁迫越严重，丙二醛含量越大。B组丙二醛含量低于其他组，说明逐级抗旱锻炼对人工培育藓类结皮的损伤最小。

野外播种结果表明，前30天每天施水的条件下（图6–16），各组盖度为A组>B组>C2组>C1组；停止水分供应后各组盖度为B组> C2组> C1组> A组。说明在水分充足的环境下，经过抗旱锻炼的人工培育藓类植物生长可能不如未经锻炼的藓类植物，但经过抗旱锻炼的藓类植物在野外环境下抗旱能力高，生存能力强，其中经过逐级增强抗旱锻炼的藓类植物抗旱性最好。当存在一定的水分胁迫，即前30天每3天施水的条件下（图6–17），各组盖度为B组> A组> C2组> C1组，停止水分供应后盖度为B组> C1组> C2组> A组，说明经过逐级增强抗旱锻炼的人工培育藓类结皮在野外环境下抗旱性高，生存力更强，效果最好。

综上所述，逐级抗旱锻炼具有更好的抗旱锻炼效果，气态水处理和液态水处理均能达到抗旱锻炼的目的。本方法确定了一种锻炼人工培育藓类结皮抗旱能力的最佳方式。众所周知，叶绿素含量能够反映藓类结皮的生物量和光合能力，丙二醛和可溶性糖含量间接反映藓类结皮的抗旱能力，盖度能够直接反映藓类结皮的生长状况。我们可以通过测定经受不同锻炼方式及不同锻炼次数的人工培育藓类结皮的叶绿素、丙二醛和可溶性糖含量，以及人工培育藓类结皮在野外环境下形成结皮的盖度，并通过人工措施改善藓类结皮的水分环境，进而优选出人工培育藓类结皮的最佳抗旱锻炼方法。人工培育的藓类结皮进行了抗旱锻炼，人为地给予植物以亚致死剂量的干旱条件，使植物经受一定时间的干旱锻炼，适应逆境，提高其抗干旱能力，并通过抗旱锻炼启动人工培育藓类植物自身的抗性机制，从而使其抗旱遗传特性在特定环境条件诱导下得以表现。该方法操作简单、成本低、耗时短，经过循环干旱锻炼的人工培育藓类结皮抗干旱能力显著，在生产应用中能够得到较好的推广。

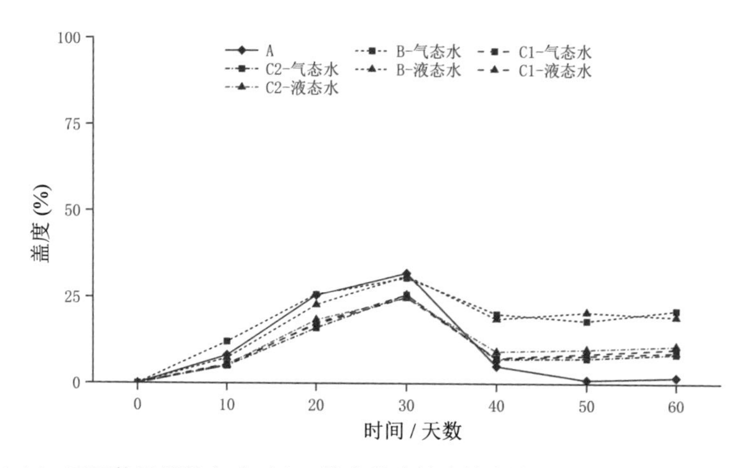

图6-16　不同抗旱锻炼方式对人工培育藓类结皮盖度的影响（前30天每天施水）

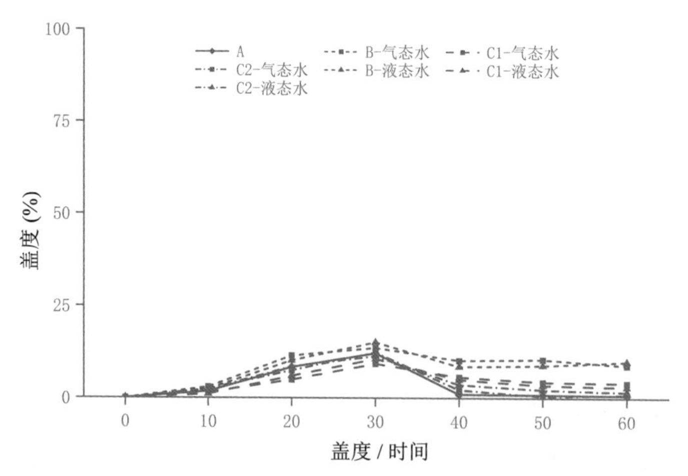

图6-17　不同抗旱锻炼方式对人工培育藓类结皮盖度的影响（前30天每3天施水）

6.3 人工BSC关键物种工厂化扩繁技术体系

规模化培养蓝藻是获得大量生物物质的唯一途径，但以往研究中关于蓝藻大量培养的容器体积相对较小，无法满足野外条件下大规模的人工BSC培育，因此亟须开展蓝藻规模化培养研究。藻类生长会受到水体扰动的影响，水体扰动能够通过增加悬浮物浓度影响水体光照条件，进而影响藻类的光合效率或电子传递速率（潘雯雯等，2020）。不同扰动方式和强度下藻类的敏感度和耐受能力不同（Sullivan et al., 2010）。藻类在不同的扰动过程中，其营养盐吸收速率也会表现出明显差异（张文慧，2017）。此外，较强的扰动条件会破坏藻细胞的结构、造成细胞的机械损伤、改变其生物量和沉降量（Xiao, Li, et al., 2016）。目前，水体扰动对蓝藻生长影响的已有研究主要集中于水生蓝藻，但是不同扰动时长下荒漠蓝藻生长会发生怎样的变化仍鲜见报道（王文超等，2019）。

我们使用具鞘微鞘藻、鱼腥藻、念珠藻、席藻、伪枝藻、单歧藻和爪哇伪枝藻属组成的混合蓝藻为研究对象，设置不同扰动时长并引入农业气象学中有效积温、累积光照强度和累积光合有效辐射来探究荒漠蓝藻的生长特征及其与扰动时长、温度、光照强度和光合有效辐射变化的关系，以确定规模化培养荒漠蓝藻的最佳条件，进而为人工BSC的推广提供丰富的藻种资源。

一、荒漠蓝藻培养过程中温度、光照强度、光合有效辐射的变化特征

三种扰动时长下荒漠蓝藻培养过程中温度、光照强度和光合有效辐射随时间逐渐下降。3小时、6小时和12小时扰动下，温度在第3天上升达到最大值，分别为21.83℃、21.73℃和21.77℃，随后逐渐降低。与6小时扰动相比，3小时扰动和12小时扰动下的光照强度和光合有效辐射分别随时间变化存在显著（$p < 0.05$）和极显著差异（$p < 0.001$）。6个蓝藻培养池在3周期中对应的有效积温、累积光照强度和累积光合有效辐射分别为80－185℃、90000－480000 Lux和715－9400 μmol·m^{-2}·s^{-1}（图6-18）。

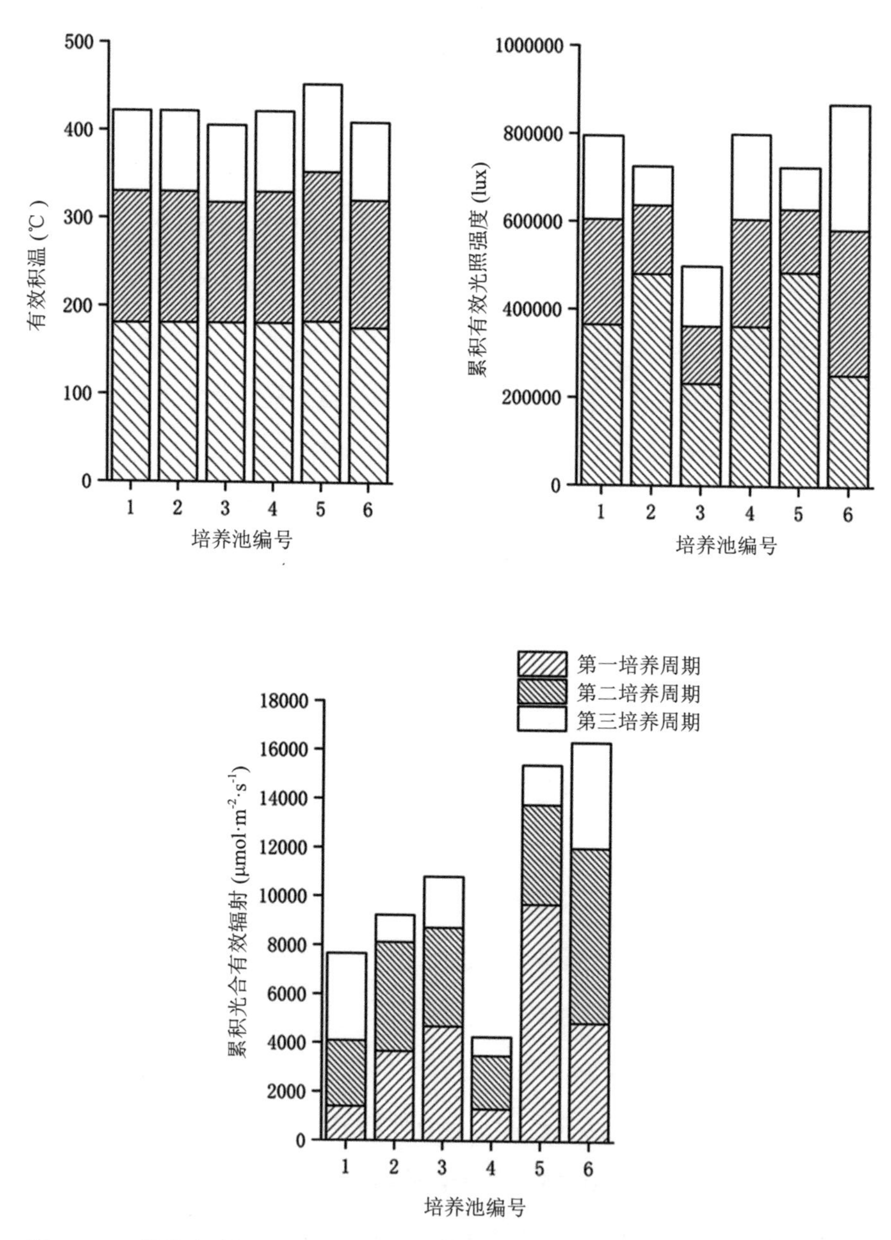

图6-18　3种扰动时长下水体温度、累积有效光照强度和累积光合有效辐射的变化

二、扰动时长对荒漠蓝藻日生长特征和总质量的影响

荒漠蓝藻在3种扰动时长下干重在0－2天迅速增加，在2－4天短暂下降后又在4－6天小幅度增加，之后趋于稳定。荒漠蓝藻的总质量随扰动时长的增加先增加后减小，在3小时、6小时和12小时扰动下每个培养池总质量分别为0.858 kg、0.940 kg和0.841 kg（图6–19）。

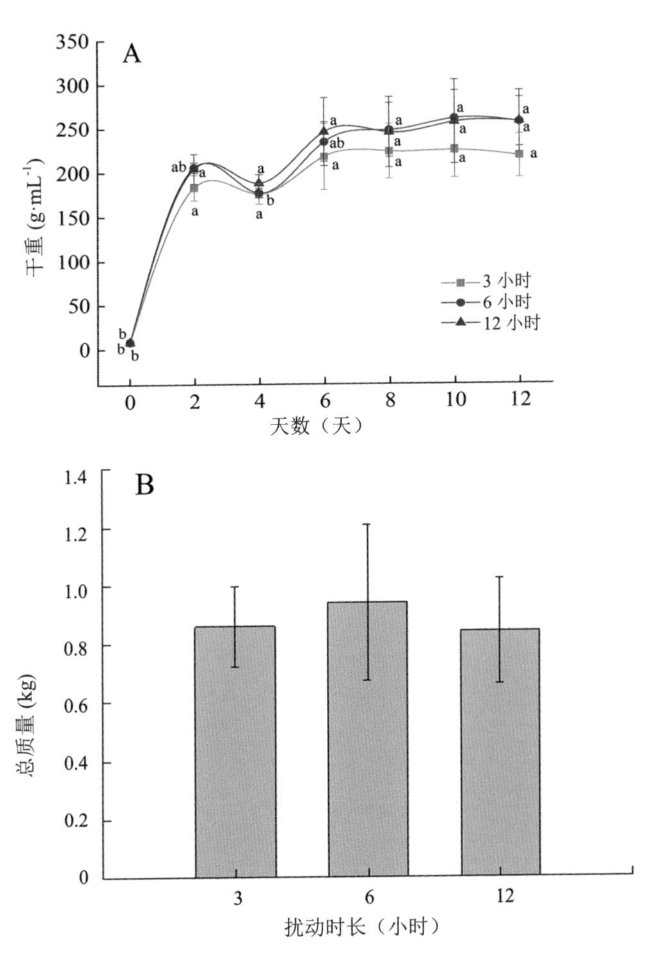

图6–19　在3种扰动时长下荒漠蓝藻日生长特征和总质量变化

三、荒漠蓝藻培养过程中pH和电导率变化特征

荒漠蓝藻在3种扰动时长下pH呈先下降后上升的趋势。在3小时扰动下，第4天时pH由9.08下降至8.82，然后逐渐升高至9.63。在整个培养周期，电导率均呈持续下降的趋势，在3小时扰动下电导率随时间变化存在极显著差异（图6-20）。

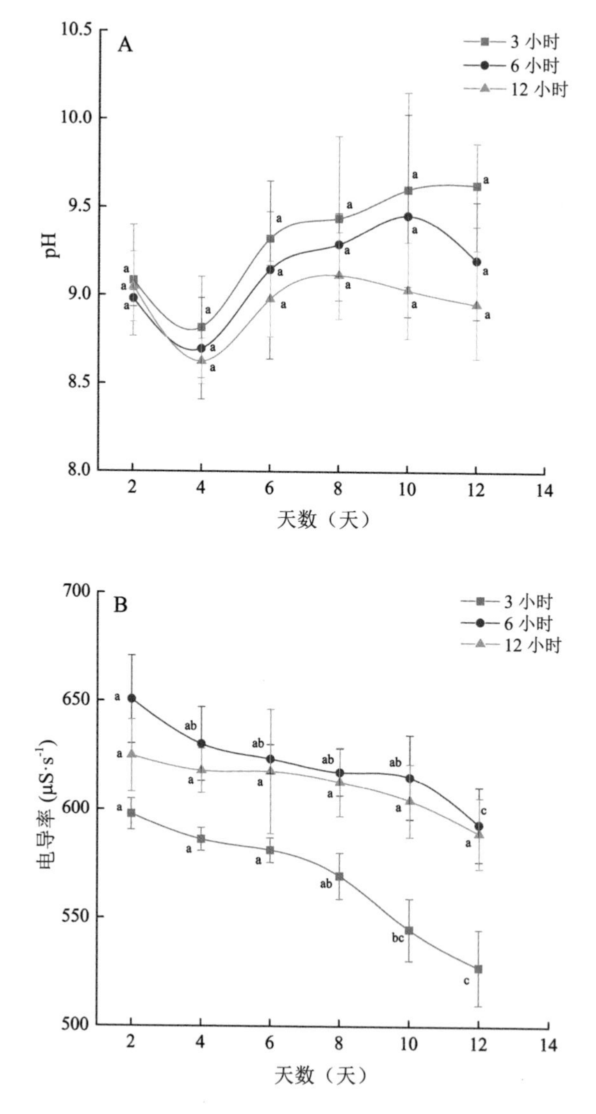

图6-20　在不同扰动时长下荒漠蓝藻pH和电导率变化

四、荒漠蓝藻生长特征与环境因子的相关特征

3小时扰动下荒漠蓝藻干重与日均温度、日均光照强度和日均光合有效辐射分别呈显著二项式相关、显著线性相关和显著线性相关（图6–21A－C）。6小时扰动下荒漠蓝藻干重与日均温度、日均光照强度和日均光合有效辐射均呈不相关。12小时扰动下荒漠蓝藻干重与日均温度、日均光照强度和日均光合有效辐射分别呈显著二项式相关、显著线性相关和不相关（图6–21G－I）。

在3小时、6小时和12小时扰动下荒漠蓝藻总质量与有效积温分别呈显著指数相关、显著指数相关和显著指数相关（图6–22A－C）。6小时扰动的总质量与电导率呈显著二项式相关（图6–22D）。

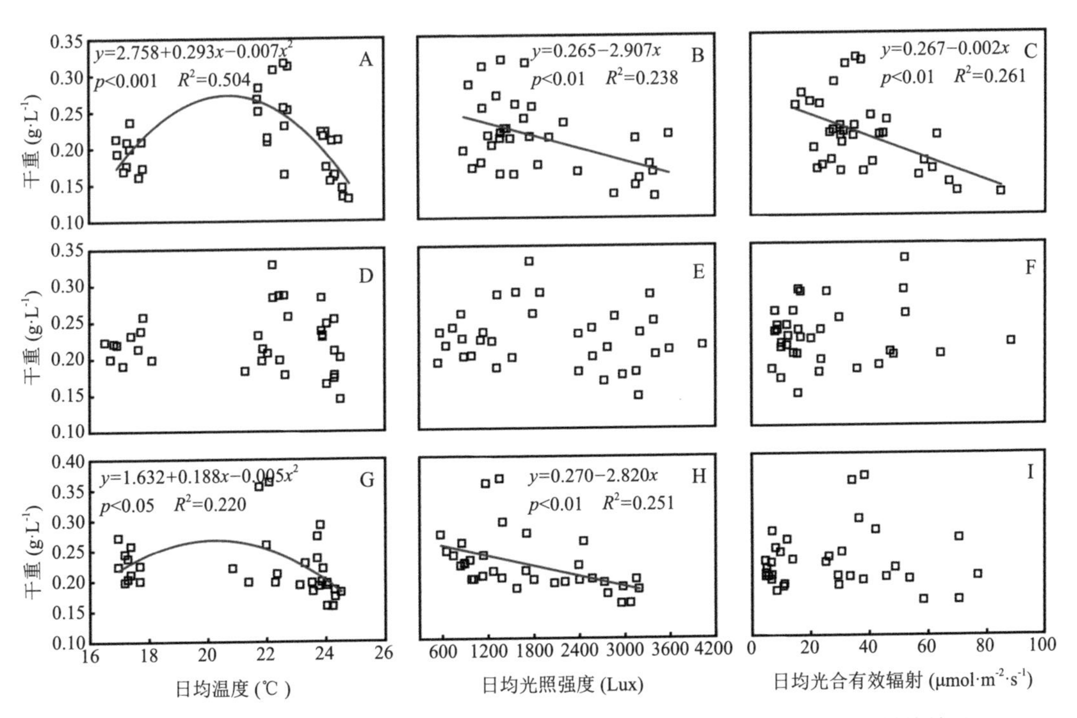

图6–21　3种扰动时长下荒漠蓝藻干重与前期均温、均光照强度和均光合有效辐射的关系

表6-6 3种扰动时长下荒漠蓝藻干重与前期均温、均光照强度和均光合有效辐射的逐步回归分析

干重	R^2	F	p
3 小时 / 天	0.261	11.301	0.002
12 小时 / 天	0.251	10.75	0.003

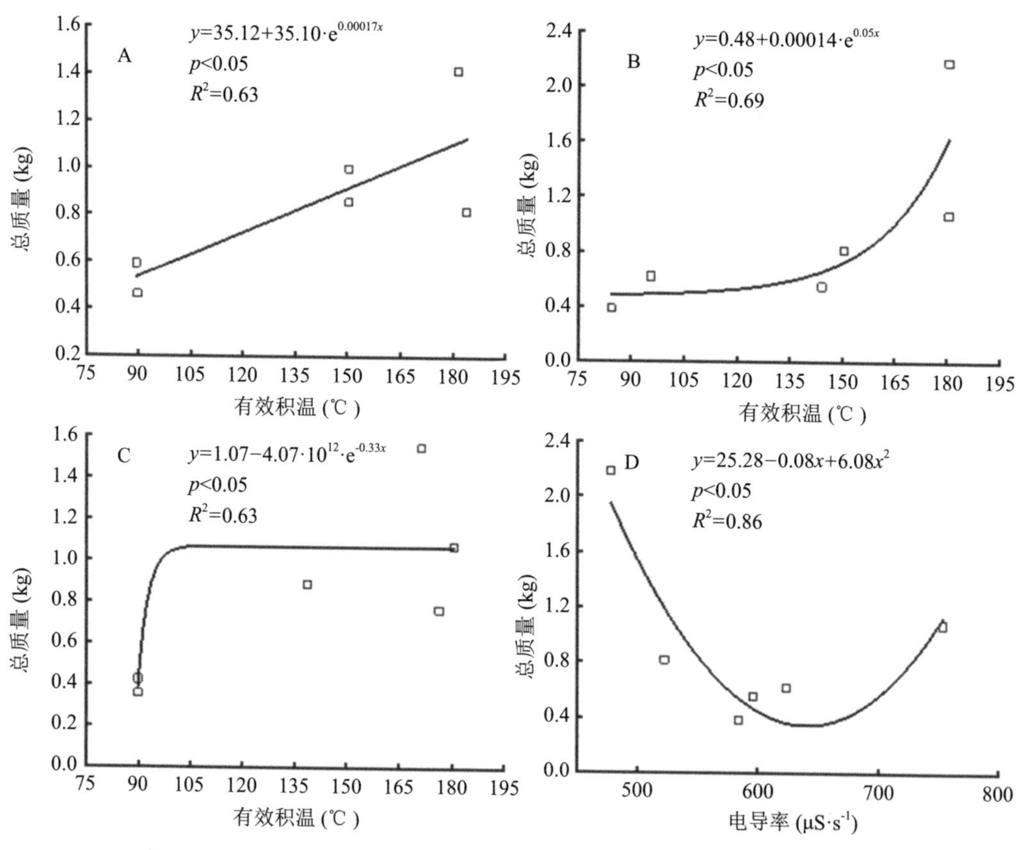

图6-22 3种扰动时长下荒漠蓝藻总质量与有效积温、电导率的相关关系

扰动能够影响水体中悬浮物浓度，改变水体的光照条件，促进氮、磷等营养盐的传递和转化速率，降低藻类的沉降损失，并最终决定藻类初级生产力（Li et al., 2017）。低扰动时长（3小时）下形成的长时间静水状态会使荒漠蓝藻更易大量沉积在底部或粘结在池壁上，降低其光合作用速率。这也可能是在3小时扰动时长下荒漠蓝藻在培养后期表现出生长滞后现象的原因。藻类进行光暗反应需要一个较为稳定的环境，而长期连续扰动（12小时）会使藻类和水体中其他浮游生物和颗粒物质悬浮并相互摩擦，难以聚集生长，形成的高浊度水还会显著降低入射光强和光合有效辐射，从而破坏藻类生长原有的稳定环境（任杰等, 2017）。此外，长时间（12小时）的水流冲刷作用在达到一定程度时还会对藻类产生机械剪切，直接损坏藻类细胞结构的完整性（Kinsman et al., 1991; 江林燕等, 2012）。低光合速率、环境的破坏以及机械损伤可能是本研究低扰动时长（3小时）和高扰动时长（12小时）下生物量低的重要原因。而中扰动时长（6小时）对水体扰动的适当减弱既可以为蓝藻的光合作用提供充足的二氧化碳又不会破坏藻细胞，还能使水体保持稳定的温度、光照强度和光合有效辐射，增大了水体环境的稳定性，有利于接入藻种的生长，从而获得高生物质量。

我们的研究结果显示，在三种扰动时长下水体的pH均升高至9左右，这可能由于蓝藻在生长过程中会消耗碳酸（赵秀侠等, 2018）。随着时间的推移，水体的电导率逐渐降低，可能由于藻种加入水体后，经过一段时间，藻种开始吸收、利用水体中的营养盐来进行自身的生长繁殖，从而使水体氮、磷等营养盐降低（赵秀侠等, 2018）。其中，3小时扰动时长下水体营养物质消耗剧烈，而6 小时时长扰动下营养盐消耗较为平缓，从而维持稳定的营养盐水平来保证藻细胞的充分生长和分裂。在6 小时时长扰动下，荒漠蓝藻生长末期水体的电导率范围在470－630 $\mu S \cdot s^{-1}$，其中在低电导率（470－500 $\mu S \cdot s^{-1}$）下对应的总质量较高，这表明荒漠蓝藻在此电导率范围水体中可以生长良好。

这与前人研究的盐胁迫会抑制荒漠蓝藻的生长，其生物量会随盐浓度的升高而下降的结论相似。

温度和光照强度会影响藻类的生长，高于或低于最佳温度和光照强度都会对蓝藻生长产生抑制作用，包括阻碍蛋白质的合成、降低光合作用生长速率、加快酶的失活以及阻碍细胞膜的渗透（雷亚萍等, 2017）。本研究结果显示，在3小时扰动时长和12 小时扰动时长下荒漠蓝藻的干重会受到温度、光照强度和光合有效辐射不同程度的制约，在这两种扰动时长下适中温度（22－23℃），低光照强度（500－1500 Lux）和低光合有效辐射（15－40 μmol · m^{-2} · s^{-1}）更有利于其生长。谢作明等（2008）表示，在温室条件下培养荒漠蓝藻时应采用遮阳网控制光照强度，并将温度保持在30℃以下。总体来讲，在3小时扰动时长和12小时扰动时长培养荒漠蓝藻应控制温度和保持低光照条件，而在6小时扰动时长下荒漠蓝藻在生长过程中不受温度和光照条件的控制，受环境因素影响小，因此6小时扰动时长为宜。

蓝藻的生长发育是一个热量的累积过程（奇尚红等, 2007）。对荒漠蓝藻总质量与有效积温的研究发现，荒漠蓝藻总质量与有效积温呈显著正相关，较低的积温对蓝藻生长发育有抑制作用。在9－10月，温室条件下荒漠蓝藻完成其生长发育所需有效积温约80－185℃，蓝藻总质量的增长速率随积温的增加逐渐增加，快速增长转折点对应的有效积温为145℃，在有效积温为180℃时，其生物量达到最大值。朱广伟等（2018）在分析2005－2017年5至7月太湖北部水体蓝藻叶绿素a浓度的影响因素时发现，积温在调节太湖叶绿素a浓度年际变化过程中发挥正向主导作用。谢小萍等（2016）试验发现在太湖蓝藻复苏期，水中的叶绿素a浓度随着有效积温的变化而变化，有效积温越高，水体中蓝藻生物量越高。关于蓝藻生长与积温之间的关系也有不同的结果，北方内陆寒冷地区碱性水体中大量蓝藻的形成相比于热带和亚热带地区需要的有效积温较低，蓝藻暴发与有效积温呈负相关（潘翰等, 2017）。范裕祥等（2015）通过对巢湖蓝藻暴发期间气象观测资料的分析表明，蓝藻发生面积与前5天积温呈高度显著的线性负相关，持续的高温对蓝藻积聚有明显的抑制作用，5天积温165℃可作为蓝藻积聚的积温上限。

综上所述，在3种扰动时长下荒漠蓝藻的生长呈现出骤然增长，然后维持在稳定期。其中，3小时扰动时长下荒漠蓝藻在培养后期生长出现延滞现象。荒漠蓝藻的生物量在6小时扰动时长下的总质量最高，为每个培养池0.940 kg。日均温度、日均光照强度、日均光合有效辐射和有效积温显著影响荒漠蓝藻的生长和产量。根据荒漠蓝藻总产量、生长过程和耗能等多方面综合考虑，荒漠蓝藻规模化培养的最佳扰动时长为6小时。积温对荒漠蓝藻大量生长发挥关键作用，建议在荒漠蓝藻生长过程中，有效积温应不低于145℃。

6.4　新材料、新技术在人工BSC形成中的应用

6.4.1　纳米复合材料在人工蓝藻结皮形成中的作用

自人工合成高分子聚合物得到迅速发展后，化学固沙作为一种固沙措施便广泛应用在防沙治沙及生态修复领域。常见的化学固沙剂有沥青乳液固沙剂、油－乳胶固沙剂、合成树脂固沙剂、油页岩矿液固沙剂、高分子聚合物固沙剂等。利用上述化学固沙材料及其相关制剂的化学固沙方法在使用后，虽使流沙表面快速固定，但阻隔了沙粒的通透性，导致沙丘固定面完全硬化且无法栽种植物，不满足土地利用的生态安全性；另外，常见化学固沙剂不具备生物安全性，长期使用会影响荒漠区维管束和隐花植物的定居，并对以植物为食的沙漠常见动物和昆虫产生影响，不利于脆弱的荒漠生态系统的长期恢复和稳定。而纳米复合材料的固沙剂具有很强土壤颗粒粘结能力和保水性，又可以作为蓝藻

的载体，并且绿色、环保。鉴于此，我们尝试了应用纳米复合材料培养人工蓝藻结皮。

一、实验室条件下网络结构纳米复合材料SXA和蓝藻藻液（ACW）对BSC形成的影响

在喷洒蓝藻藻液后，在沙子表面发现绿色BSC，BSC盖度随时间从100%（0天）下降到25%（12天）。用ACW–SXA处理时，第12天在沙子表面形成BSC的盖度为45%。相反，对于未处理的沙子和经网络结构纳米复合材料（SXA，由聚丙烯酸钠、黄原胶和凹凸棒石制备）处理过的沙子，在表面上未发现BSC。这些结果表明，ACW中的水体蓝藻可以在沙面中生存而形成BSC，而SXA可以有效地促进水体蓝藻的生长和BSC的形成。

水是沙子表面形成BSC的关键因素（Swenson et al., 2018）。ACW处理，第12天时的水分较沙子高，因为在沙子表面形成BSC有利于保持沙子中的水分（Rossi et al., 2012）。同时由于具有纳米网络结构和丰富的亲水基团，SXA还可以在一定程度上提高沙子的保水能力。因此，与单独使用ACW相比，ACW–SXA处理更有利于BSC发育。

对ACW、ACW–SXA和ACW–SXA–沙的形态进行观察。ACW具有直径约为4 μm的球形形态；当ACW与SXA混合时，SXA分布在水体蓝藻表面，通过网格效应导致水体蓝藻聚集（Zhou et al., 2017）。因此，SXA可以帮助水体蓝藻聚集体粘附到沙粒表面，有效地提高BSC在沙子表面的粘附性能（图6–23）。

二、实验室条件下网络结构的纳米复合材料MC和ACW对BSC的影响

在实验室中研究了网络结构的纳米复合材料MC由金属有机骨架和羧甲基纤维素制备）和ACW对沙表面BSC形成的影响。如图6–24所示，喷洒ACW后，BSC盖度随时间从100%下降到25%（第12天）；ACW–MC处理下，第12天BSC盖度达到45%。在第12 天，对照组和经MC处理的沙子表面没有BSC

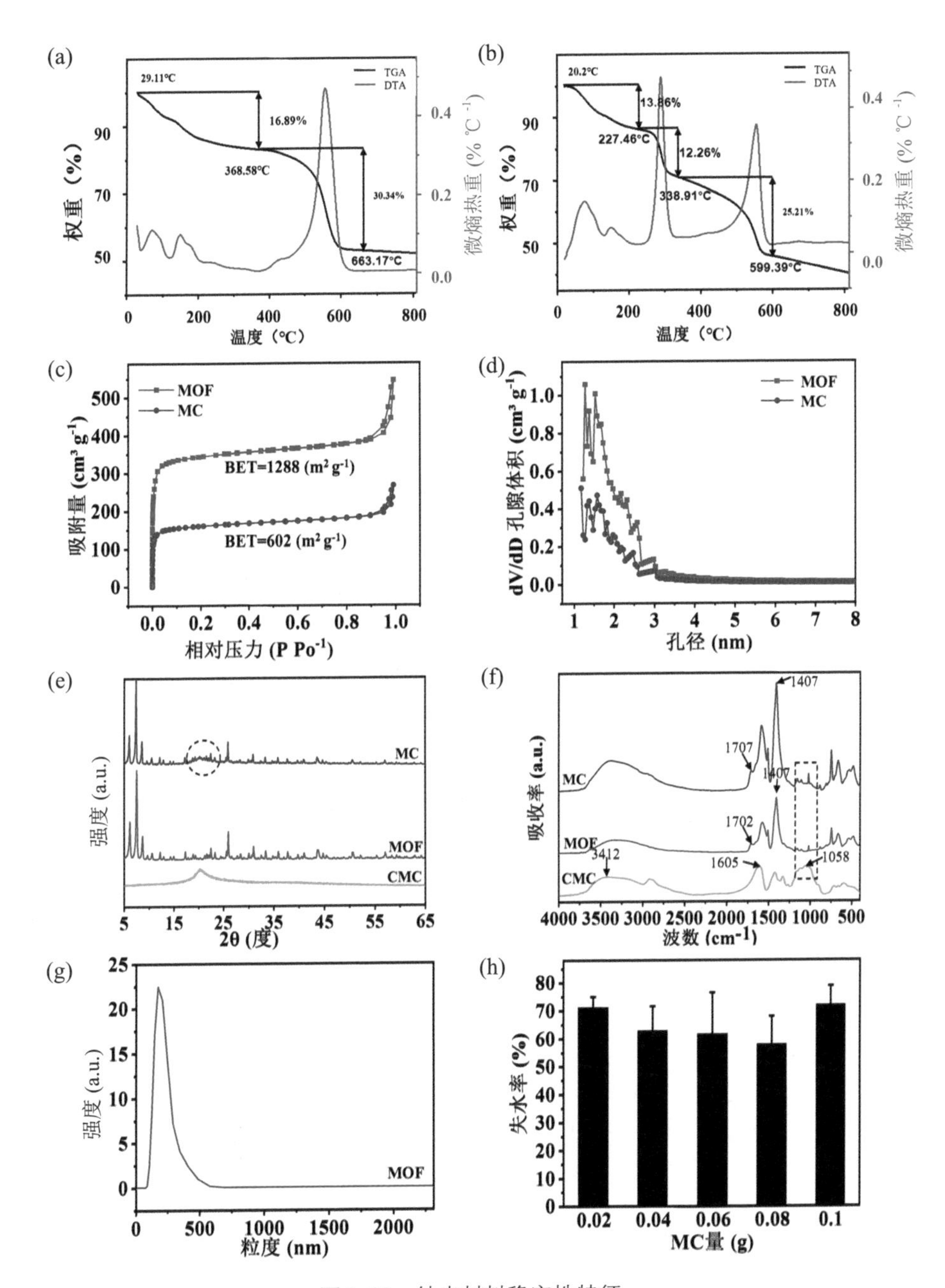

图6–23　纳米材料稳定性特征

（a）MOF；（b）MC的TGA曲线；（c）N 2吸附一解吸等温线；（d）孔径分布；（e）XRD模式；（f）FTIR光谱；（g）MOF的粒度分布；（h）具有不同MC量的沙子（100 g）的失水率

形成。ACW和沙粒松散地结合在一起，形成许多微间隙。而ACW-MC-沙粒与许多球形AC（如箭头Ⅰ所示）和材料（如箭头Ⅱ所示）在表面和间隙中紧密结合在一起（图6-24C）。这些结果表明，MC可以帮助沙粒聚集并促进AC与沙粒表面的附着。

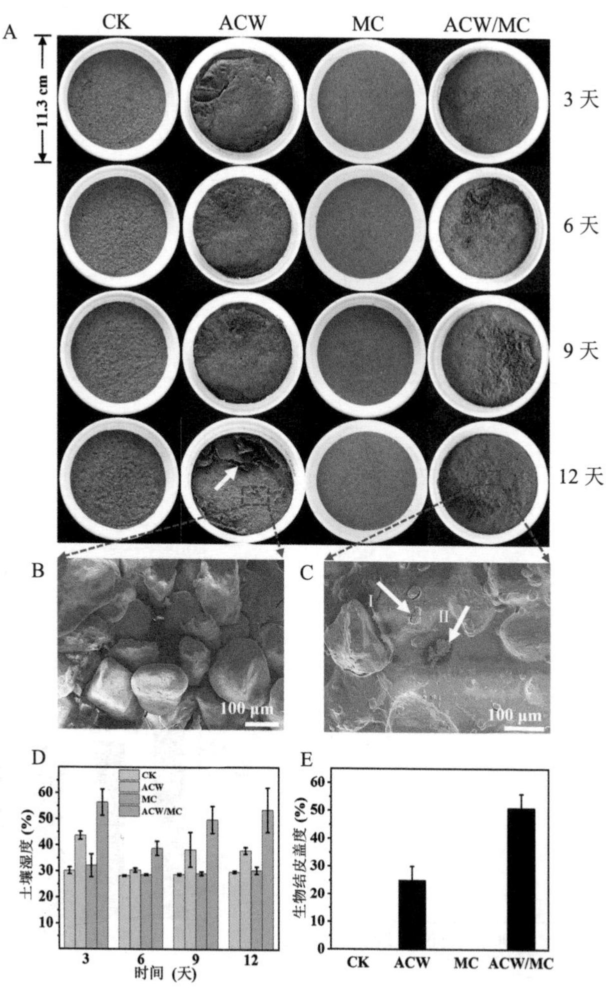

图6-24 培养12天时不同培养条件下BSC数码照片及属性

三、野外条件下纳米材料对BSC形成的影响

如图6-25A所示，单独的沙子（CK）颜色没有明显变化。SEM图像表明，在沙子表面或沙子颗粒之间没有蓝藻和小颗粒出现，说明在沙子表面上没有形成BSC。将ACW喷在沙子表面15天后，沙子表面由绿色变为灰褐色。在雨天（第17天）沙子表面出现了一些绿色，这可能是由于蓝藻的出现。在第30天，沙子表面出现了一些纤维状（如箭头Ⅰ所示）蓝藻和球形蓝藻。在第210天，更多的纤维状蓝藻和一些小颗粒（箭头Ⅲ所示）出现在沙子表面或沙子颗粒之间，而在210天期间，总降水量仅为24.8 mm。这些结果表明，与仅含沙子相比，ACW促进了荒漠蓝藻的生长和BSC的形成，并且所得BSC具有长期稳定性。

经过SXA处理后，即使在雨天（第17天），沙子的颜色也没有明显变化。此外，SEM图像表明，没有明显的藻类，但是在沙面发现了SXA。该结果表明经SXA处理的沙表面上没有形成明显的BSC。有趣的是，在第210天，经过SXA处理的沙表面出现了一些荒漠蓝藻和小颗粒（如箭头Ⅳ所示）。重要的是，在第210天，SXA仍保留在沙粒中。

为了进一步研究MC和ACW在BSC的形成，我们进行了野外试验。在图6-26A－D中，CK处理在30天内没有明显变化。图6-26Ea中的SEM图像表明，在沙粒的间隙之间或沙粒表面上没有出现蓝藻，并且沙粒是单独分布的。这些结果表明在沙子表面上没有形成BSC。在第30天，一些纤维状的蓝藻（图6-26Eb中的箭头Ⅰ所示）出现在沙子颗粒之间，并将沙子颗粒粘结在一起。这些结果表明，与单独的沙子相比，ACW促进了荒漠蓝藻的生长和BSC的形成，因此可以在一定程度上固定沙粒。在雨天（第11天），经MC处理的沙色没有明显变化。SEM图像显示没有观察到明显的蓝藻，但是在沙表面和沙颗粒之间的间隙中发现了MC（图6-26Ec中的箭头Ⅱ和Ⅲ所示）。这些结果表明，在MC处理过的沙子表面上没有形成明显的BSC，而用ACW/MC处理过的沙子，在

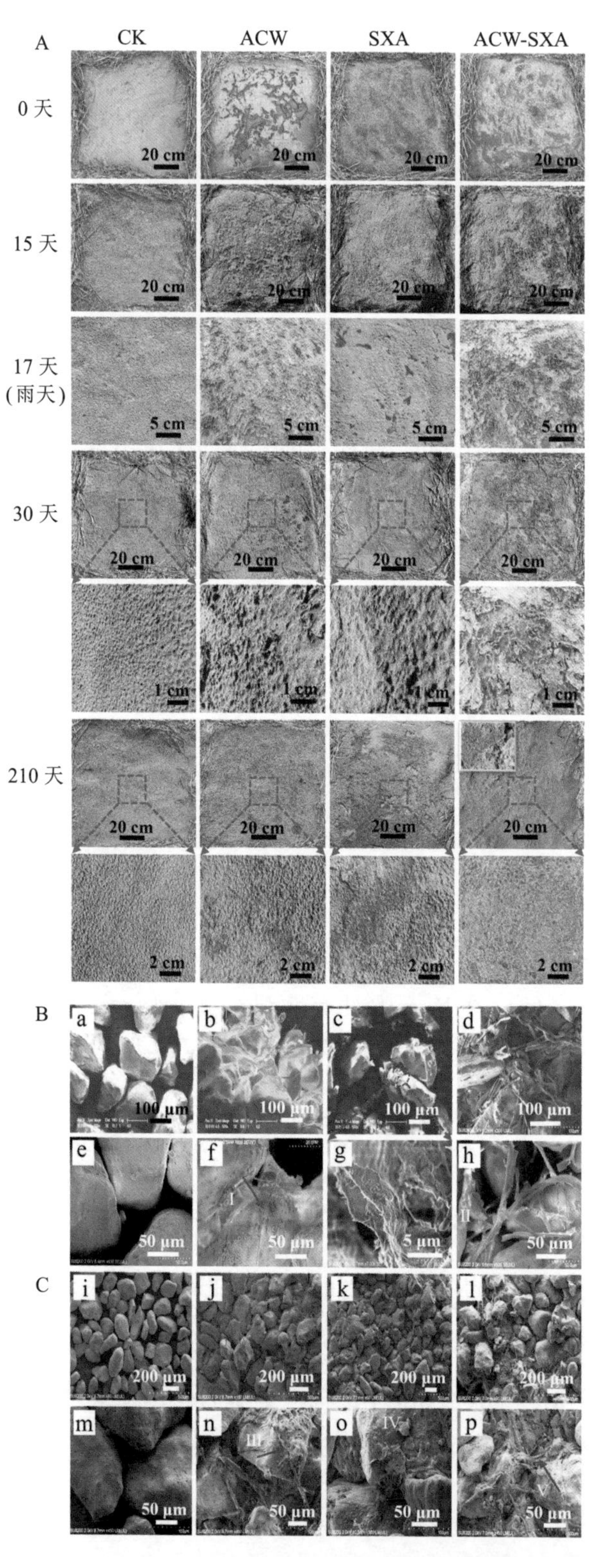

图6-25　培养210天时不同处理条件下BSC数码照片和SEM图像

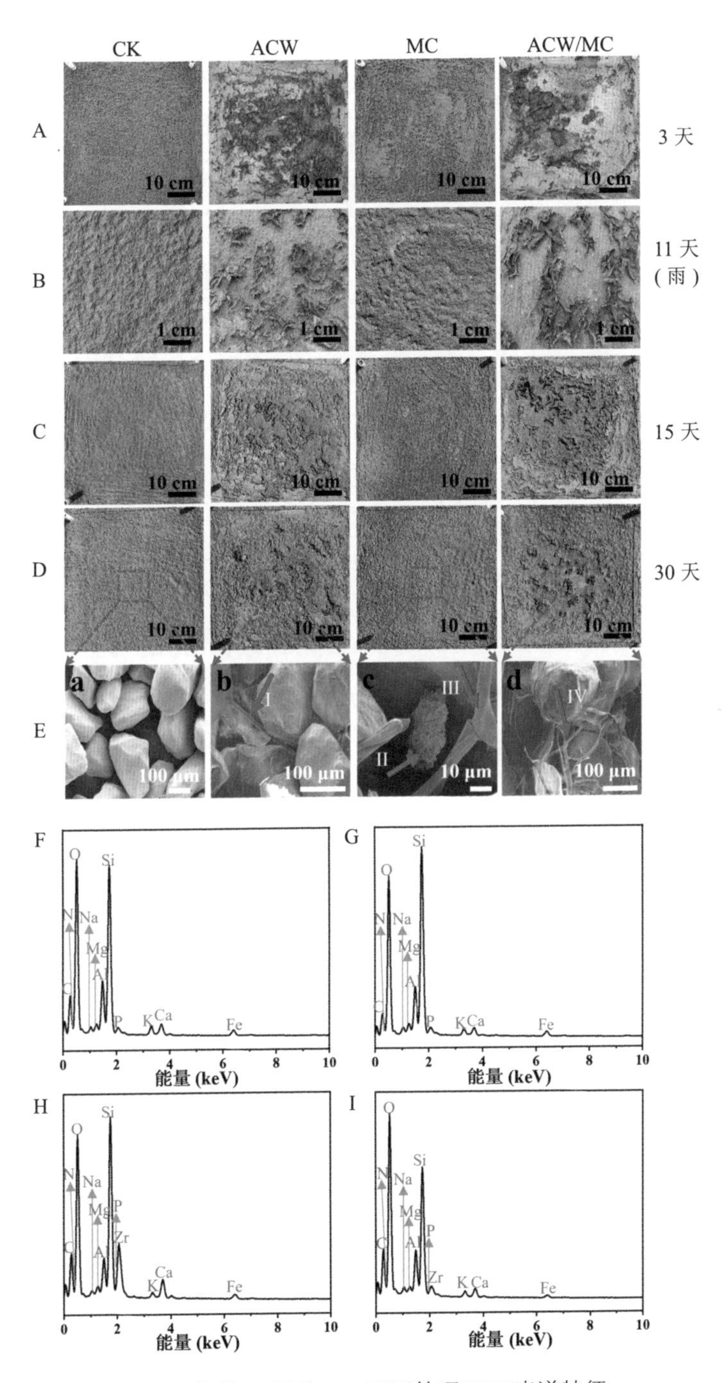

图6-26 培养30天后BSC不同处理EDX光谱特征

降水后出现了绿色AC。值得注意的是，许多纤维状蓝藻（图6–26Ed中的箭头Ⅳ所示）出现在沙子表面以及沙子颗粒之间的缝隙中，这有利于沙子颗粒彼此结合。这些结果表明，ACW和MC的组合可以通过协同作用有效地促进沙漠环境中蓝藻的生长和BSC的形成。

如图6–27A所示，不同处理的平均土壤含水量（30天内）显示为：

CK <ACW <MC <ACW / MC

该结果表明ACW和MC具有一定程度的保水能力。图6–27B中，经ACW/MC处理的BSC厚度（1.78 mm）明显大于经ACW处理的BSC（1.05 mm）厚度，表明ACW/MC处理的BSC的生长要好于经ACW处理的BSC。这些结果表明MC能有效地促进BSC形成。

ACW/MC处理组的叶绿素a含量最高，ACW处理较MC处理组叶绿素a含量高。ACW和ACW/MC处理组叶绿素a含量在最初的12天内都有所下降；随后，从第12天到第30天，ACW和ACW/MC处理组叶绿素a含量增加。经过ACW和ACW/MC处理过的沙子的LB–EPS含量高于MC处理和对照，这归因于在前两种沙子表面上形成了BSC。其中，ACW–SXA处理过的沙子比ACW处理过的沙子具有更高的EPS含量，较高的EPS量可以促进沙粒的聚集、蓝藻的生长和沙粒的固定。TB–EPS、G–EPS和总碳水化合物含量与LB–EPS呈相似的趋势（图6–27）。

ACW和ACW/MC处理组的有机质和总碳含量高于MC处理和对照。ACW/MC处理组的沙土的有机质和总碳含量高于ACW处理组。ACW和ACW/MC处理组的总氮、有效氮、总磷和有效磷含量高于MC处理组和对照组。MC处理组的土壤养分比对照组养分含量高，这可能是由MC的保水作用所致。这些结果表明，ACW/MC可以有效地增加沙子中的养分并有利于BSC的形成（图6–28）。

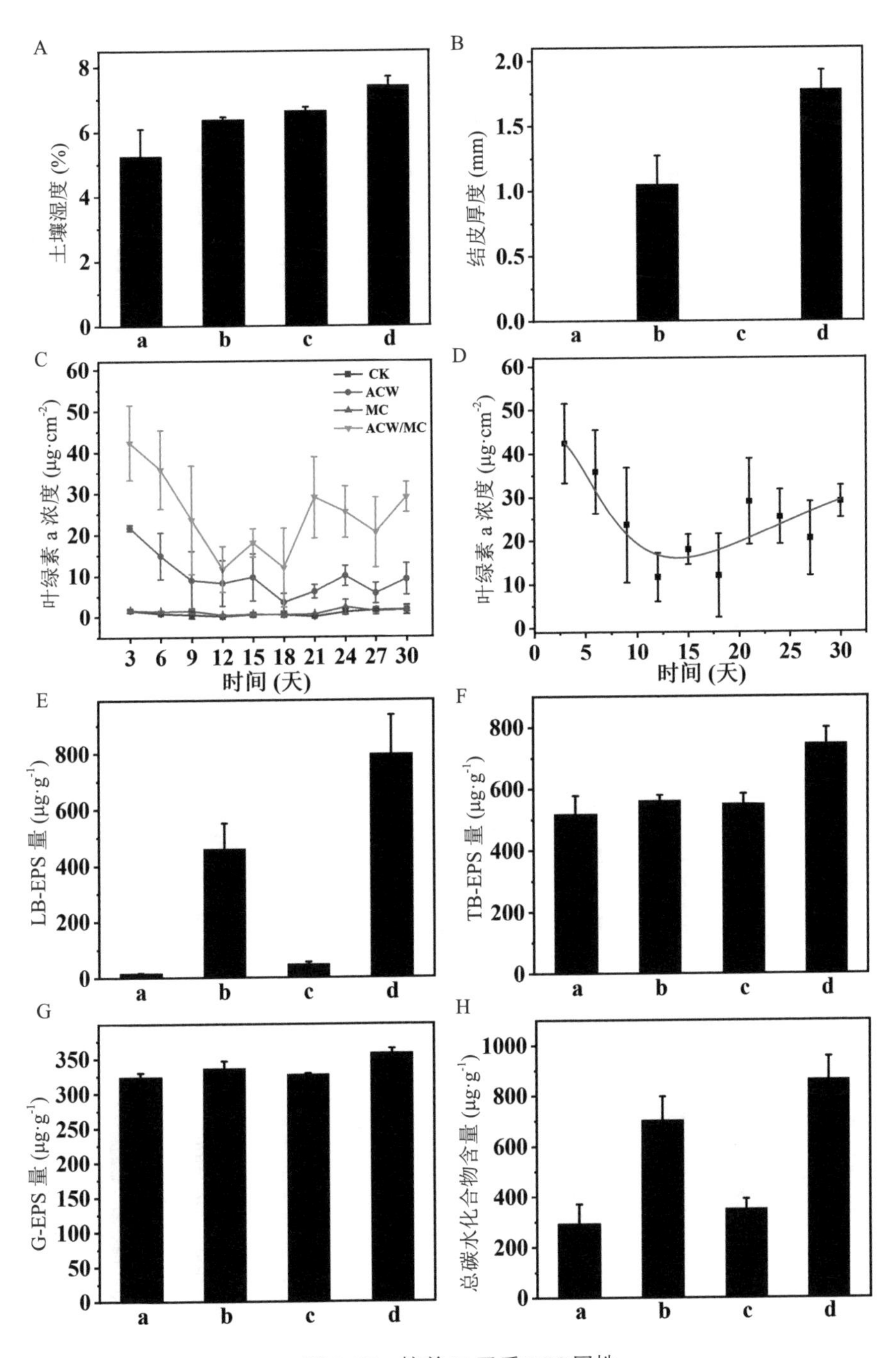

图6–27 培养30天后BSC属性

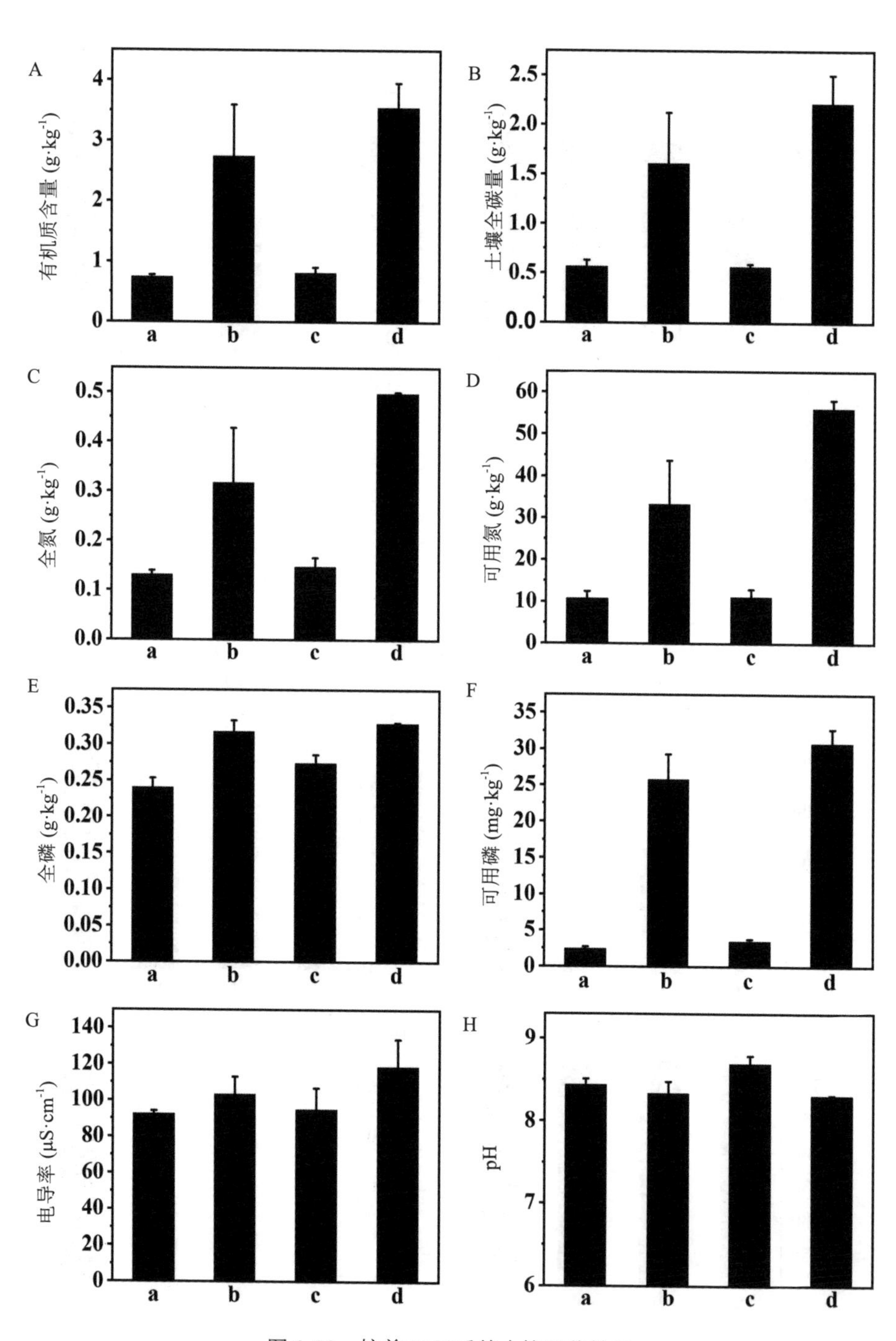

图6–28　培养30天后的土壤理化性质

综上所述，实验室和野外条件下纳米复合材料的使用有效地促进蓝藻结皮的拓殖和发育。然而，纳米材料结合人工蓝藻结皮的固沙方法与技术是否可以在大规模治沙实践中应用，需要进行更深入的研究。

6.4.2 特基拉芽孢杆菌CGMCC 17603：一种新型固沙剂

细菌群落中的芽孢杆菌在BSC早期演替阶段具有不可替代的地位（Liu et al., 2017a; Liu et al., 2017b）。芽孢杆菌是革兰氏阳性菌，可以在极端环境（如干旱）中生存，而这些极端环境对其生存力没有任何有害影响，并且可以迅速、完全的发芽（Nicholson et al., 2000）。芽孢杆菌在增强土壤和沉积物的凝聚力，确保水分供应，防止生物和非生物胁迫以及通过产生黏度相对较高的EPS促进植物和微生物生长而抵抗侵蚀方面发挥着特别重要的作用（Acea et al., 2003; Flemming et al., 2007; Ghaly et al., 2007）。枯草芽孢杆菌（Razack et al., 2013）、嗜热芽孢杆菌（Manca et al., 1996）、凝结芽孢杆菌和坚固芽孢杆菌（Szumigaj et al., 2008）等是EPS生产中最常用的功能菌株。因此，应用产生EPS的芽孢杆菌属可能是控制干旱半干旱沙漠中风沙侵蚀的一种有前景的方法。

一、芽孢杆菌菌株的分离和筛选

我们从BSC样品中分离出34种芽孢杆菌。由于它们的表型相似，一些芽孢杆菌属菌株被忽略，因此我们将所选芽孢杆菌属菌株的数量减少到17个，其中共有10个菌株（命名为芽孢杆菌属B1、B2、B3、B4、B5、B6、B7、B8、B10和B12）表现出较强的EPS生产能力（图6–29）。由于B6具有最高的EPS生产能力（$p < 0.05$; 图6–29），我们选择其作为芽孢杆菌菌株进行后续实验。此外，分子鉴定显示，B6和特基拉芽孢杆菌52–LR1–2（GenBank数据库登录号：MF077125.1）形成了一个自展值为99%的进化枝，并且B6与枯草芽孢杆菌YH10–11，AU021和ZH49密切相关（图6–30）。因此，B6被鉴定为特基拉

芽孢杆菌，并已在中国通用微生物培养物收集中心（CGMCC）中保存，保存编号为CGMCC 17603。

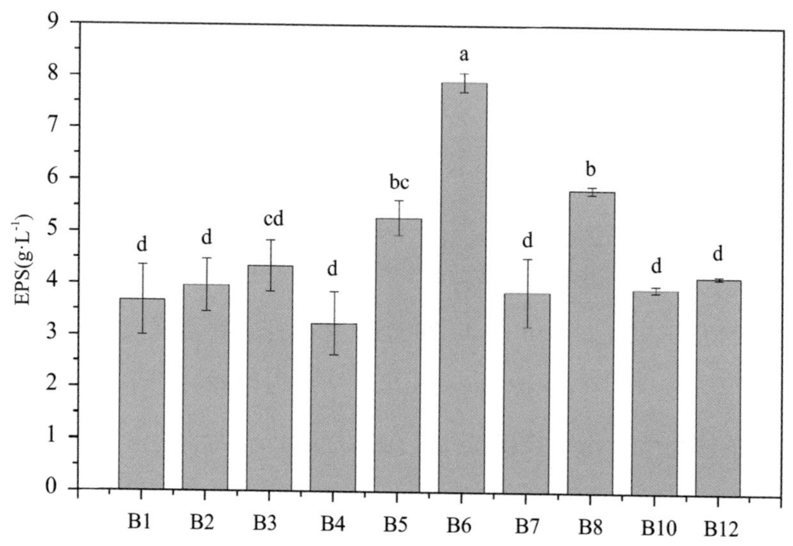

图6–29　分离的芽孢杆菌菌株EPS产生量，不同的字母代表菌株之间的显著差异（p<0.05）

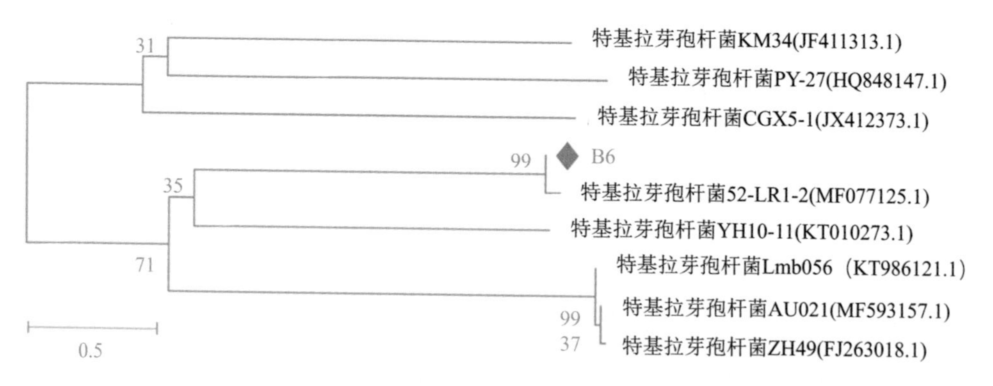

图6–30　基于芽孢杆菌属的16S rRNA基因序列的邻近连接系统树

二、特基拉芽孢杆菌的高密度培养

在生产过程中，高生物产量和低成本是在固沙领域实现特基拉芽孢杆菌推广应用的关键。培养条件和培养基组成是影响特基拉芽孢杆菌生产的重要因素。据此，我们对其培养环境进行了优化。如图6–31所示，特基拉芽孢杆菌的生物量在温度31℃、pH 8.5、搅拌速度230 rpm和接种量3%时达到峰值。此外，特基拉芽孢杆菌的最佳碳源、氮源和无机盐种类及浓度分别为葡萄糖（25 $g \cdot L^{-1}$）、酵母提取物（15 $g \cdot L^{-1}$）和$MgSO_4 \cdot 7H_2O$（5 $g \cdot L^{-1}$）(图6–32)。工业级葡萄糖和酵母提取物价格便宜，因此可以满足我们对培养基的低成本要求。如表6–7所示，当培养基组成为葡萄糖（25 $g \cdot L^{-1}$）、酵母提取物（15 $g \cdot L^{-1}$）和$MgSO_4 \cdot 7H_2O$（5 $g \cdot L^{-1}$）时，生物量可达2.340×10^9 $CFU \cdot mL^{-1}$。同时，当以

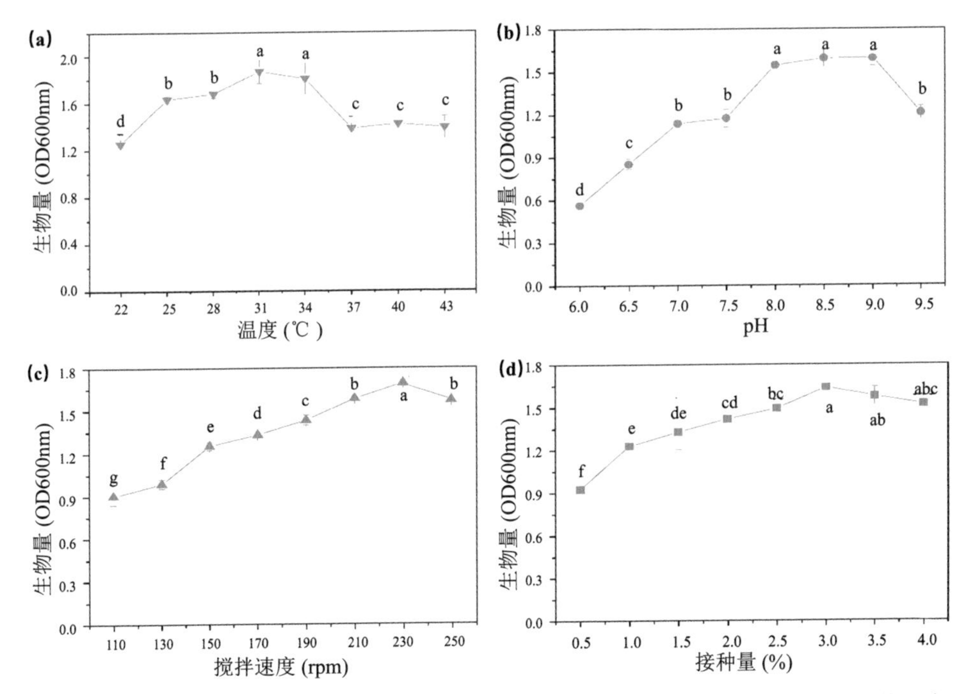

图6–31　温度（a）、pH（b）、搅拌速度（c）和接种量（d）对特基拉芽孢杆菌的生物量产量的影响

葡萄糖（30 g·L^{-1}）或酵母提取物（10 g·L^{-1}）和$MgSO_4·7H_2O$（5 g·L^{-1}）的组合物进行培养基培养时，生物量最低（1.875 × 10^9 CFU·mL^{-1}）(表6-8)。

表6-7 用于效应面法（BBD）设计的自变量和级别

独立变量	记号	级别		
		-1	0	+1
葡萄糖	A	20	25	30
酵母提取物	B	10	15	20
$MgSO_4·7H_2O$	C	3	5	7

表6-8 三个独立变量的BBD矩阵及其相应的实验观察到的影响

序号	A	B	C	生物量（× 10^9 CFU·mL^{-1}）
1	20	10	5	2.080
2	30	10	5	1.875
3	20	20	5	2.180
4	30	20	5	1.956
5	20	15	3	2.140
6	30	15	3	1.897
7	20	15	7	2.200
8	30	15	7	2.010
9	25	10	3	1.998
10	25	20	3	2.107
11	25	10	7	2.110
12	25	20	7	2.212
13	25	15	5	2.326
14	25	15	5	2.314
15	25	15	5	2.323
16	25	15	5	2.323
17	25	15	5	2.340

注：A:葡萄糖；B:酵母提取物；C: $MgSO_4·7H_2O$。

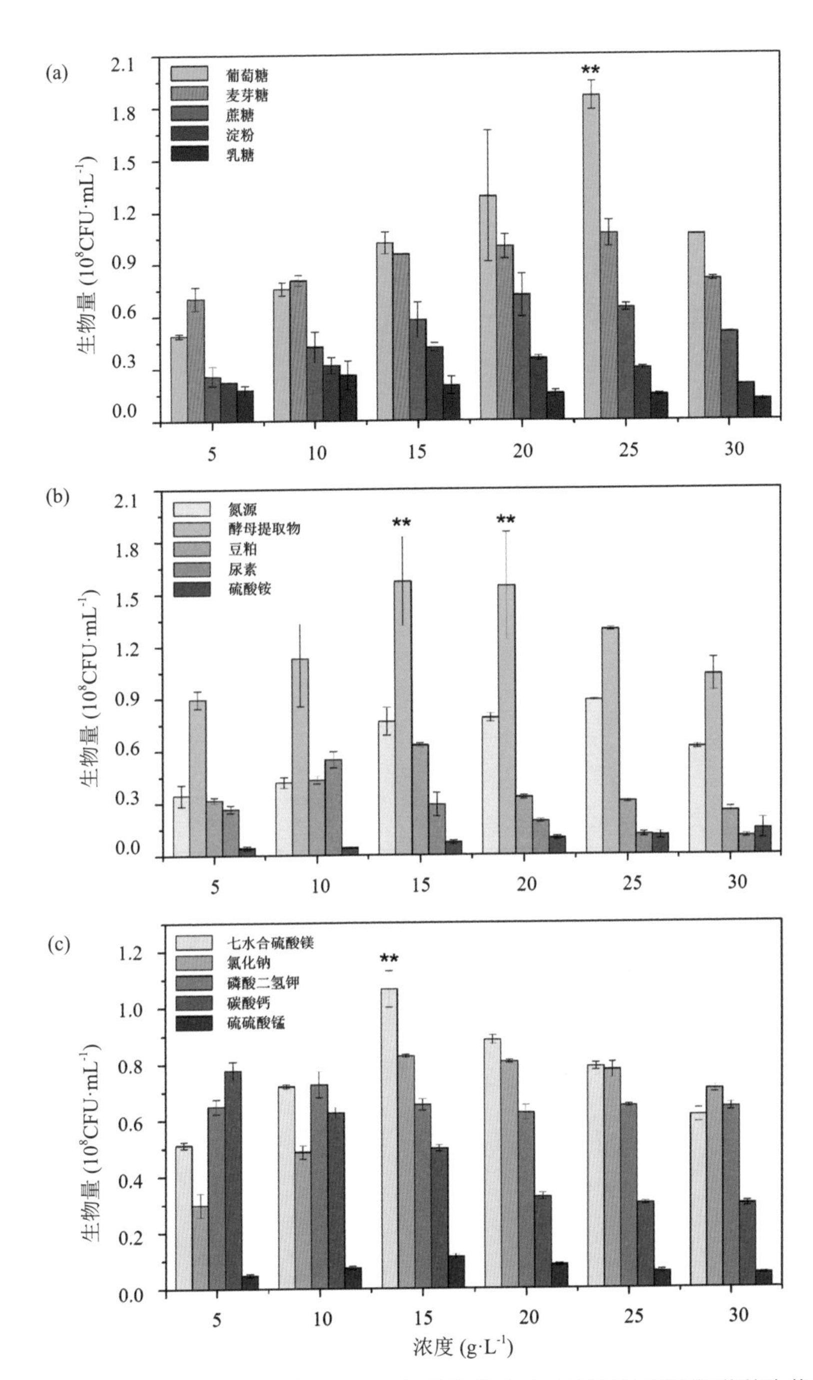

图6–32　不同浓度的碳源（a），氮源（b）和无机盐（c）对特基拉芽孢杆菌的生物量产量的影响

图中星号表示处理间差异显著

三、特基拉芽孢杆菌的发酵时程研究

在未优化的条件下，特基拉芽孢杆菌在发酵的前8小时呈指数增长，没有滞后阶段，最大生物量达到9.62×10^{7} CFU·mL^{-1}，然后在接下来的16小时内略有下降。同时，EPS浓度在开始的12小时内增加，达到最大值8.01 g·L^{-1}，此后保持恒定（图6-33）。在LB培养基中，特基拉芽孢杆菌EPS生产效率优于U10（Solmaz et al., 2018）。

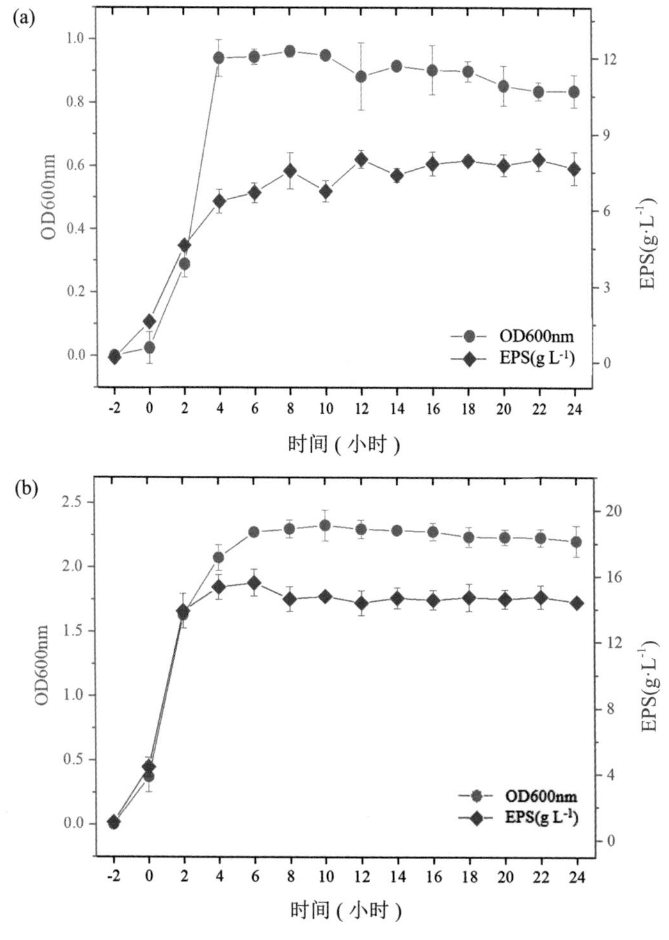

图6-33　在未优化的条件（a）和优化的条件（b）下特基拉芽孢杆菌产生的生物质和EPS

在最佳条件下，特基拉芽孢杆菌的指数生长期持续发酵10小时，生物量达到2.33 × 10^9 CFU · mL^{-1}，此后保持不变。在发酵的前6小时内观察到EPS浓度与生物量之间的平行增加，EPS产量最大达到15.61 g · L^{-1}，然后在6小时和12小时之间下降，此后保持恒定（图6–33）。特基拉芽孢杆菌获得最大EPS的时间短（Luang-In et al., 2016），并且特基拉芽孢杆菌的EPS产量更高（Rani et al., 2017; Luang-In et al., 2018; Palaniyandi et al., 2018），表明特基拉芽孢杆菌的该生产方式可以大大缩短生产时间并提高生产效率。

因此，该方案实现了低成本、短时间和简单生产工艺下特基拉芽孢杆菌的高密度培养和EPS产量的提高，并为菌株制剂和EPS制剂的开发提供了新的方案。

四、特基拉芽孢杆菌的固沙性能

在进行野外试验之前，我们发现土壤在喷洒特基拉芽孢杆菌的发酵液后3天内表面硬度有所提高，这表明特基拉芽孢杆菌的EPS可以快速实现土壤稳定。为了进一步探索特基拉芽孢杆菌的固沙性能，我们在腾格里沙漠开展了野外试验。我们的研究发现，在应用特基拉芽孢杆菌发酵液后，处理组的沙子表面与其下的沙子紧密粘附在一起，并积聚了降尘。

这些结果表明，特基拉芽孢杆菌具有稳定沙粒表面和促进BSC形成的潜力。此外，对照组的沙子没有聚集，而实验组形成的聚集体的厚度为5.84 ± 0.54 cm，这证明特基拉芽孢杆菌的EPS可以快速且有效地固定沙子（图6–34）。

综上所述，我们从蓝藻结皮中分离出一种新型的具有高EPS产量的特基拉芽孢杆菌，并进一步探讨了其在沙漠生态系统中的固沙和防风特性。高密度培养技术显著提高了特基拉芽孢杆菌的生物量和EPS产量，为其在固沙领域的推广应用奠定了良好的基础。

(a) 处理组的沙面

(b) 对照组的沙面

图6-34　特基拉芽孢杆菌的固沙性能

(c) 处理组中沙粒的聚集

(d) 自然风蚀一个月后沙粒的聚集

图6-34 （续）

第七章
人工BSC在防沙治沙中的应用

与传统的机械、化学和植物固沙措施相比，人工BSC固沙技术具有明显优势。1. 快速：BSC可迅速形成且一旦形成便可稳定地表，减轻风蚀；2. 环保：BSC作为生物材料，可自我繁衍与降解，为其他植物种群定居创造适宜生境；3. 资源消耗少：主要依赖自然降水以及捕获凝结水，用水量少且能确保土壤含水量稳定；4. 可持续性高：BSC有机体具有较强的抗逆能力，即使在极端干旱期也不影响其存活和防护功能的发挥；5. 发挥生境拓殖与改善的“生态系统工程师”作用，促进沙化土地恢复（李新荣, 张志山, 等, 2016; 李新荣, 回嵘, 等, 2016; Zhao, Jia, et al., 2019; Zhao et al., 2020）。

尽管化学合成材料固沙技术能够提高固沙植物的成活率和盖度，但它们对土壤理化和生物属性恢复的贡献极小。此外，大多数的高吸水性聚合物均是基于石油基聚体开发的，价格昂贵且难以降解，容易对环境产生污染。人工BSC固沙技术具有快速、高效、持久固沙成土和增肥的特点，符合干旱半干旱区流动和半流动沙丘的固定以及退化生态系统恢复的要求，不但为我国防沙治沙提供了新思路和新途径，而且能够加速我国沙漠化治理进程，增强治理的可持续性。因此，以人工BSC为代表的生物载体固沙技术是我国未来新型绿色环保固沙技术发展的主要方向，对于荒漠化地区生态环境的恢复与重建不但必要而且可行，在沙化土地治理中有着重大的理论价值和广阔的应用前景。该项技术的示范和推广，将革新我国的沙化土地治理技术体系，为我国加快沙漠化治理进程、退化土地修复和生态恢复提供重要的技术支撑。本章将从人工BSC类型适应的生物气候带、不同气候带BSC的固沙模式和人工BSC固沙模式及其在沙化土地恢复中的应用和推广（典型案例）3个方面进行系统阐述。

7.1 人工BSC类型适应的生物气候带

沙漠和沙漠化土地从我国东部一直延伸到西部，穿越了湿润区、半湿润区、半干旱区和干旱区。然而，在我国广袤的沙区使用人工BSC固沙技术进行防沙治沙，如何选择人工BSC的类型？应当遵循什么样的规律或原则？

蓝藻作为BSC形成的先锋拓殖种，能够在条件恶劣的环境下（如干旱、紫外线辐射、营养贫瘠等）生长、繁殖，通过自身的活动影响并改变环境。如果人工培养的蓝藻种也能在流沙表面形成类似于自然状态的BSC，那么通过培养人工BSC技术就能达到沙化土地恢复治理、提质增效的目的。针对自然BSC形成难、形成时间长、在不同区域适应性差异大等问题，我们研发了系列人工关键藻种在不同气候条件下形成BSC的应用技术体系和操作规程，并成功在实践中得到应用。

接种到沙地表面的藻类能够快速地生长和发育，大量的藻类丝状体将沙粒胶结在一起而形成藻类结皮。随着藻类结皮的发育及演替，加之细粒物质沉积和大气降尘积累所带来的物质输入，促进了沙漠表面营养物质的富集，为微型土壤生物的繁殖和短命草本植物的拓殖创造了条件，继而推进沙漠生态系统进入良性循环过程（李新荣, 张志山, 等, 2016; 李新荣, 回嵘, 等, 2016）。

藓类植物具有强大的无性繁殖能力和耐旱能力，因此我们可以利用藓类植物的生物学特性，从环境较适宜、藓类植物群落面积较大的区域采样，对样品进行机械粉碎，使用藓类植物的茎叶碎片人工培养出一定面积的人工藓类结皮，然后移植到野外环境。通过人工方法加速其定居、扩繁，与周围土壤复合形成具有较强后期维持能力的藓类结皮，从而对荒漠化防治、植被重建和生态恢复起到促进作用。此外，藓类结皮覆盖土壤的稳定性比藻类结皮和地衣结皮高。因此，通过人工培养的方法实现藓类结皮的快速拓殖和定居，也进一步丰富了人工BSC防沙治沙的手段和方法（李新荣，张志山，等，2016；李新荣，回嵘，等，2016）。

地衣结皮是BSC的主要类型之一，处于BSC演替的过渡阶段。地衣是地衣专化型真菌与一些低等光合共生物，如藻类及菌类，紧密结合成的体内胞外互利共生型生态系统。藻类进行光合作用制造营养被菌类利用，而菌类供给藻类水分及矿物质，形成一种互利共生的关系。由于地衣在沙表BSC形成中起着重要的作用，它可以利用菌丝和假根黏合沙粒，有效地束缚沙粒的流动，从而起到固沙的作用，进而减少荒漠地表的风蚀和水土流失，因此，通过人工培养形成人工地衣结皮对防沙、治沙具有重要意义。

土壤质地和化学性质对BSC类型和BSC中群落种的组成影响显著。与稳定性差、质地较粗的土壤相比，在较稳定、质地较细的土壤（如含石膏的土壤和细黏土）上发育的蓝藻、地衣和藓类拥有更高的盖度和更多样的种群，而质地较粗的土壤仅能支持移动性强、长菌丝体的蓝藻（如具鞘微鞘藻）分布。如果不考虑土壤质地这一因素，相对于邻近土层较深的土壤，土层较浅的土壤上的蓝藻、地衣和藓类的多样性较高。土壤化学性质也会影响BSC的形成、盖度和组成。例如，碱性土壤容易形成蓝藻占优势的BSC，而酸性土壤则容易形成绿藻占优势的BSC，碳酸钙含量高的土壤则能形成地衣结皮；在高钙质土壤上BSC的盖度和地衣的多样性较高，在大多荒漠区由石灰石或石膏衍生的高钙质土壤支撑的地衣盖度能达到80%，而毗邻的低钙质土壤仅能支撑10%的地衣盖度，高等植物在这类土壤上分布稀疏且物种多样性也受到限制。因此，可以根据土壤质地和土壤化学性质选择人工BSC的类型。

在塔克拉玛干沙漠、库布齐沙漠、巴丹吉林沙漠以及浑善达克沙地，流沙限制了藓类结皮的发育。因此，需要选择能够在恶劣的环境条件下生长和繁殖的藻类结皮。在黄土高原与沙地或沙漠的过渡区，如鄂尔多斯高原南部、腾格里沙漠南部，以及一些固定较好的沙地，如准噶尔盆地和科尔沁沙地，土壤质地相对较细，有利于支撑藓类结皮和地衣结皮的形成。而在降水量较大的黄土高原地区，高等植物冠层之间的“裸地”因其更细的土壤质地，可支撑地衣结皮和藓类结皮的形成。黄土高原地区大面积高等植物植被的破坏，为地衣结皮和藓类结皮的形成提供了机会。因此，人工藓类结皮和地衣结皮可以用于该区域流沙治理。此外，在黄土高原地区植被盖度较高的区域或新建立的人工植被区进行BSC接种时，例如，对于露天煤矿排土场，可在植被灌丛下或灌丛间进行人工藓类结皮的接种。在东部沙区，降水条件较好，土壤质地也较细，适宜藓类结皮的形成和发育，因此，可以先进行人工藻类结皮的接种，待土壤环境改善后再进行人工藓类结皮的接种。在各个沙区的BSC退化区，若活化斑面积较大（BSC重度退化区），首先使用人工藻类结皮进行沙面的固定，然后选择与活化斑周边发育一致的BSC进行人工培养和接种；若活化斑面积较小（BSC轻度退化区），直接选择与活化斑周边发育一致的BSC进行人工培养和接种。

综上所述，在防沙和治沙的初期以及土壤质地较粗的区域，应选择环境适应性较强的人工藻类结皮；在土壤质地较细和降水量较高的区域，首先使用人工藻类结皮进行土壤环境的改善，再选择对环境要求较高的人工藓类结皮或人工地衣结皮。

7.2　不同气候带BSC的固沙模式

在库布齐沙漠，人工藻类结皮的培育主要选用三个优势物种，分别是席藻、具鞘微鞘藻和爪哇伪枝藻。该区域年平均降水量450 mm、年平均温度为

5.5℃、土壤类型是风沙土和盐化草甸土。在比较了鲜藻液喷洒和干藻粉撒播两种接种方式后，我们发现在相同的接种量和管理方式下，鲜藻藻液接种后，藻的生长速率明显高于干藻粉接种。研究者在库布奇沙漠进行野外人工藻结皮的培育，将循环培养池中处于对数生长期中期的三种荒漠藻具鞘微鞘藻、席藻和爪哇伪枝藻按体积比10 ∶ 5 ∶ 1混合后均匀地接入流动沙丘表面、碱草和沙柳三种样地中（Xie et al., 2007）。在接入荒漠藻后的前7天内，在每天的8 : 30—11 : 10和14 : 40—17 : 20，每隔1小时用微喷方式浇水15分钟；在11 : 10—14 : 40，每隔1小时浇水25分钟，水流量为每分钟30 mL · m^{-2}。在第7天，用微喷方式浇BG11培养基20分钟，以补充营养元素。随后7天，浇水频率和水流量同前，但每次浇水时间减少一半。在第14天，按同样方式补充营养元素。从第15天之后的半个月内，在每天的8 : 30—17 : 20，每隔两小时浇水10分钟。在这30天内，下雨期间停止浇水，接种1个月后，停止浇水。从4个样地混合藻结皮生长情况来看，沙柳下藻生长得最好，没有浇水的混合藻生长得最差，表明适当的遮阴有助于荒漠藻的生长。饶本强等（2009）在库布齐沙漠东缘的达拉特旗荒漠藻综合治沙基地和规模化的示范区中实施了荒漠藻综合固沙工程试验，设置沙柳－羊草（*Aneurolepidium chinensis*）－藻类结皮、草方格－藻类结皮、沙米（*A.squarrosum*）－藻类结皮、流沙－藻类结皮和流沙五种样方。将具鞘微鞘藻、伪枝藻等大规模人工培养后，按照4 ∶ 1的比例均匀喷洒到样方内沙地的表面。接种后的10－15天内，每天定时定量向接藻后的样方中洒水，以保证藻种在沙面上能够存活和生长，结果显示，沙柳－羊草－藻类结皮发育最好、生物量最高。除此之外，还有以下几种藻－草－灌－乔接种模式，如半固定沙丘的披碱草－藻类模式、沙蓬（*Agriphyllum squarrosum*）－藻类模式、固定沙丘沙打旺（*Astragalus adsurgens*）－沙蒿－藻类模式、丘间地杨树（*Populus tomentosa*）－羊草－藻类模式等（闫德仁等, 2004）。将蓝藻接种与灌木或草类种植结合起来可提高人工藻类结皮的发育（Chen, Xie, et al., 2006）。

唐东山等（2007）将具鞘微鞘藻、纤细席藻按叶绿素a含量0.5 μg · cm^{-2}的接种量接种到培养皿沙表面上，接种后隔天定时定量浇水以保持沙土的湿润，并保持光强40 μmol·m^{-2}·s^{-1}，30天后沙表面可形成藻结皮，且90天后沙表面的酶活性显著高于不接种蓝藻的沙表面。在达拉特旗试验基地进行的人工藻类结皮培育中，研究者将具鞘微鞘藻和爪哇伪枝藻按照10 : 1的方法混合（干重1.6 g·m^{-2}），喷洒于扎有面积为1 m^2的草方格沙地表面，并定时进行自动喷灌，直到形成人工藻类结皮为止（Wang et al., 2009）。结果表明，接种试验结束后3年，沙地表面蓝藻盖度上升至48.5%，研究人员在其中鉴定出蓝藻及其他藻类14种，3年间该沙地的BSC厚度和叶绿素含量均随接种时间的延长而增加，藓类在第二年出现。此外，接种蓝藻增加了土壤有机碳和全氮含量，土壤总盐、碳酸钙和电导率均增加。沙丘迎风面和背风面在接种蓝藻3年后，分别建立了10种和9种维管束植物群落。两个群落的辛普森多样性指数分别为0.842和0.850，香农－威纳指数分别为2.097和2.053。综上所述，蓝藻接种是修复BSC的一种有效方法，可进一步修复生态系统。研究表明，将具鞘微鞘藻和爪哇伪枝藻按照4 ：3的比例混合（鲜重：鲜重），结合不同浓度（0、0.5 g·m^{-3}、1 g·m^{-3}、2 g·m^{-3}）的海藻酸钠溶液，最终形成0.5 g·m^{-2}（干重）的海藻生物量，然后用喷雾器将混合物接种到培养皿中的沙子表面（Peng et al., 2017）。将培养皿在30℃（昼）/15℃（夜）、光循环照度为70 μmol·m^{-2}·s^{-1}、光暗循环为12 ： 12 h的培养箱中培养。在研究期间，培养皿每天在8 : 00和17 : 00用喷雾器浇水，每次浇水0.1 mL·cm^{-2}。每5天在8 : 00时向培养皿喷洒0.1 mL·cm^{-2}的BG11培养基。持续50天后，将培养皿保存在培养箱中，直到90天后测定人工BSC的抗压强度。结果表明，海藻酸钠溶液易于在土壤表面形成薄膜，能显著提高表土的抗压强度；更重要的是，没有观察到海藻酸钠溶液对人工BSC发育和生理活性的负面影响，海藻酸钠溶液可以促进蓝藻在沙地上的拓殖和生长，且海藻酸钠溶液的最佳浓度为2 g·m^{-3}。本研究表明，海藻酸钠溶液可促进和加速BSC的形成。因此，可将其应用于人工BSC技术中，在早期阶段提高BSC的固沙性能。

我们在腾格里沙漠人工藻类结皮的培育中主要选用五种优势物种，鱼腥藻属、念珠藻属、席藻属、伪枝藻属和单歧藻属的种。该区域年平均降水量186 mm、年平均温度为10.5℃、土壤类型是典型灰壤和风成沙土。研究表明，以腾格里沙漠东南缘发育良好的藻类结皮为材料，将从藻类结皮中分离纯化的念珠藻属进行3个月恒温培养后，在0、0.05%和0.3%三个高吸水性聚合物（SAP）浓度条件下，测定SAP对人工藻类结皮形成和发育的影响。结果表明，经过“念珠藻+SAP”处理形成的藻类结皮的抗破坏性、固沙粒径、平均重量、直径和藻类结皮生物量等指标均显著高于单独使用念珠藻属处理形成的结皮，同时，添加了SAP的蓝藻生长良好，表现为丝状体长度的增长和胶结能力的增强。在李新荣等（2016）的研究中，将念珠藻、席藻、鱼腥藻、单歧藻和伪枝藻按照1 ： 1 ： 1 ： 1 ： 1的比例混合，并结合固沙剂改性亲水性聚氨酯树脂（W-OH）高新复合固化材料（可降解材料、无污染，降解物不会造成二次污染）在野外进行固沙试验。结果显示，固沙剂+混合藻液的处理方式更有利于人工藻类结皮的形成。有研究将念珠藻属、席藻属、伪枝藻属混合后按照干重10 $g \cdot m^{-2}$，同时结合干重10 $g \cdot m^{-2}$的SAP和干重1 $g \cdot m^{-2}$的增粘剂（TKS），喷洒于沙土表面，接下来，每平方米喷洒5 mm的水，每天喷洒一次，持续一周（Park, Li, Zhao, et al., 2017）。结果显示，接种12个月后蓝藻与高吸水聚合物和增粘剂的应用显著改善了土壤团聚体的抗水和抗风蚀性，且在12个月内能快速形成藻类结皮。因此，该方法为干旱区防治荒漠化提供了新的途径。相比裸沙、直接撒播干藻、直接喷洒鲜藻和直接撒播天然蓝藻结皮碎片，直接撒播天然蓝藻－地衣结皮或天然蓝藻结皮碎片取得的效果最佳，是一种快速、高效的人工BSC技术。其中干藻和鲜藻是鱼腥藻、念珠藻、席藻、伪枝藻、单歧藻的混合物。天然蓝藻－地衣结皮碎片和天然蓝藻结皮碎片的接种体不仅包括蓝藻（15－20种）和地衣，还包括其他微生物和真菌。相比W-OH法化学固沙，草方格的机械固沙更能提高藻结皮的盖度、厚度和生物量。此外，使用“双层无织布+单层遮阳网+混合蓝藻”模式相较“沙土”“双层无纺布+混合蓝藻”等措施形成的藻类结皮盖度和厚度更高，是一种有效的人工藻类结皮培育技术。

在腾格里沙漠，人工地衣结皮的培育主要选用石果衣共生菌和石果衣共生藻。李新荣等（2016）的研究表明，先将培养的石果衣共生藻藻液用喷雾器均匀地接入沙地表面，藻液用量为干重1 $g \cdot m^{-2}$；然后将培养的石果衣共生菌喷洒到沙地表面；接种后，前20天每隔2天用喷雾器进行浇水（表面湿润即可），下雨期间停止浇水。1－2个月后便会有地衣形成。

在库布齐沙漠，人工藓类结皮的培育主要优势种为双色真藓，还混有土生对齿藓和真藓。将双色真藓、土生对齿藓、真藓和齿肋赤藓破碎后混合，采用撒茎叶法平均撒播在1 m^2的 8 块样地中，喷水固定，并覆盖尼龙纱在表面。结果表明，双色真藓是人工培养促进BSC层形成的首选物种，其成活率高，扩展速度较快，可形成大面积BSC层。在双色真藓结皮层较稳定的情况下，可选择真藓和土生对齿藓作为辅助培养材料，对维持双色真藓结皮层的稳定和增加BSC层的厚度具有重要作用。

在黄土高原，人工藓类结皮的培育主要选用五种优势物种，分别是土生对齿藓、长尖对齿藓、丛生真藓、极地真藓、土生扭口藓。将采集到的以极地真藓和土生对齿藓为主的藓类结皮碾碎，将碾碎的自然BSC与细土按照1 ∶ 4的比例混合，以1.25 $kg \cdot m^{-2}$的用量均匀地撒播于土壤表面，结果显示人工藓类结皮在半干旱环境下，两年后开始发育，4年后完全形成，且能轻微改善表层土壤含水量状况（Xiao et al., 2015）。有研究者以土生对齿藓、长尖对齿藓、丛生真藓为主的藓类结皮为研究对象，提出野外培育藓类结皮可采用喷雾或播散法，同时辅以霍格兰溶液补充养分，能保持土壤含水量的15%－25%（Bu et al., 2018）。秋季接种能够促进藓类拓殖，适度的遮阴有利于藓类结皮的发育。陈彦芹等（2009）以陕北黄土丘陵区自然发育的土生扭口藓类结皮为繁殖材料，提出在室内相同培养条件下，碎皮法接种有利于藓类结皮盖度的形成，接种量在500－750 g·m^{-2}、温度为17℃且土壤含水量大于60 %田间持水量水平的条件下，有利于藓类结皮的生长。杨永胜（2015）以土生对齿藓为研究对象，提出在室内培育黄土高原藓类结皮的最佳环境组合为表层土壤含水量25%－30%、光照1000 Lux、接种量700 g·m^{-2}、霍格兰营养液。

在毛乌素沙地，人工藓类结皮的培育主要选用银叶真藓。张侃侃（2012）以银叶真藓为试验对象，提出室内培育藓类结皮的最佳条件组合为：温度25℃、光照12000 Lux、每两天浇水以及Knop 营养液；或者温度25℃、光照12000 Lux、每2天浇水以及无Knop 营养液。野外培育的最佳条件组合是覆膜+遮阳+高频率浇水+营养液。

表7-1　不同类型人工 BSC 适用范围

BSC 类型	物种	使用地区	使用方法	土壤质地	降水量	温度	文献
蓝藻结皮	席藻 具鞘微鞘藻 爪哇伪枝藻	库布齐沙漠	混合	风沙土和盐化草甸土	450 mm	5.5℃	Xie et al., 2007; 饶本强等 , 2009
	具鞘微鞘藻 爪哇伪枝藻	库布齐沙漠	混合	风沙土和盐化草甸土	450 mm	5.5℃	饶本强等 , 2009; Wang et al., 2009; Peng et al., 2017
	具鞘微鞘藻	库布齐沙漠	单种	风沙土和盐化草甸土	250 mm	5.5℃	Chen, Xie, et al., 2006; 饶本强等 , 2009; Li et al., 2017
	具鞘微鞘藻 席藻	库布齐沙漠	混合	风沙土和盐化草甸土	250 mm	5.5℃	唐东山等 , 2007; 饶本强等 , 2009; Li, 2017; Li et al., 2017

续表

BSC 类型	物种	使用地区	使用方法	土壤质地	降水量	温度	文献
蓝藻结皮	鱼腥藻 念珠藻 席藻 伪枝藻 单歧藻	腾格里沙漠	混合	典型灰壤和风成沙土	186 mm	10.5℃	Li et al., 2010; Li et al., 2010
	念珠藻 席藻 伪枝藻	腾格里沙漠	混合	典型灰壤和风成沙土	186 mm	10.5℃	Li, He, et al., 2010
	念珠藻	腾格里沙漠	混合	典型灰壤和风成沙土	186 mm	10.5℃	Li, He, et al., 2010; Li, He, et al., 2010 Li et al., 2017; Park et al., 2015
藓类结皮	双色真藓 土生对齿藓 真藓	库布齐沙漠	混合	风沙土和盐化草甸土	250 mm	5.5℃	饶本强等, 2009; 贾艳等, 2012; Li et al., 2017
	极地真藓 土生对齿藓	黄土高原	混合	粉砂壤土	430 mm	12.3℃	Xiao et al., 2015
	土生对齿藓 长尖对齿藓 丛生真藓	黄土高原	混合	粉砂壤土	430 mm	12.3℃	Bu et al., 2018
	土生扭口藓	黄土高原	混合	粉砂壤土	430 mm	12.3℃	陈彦芹等, 2009
	银叶真藓	毛乌素沙地	单种	沙土	335 mm	6.2℃	张侃侃, 2012
	银叶真藓	腾格里沙漠	单种	典型灰壤和风成沙土	186 mm	10.5℃	李新荣, 张志山, 等, 2016; 李新荣, 回嵘, 等, 2016
地衣结皮	石果衣 共生菌 石果衣 共生藻	腾格里沙漠	混合	典型灰壤和风成沙土	186 mm	10.5℃	李新荣, 张志山, 等, 2016; 李新荣, 回嵘, 等, 2016; Li et al., 2017

7.3 人工BSC固沙模式及其在沙化土地恢复中的应用和推广

7.3.1 “机械固沙+蓝藻液喷洒”人工蓝藻结皮培养模式在沙化土地治理的应用

稳定的沙面是人工蓝藻结皮形成的前提条件。使用化学固定方法或机械沙障稳定沙面为BSC有机体接种创造了理想条件（Rossi et al., 2017）。化学固定方法使用无毒、环保且常见的材料聚乙烯醇（PVA）和增粘剂。这两种方法都使人工BSC的蓝藻的早期拓殖增强了（Park et al., 2017; Rossi et al., 2017）。在实验室条件下，海藻酸钠可以促进培养皿中的沙表面上的蓝藻繁殖和生长（Peng et al., 2017）。这也与一项研究一致，该研究在实际环境下进行，研究表明蓝藻与增粘剂的合并施用诱导BSC的形成速度比单独应用蓝藻更快（Park et al., 2017）。

使用草方格的机械沙障是改善沙面土总体稳定性的一种有效途径（Li et al., 2015; Li et al., 2006; Wang, Xue, et al., 2015），在移动沙丘和受侵蚀的土地上建立草方格和进行植被建设是应用最为普遍的恢复技术。它已广泛应用于管道走廊、电力传输线、运输路线以及干旱沙漠地区的矿区开采后的生态治理。尽管草方格很少被用来探究其对人工蓝藻拓殖和生长的影响，但在具体实践中，草方格对腾格里沙漠中的天然BSC繁殖和发育非常有利（Li et al., 2002）。然而，采用哪种辅助方法（机械沙障或化学固沙）能够更好地促进人工BSC的成功拓殖仍需进一步实践。

我们在位于腾格里沙漠东南缘的沙坡头站开展了相关研究，设置以下的5种处理方式：1. 蓝藻+草方格（SCy）；2. 草方格（S）；3. 化学固定剂+蓝藻混合的W–OH（CCy）；4. 蓝藻（SaCy）；5. 裸沙（Sa）。实验进行的前2个月（2016年7月—8月）喷洒3次鲜重 200 $g \cdot m^{-2}$（约10 g干重）的蓝藻。同时，无抗紫外添加剂的W–OH（W–OH在不含抗紫外剂的添加物中不到3个月的时间中完全分解）在第一次施用期间以3%的浓度与蓝藻一起施用，而另外两次仅用化学固沙剂蓝藻的组合物喷洒蓝藻。草方格和裸沙处理组则施用相同体积的水。喷洒所用蓝藻为混合蓝藻，包括鱼腥藻属、念珠藻属、席藻属、伪枝藻属和单歧藻属。

一、人工蓝藻结皮盖度、厚度和生物量

在16个月的实验期间，蓝藻+草方格、草方格，以及“化学固定剂+蓝藻”组合的土壤表面均有蓝藻拓殖。然而，在仅有蓝藻和裸沙的土壤表面上没有形成蓝藻结皮。“蓝藻+草方格”中的蓝藻结皮的盖度为28.30%，显著高于其他处理（$p < 0.05$），然后是草方格、“化学固定剂+蓝藻”组合的土壤表面盖度为5.66%和2.16%；“蓝藻+草方格”中蓝藻结皮的厚度和生物量为3.01 mm和0.24 $mg \cdot cm^{-2}$，也高于其他处理方法（$p < 0.05$）。机械固沙处理（蓝藻+草方格、草方格）中的蓝藻结皮的厚度和生物量显著高于化学固沙处理（化学固定剂与蓝藻土壤表面；图7–1，$p < 0.05$）。

二、人工蓝藻结皮盖度、厚度和生物量与草本特征之间的关系

研究发现，仅有草本盖度和多度与蓝藻结皮盖度、厚度和蓝藻结皮生物量显著相关。草本植物盖度与蓝藻结皮的生物量正相关程度最高，其次是蓝藻结皮盖度和蓝藻结皮的厚度。草本植物多度与蓝藻结皮的盖度和蓝藻结皮生物量呈正相关，其次是蓝藻结皮的厚度。蓝藻结皮的厚度、盖度和生物量之间的关系和草本盖度的关系解释了56.0%的变异，但在蓝藻结皮的盖度和生物量以及草本植物多度共解释了80.0%的变异（图7–2）。

三、人工蓝藻结皮盖度、厚度和生物量与风蚀强度和大气降尘的关系

风蚀强度与人工蓝藻结皮的厚度负相关程度最高，其次是蓝藻结皮盖度和蓝藻结皮生物量。相反，大气降尘与蓝藻结皮厚度正相关程度最高，其次是蓝藻结皮盖度和蓝藻结皮生物量。人工蓝藻结皮的厚度与风蚀之间的关系解释了

80.0%的变异，而大气降尘解释了95%的变异。然而，蓝藻结皮盖度、蓝藻结皮生物量、风蚀和大气降尘之间的关系解释了70.0%的变异（图7–3）。

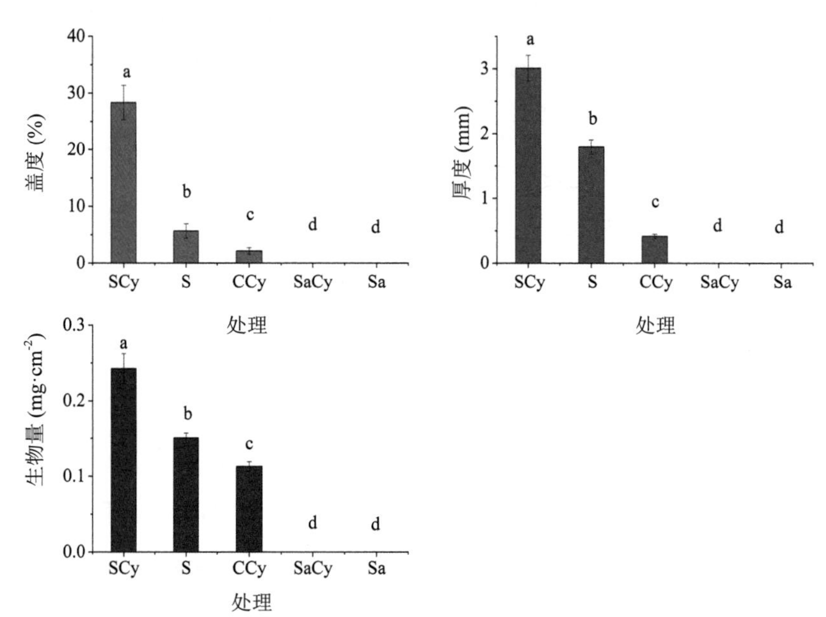

图7–1　不同处理方法对人工蓝藻结皮盖度、厚度和生物量的影响

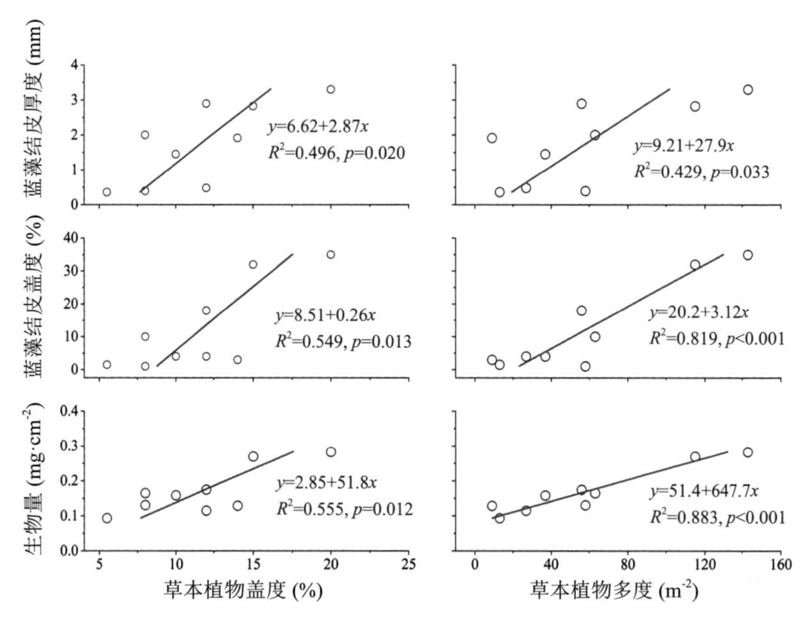

图7–2　人工蓝藻结皮盖度、厚度和生物量与草本植物盖度和多度的关系

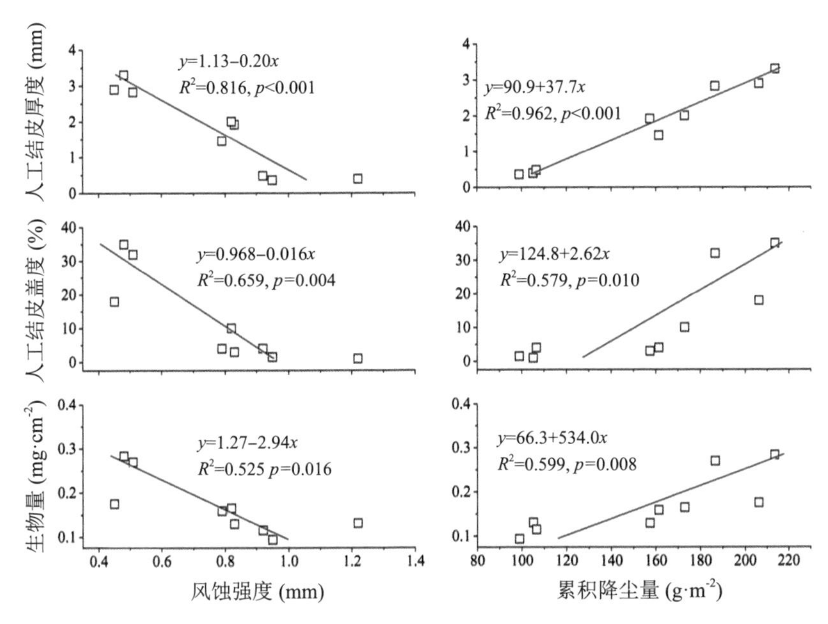

图7–3　风蚀强度和大气降尘量对人工蓝藻结皮厚度、盖度和生物量的影响

在自然环境条件下，多种因素影响早期BSC的形成。多项研究证明，在干旱半干旱区的恶劣环境中，稳定的沙面是自然发育和人工BSC成功拓殖的必要前提（Belnap, Prasse & Harper, 2003; Li, 2012; Kidron et al., 2014）。风蚀强度是检验沙土表面稳定性的有效指标（Li, 2012; Li et al., 2006）。一般来说，机械固沙和化学固沙是保持沙土表面稳定的常用方法（Bo et al., 2015; Li et al., 2015; Peng et al., 2017）。在本研究的16个月期间，“化学固定剂+蓝藻”处理组土壤表面的风蚀强度大于“蓝藻+草方格”处理组和草方格处理组，说明草方格能够为沙面条件提供更大的稳定性。

大气降尘和沙面稳定性对BSC的拓殖和生长以及维持BSC中孢子的多样性起着重要作用。本研究表明，大气降尘与人工蓝藻结皮的盖度、厚度和生物量的相关性最大。此外，大气降尘也有助于BSC的发育，并可作为形成BSC的有机体进一步生长的营养来源（Danin et al., 1991; Li, He, et al., 2010）。同时，大气降尘提供了更多的黏土和粉沙含量以及表面土壤中的养分，使得细沙上蓝藻结皮发育较快（Li, He, et al., 2010; Li, Tian, et al., 2010; Rozenstein et al., 2014）。并且，草方格处理比化学固沙处理收集降尘的能力更强。

化学固沙的优势在于它可以使流动沙丘表面稳定，能够快速（通常在几分钟内）增强沙丘的抗风蚀和保水能力，并增加沙地的营养成分含量（Zang et al., 2015）。然而，化学固沙的应用存在较大的问题，水是化学固沙剂的快速固化材料，但是在干旱区，进行化学固沙缺乏充足的水资源（Zang et al., 2015）。在讨论BSC培养时，经常提到化学固沙法和草方格固沙法的成本差异。与草方格屏障（每平方米约3.4元人民币）相比，海藻酸钠等化学固沙的成本相对较低（每平方米约0.12元人民币）。干旱半干旱区沙漠化的主要原因之一是水资源枯竭。水资源短缺是全球干旱区可持续发展最突出的问题之一（Zhou, Wang, et al., 2017; Zhou, Zhao, et al., 2017）。因此，在采用人工BSC技术和化学固沙方法防治荒漠化时，应首先考虑该地区水资源的稀缺性和可获得性。从这个角度来看，机械固沙的另一个优势是节水，虽然我们发现草方格防护高度低、人工成本高、3－5年后需要更换，但仍然是理想的方法（Qiu et al., 2004; Peng et al., 2017）。

我们也发现草本盖度与人工蓝藻结皮的盖度、生物量、厚度呈正相关。草本植物盖度与风蚀强度呈负相关。相反，草本盖度与大气降尘呈正相关，有关大气降尘的研究证明沙面的稳定有利于BSC的拓殖和生长。此外，多年生植物冠层之间保持开放的土壤表面也有利于BSC物种的建立和生存（Ponzetti et al., 2007）。这也与BSC繁殖体被风传播的研究结果一致（Zaady et al., 2013），因此BSC可以在多年生植物曾经占据的开阔空间上繁殖，从而增加BSC的覆盖。因此，在人工蓝藻结皮拓殖和发育过程中应考虑草本植物盖度管理。

综上所述，人工蓝藻结皮的盖度、厚度和生物量均以“草方格+蓝藻”处理方式最高，且高于其他方式处理的方格。人工蓝藻结皮属性与大气降尘和草本盖度呈正相关，与风蚀强度呈负相关。机械固沙比化学固沙更有利于人工蓝藻结皮的拓殖和发育。同时，在野外条件下进行人工蓝藻结皮培养时，应考虑草本植物的盖度。

7.3.2 “遮阳网＋无纺布＋蓝藻液喷洒”蓝藻结皮培养模式在沙化土地治理中的应用

多项研究表明，BSC的生长与沙面稳定性、遮光度、温度和土壤表面水分含量有关（Kidron & Aloni, 2018; Kidron et al., 2000）。在中国，使用覆盖物（包括无纺布土壤覆盖物、防尘网和遮阳网）是常用的一种控制灰尘并稳定土壤和沙面的技术。在土壤表面覆盖防尘网，可使风速降低50%－70%，粉尘排放减少80%以上，并可降低光强（Xing et al., 2004）。因此，设计高效且低成本的用于沙面的覆盖材料和技术有重要的应用意义（Wu, 2010）。

在腾格里沙漠东南缘，研究人员研究了不同覆盖方法对人工蓝藻结皮拓殖和发育的影响，相关野外实验在腾格里沙漠东南缘沙坡头站进行。2018年8月初，研究人员在每个实验区随机设置了7个处理组：①蓝藻藻液（CK）；②蓝藻藻液＋无纺布（NWF）；③蓝藻藻液＋防尘网（DPN）；④蓝藻藻液＋遮阳网（SSN）；⑤蓝藻藻液＋无纺布＋防尘网（NWF+DPN）；⑥蓝藻藻液＋无纺布＋遮阳网（NWF+SSN）；⑦自然发育的BSC（N–BSC）（图7–4）。

一、人工BSC盖度、厚度、叶绿素a浓度和总碳水化合物及临界风速

在所有处理中，人工培养的BSC都成功地在沙土表面拓殖。BSC覆盖面积在喷洒后的前30天迅速增加，特别是NWF+SSN处理。在接下来的50天里，所有处理组的盖度都保持相对稳定，变化不超过5%。培养80天后，各处理组的BSC量均显著高于对照。NWF+SSN处理的BSC盖度最高（$p < 0.05$）。80天后，NWF、DPN、SSN、NWF+DPN和NWF+SSN的盖度分别为17.5%、9.0%、

15.0%、20.8%和50.0%。各处理组BSC盖度均低于自然发生的BSC（N-BSC，81.2%；$p < 0.05$；图7-5；图7-7A）。

在培养的前30天，人工BSC厚度迅速增加，特别是NWF+SSN处理组。30天、60天和80天后，NWF+SSN处理的BSC厚度分别为2.71 mm、2.85 mm和2.88 mm，但仍比自然生长的BSC薄（$p < 0.05$；图7-6；图7-7B）。

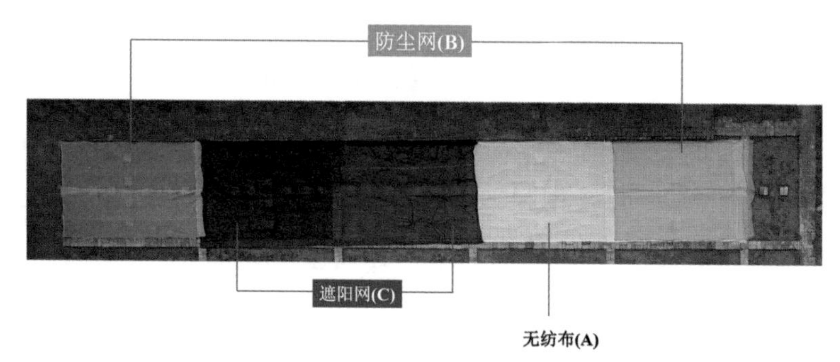

图7-4　实验中使用的无纺布、遮阳网和防尘网

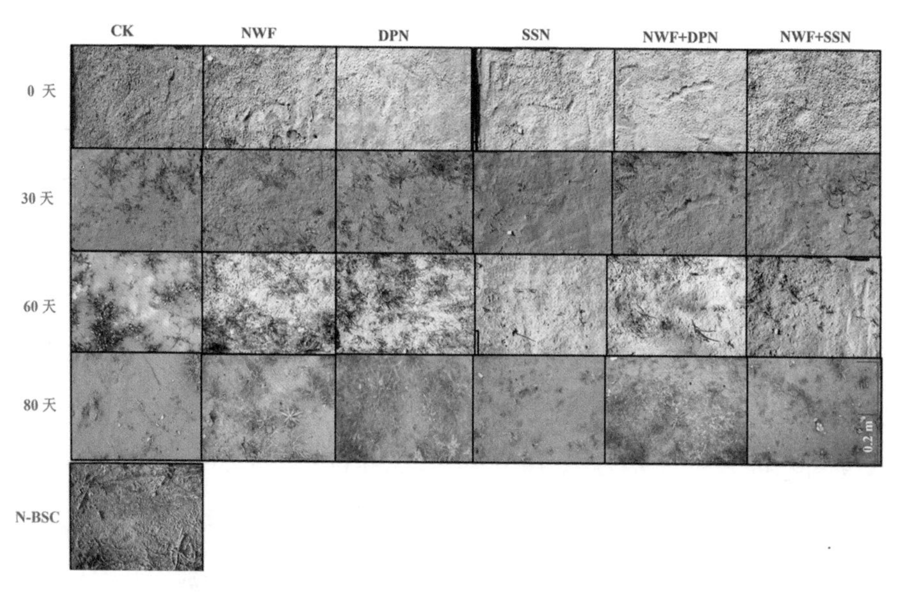

图7-5　培育80天后的人工蓝藻结皮照片（正面）

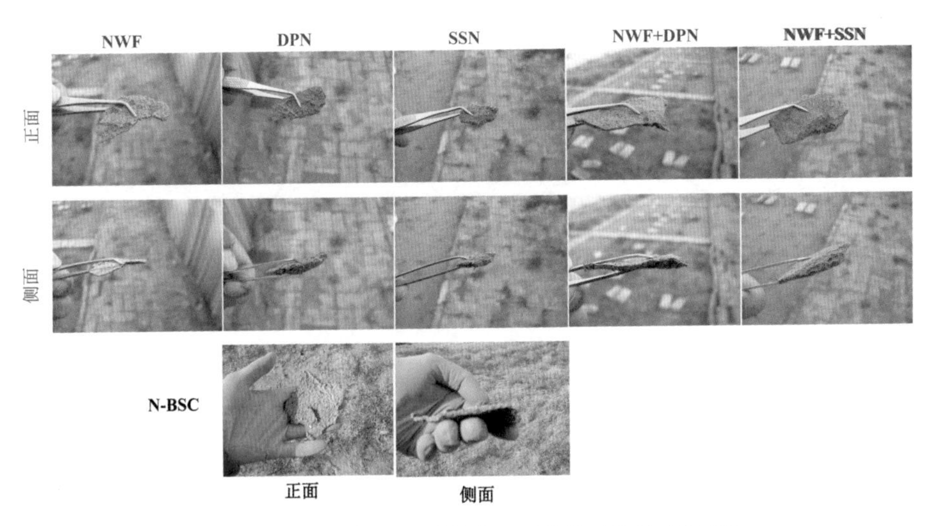

图 7–6　培育 80 天后的人工蓝藻结皮照片（侧面）

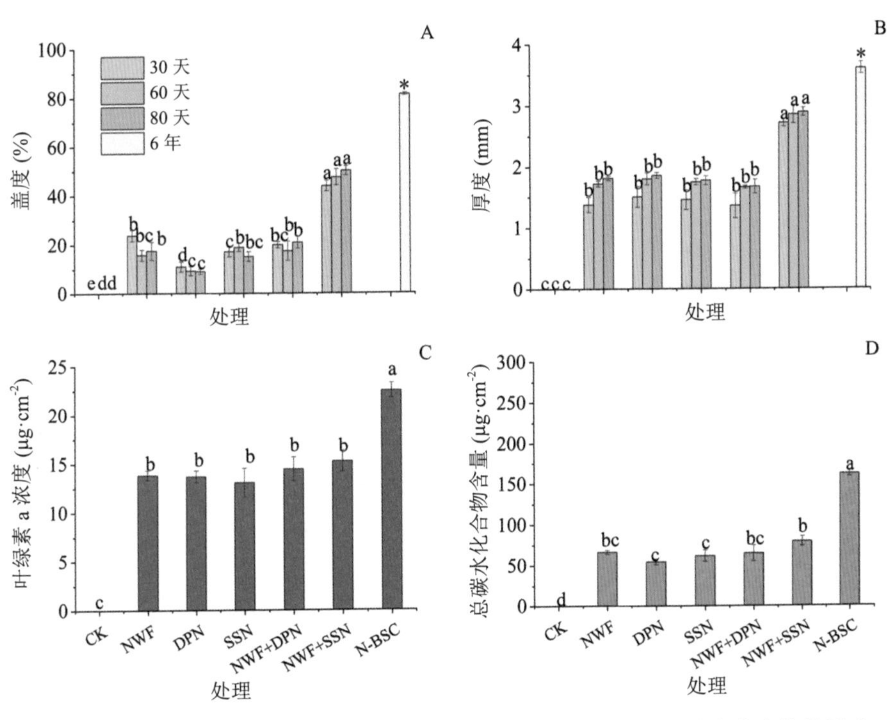

图 7–7　不同覆盖方式对人工蓝藻结皮盖度、厚度、生物量和总碳水化合物的影响

80天后，各处理培养的BSC叶绿素a浓度均无差异（13.05－15.21 $\mu g \cdot cm^{-2}$），约为N–BSC培养的BSC叶绿素a浓度的一半（22.45 $\mu g \cdot cm^{-2}$; $p < 0.05$）。NWF+SSN处理培育的人工BSC总碳水化合物含量（79.05 $\mu g \cdot cm^{-2}$）显著高于DPN处理和SSN处理（分别为54.15 $\mu g \cdot cm^{-2}$和61.48 $\mu g \cdot cm^{-2}$）的BSC，但总碳水化合物含量低于N–BSC（162.43 $\mu g \cdot cm^{-2}$）处理的一半（$p < 0.05$，图7–7）。

当风速达到8.50－10.00 $m \cdot s^{-1}$时，生长超过80天的蓝藻结皮的土壤碎片开始脱落，但与自然BSC差异不显著，而流沙在较低的风速（3.70 $m \cdot s^{-1}$）下脱落（图7–8）。

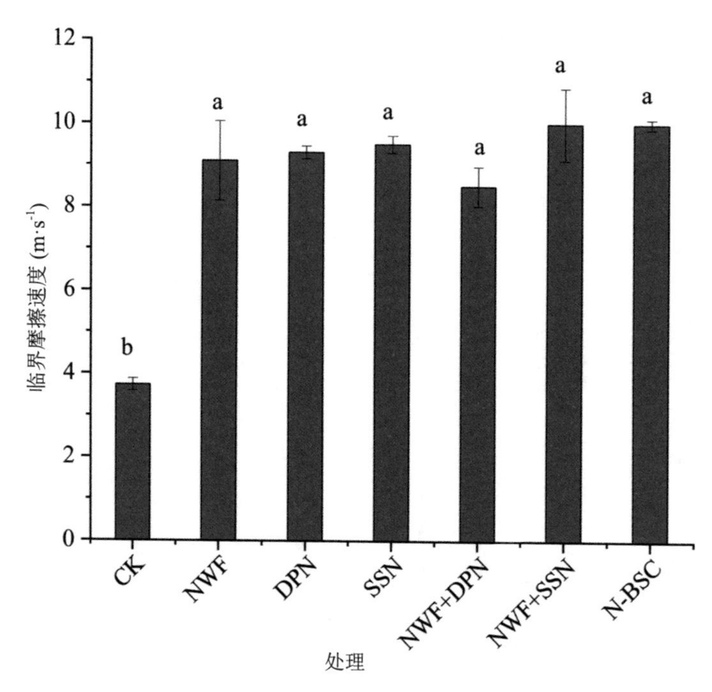

图7–8　不同处理方式培养的人工BSC风蚀阈值

有研究认为，在10 m高度的65 km·h^{-1}风速、20%BSC覆盖的条件下，人工BSC能够将沙子输移量控制在5 g·m^{-1}·s^{-1}（Eldridge & Leys, 2003）。为了评估人工BSC的质量，有研究分别测定了盖度、厚度、叶绿素a含量和总碳水化合物含量等相关指标（Chiquoine et al., 2016; Li, Hui, et al., 2016; Williams et al., 2018）。在新鲜蓝藻+双层无纺布+防尘网（NWF+DPN，21%）和新鲜蓝藻+双层无纺布+遮阳网（NWF+SSN，50%）两个处理中，80天后的BSC盖度达到了可控制地表风蚀目标的20%。NWF+SSN处理培养的BSC厚度为2.88 mm，高于其他处理培养的BSC。生长80天后，NWF+SSN处理的BSC盖度和厚度继续增加，说明该处理为BSC的拓殖和发育提供了更稳定、更适宜的条件。因此，通过BSC盖度和厚度两个指标来衡量不同处理方式培养的人工BSC质量，可以发现NWF+SSN是培养人工BSC的最佳方法。

总碳水化合物的释放通常会影响人工BSC的培养效果（Mugnai, Rossi, Colesie, et al., 2018），因为碳水化合物会与沙粒紧密结合（Li, Hui, et al., 2016; Mugnai, Rossi, Colesie, et al., 2018）。NWF+SSN处理的总碳水化合物值在发育80天后最高，所以土壤团聚体稳定性和抗风蚀性与蓝藻分泌的总碳水化合物和表土含水量密切相关。

在我们的研究区，平均每年有11天的风速大于17.30 m·s^{-1}，年均风速大于5.00 m·s^{-1}的时间为49天（Jia et al., 2012）。因此，当临界起沙风速小于5.00 m·s^{-1}时，早期阶段的蓝藻结皮的土壤会发生风蚀。CK试验区外，其他处理组的临界起沙风速值均大于8.50 m·s^{-1}，NWF+SSN试验区风速达到10.00 m·s^{-1}，说明NWF+SSN处理组在本研究区域有足够的抗风蚀能力。

培养80天后，人工BSC叶绿素a含量在13.05－15.21 μg · cm^{-2}之间，NWF+SSN处理的叶绿素a浓度达到自然发育的BSC中叶绿素a浓度的65%以上。相比以往的研究，我们的研究结果显示接种的BSC中叶绿素a浓度更高。例如，经过12个月的野外培养，接种的BSC中的蓝藻生物量水平仅为3.1－2.7 μg · g^{-1}

（Park et al., 2017）。在另一项研究中，研究者发现，在野外条件下，12个月后蓝藻的叶绿素a浓度不超过3.0 μg · g^{-1}（Antoninka et al., 2018）。

二、不同处理微环境特征

8月，NWF+SSN和DPN处理的平均土壤含水量分别为2.34%和3.69%，高于其他处理；9月，NWF+SSN处理的平均土壤含水量最高（3.01%，$p < 0.05$）。9月和10月，NWF+SSN处理的土壤表层温度最低（27.33℃和22.67℃，$p < 0.05$）。8月，CK、DPN、SSN和NWF+SSN处理的空气相对湿度分别为52.33%、53.33%、52.97%和54.57%，显著高于NWF（48.96%）和NWF+DPN（47.53%）处理（$p < 0.05$）。NWF+SSN处理的遮阳率（85.47%）高于其他处理（$p < 0.05$；图7–9）。

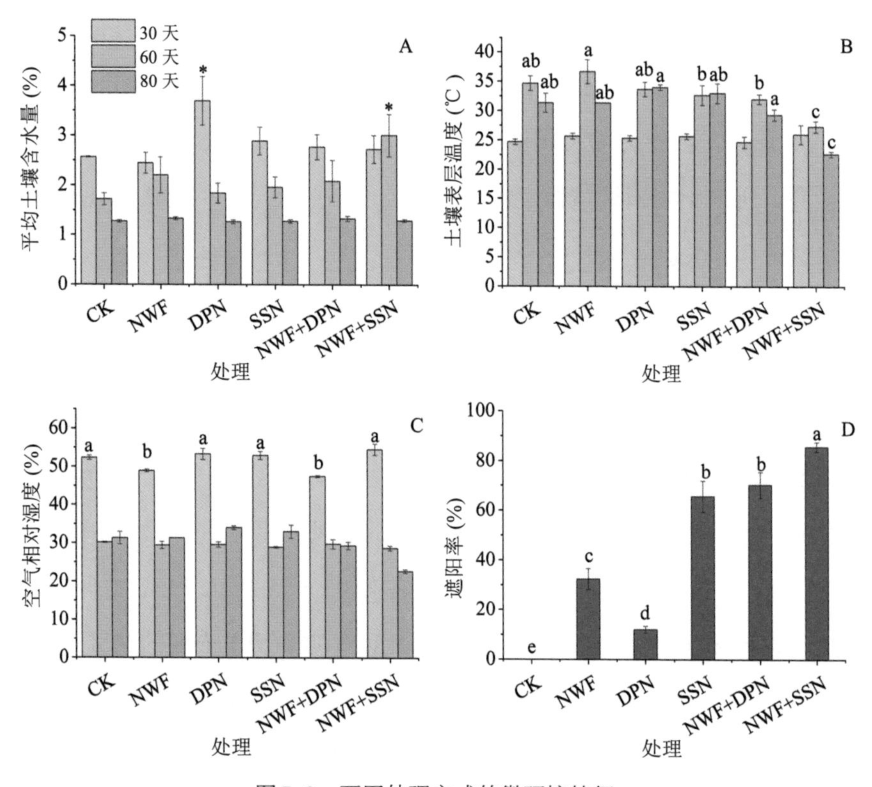

图7–9　不同处理方式的微环境特征

三、人工BSC盖度、厚度、叶绿素a浓度和总碳水化合物与微环境及草本植物特征关系

研究结果显示，土壤表层温度（SSTem）和遮阳率（SR）与人工BSC盖度显著相关；空气相对湿度（空气湿度）与培养BSC盖度呈边缘负相关。土壤含水量（SMC）、遮阳率和临界起沙风速（TFV）与人工BSC厚度呈正相关。临界起沙风速与临界起沙风速叶绿素a浓度呈正相关。遮阳率和临界摩擦速度与人工BSC总碳水化合物含量呈正相关（图7–10）。草本盖度、丰度和高度与人工BSC盖度和厚度没有显著关系（表7–2）。

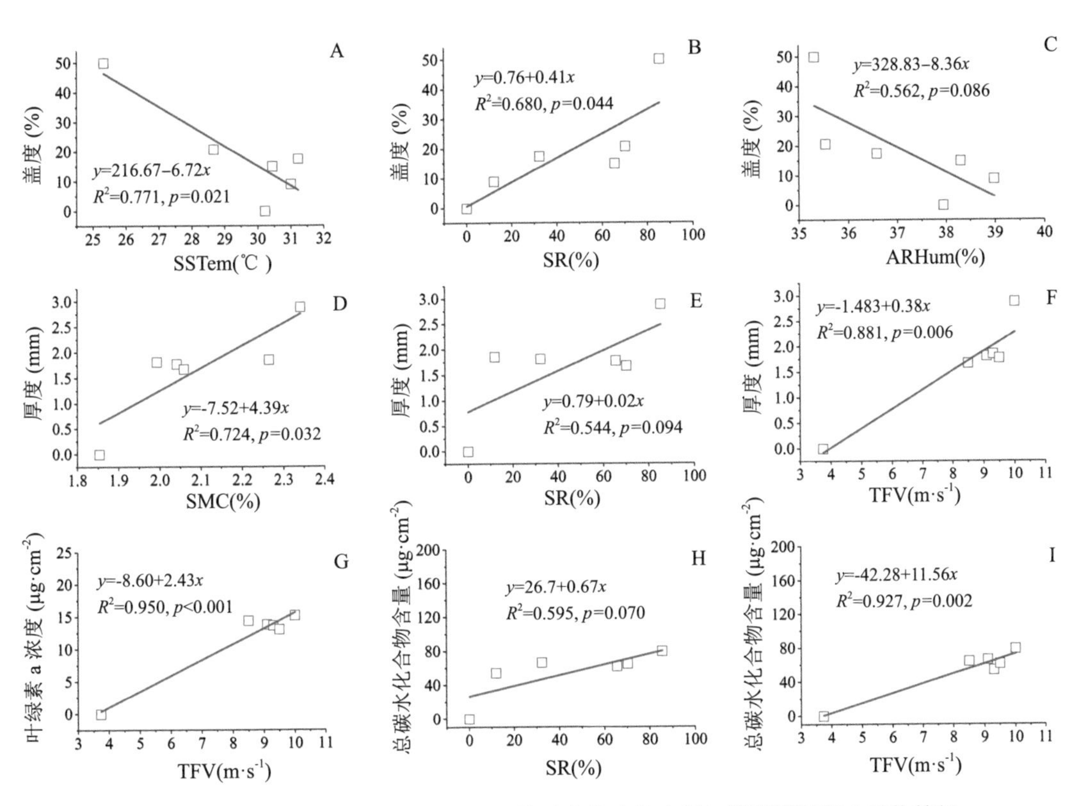

图7–10　人工BSC盖度、厚度、叶绿素a浓度和总碳水化合物含量与微环境及草本植物特征关系

表7–2 微环境因子和草本特性对人工BSC发育影响线性回归分析

变量	截距	斜率	R^2	F	p
土壤含水量					
盖度	–120.685	66.631	0.500	3.998	0.116
厚度	–7–522	4.393	0.724	10.481	0.032
叶绿素 a 浓度	–35.167	22.402	0.360	3.818	0.122
总碳水化合物含量	–167.085	105.808	0.338	3.557	0.132
地表温度					
盖度	216.669	–6.715	0.771	13.494	0.021
厚度	8.406	–0.229	0.298	1.696	0.263
叶绿素 a 浓度	32.556	–0.707	–0.157	0.320	0.602
总碳水化合物含量	201.833	–5.005	–0.050	0.762	0.432
空气湿度					
盖度	328.826	–8.357	0.562	5.133	0.086
厚度	11.855	–0.275	0.202	1.013	0.371
叶绿素 a 浓度	63.471	–1.395	–0.081	0.626	0.473
总碳水化合物含量	387.276	–8.974	0.052	1.277	0.322
遮阳率					
盖度	0.760	0.405	0.680	8.481	0.044
厚度	0.788	0.020	0.544	4.768	0.094
叶绿素 a 浓度	6.704	0.113	0.319	3.340	0.142
总碳水化合物含量	26.782	0.621	0.494	5.880	0.072

续表

变量	截距	斜率	R^2	F	p
临界起沙风速					
盖度	−19.859	4.616	0.396	2.627	0.180
厚度	−1.483	0.377	0.881	29.606	0.006
叶绿素 a 浓度	−8.609	2.431	0.938	76.177	0.001
总碳水化合物含量	−42.287	11.556	0.910	51.462	0.002
草本盖度					
盖度					
厚度	31.307	−1.658	0.371	2.359	0.199
叶绿素 a 浓度	2.067	−0.053	0.124	0.568	0.493
总碳水化合物含量	13.034	−0.176	−0.205	0.149	0.719
草本多度	66.489	−1.608	−0.087	0.599	0.482
盖度					
厚度	26.818	−0.054	0.059	0.249	0.644
叶绿素 a 浓度	1.812	−0.001	0.006	0.025	0.882
总碳水化合物含量	10.005	0.011	−0.222	0.091	0.779
草本高度	54.185	0.001	−0.250	0.000	0.998
盖度					
厚度	51.449	−6.483	0.372	2.370	0.199
叶绿素 a 浓度	2.758	−0.216	0.138	0.639	0.469
总碳水化合物含量	16.603	−0.971	−0.160	0.311	0.607

微环境因子显著影响BSC的拓殖和发育（Li, 2012; Lan, Wu, et al., 2014; Park et al., 2017）。覆盖遮阳网、防尘网等防护网的方法改变了土壤光强和地表温度，增加了土壤含水量和空气湿度，稳定了沙土表面。回归分析表明，各处理的积极作用主要是增加了遮阳率和土壤含水量，降低了土壤表面温度。由于我们的研究是在湿润季节进行的，这可能使土壤含水量进一步提高了。在库布齐沙漠人工BSC中，我们也发现了类似的结果，太阳直接辐射弱的荫凉坡面，水分利用率较高，这加速了BSC的形成，促进了BSC的演替（Lan, Wu, et al., 2014）。另一项研究还表明，在内盖夫沙漠和黄土高原，我们可以通过遮阴提高土壤湿润时间、BSC盖度、厚度和叶绿素a浓度来促进BSC的生长（Bu et al., 2018; Ma, Bu, et al., 2012）。此外，在内盖夫沙漠的研究还发现，BSC的叶绿素a浓度与基质平均温度、较高的空气湿度呈负相关（Li, 2012）。简而言之，遮阳网通过降低土壤温度来减轻蒸发压力，从而增加土壤含水量和空气湿度，进一步提高资源可用性。

四、微环境因子和草本特性对人工BSC发育的影响

逐步回归分析表明，当土壤表层温度（SSTem）和临界起沙风速（TFV）均作为可控制变量时，盖度模型的R^2和赤池信息准则（Akaike information criterion, AIC）的值均增加（指绝对值）。仅以临界起沙风速作为可控制变量的厚度模型解释了人工BSC在发育过程中的88.10%的厚度变化，AIC值为−614.96；加入土壤含水量（SMC）作为可控制变量，使厚度模型的解释能力提高到98.20%，AIC值为−646.67。仅以临界摩擦速度为可控变量的叶绿素a模型解释了人工BSC在发育过程中的92.30%的叶绿素a变化，AIC值为−564.84。仅用临界摩擦速度作为可控制变量的总碳水化合物含量模型解释了总碳水化合物含量98.20%的变化，AIC值为−501.64；加入空气湿度作为可控制变量，使总碳水化合物含量模型的解释能力提高到99.80%，AIC值为−563.21；加入土壤含水量作为可控制变量，使总碳水化合物含量模型的解释能力进一步提高到

100%，AIC 值为 –611.89。遮阳率、草本盖度、草本丰度和草本高度的加入并没有增加模型的解释力（表 7–3 和表 7–4）。

研究发现，在沙土表面覆盖无纺布和遮阳网，可降低光照强度和土壤表面温度，提高土壤表面稳定性和土壤含水量，极大地改善BSC发育的微环境条件。其效果与其他地区的BSC修复效果相当，甚至更好。例如，在培养80天后，该土壤实现50%的人工BSC盖度。来自库布齐沙漠的研究发现，接种8年后，BSC盖度达到了60%（Lan, Wu, et al., 2014）。在生物量方面，培养80天后人工BSC的叶绿素a浓度达到了自然发育BSC的60%。在腾格里沙漠，人工BSC叶绿素a的浓度达到了自然发育BSC的66%以上（Park et al., 2017）。此外，最佳实验处理组NWF+SSN（新鲜蓝藻+双层无纺布+遮阳网）在培养80天后达到了10 $m\cdot s^{-1}$的临界起沙风速，高于培养12个月的人工蓝藻结皮（Park et al., 2017），其最初在8.80 $m\cdot s^{-1}$的风速下脱落，也高于以粉煤灰和生物接种剂为基质的人工BSC（Zaady et al., 2017），其临界起沙风速不大于8 $m\cdot s^{-1}$。总之，覆盖遮阳网等方法，特别是新鲜蓝藻+双层无纺布+遮阳网（NWF+SSN）的处理方式，可以加速人工蓝藻结皮的形成。

综上所述，我们用新鲜蓝藻+双层无纺布+遮阳网的方法成功培养了人工蓝藻结皮，盖度达到50%，厚度2.88 mm，叶绿素a浓度19.21 $\mu g\cdot cm^{-2}$，碳水化合物总含量79.05 $\mu g\cdot cm^{-2}$，临界起沙风速为10 $m\cdot s^{-1}$。覆盖遮阳网可以减少风蚀并且增加水分的留存时间，对人工BSC的拓殖、盖度和叶绿素a浓度至关重要。这些覆盖网延长了水分的留存时间，极大地阻碍了地表侵蚀，降低了土壤表面温度和光照强度。覆盖遮阳网的方法通过改善微环境和消除限制BSC的障碍来加速人工蓝藻结皮的发育，为干旱区退化生态系统的BSC的重建和恢复提供了一种可能的途径，也为今后人工BSC固沙技术的改进奠定了基础，并促进人工蓝藻结皮技术的广泛应用。

表 7-3　微环境因子对人工BSC发育影响的逐步回归分析

变量	模型	常数	土壤含水量(%)	地表温度(℃)	空气湿度(%)	临界起沙风速($m \cdot s^{-1}$)	R^2	F	p	AIC
盖度	1	216.681		−6.716			0.772	13.514	0.021	−498.620
	2	165.216		−5.872		3.185	0.948	27.575	0.012	−523.400
厚度	1	−1.479				0.376	0.881	29.631	0.006	−614.958
	2	2.846		−0.137		0.343	0.982	80.994	0.002	−646.668
叶绿素a浓度	1	−8.597				2.429	0.923	47.939	0.002	−564.842
总碳水化合物含量	1	−42.226				11.549	0.928	51.475	0.002	−501.643
	2	148.962			−4.973	10.755	0.998	709.453	0.000	−563.209
		166.978	−10.223		−5.014	11.336	1.000	5276.0	0.000	−611.892

表 7-4　微环境因子对人工BSC发育影响的逐步回归分析（排除变量）

变量	模型	排除变量	p
盖度	1	土壤含水量	0.361
		空气湿度	0.597
		临界起沙风速	0.049
		遮阳率	0.296
		草本盖度	0.675
		草本多度	0.843
		草本高度	0.942

续表

变量	模型	排除变量	p
盖度	2	土壤含水量	0.576
		空气湿度	0.480
		遮阳率	0.932
		草本盖度	0.687
		草本多度	0.683
		草本高度	0.842
厚度	1	土壤含水量	0.193
		地表温度	0.027
		空气湿度	0.232
		遮阳率	0.423
		草本盖度	0.555
		草本多度	0.800
		草本高度	0.568
厚度	2	土壤含水量	0.538
		空气湿度	0.979
		遮阳率	0.163
		草本盖度	0.541
		草本多度	0.905
		草本高度	0.150
叶绿素 a 浓度	1	土壤含水量	0.849
		地表温度	0.856
		空气湿度	0.285

续表

变量	模型	排除变量	p
		遮阳率	0.713
		草本盖度	0.709
		草本多度	0.125
		草本高度	0.970
总碳水化合物含量	1	土壤含水量	0.850
		地表温度	0.286
		空气湿度	0.002
		遮阳率	0.186
		草本盖度	0.416
		草本多度	0.882
		草本高度	0.377
总碳水化合物含量	2	土壤含水量	0.030
		地表温度	0.107
		遮阳率	0.961
		草本盖度	0.942
		草本多度	0.913
		草本高度	0.984
总碳水化合物含量	3	地表温度	0.448
		遮阳率	0.706
		草本盖度	0.338
		草本多度	0.125
		草本高度	0.655

表 7-5　草本植物物种组成

科	属	种	CK	DC	FC	NCD	NC
藜科 Chenopodiace	虫实 *Corispermum*	虫实 *Corispermum patelliforme*	√	√	√	√	√
	沙蓬属	莿蓬 *Agriophyllum squarrosum*	√	√	√	√	√
	雾冰藜属 *Bassia*	雾冰藜 *Bassia dasyphylla*	√	√	√	√	√
	猪毛菜属 *Salsola*	猪毛菜 *Salsola ruthenica*			√	√	
菊科 Compositae	蒿属 *Artemisia*	冷蒿 *Artemisia frigida*		√		√	√
		茵陈蒿		√		√	√

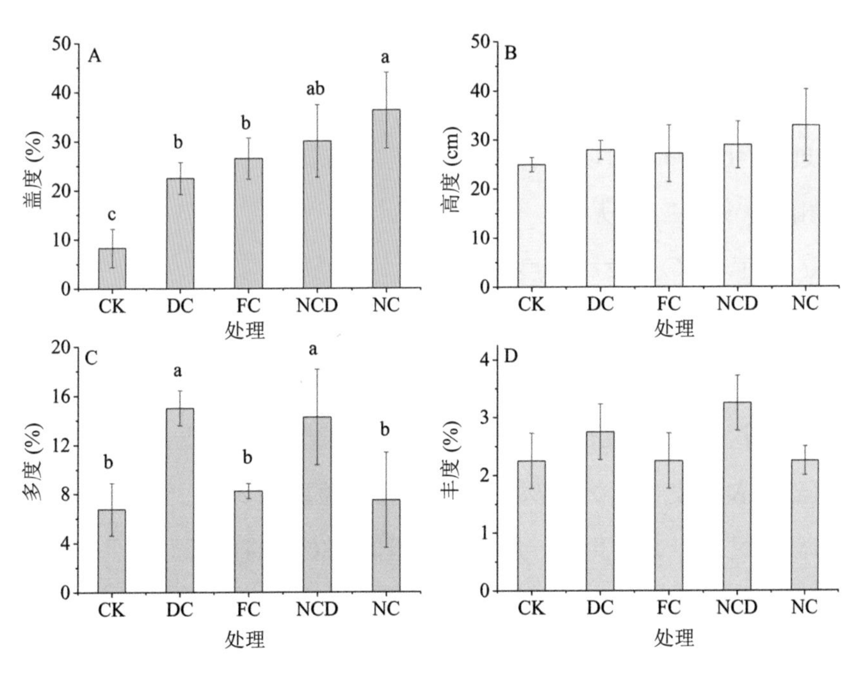

图 7-11　草本植物盖度、高度、多度和丰度

7.3.3 BSC碎片撒播培养人工蓝藻结皮

尽管人工BSC技术是恢复退化土地的理想选择，但其应用潜力受到待恢复生态系统气候条件的强烈影响（Román et al., 2018）。水是影响自然系统中BSC形成和发育的关键驱动力，它在很大程度上决定了蓝藻和藓类结皮的盖度。因此，为了保证在较短的培养周期内快速增加人工BSC盖度，研究人员和管理人员经常使用补充水进行浇灌（Chen, Xie, et al., 2006）。例如，在一项研究中，连续一周在培养的蓝藻结皮地块上喷水，喷水量为每平方米5 mm（Park et al., 2017）。也有研究认为人工蓝藻结皮的培养需要约每天20 mm的灌水量，并连续灌水15－18天或每周浇水2－5天。然而，干旱区面临缺水和用水的冲突。因此，为了大规模应用人工BSC技术，需要研发节水型或雨养型人工BSC培养技术，这是未来研究的一个重要方向，在旱地生态恢复中具有很强的应用价值。

为了探索节水型人工BSC培养方法，我们设置5个处理：1. 裸沙（CK）；2. 接种干燥蓝藻（DC）；3. 接种新鲜蓝藻（FC）；4. 接种天然蓝藻－地衣结皮碎片（NCL）；5. 接种天然蓝藻结皮碎片（NC）。研究期间，降雨是唯一的水源。我们通过试验区300 m自动气象站获得的气象资料（月平均风速、月最大风速、累积降雨量）如图7–12所示。

一、人工BSC盖度和厚度

BSC的盖度在前2个月迅速增加，其中天然蓝藻－地衣结皮和天然蓝藻结皮处理组盖度分别增加了20.0%和29.6%，7个月后下降了3.0%－11.2%。接下来的3个月，各组盖度保持相对稳定，其中天然蓝藻结皮盖度为13.8%、天然蓝藻－地衣结皮盖度为9.1%、新鲜蓝藻的盖度为2.0%、干燥蓝藻的盖度为1.6%。经过12个月的生长，所有处理组的BSC都明显高于对照组。天然蓝藻－地衣结皮和天然蓝藻结皮处理相比培养蓝藻的处理组，BSC生长情况更为显著。仅在天然蓝藻－地衣结皮碎片处理中发现地衣，其中蓝藻盖度（NCL–C）

高于地衣盖度（NCL–D; $p < 0.05$）（图 7–13 和图 7–14）。

12个月后，接种天然蓝藻－地衣结皮碎片培养的BSC厚度小于碎片初始厚度（3.8 mm，初始4.9 mm），而接种天然蓝藻结皮培养的BSC厚度大于碎片初始厚度（3.4 mm，初始2.9 mm）。接种天然蓝藻－地衣结皮和接种天然蓝藻结皮处理的BSC厚度均大于接种干燥蓝藻和接种新鲜蓝藻处理的BSC厚度（分别为0.7 mm和0.9 mm）（$p < 0.05$，图 7–14）。

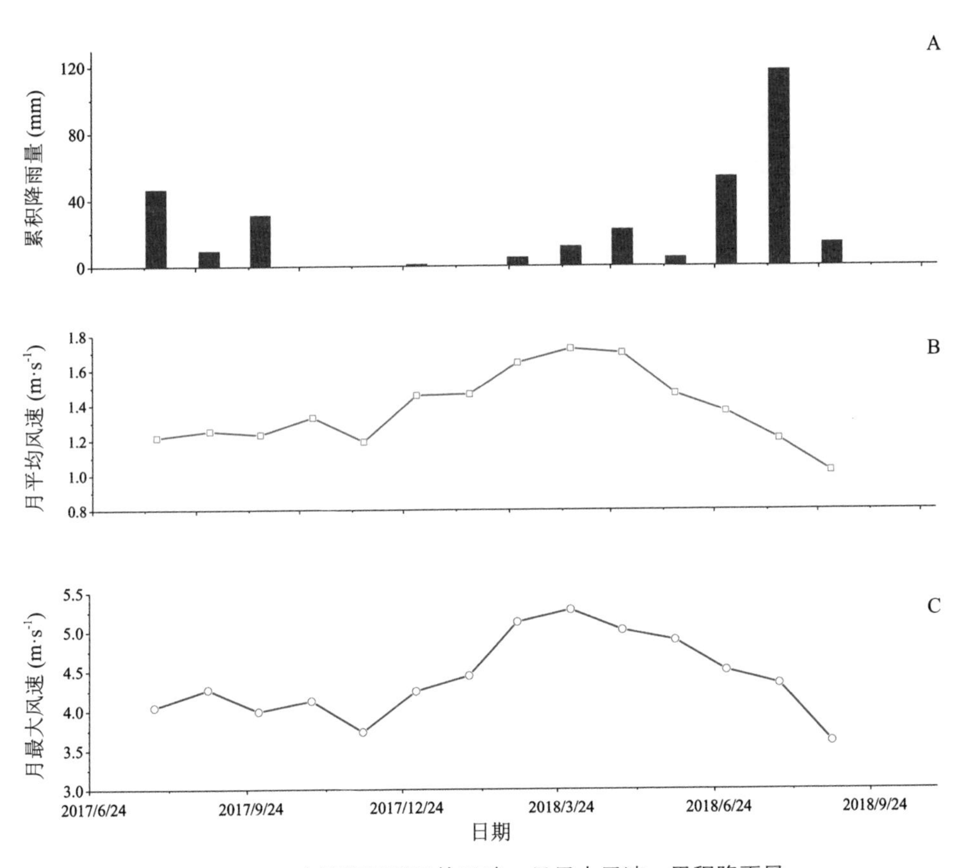

图 7–12　实验期间月平均风速、月最大风速、累积降雨量

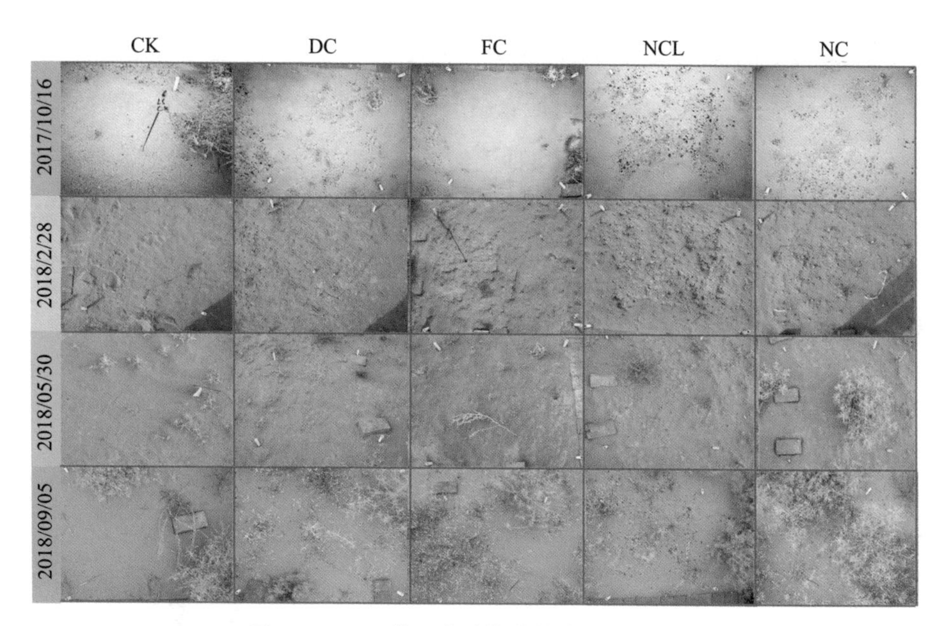

图7-13 不同处理方式培养的人工BSC图片

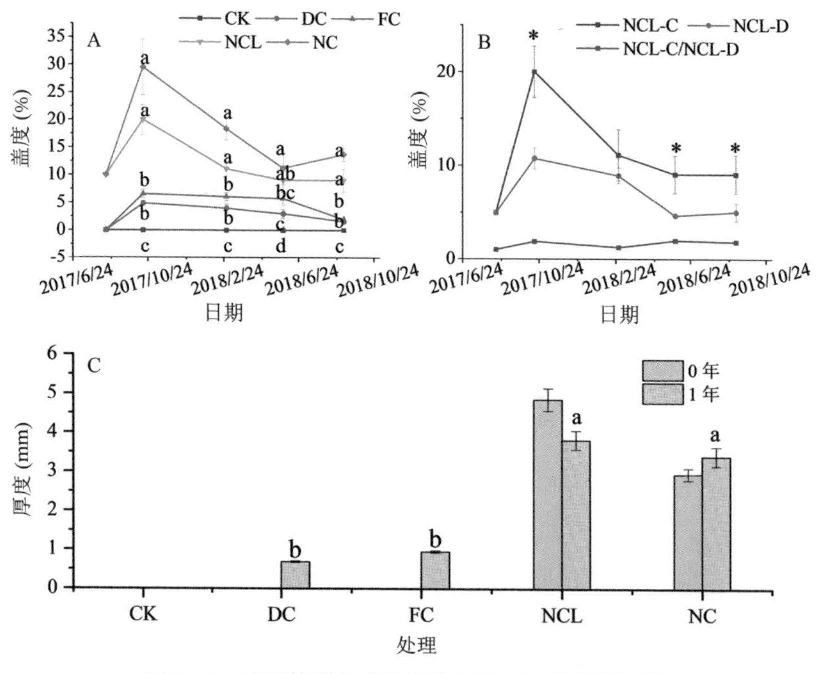

图7-14 不同处理方式培养的人工BSC盖度和厚度

人工加速蓝藻结皮的形成是重建土壤生态系统功能优先考虑的因素，因为蓝藻是沙区土壤的先锋种（Acea et al., 2001）。蓝藻能够通过改善表层微环境提高演替后期物种拓殖和生存的可能性来促进BSC演替。有学者发现地衣的生长和拓殖虽然对环境要求较高，但地衣确实能够促进自身后期的连续拓殖（Antoninka et al., 2018）。有的学者也认为地衣具有良好的可培养性和固氮能力，是一种很有前途的生态恢复材料（Bowker et al., 2016）。此外，也有学者成功地在受干扰地区恢复了地衣结皮（Ballesteros et al., 2017）。

在我们的研究中，当同时应用天然蓝藻—地衣结皮碎片培养12个月后，蓝藻的盖度显著高于地衣的盖度($p < 0.05$)，盖度比由初始的1：1变化为1.8：1，表明在干旱区生态恢复的初始阶段，蓝藻适合在原位培养BSC。在自然恢复中，地衣的重新拓殖非常缓慢，而我们所用的方法能促进地衣结皮加速拓殖。

二、非生物和生物因素对人工BSC盖度和厚度的影响

培养后的BSC风蚀强度以春季（2—5月）最大，其次为冬季、秋季和夏季，土壤风蚀强度在秋季和春季之间呈上升趋势，在夏季呈下降趋势。裸沙（CK）处理10月至次年2月风蚀强度先增大8 mm，然后在2—9月减小。其中，无BSC的对照（裸沙CK）土壤风蚀强度最高（12个月土壤侵蚀49.0 mm），其他处理土壤风蚀强度分别为18.4mm、21.3mm、7.1mm和-9.5 mm。土壤风蚀强度与土壤覆盖程度呈负相关。经线性回归分析，当BSC盖度为10.2%时，风蚀强度为0（图7–15）。

风速与人工BSC盖度呈负相关；而通过R^2值的测量，风速仅影响了BSC盖度的7.4%和13.4%（图7–16 A, B; 表7–6）。当平均风速大于1.5 $m \cdot s^{-1}$时，BSC面积小于5.0%；当平均风速大于1.3 $m \cdot s^{-1}$时，BSC面积小于10.0%。当平均最大风速大于4.1 $m \cdot s^{-1}$时，BSC盖度小于10.0%；当平均最大风速大于5.2 $m \cdot s^{-1}$时，BSC盖度为0。

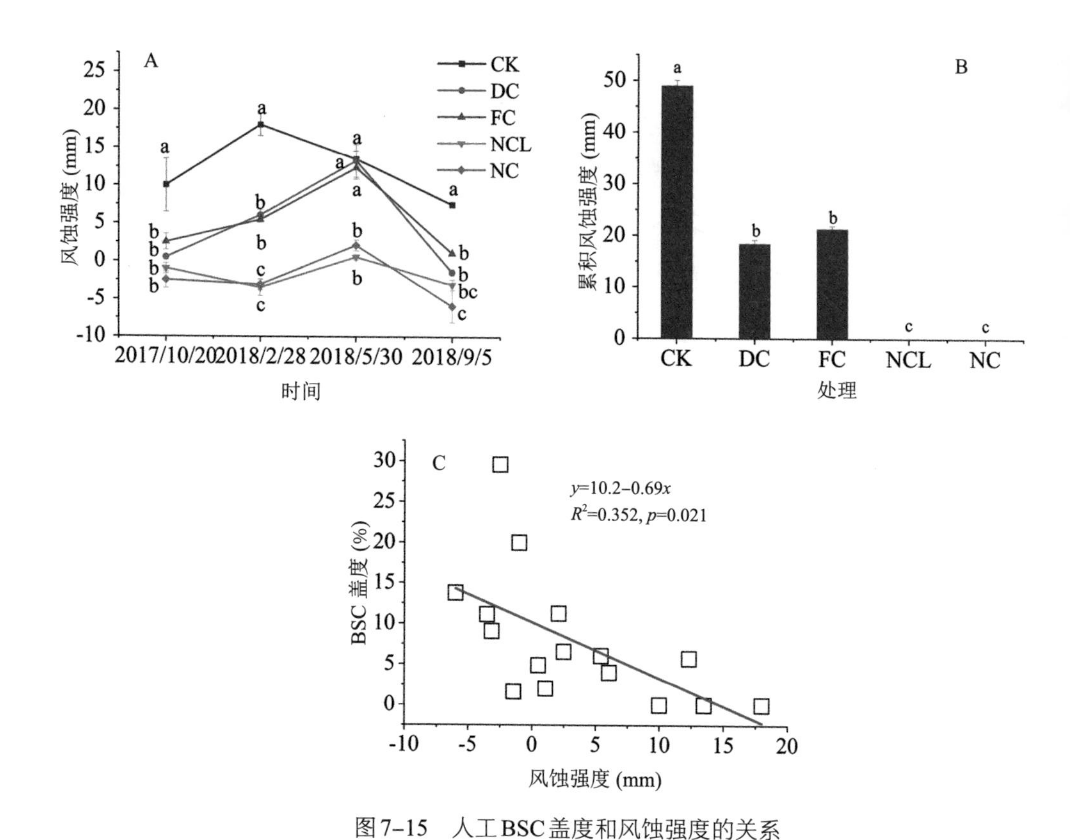

图7–15　人工BSC盖度和风蚀强度的关系

累积降雨量与BSC盖度净增加量呈正相关，降雨导致BSC净增加63.5%的变化量。随着降雨量从0增加到40 mm，BSC净增加了7.5%（从-7.5%增加到0，图7–16C）。

草本植物盖度与人工BSC的盖度和厚度呈正相关，而草本高度、多度和丰富度与人工BSC盖度和厚度没有显著的相关性。草本盖度与风蚀强度呈负相关。当草本盖度达到23.9%时，风蚀强度几乎下降到0（图7–17）。

造成干旱区土地退化和沙漠化的主要原因之一是水资源枯竭。水资源可用性是防治荒漠化（Jafari et al., 2016）以及在干旱区应用人工BSC技术（Belnap, Prasse & Harper, 2003; Rossi et al., 2017）的制约因素。在渭水河谷培养藓类结

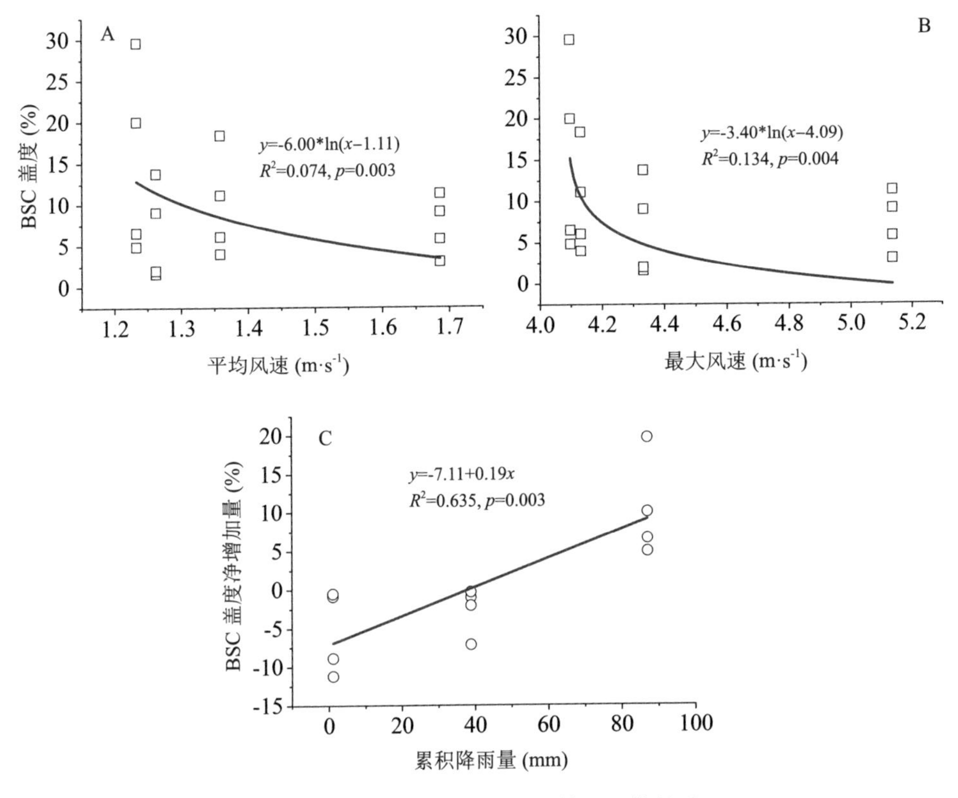

图7–16　人工BSC盖度和环境因子的关系

皮的研究中，我们发现，在2个月的实验周期中，研究人员需要在每块地（1 m^2）增加10 mm降水，使土壤含水量保持在15.0%－25.0%（Bu et al., 2018）。在实验室条件下，沙土表面培养蓝藻结皮15－25天，需要土壤含水量为10.0%（Lan, Wu, et al., 2017）。这些试验都需要增加水分或保持高土壤含水量。相比之下，我们发现12个月后，所有经过加水处理的实验区的BSC盖度都逐渐下降；而在生长期间不加水的情况下，将蓝藻结皮培养的天然BSC碎片进行撒播，在10个月内可以保持稳定的BSC盖度。

喷洒新鲜的BSC有机体，如具鞘微鞘藻（Lan et al., 2017）或瘦鞘丝藻属（Mugnai, Rossi, Martin, et al., 2018），是建立人工BSC的常用方法。然而，研

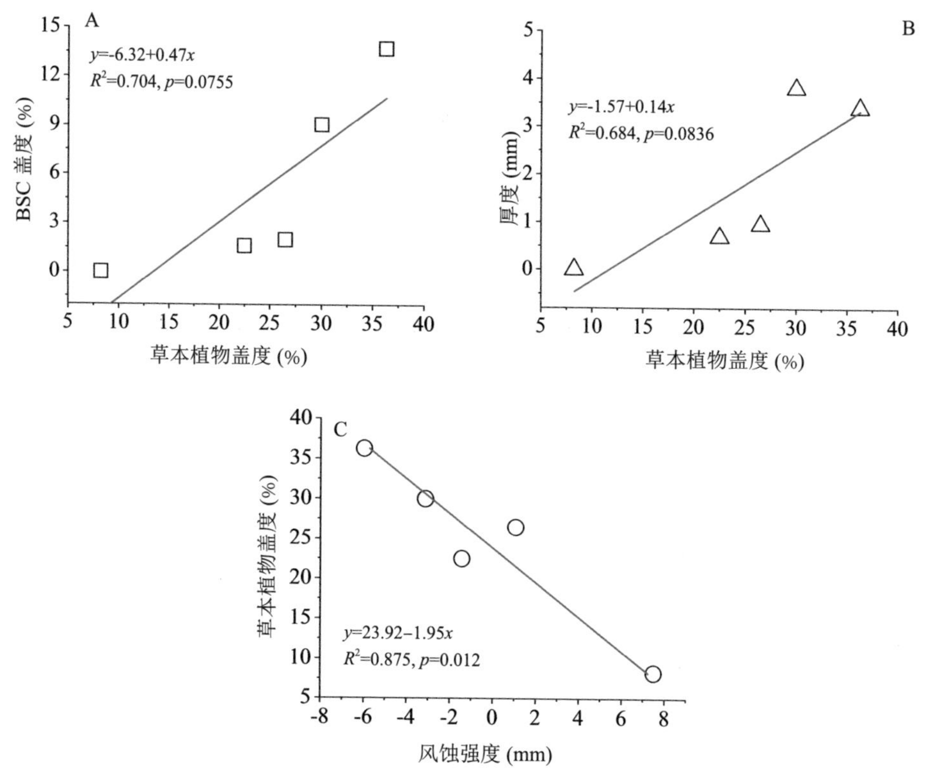

图7–17　人工BSC盖度和草本植物的关系

究发现，为了建立BSC，在研究期间可能需要喷洒多达3次或更多次的水分（Park et al., 2017）。人工BSC建立后也需要管理，如补水或灌溉（Lan, Wu, et al., 2017; Park et al., 2017; Bu et al., 2018）。因此，除了水的可用性，工作量大和成功率低也是开发和实施人工BSC技术的障碍。在中国和以色列沙漠，降水在很大程度上决定了蓝藻结皮的盖度。有研究也发现，降雨通过降低沙地表面温度、供水维持接种物的光合活性、润湿BSC表面来促进BSC的生长（Gao & Yu, 2000; Chen, Xie, et al., 2006），从而防止BSC被侵蚀（Kidron et al., 2017）。这说明在雨季开始时采用人工BSC技术，可以节约水资源，降低干旱区生态恢复工程的成本。

在自然环境条件下，多个因素可以影响初始阶段BSC的形成和拓殖。干旱区自然环境严酷，稳定的沙面是促进BSC成功拓殖和形成的主要因素（Belnap et al., 2003; Li, 2012; Kidron et al., 2014）。在干旱区，风是一种普遍存在的环境变量，通常作为限制BSC覆盖和分布的因素（Belnap et al., 1997; Jia et al., 2012）。研究期间，在1－6月，平均风速为1.5－1.7 $m\cdot s^{-1}$，其他月份平均风速为1.0－1.4 $m\cdot s^{-1}$。3－5月平均最大风速为5.0 $m\cdot s^{-1}$，其他月份为3.5－4.5 $m\cdot s^{-1}$。平均风速和平均最大风速均与培养后的BSC面积呈负相关。在春季，所有人工培育BSC的面积显著下降。回归分析结果表明，当离地面1 m高度处平均最大风速超过5.2 $m\cdot s^{-1}$时，BSC盖度开始下降。然而，在我们的研究区，这一风速是春季常见的风速(Jia et al., 2012)；同时,4月份平均风速和最大风速分别为1.7 $m\cdot s^{-1}$和5.3 $m\cdot s^{-1}$。在美国犹他州的研究发现，在不同发育阶段，BSC在风速为0.9－5.7 $m\cdot s^{-1}$时开始破碎，并认为自然条件下风速是影响BSC恢复的主要因子（Belnap et al., 1997）。根据前人的研究，如果风速达到7.3 $m\cdot s^{-1}$以上，在野外培育超过12个月的蓝藻结皮开始脱落（Park et al., 2017）。一般来说，BSC的有机体集中在顶部3 mm的沙土上，较大的风速可以迅速去除表层的有机体，从而降低BSC盖度（Belnap, Prasse & Harper, 2003）。因此，尤其是在干旱区，风速是影响BSC成功培育的重要因素。

土壤风蚀性反映了土壤在风蚀和磨蚀作用下的脆弱性（Liu et al., 1998）。通常风蚀强度的正值反映风蚀，负值代表风积。在本研究中，风蚀强度与培育的BSC盖度呈显著负相关。回归分析发现，当BSC盖度达到10.0%以上时，不发生风蚀，而当月平均风速大于1.5 $m\cdot s^{-1}$、1 m处最大风速大于4.1 $m\cdot s^{-1}$、BSC面积接近10.0%时，也有相似的结果。这一发现与腾格里沙漠植被恢复区（Li, 2012）和内盖夫沙漠自然植被区（Kidron et al., 2014）的BSC发育情况一致。此外，草本盖度与风蚀强度呈负相关。其中，草本植物的存在降低了风蚀，改善了小尺度生境的影响，这是草本植物盖度与人工BSC盖度和厚度之间正相关的原因。在BSC发育初期，由于侵蚀和BSC之间的空间竞争，很难明确区分BSC对风蚀作用的影响和风蚀作用对BSC的影响（Lázaro et al., 2008）。若风速大而BSC盖度低，则会对BSC产生明显的侵蚀作用，BSC无法进一步生长。但在侵蚀能量不高的情况下，BSC可以起到显著的减蚀作用。这个过程可以向侵蚀域（侵蚀限制BSC发展）或稳定性/BSC覆盖域（BSC限制侵蚀）发展。因此，在BSC的早期，保持沙地表面的稳定是非常重要的。

综上所述，撒播BSC碎片是一种快速、高效、节水的BSC培育技术。此外，为了节约用水，应在雨季开始时在退化地区撒播BSC碎片。风速和风蚀对BSC的成功培养影响较大。因此，在BSC培养初期应采取措施，减少风速和风蚀的影响，保持土壤表面的稳定性。与喷洒新鲜蓝藻相比，撒播BSC碎片的方法取得了成功，因此，需要提供更多的BSC碎片用于大规模生态恢复。鉴于此，我们提出了分两步培养BSC的方案，首先在环境良好的野外地区（苗圃）培养BSC，然后将培养形成的BSC碎片撒播到退化的目标地点（播种）。

表7-6 人工BSC与环境因子和草本植物属性间的线性回归分析

来源		类型三平方和	*df*	均方和	*F*	*p*
变量 : BSC 盖度						
模型		27.258[a]	11	2.478	89.189	0.011
截距		0.000	0			
处理		8.923	4	2.231	80.289	0.012
	草本植物盖度	0.073	1	0.073	2.619	0.247
	草本植物高度	0.224	1	0.224	8.053	0.105
	草本植物多度	0.019	1	0.019	0.679	0.497
	草本植物丰富度	0.353	1	0.353	12.693	0.071
	风蚀强度	0.156	1	0.156	5.602	0.142
	平均风速	0.081	1	0.081	0.814	0.390

续表

来源	类型三平方和	*df*	均方和	*F*	*p*
最大风速平均值	0.119	1	0.119	1.254	0.292
累积降雨量	0.100	1	0.100	1.027	0.337
处理 × 草本植物多度	1.227	5	0.245	2.438	0.450
处理 × 累积降雨量	0.488	3	0.163	0.623	0.616
处理 × 平均风速	5.842	5	1.168	3.625	0.052
处理 × 草本植物盖度	5.302	5	1.060	5.114	0.021
处理 × 风蚀强度	0.437	5	0.087	0.271	0.917
处理 × 草本植物高度	12.343	5	2.469	11.905	0.002
处理 × 最大风速平均值	0.498	3	0.166	0.636	0.608
处理 × 草本植物丰富度	5.865	5	1.173	1.558	0.275
草本植物盖度 × 平均风速	0.009	1	0.009	0.004	0.949
风蚀强度 × 平均风速	1.330	1	1.330	0.654	0.433
草本植物高度 × 平均风速	0.603	1	0.603	0.297	0.595
草本植物盖度 × 风蚀强度	0.735	1	0.735	0.362	0.558
草本植物盖度 × 草本植物高度	0.010	1	0.010	0.005	0.944
草本植物高度 × 风蚀强度	0.017	1	0.017	0.008	0.929
草本植物盖度 × 草本植物高度	0.032	1	0.032	0.011	0.918
草本植物盖度 × 累积降雨量	0.001	1	0.001	0.000	0.984
草本植物高度 × 累积降雨量	0.043	1	0.043	0.015	0.905
最大风速平均值 × 累积降雨量	0.047	1	0.047	0.016	0.901
草本植物盖度 × 最大风速平均值	0.001	1	0.001	0.000	0.985
草本植物高度 × 最大风速平均值	0.044	1	0.044	0.015	0.904
草本植物多度 × 平均风速	0.784	1	0.784	0.419	0.529
风蚀强度 × 平均风速	0.022	1	0.022	0.012	0.915
草本植物丰富度 × 平均风速	0.001	1	0.001	0.000	0.983

续表

来源	类型三平方和	*df*	均方和	*F*	*p*
草本植物多度 × 风蚀强度	0.537	1	0.537	0.287	0.601
草本植物多度 × 草本植物丰富度	1.218	1	1.218	0.651	0.434
草本植物丰富度 × 风蚀强度	1.037	1	1.037	0.554	0.470
草本植物多度 × 草本植物丰富度	3.927	1	3.927	1.199	0.293
草本植物多度 × 累积降雨量	0.172	1	0.172	0.053	0.822
最大风速平均值 × 累积降雨量	0.133	1	0.133	0.041	0.843
草本植物丰富度 × 累积降雨量	0.085	1	0.085	0.026	0.874
草本植物多度 × 最大风速平均值	0.177	1	0.177	0.054	0.820
草本植物丰富度 × 最大风速平均值	0.084	1	0.084	0.026	0.875
误差	0.056	2	0.028		
总计	70.574	14			
校正总和	27–313	13			
变量 : BSC 厚度					
模型	941.414[b]	8	117.677	17.210	0.000
截距	27.377	1	27.377	4.004	0.073
处理	660.158	4	165.039	24.137	0.000
草本植物盖度	9.820	1	9.820	1.436	0.258
草本植物高度	0.756	1	0.756	0.111	0.746
草本植物多度	1.718	1	1.718	0.251	0.627
草本植物丰富度	3.569	1	3.569	0.522	0.487
风蚀强度	0.256	1	0.256	0.052	0.826
平均风速	0.197	1	0.197	0.051	0.827
最大风速平均值	0.111	1	0.111	0.029	0.870
累积降雨量	0.156	1	0.156	0.040	0.846
处理 × 草本植物多度	16.544	5	3.309	0.876	0.537

续表

来源	类型三平方和	*df*	均方和	*F*	*p*
处理 × 累积降雨量	13.260	3	4.420	0.517	0.680
处理 × 平均风速	166.539	5	33.308	2.796	0.095
处理 × 草本植物盖度	53.515	5	10.703	0.956	0.496
处理 × 风蚀强度	18.072	5	3.614	0.303	0.898
处理 × 草本植物高度	252.929	5	50.586	4.518	0.030
处理 × 最大风速平均值	13.033	3	4.344	0.508	0.685
处理 × 草本植物丰富度	133.977	5	26.795	7.093	0.008
草本植物盖度 × 平均风速	0.482	1	0.482	0.014	0.906
风蚀强度 × 平均风速	14.906	1	14.906	0.444	0.517
草本植物高度 × 平均风速	0.516	1	0.516	0.015	0.903
草本植物盖度 × 风蚀强度	14.165	1	14.165	0.422	0.527
草本植物盖度 × 草本植物高度	4.586	1	4.586	0.137	0.718
草本植物高度 × 风蚀强度	4.638	1	4.638	0.138	0.716
草本植物盖度 × 草本植物高度	1.199	1	1.199	0.018	0.896
草本植物盖度 × 累积降雨量	7.063	1	7–063	0.105	0.751
草本植物高度 × 累积降雨量	31.952	1	31.952	0.477	0.502
最大风速平均值 × 累积降雨量	28.985	1	28.985	0.433	0.522
草本植物盖度 × 最大风速平均值	7.114	1	7–114	0.106	0.750
草本植物高度 × 最大风速平均值	31.898	1	31.898	0.476	0.502
草本植物多度 × 平均风速	57.241	1	57–241	3.243	0.095
风蚀强度 × 平均风速	22.149	1	22.149	1.255	0.283
草本植物丰富度 × 平均风速	3.865	1	3.865	0.219	0.648
草本植物多度 × 风蚀强度	65.597	1	65.597	3.717	0.076
草本植物多度 × 草本植物丰富度	52.017	1	52.017	2.947	0.110

续表

来源	类型三平方和	*df*	均方和	*F*	*p*
草本植物丰富度 × 风蚀强度	94.988	1	94.988	5.382	0.037
草本植物多度 × 草本植物丰富度	146.426	1	146.426	2.453	0.141
草本植物多度 × 累积降雨量	0.727	1	0.727	0.012	0.914
最大风速平均值 × 累积降雨量	0.229	1	0.229	0.004	0.952
草本植物丰富度 × 累积降雨量	2.102	1	2.102	0.035	0.854
草本植物多度 × 最大风速平均值	0.788	1	0.788	0.013	0.910
草本植物丰富度 × 最大风速平均值	2.064	1	2.064	0.035	0.855
误差	68.375	10	6.838		
总计	1661.188	19			
校正总和	1009.789	18			

注：a: R^2=0.998（校正 R^2=0.987）; b: R^2=0.932（校正 R^2=0.878）。

7.3.4 沙面表层覆盖土壤基质+BSC碎片撒播人工BSC培养模式

未来65年，气候变化和土地利用集约化将导致BSC盖度下降约25%—40%。BSC的丧失将从多个方面对生态系统功能产生负面影响，包括土壤沙尘增加和固碳、固氮量减少，从而导致二氧化碳排放增加和土壤氮的有效性降低（Chiquoine et al., 2016; Ferrenberg et al., 2017; Antoninka, Faist, et al., 2020）。由于BSC在旱地生态系统中具有关键作用，BSC固沙已经成为退化的沙漠生态系统中减少非生物胁迫和恢复土壤功能最有前途的生物技术策略之一（Chamizo et al., 2018; Chock et al., 2019; Antoninka, Bowker, et al., 2020）。重要的是，我们可以在实验室和实地条件下快速培养BSC，使其易于在不同地区拓殖。在实验室条件下，使用蓝藻与高吸水性聚合物结合，在3个月的时间内成功培养了BSC（Park et al., 2014）。在温室环境中，撒播的BSC能够快速在沙地中拓殖，在一年内BSC的盖度达到82%（Antoninka et al., 2016）。在腾格里沙漠，蓝藻和固沙剂的组合是促进野外人工蓝藻结皮生长和发育的有效途径（Park et al., 2017）。同时，有研究者在黄土高原退化区成功培养了藓类结皮（Xiao et al., 2015; Bu et al., 2018）。然而，在大尺度上使用人工BSC技术恢复生态系统功能仍然具有挑战性（Antoninka, Faist, et al., 2020; Román et al., 2020; Zhou et al., 2020）。

土壤属性是影响人工BSC和自然BSC拓殖的另一个关键因素（Antoninka, Faist, et al., 2020; Chamizo et al., 2018; Li et al., 2017; Li et al., 2017）。在大盆地沙漠，BSC盖度最高的是黏土土壤，而不是沙质黏土（Chock et al., 2019）；在比较了西班牙东南部阿莫拉德拉斯沙地、考蒂沃（位于塔韦纳斯沙漠）和加多尔科沃三地培育的土壤培养的人工蓝藻结皮，发现在实验室接种3个月后，阿莫拉德拉斯沙地的土壤培育的蓝藻结皮盖度最高。对在沙土表面添加粉煤灰和生物接种剂对丝状蓝藻结皮培养的影响的研究结果表明，“沙+BSC接种物+粉煤灰”的处理效果显著优于纯沙处理。利用来自凉爽的大盆地沙漠和炎热的奇瓦瓦沙漠的两种结构不同的土壤培养BSC的研究表明，原生土壤可以接种整个天然BSC群落或单个分离株（Giraldo-Silva et al., 2020; Velasco Ayuso et al., 2020）。在这些例子中，BSC培育期间土壤基质的选择是根据土壤条件的差异（包括物理化学性质）进行的，这可能导致不同的结果（Román et al., 2018; Antoninka, Faist, et al., 2020）。因此，在BSC恢复的实验中必须考虑到土壤性质（Chock et al., 2019）。然而，几乎所有这些研究都是在寒冷和炎热的沙漠中进行的。在温带沙漠生态系统中，描述土壤基质对人工蓝藻结皮拓殖和发展的影响的数据相对较少。

我们在腾格里沙漠东南缘探索了不同土壤基质对人工BSC形成的影响。研究所用土壤基质为腾格里沙漠东南缘宁夏回族自治区中卫市4个不同地区的4种土壤基质，采样点信息见图7–18，其中取样点1为小红山，取样点2为沙坡头试验区，取样点3为撂荒农田，取样点4为疏浚区（淤积土壤）。将采集的腾格里沙漠东南缘自然发育的蓝藻和蓝藻－地衣结皮均匀地撒播在上述土壤基质上，每个处理的BSC碎片盖度为6%。

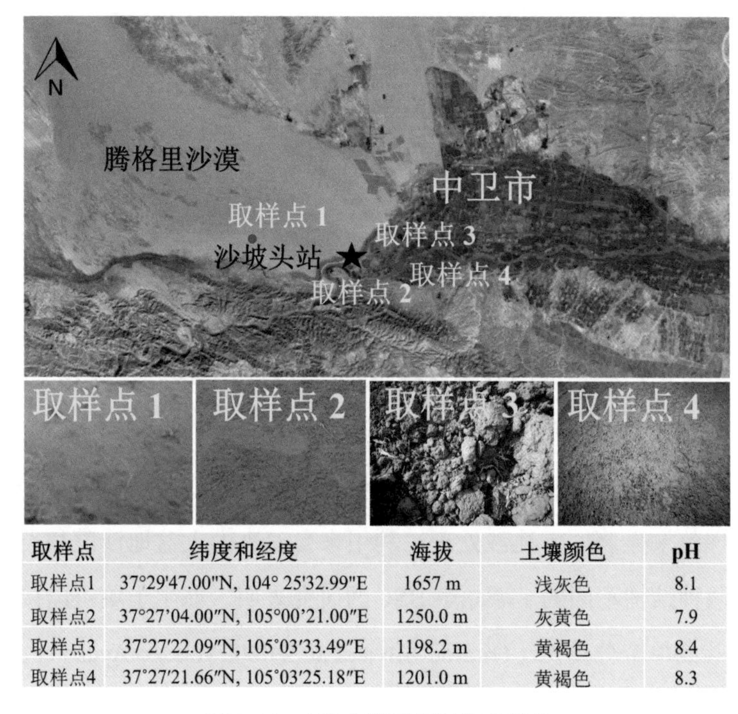

取样点	纬度和经度	海拔	土壤颜色	pH
取样点1	37°29'47.00"N, 104° 25'32.99"E	1657 m	浅灰色	8.1
取样点2	37°27’04.00″N, 105°00’21.00″E	1250.0 m	灰黄色	7.9
取样点3	37°27′22.09″N, 105°03′33.49″E	1198.2 m	黄褐色	8.4
取样点4	37°27′21.66″N, 105°03′25.18″E	1201.0 m	黄褐色	8.3

图7-18　4种土壤基质采集点信息

一、BSC的盖度、厚度和抗风蚀能力

在大多数处理中，BSC盖度在野外培养的前2个月迅速增加，然后在接下来的10个月趋于稳定。沙坡头站的沙质土壤经过天然蓝藻结皮（NC）和天然蓝藻－地衣结皮（NCL）处理后，在过去的10个月里盖度有所下降（图7-19A）。发育12个月后，所有处理的BSC盖度均显著高于对照组（CK）。BSC盖度在淤积土壤、小红山土壤和撂荒农田土壤的处理中高于沙坡头站的沙质土壤培养蓝藻处理的盖度（图7-19A）。

12个月后，淤积土壤、小红山和弃耕地土壤中BSC的厚度均大于NC初始厚度（2.94 mm）。淤积土壤、小红山土壤和撂荒农田土壤经NCL处理后BSC的厚度均低于NCL初始厚度（4.85 mm; 图7–19B）。

沙坡头站土壤经处理后的抗风蚀能力最差（3.90 cm），其次为淤积土、小红山土和弃耕地土，分别为1.30 cm、0.30 cm和–0.75 cm（图7–19C）。BSC拓殖12个月后，NC淤积土壤和NCL小红山土壤抗风蚀性能最好（图7–19C）。BSC盖度和厚度与抗风蚀能力呈正相关（图7–20A和B）。

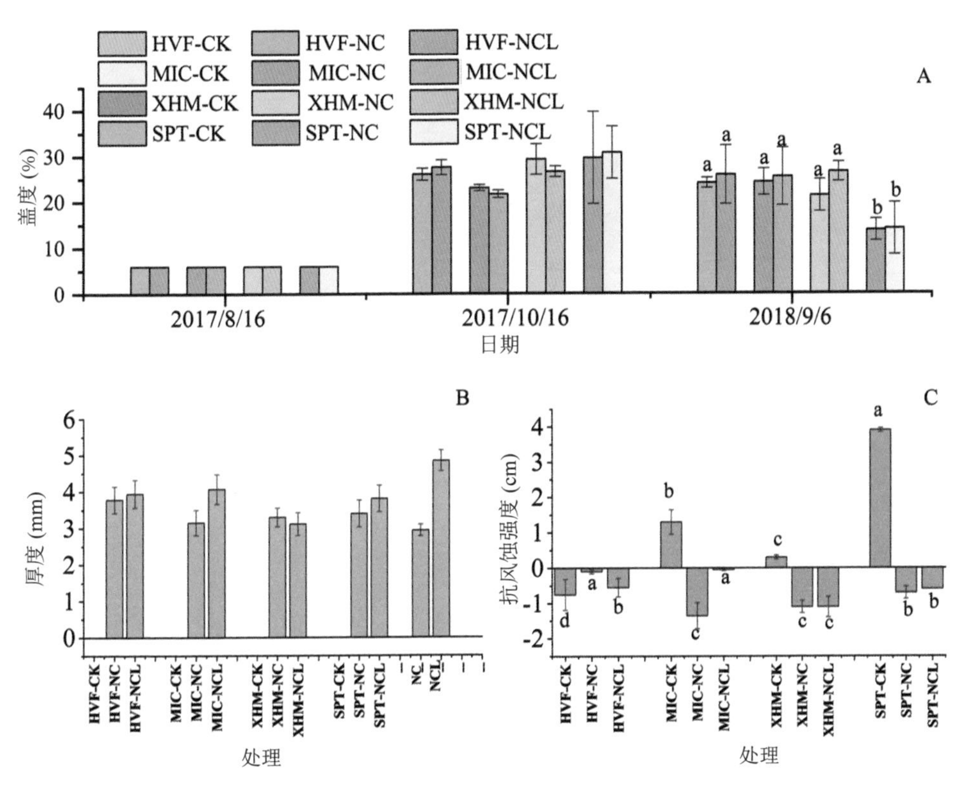

图7–19　人工BSC的盖度、厚度和抗风蚀强度

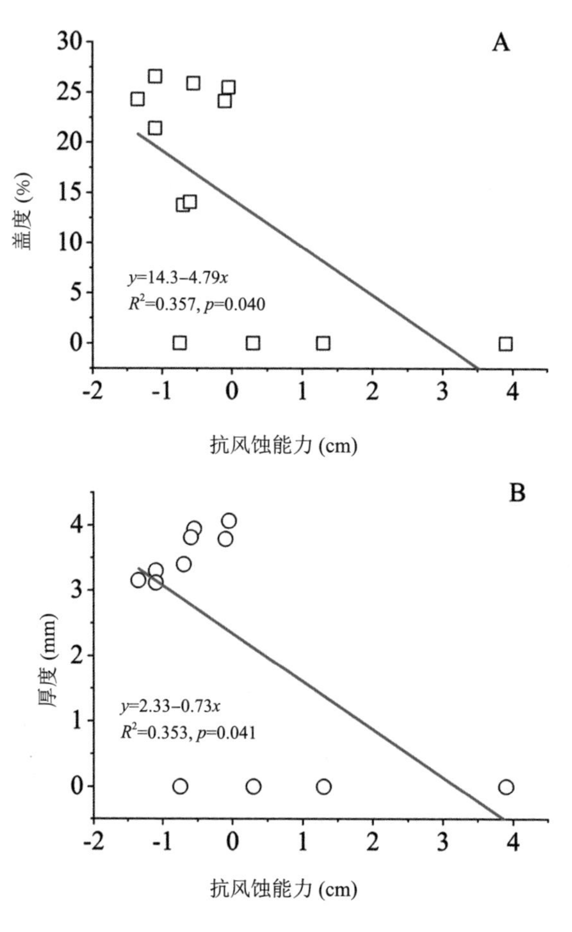

图7-20　人工BSC盖度和厚度与风蚀强度之间的关系

风是沙漠的主要侵蚀动力。多项研究表明，在恶劣的干旱环境下，BSC的成功拓殖取决于沙土表面的稳定性；风蚀是一种限制BSC拓殖的间歇性干扰事件（Li, Hui, et al., 2016）。内盖夫沙漠的研究表明，沙面土壤的磨损和剥落导致BSC系统的破坏和退化，并导致沙粒的运移。高速风可能阻碍BSC的建立，而风蚀增加BSC的脆弱性，使得BSC盖度下降（Kidron et al., 2017; Kidron, Xiao, et al., 2020）。在古尔班通古特沙漠的研究发现，风对沙土表面的干扰大大降低了土壤阻力，不利于BSC的建立（Zhang et al., 2006）。在一项实地研究中，也发现BSC盖度与风蚀呈显著负相关（Zhao, Jia, et al., 2019）。我们的研究结果与之前的研究结果一致，即风蚀与人工BSC的盖度和厚度呈负相关。

当受到的干扰较小时，稳定的沙子或土壤基质上BSC恢复速率也相对较快（Rodríguez-Caballero et al., 2018; Xiao, Hu, et al., 2019）。为了稳定沙面，许多研究人员和修复工作者使用机械屏障，如草方格屏障和黏土屏障，以及化学固沙剂来稳定土壤表面（Bo et al., 2015; Peng et al., 2017; Bowker et al., 2020）。用沙子覆盖土壤基质（黏土屏障）是中国北方广泛使用的传统固沙方法（Collin et al., 2002; Wu et al., 2009; Sun et al., 2012）。在巴丹吉林沙漠进行的6年野外研究表明，与裸沙相比，黏土屏障可显著降低沙地0－20 cm处的风速和80%的输沙率。黏土屏障在前3年保持良好的形态，到第6年只有20%遭到损坏（Wu et al., 2009; Sun et al., 2012）。因此，在短时间内（至少3年）使用黏土屏障来稳定沙面可以减少土壤风蚀的风险。与粗质土壤相比，细质土壤由于其较高的表面积体积比而更加稳定，因而增强了它们与矿物质和有机质的结合能力(NRCS, 1996）。在我们的研究中，即使248 天观测到的风速大于4.0 $m \cdot s^{-1}$（粉尘运动临界值），我们也发现土壤覆盖的沙面显著提高了土壤的抗风蚀能力。同时，在之后的12个月里，3种含有黏土和淤泥成分的土壤基层覆盖处理比沙土有更高的抗风蚀能力和BSC盖度（图7–19）。这些结果表明，在沙丘上覆盖更坚固的土壤基质可以减少风蚀。这些稳定的沙面可以为BSC的形成提供良好的环境，从而有助于自然沙漠生境的BSC的恢复。更重要的是，如果人工BSC成功定殖，恢复区域次生土壤风蚀的风险将减少。

二、BSC特性与土壤性质的关系

土壤粒径与BSC的盖度呈正相关（图7–21）。细沙和中沙含量与盖度呈负相关（图7–21E和F）。土壤养分含量、土壤有机质、全氮含量、全磷含量与BSC盖度呈正相关（图7–22）。

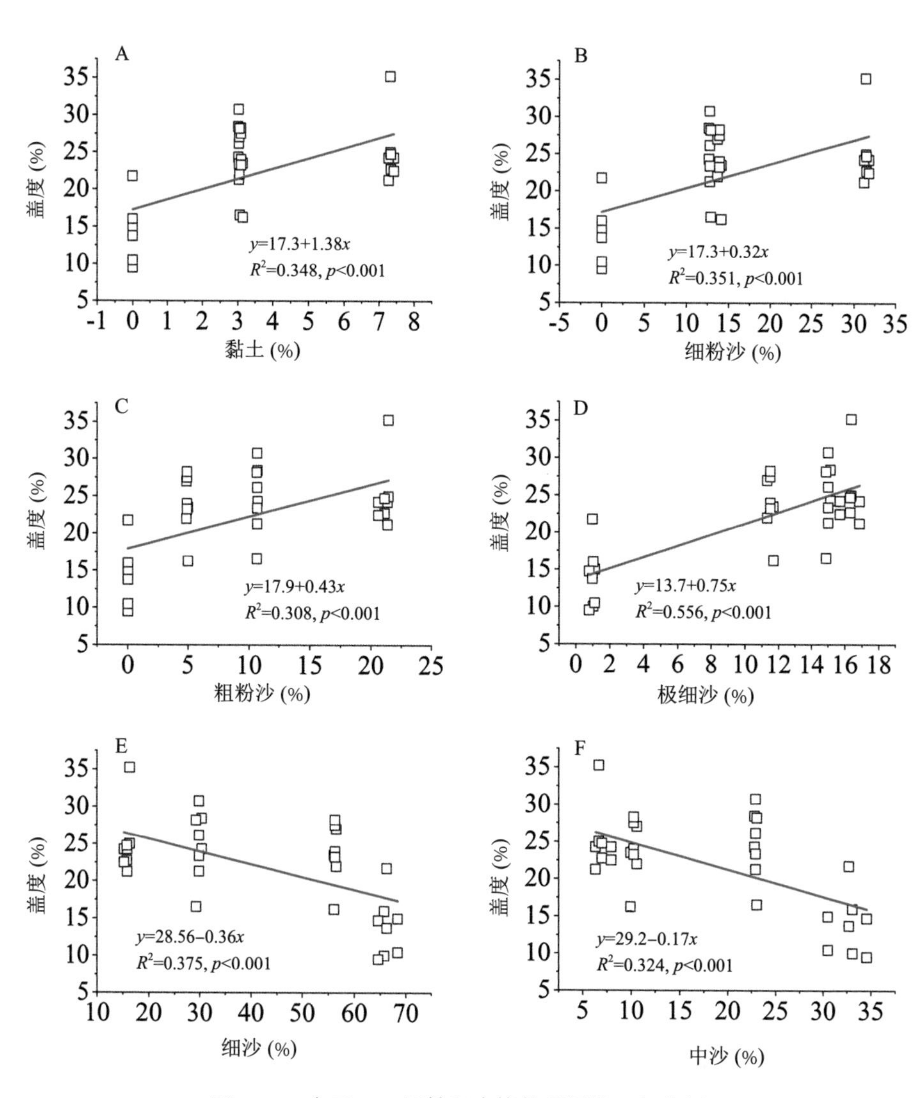

图7-21 人工BSC属性和土壤物理属性回归分析

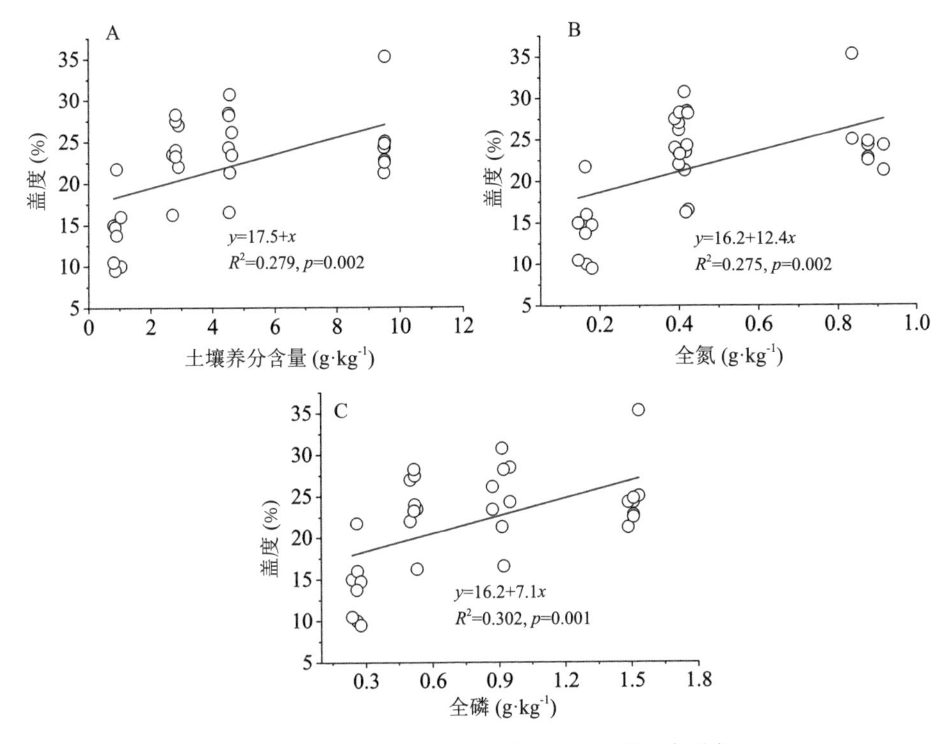

图7–22　人工BSC属性和土壤化学属性回归分析

结构方程解释了65.8%的BSC盖度变化和14.6%的BSC厚度变化发生的原因。黏土（标准化系数= 0.591; $p < 0.001$）、细沙（标准化系数= 0.434; $p = 0.001$）、粗沙（标准化系数= 0.389; $p = 0.001$）、极细沙（标准化系数= 0.808; $p < 0.001$）和土壤有机质(标准化系数= 0.219; $p < 0.05$）；粗沙(标准化系数= 0.252; $p < 0.10$）、细沙（标准化系数=–0.515; $p < 0.05$）对BSC厚度有积极或消极的影响（图7–23）。

BSC的恢复与土壤生境密切相关（Kidron, Xiao, et al., 2020）。大量研究报道了天然BSC与土壤细颗粒含量之间的正相关关系（Belnap, Prasse & Harper, 2003; Li, 2012）。同样，黏土、淤泥和细沙颗粒在恢复BSC方面的重要性也得到了印证（Belnap et al., 2003）。研究表明，蓝藻利用粉煤灰的细颗粒作为介质，向较大的沙粒生长并粘附（Zaady et al., 2017）。在土壤粒径较细的区域，BSC

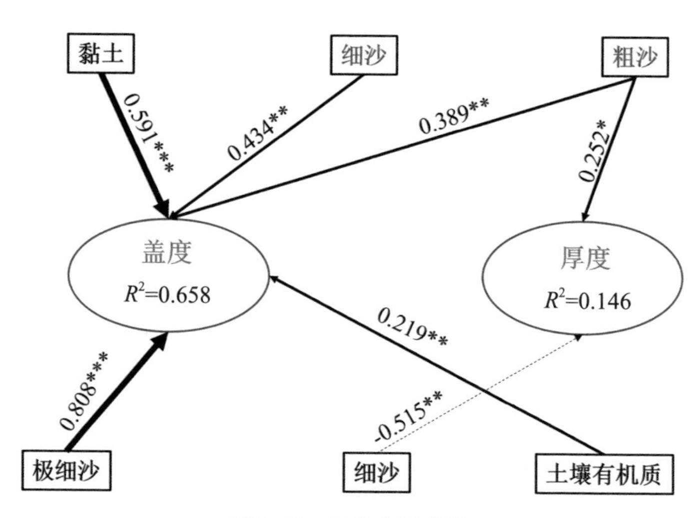

图7-23 结构方程模型

图中*代表$p < 0.01$，**代表$p < 0.05$，***代表$p < 0.001$

恢复速度要快于粒径较粗的区域（Chock et al., 2019; Faist et al., 2020）。我们的研究中，黏土、细沙、粗沙和极细沙含量与BSC的盖度呈正相关，仅极细沙含量就可以解释BSC盖度变化的55.7%。蓝藻在质地较细的土壤上快速拓殖，可能是因为蓝藻丝状体在土壤颗粒之间连接较小空间的能力更强（Belnap, Prasse & Harper, 2003; Chock et al., 2019）。人工蓝藻结皮在阿莫拉德拉斯沙区和加多尔科沃的土壤基质中发育得更好（Román et al., 2018）。

BSC的生长发育通常受到土壤养分的限制（Li et al., 2012）。一项野外研究表明，BSC生长缓慢可能是由于资源限制（Antoninka et al., 2016）。内盖夫沙漠（Kidron et al., 2010）和腾格里沙漠土壤中有机质、全氮、全磷的含量与BSC生长发育显著正相关。与对照组相比，增加土壤养分可使BSC盖度提高40%－50%（Bu et al., 2018）。我们的结果与之前的报告一致，表明土壤中有机质、全氮和全磷的含量与培养蓝藻结皮盖度呈正相关（Chamizo et al., 2018）。综上所述，消除土壤养分的限制可以促进BSC快速生长（Antoninka et al., 2016）。我们的研究结果表明，增加土壤基质养分含量，特别是土壤有机质含量，将有助于BSC的恢复。

此外，相对于沙土，土壤基质中的细粒物质（黏土和粉土）增加了表面积，促进了土壤对大量单分子水和吸湿性水的吸附，可以保持更多水分，促进BSC的发育（Kidron, Xiao, et al., 2020）。乌兰布和沙漠的一项研究发现，相对于沙土，沙土上覆盖土壤基质使土壤表层含水量增加了3.77%－8.65%（Zhang, Duan, et al., 2018）。土壤表面湿度的持续时间与BSC的拓殖和生长呈正相关（Xiao, Hu, et al., 2016; Kidron, Xiao, et al., 2020），这也是人工BSC在土壤基质中比在沙地中发育得更好的另一个原因。

三、未来在温带沙漠栽培BSC的土壤基质选择

接种BSC显著促进了土壤表面BSC群落的恢复和土壤稳定性（Chiquoine et al., 2016; Antoninka, Bowker, et al., 2020b）。BSC碎片可作为天然系统中人工培养BSC的有效接种物（Chiquoine et al., 2016; Young et al., 2019），部分原因是当地BSC更适应当地土壤环境和气候条件（Chiquoine et al., 2016）。

有研究者观察到，使用野外采集的蓝藻结皮碎片接种后BSC发育良好，14个月后盖度达到55%（Antoninka et al., 2018）。在黄土高原生态系统中，在2个月内使用天然BSC碎片形成BSC的盖度达到50%－90%（Bu et al., 2018）。同样，我们的研究表明，BSC的盖度达到15%－20%后，BSC可以稳定一年，这可能是由于野外采集的接种物非常适合野外条件（Antoninka et al., 2018）。在本研究中，所有接种后的处理前2个月（8－10月）人工BSC均达到了较高的盖度，这主要是由于该时间段是当地的雨季，有降水的输入。

在中国北方，泥沙淤积会堵塞灌溉渠，给引黄灌区造成严重问题（Wang, Hu, et al., 2016）。研究报告称，每年在这些灌溉渠中沉积的冲积土超过每千米2000 m^3（Wu, 2017）。为了保证水流畅通，中国政府每年需要投入大量资金从河道中疏通泥沙。因此，我们希望能够将黄河中疏通的泥沙用于修复工程，这可以解决许多与修复材料缺乏相关的问题。由于灌溉渠道系统广泛分布于中国

北方的干旱半干旱区，淤积土丰富且易于收集（Wang, Hu, et al., 2016）。与此同时，弃耕地在世界各地普遍存在（Wei & Ying, 2019），在中国，弃耕地占耕地面积的12%（2016年总计1.35亿公顷耕地面积）（Xue et al., 2013; Jiao et al., 2014）。

综上所述，撒播天然蓝藻和蓝藻－地衣结皮碎片可以在野外条件下成功培植BSC。BSC在所有覆盖土壤处理上均发育良好，培养12个月后，其盖度达到15%－20%，厚度达到2.94－4.06 mm。在野外条件下，沙土上覆盖土壤基质的方法可以提高BSC的恢复速率，因为土壤基质能够保持沙面稳定，而且具有较高的细粒物质含量和较高的养分含量，且较沙基质具有更长的土壤湿润期。考虑到土壤资源的稀缺性和土壤资源再利用的价值，疏通灌溉渠的淤积土壤和弃耕地的土壤可作为BSC接种材料的良好基质。这些可为今后沙区大规模生态恢复提供潜在的材料。

参考文献

Aanderud Z T, Smart T B, Wu N, et al. Fungal loop transfer of nitrogen depends on biocrust constituents and nitrogen form. Biogeosciences, 2018, 15: 3831-3840.

Abdhul K, Ganesh M, Shanmughapriya S, et al. Antioxidant activity of exopolysaccharide from probiotic strain enterococcus faecium (BDU7) from Ngari. International Journal of Biological Macromolecules. 2014, 70: 450-454.

Abdussalam A, Monaghan A, Dukic V, et al. Meteorological influences on the interannual variability of meningitis incidence in northwest Nigeria. EGU General Assembly Conference Abstracts, 2013, 15: 7600A.

Abed R M M, Al-Sadi A M, Al-Shehi M, et al. Diversity of free-living and lichenized fungal communities in biological soil crusts of the Sultanate of Oman and their role in improving soil properties. Soil Biology and Biochemistry, 2013, 57: 695-705.

Abed R M M, Kharusi S A, Schramm A, et al. Bacterial diversity, pigments and nitrogen fixation of biological desert crusts from the Sultanate of Oman . FEMS Microbiology Ecology, 2010, 72(3): 418–428.

Abed R M M, Lam P, de Beer D, et al. High rates of denitrification and nitrous oxide emission in arid biological soil crusts from the Sultanate of Oman. The ISME Journal, 2013, 7(9): 1862-1875.

Abed R M M, Tamm A, Hassenrück C, et al. Habitat-dependent composition of bacterial and fungal communities in biological soil crusts from Oman. Scientific Reports, 2019, 9: 1-16.

Acea M J, Diz-cid N, Prieto-Fernández A. Microbial populations in heated soils inoculated with cyanobacteria. Biology and Fertility of Soils, 2001, 33: 118-125.

Acea M J, Prieto-Fernández A, Diz-Cid N. Cyanobacterial inoculation of heated soils: effect on microorganisms of C and N cycles and on chemical composition in soil surface. Soil Biology and Biochemistry, 2003, 35(4): 513-524.

Acosta-Martínez V, Cruz L, Sotomayor-Ramírez D, et al. Enzyme activities as affected by soil properties and land use in a tropical watershed. Applied Soil Ecology, 2007, 35(1): 35-45.

Adessi A, De Carvalho R C, De Philippis R, et al. Microbial extracellular polymeric substances improve water retention in dryland biological soil crusts. Soil Biology & Biochemistry, 2018, 116: 67-69.

ADHS. Arizona Valley Fever Report, 2007-2011. Phoenix: Arizona Department of Health Services, 2012.

Agam N, Berliner P R. Dew formation and water vapor adsorption in semi-arid environments a review. Journal of Arid Environments, 2006, 65(4): 572-590.

Aghamiri R R, Schwartzman D W. Weathering rates of bedrock by lichens: a mini watershed study. Chemical Geology, 2002, 188(3-4): 249-259.

Agier L, Deroubaix A, Martiny N, et al. Seasonality of meningitis in Africa and climate forcing: aerosols stand out. Journal of the Royal Society Interface, 2013, 10(79): e20120814.

Aguilar A J, Huber-Sannwald E, Belnap J, et al. Biological soil crusts exhibit a dynamic response to seasonal rain and release from grazing with implications for soil stability. Journal of Arid Environments, 2009, 73(12): 1158-1169.

Aguilar-Trigueros C A, Powell J R, Anderson I C, et al. Ecological understanding of root-infecting fungi using trait-based approaches. Trends in Plant Science, 2014, 19(7): 432-438.

Ahlström A, Raupach M R, Schurgers G, et al. The dominant role of semi-arid ecosystems in the trend and variability of the land CO2 sink. Science, 2015, 348:895-899.

Alletto L, Coquet Y. Temporal and spatial variability of soil bulk density and near-saturated hydraulic conductivity under two contrasted tillage management systems. Geoderma, 2009, 152(1/2): 85-94.

Amenaghawon N A, Nwaru K I, Aisien F A, et al. Application of Box-Behnken design for the optimization of citric acid production from corn starch using Aspergillus niger. Biotechnology Journal International, 2013, 3(3): 236-245.

Amouzgar P, Khalil H A, Salamatinia B, et al. Optimization of bioresource material from oil palm trunk core drying using microwave radiation; a response surface methodology application. Bioresource Technology, 2010, 101: 8396-8401.

Anderson D C, Harper K T, Rushforth S R. Recovery of cryptogamic soil crusts from grazing on Utah winter ranges. Journal of Range Management, 1982, 35: 355-359.

Angulo-Jaramillo R, Bagarello V, Iovino M, et al. Infiltration Measurements for Soil Hydraulic Characterization. Springer International Publishing, 2016.

Antoninka A, Faist A, Rodríguez-Caballero E, et al. Biological soil crusts in ecological restoration: Emerging research and perspectives. Restoration Ecology, 2020, 28: S3-S8.

Antoninka A J, Bowker M A, Chuckran P, et al. Maximizing establishment and survivorship of field-collected and greenhouse-cultivated biocrusts in a semi-cold desert. Plant and Soil, 2018, 429: 213-225.

Antoninka A, Bowker M A, Barger N N, et al. Addressing barriers to improve biocrust colonization and establishment in dryland restoration. Restoration Ecology, 2020, 28: 150-159.

Antoninka A J, Bowker M A , Reed S C, et al. Production of greenhouse-grown biocrust mosses and associated cyanobacteria to rehabilitate dryland soil function. Restoration Ecology, 2016, 24: 324-335.

Aon M A, Colaneri A C. Temporal and spatial evolution of enzymatic activities and physico-chemical properties in an agricultural soil. Applied Soil Ecology, 2001, 18: 255-270.

Armstrong R A, Welch A R. Competition in lichen communities. Symbiosis, 2007, 43(1): 1-12.

Armstrong R A. Competition between three Saxicolous species of *Parmelia* (lichens). New Phytologist, 1982, 90: 67-72.

Arnesen G, Beck P S, Engelskjøn T. Soil acidity, content of carbonates, and available phosphorus are the soil factors best correlated with alpine vegetation:evidence from Troms, North Norway. Bioresource Technology, 2007, 39:189-199.

Arnold S, Kailichova Y, Baumgartl T. Germination of Acacia harpophylla (Brigalow) seeds in relation to soil water potential: implications for rehabilitation of a threatened ecosystem. PeerJ, 2014, 2: e268.

Arthur E, Tuller M, Greve M H, et al. Applicability of the Guggenheim-Anderson-Boer water vapour sorption model for estimation of soil specific surface area. European Journal of Soil Science, 2018, 69(2): 245-255.

Arthur E, Tuller M, Moldrup P, et al. Effects of biochar and manure amendments on water vapor sorption in a sandy loam soil. Geoderma, 2015, 243/244: 175-182.

Assouline S, Thompson SE, Chen L, et al. The dual role of soil crusts in desertification. Journal of Geophysical Research-biogeosciences, 2015: 120.

Austin A T, Yahdjian L, Stark J M, et al. Water pulses and biogeochemical cycles in arid and semiarid ecosystems. Oecologia, 2004, 141: 221-235.

Azzouzi S A, Pantaleoni A V, Bentounes H A. Monitoring desertification in biskra, algeria using landsat 8 and sentinel-1A images. IEEE Access, 2018, 6: 30844-30854.

Bachmann J, Rienk R, van der ploeg. A review on recent developments in soil water retention theory: interfacial tension and temperature effects. Journal of Plant Nutrition and Soil Science, 2002, 165(4): 468-478.

Baldauf S, Porada P, Raggio J, et al. Relative humidity predominantly determines long-term biocrust-forming lichen cover in drylands under climate change. Journal of Ecology, 2021, 109: 1370-1385.

Bahl J, Lau M C Y, Smith G J D, et al. Ancient origins determine global biogeography of hot and cold desert cyanobacteria. Nature Communications, 2011, 2: 163.

Ballesteros M, Ayerbe J. Casares M, et al. Successful lichen translocation on disturbed gypsum areas: A test with adhesives to promote the recovery of biological soil crusts. Scientific Reports, 2017, 7: 1-9.

Bamforth S S. Protozoa of biological soil crusts of a cool desert in Utah. Journal of Arid Environments, 2008, 72(5): 722-729 .

Bao T L, Zhao Y G, Yang X Q, et al. Effects of disturbance on soil microbial abundance in biological soil crusts on the Loess Plateau, China. Journal of Arid Environments, 2019, 163: 59-67.

Bao T L, Zhao Y G, Gao L, et al. Moss-dominated biocrusts improve the structural diversity of underlying soil microbial communities by increasing soil stability and fertility in the loess plateau region of China. European Journal of Soil Biology, 2019, 95: 103-120.

Barger N N, Herrick J E, van Zee J, et al. Impacts of biological soil crust disturbance and composition on the C and N loss from water erosion. Biogeochemistry, 2006, 77: 247-263.

Barger N N, Weber B, Garcia-Pichel F, et al. Biological soil crusts: an organizing principle in drylands. Springer, Cham, 2016.

Bates S T, Nash III T H, Garcia-Pichel F. Patterns of diversity for fungal assemblages of biological soil crusts from the southwestern United States. Mycologia, 2012, 104(2):

353-361.

Bates S T, Nash III T H, Sweat K G, et al. Fungal communities of lichen-dominated biological soil crusts: diversity, relative microbial biomass, and their relationship to disturbance and crust cover. Journal of Arid Environments, 2010, 74(10): 1192-1199.

Bates S T, Garcia-Pichel F. A culture-independent study of free-living fungi in biological soil crusts of the Colorado Plateau: their diversity and relative contribution to microbial biomass. Environmental Microbiology, 2009, 11(1): 56-67.

Baudena M, von Hardenberg J, Provenzale A. Vegetation patterns and soil-atmosphere water fluxes in drylands. Advances in Water Resources, 2013, 53: 131-138.

Baumann K, Glaser K, Mutz J E, et al. Biological soil crusts of temperate forests: their role in P cycling. Soil Biology and Biochemistry, 2017, 109: 156-166.

Baumann K, Siebers M, Kruse J, et al. Biological soil crusts as key player in biogeochemical P cycling during pedogenesis of sandy substrate. Geoderma, 2019, 338: 145-158.

Becerra-Absalón I, Muñoz-Martín MÁ, Montejano G, et al. Differences in the cyanobacterial community composition of biocrusts from the drylands of Central Mexico. Are there endemic species? Frontiers in Microbiology, 2019, 10: 937.

Belén Hinojosa M, Carreira J A, García-Ruíz R, et al. Soil moisture pre-treatment effects on enzyme activities as indicators of heavy metal-contaminated and reclaimed soils. Soil Biology & Biochemistry, 2004, 36: 1559-1568.

Bell M L, Levy J K, Lin Z. The effect of sandstorms and air pollution on cause-specific hospital admissions in Taipei, Taiwan. Occupational and Environmental Medicine. 2008, 65(2): 104-111.

Belnap J, Büdel B, Lange O L. Biological soil crusts: characteristics and distribution. In: Belnap J, Lange O L. (Eds.), Biological soil crusts: structure, function, and management. Berlin: Springer, 2003.

Belnap J, Eldridge D J. Disturbance and recovery of biological soil crusts. Berlin: Springer, 2003.

Belnap J, Gardner J S. Soil microstructure in soils of the Colorado Plateau: the role of the cyanobacterium microcoleus vaginatus. Great Basin Naturalisturalist, 1993, 53: 40-47.

Belnap J, Gillette D A. Vulnerability of desert biological soil crusts to winderosion: the influences of crust development, soil texture, and disturbance. Journal of Arid Environments, 1998, 39: 133-142.

Belnap J, Phillips S L, Miller M E. Response of desert biological soil crusts to alterations in precipitation frequency. Oecologia, 2004, 141: 306-316.

Belnap J, Phillips S L, Troxler T. Soil lichen and moss cover and species richness can be highly dynamic: the effects of invasion by the annual exotic grass Bromus tectorum, precipitation, and temperature on biological soil crusts in SE Utah. Applied Soil Ecology, 2006, 32(1): 63-76.

Belnap J, Phillips S L, Witwicki D L, et al. Visually assessing the level of development and soil surface stability of cyanobacterially dominated biological soil crusts. Journal of Arid Environments, 2008, 72: 1257-1264.

Belnap J, Prasse R, Harper K T. Influence of biological soil crusts on soil environments and vascular plants. In: Belnap J, Lange O L (eds) Biological soil crusts: structure, function and management. Berlin: Springer, 2003.

Belnap J, Welter J R, Grimm N B, et al. Linkages between microbial and hydrologic processes in arid and semiarid watersheds. Ecology, 2005, 86(2): 298-307.

Belnap J. Impacts of off-road vehicles on nitrogen cycles in biological soil crusts: resistance in different U.S. deserts. Journal of Arid Environment, 2002a, 52: 155-165.

Belnap J. Nitrogen fixation in biological soil crusts from southeast Utah, USA. Biology and fertility of soils, 2002b, 35(2): 128-135.

Belnap J. Recovery rates of cryptobiotic crusts: inoculant use and assessment methods. Great Basin Naturalist, 1993, 53(1): 89-95.

Belnap J. Soil surface disturbances in cold deserts: effects on nitrogenase activity in cyanobacterial-lichen soil crusts, Biology and Fertility of Soils, 1996, 23(4): 362-367.

Belnap J. Surface disturbances: their role in accelerating desertification. Environmental Monitoring and Assessment, 1995, 37(1-3): 39-57.

Belnap J. The potential roles of biological soil crusts in dryland hydrologic cycles. Hydrological Processes, 2006, 20: 3159-3178.

Belnap J. The world at your feet: desert biological soil crusts. Frontiers in Ecology and the Environment, 2003, 1(4): 181-189.

Belnap J, Gillette D A. Disturbance of biological soil crusts: Impacts on potential wind erodibility of sandy desert soils in southeastern Utah. Land Degradation & Development, 1997, 8(4): 355-362.

Benner J W, Vitousek P M. Cyanolichens: a link between the phosphorus and nitrogen cycles in a Hawaiian montane forest. Journal of Tropical Ecology, 2012, 28(1): 73-81.

Benninghoff W J. Aerobiology and its significance to biogeography and ecology. Grana, 1991, 30: 9-15.

Beraldi-Campesi H, Hartnett H E, Anbar A, et al. Effect of biological soil crusts on soil elemental concentrations: implications for biogeochemistry and as traceable biosignatures of ancient life on land. Geobiology, 2009, 7(3): 348-359.

Berdugo M, Kéfi S, Soliveres S, et al. Plant spatial patterns identify alternative ecosystem multifunctionality states in global drylands. Nature ecology and evolution, 2017, 1(2): 1-10.

Berg I A. Ecological aspects of the distribution of different autotrophic CO_2 fixation pathways. Applied and Environmental Microbiology, 2011, 77(6): 1925-1936.

Bertness M D, Callaway R M. Positive interactions in communities. Trends in Ecology and Evolution, 1994, 9: 191-193.

Bertrand I, Ehrhardt F, Alavoine G, et al. Regulation of carbon and nitrogen exchange rates in biological soil crusts by intrinsic and land use factors in the Sahel area. Soil Biology and Biochemistry, 2014, 72: 133-144.

Besaw L M, Thelen G C, Sutherland S, et al. Disturbance, resource pulses and invasion: short-term shifts in competitive effects, not growth responses, favour exotic annuals. Journal of Applied Ecology, 2011, 48(4): 998-1006.

Beyschlag W, Wittland M, Jentsch A, et al. Soil crusts and disturbance benefit plant germination, establishment and growth on nutrient deficient sand. Basic and applied ecology, 2008, 9(3): 243-252.

Bisdom E B A, Dekker L W, Schoute J F T. Water repellency of sieve fractions from sandy soils and relationships with organic material and soil structure. Geoderma, 1993, 56(1-4): 105-118.

Blackwell P S. Improving sustainable production from water repellent sands. Western Australia Journal of Agriculture, 1993, 34: 160-167.

Blades E D, Mathison G E, Lavoie M, et al. African dust, pollen, and fungal spores as possible airborne allergens over Barbados. Journal of Allergy and Clinical Immunology, 2005, 115(2): S30.

Blas E, Almendros G, Sanz J. Molecular characterization of lipid fractions from extremely water-repellent pine and eucalyptus forest soils. Geoderma, 2013, 206: 75-84.

Blay E S, Schwabedissen S G, Magnuson T S, et al. Variation in biological soil crust bacterial abundance and diversity as a function of climate in Cold Steppe ecosystems in the Intermountain West, USA. Microbial Ecology, 2017, 74(3): 691-700.

Blumberg D G, Greeley R. Field studies of aerodynamic roughness length. Journal of Arid Environment, 1993, 25(1): 39-48.

Bo T L, Ma P, Zheng X J. Numerical study on the effect of semi-buried straw checkerboard sand barriers belt on the wind speed. Aeolian Researchearch, 2015, 16: 101-107.

Bochet E. The fate of seeds in the soil: a review of the influence of overland flow on seed removal and its consequences for the vegetation of arid and semiarid patchy ecosystems. Soil, 2015, 1(1): 131-146.

Boeken B R. Competition for microsites during recruitment in semiarid annual plant communities. Ecology, 2018, 99(12): 2801-2814.

Boer W, Folman L B, Summerbell R C, et al. Living in a fungal world: impact of fungi on soil bacterial niche development. FEMS Microbiology Reviews, 2005, 29(4): 795-811.

Bohn H L, Myer R A, O'Connor G A. Soil Chemistry, 3rd ed. New York: John Wiley, 2002.

Bowker M A, Belnap J, Chaudhary V B, et al. Revisiting classic water erosion models in drylands: the strong impact of biological soil crusts. Soil Biology and Biochemistry, 2008, 40(9): 2309-2316.

Bowker M A, Belnap J, Davidson D W, et al. Correlates of biological soil crust abundance across a continuum of spatial scales: support for a hierarchical conceptual model. Journal of Applied Ecology, 2006, 43(1): 152-163.

Bowker M A, Belnap J, Davidson D W, et al. Evidence for micronutrient limitation of bilogical soil crusts: importance to arid-lands restoration. Ecological Applications, 2005, 15(6): 1941-1951.

Bowker M A, Belnap J, Miller M E. Spatial modeling of biological soil crusts to support rangeland assessment and monitoring. Rangeland Ecology and Management, 2006, 59(5): 519-529.

Bowker M A, Eldridge D J, Val J, et al. Hydrology in a patterned landscape is co-engineered by soil-disturbing animals and biological crusts. Soil Biology & Biochemistry, 2013, 61: 14-22.

Bowker M A, Belnap J, Rosentreter R, et al. Wildfire-resistant biological soil crusts and fire-induced loss of soil stability in Palouse prairies, USA. Applied Soil Ecology, 2004, 26(1): 41-52.

Bowker M A, Koch G W, Belnap J, et al. Nutrient availability affects pigment production but not growth in lichens of biological soil crusts. Soil Biology & Biochemistry, 2008, 40: 2819-2826.

Bowker M A, Mau R L, Maestre F T, et al. Functional profiles reveal unique ecological roles of various biological soil crust organisms. Functional Ecology, 2011, 25(4): 787-795.

Bowker M A, Reed S C, Belnap J, et al. Temporal variation in community composition, pigmentation, and Fv/Fm of desert cyanobacterial soil crusts. Microbial Ecology, 2002, 43(1): 13-25.

Bowker M A. Biological soil crust rehabilitation in theory and practice: an under exploited opportunity. Restoration. Ecology, 2007, 15(1): 13-23.

Bowker M A, Büdel B, Maestre F T, et al. Bryophyte and lichen diversity on arid soils: determinants and consequences. In: Steven B, ed. The biology of arid soils. Berlin: De Gruyter, 2017.

Bowker M A, Soliveres S, Maestre F T. Competition increases with abiotic stress and regulates the diversity of biological soil crusts. Journal of Ecology, 2010, 98: 551-560.

Bowker M A, Antoninka A J. Rapid ex situ culture of N-fixing soil lichens and biocrusts is enhanced by complementarity. Plant and Soil, 2016, 408: 415-428.

Bowker M A, Reed S C, Maestre F T, et al. Biocrusts: the living skin of the earth. Plant and Soil, 2018, 429(1): 1-7.

Bowker M A, Antoninka A J, Chuckran P F. Improving field success of biocrust rehabilitation materials: hardening the organisms or softening the environment? Restoration

Ecology, 2020, 28: S177-S186.

Bowker M A, Antoninka A J, Durham R A. Applying community ecological theory to maximize productivity of cultivated biocrusts. Ecological Applications, 2017, 27: 1958-1969.

Bowles T M, Acosta-Martínez V, Calderón F, et al. Soil enzyme activities, microbial communities, and carbon and nitrogen availability in organic agroecosystems across an intensively-managed agricultural landscape. Soil Biology & Biochemistry, 2014, 68: 252-262.

Bowling D, Grote E, Belnap J. Rain pulse response of soil CO_2 exchange by biological soil crusts and grasslands of the semiarid Colorado Plateau, United States. Journal of Geophysical Research Atmospheres, 2011, 116: 2415-2422.

Breen K, Levesque E. Proglacial succession of biological soil crusts and vascular plants: biotic interactions in the High Arctic. Botany, 2006, 84(11): 1714-1731.

Brewer P G, Goldman J C. Alkalinity changes generated by phytoplankton growth. Limnol Oceanogr, 1976, 21(1): 108-117.

Briggs A L, Morgan J W. Seed characteristics and soil surface patch type interact to affect germination of semi-arid woodland species. Plant Ecology, 2011, 212: 91-103.

Brooker R W, Maestre F T, Callaway R M, et al. Facilitation in plant communities: the past, the present, and the future. Journal of ecology, 2008, 96(1): 18-34.

Brooker R W, Callaghan T. The balance between positive and negative plant interactions and its relationship to environmental gradients: A model. Oikos, 1998, 81: 196-207.

Brooker R W, Callaway R M. Facilitation in the conceptual melting pot. Journal of Ecology, 2009, 97(6): 1117-1120.

Brüll L P, Huang Z, Thomas-Oates J E, et al. Studies of polysaccharides from three edible species of *Nostoc* (cyano bacteria) with different colony morphologies: structural characterization and effect on the complement system of polysaccharides from Nostoc commune. Journal of Phycology, 2000, 36(5): 871-881.

Bruno J F, Stachowicz J J, Bertness M D. Inclusion of facilitation into ecological theory. Trends in ecology and evolution, 2003, 18(3): 119-125.

Bu C F, Li R X, Wang C, et al. Successful field cultivation of moss biocrusts on disturbed soil surfaces in the short term. Plant and Soil, 2018, 429(1): 227-240.

Bu C F, Wang C, Yang Y S, et al. Physiological responses of artificial moss biocrusts to dehydration-rehydration process and heat stress on the Loess Plateau, China. Journal of Arid Land, 2017, 9(3): 419-431.

Bu C F, Wu S F, Han F P, et al. The combined effects of moss-dominated biocrusts and vegetation on erosion and soil moisture and implications for disturbance on the Loess Plateau, China. PLoS One, 2015, 10(5): e0127394.

Bu C F, Wu S F, Xie Y S, et al. The study of biological soil crusts: hotspots and prospects. Clean-Soil Air Water, 2013, 41: 899-906.

Bu C F, Wu S F, Yang Y S, et al. Identification of factors influencing the restoration of cyanobacteria-dominated biological soil crusts. PLoS One, 2014, 9: e90049.

Bu C F, Zhang K K, Zhang C Y, et al. Key factors influencing rapid development of potentially dune-stabilizing moss-dominated crusts. PLoS One, 2015, 10: e0134447.

Bu C F, Zhao Y, Hill R L, et al. Wind erosion prevention characteristics and key influencing factors of bryophytic soil crusts. Plant and Soil, 2015, 397: 163-174.

Bu C, Wu S, Zhang K, et al. Biological soil crusts: an eco-adaptive biological conservative mechanism and implications for ecological restoration. Plant Biosystems, 2013, 149: 1-10.

Büdel B, Darienko T, Deutschewitz K, et al. Southern African biological soil crusts are ubiquitous and highly diverse in drylands, being restricted by rainfall frequency. Microbial Ecology, 2009, 57: 229-247.

Büdel B. Microorganisms of biological crusts on soil surfaces. In: Varma A, Buscot F

(Eds.), Microorganisms in Soils: Roles in Genesis and Functions. Berlin: Springer, 2005.

Bullard J E, Ockelford A, Strong C L, et al. Impact of multi-day rainfall events on surface roughness and physical crusting of very fine soils. Geoderma, 2018, 313: 181-192.

Burgheimer J, Wilske B, Maseyk K, et al. Ground and space spectral measurements for assessing the semi-arid ecosystem phenology related to CO_2 fluxes of biological soil crusts. Remote Sensing Environment, 2006a, 101: 1-12.

Burgheimer J, Wilske B, Maseyk K, et al. Relationships between Normalized Difference Vegetation Index (NDVI) and carbon fluxes of biologic soilcrusts assessed by ground measurements. Journal of Arid Environment, 2006b, 64: 651-669.

Burns R G, DeForest J L, Marxsen J, et al. Soil enzymes in a changing environment: current knowledge and future directions. Soil Biology & Biochemistry, 2013, 58: 216-234.

Butterfield B J, Bradford J B, Armas C, et al. Does the stressgradienthy pothesis hold water? Disentangling spatial and temporal variation in plant effects on soil moisture in dryland systems. Functional Ecology, 2016, 30(1): 10-19.

Cabral J. Can we use indoor fungi as bioindicators of indoor air quality? Historical perspectives and open questions. Science of the Total Environment, 2010, 408(20): 4285-4295.

Cadelis G, Tourres R, Molinie J. Short-term effects of the particulate pollutants contained in Saharan dust on the visits of children to the emergency department due to asthmatic conditions in Guadeloupe (French Archipelago of the Caribbean). PLoS one, 2014, 9(3): e91136.

Callaway R M, Waller L P, Diaconu A, et al. Escape from competition: neighbors reduce Centaurea stoebe performance at home but not away. Ecology, 2011, 92(12): 2208-2213.

Callaway R M. Positive interactions among plants. Biotanical Review, 1995, 61(4): 306-349.

Callaway R M, Brooker R W, Choler P, et al. Positive interactions among alpine plants increase with stress. Nature, 2002, 417: 844-848.

Calley C K, Sparks J P. Controls over nitric oxide and ammonia emissions from Mojave Desert soils. Oecologia, 2008, 156: 871-881.

Cantón Y, Del Barrio G, Solé-Benet A, et al. Topographic controls on the spatial distribution of ground cover in the Tabemas badlands of SE Spain. Catena, 2004, 55: 341-365.

Cantón Y, Domingo F, Solé-Benet A, et al. Hydrological and erosion response of a badlands system in semiarid SE Spain. Journal of Hydrology, 2001, 252(1-4): 65-84.

Cantón Y, Solée-Benet A, Lázaro R. Soilegeomorphology relations in gypsiferous materials of the Tabernas desert (Almería, SE Spain). Geoderma, 2003, 115(3): 193-222.

Cantón Y, Villagarcía L, Moro M M, et al. Temporal dynamics of soil water balance components in a karst range in southeastern Spain: estimation of potential recharge. Hydrological Sciences Journal, 2010, 55(5): 737-753.

Caputa K, Coxson D, Sanborn P. Seasonal patterns of nitrogen fixation in biological soil crusts from British Columbia's Chilcotin grasslands. Botany, 2013, 91(9): 631-641.

Carmichael W W, Azevedo S M F O, An J S, et al. Human fatalities from cyanobacteria: chemical and biological evidence for cyanotoxins. Environ Health Perspect, 2001, 109: 663-668.

Carter D W, Arocena J M. Soil formation under two moss species in sandy materials of central British Columbia (Canada). Geoderma, 2000, 98: 157-176.

Castillo-Monroy A P, Bowker M A, Maestre F T, et al. Relationships between biological soil crusts, bacterial diversity and abundance, and ecosystem functioning: insights from a semi-arid Mediterranean environment. Journal of Vegetation Science, 2011,

22: 165-174.

Castillo-Monroy A P, Maestre F T, Delgado-Baquerizo M, et al. Biological soil crusts modulate nitrogen availability in semi-arid ecosystems: insights from a Mediterranean grassland. Plant and Soil, 2010, 333(1-2): 21-34.

Castillo-Monroy A P, Maestre F T, Rey A, et al. Biological soil crust microsites are the main contributor of soil respiration in a semiarid ecosystem. Eosystems, 2011, 14: 835-847.

Cellini J B. The relationship between invasive annual grasses and biological soil crust across Eastern Washington. Eastern Washington University, 2016.

Chamizo S, Adessi A, Mugnai G, et al. Soil type and cyanobacteria species influence the macromolecular and chemical characteristics of the polysaccharidic matrix in induced biocrusts. Microbial Ecology, 2019, 78: 482-493.

Chamizo S, Cantón Y, Domingo F, et al. Evaporative losses from soils covered by physical and different types of biological soil crusts. Hydrological Processes, 2013, 27(3): 324-332.

Chamizo S, Cantón Y, Lázaro R, et al. Crust composition and disturbance drive infiltration through biological soil crusts in semiarid ecosystems. Ecosystems, 2012, 15(1): 148-161.

Chamizo S, Cantón Y, Miralles I, et al. Biological soil crust development affects physicochemical characteristics of soil surface in semiarid ecosystems. Soil Biology and Biochemistry, 2012b, 49: 96-105.

Chamizo S, Cantón Y, Rodriguez-Caballero E, et al. Biocrusts positively affect the soil water balance in semiarid ecosystems. Ecohydrology, 2016, 9(7): 1208-1221.

Chamizo S, Rodriguez-Caballero E, Cantón Y, et al. Penetration resistance of biological soil crusts and its dynamics after crust removal: relationships with runoff and soil detachment. Catena, 2015, 126: 164-172.

Chamizo S, Rodriguez-Caballero E, Román J R, et al. Effects of biocrust on soil erosion and organic carbon losses under natural rainfall. Catena, 2017, 148: 117-125.

Chamizo S, Stevens A, Cantón Y, et al. Discriminating soil crust type, development stage and degree of disturbance in semi-arid environments from their spectral characteristics. European Journal of Soil Science, 2012, 63(1): 42-53.

Chamizo S, Adessi A, Torzillo G, et al. Exopolysaccharide features influence growth success in biocrust-forming cyanobacteria, moving from liquid culture to sand microcosms. Frontiers in Microbiology, 2020, 11: e568224.

Chamizo S, Mugnai G, Rossi F, et al. Cyanobacteria inoculation improves soil stability and fertility on different textured soils: gaining insights for applicability in soil restoration. Frontiers in Environmental Science, 2018, 6: 49-63.

Chan C C, Chuang K J, Chen W J, et al. Increasing cardiopulmonary emergency visits by long-range transported Asian dust storms in Taiwan. Environmental Research, 2008, 106: 393-400.

Chandler D G, Day N, Madsen M D, et al. Amendments fail to hasten biocrust recovery or soil stability at a disturbed dryland sandy site. Restoration Ecology, 2019, 27: 289-297.

Chang C C, Lee I M, Tsai S S, et al. Correlation of Asian dust storm events with daily clinic visits for allergic rhinitis in Taipei, Taiwan. Journal of Toxicology and Environmental Health, 2006, 69(3-4): 229-235.

Chao H J, Chan C C, Rao C Y, et al. The effects of transported Asian dust on the composition and concentration of ambient fungi in Taiwan. International Journal of Biometeorology, 2012, 56: 211-219.

Chappelle E W, Kim M S, McMurtrey III J E. Ratio analysis of reflectance spectra (RARS): an algorithm for the remote estimation of the concentrations of chlorophyll a, chlorophyll b, and carotenoids in soybean leaves. Remote Sensing of Environment, 1992,

39(3): 239-247.

Chaudhary V B, Bowker M A, O'Dell T E, et al. Untangling the biological contributions to soil stability in semiarid shrublands. Ecological Applications, 2009, 19(1): 110-122.

Chen J, Zhang M Y, Wang L, et al. A new index for mapping lichen-dominated biological soil crusts in desert areas. Remote Sensinging of Environment, 2005, 96(2): 165-175.

Chen L Z, Deng S Q, De Philippis R, et al. UV-B resistance as a criterion for the selection of desert microalgae to be utilized for inoculating desert soils. Journal of Applied Phycology, 2013, 25(4): 1009-1015.

Chen L Z, Li D H, Liu Y D. Salt tolerance of Microcoleus vaginatus Gom., a cyanobacterium isolated from desert algal crust, was enhanced by exogenous carbohydrates. Journal of Arid Environment, 2003, 55(4): 645-656.

Chen L Z, Li D H, Song L R, et al. Effects of salt stress on carbohydrate metabolism in desert soil alga Microcoleus vaginatus Gom. Journal of Integrative Plant Biology, 2006, 48(8): 914-919.

Chen L Z, Rossi F, Deng S Q, et al. Macromolecular and chemical features of the excreted extracellular polysaccharides in induced biological soil crusts of different ages. Soil Biology and Biochemistry, 2014, 78: 1-9.

Chen L Z, Wang G H, Hong S, et al. UV-B-induced oxidative damage and protective role of exopolysaccharides in desert cyanobacterium Microcoleus vaginatus. Journal of Integrative Plant Biology, 2009, 51(2): 194-200.

Chen L Z, Xie M, Bi Y H, et al. The combined effects of UV-B radiation and herbicides on photosynthesis, antioxidant enzymes and DNA damage in two bloom-forming cyanobacteria. Ecotox Environ Safe, 2012, 80: 224-230.

Chen N, Wang X, Zhang Y, et al. Ecohydrological effects of biological soil crust on the vegetation dynamics of restoration in a dryland ecosystem. Journal of Hydrology, 2018, 563: 1068-1077.

Chen N, Wang X. Driver-system state interaction in regime shifts: a model study of desertification in drylands. Ecological Modelling, 2016, 339: 1-6.

Chen R Y, ZhangY M, Li Y, et al. The variation of morphological features and mineralogical components of biological soil crusts in the Gurbantunggut desert of North western China. Environmental Geology, 2009, 57: 1135-1143.

Chen X H, Duan Z H. Impacts of soil crusts on soil physicochemical characteristics in different rainfall zones of the arid and semi-arid desert regions of northern China. Environmental Earth Sciences, 2015, 73: 3335-3347.

Chen Y N, Li W H, Zhou Z B, et al. Ecological and environmental explanation of microbiotic crusts on sand dune scales in the Gurbantunggut Desert, Xinjiang. Progress in Natural Science-materials International, 2005, 15: 1089-1095.

Chen Y N, Wang Q, Li W H, et al. Microbiotic crusts and their interrelations with environmental factors in the Gurbantunggut desert, western China. Environmental Geology, 2007, 52: 691-700.

Chen Y W, Li X R. Spatiotemporal Distribution of Nests and Influence of Ant (Formica cunicularia Lat.) Activity on Soil Property and Seed Bank after Revegetation in the Tengger Desert. Arid Land Research and Management, 2012, 26: 365-378.

Chen L, Xie Z, Hu C, et al. Man-made desert algal crusts as affected by environmental factors in Inner Mongolia, China. Journal of Arid Environments, 2006, 67(3): 521-527.

Chenu C. Clay or sand polysaccharide associations as models for the interface between micro-organisms and soil: water related properties and microstructure. Geoderma, 1993, 56(1-4): 143-156.

Chi Y, Li Z, Zhang G, et al. Inhibiting desertification using aquatic cyanobacteria assisted by a nanocomposite. ACS Sustainable Chemistry & Engineering, 2020, 8(8): 3477-3486.

Chien L C, Lien Y J, Yang C H, et al. Acute Increase of Children's Conjunctivitis Clinic Visits by Asian Dust Storms Exposure - A Spatiotemporal Study in Taipei, Taiwan. PLoS One, 2014, 9: e109175.

Chiquoine L P, Abella S R, Bowker M A. Rapidly restoring biological soil crusts and ecosystem functions in a severely disturbed desert ecosystem. Ecological Applications, 2016, 26(4): 1260-1272.

Chittapun S, Charoenrat T, Maijui I, et al. Development of a simple inclined algal culture system for outdoor cultivation. Science and Technology Asia, 2017: 1-7.

Chock T, Antoninka A J, Faist A M, et al. Responses of biological soil crusts to rehabilitation strategies. Journal of Arid Environments, 2019, 163: 77-85.

Choi D, Park Y, Oh S, et al. Distribution of airborne microorganisms in yellow sands of Korea. Journal of Microbiology, 1997, 35: 1-9.

Chung Y A, Rudgers J A. Plant-soil feedbacks promote negative frequency dependence in the coexistence of two aridland grasses. Proceedings of the Royal Society B: Biological Sciences, 2016, 283(1835): 20160608.

Clark R N, Roush T L. Reflectance spectroscopy: quantitative analysis techniques for Remote Sensing applications. Journal of Geophysical Research Atmospheres, 1984, 89(B7): 6329-6340.

Codd G A, Bell S G, Kaya K, et al. Cyanobacterial toxins, exposure routes and human health. European Journal of Phycology, 1999, 34: 405-415.

Coe K K, Belnap J, Sparks J P. Precipitation-driven carbon balance controls survivorship of desert biocrust mosses. Ecology , 2012, 93(7): 1626-1636.

Coleine C, Stajich J E, Pombubpa N, et al. Altitude and fungal diversity influence the structure of Antarctic cryptoendolithic Bacteria communities. Environmental Microbiology Reports, 2019, 11(5): 718-726.

Colesie C, Scheu S, Green T G A, et al. The advantage of growing on moss: facilitative effects on photosynthetic performance and growth in the cyanobacterial lichen Peltigera rufescens. Oecologia, 2012, 169(3): 599-607.

Collin F, Li X L, Radu J P, et al. Thermo-hydro-mechanical coupling in clay barriers. Engineering Geology, 2002, 64: 179-193.

Collins S L, Belnap J, Grimm N B, et al. A multiscale, hierarchical model of pulse dynamics in arid-land ecosystems. Annual Review of Ecology, Evolution, and Systematics, 2014, 45: 397-419.

Concostrina-Zubiri L, Huber-Sannwald E, Martínez I, et al. Biological soil crusts greatly contribute to small-scale soil heterogeneity along a grazing gradient. Soil Biology & Biochemistry, 2013, 64: 28-36.

Concostrina-Zubiri L, Martínez I, Escudero A. Lichen-biocrust diversity in a fragmented dryland: Fine scale factors are better predictors than landscape structure. Science of the Total Environment, 2018, 628-629: 882-892.

Concostrina-Zubiri L, Huber-Sannwald E, Martínez I, et al. Biological soil crusts across disturbance-recovery scenarios: effect of grazing regime on community dynamics. Ecological Applications, 2014, 24: 1863-1877.

Coppola A, Basile A, Wang X, et al. Hydrological behaviour of microbiotic crusts on sand dunes: Example from NW China comparing infiltration in crusted and crust-removed soil. Soil & Tillage Research, 2011, 117: 34-43.

Corre-Hellou G, Brisson N, Launay M, et al. Effect of root depth penetration on soil nitrogen competitive interactions and dry matter production in pea-barley intercrops given different soil nitrogen supplies. Field Crops Research, 2007, 103(1): 76-85.

Cortina J, Martin N, Maestre F T, et a1. Disturbance of the biological soil crusts and performance of Stipa tenacissima in a semi-arid Mediterranean steppe. Plant and Soil,

2010, 334: 311-322.

Cox P A, Richer R, Metcalf J S, et a1. Cyanobacteria and BMAA exposure from desert dust: a possible link to sporadic ALS among Gulf War veterans. Amyotroph Lateral Scler, 2009, 10 (S2): 109-117.

Csotonyi J T, Addicott J F. Influence of trampling-induced microtopography on growth of the soil crust bryophyte Ceratodonpurpureus in Jasper National Park. Canadian Journal of Botany, 2004, 82(9): 1382-1392.

Cuevas L E, Jeanne I, Molesworth A, et a1. Risk mapping and early warning systems for the control of meningitis in Africa. Vaccine, 2007, 25: A12-A17.

Dang S, Zhu Q L, Xu Q. Nanomaterials derived from metal-organic frameworks. Nature Reviews Materials. 2018, 3 (1): 17075.

Danin A, Ganor E. Trapping of airborne dust by mosses in the Negev Desert, Isrel. Earth Surface Processes and Landforms.1991, 16: 153-162.

Darby B J, Neher D A, Belnap J. Impact of biological soil crusts and desert plants on soil microfaunal community composition, Plant and Soil, 2010, 328: 421-431.

Darby B J, Neher D A, Belnap J. Soil nematode communities are ecologically more mature beneath late- than early-successional stage biological soil crusts. Applied Soil Ecology, 2007, 35(1): 203-212.

Darrouzet-Nardi A, Reed S C, Grote E E, et al. Observations of net soil exchange of CO_2 in a dryland show experimental warming increases carbon losses in biocrust soils. Biogeochemistry , 2015, 126(3): 363-378.

Davey M C. Effects of continuous and repeated dehydration on carbon fixation by bryophytes from the maritime Antarctic. Oecologia, 1997, 110: 25-31.

De Jonge L W, Jacobsen O H, Moldrup P. Soil water repellency: Effects of water content, temperature, and particle size. Soil Science Society of America Journal, 1999, 63(3): 437-442.

De Jonge L W, Moldrup P, Jacobsen O H. Soil-water content dependency of water repellency in soils: effect of crop type, soil management, and physical-chemical parameters. Soil Science, 2007, 172(8): 577-588.

De Longueville F, Ozer P, Doumbia S, et al. Desert dust impacts on human health: an alarming worldwide reality and a need for studies in West Africa. International Journal of Biometeorology, 2013, 57: 1-19.

de Marsac T N, Lee H M, Hisbergues M, et al. Control of nitrogen and carbon metabolism in cyanobacteria. Journal of Applied Phycology, 2001, 13: 287-292.

De Philippis R, Vincenzini M. Outermost polysaccharidic investments of cyanobacteria: nature, significance and possible applications. Recent Research Developments in Microbiology, 2003, 7: 13-22.

DeFalco L A, Detling J K, Tracy C R, et al. Physiological variation among native and exotic winter annual plants associated with microbiotic crusts in the Mojave Desert. Plant and Soil, 2001, 234(1): 1-14.

Deines L, Rosentreter R, Eldridge D J, et al. Germination and seedling establishment of two annual grasses on lichen-dominated biological soil crusts. Plant and Soil, 2007, 295(1): 23-35.

Dekker L W, Doerr S H, Oostindie K, et al. Water repellency and critical soil water content in a dune sand. Soil Science Society of America Journal, 2001, 65(6): 1667-1674.

Delgado-Baquerizo M, Castillo-Monroy A P, Maestre F T, et al. Plants and biological soil crusts modulate the dominance of N forms in a semi-arid grassland. Soil Biology and Biochemistry, 2010, 42(2): 376-378.

Delgado-Baquerizo M, Covelo F, Maestre F T, et al. Biological soil crusts affect small-scale spatial patterns of inorganic N in a semiarid Mediterranean grassland. Journal of Arid Environments, 2013, 91: 147-150.

Delgado-Baquerizo M, Gallardo A, Covelo F, et al. Differences in thallus chemistry are related to species-specific effects of biocrust-forming lichens on soil nutrients and microbial communities. Functional Ecology, 2015, 29(8): 1087-1098.

Delgado-Baquerizo M, Maestre F T, Gallardo A, et al. Decoupling of soil nutrient cycles as a function of aridity in global drylands. Nature, 2013, 502(7473): 672-676.

Deltoro V I, Calatayud A, Gimeno C, et al. Changes in chlorophyll a fluorescence, photosynthetic CO_2 assimilation and xanthophyll cycle interconversions during dehydration in desiccation-tolerant and intolerant liverworts. Planta, 1998, 207(2): 224-228.

Derbyshire E. Natural minerogenic dust and human health eduard derbyshire. AMBIO: A Journal of the Human Environment, 2007, 36: 73-77.

Dettweiler-Robinson E, Ponzetti J M, Bakker J D. Long-term changes in biological soil crust cover and composition. Ecological Processes, 2013, 2(1): 1-10.

Dettweiler-Robinson E, Sinsabaugh R L, Rudgers J A. Fungal connections between plants and biocrusts facilitate plants but have little effect on biocrusts. Journal of Ecology, 2020, 108(3): 894-907.

Dias T, Crous C J, Ochoa-Hueso R, et al. Nitrogen inputs may improve soil biocrusts multifunctionality in dryland ecosystems. Soil Biology and Biochemistry, 2020, 149: 107947.

Dias-Ravina M, Acea M J, Carballas T. Microbial biomass and its contribution on nutrient concentration in forest soils. Soil Biology & Biochemistry, 1993, 25: 25-31.

Ding J, Eldridge D J. Biotic and abiotic effects on biocrust cover vary with microsite along an extensive aridity gradient. Plant and Soil, 2020, 450: 429-441.

Dody A, Hakmon R, Asaf B, et al. Indices to monitor biological soil crust growth rate - lab and field experiments. Natural Science, 2011, 3(6): 478-483.

Doerr S H, Dekker L W, Ritsema C J, et al. Water repellency of soils: the influence of ambient relative humidity. Soil Science Society of America Journal, 2002, 66: 401-405.

Doerr S H, Ferreira A J D, Walsh R P D, et al. Soil water repellency as a potential parameter in rainfall-runoff modelling: experimental evidence at point to catchment scales from Portugal. Hydrological Process, 2003, 17(2): 363-377.

Doerr S H, Shakesby R A, Walsh R P D. Soil water repellency: its causes, characteristics and hydrogeomorphological significance. Earth-Science Reviews, 2000, 51(1-4): 33-65.

Dojani S, Büdel B, Deutschewitz K, et al. Rapid succession of biological soil crusts after experimental disturbance in the Succulent Karoo, South Africa. Applied Soil Ecology, 2011, 48, 263-269.

Dong H, Zhao F, Zeng G, et al. Aging study on carboxymethyl cellulose-coated zero-valent iron nanoparticles in water: chemical transformation and structural evolution. Journal of Hazardous Materials, 2016, 312: 234-242.

Dong Z, Wang L, Zhao S. A potential compound for sand fixation synthesized from the effluent of pulp and paper mills. Journal of Arid Environments. 2008, 72: 1388-1393.

D'Onofrio D, Baudena M, D'Andrea F, et al. Tree-grass competition for soil water in arid and semiarid savannas: the role of rainfall intermittency. Water Resources Research, 2015, 51(1): 169-181.

Drahorad S L, Felix-Henningsen P, Eckhardt K U, et al. Spatial carbon and nitrogen distribution and organic matter characteristics of biological soil crusts in the Negev desert (Israel) along a rainfall gradient. Journal of Arid Environments, 2013, 94: 18-26.

Drahorad S, Steckenmesser D, Felix-Henningsen P, et al. Ongoing succession of biological soil crusts increases water repellency—a case study on arenosols in sekule, slovakia. Biologia, 2013, 68(6): 1089-1093.

Duan Z H, Xiao H L, Li X R, et al. Evolution of soil properties on stabilized sands in the Tengger Desert, China. Geomorphology , 2004, 59(1-4): 237-246.

Dubois M, Gilles K A, Hamilton J K, et al. Colorimetric method for determination of sugars and related substances. Analytical Chemistry, 1956, 28: 350-356.

Dumont M G, Pommerenke B, Casper P, et al. DNA-, rRNA- and mRNAbased stable isotope probing of aerobic methanotrophs in lake sediment. Environmental Microbiology. 2011, 13(5): 1153-1167.

Dunn R M, Manoylov K M. The Effects of Initial Cell Density on the Growth and Proliferation of the Potentially Toxic Cyanobacterium Microcystis aeruginosa. Journal of Environmental Protection, 2016, 7: 1210-1220.

Eckert Jr R E, Peterson F F, Meurisse M S, et al. Effects of soil-surface morphology on emergence and survival of seedlings in big sagebrush communities. Journal of Range Management, 1986, 39(5): 414-420.

Egidi E, Delgado-Baquerizo M, Plett J M, et al. A few Ascomycota taxa dominate soil fungal communities worldwide. Nature Communications, 2019, 10: e2369.

Elbert W, Peterson F F. Interactive comment on “Microbiotic crusts on soil, rock and plants: neglected major players in the global cycles of carbon and nitrogen?”. Biogeosciences Discussions, 2010, 6: 4823-4833.

Elbert W, Weber B, Burrows S, et al. Contribution of cryptogamic covers to the global cycles of carbon and nitrogen. Nature Geoscience, 2012, 5(7): 459-462.

Eldridge D J, Delgado-Baquerizo M, Travers S K, et al. Competition drives the response of soil microbial diversity to increased grazing by vertebrate herbivores. Ecology, 2017, 98: 1922-1931.

Eldridge D J, Greene R S B. Assessment of sediment yield by splash erosion on a semiearid soil with varying cryptogram cover. Journal of Arid Environments, 1994a, 26: 221-232.

Eldridge D J, Greene R S B. Microbiotic soil crusts: A review of their roles in soil and ecological processes in the rangelands of Australia. Australian Journal of Soil Research, 1994b, 32: 389-415.

Eldridge D J, Leys J F. Exploring some relationships between biological soil crusts, soil aggregation and wind erosion. Journal of Arid Environments. 2003, 53: 457-466.

Eldridge D J, Mallen-Cooper M, Ding J. Biocrust functional traits reinforce runon-runoff patchiness in drylands. Geoderma, 2021, 400: e115152.

Eldridge D J, Zaady E, Shachak M. Infiltration through three contrasting biological soil crusts in patterned landscapes in the Negev, Israel. Catena, 2000, 40(3): 323-336.

Eldridge D J, Reed S, Travers S K, et al. The pervasive and multifaceted influence of biocrusts on water in the world's drylands. Global Change Biology, 2020, 26: 6003-6014.

Elliott D R, Thomas A D, Strong C, et al. Surface stability in drylands is influenced by dispersal strategy of soil bacteria. Journal of Geophysical Research: Biogeosciences, 2019, 124.

Emmerling C, Udelhoven T, Schröder D. Response of soil microbial biomass and activity to agricultural de-intensification over a 10 year period. Soil Biology and Biochemistry, 2001, 33(15): 2105-2114.

Ernst A. Carbohydrate formation in rewetted terrestrial cyanobacteria. Oecologia, 1987, 72(4): 574-576.

Escolar C, Maestre F T, Rey A. Biocrusts modulate warming and rainfall exclusion effects on soil respiration in a semi-arid grassland. Soil Biology and Biochemistry, 2015, 80: 9-17.

Escribano P, Palacios-Orueta A, Oyonarte C, et al. Spectral properties and sources of variability of ecosystem components in a Mediterranean semiarid environment. Journal of Arid Environments, 2010, 74: 1041-1051.

Escudero A, Martínez I, De la Cruz A, et al. Soil lichens have species-specific effects on the seedling emergence of three gypsophile plant species. Journal of Arid Environments, 2007, 70(1): 18-28.

Evans R D, Johansen J R. Microbiotic Crusts and Ecosystem Processes. Critical Reviews in Plant Sciences, 1999, 18(2): 183-225.

Eynard A, Schumacher T E, Lindstrom M J, et al. Effects of aggregate structure and organic C on wettability of Ustolls. Soil & Tillage Research, 2006, 88: 205-216.

Fairlie T D, Jacob D J, Park R J. The impact of transpacific transport of mineral dust in the United States. Atmospheric Environment, 2007, 41(6): 1251-1266.

Faist A M, Herrick J E, Belnap J, et al. Biological soil crust and disturbance controls on surface hydrology in a semi-arid ecosystem. Ecosphere, 2017, 8(3): e01691.

Faist A M, Antoninka A J, Belnap J, et al. Inoculation and habitat amelioration efforts in biological soil crust recovery vary by desert and soil texture. Restoration Ecology, 2020, 28: S96-S105.

Falkowski P G, Fenchel T, Delong E F. The microbial engines that drive Earth's biogeochemical cycles. Science, 2008, 320: 1034-1039.

Fan F, Yin C, Tang Y, et al. Probing potential microbial coupling of carbon and nitrogen cycling during decomposition of maize residue by ^{13}C-DNA-SIP . Soil Biology and Biochemistry, 2014, 70: 12-21.

Fang S, Yu W, Qi Y. Spectra and vegetation index variations in moss soil crust in different seasons, and in wet and dry conditions. International Journal of Applied Earth Observations and Geoinformation, 2015, 38: 261-266.

Fattahi S M, Soroush A, Huang N. Wind erosion control using inoculation of aeolian sand by cyanobacteria. Land Degradation & Development, 2020, 31(15): 2104-2116.

Felde V J M N L, Peth S, Uteau-Puschmann D, et al. Soil microstructure as an under-explored feature of biological soil crust hydrological properties: case study from the NW Negev Desert. Biodivers. Conserv, 2014, 23: 1687-1708.

Feng W, Zhang Y Q, Jia X, et al. Impact of environmental factors and biological soil crust types on soil respiration in a desert ecosystem. PLoS One, 2014, 9(7): e102954.

Feng W, Zhang Y Q, Wu B, et al. Influence of disturbance on soil respiration in biologically crusted soil during the dry season. Scientific World Journal, 2013: e408560.

Fenner M. Seedlings. New phytologist, 1987, 106: 35-47.

Fernandes S A P, Bettiol W, Cerri C C. Effect of sewage sludge on microbial biomass, basal respiration, metabolic quotient and soil enzymatic activity. Applied Soil Ecology, 2005, 30: 65-77.

Fernandes V M C, de Lima N M M, Roush D, et al. Exposure to predicted precipitation patterns decreases population size and alters community structure of cyanobacteria in biological soil crusts from the Chihuahuan Desert. Environmental Microbiology, 2018, 20(1): 259-269.

Ferrenberg S, Faist A M, Howell A, et al. Biocrusts enhance soil fertility and Bromus tectorum growth, and interact with warming to influence germination. Plant and Soil, 2018, 429(1): 77-90.

Ferrenberg S, O'neill S P, Knelman J E, et al. Changes in assembly processes in soil bacterial communities following a wildfire disturbance. The ISME journal, 2013, 7(6): 1102-1111.

Ferrenberg S, Reed S C, Belnap J. Climate change and physical disturbance cause similar community shifts in biological soil crusts. Proceedings of the National Academy of Sciences, 2015, 112(39): 12116-12121.

Ferrenberg S, Tucker C L, Reed S C. Biological soil crusts: diminutive communities of potential global importance. Frontiers in Ecology and the Environment, 2017, 15(3): 160-167.

Fick S E, Barger N, Tatarko J, et al. Induced biological soil crust controls on wind erodibility and dust (PM10) emissions. Earth Surface Processes and Landforms, 2020, 45(1): 224-236.

Fierer N, Bradford M A, Jackson R B. Toward an ecological classification of soil bacteria.

Ecology, 2007, 88: 1354-1364.

Fischer K, Jefferson J S, Vaishampayan P. Bacterial communities of mojave desert biological soil crusts are shaped by dominant photoautotrophs and the presence of hypolithic niches. Frontiers in Ecology and Evolution, 2020, 7: 518.

Fischer T, Spröte R, Veste M, et al. Functions of biological soil crusts on central European inland dunes: water repellency and pore clogging influence water infiltration. Egu General Assembly Conference Abstracts, 2010.

Fischer T, Veste M, Eisele A, et al. Small scale spatial heterogeneity of Normalized Difference Vegetation Indices (NDVIs) and hot spots of photosynthesis in biological soil crusts. Flora-Morphology, Distribution, Functional Ecology of Plants, 2012, 207(3): 159-167.

Fischer T, Veste M, Wiehe W, et al. Water repellency and pore clogging at early successional stages of microbiotic crusts on inland dunes, Brandenburg, NE Germany. Catena, 2010, 80: 47-52.

Fischer T, Yair A, Veste M, et al. Hydraulic properties of biological soil crusts on sand dunes studied by ^{13}C-CP/MAS-NMR: a comparison between an arid and a temperate site. Catena, 2013, 110: 155-160.

Flaherman V J, Hector R, Rutherford G W. Estimating severe coccidioidomycosis in California. Emerging Infectious Diseases, 2007, 13(7): 1087-1090.

Flemming H C, Wingender J. The biofilm matrix. Nat Rev Microbiol, 2010, 8: 623-633.

Flemming H C, Neu T R, Wozniak D J. The EPS matrix: the "house of biofilm cells". Journal of Bacteriology, 2007, 189: 7945-7947.

Fox O, Vetter S, Ekschmitt K, et al. Soil fauna modifies the recalcitrance-persistence relationship of soil carbon pools. Soil Biology & Biochemistry, 2006, 38: 1253-1263.

Freitas F, Alves V D, Pais J, et al. Production of a new exopolysaccharide (EPS) by Pseudomonas oleovorans NRRL B-14682 grown on glycerol. Process Biochemistry,

2010, 45: 297-305.

Friedrich M W. Methyl-coenzyme M reductase genes: unique functional markers for methanogenic and anaerobic methane-oxidizing archaea. Methods in Enzymology, 2005, 397: 428-442.

Fu C, Zhou H, Tan L, et al. Microwave-activated Mn-doped zirconium metal-organic framework nanocubes for highly effective combination of microwave dynamic and thermal therapies against cancer. ACS Nano, 2017, 12(3): 2201-2210.

Gadd G M. Fungal production of citric and oxalic acid: importance in metal speciation, physiology and biogeochemical processes. Advances in Microbial Physiology. 1999, 41: 47-92.

Gadd G M. Fungi and yeasts for metal accumulation. In: Ehrlich H L, Brierly C L (eds), Microbial mineral recovery. New York: McGraw-Hill, 1990: 249-275.

Galun M, Bubrick P, Garty J. Structural and metabolic diversity of two desert-lichen populations. Journal of the Hattori Botanical Laboratory, 1982: 321-324.

Gao B, Li X S, Zhang D Y, et al. Desiccation tolerance in bryophytes: the dehydration and rehydration transcriptomes in the desiccation-tolerant bryophyte Bryum argenteum. Scientific Reports, 2017, 7: 7571.

Gao L Q, Bowker M A, Xu M X, et al. Biological soil crusts decrease erodibility by modifying inherent soil properties on the Loess Plateau, China. Soil Biology and Biochemistry, 2017, 105: 49-58.

Gao L, Sun H, Xu M, et al. Biocrusts resist runoff erosion through direct physical protection and indirect modification of soil properties. Journal of Soils and Sediments, 2020, 20:133-142.

Gao S, Ye X, Chu Y, et al. Effects of biological soil crusts on profile distribution of soil water, organic carbon and total nitrogen in Mu Us Sandland, China. Journal of Plant Ecology, 2008, 3(4): 279-284.

Gao Y H, Li X R, Liu L C, et al. Seasonal variation of carbon exchange from a revegetation area in a Chinese desert. Agricultural and Forest Meteorology, 2012, 156: 134-142.

Gao Y, Qiu G Y, Shimizu H, et al. A 10-year study on techniques for vegetation restoration in a desertified Salt Lake area. Journal of Arid Environments, 2002, 52(4): 483-497.

Gao J, Liu Y S. Determination of land degradation causes in Tongyu county, northeast China via land cover change detection. International Journal of Applied Earth Observation and Geoinformation. 2010, 12(1): 9-16.

Gao K, Yu A. Influence of CO_2, light and watering on growth of Nostoc flagelliforme mats. Journal of Applied Phycology, 2000, 12: 185-189.

García-Haro F J, Sommer S, Kemper T. A new tool for variable multiple endmember spectral mixture analysis (VMESMA). International Journal Remote Sensing, 2005, 26: 2135-2162.

Garcia-Pichel F, Belnap J, Neuer S, et al. Estimates of global cyanobacterial biomass and its distribution. Algological Studies, 2003, 109(1): 213-227.

Garcia-Pichel F, Belnap J. Microenvironments and microscale productivity of cyanobacterial desert crusts. Journal of phycology, 1996, 32(5): 774-782.

Garcia-Pichel F, Loza V, Marusenko Y, et al. Temperature drives the continental-scale distribution of key microbes in topsoil communities. Science, 2013, 340: 1574-1577.

Garcia-Pichel F, Pringault O. Microbiology-Cyanobacteria track water in desert soils. Nature, 2001, 413(6854): 380-1.

Garcia-Pichel F, Wojciechowski M F. The evolution of a capacity to build supra-cellular ropes enabled filamentous cyanobacteria to colonize highly erodible substrates. PLoS One, 2009, 4: e7801.

Garibotti I A, Gonzalez P M, Tabeni S. Linking biological soil crust attributes to the multifunctionality of vegetated patches and interspaces in a semiarid shrubland. Functional Ecology, 2018, 32(4): 1065-1078.

Garrison V H, Shinn E A, Foreman W T, et al. African and Asian dust: from desert soils to coral reefs. BioScience, 2003, 53: 469-480.

Gatson J W, Benz B F, Chandrasekaran C, et al. Bacillus tequilensis sp. nov., isolated from a 2000-year-old Mexican shaft-tomb, is closely related to Bacillus subtilis. International Journal of Systematic and Evolutionary Microbiology. 2006, 56: 1475-1484.

Ge H M, Xia L, Zhou X P, et al. Effects of light intensity on component and topographical structure of extracellular polysaccharide from the cyanobacteria Nostoc sp. Journal of Microbiology, 2014a, 52: 179-183.

Ge H M, Zhang J, Zhou X P, et al. Effects of light intensity on components and topographical structures of extracellular polymeric substances from Microcoleus vaginatus (Cyanophyceae). Phycologia, 2014b, 53: 167-173.

Geesey G, Jang L. Extracellular polymers for metal binding. In: Ehrlich H L, Brierly C L (eds). Microbial mineral recovery. New York: McGraw-Hill, 1990.

George D B, Roundy B A, Clair L L, et al. The effects of microbiotic soil crusts on soil water loss. Arid Land Research and Management, 2003, 17(2): 113-125.

Ghaly A, Arab F, Mahmoud N, et al. Production of levan by Bacillus licheniformis for use as a soil sealant in earthen manure storage structures. American Journal of Biochemistry and Biotechnology, 2007, 3: 47-54.

Ghashghaei T, Soudi M R, Hoseinkhani S, et al. Effects of nonionic surfactants on xanthan gum production: a survey on cellular interactions. Iranian Journal of Biotechnology, 2018, 16: 59-65.

Ghiloufi W, Seo J Y, Kim J H, et al. Effects of Biological Soil Crusts on Enzyme Activities and Microbial Community in Soils of an Arid Ecosystem. Microbial ecology,

2019, 77(1): 201-216.

Ghio A J, Kummarapurugu S T, Tong H, et al. Biological effects of desert dust in respiratory epithelial cells and a murine model. Inhalation Toxicology, 2014, 26: 299-309.

Giannadaki D, Pozzer A, Lelieveld J. Modeled global effects of airborne desert dust on air quality and premature mortality. Atmospheric Chemistry and Physics, 2014, 14(2): 957-968.

Gilbert J A, Corbin J D. Biological soil crusts inhibit seed germination in a temperate pine barren ecosystem. PLoS One, 2019, 14(2): e0212466.

Gilliam F S, Billmyer J H, Walter C A, et al. Effects of excess nitrogen on biogeochemistry of a temperate hardwood forest: evidence of nutrient redistribution by a forest understory species. Atmospheric Environment, 2016, 146: 261-270.

Ginoux P, Prospero J M, Gill T E, et al. Global-scale attribution of anthropogenic and natural dust sources and their emission rates based on MODIS Deep Blue aerosol products. Reviews of Geophysics, 2012, 50(3): 1-35.

Giraldo-Silva A, Nelson C, Barger N N, et al. Nursing biocrusts, isolation, cultivation, and fitness test of indigenous cyanobacteria. Restoration Ecology, 2019, 27(4): 793-803.

Giraldo-Silva A, Nelson C, Penfold C, et al. Effect of preconditioning to the soil environment on the performance of 20 cyanobacterial cultured strains used as inoculum for biocrust restoration. Restoration Ecology, 2020, 28: S187-S193.

Glaser K, Baumann K, Leinweber P, et al. Algal diversity of temperate biological soil crusts depends on land use intensity and affects phosphorus biogeochemical cycling. Biogeosciences Discussions, 2018, 15: 4181-4192.

Glassman S I, Weihe C, Li J H, et al. Decomposition responses to climate depend on microbial community composition. PNAS, 2018, 115(47): 11994-11999.

Goebel M O, Bachmann J, Woche S K, et al. Water potential and aggregate size effects on contact angle and surface energy. Soil Science Society of America Journal, 2004, 68(2): 383-393.

Golodets C, Boeken B. Moderate sheep grazing in semiarid shrubland alters small-scale soil surface structure and patch properties. Catena, 2006, 65: 285-291.

Gómez D A, Aranibar J N, Tabeni S, et al. Biological soil crust recovery after long-term grazing exclusion in the Monte Desert (Argentina). Changes in coverage, spatial distribution, and soil nitrogen. Acta Oecologica, 2012, 38(1): 33-40.

Gong Y, Liu Y, Xiong Z, et al. Immobilization of mercury by carboxymethyl cellulose stabilized iron sulfide nanoparticles: reaction mechanisms and effects of stabilizer and water chemistry. Environmental Science & Technology, 2014, 48 (7): 3986-3994.

Gotelli N J, Hart E M, Ellison A. 2013. EcoSimR: Null model analysis for ecological data. 2013, http://www.uvm.edu/~ngote lli/EcoSi m/EcoSim.html.

Gotelli N J, McCabe D J. Species co-occurrence: A meta-analysis of J. M. Diamond's assembly rules model. Ecology, 2002, 83(8): 2091-2096.

Gotelli N J. Null model analysis of species co-occurrence patterns. Ecology, 2000, 81(9): 2606-2621.

Goudie A S, Middleton N J. Desert Dust in the Global System. Berlin: Springer, 2006.

Goudie A S. Desert dust and human health disorders. Environment International, 2014, 63: 101-113.

Graber E R, Tagger S, Wallach R. Role of divalent fatty acid salts in soil water repellency. Soil Science Society of America Journal, 2009, 73(2): 541-549.

Green L E, Porras-Alfaro A, Sinsabaugh R L. Translocation of nitrogen and carbon integrates biotic crust and grass production in desert grassland. Journal of Ecology, 2008, 96(5): 1076-1085.

Greene R B, Chartres C J, Hodgkinson K C. The effect of fire on the soil of the degraded semiarid woodland. I Cryptogam cover and physical-micromorphological properties.

Australian Journal of Soil Research. 1990, 28(5): 755-777.

Griffin D W. Atmospheric movement of microorganisms in clouds of desert dust and implications for human health. Clinical Microbiology Reviews, 2007, 20: 459-477.

Griffin D W, Kellogg C, Garrison V, et al. Atmospheric microbiology in the northern Caribbean during African dust events. Aerobiologia, 2003, 19: 143-157.

Griffiths B S, de Groot G A, Laros I, et al. The need for standardisation: exemplified by a description of the diversity, community structure and ecological indices of soil nematodes. Ecological Indicators, 2018, 87: 43-46.

Grineski S E, Staniswalis J G, Bulathsinhala P, et al. Hospital admissions for asthma and acute bronchitis in El Paso, Texas: do age, sex, and insurance status modify the effects of dust and low wind events? Environmental research, 2011, 111(8): 1148-1155.

Grishkan I, Jia R L, Kidron G J, et al. Cultivable microfungal communities inhabiting biological soil crusts in the Tengger Desert, China. Pedosphere, 2015, 25(3): 351-363.

Groosens D. Effect of soil crusting on the emission and transport of wind-eroded sediment: field measurements on loamy sandy soil. Geomorphology, 2004, 58(1-4): 145-160.

Gross N, Liancourt P, Choler P, et al. Strain and vegetation effects on local limiting resources explain the outcomes of biotic interactions. Perspectives in Plant Ecology, Evolution and Systematics, 2010, 12(1): 9-19.

Grote E E, Belnap J, Housman D C, et al. Carbon exchange in biological soil crust communities under differential temperatures and soil water contents: implications for global change. Global Change Biologyogy, 2010, 16(10): 2763-2774.

Gu Y F, Zhang X P, Tu S H, et al. Soil microbial biomass, crop yields, and bacterial community structure as affected by long-term fertilizer treatments under wheat-rice cropping. European Journal of Soil Biology, 2009, 45(3): 239-246.

Guan C, Li X R, Zhang P, et al. Diel hysteresis between soil respiration and soil temperature in a biological soil crust covered desert ecosystem. PLoS One, 2018, 13(4): e0195606.

Guan C, Zhang P, Zhao C M, et al. Effects of warming and rainfall pulses on soil respiration in a biological soil crust-dominated desert ecosystem. Geoderma, 2021, 381: e114683.

Guan H, Liu X. Does biocrust successional stage determine the degradation of vascular vegetation via alterations in its hydrological roles in semi-arid ecosystem?. Ecohydrology, 2019, 12(3): e2075.

Guan P T, Zhang X K, Yu J, et al. Soil microbial food web channels associated with biological soil crusts in desertification restoration: the carbon flow from microbes to nematodes. Soil Biology and Biochemistry, 2018, 116: 82-90.

Gubry-Rangin C, Nicol G W, Prosser J I. Archaea rather than bacteria control nitrification in two agricultural acidic soils. FEMS Microbiology Ecology, 2010, 74(3): 566-574.

Gundlapally S R, Garcia-Pichel F. The community and phylogenetic diversity of biological soil crusts in the Colorado Plateau studied by molecular fingerprinting and intensive cultivation. Microbial Ecology, 2006, 52: 345-357.

Guo Y R, Zhao H L, Zuo X A, et al. Biological soil crust development and its topsoil properties in the process of dune stabilization, Inner Mongolia, China. Environmental Geology, 2008, 54(3): 653-662.

Guo J, Zhang Y, Zhu Y, et al. Ultrathin chiral metal-organic-framework nanosheets for efficient enantioselective separation. Angewandte Chemie-International Edition, 2018, 57(23): 6873-6877.

Guy L, Ettema T J. The archaeal ‘TACK’ superphylum and the origin of eukaryotes. Trends in Microbiology, 2011, 19(12): 580-587.

Gyan K, Henry W, Lacaille S, et al. African dust clouds are associated with increased paediatric asthma accident and emergency admissions on the Caribbean island of Trinidad. International Journal of Biometeorology, 2005, 49(6): 371-376.

Hackl E, Bachmann G, Zechmeister-Boltenstern S. Microbial nitrogen turnover in soils under different types of natural forest. Forest Ecology and Management, 2004, 188(1-3): 101-112.

Hagemann M, Henneberg M, Felde V J M N L, et al. Cyanobacterial diversity in biological soil crusts along a precipitation gradient, northwest Negev Desert, Israel. Microbial Ecology, 2015, 70:219-230.

Hakanpää J, Paananen A, Askolin S, et al. Atomic resolution structure of the HFBII hydrophobin, a self-assembling amphiphile. The Journal of Biological Chemistry, 2004, 279: 534-539.

Hallett P D, Baumgartl T, Young I M. Subcritical water repellency of aggregates from a range of soil management practices. Soil Science Society of America Journal, 2001, 65(1): 184-190.

Hallett P D, Nunan N, Douglas J T, et al. Millimeter-scale spatial variability in soil water sorptivity: scale, surface elevation, and subcritical repellency effects. Soil Science Society of America Journal, 2004, 68(2): 352-358.

Han W, Kemmitt S J, Brookes P C. Soil microbial biomass and activity in Chinese tea gardens of varying stand age and productivity. Soil Biology and Biochemistry, 2007, 39(7): 1468-1478.

Harper K T, Marble J R. A role for nonvascular plants in management of arid and semiarid rangelands. In: Tueller P T (Ed.). Vegetation Science Applications for Rangeland Analysis and Management. Dordrecht: Kluwer Academic, 1988.

Harper K T, Belnap J. The influence of biological soil crusts on mineral uptake by associated vascular plants. Journal of Arid Environments, 2001, 47: 347-357.

Hartley A, Barger N, Belnap J, et al. Dryland ecosystems. In: Marschner P, Rengel Z (Eds.).

Nutrient cylcling in terrestrial ecosystems. Berlin: Springer, 2007.

Hauck M, Jürgens S R, Willenbruch K, et al. Dissociation and metalbinding characteristics of yellow lichen substances suggest a relationship with site preferences of lichens. Annals of Botany, 2009, 103: 13-22.

Havrilla C A, Barger N N. Biocrusts and their disturbance mediate the recruitment of native and exotic grasses from a hot desert ecosystem. Ecosphere, 2018, 9(7): e02361.

Havrilla C A, Chaudhary V B, Ferrenberg S, et al. Towards a predictive framework for biocrust mediation of plant performance: A meta-analysis. Journal of Ecology, 2019, 107(6): 2789-2807.

Havrilla C A, Leslie A D, Di Biase J L, et al. Biocrusts are associated with increased plant biomass and nutrition at seedling stage independently of root-associated fungal colonization. Plant and Soil, 2020, 446(1): 331-342.

Hayashi N R, Arai H, Kodama T, et al. The nirQ gene, which is required for denitrification of Pseudomonas aeruginosa, can activate the RubisCO from Pseudomonas hydrogenothermophila. Biochimica et Biophysica Acta (BBA)-General Subjects, 1998, 1381(3): 347-350.

Hayatsu M, Tago K, Saito M. Various players in the nitrogen cycle: diversity and functions of the microorganisms involved in nitrification and denitrification. Soil Science and Plant Nutrition, 2008, 54(1): 33-45.

He M, Dijkstra F A, Zhang K, et al. Influence of life form, taxonomy, climate, and soil properties on shoot and root concentrations of 11 elements in herbaceous plants in a temperate desert. Plant and Soil, 2016, 398(1-2): 339-350.

He M, Hu R, Jia R L. Biological soil crusts enhance the recovery of nutrient levels of surface dune soil in arid desert regions. Ecological Indicators, 2019, 106: e105497.

Healy R W, Striegl R G, Russell T F, et al. Numerical evaluation of static-chamber measurements of soil-atmosphere gas exchange: identification of physical processes. Soil

Science Society of America Journal, 1996, 60(3): 740-747.

Hedayati M, Mayahi S, Denning D. A study on Aspergillus species in houses of asthmatic patients from Sari City, Iran and a brief review of the health effects of exposure to indoor Aspergillus. Environmental Monitoring and Assessment, 2010, 168: 481-487.

Hernandez R R, Sandquist D R. Disturbance of biological soil crust increases emergence of exotic vascular plants in California sage scrub. Plant Ecologyogy, 2011, 212(10): 1709-1721.

Herrick J E, Van Zee J W, Belnap J, et al. Fine gravel controls hydrologic and erodibility responses to trampling disturbance for coarse-textured soils with weak cyanobacterial crusts. Catena, 2010, 83(2-3): 119-126.

Herter S, Farfsing J, Gad'On N, et al. Autotrophic CO_2 fixation by Chloroflexus aurantiacus: study of glyoxylate formation and assimilation via the 3-hydroxypropionate cycle. Journal of Bacteriology, 2001, 183(14): 4305-4316.

Holmgren M, Scheffer M. Strong facilitation in mild environments: the stress gradient hypothesis revisited. Journal of Ecology, 2010, 98(16): 1269-1275.

Hong Y C, Pan X C, Kim S Y, et al. Asian dust storm and pulmonary function of school children in Seoul. Science of the Total Environment, 2010, 408(4): 754-759.

Hong Y, Li Y Y, Li S H. Preliminary study on the blue-green algae community of arid soil in Qaidam basin. Journal of Integrative Plant Biology, 1992, 34: l6l-168.

Housman D C, Powers H H, Collins A D, et al. Carbon and nitrogen fixation differ between successional stages of biological soil crusts in the Colorado Plateau and Chihuahuan Desert. Journal of Arid Environments, 2006, 66(4): 620-634.

Hu C X, Liu Y D, Paulsen B S, et al. Extracellular carbohydrate polymers from five desert soil algae with different cohesion in the stabilization of fine sand grain. Carbohydrate Polymers, 2003, 54(1): 33-42.

Hu C X, Liu Y D, Zhang D L, et al. Cementing mechanism of algal crusts from desert area. Chinese Science Bulletin, 2002, 47(16): 1361-1368.

Hu C X, Liu Y D. Primary succession of algal community structure in desert soil. Acta Botanica Sinica, 2003, 45(8): 917-924.

Hu C X, Zhang D L, Huang Z B, et al. The vertical microdistribution of cyanobacteria and green algae within desert crusts and the development of the algal crusts. Plant and Soil, 2003, 257(1): 97-111.

Hu C X, Zhang D L, Liu Y D. Research progress on algae of the microbial crusts in arid and semiarid regions. Progress in Natural Science-materials International, 2004, 14(4): 289-295.

Hu C, Liu Y, Song L, et al. Effect of desert soil algae on the stabilization of fine sands. Journal of Applied Phycology, 2002, 14: 281-292.

Hu J, Wu J H, Ma M J, et al. Nematode communities response to long-term grazing disturbance on Tibetan plateau. European Journal of Soil Biology, 2015, 69: 24-32.

Hu P P, Zhang W, Xiao L M, et al. Moss-dominated biological soil crusts modulate soil nitrogen following vegetation restoration in a subtropical karst region. Geoderma, 2019, 352: 70-79.

Hu R, Wang X P, Pan Y X, et al. Seasonal variation of net N mineralization under different biological soil crusts in Tengger Desert, North China. Catena, 2015, 127: 9-16.

Hu R, Wang X P, Pan Y X, et al. The response mechanisms of soil N mineralization under biological soil crusts to temperature and moisture in temperate desert regions. European Journal of Soil Biology, 2014, 62: 66-73.

Hu R, Wang X P, Zhang Y F, et al. Insight into the influence of sand-stabilizing shrubs on soil enzyme activity in a temperate desert. Catena, 2016, 137: 526-535.

Hu R, Wang X P, Xu J S, et al. The mechanism of soil nitrogen transformation under different biocrusts to warming and reduced precipitation: From microbial functional genes to enzyme activity. Science of the Total Environment, 2020, 722: e137849.

Hu Y G, Zhang Z S, Huang L, et al. Shifts in soil microbial community functional gene structure across a 61-year desert revegetation chronosequence. Geoderma, 2019, 347: 126-134.

Hua N P, Kobayashi F, Iwasaka Y, et al. Detailed identification of desert-originated bacteria carried by Asian dust storms to Japan. Aerobiologia, 2007, 23(4): 291-298.

Huang G, Li Y, Su Y G. Effects of increasing precipitation on soil microbial community composition and soil respiration in a temperate desert, Northwestern China. Soil Biology and Biochemistry, 2015, 83: 52-56.

Huang L, Zhang P, Yang H T, et al. Vegetation and soil restoration in refuse dumps from open pit coal mines. Ecological Engineering, 2016, 94: 638-646.

Huang L, Zhang Z S, Li X R. Carbon fixation and influencing factors of biological soil crusts in a revegetated area of the Tengger Desert, northern China. Journal of Arid Land, 2014a, 6(6): 725-734.

Huang L, Zhang Z S, Li X R. Soil CO2 concentration in biological soil crust and its driving factors in a revegetated area of the Tengger Desert, Northern China. Environmental Earth Sciences, 2014b, 72: 767-777.

Hui R, Li X R, Chen C Y, et al. Responses of photosynthetic properties and chloroplast ultrastructure of Bryum argenteum from a desert biological soil crust to elevated ultraviolet-B radiation. Physiol Plantarum, 2013, 147(4): 489-501.

Hui R, Li X R, Jia R L, et al. Photosynthesis of two moss crusts from the Tengger Desert with contrasting sensitivity to supplementary UV-B radiation. Photosynthetica, 2014, 52: 36-49.

Hui R, Li X R, Zhao R M, et al. Damage and recovery from enhanced UV-B exposure in Bryum argenteum and Didymodon vinealis from biological soil crusts. Fresenius Environmental Bulletin, 2015a, 24(3): 939-946.

Hui R, Li X R, Zhao R M, et al. UV-B radiation suppresses chlorophyll fluorescence, photosynthetic pigment and antioxidant systems of two key species in soil crusts from the Tengger Desert, China. Journal of Arid Environments, 2015b, 113: 6-15.

Hui R, Zhao R M, Liu L C, et al. Effects of UV-B, water deficit and their combination on Bryum argenteum plants. Russian Journal of Plant Physiology, 2016b, 63(12): 231-238.

Hui R, Zhao R M, Liu L C, et al. Modelling the influence of snowfall on cyanobacterial crusts in the Gurbantunggut Desert, northern China. Australian Journal of Botany, 2016b, 64(6): 476-483.

Huxman T E, Snyder K A, Tissue D, et al. Precipitation pulses and carbon fluxes in semi-arid and arid ecosystems. Oecologia, 2004, 141(2): 254-268.

Hwang S Y, Nakashima K, Okai N, et al. Thermal stability and starch degradation profile of α-amylase from Streptomyces avermitilis. Bioscience, biotechnology, and biochemistry, 2013, 77(12): 2449-2453.

Issa O M, Bissonnais Y L, Défarge C, et al. Role of a cyanobacterial cover on structural stability of sandy soils in the sahelian part of western Niger. Geoderma, 2001, 101(3-4): 15-30.

Issa O M, Defarge C, Le Bissonnais Y, et al. Effects of the inoculation of cyanobacteria on the microstructure and the structural stability of a tropical soil. Plant and Soil, 2007, 290(1): 209-219.

Issa O M, Trichet J, Defarge C. Morphology and microstructure of microbiotic soil crusts on a tiger bush sequence (Niger, Sahel). Catena, 1999, 37(1-2): 175-196.

Iyasele J U, David J, Idiata D J. Investigation of relationship between Electrical Conductivity and Total Dissolve solids for Mono-Valent, Di-Valent and Tri-Valent Metal Compounds. International Journal of Engineering Research and Reviews, 2015, 3(1): 40-48.

Jabro J D. Water vapor diffusion through soil as affected by temperature and aggregate size. Transport in Porous Media, 2008, 77(3): 417-428.

Jafari M, Tavili A, Zargham N, et al. Comparing some properties of crusted and uncrusted soils in Alagol region of Iran. Pakistan Journal of Nutrition, 2004, 3(5): 273-277.

Jafari R, Bakhshandehmehr L. Quantitative mapping and assessment of environmentally sensitive areas to desertification in central Iran. Land Degradation & Development, 2016, 27(2): 108-119.

Jalil K, Manouchehr G, Mohammad H M, et al. Biological soil crusts determine soil properties and salt dynamics under arid climatic condition in qara qir, iran. Science of The Total Environment, 2020, 732(2-3): 139-168.

Jasoni R L, Smith S D, Arnone J A. Net ecosystem CO_2 exchange in Mojave Desert shrublands during the eighth year of exposure to elevated CO_2. Global Change Biology, 2005, 11(5): 749-756.

Jauni M, Gripenberg S, Ramula S. Non-native plant species benefit from disturbance: a meta-analysis. Oikos, 2015, 124(2): 122-129.

Jeffries D L, Link S O, Klopatek J M. CO_2 fluxes of cryptogamic crusts: I. Response to resaturation. New Phytologist, 1993, 125(1): 163-173.

Jia R L, Gao Y H, Liu L C, et al. Effect of sand burial on the subcritical water repellency of a dominant moss crust in a revegetated area of the Tengger desert, northern China. Journal of Hydrology and Hydromechanics, 2020, 68(3): 279-284.

Jia R L, Li X R, Liu L C, et al. Responses of biological soil crusts to sand burial in a revegetated area of the Tengger Desert, Northern China. Soil Biology and Biochemistry, 2008, 40(11): 2827-2834.

Jia R L, Li X R, Liu L C, et al. Effects of sand burial on dew deposition on moss soil crust in a revegetated area of the Tengger Desert, Northern China. Journal of Hydrology, 2014, 519: 2341-2349.

Jia R L, Teng J L, Chen M C, et al. The differential effects of sand burial on CO_2, CH_4, and N_2O fluxes from desert biocrust-covered soils in the Tengger Desert, China. Catena, 2018, 160: 252-260.

Jia R L, Zhao Y, Gao Y H, et al. Antagonistic effects of drought and sand burial enable the survival of the biocrust moss Bryum argenteum in an arid sandy desert. Biogeosciences, 2018, 15(4): 1161-1172.

Jia X H, Li Y S, Wu B, et al. Effects of plant restoration on soil microbial biomass in an arid desert in northern China. Journal of Arid Environments, 2017, 144: 192-200.

Jia R L, Li X R, Liu L C, et al. Differential wind tolerance of soil crust mosses explains their micro-distribution in nature. Soil Biology and Biochemistry, 2012, 45: 31-39.

Jiang L, Patel S N. Community assembly in the presence of disturbance: a microcosm experiment. Ecology, 2008, 89(7): 1931-1940.

Jiang Z Y, Li X Y, Wei J Q , et al. Contrasting surface soil hydrology regulated by biological and physical soil crusts for patchy grass in the high-altitude alpine steppe ecosystem. Geoderma, 2018, 326: 201-209.

Jiang J Q, Yang C X, Yan X P. Zeolitic imidazolate framework-8 for fast adsorption and removal of benzotriazoles from aqueous solution. ACS Applied Materials & Interfaces, 2013, 5(19): 9837-9842.

Jiang Y J, He W, Liu W X, et al. The seasonal and spatial variations of phytoplankton community and their correlation with environmental factors in a large eutrophic Chinese lake (Lake Chaohu). Ecological Indicators, 2014, 40: 58-67.

Jiao W, Ouyang W, Hao F H, et al. Long-term cultivation impact on the heavy metal behavior in a reclaimed wetland, Northeast China. Journal of Soils and Sediments, 2014, 14: 567-576.

Jiménez E, Linares C, Martínez D, et al. Role of Saharan dust in the relationship between particulate matter and short-term daily mortality among the elderly in Madrid (Spain). Science of the Total Environment, 2010, 408(23): 5729-5736.

Johnson S L, Budinoff C R, Belnap J, et al. Relevance of ammonium oxidation within biological soil crust communities. Environmental Microbiology, 2005, 7(1): 1-12.

Johnson S L, Kuske C R, Carney T D, et al. Increased temperature and altered summer precipitation have differential effects on biological soil crusts in a dryland ecosystem. Global Change Biology, 2012, 18(8): 2583-2593.

Joo S H , Al-Abed S R , Luxton T. Influence of carboxymethyl cellulose for the transport of titanium dioxide nanoparticles in clean silica and mineral-coated sands. Environmental Science & Technology, 2009, 43 (13): 4954-4959.

Joshi S, Jayalal U, Oh S, et al. New records of lichens from Shapotou area in Ningxia of Northwest China. Mycosystema, 2014, 33(1): 167-173.

Jung M Y, Park S J, Min D, et al. Enrichment and characterization of an autotrophic ammonia-oxidizing archaeon of mesophilic crenarchaeal group I. 1a from an agricultural soil. Applied and Environmental Microbiology, 2011, 77(24): 8635-8647.

Jungerius P D, De Jong J H. Variability of water repellence in the dunes along the Dutch coast. Catena, 1989, 16(4-5): 491-497.

Kakeh J, Gorji M, Sohrabi M, et al. Effects of biological soil crusts on some physicochemical characteristics of rangeland soils of alagol, turkmen sahra, NE Iran. Soil and Tillage Research, 2018, 181: 152-159.

Kalthoff N, Fiebig-Wittmaack M, Meissner C, et al. The energy balance, evapo-transpiration and nocturnal dew deposition of an arid valley in the andes. Journal of Arid Environments, 2006, 65(3): 420-443.

Kanatani K T, Ito I, Al-Delaimy W K, et al. Desert dust exposure is associated with increased risk of asthma hospitalization in children. American Journal of Respiratory and Critical Care Medicine, 2010, 182: 1475-1481.

Kanmani P, Aravind J, Kamaraj M, et al. Environmental applications of chitosan and cellulosic biopolymers: a comprehensive outlook. Bioresource Technology. 2017, 242:

295-303.

Karnieli A, Kidron G J, Glaesser C, et al. Spectral Characteristics of Cyanobacteria Soil Crust in Semiarid Environments. Remote Sensing of Environment, 1999, 69(1): 67-75.

Karnieli A, Shachak M, Tsoar H, et al. The effect of microphytes on the spectral reflectance of vegetation in semiarid regions. Remote Sensing of Environment, 1996, 57(2): 88-96.

Karnieli A. Development and implementation of spectral crust index over dune sands. International Journal of Remote Sensing, 1997, 18(6): 1207-1220.

Karnieli A. Natural vegetation phenology assessment by ground spectral measurements in two semi-arid environments. International Journal of Biometeorology, 2003, 47(4): 179-187.

Karp-Boss L, Boss E, Jumars P A. Nutrient fluxes to planktonic osmotrophs in the presence of fluid motion. Oceanography & Marine Biology, 1996, 34(1): 71-107.

Kaschuk G, Alberton O, Hungria M. Three decades of soil microbial biomass studies in Brazilian ecosystems: lessons learned about soil quality and indications for improving sustainability. Soil Biology & Biochemistry, 2010, 42(1): 1-13.

Katznelson R. Clogging of groundwater recharge basins by cyanobacterial mats. FEMS Microbiolgy Letrers, 1989, 62(4): 231-242.

Keck H, Fel de V, Drahorad SL, et al. Biological soil crusts cause subcritical water repellency in a sand dune ecosystem located along a rainfall gradient in the NW Negev desert, Israel. Journal of Hydrology and Hydromechanics, 2016, 64(2): 133-140.

Kéfi S, Rietkerk M, Concepción L, et al. Spatial vegetation patterns and imminent desertification in Mediterranean arid ecosystems. Nature , 2007, 449: 213-217.

Kehl M, Sarvati R, Ahmadi H, et al. Loess paleosol-sequences along a climatic gradient in Northern Iran. Eiszeitalter und Gegenwart, 2005, 55: 149-173.

Kellogg C A, Griffin D W, Garrison V H, et al. Characterization of aerosolized bacteria and fungi from desert dust events in Mali, West Africa. Aerobiologia, 2004, 20: 99-110.

Kellogg C A, Griffin D W. Aerobiology and the global transport of desert dust. Trends in Ecology & Evolution. 2006, 21: 638-644.

Khanh N V, Diem N T, Le T, et al. The Effects of Nutritional Media and Initial Cell Density on the Growth and Development of Spirulina platensis. Journal of Agricultural Science and Technology, 2017, 7: 60-67.

Kidron G J, Aloni I. The contrasting effect of biocrusts on shallow-rooted perennial plants (hemicryptophytes): increasing mortality (through evaporation) or survival (through runoff). Ecohydrology, 2018, 11(6): e1912.

Kidron G J, Herrnstadt I, Barzilay E. The role of dew as a moisture source for sand microbiotic crusts in the Negev Desert, Israel. Journal of Arid Environments, 2002, 52(4): 517-533.

Kidron G J, Monger H C, Vonshak A, et al. Contrasting effects of microbiotic crusts on runoff in desert surfaces. Geomorphology, 2012: 139-140, 484-494.

Kidron G J, Tal S Y. The effect of biocrusts on evaporation from sand dunes in the Negev Desert. Geoderma, 2012, 179-180: 104-112.

Kidron G J, Vonshak A, Dor I, et al. Properties and spatial distribution of microbiotic crusts in the Negev Desert, Israel. Catena, 2010, 82(2): 92-101.

Kidron G J, Wang Y, Herzberg M. Exopolysaccharides may increase biocrust rigidity and induce runoff generation. Journal of Hydrology, 2020, 588: e125081.

Kidron G J, Yaalon D H, Vonshak A. Two causes for runoff initiation on microbiotic crusts: hydrophobicity and pore clogging. Soil Science, 1999, 164(1): 18-27.

Kidron G J. Biocrust research: A critical view on eight common hydrological-related paradigms and dubious theses. Ecohydrology, 2019a, 12(2): e2061.

Kidron G J. Runoff and sediment yields from under-canopy shrubs in a biocrusted dunefield. Hydrological Processes, 2016, 30(11): 1665-1675.

Kidron G J. The dual effect of sand-covered biocrusts on annual plants: increasing cover but reducing individual plant biomass and fecundity. Catena, 2019b, 182: 104120.

Kidron G J. The negative effect of biocrusts upon annual-plant growth on sand dunes during extreme droughts. Journal of Hydrology, 2014a, 508(1): 128-136.

Kidron G J. The role of crust thickness in runoff generation from microbiotic crusts. Hydrological Processes, 2015, 29(7): 1783-1792.

Kidron G J, Zohar M. Wind speed determines the transition from biocrust-stabilized to active dunes. Aeolian Research, 2014b, 15: 261-267.

Kidron, G J, Barzilay E, Sachs E. Microclimate control upon sand microbiotic crusts, western Negev Desert, Israel. Geomorphology, 2000, 36(1-2): 1-18.

Kidron, G J, Ying W, Starinsky A, et al. Drought effect on biocrust resilience: high-speed winds result in crust burial and crust rupture and flaking. Science of the Total Environment, 2017, 579: 848-859.

Kidron G J, Xiao B, Benenson I. Data variability or paradigm shift? Slow versus fast recovery of biological soil crusts-a review. Science of the Total Environment, 2020, 721, e137683.

King P M. Comparison of methods for measuring severity of water repellence of sandy soils and assessment of some factors that affect its measurement. Australian Journal of Soil Research, 1981, 19(3): 275-285.

Kinsman R, Ibelings B W, Walsby A E. Gas vesicle collapse by turgor pressure and its role in buoyancy regulation by Anabaena flosaquae. Journal of General Microbiology, 1991, 137: 1171-1178.

Komárek J, Elster J, Komárek O. Diversity of the cyanobacterial microflora of the northern part of James Ross Island, NW Weddell Sea, Antarctica. Polar Biology, 2008, 31:

853-865.

Komárek J, Kováčik L, Elster J, et al. Cyanobacterial diversity of Petuniabukta, Billefjorden, central Spitsbergen. Polish Polar Research, 2012, 33(4): 347-368.

Kumar V, Sahai V, Bisaria V. High-density spore production of Piriformospora indica, a plant growth-promoting endophyte, by optimization of nutritional and cultural parameters. Bioresource Technology. 2011, 102(3): 3169-3175.

Kuske C R, Yeager C M, Johnson S, et al. Response and resilience of soil biocrust bacterial communities to chronic physical disturbance in arid shrublands. The ISME Journal, 2012, 6(4): 886-897

Lalley J S, Viles H A. Do vehicle track disturbances affect the productivity of soil growing lichens in a fog desert? Functional Ecology, 2006, 20(3): 548-556.

Lalley J S, Viles H A. Terricolous lichens in the northern Namib Desert of Namibia: distribution and community composition. Lichenologist, 2005, 37(1): 77-91.

Lambers H, Chapin F S, Pons T L. Plant Physiological Ecology. New York: Springer, 2008.

Lamparter A, Deurer M, Bachmann J, et al. Effect of subcritical hydrophobicity in a sandy soil on water infiltration and mobile water content. Journal of Plant Nutrition and Soil Science, 2006, 169(1): 38-46.

Lan S B, Ouyang H, Wu L, et al. Biological soil crust community types differ in photosynthetic pigment composition, fluorescence and carbon fixation in Shapotou region of China. Applied Soil Ecology, 2017, 111: 9-16.

Lan S B, Wu L, Zhang D L, et al. Analysis of environmental factors determining development and succession in biological soil crusts. Science of the Total Environment, 2015a, 538: 492-499.

Lan S B, Wu L, Zhang D L, et al. Desiccation provides photosynthetic protection for crust cyanobacteria Microcoleus vaginatus from high temperature. Physiologia Plantarum,

2014, 152: 345-354.

Lan S B, Wu L, Zhang D L, et al. Effects of drought and salt stresses on man-made cyanobacterial crusts. European Journal of Soil Biology, 2010, 46(6): 381-386.

Lan S B, Wu L, Zhang D L, et al. Successional stages of biological soil crusts and their microstructure variability in Shapotou region (China). Environmental Earth Sciences, 2012, 65: 77-88.

Lan S B, Wu L, Zhang D L, et al. Effects of light and temperature on open cultivation of desert cyanobacterium microcoleus vaginatus. Bioresource Technology, 2015b, 182: 144-150.

Lan S B, Wu L, Yang H, et al. A new biofilm based microalgal cultivation approach on shifting sand surface for desert cyanobacterium Microcoleus vaginatus. Bioresource Technologyogy, 2017, 238: 602-608.

Lan S B, Wu L, Zhang D L, et al. Ethanol outperforms multiple solvents in the extraction of chlorophyll-a from biological soil crusts. Soil Biology and Biochemistry. 2011, 43(4): 857-861.

Lan S B, Zhang Q Y, He Q N, et al. Resource utilization of microalgae from biological soil crusts: biodiesel production associated with desertification control. Biomass and Bioenerg. 2018, 116: 189-197.

Lan S B, Zhang Q Y, Wu L, Liu Y D, Zhang D L, Hu C X. Artificially accelerating the reversal of desertification: cyanobacterial inoculation facilitates the succession of vegetation communities. Environmental Science & Technology. 2014, 48: 307-315.

Lane R W, Menon M, McQuaid J B, et al. Laboratory analysis of the effects of elevated atmospheric carbon dioxide on respiration in biological soil crusts. Journal of Arid Environments, 2013, 98: 52-59.

Lange O L, Belnap J, Reichenberger H. Photosynthesis of the cyanobacterial soil-crust lichen Collema tenax from arid lands in southern Utah, USA: Role of water content on light and temperature responses of CO_2 exchange. Flora-Morphology, Distribution, Functional Ecology of Plants, 1997, 192(1): 1-15.

Lange O L, Green T G A. Nocturnal respiration of lichens in their natural habitat is not affected by preceding diurnal net photosynthesis. Oecologia, 2006, 148: 396-404.

Lange O L, Kidron G J, Büdel B, et al. Taxonomic composition and photosynthetic characteristics of the biological crusts covering sand dunes in the western Negev. Functional Ecology, 1992, 6: 519-527.

Langhans T M, Storm C, Schwabe A. Biological soil crusts and their microenvironment: impact on emergence, survival and establishment of seedlings. Flora-Morphology, Distribution, Functional Ecology of Plants, 2009, 204(2): 157-168.

Langhans T M, Storm C, Schwabe A. Regeneration processes of biological soil crusts, macro-cryptogams and vascular plant species after fine-scale disturbance in a temperate region: recolonization or successional replacement? Flora-Morphology, Distribution, Functional Ecology of Plants, 2010, 205(1): 46-60.

Laniado-Laborin R. Expanding understanding of epidemiology of coccidioidomycosis in the western hemisphere. Annals of the New York Academy of Sciences, 2007, 1111: 19-34.

Lázaro R, Cantón Y, Solé-Benet A, et al. The influence of competition between lichen colonization and erosion on the evolution of soil surfaces in the Tabernas badlands (SE Spain) and its landscape effects. Geomorphology, 2008, 102(2): 252-266.

Le Houérou H N. Restoration and rehabilitation of arid and semiarid mediterranean ecosystems in north Africa and West Asia: a review. Arid Soil Research and Rehabilitation, 2000, 14(1): 314.

Lebrun J D, Trinsoutrot-Gattin I, Vinceslas-Akpa M, et al. Assessing impacts of copper on soil enzyme activities in regard to their natural spatiotemporal variation under long-term different land uses. Soil Biology & Biochemistry, 2012, 49: 150-156.

Legendre M, Lartigue A, Bertaux L, et al. In-depth study of Mollivirus sibericum, a new 30,000-y old giant virus infecting Acanthamoeba. PNAS, 2015, 112(38): e5327-e5335.

León-Sánchez L, Nicolás E, Prieto I, et al. Altered leaf elemental composition with climate change is linked to reductions in photosynthesis, growth and survival in a semi-arid shrubland. Journal of Ecology, 2020, 108(1): 47-60.

Leski T A, Malanoski A P, Gregory M J, et al. Application of a broad-range resequencing array for detection of pathogens in desert dust samples from Kuwait and Iraq. Applied and Environmental Microbiology, 2011, 77(13): 4285-4292.

Letey J, Carrillo M L, Pang X. Approaches to characterize the degree of water repellency. Journal of Hydrology, 2000, 231-232: 61-65.

Levy G L, Levin J, Shainberg I. Prewetting rate and aging effects on seal formation and interrill soil erosion. Soil Science, 1994, 162(2): 131-139.

Levy Y, Steinberger Y. Adaptation of desert soil microalgae to varying light intensities. Comparative Physiology and Ecology, 1986, 11: 90-94.

Leys J N. Soil crusts, their effect on wind erosion. Soil Conservation Service of New South Wales, 1990, 1/90.

Li H, Rao B Q, Wang G H, et al. Spatial heterogeneity of cyanobacteria-inoculated sand dunes significantly influences artificial biological soil crusts in the Hopq Desert (China). Environmental Earth Sciences, 2013, 71: 245-253.

Li J H, Li X R, Chen C Y. Degradation and reorganization of thylakoid proteins complexes of Bryum argenteum in response to dehydration and rehydration. Bryologist, 2014, 117: 110-118.

Li J H, Li X R, Zhang P. Micro-morphology, ultrastructure and chemical composition changes of Bryum argenteum from a desert biological soil crust following one-year desiccation. Bryologist, 2014, 117(3): 232-240.

Li J Y, Jin X Y, Zhang X C, et al. Comparative metagenomics of two distinct biological soil crusts in the Tengger Desert, China. Soil Biology and Biochemistry, 2020, 140: 107-637.

Li T, Xiao H L, Li X R. Modeling the effects of crust on rain infiltration in vegetated sand dunes in arid desert. Arid Land Research and Management, 2001, 15: 41-48.

Li X J, Li X R, Song W M, et al. Effects of crust and shrub patches on runoff, sedimentation, and related nutrient (C, N) redistribution in the desertified steppe zone of the Tengger Desert, Northern China. Geomorphology, 2008, 96: 221-232.

Li X J, Li X R, Wang X P, et al. Changes in soil organic carbon fractions after afforestation with xerophytic shrubs in the Tengger Desert, northern China. European Journal of Soil Science, 2016, 67: 184-195.

Li X R, Chen Y W, Jia R L. Biological soil crusts: A significant food source for inserts in the arid desert ecosystems (in Chinese). Journal of Desert Research, 2008, 28: 245-248.

Li X R, Chen Y W, Yang L W. Cryptogam diversity and formation of soil crusts in temperate desert. Annals of Arid Zone, 2004, 43: 335-353.

Li X R, Gao Y H, Su J Q, et al. Ants mediate soil water in arid desert ecosystems: mitigating rainfall interception induced by biological soil crusts? Applied Soil Ecology, 2014, 78: 57-64.

Li X R, He M Z, Duan Z H, et al. Recovery of topsoil physicochemical properties in revegetated sites in the sand-burial ecosystems of the Tengger Desert, northern China. Geomorphology, 2007, 88(3-4): 254-265.

Li X R, He M Z, Stefan Z, et al. Micro-geomorphology determines community structure of biological soil crusts at small scale. Earth Surface Processes and Landforms, 2010, 35: 932-940.

Li X R, Jia R L, Chen Y W, et al. Association of ant nests with successional stages of biological soil crusts in the Tengger Desert, Northern China. Applied Soil Ecology, 2011, 47(1): 59-66.

Li X R, Jia R L, Zhang Z S, et al. Hydrological response of biological soil crusts to global warming: a ten-year simulative study. Global Change Biology, 2018, 24: 4960-4971.

Li X R, Jia X H, Long L Q, et al. Effects of biological soil crusts on seed bank, germination and establishment of two annual plant species in the Tengger Desert (N China). Plant and Soil, 2005, 277(1-2): 375-385.

Li X R, Kong D S, Tan H J, et al. Changes in soil and vegetation following stabilisation of dunes in the southeastern fringe of the Tengger Desert, China. Plant and Soil, 2007, 300(1): 221-231.

Li X R, Song G, Hui R, et al. Precipitation and topsoil attributes determine the species diversity and distribution patterns of crustal communities in desert ecosystems. Plant and Soil, 2017, 420: 163-175.

Li X R, Tian F, Jia R L, et al. Do biological soil crusts determine vegetation changes in sandy deserts? Implications for managing artificial vegetation. Hydrological Processes, 2010, 24(25), 3621-3630.

Li X R, Wang X P, Li T, et al. Microbiotic soil crust and its effect on vegetation and habitat on artificially stabilized desert dunes in Tengger Desert, North China. Biology and Fertility of Soils, 2002, 35(3): 147-154.

Li X R, Xiao H L, Zhang J G, et al. Ecosystem effects of sand-binding vegetation and restoration of biodiversity in arid region of China. Restoration Ecology, 2004, 12: 376-390.

Li X R, Zhang J G, Wang X P, et al. Study on soil microbiotic crust and its influences on sand-fixing vegetation in arid desert region . Acta Botanica Sinica, 2000, 42(9):965-970.

Li X R, Zhang P, Su Y G, et al. Carbon fixation by biological soil crusts following revegetation of sand dunes in arid desert regions of China: A four-year field study. Catena, 2012, 97(15): 119-126.

Li X R, Zhang Z S, Huang L, et al. Review of the ecohydrological processes and feedback mechanisms controlling sand-binding vegetation systems in sandy desert regions of China. Chinese Science Bulletin, 2013, 58: 1483-1496.

Li X R, Zhang Z S, Tan H J, et al. Ecological restoration and recovery in the wind-blown sand hazard areas of northern China: relationship between soil water and carrying capacity for vegetation in the Tengger Desert. SCIENCE CHINA-Life Sciences, 2014, 57(5): 539-548.

Li X R, Zhang Z S, Zhang J G, et al. Association between vegetation patterns and soil properties in the Southeastern Tengger Desert, China. Arid Land Research and Management, 2004, 18: 369-383.

Li X R, Xiao H L, He M Z, et al. Sand barriers of Straw checkerboard for habitat restoration in extremely arid desert region. Ecological Engineering, 2006, 28(2): 149-157.

Li X R, Zhou H Y, Wang X P, et al. The effects of sand stabilization and revegetation on cryptogam species diversity and soil fertility in the Tengger Desert, Northern China. Plant and Soil, 2003, 251(2): 237-245.

Li X R. Influence of variation of soil spatial heterogeneity on vegetation restoration. Sci China Ser. D Earth Science, 2005, 48(11): 2020-2031.

Li Y K, Ouyang J Z, Lin L, et al. Alterations to biological soil crusts with alpine meadow retrogressive succession affect seeds germination of three plant species. Journal of Mountain Science, 2016, 13(11): 1995-2005.

Li Z H, Xiao J, Chen C, et al. Promoting desert biocrust formation using aquatic cyanobacteria with the aid of MOF-based nanocomposite. Science of the Total Environment, 2020, 708: 1324.

Li B, Sherman D J. Aerodynamics and morphodynamics of sand fences: A review. Aeolian Research, 2015, 17: 33-48.

Li F, Cai M, Lin M, et al. Enhanced Biomass and Astaxanthin Production of Haematococcus pluvialis by a Cell Transformation Strategy with Optimized Initial Biomass Density. Marine Drugs, 2020, 18(7): 341.

Li J R, Okin G S, Herrick J E, et al. A simple method to estimate threshold friction velocity of wind erosion in the field. Geophysical Research Letters, 2010, 37(10): L10402.

Li R, Tong J, Zhang G, et al. Improving the combustion efficiency of diesel fuel and lowering PM2.5 using palygorskite-based nanocomposite and removing Cd 2+ by the residue. Applied Clay Science, 2018, 162: 276-287.

Li S L, Xiao B, Sun F H, et al. Moss-dominated biocrusts enhance water vapor sorption capacity of surface soil and increase non-rainfall water deposition in drylands. Geoderma, 2021, 388: e114930.

Li X J, Zhou R P, Jiang H T, Zhou D D, Zhang X W, Xie Y H, Gao W B, Shi J, Wang Y H, Wang J, Dong R, et al. Quantitative analysis of how different checkerboard sand barrier materials influence soil properties: a study from the eastern edge of the Tengger Desert, China. Environmental Earth Sciences. 2018, 77: 481-487.

Li Z Y, Liu X H, Niu T L, et al. Ecological restoration and its effects on a regional climate: the source region of the yellow river, China. Environmental Science & Technology. 2015, 49(10): 5897-5904.

Li Z, Xiao Y, Yang J, et al. Response of cellular stoichiometry and phosphorus storage of the cyanobacteria Aphanizomenon flos-aquae to small-scale turbulence. Chinese Journal of Oceanology & Limnology, 2017, 35: 1409-1416.

Liancourt P, Callaway R M, Michalet R. Stress tolerance and competitive-response ability determine the outcome of biotic interactions. Ecology, 2005, 86(6): 1611-1618.

Liang W J, Lou Y L, Li Q, et al. Nematode faunal response to long-term application of nitrogen fertilizer and organic manure in Northeast China. Soil Biology & Biochemistry, 2009, 41(5): 883-890.

Lichner L, Hallett P D, Drongová Z, et al. Algae influence the hydrophysical parameters of a sandy soil. Catena, 2013, 108: 58-68.

Lichner L, Hallett P D, Feeney D S, et al. Field measurement of soil water repellency and its impact on water flow under different vegetation. Biologia, 2007, 62: 537-541.

Lichner L, Holko L, Zhukova N, et al. Plants and biological soil crust influence the hydrophysical parameters and water flow in an aeolian sandy soil. European Journal Of Soil Science, 2012, 40: 563-568.

Litvintseva A P, Marsden-Haug N, Hurst S, et al. Valley fever: finding new places for an old disease: Coccidioides immitis found in Washington State soil associated with recent human infection. Clinical Infectious Diseases, 2015, 60(1): e1-e3.

Liu F, Zhang G H, Sun L, et al. Effects of biological soil crusts on soil detachment process by overland flow in the Loess Plateau of China. Earth Surface Processes and Landforms, 2016, 41(7): 875-883.

Liu H J, Han X G, Li L H, et al. Grazing density effects on cover, species composition, and nitrogen fixation of biological soil crust in an Inner Mongolia steppe. Rangeland Ecology & Management, 2009, 62(4): 321-327.

Liu L C, Li S Z, Duan Z H, et al. Effects of microbiotic crusts on dew deposition in the restored vegetation area at Shapotou, Northwest China. Journal of Hydrology, 2006, 328(1-2): 331-337.

Liu L C, Song Y X, Gao Y H, et al. Effects of microbiotic crusts on evaporation from the revegetated area in a Chinese desert. Australia Journal of Soil Research, 2007, 45(6): 422-427.

Liu L, Liu Y, Hui R, et al. Recovery of microbial community structure of biological soil crusts in successional stages of Shapotou desert revegetation, northwest China. Soil Biology and Biochemistry, 2017, 107: 125-128.

Liu W Q, Song Y S, Wang B, et al. Nitrogen fixation in biotic crusts and vascular plant communities on a copper mine tailings. European Journal of Soil Biology, 2012, 50: 15-20.

Liu Y B, Wang Z R, Zhao L N, et al. Differences in bacterial community structure between three types of biological soil crusts and soil below crusts from the Gurbantunggut Desert, China. European Journal of Soil Biology, 2019, 70(3): 630-643.

Liu Y B, Zhao L N, Wang Z R, et al. Changes in functional gene structure and metabolic potential of the microbial community in biological soil crusts along a revegetation chronosequence in the Tengger Desert. Soil Biology & Biochemistry, 2018, 126: 40-48.

Liu Y M, Li X R, Jia R L, et al. Effects of biological soil crusts on soil nematode communities following dune stabilization in the Tengger Desert, Northern China. Applied Soil Ecology, 2011, 49: 118-124.

Liu Y M, Li X R, Xing Z S, et al. Responses of soil microbial biomass and community composition on biological soil crusts in the revegetated areas of the Tengger Desert. Applied Soil Ecology, 2013, 65: 52-59.

Liu Y M, Xing Z S, Yang H Y. Effect of biological soil crusts on microbial activity in soils of the Tengger Desert (China). Journal of Arid Environments, 2017, 144: 201-211.

Liu Y M, Yang H Y, Li X R, et al. Effects of biological soil crusts on soil enzyme activities in revegetated areas of the Tengger Desert, China. Applied Soil Ecology, 2014, 80: 6-14.

Liu Y R, Delgado-Baquerizo M, Trivedi P, et al. Identity of biocrust species and microbial communities drive the response of soil multifunctionality to simulated global change. Soil Biology & Biochemistry, 2017, 107: 208-217.

Liu Y R, Delgado-Baquerizo M, Trivedi P, et al. Species identity of biocrust-forming lichens drives the response of soil nitrogen cycle to altered precipitation frequency and nitrogen amendment. Soil Biology and Biochemistry, 2016, 96: 128-136.

Liu Y R, Eldridge D J, Zeng X M, et al. Global diversity and ecological drivers of lichenised soil fungi. New Phytologist, 2021, 231(3): 1210-1219.

Liu J B, Zhang Y Q, Wu B, et al. Effect of vegetation rehabilitation on soil carbon and its fractions in Mu Us Desert, northwest China. International Journal of Phytoremediation, 2015, 17(6): 529-537.

Liu L Y, Wang J H, Li X Y, et al.Determination of erodible particles on cultivated soils by wind tunnel simulation. Chinese Science Bulletin, 1998, 43(19): 1646-1651.

Liu Y, He Z, Uchimiya M. Comparison of biochar formation from various agricultural by-products using FTIR spectroscopy. Modern Applied Science, 2015, 9(4): 246.

Louis G, Xavier B. North Africa and Saudi Arabia day/night sandstorm survey (nascube). Remote Sensing, 2017, 9: 896.

Loveland P J, Walley W R. Particle size analysis. Smith K A, Mullins C E (eds.), Soil and environmental analysis, physical methods, Second edition. New York: Marcel Dekker, Inc, 2001.

Luang-In V, Deeseenthum S. Exopolysaccharide-producing isolates from Thai milk kefir and their antioxidant activities. LWT - Food Science and Technology , 2016, 73: 592-601.

Luang-In V, Saengha W, Deeseenthum S. Characterization and bioactivities of a novel exopolysaccharide produced from lactose by Bacillus tequilensis PS21 isolated from Thai Milk Kefir. Microbiology and Biotechnology Letters, 2018, 46(1): 9-17.

Luque I, Forchhammer K. Nitrogen assimilation and C/N balance sensing. In: Herrero A, Flores E (eds.). The cyanobacteria: molecular biology, genomics and evolution. Norfolk: Caister Academic Press, 2008.

Luzuriaga A L, González J M, Escudero A. Annual plant community assembly in edaphically heterogeneous environments. Journal of Vegetation Science, 2015, 26(5): 866-

875.

Luzuriaga A L, Sánchez A M, Maestre F T, et al. Assemblage of a semi-arid annual plant community: abiotic and biotic filters act hierarchically. PLoS One, 2012, 7(7): e41270.

Ma Z L, Helbling E W, Li W, et al. Motility and photosynthetic responses of the green microalga Tetraselmis subcordiformis to visible and UV light levels. Journal of Applied Phycology, 2012, 24: 1613-1621.

Ma J Z, Bu Z J, Zheng X X, et al. Effects of shading on two sphagnum species growth and their interactions. China Journal of Applicated Ecology, 2012, 27: 357-362.

Maestre F T, Bowker M A, Cantã N Y, et al. Ecology and functional roles of biological soil crusts in semi-arid ecosystems of Spain. Journal of arid environments, 2011, 75(12): 1282-1291.

Maestre F T, Cortina J. Small-scale spatial variation in soil CO_2 efflux in a Mediterranean semiarid steppe. Applied Soil Ecology, 2003, 23(3): 199-209.

Maestre F T, Eldridge D J, Soliveres S, et al. Structure and functioning of dryland ecosystems in a changing world. Annual Review of Ecology Evolution and Systematic, 2016, 47: 215-237.

Maestre F T, Escolar C, Bardgett R D, et al. Warming reduces the cover and diversity of biocrust-forming mosses and lichens, and increases the physiological stress of soil microbial communities in a semi-arid Pinus halepensisi plantation. Froniters in Microbiology, 2015, 6: 865.

Maestre F T, Escolar C, de Guevara M L, et al. Changes in biocrust cover drive carbon cycle responses to climate change in drylands. Global Change Biology, 2013, 19(12): 3835-3847.

Maestre F T, Salguero-Gómez R, Quero J L. It is getting hotter in here: determining and projecting the impacts of global environmental change on drylands. Philosophical

Transactions of the Royal Society of London, Series B. Biological Sciences, 2012, 367(1606): 3062-3075.

Maestre F T, Benito B M, Berdugo M, et al. Biogeography of global drylands. New Phytologist, 2021, 231(2): 540-558.

Maestre F T, Escolar C, Martínez I, et al. Are soil lichen communities structured by biotic interactions? A null model analysis. Journal of Vegetation Science, 2008, 19: 261-266.

Maestre F T, Martínez I, Escolar C, et al. On the relationship between abiotic stress and co-occurrence patterns: An assessment at the community level using soil lichen communities and multiple stress gradients. Oikos. 2009, 118(7): 1015-1022.

Mager D M, Thomas A D. Extracellular polysaccharides from cyanobacterial soil crusts: a review of their role in dryland soil processes. Journal of Arid Environments, 2011, 75(2): 91-97.

Mager D M. Carbohydrates in cyanobacterial soil crusts as a source of carbon in the southwest Kalahari, Botswana. Soil Biology and Biochemistry, 2010, 42: 313-318.

Mager D M. Extracellular Polysaccharides from Cyanobacterial Soil Crusts and Their Role in Dryland Surface Processes. Manchester Metropolitan University, 2009.

Maier S, Schmidt T S B, Zheng L, et al. Analyses of dryland biological soil crusts highlight lichens as an important regulator of microbial communities. Biodiversity and Conservation, 2014, 23(7): 1735-1755.

Maier S, Tamm A, Wu D, et al. Photoautotrophic organisms control microbial abundance, diversity, and physiology in different types of biological soil crusts. The ISME Journal, 2018, 12: 1032-1046.

Malam I O, Défarge C, Trichet J, et al. Microbiotic soil crusts in the Sahel of Western Niger and their influence on soil porosity and water dynamics. Catena, 2009, 77(1): 48-55.

Manca M C, Lama L, Improta R, et al. Chemical composition of two exopolysaccharides from Bacillus thermoantarcticus. Applied and Environmental Microbiology. 1996, 62(9): 3265-3269.

María E C V, Taboada M A, Aranibar J N. Diversity of cyanobacteria in biological soil crusts of Monte Central ecoregion (Mendoza, Argentina). Lilloa, 2018, 55: 30-46.

Marschner P. Marschner's Mineral Nutrition of Higher Plants. London: Elsevier/Academic Press, 2012.

Martínez I, Escudero A, Maestre F T, et al. Small-scale patterns of abundance of mosses and lichens forming biological soil crusts in two semi-arid gypsum environments. Australian Journal of Botany, 2006, 54: 339-348.

Martínez M L, Manu M A. Responses of dune mosses to experimental burial by sand under natural and greenhouse conditions. Plant Ecology, 1999, 145(2): 209-219.

Marusenko Y, Bates S T, Anderson I, et al. Ammonia-oxidizing archaea and bacteria are structured by geography in biological soil crusts across North American arid lands. Ecological Processes, 2013, 2: 1-10.

Mataix-Solera J, Arcenegui V, Tessler N, et al. Soil properties as key factors controlling water repellency in fire-affected areas: Evidences from burned sites in Spain and Israel. Catena, 2013, 108: 6-13.

Matsudo M C, Bezerra R P, Sato S, et al. Repeated Fed-batch Cultivation of Arthrospira (Spirulina) platensis using urea as nitrogen source. Biochemistry Engineer Journal, 2009, 43(1): 52-57.

Mazor G, Kidron G J, Vanshak A, et al. The role of cyanobacterial exopolysaccharides in structuring desert microbial crusts. FEMS Microbiology Ecology, 1996, 21: 121-130.

McCarthy M. Dust clouds implicated in spread of infection. Lancet, 2001, 358: 478.

McCluney K E, Belnap J, Collins S L, et al. Shifting species interactions in terrestrial dryland ecosystems under altered water availability and climate change. Biological Reviews, 2012, 87(3): 563-582.

McHugh T A, Morrissey E M, Reed S C, et al. Water from air: an overlooked source of moisture in arid and semiarid regions. Scientific Reports, 2015, 5: e13767.

McKenna-Neuman C, Maxwell C D, Boulton J W. Wind transport of sand surfaces crusted with photoautotrophic microorganisms. Catena, 1996, 27(3-4): 229-247.

McLean R J G, Beveridge T J. Metal-binding capacity of bacterial surfaces and their ability to form mineralized aggregates. In: Ehrlich H L, Brierly C L (eds), Microbial mineral recovery. New York: McGraw-Hill, 1990.

Meng X, Liang L, Liu B, et al. Synthesis and sand-fixing properties of cationic poly (vinyl acetate-butyl acrylate-2-hydroxyethyl acrylate-DMC) copolymer emulsions. Journal of Polymers and the Environment. 2017, 25: 487-498.

Mengel K, Kirkby E, Kosegarten H, et al. Plant nutrients. In: Mengel K, Kirkby E, Kosegarten H, Appel T. (Eds.), Principles of Plant Nutrition. Netherlands: Springer, 2001.

Merrifield A, Schindeler S, Jalaludin B, Smith W. Health effects of the September 2009 dust storm in Sydney, Australia: did emergency department visits and hospital admissions increase? Environ Health, 2013, 12: 32.

Metcalf J S, Codd G A. Cyanotoxins. In: Whitton, B.A. (Ed.), Ecology of Cyanobacteria II: Their Diversity in Space and Time. Dordrecht: Springer, 2012.

Michael C F, Proctor R L, Jeffrey G, et al. Desiccation tolerance in the moss polytrichum formosum: physiological and fine-structural changes during desiccation and recovery. Annals of Botany, 2007, 99(1): 75-93.

Michalet R, Brooker R W, Cavieres L, et al. Do biotic interactions shape both sides of the humpedback model of species richness in plant communities? Ecology Letters, 2006, 9: 767-773.

Michalet R, Pugnaire F I. Facilitation in communities: underlying mechanisms, community and ecosystem implications. Functional Ecology, 2016, 30(1): 3-9.

Michel P, Lee W G, During H J, et al. Species traits and their non-additive interactions control the water economy of bryophyte cushions. Journal of Ecology, 2012, 100(1): 222-231.

Miralles I, Domingo F, Cantón Y, et al. Hydrolase enzyme activities in a successional gradient of biological soil crusts in arid and semi-arid zones. Soil Biology & Biochemistry, 2012, 53: 124-132.

Miralles I, Ortega R, Almendros G, et al. Soil quality and organic carbon ratios in mountain agroecosystems of South-east Spain. Geoderma, 2009, 150: 120-128.

Miralles I, Ortega R, Sánchez-Marañón M, et al. Assessment of biogeochemical trends in soil organic matter sequestration in Mediterranean calcimorphic mountain soils (Almería, Southern Spain). Soil Biology and Biochemistry, 2007, 39: 2459-2470.

Miralles I, Trasar-Cepeda C, Leirós M C, et al. Labile carbon in biological soil crusts in the Tabernas desert, SE Spain. Soil Biology and Biochemistry, 2013, 58(2): 1-8.

Mirbabaei S M, Shahrestani M S, Zolfaghari A, et al. Relationship between soil water repellency and some of soil properties in northern Iran. Catena, 2013, 108: 26-34.

Moal M L, Gascuel-Odoux C, Ménesguen A, et al. Eutrophication: A new wine in an old bottle? Science of the Total Environment, 2019, 651: 1-11.

Mohammed F, Bootoor S, Panday A, et al. Predictors of repeat visits to the emergency room by asthmatic children in primary care. Journal of the National Medical Association, 2006, 98: 1278-1285.

Molesworth A M, Thomson M C, Connor S J, et al. Where is the meningitis belt? Defining an area at risk of epidemic meningitis in Africa. Transactions of the Royal Society of Tropical Medicine and Hygiene, 2002, 96(3): 242-249.

Moquin S A, Garcia J R, Brantley S L, et al. Bacterial diversity of bryophyte-dominant biological soil crusts and associated mites. Journal of Arid Environments, 2012, 87:

110-117.

Mónica L D G, Lázaro R, Quero J L, et al. Simulated climate change reduced the capacity of lichen-dominated biocrusts to act as carbon sinks in two semi-arid Mediterranean ecosystems. Biodiversity and Conservation, 2014, 23: 1787-1807.

Moreira-Grez B, Tam K, Cross A T, et al. The bacterial microbiome associated with arid biocrusts and the biogeochemical influence of biocrusts upon the underlying soil. Frontiers in Microbiology, 2019, : e02143.

Morgan J W. Bryophyte mats inhibit germination of non-native species in burnt temperate native grassland remnants. Biological Invasions, 2006, 8(2): 159-168.

Morman S A, Plumlee G S. The role of airborne mineral dusts in human disease. Aeolian Research, 2013, 9: 203-212.

Moro M J, Were A, Villagarcía L, et al. Dew measurement by eddy covariance and wetness sensor in a semiarid ecosystem of SE Spain. Journal of Hydrology, 2007, 335(3-4): 295-302.

Mugnai, G, Rossi, F, Felde, V J M N L, Colesie, C, Büdel, B, Peth, S, Kaplan, A, De Philippis R, et al. Development of the polysaccharidic matrix in biocrusts induced by a cyanobacterium inoculated in sand microcosms. Biology and Fertility of Soils, 2018, 54 (1), 27-40.

Mugnai G, Rossi F, Martin N L F, et al. The potential of the cyanobacterium Leptolyngbya ohadii as inoculum for stabilizing bare sandy substrates. Soil Biology and Biochemistry, 2018, 127: 318-328.

Muñoz-Martín M Á, Becerra-Absalon I, Perona E, et al. Cyanobacterial biocrust diversity in Mediterranean ecosystems along a latitudinal and climatic gradient. New Phytologist, 2019, 221(1): 123-141.

Muñoz-Rojas M, Chilton A, Liyanage G S, et al. Effects of indigenous soil cyanobacteria on seed germination and seedling growth of arid species used in restoration. Plant and Soil, 2018, 429(1): 91-100.

Muñoz-Rojas M, Román J R, Roncero-Ramos B, et al. Cyanobacteria inoculation enhances carbon sequestration in soil substrates used in dryland restoration. Science of the Total Environment. 2018, 636: 1149-1154.

Nadav I, Tarchitzky J, Chen Y. Induction of soil water repellency following irrigation with treated wastewater: effects of irrigation water quality and soil texture. Irrigation Science, 2013, 31: 385-394.

Nadelhoffer K J, Fry B. Controls on natural nitrogen-15 and carbon-13 abundances in forest soil organic matter. Soil Science Society of America Journal, 1988, 52: 1633-1640.

Nagy M L, Pérez A, Garcia-Pichel F. The prokaryotic diversity of biological soil crusts in the Sonoran Desert (Organ Pipe Cactus National Monument, AZ). FEMS Microbiology Ecology, 2005, 54: 233-245.

Nash M S, Jackson E, Whitford W G. Soil microtopography on grazing gradients in Chihuahuan Desert grasslands. Journal of Arid Environments, 2003, 55(1): 181-192.

Neher D A, Lewins S A, Weicht T R, et al. Microarthropod communities associated with biological soil crusts in the Colorado Plateau and Chihuahuan deserts. Journal of Arid Environments, 2009, 73: 672-677.

Nelissen V, Rütting T, Huygens D, et al. Temporal evolution of biochar's impact on soil nitrogen processes a 15N tracing study. GCB Bioenergy, 2015, 7(4): 635-645.

Nicholson W L, Munakata N, Horneck G, et al. Resistance of Bacillus endospores to extreme terrestrial and extraterrestrial environments. Microbiology and Molecular Biology Reviews, 2000, 64(3): 548-572.

Nicolaus B, Panico A, Lama L, et al. Chemical composition and production of exopolysaccharides from representative members of heterocystous and non-heterocystous cyanobacteria. Phytochemistry, 1999, 52(4): 639-647.

Ninari N, Berliner P R. The role of dew in the water and heat balance of bare loess soil in the Negev desert: quantifying the actual dew deposition on the soil surface. Atmospheric Research, 2002, 64(1-4): 323-334.

Niu J, Yang K, Tang Z, et al. Relationships between soil crust development and soil properties in the desert region of North China. Sustainability, 2017, 9(5): 725-739.

Noy-Meir I. Desert ecosystems: environment and producers. Annual review of ecology and systematics, 1973, 4(1): 25-51.

NRCS. Soil quality indicators: aggregate stability, 2017.

O'Neil J M, Davis T W, Burford M A, et al. The rise of harmful cyanobacteria blooms: the potential roles of eutrophication and climate change. Harmful Algae, 2012, 14: 313-334.

Ochoa-Hueso R, Hernandez R R, Pueyo J J, et al. Spatial distribution and physiology of biological soil crusts from semi-arid central Spain are related to soil chemistry and shrub cover. Soil Biology & Biochemistry, 2011, 43: 1894-1901.

Offre P, Kerou M, Spang A, et al. Variability of the transporter gene complement in ammonia-oxidizing archaea. Trends in microbiology, 2014, 22(12): 665-675.

Offre P, Spang A, Schleper C. Archaea in biogeochemical cycles. Annual Review of Microbiology, 2013, 67: 437-457.

Ohlson M, Zackrisson O. Tree establishment and microhabitat relationships in north Swedish peatlands. Canadian Journal of Forest Research, 1992, 22(12): 1869-1877.

O'Neill A L. Reflectance spectra of microphytic soil crusts in semiarid Australia. Internation Journal of Remote Sensing. 1994, 15(3): 675-681.

Ooi M K J, Auld T D, Denham A J. Climate change and bet-hedging: interactions between increased soil temperatures and seed bank persistence. Global Change Biology, 2009, 15(10): 2375-2386.

Otani S, Onishi K, Mu H, et al. Associations between subjective symptoms and serum immunoglobulin E levels during asian dust events. International Journal of Environmental Research and Public Health, 2014, 11(8): 7636-7641.

Otani S, Onishi K, Mu H, et al. The effect of Asian dust events on the daily symptoms in Yonago, Japan: a pilot study on healthy subjects. Archives of Environmental and Occupational Health, 2011, 66(1): 43-46.

Otani S, Onishi K, Mu H, et al. The relationship between skin symptoms and allergic reactions to Asian dust. International Journal of Environmental Research and Public Health, 2012, 9: 4606-4614.

Otero A, Vincenzini M. Extracellular polysaccharide synthesis by Nostoc strains as affected by N source and light intensity. Journal of Biotechnology, 2003, 102(2): 143-152.

Ouyang H L, Hu C X. Insight into climate change from the carbon exchange of biocrusts utilizing non-rainfall water. Scientific Reports, 2017, 7(1): e2573.

Ouyang Y, Norton J M, Stark J M, et al. Ammonia-oxidizing bacteria are more responsive than archaea to nitrogen source in an agricultural soil. Soil Biology and Biochemistry, 2016, 96: 4-15.

Paerl H W, Otten T G. Harmful cyanobacterial blooms: causes, consequences, and controls. Microbial Ecology, 2013, 65 (4): 995-1010.

Paerl H W, Xu H, McCarthy M J, et al. Controlling harmful cyanobacterial blooms in a hyper-eutrophic lake (Lake Taihu, China): the need for a dual nutrient (N & P) management strategy. Water Research, 2011, 45 (5): 1973-1983.

Palaniyandi S A, Damodharan K, Suh J W, et al. Functional characterization of an exopolysaccharide produced by Bacillus sonorensis MJM60135 isolated from Ganjang. Journal of Microbiology Biotechn, 2018, 28(5): 663-670.

Palmqvist K. Carbon economy in lichens. New Phytologist, 2000, 148: 11-36.

Pan Y X, Wang X P, Zhang Y F, et al. Dew formation characteristics at annual and daily scale in xerophyte shrub plantations at Southeast margin of Tengger desert, Northern

China. Ecohydrology, 2018, 11(5): e1968.

Pan Y X, Wang X P, Zhang Y F. Dew formation characteristics in a revegetation-stabilized desert ecosystem in Shapotou area, northern China. Journal of Hydrology, 2010, 387(3-4): 265-272.

Pan Y X, Wang X P. Effects of shrub species and microhabitats on dew formation in a revegetation-stabilized desert ecosystem in Shapotou, northern China. Journal of Arid Land, 2014, 6: 389-399.

Pan Z, Pitt W G, Zhang Y M, et al. The upside-down water collection system of Syntrichia caninervis. Nat Plants, 2016, 2: e16076.

Pappagianis D, Einstein H. Tempest from Tehachapi takes toll or Coccidioides conveyed aloft and afar. Western Journal of Medicine, 1978, 129: 527-530.

Park C H, Li X R, Jia R L, et al. Combined application of cyanobacteria with soil fixing chemicals for rapid induction of biological soil crust formation. Arid Land Research and Management, 2017, 31(1): 81-93.

Park C H, Li X R, Jia R L, et al. Effects of superabsorbent polymer on cyanobacterial biological soil crust formation in laboratory. Arid Land Research and Management, 2015, 29(1): 55-71.

Park C H, Li X R, Zhao Y, et al. Rapid development of cyanobacterial crust in the field for combating desertification. PLoS One, 2017, 12(6): e0179903.

Patrick E. Researching crusting soils: themes, trends, recent developments and implications for managing soil and Water Resources in dry areas. Progress in Physical Geography, 2002, 26(3): 442-461.

Patzelt D J, Hodač L, Friedl T, et al. Biodiversity of soil cyanobacteria in the hyper-arid Atacama Desert, Chile. Journal of Phycology, 2014, 50(4): 698-710.

Pendleton R L, Pendleton B K, Howard G L, et al. Growth and nutrient content of herbaceous seedlings associated with biological soil crusts. Arid Land Research and Management, 2003, 17(3): 271-281.

Peng C, Zheng J, Huang S, et al. Application of sodium alginate in induced biological soil crusts: enhancing the sand stabilization in the early stage. Journal of Applied Phycology, 2017, 29: 1421-1428.

Pentecost A. Aspects of competition in saxicolous lichen communities. Lichenologist, 1980, 12: 135-144.

Pepe-Ranney C, Koechli C, Potrafka R, et al. Non-cyanobacterial diazotrophs mediate dinitrogen fixation in biological soil crusts during early crust formation. ISME Journal, 2016, 10: 287-298.

Peralta A M L, Sánchez A M, Luzuriaga A L, et al. Factors driving species assemblage in Mediterranean soil seed banks: from the large to the fine scale. Annals of botany, 2016, 117(7): 1221-1228.

Perera I, Subashandrabose S R, Venkateswarlu K, et al. Consortia of cyanobacteria/microalgae and bacteria in desert soils: an underexplored microbiota. Applied Microbiology and Biotechnology, 2018, 102: 7351-7363.

Pérez Garcia-Pando C, Stanton M C, Diggle P J, et al. Soil dust aerosols and wind as predictors of seasonal meningitis incidence in Niger. Environmental Health Perspectives (Online), 2014, 122: 679.

Pester M, Rattei T, Flechl S, et al. amoA-based consensus phylogeny of ammonia-oxidizing archaea and deep sequencing of amoA genes from soils of four different geographic regions. Environmental Microbiology, 2012, 14(2): 525-539.

Peter G, Leder C V, Funk F A. Effects of biological soil crust and water availability on seedlings of three perennial Patagonian species. Journal of Arid Environments, 2016, 125: 122-126.

Petersen K L. A warm and wet Little Climatic Optimum and a cold and dry Little Ice Age in the southern Rocky Mountains, USA. Climatic Change, 1994, 26(2): 243-269.

Pettorelli N, Vik J O, Mysterud A, et al. Using the satellite-derived NDVI to assess ecological responses to environmental change. Trends in Ecology and Evolution, 2005, 20(9): 503-510.

Piecková E, Jesenká Z. Microscopic fungi in dwellings and their health implications in humans. Annals of Agricultural and Environmental Medicine, 1999, 6(1): 1-11.

Piersma T, Drent J. Phenotypic flexibility and the evolution of organismal design. Trends in Ecology and Evolution, 2003, 18(5): 228-233.

Pinet P C, Kaufmann C, Hill J. Imaging spectroscopy of changing Earth's surface: a major step toward the quantitative monitoring of land degradation and desertification. Comptes Rendus Geoscience, 2006, 338(14-15): 1042-1048.

Pinker R T, Karnieli A. Characteristic spectral reflectance of a semi-arid environment. International Journal of Remote Sensing, 1995, 16(7): 1341-1363.

Pockman W T, Small E E. The influence of spatial patterns of soil moisture on the grass and shrub responses to a summer rainstorm in a Chihuahuan desert ecotone. Ecosystems, 2010, 13(4): 511-525.

Pointing S B, Belnap J. Microbial colonization and controls in dryland systems. Nature Reviews Microbiology, 2012, 10(8): 551-562.

Pombubpa N, Pietrasiak N, Ley P D, et al. Insights into dryland biocrust microbiome: geography, soil depth and crust type affect biocrust microbial communities and networks in Mojave Desert, USA. FEMS Microbiology Ecology, 2020, 96(9): fiaa125.

Ponzetti J M, McCune B, Pyke D A. Biotic soil crusts in relation to topography, cheatgrass and fire in the Columbia Basin, Washington. Bryologist, 2007, 110: 706-722.

Porada P, Van Stan J T, Kleidon A. Significant contribution of non-vascular vegetation to global rainfall interception. Nat Geoscience, 2018, 11(8): 513-517.

Porras-Alfaro A, Bayman P. Hidden fungi, emergent properties: endophytes and microbiomes. Annual review of phytopathology, 2011, 49(1): 291-315.

Porras-Alfaro A, Herrera J, Natvig D O, et al. Diversity and distribution of soil fungal communities in a semiarid grassland. Mycologia, 2011, 103(1): 10-21.

Poulter B, Frank D, Ciais P, et al. Contribution of semi-arid ecosystems to interannual variability of the global carbon cycle. Nature, 2014, 509: 600-603.

Powell J T, Chatziefthimiou A D, Banack S A, et al. Desert crust microorganisms, their environment, and human health. Journal of Arid Environments. 2015, 112: 127-133.

Prasse R, Bornkamm R. Effect of microbiotic soil surface crusts on emergence of vascular plants. Plant Ecology, 2000, 150(1-2): 65-75.

Price J C. Estimating leaf area index from satellite data. IEEE Transactions on Geoscience and Remote Sensing, 1993, 31(3): 727-734.

Prospero J M, Blade, E, Mathison G, et al. Relationship between asthma on Barbados and African dust in the trade winds. Journal of Allergy and Clinical Immunology, 2005, 115: S30.

Prospero J M, Blades E, Mathison G, et al. Interhemispheric transport of viable fungi and bacteria from Africa to the Caribbean with soil dust. Aerobiologia, 2005, 21: 1-19.

Prospero J M, Blades E, Naidu R, et al. Relationship between African dust carried in the Atlantic trade winds and surges in pediatric asthma attendances in the Caribbean. International Journal of Biometeorology, 2008, 52: 823-832.

Prospero J M, Lamb P J. African droughts and dust transport to the Caribbean: climate change implications. Science, 2003, 302(564):1024-1027.

Prospero J M, Mayol-Bracero O L. Understanding the transport and impact of African dust on the Caribbean basin. Bulletin of the American Meteorological Society, 2013, 94(9):1329-1337.

Pushkareva E, Pessi I S, Wilmotte A, et al. Cyanobacterial community composition in Arctic soil crusts at different stages of development. FEMS Microbiol Ecology, 2015, 91(2):fiv143.

Qi J H, Liu Y B, Wang Z R, et al. Variations in microbial functional potential associated with phosphorus and sulfur cycling in biological soil crusts of different ages at the Tengger Desert, China. Applied Soil Ecology, 2021, 165: e104022.

Qi Y B, Chen T, Pu J, et al. Response of soil physical, chemical and microbial biomass properties to land use changes in fixed desertified land. Catena, 2018, 160 : 339-344.

Qiu G Y, Lee I B, Shimizu H, et al. Principles of sand dune fixation with straw checkerboard technology and its effects on the environment. Journal of Arid Environments. 2004, 56(3): 449-464.

Raich J W, Schlesinger W H. The global carbon dioxide flux in soil respiration and its relationship to vegetation and climate. Tellus B: Chemical and Physical Meteorology, 1992, 44(2): 81-99.

Ram A, Aaron Y. Negative and positive effects of topsoil biological crusts on water availability along a rainfall gradient in a sandy arid area. Catena, 2007, 70(3): 437-442.

Rani R P, Anandharaj M, Sabhapathy P, et al. Physiochemical and biological characterization of novel exopolysaccharide produced by Bacillus tequilensis FR9 isolated from chicken. International Journal of Biological Sciences. Macromol. 2017, 96: 1-10.

Ransijn J, Kepfer-Rojas S, Verheyen K, et al. Hints for alternative stable states from long-term vegetation dynamics in an unmanaged heathland. Journal of Vegetation Science, 2015, 26(2): 254-266.

Rao B Q, Liu Y D, Lan S B, et al. Effects of sand burial stress on the early developments of cyanobacterial crusts in the field. European Journal of Soil Biology, 2012, 48: 48-55.

Rao B Q, Liu Y D, Wang W B, et al. Influence of dew on biomass and photosystem II activity of cyanobacterial crusts in the Hopq Desert, northwest China. Soil Biology and Biochemistry, 2009, 41(121): 2387-2393.

Rao Y K, Tsay K J, Wu W S, et al. Medium optimization of carbon and nitrogen sources for the production of spores from Bacillus amyloliquefaciens B128 using response surface methodology. Process Biochemistry. 2007, 42(4): 535-541.

Ravikumar K, Krishnan S, Ramalingam S, et al. Optimization of process variables by the application of response surface methodology for dye removal using a novel adsorbent. Dyes Pigments 2007, 72(1): 66-74.

Razack S A, Velayutham V, Thangavelu V. Influence of various parameters on exopolysaccharide production from Bacillus subtilis. International Journal of ChemTech Research. 2013, 5(5): 2221-2228.

Reed S C, Coe K K, Sparks J P, et al. Changes to dryland rainfall result in rapid moss mortality and altered soil fertility. Nature Climate Change, 2012, 2: 752-755.

Ren M, Zhang Z, Wang X, et al. Diversity and contributions to nitrogen cycling and carbon fixation of soil salinity shaped microbial communities in Tarim Basin. Frontiers in Microbiology, 2018, 9: 431.

Reynaud P A, Lumpkin T A. Microalgae of the Lanzhou (China) cryptogamic crust. Arid Soil Res Rehab, 1988, 2: 145-155.

Reynolds J F, Smith D M S, Lambin E F, et al. Global desertification: building a science for dryland development. Science, 2007, 316 (5826): 847-851.

Richer R, Banack S A, Metcalf J S, et al. The persistence of cyanobacterial toxins in desert soils. Journal of Arid Environments. 2014, 112: 134-139.

Rillig M C. A connection between fungal hydrophobins and soil water repellency? Pedobiologia, 2005, 49(5): 395-399.

Rippka R, De Ruelles J, Waterbury J B, et al. Generic Assignments, Strain Histories and Properties of Pure Cultures of Cyanobacteria. Journal of Gen. Microbiology,1979, 111(1): 1-61.

Ritchie R J. Consistent sets of spectrophotometric chlorophyll equations for acetone, methanol and ethanol solvents. Photosynthesis Research, 2006, 89: 27-41.

Rivera-Aguilar V, Godínez-Alvarez H, Manuell-Cacheux I, et al. Physical effects of biological soil crusts on seed gemination of two desert plants under laboratory conditions. Journal of Arid Environments, 2005, 63(1): 344-352.

Rivera-Aguilar V, Godínez-Alvarez H, Moreno-Torres R, et al. Soil physico-chemical properties affecting the distribution of biological soil crusts along an environmental transect at Zapotitlán drylands, Mexico. Journal of Arid Environments, 2009, 73(11): 1023-1028.

Rocha F, Lucas-Borja M E, Pereira P, et al. Cyanobacteria as a nature-based biotechnological tool for restoring salt-affected soils. Agronomy , 2020, 10(9): 1321.

Rodríguez-Caballero E, Castro A J, Chamizo S, et al. Ecosystem services provided by biocrusts: From ecosystem functions to social values. Journal of Arid Environments, 2018, 159: 45-53.

Rodríguez-Caballero E, Cantón Y, et al. Effects of biological soil crusts on surface roughness and implications for runoff and erosion. Geomorphology, 2012, 145-146(1), 81-89.

Rodríguez-Caballero E, Escribano P, Cantón Y. Advanced image processing methods as a tool to map and quantify different types of biological soil crust. Isprs Journal of Photogrammetry and Remote Sensing, 2014, 90(2): 59-67.

Rodríguez-Caballero E, Knerr T, Weber B. Importance of biocrusts in dryland monitoring using spectral indices. Remote Sensing of Environment, 2015, 170: 32-39.

Rogers R W. Blue-green algae in southern Australian rangeland soils. Australian Rangeland Journal, 1989, 11(2): 67-73.

Rogge D M, Rivard B, Zhang J, et al. Iterative Spectral Unmixing for Optimizing Per-Pixel Endmember Sets. IEEE Transactions on Geoscience and Remote Sensing, 2006, 44(12): 3725-3736.

Roley S S, Xue C, Hamilton S K, et al. Isotopic evidence for episodic nitrogen fixation in switchgrass (Panicum virgatum L.). Soil Biology and Biochemistry, 2019, 129: 90-98.

Román J R, Chamizo S, Roncero-Ramos B, et al. Overcoming field barriers to restore dryland soils by cyanobacteria inoculation. Soil and Tillage Research, 2020, 207(1): 104799.

Román J R, Roncero-Ramos B, Chamizo S, et al. Restoring soil functions by means of cyanobacteria inoculation: Importance of soil conditions and species selection. Land Degradation & Development, 2018, 29(9): 3184-3193.

Ronca S, Ramond J B, Jones B E. Namib Desert dune/interdune transects exhibit habitat-specific edaphic bacterial communities. Frontiers in Microbiology, 2015, 6: 845.

Rossi F, Li H, Liu Y D, et al. Cyanobacterial inoculation (cyanobacterisation): Perspectives for the development of a standardized multifunctional technology for soil fertilization and desertification reversal. Earth Science Reviewer, 2017, 171: 28-43.

Rossi F, Mugnai G, De Philippis R. Complex role of the polymeric matrix in biological soil crusts. Plant and Soil, 2018, 429: 19-34.

Rossi F, Potrafka R M, Pichel F G, et al. The role of the exopolysaccharides in enhancing hydraulic conductivity of biological soil crusts. Soil Biology and Biochemistry, 2012, 46: 33-40.

Rowlinson J S, Widom B. Molecular Theory of Capillarity. Oxford: Clarendon, 1982.

Rozenstein O, Karnieli A. Identification and characterization of biological soil crusts in a sand dune desert environment across Israel-Egypt border using LWIR emittance spectroscopy. Journal of Arid Environments, 2015, 112: 75-86.

Rozenstein O, Zaady E, Katra I, et al. The effect of sand grain size on the development of cyanobacterial biocrusts. Aeolian Research, 2014, 15: 217-226.

Rudgers J A, Dettweiler-Robinson E, Belnap J, et al. Are fungal networks key to dryland primary production?. American Journal of Botany, 2018, 105(11): 1783-1787.

Rumrich R, Rumrich M, Lange-Bertalot H. Diatomeen als "Fensteralgen" in der Namib-Wüste und anderen ariden Gebieten von SWA/Namibia. Dinteria, 1989, 20: 23-29.

Russow R, Veste M, Böhme F. A natural 15N approach to determine the biological fixation of atmospheric nitrogen by biological soil crusts of the Negev Desert. Rapid Communications in Mass Spectrometry, 2010, 19(23): 3451-3456.

Rychert R C, Skujiņš J. Nitrogen fixation by blue-green algae-lichen crusts in the Great Basin Desert. Soil Science Society of America Journal, 1974, 38(15): 768-771.

Rye C F, Smettem K. The effect of water repellent soil surface layers on preferential flow and bare soil evaporation. Geoderma, 2017, 289: 142-149.

Safriel U, Adeel Z. Drylands. Chapter 22 of millennium ecosystem assessment. Washington DC: Island Press, 2005.

Sajani S Z, Miglio R, Bonasoni P, et al. Saharan dust and daily mortality in Emilia-Romagna (Italy). Occupational and Environmental Medicine, 2011, 68(6): 446-451.

Sala O E, Lauenroth W K. Small rainfall events: An ecological role in semiarid regions. Oecologia, 1982, 53(3): 301-304.

Salazar A, Warshan D, Vasquez-Mejia C, et al. Environmental change alters nitrogen fixation rates and microbial parameters in a subarctic biological soil crust. Oikos, 2022: e09239.

Sambrook J, Fritsch E F, Maniatis T. Molecular cloning: a laboratory manual. New York: Cold spring harbor laboratory press, 1989.

Sanderson J G. Testing ecological patterns. American Scientist, 2000, 88: 332-339.

Sanderson J G. Null model analysis of communities on gradients. Journal of Biogeography, 2004, 31: 879-883.

Sato M, Kaji A. Exopolygalacturonate lyase produced by Streptomyces massasporeus. Agricultural and Biological Chemistry, 1980, 44(4): 717-721.

Satoh K, Hirai M, Nishio J, et al. Recovery of photosynthetic systems during rewetting is quite rapid in a terrestrial cyanobacterium, *Nostoc commune*. Plant and Cell Physiology, 2002, 43(2): 170-176.

Scanlan D J, Ostrowski M, Mazard S, et al. Ecological genomics of marine picocyanobacteria. Microbiology and Molecular Biology Reviews, 2009, 73(2): 249-299.

Schallmey M, Singh A, Ward O P. Developments in the use of Bacillus species for industrial production. Can. Journal of Microbiology. 2004, 50(1): 1-17.

Schimel D S. Drylands in the earth system. Science, 2010, 327: 418-419.

Schindler D W, Hecky R E, Findlay D L, et al. Eutrophication of lakes cannot be controlled by reducing nitrogen input: results of a 37-year whole-ecosystem experiment. Proceedings of the National Academy of Sciences. 2008, 105 (32): 11254-11258.

Schlesinger W H, Raikes J A, Hartley A E, et al. On the spatial pattern of soil nutrients in desert ecosystems: ecological archives E077-002. Ecology, 1996, 77(2): 364-374.

Schmidt H, Karnieli A. Analysis of the temporal and spatial vegetation patterns in a semi-arid environment observed by NOAA AVHRR imagery and spectral ground measurements. International Journal of Remote Sensing, 2002, 23(19): 3971-3990.

Schneider T, Keiblinger K M, Schmid E, et al. Who is who in litter decomposition? Metaproteomics reveals major microbial players and their biogeochemical functions. ISME Journal, 2012, 6(9): 1749-1762.

Schulze E D, Beck E, Müller-hohenstein K. Plant Ecology. Berlin: Springer-Verlag, 2005.

Schwinning S, Sala O E. Hierarchy of responses to resource pulses in arid and semi-arid ecosystems. Oecologia, 2004, 141: 211-220.

Sepehr A, Hassanzadeh M, Rodríguez-Caballero E. The protective role of cyanobacteria on soil stability in two aridisols in northeastern iran. Geoderma Regional, 2018, 16: e00201.

Serpe M D, Zimmerman S J, Deines L, et al. Seed water status and root tip characteristics of two annual grasses on lichen-dominated biological soil crusts. Plant and soil, 2008, 303(1): 191-205.

Shen Z X, Li Y L, Fu G. Response of soil respiration to short-term experimental warming and precipitation pulses over the growing season in an alpine meadow on the Northern Tibet. Applied Soil Ecology, 2015, 90: 35-40.

Sinsabaugh R L. Phenol oxidase, peroxidase and organic matter dynamics of soil. Soil Biology and Biochemistry, 2010, 42(3): 391-404.

Smith D J, Griffin D W, McPeters R D, et al. Microbial survival in the stratosphere and implications for global dispersal. Aerobiologia, 2011, 27: 319-332.

Smith V H, Schindler D W. Eutrophication science: where do we go from here? Trends in Ecology & Evolution, 2009, 24(4): 201-207.

Solheim B, Zielke M, Bjerke J W. Effects of enhanced UV-B radiation on nitrogen fixation in Arctic Ecosystems. Plant Ecology, 2006, 182: 109-118.

Solmaz K B, Özcan Y, DoĞan N M, et al.Characterization and Production of Extracellular Polysaccharides (EPS) by Bacillus Pseudomycoides U10. Environments, 2018, 5(6): 63.

Sonesson M, Gehrke C, Tjus M. CO2 environment, microclimate and photosynthetic characteristics of the moss Hylocomium splendens in a subarctic habitat. Oecologia, 1992, 92(1): 23-29.

Song G, Li X, Hui R. Biological soil crusts determine the germination and growth of two exotic plants. Ecology and evolution, 2017a, 7(22): 9441-9450.

Song G, Li X, Hui R. Biological soil crusts increase stability and invasion resistance of desert revegetation communities in northern China. Ecosphere, 2020, 11(2): e03043.

Song G, Li X, Hui R. Effect of biological soil crusts on seed germination and growth of an exotic and two native plant species in an arid ecosystem. PLoS One, 2017b, 12(10): e0185839.

Song Y Y, Song C C, Hou A X, et al. Effects of temperature and root additions on soil carbon and nitrogen mineralization in a predominantly permafrost peatland. Catena, 2018, 165: 381-389.

Soule T, Anderson I J, Johnson S L, et al. Archaeal populations in biological soil crusts from arid lands in North America. Soil Biology and Biochemistry, 2009, 41(10): 2069-2074.

Sprigg W A, Morain S, Pejanovic G, et al. Public Health Applications in Remote Sensing-ing. SPIE Newsroom. 2009, DOI: 10.1117/2.1200902.1488.

Sprigg W A, Nickovic S, Galgiani J N, et al. Regional dust storm modeling for health services: the case of valley fever. Aeolian Researchearch, 2013, 14: 53-73.

St Clair S B, St Clair L L, Weber D J, et al. Element accumulation patterns in foliose and fruticose lichens from rock and bark substrates in Arizona. The Bryologist, 2009, 105: 415-421.

States J S, Christensen M. Fungi associated with biological soil crusts in desert grassland of Utah and Wyoming. Mycologia, 2001, 93:432-439.

Steinberger Y. Energy and protein budgets in the desert isopod Hemilepistrus reaumuri. Acta Oecologia, 1989, 10: 117-134.

Steven B, Gallegos-Graves L V, Belnap J, et al. Dryland soil microbial communities display spatial biogeographic patterns associated with soil depth and soil parent material. FEMS Microbiology Ecology, 2013a, 86(1): 101-113.

Steven B, Kuske C R, Gallegos-Graves L V, et al. Climate change and physical disturbance manipulations result in distinct biological soil crust communities, Applied and Environmental Microbiology, 2015, 81(21): 7448-7459.

Steven B, Lionard M, Kuske C R, et al. High bacterial diversity of biological soil crusts in water tracks over permafrost in the high Arctic Polar Desert. PLoS One, 2013b, 8(8): e71489.

Steven B, Gallegos-Graves L V, Yeager C, et al. Common and distinguishing features of the bacterial and fungal communities in biological soil crusts and shrub root zone soils. Soil Biology and Biochemistry, 2014, 69: 302-312.

Stewart K J, Coxson D, Grogan P. Nitrogen inputs by associative cyanobacteria across a low arctic tundra landscape. Arctic Antarctic and Alpine Research, 2011, 43(2): 267-278.

Stewart K J, Coxson D, Siciliano S D. Small-scale spatial patterns in N2-fixation and nutrient availability in an arctic hummock-hollow ecosystem. Soil Biology and Biochemistry, 2011, 43(1): 133-140.

Strauss S L, Day T A, Garcia-Pichel F. Nitrogen cycling in desert biological soil crusts across biogeographic regions in the Southwestern United States. Biogeochemistry, 2012, 108: 171-182.

Sturges D L. Responses of vegetation and ground cover to spraying a high elevation, big sagebrush watershed with 2, 4-D. Rangeland Ecology & Management/Journal of Range Management Archives, 1986, 39(2): 141-146.

Su Y G, Li X R, Chen Y W, et al. Carbon fixation of cyanobacterial-algal crusts after desert fixation and its implication to soil organic carbon accumulation in desert. Land Degrad Dev, 2013, 24(4): 342-349.

Su Y G, Li X R, Cheng Y W, et al. Effects of biological soil crusts on emergence of desert vascular plants in North China. Plant Ecology, 2007, 191: 11-19.

Su Y G, Wu L, Zhou Z B, et al. Carbon flux in deserts depends on soil cover type: A case study in the Gurbantunggute Desert, North China. Soil Biology and Biochemistry, 2013, 58: 332-340.

Su Y G, Zhao X, Li A X, et al. Nitrogen fixation in biological soil crusts from the Tengger desert, northern China. European Journal of Soil Biology, 2011, 47(3): 182-187.

Su Y G, Li X R, Zheng J G, et al. The effect of biological soil crusts of different successional stages and conditions on the germination of seeds of three desert plants, Journal of Arid Environments, 2009, 73: 931-936.

Sullivan J M, Swift E. Effects of small-scale turbulence on net growth rate and size of ten species of marine dinoflagellates. Journal of Phycology, 2010, 39(1): 83-94.

Sun J Y, Li X R, Jia R L, et al. Null-model analysis and changes in species interactions in biocrusts along a successional gradient in the Tengger Desert, northern China. Journal of vegetation Science, 2021, 32(3): e13037.

Sun Y L, Li X Y, Xu H Y, et al. Effect of soil crust on evaporation and dew deposition in Mu Us sandy land, China. Frontiers of Environmental Science & Engineering, 2008, 2: 480-486.

Sun T, Liu H, Zhu G, et al. Timeliness of reducing wind and stabilizing sand functions of three mechanical sand barriers in arid region. Journal of Soil and Water Conservation, 2012, 26: 12-22.

Swenson T L, Karaoz U, Swenson J M, et al. Linking soil biology and chemistry in biological soil crust using isolate exometabolomics. Nat. Commun. 2018, 9(1): 19.

Szukics U, Abell G C J, Hödl V, et al. Nitrifiers and denitrifiers respond rapidly to changed moisture and increasing temperature in a pristine forest soil. FEMS microbiology ecology, 2010, 72(3): 395-406.

Szumigaj J, Zakowska Z, Klimek L. Exopolysaccharide production by Bacillus strains colonizing packaging foils. Pol. Journal of Microbiology. 2008, 57(4): 281-287.

Tamura K, Peterson D, Peterson N, et al. MEGA5: molecular evolutionary genetics analysis using maximum likelihood, evolutionary distance, and maximum parsimony methods. Molecular Biology and Evolution. 2011, 28(10): 2731-2739.

Tang D, Shi S, Li D, et al. Physiological and biochemical responses of Scytonema javanicum (cyanobacterium) to salt stress. Journal of Arid Environments, 2007, 71(3): 312-320.

Tang Y, Zhang H, Liu X, et al. Flocculation of harmful algal blooms by modified attapulgite and its safety evaluation. Water Research. 2011, 45(9): 2855-2862.

Tao Y, Zhang Y M, Downing A. Similarity and difference in vegetation structure of three desert shrub communities under the same temperate climate but with different microhabitats. Botanical Studies, 2013, 54: 59-62.

Tao Y, Zhang Y M. Effects of leaf hair points of a desert moss on water retention and dew formation: implications for desiccation tolerance. Journal of Plant Research, 2012, 125: 351-360.

Tao L, Cao T, Lv Y, et al. Function of biological and sand-fixation polymer material based on attapulgite. Journal of Desert Research. 2017, 37(2): 276-280.

Tao L, Du H, Zhang W, et al. Physiological characteristic of moss crust compounded with superabsorbent sand-fixation material based on attapulgite. Journal of Desert Research.2018, 38(4): 823-828.

Taton A, Grubisic S, Brambilla E, et al. Cyanobacterial diversity in natural and artificial microbial mats of Lake Fryxell (McMurdo Dry Valleys, Antarctica), a morphological and molecular approach. Applied and Environmental Microbiology, 2003, 69(9): 5157-5169.

Teather K, Hogan N, Critchley K, et al. Examining the links between air quality, climate change and respiratory health in Qatar. Avicenna, 2013, 2013(1): 9.

Thalib L, Al-Taiar A. Dust storms and the risk of asthma admissions to hospitals in Kuwait. Science of the Total Environment, 2012, 433: 347-351.

Thiet R K, Doshas A, Smith S M. Effects of biocrusts and lichen-moss mats on plant productivity in a US sand dune ecosystem . Plant and soil, 2014, 377(1-2): 235-244.

Thomas A D, Dougill A J. Spatial and temporal distribution of cyanobacterial soil crusts in the Kalahari: implications for soil surface properties. Geomorphology, 2007, 85(1-2): 17-29.

Thomas A D, Hoon S R, Dougill A J. Soil respiration at five sites along the Kalahari Transect: effects of temperature, precipitation pulses and biological soil crust cover. Geoderma, 2011, 167-168: 284-294.

Thomas A D, Hoon S R. Carbon dioxide fluxes from biologically-crusted Kalahari Sands after simulated wetting. Journal of Arid Environments, 2010, 74(1): 131-139.

Thomas A D, Hoon S R, Linton P E. Carbon dioxide fluxes from cyanobacteria crusted soils in the Kalahari. Applied Soil Ecology, 2008, 39(3): 254-263.

Thomas A D, Dougill A J. Distribution and characteristics of cyanobacterial soil crusts in the Molopo Basin, South Africa. Journal of Arid Environments, 2006, 64: 270-283.

Thomson M C, Jeanne I, Djingarey M. Dust and epidemic meningitis in the Sahel: a public health and operational research perspective. IOP Conference Series: Earth and Environmental Science, 2009, 7: 012017.

Thomson M C, Molesworth A M, Djingarey M H, et al. Potential of environmental models to predict meningitis epidemics in Africa. Tropical Medicine and International Health, 2006, 11(6): 781-788.

Tisdall J M, Oades J M. Organic matter and water-stable aggregates in soils. Journal of Soil Science, 1982, 33(2): 141-163.

Torzillo G. Spirulina Platensis (Arthrospira), physiology, cell-biology and biotechnology. London: Taylor and Francis, 1997.

Trasar C, Leirós M C, Gil S F. Hydrolytic enzyme activities in agricultural and forest soils. Some implications for their use as indicators of soil quality. Soil Biology & Biochemistry, 2008, 40(9): 2146-2155.

Tucker C L, Bell J, Pendall E, et al. Does declining carbon-use efficiency explain thermal acclimation of soil respiration with warming?. Global Change Biology, 2013, 19(1): 252-263.

Tucker C L, Ferrenberg S, Reed S C. Climatic sensitivity of dryland soil CO_2 fluxes differs dramatically with biological soil crust successional state. Ecosystems, 2019, 22(1): 15-32.

UNEP, WMO, UNCCD. Global Assessment of Sand and Dust Storms. United Nations Environment Programme, Nairobi, 2016.

Ushio M, Kitayama K, Balser T C. Tree species effects on soil enzyme activities through effects on soil physicochemical and microbial properties in a tropical montane forest on Mt. Kinabalu, Borneo. Pedobiologia, 2010, 53(4): 227-233.

Ustin S L, Valko P G, Kefauver S C, et al. Remote Sensing of biological soil crust under simulated climate change manipulations in the Mojave Desert. Remote Sensing of Environment, 2009, 113(2): 317-328.

Van Kleunen M, Weber E, Fischer M. A meta-analysis of trait differences between invasive and non-invasive plant species. Ecology letters, 2010, 13(2): 235-245.

Van Wijk M T. Understanding plant rooting patterns in semi-arid systems: an integrated model analysis of climate, soil type and plant biomass. Global Ecology and Biogeography, 2011, 20(2): 331-342.

Velasco A S, Giraldo-Silva A, Barger N N, et al. Microbial inoculum production for biocrust restoration: testing the effects of a common substrate versus native soils on yield and community composition. Restoration Ecology , 2020, 28(S2): S194-S202.

Veluci R M, Neher D A, Weicht T R. Nitrogen fixation and leaching of biological soil crust communities in mesic temperate soils. Microbial Ecology, 2006, 51(2): 189-196.

Venkateswarlu B, Rao A V. Distribution of microorganisms in stabilised and unstabilized sand dunes of Indian desert. Journal of Arid Environments, 1981, 4(3): 203-207.

Verrecchia E, Yair A, Kidron G J, et al. Physical properties of the psammophile cryptogamic crust and their consequences to the water regime of sandy soils, north-western Negev desert, Israel. Journal of Arid Environments, 1995, 29(4): 427-437.

Vilà M, Espinar J L, Hejda M, et al. Ecological impacts of invasive alien plants: a meta-analysis of their effects on species, communities and ecosystems. Ecology letters, 2011, 14(7): 702-708.

Viles H A. Understanding dryland and landscape dynamics: do biological crusts hold the key? Geography Compass, 2008, 2(3): 899-919.

Walker L R, del Moral R. Primary succession and ecosystem rehabilitation. Cambridge: Cambridge University Press, 2003.

Walvoord M A, Dhillips F M, Stonestrom D A, et al. A reservoir of nitrate beneath desert soils. Science, 2003, 302(5647): 1021-1024 .

Wang B, Zha T S, Jia X, et al. Soil moisture modifies the response of soil respiration to temperature in a desert shrub ecosystem. Biogeosciences, 2014, 11(2): 259-268.

Wang F, Michalski G, Luo H, et al. Role of biological soil crusts in affecting soil evolution and salt geochemistry in hyper-arid Atacama Desert, Chile. Geoderma, 2017, 307: 54-64.

Wang G H, Chen K, Chen L Z, et al. The involvement of the antioxidant system in protection of desert cyanobacterium Nostoc sp. against UV-B radiation and the effects of exogenous antioxidants. Ecotox Environ Safe, 2008, 69(1): 150-157.

Wang G H, Deng S Q, Li C, et al. Damage to DNA caused by UV-B radiation in the desert cyanobacterium Scytonema javanicum and the effects of exogenous chemicals on the process. Chemosphere, 2012, 88(4): 413-417.

Wang G H, Hao Z J, Huang Z B, et al. Raman spectroscopic analysis of a desert cyanobacterium Nostoc sp. in response to UV-B radiation. Astrobiology, 2010, 10(8): 783-788.

Wang H, Zhang G H, Liu F, et al. Effect of biological crust coverage on soil hydraulic properties for the Loess Plateau of China. Hydrological Processes, 2017a, 31(19): 3396-3406.

Wang H, Zhang G H, Liu F, et al. Temporal variations in infiltration properties of biological crusts covered soils on the Loess Plateau of China. Catena, 2017b, 159: 115-125.

Wang J, Bao J T, Li X R, et al. Molecular ecology of nifH genes and transcripts along a chronosequence in revegetated areas of the Tengger Desert. Microbial Ecology, 2016, 71: 150-163.

Wang J, Bao J, Su J, et al. Impact of inorganic nitrogen additions on microbes in biological soil crusts. Soil Biology and Biochemistry, 2015, 88: 303-313.

Wang J, Zhang P, Bao J T, et al. Comparison of cyanobacterial communities in temperate deserts: A cue for artificial inoculation of biological soil crusts. Science of the Total Environment, 2020, 745: 140970.

Wang L J, Zhang G H, Zhu L J, et al. Biocrust wetting induced change in soil surface roughness as influenced by biocrust type, coverage and wetting patterns. Geoderma, 2017, 306:1-9.

Wang M, Wang S, Wu L, et al. Evaluating the lingering effect of livestock grazing on functional potentials of microbial communities in Tibetan grassland soils. Plant and Soil, 2016, 407(12): 385-399.

Wang Q, He N P, Liu Y, et al. Strong pulse effects of precipitation events on soil microbial respiration in temperate forests. Geoderma, 2016, 275: 67-73.

Wang W B, Liu Y D, Li D H, et al. Feasibility of cyanobacterial inoculation for biological soil crusts formation in desert area. Soil Biology and Biochemistry, 2008, 41(5): 926-929.

Wang W B，Yang C Y, Tang D S, et al. Effects of sand burial on biomass, chlorophyll fluorescence and extracellular polysaccharides of man-made cyanobacterial crusts under experimental conditions. Science in China Series C: Life Sciences, 2007, 50(4): 530-534.

Wang X P, Li X R, Xiao H L, et al. Effects of surface characteristics on infiltration patterns in an arid shrub desert. Hydrological Processes, 2007, 21(1): 72-79.

Wang X P, Li X R, Xiao H L, et al. Evolution characteristics of the artificially re-vegetated shrub ecosystem of arid and semi-arid sand dune area (in Chinese). Acta Ecologica Sinica, 2005, 25(8): 1974-1980.

Wang X Q, Zhang Y M, Zhang W M, et al. Comparison of erodibility on four types biological crusts in Gurbantunggut Desert from wind tunnel experiments. Journal of Arid Land Studies, 2009, 19-1: 237-240.

Wang X Q, Zhang Z M, Jiang J, et al. Effects of spring-summer grazing on longitudinal dune surface in southern Gurbantunggut Desert. Journal of Geographical Sciences, 2009, 19(3): 299-308.

Wang X, Schaffer B E, Yang Z, et al. Probabilistic model predicts dynamics of vegetation biomass in a desert ecosystem in NW China. Proceedings of the National Academy of Sciences, 2017, 114(25): E4944-E4950.

Wang Y L, Li X R, Liu L C, et al. Dormancy and germination strategies of a desert winter annual Echinops gmelini Turcz. in a temperate desert of China. Ecological Research, 2019, 34(1): 74-84.

Wang Z, Liu Y, Zhao L. Development of fungal community is a potential indicator for evaluating the stability of biological soil crusts in temperate desert revegetation. Applied Soil Ecology, 2020, 147: 103404.

Wang Z, Wu Z, Tang S. Extracellular polymeric substances (EPS) properties and their effects on membrane fouling in a submerged membrane bioreactor. Water Research, 2009, 43(9): 2504-2512.

Wang D, Dai Z, Shu X, et al. Functionalized nanocomposite for simultaneous removal of antibiotics and As (iii) in swine urine aqueous solution and soil. Environmental Science-Nano, 2018, 5(12): 2978-2992.

Wang D, Zhang G, Dai Z, et al. Sandwich-like nanosystem for simultaneous removal of

Cr (VI) and Cd (II) from water and soil. ACS Applied Materials & Interfaces, 2018, 10(21): 18316-18326.

Wang D, Zhang G, Zhou L, et al. Synthesis of a multifunctional graphene oxide-based magnetic nanocomposite for efficient removal of Cr (VI). Langmuir, 2017, 33(28): 7007-7014.

Wang J, Han D, Sommerfeld M R, et al. Effect of initial biomass density on growth and astaxanthin production of Haematococcus pluvialis in an outdoor photobioreactor. Journal of Applied Phycology, 2013, 25: 253-260.

Wang L, Schiraldi D A, Miguel S S. FoamLike xanthan gum/clay aerogel composites and tailoring properties by blending with agar. Industrial & Engineering Chemistry Research. 2014, 5(18): 7680-7687.

Wang P, Hu Z, Yost RS, et al. Assessment of chemical properties of reclaimed subsidence land by the integrated technology using Yellow River sediment in Jining, China. Environmental Earth Sciences, 2016, 75(15): 1046.

Wang T, Xue X, Zhou L, et al. Combating aeolian desertification in northern China. Land Degradation and Development, 2015, 26(2): 118-132.

Warren S D, St Clair L L, Leavitt S D. Aerobiology and passive restoration of biological soil crusts, 2018.

Weber B, Olehowski C, Knerr T, et al. A new approach for mapping of Biological Soil Crusts in semidesert areas with hyperspectral imagery. Remote Sensing of Environment, 2008, 112(5): 2187-2201.

Weber B, Wu D, Tamm A, et al. Biological soil crusts accelerate the nitrogen cycle through large NO and HONO emissions in drylands. Proceedings of the National Academy of Sciences, 2015, 112(50): 15384-15389.

Weber, B, Wessels D C, Deutschewitz K, et al. Ecological characterization of soil-inhabiting and hypolithic soil crusts within the Knersvlakte, South Africa. Ecological Processes. 2013, 2(1): 8.

Wee L L, Annuar M S M, Ibrahim S, et al. Enzyme-mediated production of sugars from sago starch: statistical process optimization. Chemical Engineering Communications. 2011, 198(10/12): 1339-1353.

Wei J C. Biocarpet engineering using microbiotic crust for controlling sand (in Chinese). Arid Zone Research, 2005, 22(3): 287-288.

Wei S, Ying Z. Farmland Abandonment Research Progress: Influencing Factors and Simulation Model. Journal of Resources and Ecology, 2019, 10(4): 345-352 (In Chinese).

West N E. Structure and function of microphytic soil crusts in wildland ecosystems of arid to semi-arid regions. Advances in Ecological Research, 1990, 20: 179-223.

White P J, Broadley M R. Calcium in plants. Annals of applied biology, 2003, 92(4): 487-511.

Whitford W G. Ecology of desert systems. Academic Press, San Diego, 2002: 295-301.

WHO. Air Quality Guidelines for Particulate Matter, Ozone, Nitrogen Dioxide and Sulfur Dioxide, 2006.

WHO. Review of evidence on health aspects of air pollution; REVIHAAP Project, Technical Report; WHO Regional Office for Europe, Scherfigsvej 8, DK-2100 Copenhagen O, Denmark, 2013: 309 .

WHO. Meningococcal meningitis. 2015

Wilcox B P, Allen B C D . Ecohydrology of a resource-conserving semiarid woodland: effects of scale and disturbance. Ecol. Monogr, 2003, 73(2): 223-239.

Williams A J, Buck B J, Beyene M A. Biological soil crusts in the Mojave Desert, USA: micromorphology and pedogenesis. Soil Science Society of America Journal, 2012, 76(5): 1685-1695.

Williams J D. Microbiotic Crusts: A Review. (Final Draft). Eastside Ecosystem Management Project Report. unpublished data, 1994.

Williams J D, Dobrowolski J P, West N E. Microphytic crust influence on interrill erosion and infiltration capacity. Transactions of the ASAE , 1995, 38(1): 139-146.

Williams L, Loewen-Schneider K, Maier S, et al. Cyanobacterial diversity of western European biological soil crusts along a latitudinal gradient. FEMS Microbiology Ecology, 2016, 92(10): fiw157.

Williams T A, Foster P G, Cox C J, et al. An archaeal origin of eukaryotes supports only two primary domains of life. Nature, 2013, 504: 231-236.

Williams L, Jung P, Zheng L. J, et al. Assessing recovery of biological soil crusts across a latitudinal gradient in Western Europe. Restoration Ecology, 2018, 26(3): 543-554.

Wilson J B, Steel J B, Newman J E, et al. Are bryophyte communities different? Transactions of the British Bryological Society, 1995, 18: 689-705.

Winder B D, Matthijs H, Mur L R. The role of water retaining substrata on the photosynthetic response of three drought tolerant phototrophic micro-organisms isolated from a terrestrial habitat. Archives of Microbiology, 1989, 152(5): 458-462.

Winding A, Hund-Rinke K, Rutgers M. The use of microorganisms in ecological soil classification and assessment concepts. Ecotoxicology and Environmental Safety, 2005, 62(2): 230-248.

Witter J V, Jungerius P D, Ten Harkel M J. Modelling water erosion and the impact of water repellency. Catena, 1991, 18(2): 115-124.

Woche S K, Goebel M O, Kirkham M B, et al. Contact angle of soils as affected by depth, texture, and land management. European Journal of Soil Science, 2005, 56(2): 239-251.

Wolfaardt G M, Lawrence J R, Korber D R. Function of EPS. In: Wingender J, Neu T R, Flemming HC (eds.). Microbial extracellular polymeric substances: characterization, structure and function. Berlin: Springer-Verlag, 1999.

Wu H Y, Gao K S, Villafañe V E, et al. Effects of solar UV radiation on morphology and photosynthesis of filamentous cyanobacterium Arthrospira platensis. Applied and Environmental Microbiology, 2005, 71(9): 5004-5013.

Wu L, Lan S B, Zhang D L, et al. Recovery of chlorophyll fluorescence and CO2 exchange in lichen soil crusts after rehydration. European Journal of Soil Biology, 2013, 55: 77-82.

Wu L, Lei Y P, Lan S B, et al. Photosynthetic recovery and acclimation to excess light intensity in the rehydrated lichen soil crusts. PLoS One, 2017, 12(3): e0172537.

Wu L, Zhang G, Lan S, et al. Longitudinal photosynthetic gradient in crust lichens' thalli. Microb Ecology, 2014, 67(4): 888-896.

Wu L, Zhang Y M, Zhang J, et al. Precipitation intensity is the primary driver of moss crust-derived CO2 exchange: Implications for soil C balance in a temperate desert of northwestern China. European Journal of Soil Biology, 2015, 67: 27-34.

Wu L, Zhu Q H, Yang L, et al. Nutrient transferring from wastewater to desert through artificial cultivation of desert cyanobacteria. Bioresource Technology, 2018, 247: 947-953.

Wu N, Zhang Y M, Downing A, et al. Rapid adjustment of leaf angle explains how the desert moss, Syntrichia caninervis, copes with multiple resource limitations during rehydration. Functional Plant Biology, 2014, 41(2): 168-177.

Wu N, Zhang Y M, Downing A. Comparative study of nitrogenase activity in different types of biological soil crusts in the Gurbantunggut Desert, Northwestern China. Journal of Arid Environments, 2009, 73(9): 828-833.

Wu Q F, Liu H J. Effect of range fire on nitrogen fixation of Collema tenaxin a semiarid grassland of inner Mongolia, China (in Chinese). Journal Plant Ecology, 2008, 32: 908-913.

Wu Y S, Hasi E, et al. Characteristics of surface runoff in a sandy area in southern Mu Us sandy land. Chinese Science Bulletin, 2012, 57(2-3): 270-275.

Wu Y S, Li X R, Eerdunc H S, et al. Surface roughness response of biocrust-covered soil to mimicked sheep trampling in the Mu Us sandy Land, northern China. Geoderma, 2020, 363: 114146.

Wu L, Lan S B, Zhang D L, et al. Functional reactivation of photosystem II in lichen soil crusts after long-term desiccation. Plant Soil, 2013, 369: 177-186.

Xiao B, Hu K L, Ren T S, et al. Moss-dominated biological soil crusts significantly influence soil moisture and temperature regimes in semiarid ecosystems. Geoderma, 2016, 263: 35-46.

Xiao B, Hu K L. Moss-dominated biocrusts decrease soil moisture and result in the degradation of artificially planted shrubs under semiarid climate. Geoderma, 2017, 291: 47-54.

Xiao B, Hu K, Veste M, et al. Natural recovery rates of moss biocrusts after severe disturbance in a semiarid climate of the Chinese Loess Plateau. Geoderma, 2019, 337: 402-412.

Xiao B, Ma S, Hu K L. Moss biocrusts regulate surface soil thermal properties and generate buffering effects on soil temperature dynamics in dryland ecosystem. Geoderma, 2019, 351: 9-24.

Xiao B, Sun F, Hu K, et al. Biocrusts reduce surface soil infiltrability and impede soil water infiltration under tension and ponding conditions in dryland ecosystem. Journal of Hydrology, 2019, 568: 792-802.

Xiao B, Veste M. Moss-dominated biocrusts increase soil microbial abundance and community diversity and improve soil fertility in semi-arid climates on the Loess Plateau of China. Applied Soil Ecology, 2017, 117-118: 165-177.

Xiao B, Wang Q H, Zhao Y G, et al. Artificial culture of biological soil crusts and its effects on overland flow and infiltration under simulated rainfall. Applied soil ecology, 2011, 48(1): 11-17.

Xiao B, Zhao Y G, Shao M A. Characteristics and numeric simulation of soil evaporation in biological soil crusts. Journal of Arid Environments, 2010, 74(1): 121-130.

Xiao B, Zhao Y G, Wang H F, et al. Natural recovery of moss-dominated biological soil crusts after surface soil removal and their long-term effects on soil water conditions in a semiarid environment. Catena, 2014, 120: 1-11.

Xiao B, Zhao Y, Wang Q, et al. Development of artificial mossdominated biological soil crusts and their effects on runoff and soil water content in a semi-arid environment. Journal of Arid Environments, 2015, 117: 75-83.

Xiao J, Zhang G, Qian J, et al. Fabricating high-performance T2-weighted contrast agents via adjusting composition and size of nanomagnetic iron oxide. ACS Applied Materials & Interfaces, 2018, 10(8): 7003-7011.

Xiao Y, Li Z, Li C, et al. Effect of Small-Scale Turbulence on the Physiology and Morphology of Two Bloom-Forming Cyanobacteria. PLoS One, 2016, 11(12): 0168925.

Xie Z M, Liu Y D, Hu C X, et al. Relationships between the biomass of algal crusts in fields and their compressive strength. Soil Biology & Biochemistry, 2007, 39(2): 567-572.

Xie Z M, Wang Y X, Liu Y D, et al. Ultraviolet-B exposure induces photo-oxidative damage and subsequent repair strategies in a desert cyanobacterium Microcoleus vaginatus Gom. European Journal of Soil Biology, 2009, 45(4): 377-382.

Xing Z G, Hu J M. Basic Requirement to Simulate the Control of the Dust from Material Stackby Dust-proof Net. Science of Yunnan Environmental, 2004, 23: 48-56.(In Chinese).

Xu J, Sheng G P, Ma Y, et al. Roles of extracellular polymeric substances (EPS) in the migration and removal of sulfamethazine in activated sludge system. Water Research, 2013, 47(14): 5298-5306.

Xu L, Zhu B J, Li C N, et al. Development of biological soil crust prompts convergent succession of prokaryotic communities. Catena, 2020, 187: 104360.

Xu S J, Yin C S, He M, et al. A technology for rapid reconstruction of moss-dominated soil crusts. Environmental Engineering Science, 2008, 25: 1129-1137.

Xu Y, Rossi F, Colica G, et al. Use of cyanobacterial polysaccharides to promote shrub performances in desert soils: a potential approach for the restoration of desertified areas. Biology and fertility of soils, 2013, 49(2): 143-152.

Xue K, Yuan M M, Shi Z J, et al. Tundra soil carbon is vulnerable to rapid microbial decomposition under climate warming. Nature Climate Change, 2016, 6(6): 595-600.

Xue L G, Zhang Y, Zhang T G, et al. Effects of enhanced ultraviolet-B radiation on algae and cyanobacteria. Critical Reviews in Microbiology, 2005, 31(2): 79-89.

Xue Z, Cheng M, An S. Soil nitrogen distributions for different land uses and landscape positions in a small watershed on Loess Plateau, China. Ecological Engineering, 2013, 60: 204-213.

Yair A, Almog R, Veste M. Differential hydrological response of biological topsoil crusts along a rainfall gradient in a sandy arid area: Northern Negev desert, Israel. Catena, 2011, 87: 326-333.

Yamano H, Chen J, Zhang Y, et al. Relating photosynthesis of biological soil crusts with reflectance: preliminary assessment based on a hydration experiment. International Journal Remote Sensing, 2006, 27(23-24): 5393-5399.

Yang H T, Liu L, Li X, et al. Water repellency of biological soil crusts and influencing factors on the southeast fringe of the Tengger Desert, North-Central China. Soil Science, 2014, 179(9): 424-432.

Yang H Y, Liu C Z, Liu Y M, et al. Impact of human trampling on biological soil crusts determined by soil microbial biomass, enzyme activities and nematode communities in a desert ecosystem. European Journal of Soil Biology, 2018, 87: 61-71.

Yang J L, Zhang G L, Yang F, et al. Controlling effects of surface crusts on water infiltration in an arid desert area of Northwest China. J. Soils Sediments, 2016, 16(10): 2408-2418.

Yang J, Wei J C. Desert lichens in Shapotou region of Tengger Desert and bio-carpet engineering. Mycosystema, 2014, 33: 1025-1035.

Yang X D, Chen J. Plant litter quality influences the contribution of soil fauna to litter decomposition in humid tropical forests, southwestern China. Soil Biology & Biochemistry, 2009, 41(5): 910-918.

Yang Y S, Bu C F, Mu X M, et al. Interactive effects of moss-dominated crusts and Artemisia ordosica on wind erosion and soil moisture in Mu Us Sandland, China. Scientific World Journal, 2014, 2014(4): 649816.

Yang Y, Squires V, Qi L (eds).Global Alarm: Dust and Sandstorms from the World's Drylands. UNCCD, 2001.

Yeager C M, Kornosky J L, Housman D C, et al. Diazotrophic community structure and function in two successional stages of biological soil crusts from the Colorado Plateau and Chihuahuan Desert. Applied and Environmental Microbiology, 2004, 70(2): 973-983.

Yeager C M, Kornosky J L, Morgan R E, et al. Three distinct clades of cultured heterocystous cyanobacteria constitute the dominant N2-fixing members of biological soil crusts of the Colorado Plateau, USA. FEMS Microbiology Ecology, 2007, 60(1): 85-97.

Yeager C M, Kuske C R, Carney T D, et al. Response of biological soil crust diazotrophs to season, altered summer precipitation, and year-round increased temperature in an arid grassland of the Colorado Plateau, USA. Frontiers in Microbiology, 2012, 3: 358.

Yeates G W, Bongers T, De Goede R G M, et al. Feeding habits in soil nematode families and genera—an outline for soil ecologists. Journal of Nematology, 1993, 25(3): 315-

331.

Yin B F, Zhang Y M. Physiological regulation of Syntrichia caninervis Mitt. in different microhabitats during period of snow in the Gurbantünggüt Desert, northwestern China. Journal of Plant Physiology, 2016, 194: 13-22.

Yin D, Sprigg W A. Modeling Airbourne Mineral Dust: A Mexico-United States Trans-boundary Perspective. In Southwestern Desert Resources In: Halvorson W, Schwalbe C, van Riper C (eds). Tucson: University of Arizona Press, 2010.

Young I M, Feeney D S, O'Donnell A G, et al. Fungi in century old managed soils could hold key to the development of soil water repellency. Soil Biology & Biochemistry, 2012, 45: 125-127.

Young K E, Bowker M A, Reed SC, et al. Temporal and abiotic fluctuations may be preventing successful rehabilitation of soil-stabilizing biocrust communities. Ecological Applications, 2019, 29(5): e01908.

Yu J, Guan P T, Zhang X K, et al. Biocrusts beneath replanted shrubs account for the enrichment of macro and micronutrients in semi-arid sandy land. Journal of Arid Environments, 2016, 128: 1-7.

Yu J, Kidron G J, Pen-Mouratov S, et al. Do development stages of biological soil crusts determine activity and functional diversity in a san-dune ecosystem? Soil Biology & Biochemistry, 2012, 51: 66-72.

Yu J, Naama G, and Yosef S. Carbon utilization, microbial biomass, and respiration in biological soil crusts in the Negev Desert. Biology and Fertility of Soils, 2014, 50(2) : 285-293.

Yu T, Li M, Niu M, et al. Difference of nitrogen-cycling microbes between shallow bay and deep-sea sediments in the South China Sea. Applied microbiology and biotechnology, 2018, 102: 447-459.

Yu M, Li J, Wang L. KOH-activated carbon aerogels derived from sodium carboxymethyl cellulose for high-performance supercapacitors and dye adsorption. Chemical Engineering Journal, 2017, 310(1): 300-306.

Zaady E, Arbel S, Barkai D, et al. Long-term impact of agricultural practices on biological soil crusts and their hydrological processes in a semiarid landscape. Journal of Arid Environments, 2013a, 90: 5-11.

Zaady E, Groffman P M, Standing D, et al. High N_2O emissions in dry ecosystems . European Jjournal of Soil Biology, 2013b, 59: 1-7.

Zaady E, Karnieli A, Shachak M. Applying a field spectroscopy technique for assessing successional trends of biological soil crusts in a semi-arid environment. Journal of Arid Environments, 2007, 70(3): 463-477.

Zaady E, Kuhn U, Wilske B, et al. Patterns of CO_2 exchange in biological soil crusts of successional age. Soil Biology and Biochemistry, 2000, 32(7): 959-966.

Zaady E, Katra I, Barkai D, et al. The coupling effects of using coal fly-ash and bio-inoculant for rehabilitation of disturbed biocrusts in active sand dunes. Land Degradation & Development 2017, 28(4): 1228-1236.

Zamfir M. Effects of bryophytes and lichens on seedling emergence of alvar plants: evidence from greenhouse experiments. Oikos, 2000, 88(3): 603-611.

Zang Y X, Gong W, Xie H, et al. Chemical sand stabilization: A review of material, mechanism, and problems. Environmental Technology Reviews, 2015, 4(1): 119-132.

Zhang B C, Zhang Y M, Downing A, et al. Distribution and composition of cyanobacteria and microalgae associated with biological soil crusts in the Gurbantünggüt desert, China. Arid Land Research and Management, 2011a, 25: 275-293.

Zhang J, Zhang Y M, Downing A et al. Photosynthetic and cytological recovery on remoistening Syntrichia caninervis Mitt, a desiccation-tolerant moss from Northwestern China. Photosynthetica, 2011b, 49(1): 13-20.

Zhang B C, Zhang Y M, Su Y G, et al. Responses of microalgal-microbial biomass and enzyme activities of biological soil crusts to moisture and inoculated Microcoleus vaginatus gradients. Arid Land Research and Management, 2013, 27(3): 216-230.

Zhang B C, Zhang Y M, Zhao J C, et al. Microalgal species variation at different successional stages in biological soil crusts of the Gurbantünggüt Desert, Northwestern China. Biology and Fertility of Soils, 2009, 45: 539-547.

Zhang B C, Zhou X B, Zhang Y M. Responses of microbial activities and soil physical-chemical properties to the successional process of biological soil crusts in the Gurbantünggüt Desert, Xinjiang. Journal of Arid Land, 2015, 7(1): 101-109.

Zhang B, Kong W, Wu N, et al. Bacterial diversity and community along the succession of biological soil crusts in the Gurbantünggüt Desert, Northern China. Journal of Basic Microbiology, 2016, 56(6): 670-679.

Zhang B, Li R, Xiao P, et al. Cyanobacterial composition and spatial distribution based on pyrosequencing data in the Gurbantünggüt Desert, Northwestern China. Journal of Basic Microbiology, 2016, 56(3): 308-320.

Zhang B, Zhang Y, Li X, et al. Successional changes of fungal communities along the biocrust development stages. Biology and Fertility of Soils, 2018, 54(2): 285-294.

Zhang J H, Wu B, Li Y H, et al. Biological soil crust distribution in Artemisia ordosica communities along a grazing pressure gradient in Mu Us Sandy Land, Northern China. Journal of Arid Land, 2013, 5(2): 172-179.

Zhang J, Zhang Y M. Diurnal variations of chlorophyll fluorescence and CO_2, exchange of biological soil crusts in different successional stages in the Gurbantünggüt Desert of Northwestern China. Ecological Research, 2014, 29(2): 289-298.

Zhang L, Dawes W R, Walker G R. Response of mean annual evapotranspiration to vegetation changes at catchment scale. Water Resources Research, 2001, 37(3): 701-708.

Zhang T, Liu M, Wang Y Y, et al. Two new species of Endocarpon (Verrucariaceae, Ascomycota) from China. Scientific Reports, 2017, 7(1): 7193.

Zhang W, Zhang G S, Liu G X, et al. Bacterial diversity and distribution in the southeast edge of the Tengger Desert and their correlation with soil enzyme activities. Journal of Environmental Sciences, 2012, 24(11): 2004-2011.

Zhang X K, Dong X W, Liang W J. Spatial distribution of soil nematode communities in stable and active sand dunes of Horqin Sandy Land. Arid Land Research and Management, 2010, 24(1): 68-80.

Zhang Y F, Wang X P, Pan Y X, et al. Diurnal relationship between the surface albedo and surface temperature in revegetated desert ecosystems, Northwestern China. Arid Land Research and Management, 2012, 26(1): 32-43.

Zhang Y L, Duan P F, Zhang P, et al. Variations in cyanobacterial and algal communities and soil characteristics under biocrust development under similar environmental conditions. Plant and Soil, 2018, 429: 241-251.

Zhang Y M, Chen J, Wang L, et al. The spatial distribution patterns of biological soil crusts in the Gurbantunggut Desert, Northern Xinjiang, China. Journal of Arid Environments, 2007, 68(4): 599-610.

Zhang Y M, Nan W U, Zhang B C, et al. Species composition, distribution patterns and ecological functions of biological soil crusts in the Gurbantunggut Desert. Journal of Arid Land, 2010, 2(3): 180-189.

Zhang Y M, Nie H L. Effects of biological soil crusts on seedling growth and element uptake in five desert plants in Junggar Basin, western China. Chinese journal of Plant Ecologyogy, 2011, 35(4): 380-388.

Zhang Y M, Wang H L, Wang W Q, et al. The microstructure of microbitic crust and its influence on wind erosion for a sandy soil surface in the Gurbantunggut Desert of northwestern China. Geoderma, 2006, 132(3-4): 441-449.

Zhang Y M, Zhou X B, Yin B F, et al. Sensitivity of the xerophytic moss Syntrichia caninervis to prolonged simulated nitrogen deposition. Annals of Botany, 2016, 117(7):

1153-1161.

Zhang Y M. The microstructure and formation of biological soil crusts in their early developmental stage. Chinese Science Bulletin, 2005, 50(2): 117-121.

Zhang Y, Belnap J. Growth responses of five desert plants as influenced by biological soil crusts from a temperate desert, China. Ecological Research, 2015, 30(6): 1037-1045.

Zhang Y, Deng L, YanW, et al. Interaction of soil water storage dynamics and long-term natural vegetation succession on the loess plateau, china. Catena, 2016, 137: 52-60.

Zhang Z S, Chen Y L, Xu B X, et al. Topographic differentiations of biological soil crusts and hydraulic properties in fixed sand dunes, Tengger Desert. Journal of Arid Land, 2015, 7(2): 205-215.

Zhang Z S, Dong X J, Liu Y B, et al. Soil oxidases recovered faster than hydrolases in a 50-year chronosequence of desert revegetation. Plant and Soil, 2012, 358: 275-287.

Zhang Z S, Li X R, Nowak R S, et al. Effect of sand-stabilizing shrubs on soil respiration in a temperate desert. Plant and Soil, 2013, 367(1-2): 449-463.

Zhang Z S, Liu L C, Li X R, et al. Evaporation properties of a revegetated area of the Tengger Desert, North China. Journal of Arid Environments, 2008, 72(6): 964-973.

Zhang Z S, Zhao Y, Dong X J, et al. Evolution of soil respiration depends on biological soil crusts across a 50-year chronosequence of desert revegetation. Soil Science and Plant Nutrition, 2016, 62: 140-149.

Zhang C, Wu L, Cai D, et al. Adsorption of polycyclic aromatic hydrocarbons (fluoranthene and anthracenemethanol) by functional graphene oxide and removal by pH and temperature-sensitive coagulation. ACS Applied Materials & Interfaces, 2013, 5 (11), 4783-4790.

Zhang Y, Peng C H, Li W Z, et al. Multiple afforestation programs accelerate the greenness in the ‘Three North’region of China from 1982 to 2013. Ecological Indicators. 2016, 61: 404-412.

Zhao H L, Guo Y R, Zhou R L, et al. The effects of plantation development on biological soil crust and topsoil properties in a desert in northern China. Geoderma, 2011, 160(3-4): 367-372.

Zhao L J, Xiao H L, Cheng G D, et al. Correlation between δ 13 C and δ 15 N in C4 and C3 plants of natural and artificial sand-binding microhabitats in the Tengger Desert of China. Ecological Informatics, 2010, 5(3): 177-186.

Zhao L N, Li X R, Yuan S W, et al. Shifts in community structure and function of ammonia-oxidizing archaea in biological soil crusts along a revegetation chronosequence in the Tengger Desert. Sciences in Cold and Arid Regions, 2019, 11(2): 0139-0149.

Zhao L N, Liu Y B, Wang Z R, et al. Bacteria and fungi differentially contribute to carbon and nitrogen cycles during biological soil crust succession in arid ecosystems. Plant and Soil, 2020, 447: 379-392.

Zhao L N, Li X R, Wang Z R, et al. A New Strain of *Bacillus tequilensis* CGMCC 17603 isolated from biological soil crusts: a promising sand-fixation agent for desertification control. Sustainability, 2019, 11(22): 6501.

Zhao L N, Liu Y B, Yuan S W, et al. Development of archaeal communities in biological soil crusts along a revegetation chronosequence in the Tengger Desert, north central China. Soil and Tillage Research, 2020, 196: 104443.

Zhao R M, Hui R, Wang Z R, et al. Winter snowfall can have a positive effect on photosynthetic carbon fixation and biomass accumulation of biological soil crusts from the Gurbantunggut Desert, China. Ecology Research, 2016, 31(2): 251-262.

Zhao Y G, Xu M X. Runoff and soil loss from revegetated grasslands in the Hilly Loess Plateau Region, China: Influence of biocrust patches and plant canopies. Journal of Hydrology Engineering, 2013, 18(4): 387-393.

Zhao Y G, Xu M, Belnap J. Potential nitrogen fixation activity of different aged biological soil crusts from rehabilitated grasslands of the hilly Loess Plateau, China. Journal of

Arid Environments, 2010, 74(10): 1186-1191.

Zhao Y M, Zhu Q K, Li P, et al. Effects of artificially cultivated biological soil crusts on soil nutrients and biological activities in the Loess Plateau. Journal of Arid Land, 2014, 6(6): 742-752.

Zhao Y, Li X R, Zhang Z S, et al. Biological soil crusts influence carbon release responses following rainfall in a temperate desert, northern China. Ecology Research, 2014, 29: 889-896.

Zhao Y, Qin N, Weber B, et al. Response of biological soil crusts to raindrop erosivity and underlying influences in the hilly Loess Plateau region, China. Biodiversity and conservation, 2014, 23(7): 1669-1686.

Zhao Y, Wang J. Mechanical sand fixing is more beneficial than chemical sand fixing for artificial cyanobacteria crust colonization and development in a sand desert. Applied Soil Ecology, 2019, 140(8): 115-120.

Zhao Y, Zhang P, Hu Y G, et al. Effects of re-vegetation on herbaceous species composition and biological soil crusts development in a coal mine dumping site. Environmental Management, 2016a, 57: 298-307.

Zhao Y, Zhang Z, Hu Y, et al. The seasonal and successional variations of carbon release from biological soil crust-covered soil. Journal of Arid Environments, 2016b, 127: 148-153.

Zhao Y, Jia R L, Wang J. Towards stopping land degradation in drylands: Water-saving techniques for cultivating biocrusts in situ. Land Degradation and Development, 2019, 30(118): 2336-2346.

Zhao Y, Li X R, Zhang P, et al. Effects of Vegetation Reclamation on Temperature and Humidity Properties of a Dumpsite: A Case Study in the Open Pit Coal Mine of Heidaigou. Arid Land Research and Management, 2015, 29(3): 375-381.

Zhao Y, Wang N, Zhang Z S, et al. Accelerating the development of artificial biocrusts using covers for restoration of degraded land in dryland ecosystems. Land Degradation and Development, 2021, 32(1): 285-295.

Zhao Y, Xu W W, Wang N. Effects of covering sand with different soil substrates on the formation and development of artificial biocrusts in a natural desert environment. Soil and Tillage Research, 2021, 213: 105081.

Zhao Y, Zhang P. Rainfall characteristics determine respiration rate of biological soil crusts in drylands. Ecological Indicators, 2021, 12: 107452.

Zhi D J, Ding X X, Nan W B, et al. Nematodes as an indicator of biological crust development in the Tengger Desert, China. Arid Land Research and Management, 2009, 23(3): 223-236.

Zhi D J, Nan W B, Ding X X, et al. Soil nematode community succession in stabilised sand dunes in the Tengger Desert, China. Australian Journal of Soil Research, 2009, 47(5): 508-517.

Zhou J, Xue K, Xie J, et al. Microbial mediation of carbon-cycle feedbacks to climate warming. Nature Climate Change, 2012, 2(2): 106-110.

Zhou X B, Tao Y, Yin B F, et al. Nitrogen pools in soil covered by biological soil crusts of different successional stages in a temperate desert in Central Asia. Geoderma, 2020, 366(1): 114166.

Zhou X B, Zhang Y M, Yin B F. Divergence in physiological responses between cyanobacterial and lichen crusts to a gradient of simulated nitrogen deposition. Plant and Soil, 2016, 399: 121-134.

Zhou X B, Zhang Y M. Temporal dynamics of soil oxidative enzyme activity across a simulated gradient of nitrogen deposition in the Gurbantünggüt Desert, Northwestern China. Geoderma, 2014, 213: 261-267.

Zhou D Y, Wang X J, Shi M J. Human driving forces of oasis expansion in northwestern China during the last decade: A case study of the Heihe River basin. Land Degradation & Development. 2017, 28(2): 412-420.

Zhou, L, Zhao, P, Chi, Y, et al. Controlling the hydrolysis and loss of nitrogen fertilizer (urea) by using a nanocomposite favors plant growth. ChemSusChem, 2017, 10(9): 2068-2079.

Zhou X, An X, De Philippis R, et al. The facilitative effects of shrub on induced biological soil crust development and soil properties. Applied Soil Ecology, 2019, 137: 129-138.

Zhou X, Zhao Y, Belnap J, et al. Practices of biological soil crust rehabilitation in China: experiences and challenges. Restoration Ecology, 2020, 28(52): S45-S55.

Zhu Y G, Duan G L, Chen B D, et al. Mineral weathering and element cycling in soil-microorganism-plant system. Science China Earth Sciences, 2014, 57: 888-896.

Zhuang W W, Downing A, Zhang Y M. The influence of biological soil crusts on 15N translocation in soil and vascular plant in a temperate desert of northwestern China. Journal of Plant Ecologyogy, 2015, 8(4): 420-428.

Zhuang W W, Serpe M, Zhang Y M. The effect of lichen-dominated biological soil crusts on growth and physiological characteristics of three plant species in a temperate desert of northwest China. Plant Biology, 2015, 17(6): 1165-1175

Zotz C G, Schweikert A, Jetz W, et al. Water relations and carbon gain are closely related to cushion size in the moss Grimmia pulvinata. New Phytologist, 2000, 148: 59-67.

白秀文, 哈申吐力古尔, 徐杰. 不同类型结皮影响下土壤含水量的变化规律. 内蒙古师范大学学报(自然科学汉文版), 2017, 46(3): 401-407.

白学良, 王瑶, 徐杰, 等. 沙坡头地区固定沙丘结皮层藓类植物的繁殖和生长特性研究. 中国沙漠, 2003, 23(2): 171-173.

鲍亦璐, 杨鹏波, 王倩, 等. 螺旋藻培养过程中的营养盐监测与消耗. 食品科技, 2011. 36(3): 98-102.

边丹丹. 黄土丘陵区不同植被状况下生物土壤结皮对土壤生物学性质的影响. 咸阳: 西北农林科技大学, 2011.

蔡恒江, 唐学玺, 张培玉, 等. 不同起始密度对3种赤潮微藻种群增长的影响. 海洋环境科学, 2005, 24(3): 37-39.

曹广霞. 盐碱胁迫条件对栅藻SP-01中抗氧化酶活性和代谢产物积累的影响. 广州: 中山大学. 2012: 44-45.

曹成有, 姚金冬, 韩晓姝, 等. 科尔沁沙地小叶锦鸡儿固沙群落土壤微生物功能多样性. 应用生态学报, 2011, 22(9): 2309-2315.

曾文炳, 颉红梅, 魏宝文, 等. 用氚水示踪动力学方法对植物水平衡的研究. 中国科学B辑, 1995, 25(9): 929-934.

陈荷生, 康跃虎. 沙坡头地区凝结水及其在生态环境中的意义. 干旱区资源与环境, 1992, 6(2): 63-72.

陈兰周, 刘永定, 李敦海, 盐胁迫对爪哇伪枝藻(*Scytonema javanicum*)生理生化特性的影响. 中国沙漠, 2003a, 23(3): 285-288.

陈兰周, 刘永定, 李敦海, 等. 荒漠藻类及其结皮的研究. 中国科学基金, 2003b, 17(2): 90-93.

陈兰周, 刘永定, 宋立荣. 微鞘藻胞外多糖在沙漠土壤成土中的作用. 水生生物学报, 2002, 26(2): 155-159.

陈荣毅, 魏文寿, 王敏仲, 等. 古尔班通古特沙漠地表土壤凝结水形成影响因素分析. 沙漠与绿洲气象, 2015, 9(1): 1-5.

陈荣毅. 古尔班通古特沙漠表层土壤凝结水水汽来源特征分析. 中国沙漠, 2012, 32(4): 985-989.

陈小红, 段争虎. 我国干旱沙漠地区不同类型土壤结皮的理化性质研究. 干旱区资源与环境, 2008, 22(009): 134-138.

陈彦芹, 赵允格, 冉茂勇. 黄土丘陵区藓结皮人工培养方法试验研究. 西北植物学报, 2009, 29(03): 586-592.

陈应武, 李新荣, 苏延桂, 等. 腾格里沙漠人工植被区掘穴蚁（Formica cunicularia）的生态功能. 生态学报, 2007, 27(4): 1508-1514.

成龙, 贾晓红, 吴波, 等. 高寒沙区生物土壤结皮对吸湿凝结水的影响. 生态学报, 2018, 38(14): 5037-5046.

成龙, 贾晓红, 吴波, 等. 高寒沙区生物土壤结皮覆盖区凝结水组分分析. 高原气象, 2019, 038(002): 439-447.

程军回, 张元明. 影响生物土壤结皮分布的环境因子. 生态学杂志, 2010, 29(1): 133-141.

戴黎聪, 柯浔, 曹莹芳, 等. 关于生态功能与管理的生物土壤结皮研究. 草地学报, 2018, 26(1): 22-29.

邓书斌. ENVI遥感图像处理与方法. 北京: 科学出版社, 2010.

董金伟, 李宜坪, 李新凯, 等. 毛乌素沙地植被类型对生物结皮及其下伏土壤养分的影响. 水土保持研究, 2019, 026(002): 112-117.

董治宝， Fryrear D W, 高尚玉. 直立植物防沙措施粗糙特征的模拟实验. 中国沙漠, 2000, 20(3): 260-263.

杜颖, 赵宇龙, 赵吉睿, 等. 浑善达克沙地夏冬季浅色型生物土壤结皮中古菌的系统发育多样性. 微生物学通报, 2014, 41(10): 1976−1984.

段争虎, 刘新民, 屈建军. 沙坡头地区土壤结皮形成机理的研究. 干旱区研究, 1996, 13(2): 31-36.

范裕祥, 金社军, 周培, 等. 巢湖蓝藻水华分布特征和气象条件分析. 安徽农业科学, 2015, 43: 191-193.

方静, 丁永建. 荒漠绿洲边缘凝结水量及其影响因子.冰川冻土, 2005, 27(5): 755-760.

房世波, 张新时. 苔藓结皮影响干旱半干旱植被指数的稳定性. 光谱学与光谱分析, 2011, 31(3): 780-783.

冯丽, 张景光, 张志山, 等. 腾格里沙漠人工固沙植被中油蒿的生长及生物量分配动态. 植物生态学报, 2009, 33(6): 1132-1139.

冯伟, 叶菁. 踩踏干扰下生物结皮的水分入渗与水土保持效应. 水土保持研究, 2016, 23(1): 34-37.

冯秀绒, 卜崇峰, 郝红科, 等. 基于光谱分析的生物结皮提取研究——以毛乌素沙地为例. 自然资源学报, 2015, 30(6): 1024-1034.

高丽倩. 黄土高原生物结皮土壤抗水蚀机理研究. 中国科学院教育部水土保持与生态环境研究中心, 2017.

巩伏雨, 蔡真, 李寅. CO_2固定的合成生物学. 中国科学: 生命科学, 2015, 45(10): 993-1002.

辜晨, 贾晓红, 吴波, 等. 高寒沙区生物土壤结皮覆盖土壤碳通量对模拟降水的响应. 生态学报, 2017, 37(13): 4423-4433.

管超, 张鹏, 陈永乐, 等. 生物结皮-土壤呼吸对冬季低温及模拟增温的响应. 应用生态学报, 2016, 27(10): 3213-3220.

关松荫. 土壤酶及其研究方法. 北京: 中国农业出版社, 1986.

郭成久, 陈乐, 肖波, 贾玉华, 王庆海. 黄土高原苔藓结皮斥水性及其对火烧时间的响应. 沈阳农业大学学报, 2016, 47(2): 212-217.

郭轶瑞, 赵哈林, 赵学勇, 等. 科尔沁沙地结皮发育对土壤理化性质影响的研究. 水土保持学报, 2007, 21(001): 135-139.

国家林业局. 第五次全国荒漠化和沙漠监测公报, 2015.

国家林业局. 中国荒漠化和沙化状况公报, 2015.

韩冰, 苏涛, 李信, 等. 甲烷氧化菌及甲烷单加氧酶的研究进展. 生物工程学报, 2008, 24(9): 1511−1519.

韩彩霞, 张丙昌, 张元明, 等. 古尔班通古特沙漠南缘藓类结皮中可培养真菌的多样性. 中国沙漠, 2016, 36(4): 1050-1055.

韩柳, 王静璞, 柴国奇, 等. 我国北方土壤风蚀力时空特征分析. 安徽农业科学, 2018, 46(32): 59-65.

何芳兰, 郭春秀, 吴昊, 等. 民勤绿洲边缘沙丘生物土壤结皮发育对浅层土壤质地、养分含量及微生物数量的影响. 生态学报, 2017, 37(18): 6064-6073.
洪光宇, 王晓江, 张雷, 等. 科尔沁沙地生物结皮与其他植被覆盖耗水率的研究. 内蒙古林业科技, 2017, 43(004): 14-20.
胡春香, 刘永定, 宋立荣. 宁夏沙坡头地区藻类及其分布. 水生生物学报, 1999, 23(5): 443-448.
胡春香, 刘永定, 张德禄, 等. 荒漠藻结皮的胶结机理. 科学通报, 2002, 47(12): 931-937.
胡宜刚, 冯玉兰, 张志山, 等. 沙坡头人工植被固沙区生物结皮-土壤系统温室气体通量特征. 应用生态学报, 2014, 25(1): 61-68.
虎瑞, 王新平, 潘颜霞, 等. 沙坡头地区藓类结皮土壤净氮矿化作用的季节动态. 应用生态学报, 2015, 26(4): 1106-1112.
虎瑞, 王新平, 张亚峰, 等. 沙坡头地区固沙植被对土壤酶活性的影响. 兰州大学学报(自然科学版), 2015, 51(5): 676-682.
吉雪花, 张元明, 陶冶, 等. 藓类结皮斑块面积与环境因子的关系. 中国沙漠, 2013, 33(6): 1803-1809.
吉雪花, 张元明, 周小兵, 等. 不同尺度苔藓结皮土壤性状的空间分布特征. 生态学报, 2014, 34(14) : 4006-4016.
贾荣亮, 李新荣, 谭会娟, 等. 沙埋干扰去除后生物土壤结皮光合生理恢复机制. 中国沙漠, 2010, 30(6) : 1299-1304.
贾荣亮. 腾格里沙漠人工植被区藓类结皮光合生理生态学研究. 北京, 中国科学院寒区旱区环境与工程研究所, 2009.
江林燕, 江成, 周伟, 等. 水体扰动对铜绿微囊藻生长影响的规律及原因. 环境化学, 2012, 31(2): 216-220.
雷亚萍. 共生关系对爪哇伪枝藻抗荒漠胁迫能力的影响. 湖北: 武汉理工大学, 2017.
李保国, 吕贻忠. 土壤学, 北京: 中国农业出版社, 2006.

李继文, 尹本丰, 索菲娅, 等. 荒漠结皮层藓类植物死亡对表层土壤含水量蒸发和入渗的影响. 生态学报, 2021, 41(16): 6533-6541.

李靖宇, 刘建利, 张琇, 等. 腾格里沙漠东南缘藓结皮微生物组基因多样性及功能. 生物多样性, 2018, 26(07): 727-737.

李靖宇, 张琇. 腾格里沙漠不同生物土壤结皮微生物多样性分析. 生态科学, 2017, 36(3): 36-42.

李林, 赵允格, 王一贺, 等. 不同类型生物结皮对坡面产流特征的影响. 自然资源学报, 2015, 030(006): 1013-1023.

李林, 朱伟, 连续水流和间歇水流对微囊藻生长的影响. 环境科学与技术, 2012, 35(10): 34-37.

李茜倩, 张元明. 荒漠藓类结皮斑块中土壤理化性质、酶活性及微生物生物量分布的边缘效应. 生态学杂志, 2018, 37(7): 2114-2121.

李茹雪, 杨永胜, 孟杰, 等. 黄土地与沙地生物结皮的发育特征及其生态功能异同. 干旱区研究. 2017, 34(5): 1063-1069.

李胜龙, 肖波, 孙福海. 黄土高原干旱半干旱区生物结皮覆盖土壤水汽吸附与凝结特征. 农业工程学报, 2020, 36(15): 111-119.

李守中, 肖洪浪, 李新荣, 等. 干旱、半干旱地区微生物结皮土壤水文学的研究进展. 中国沙漠, 2004, 24(04): 500-506.

李守中, 肖洪浪, 宋耀选, 等. 腾格里沙漠人工固沙植被区生物土壤结皮对降水的拦截作用. 中国沙漠, 2002, 22(6): 612-616.

李守中, 郑怀舟, 李守丽, 等. 沙坡头植被固沙区生物结皮的发育特征. 生态学杂志, 2008, 27(10): 1675-1679.

李卫红, 任天瑞, 周智彬, 等. 新疆古尔班通古特沙漠生物结皮的土壤理化性质分析. 冰川冻土, 2005, 27(4): 619-626.

李新凯, 卜崇峰, 李宜坪, 等. 放牧干扰背景下藓结皮对毛乌素沙地土壤含水量与风蚀的影响. 水土保持研究, 2018, 025(006): 22-28.

李新荣, 荒漠生物土壤结皮生态与水文学研究. 北京: 高等教育出版社, 2012.

李新荣, 回嵘, 赵洋. 中国荒漠生物土壤结皮生态生理学研究. 北京: 高等教育出版社, 2016.

李新荣, 贾玉奎, 龙利群, 等. 干旱半干旱地区土壤微生物结皮的生态学意义及若干研究进展. 中国沙漠, 2001, 21(1): 4-11.

李新荣, 谭会娟, 回嵘, 等. 中国荒漠与沙地生物土壤结皮研究. 科学通报, 2018, 63(23): 2320-2334.

李新荣, 张元明, 赵允格. 生物土壤结皮研究: 进展、前沿与展望. 地球科学进展, 2009, 24(1): 11-24.

李新荣, 张志山, 黄磊, 等. 我国沙区人工植被系统生态—水文过程和互馈机理研究评述. 科学通报, 2013, 58(5-6): 397-410.

李新荣, 张志山, 刘玉冰, 等. 中国沙区生态重建与恢复的生态水文学基础. 北京: 科学出版社, 2016.

李新荣, 张志山, 谭会娟, 等. 我国北方风沙危害区生态重建与恢复: 腾格里沙漠土壤含水量与植被承载力的探讨. 中国科学: 生命科学, 2014, 44(3): 257-266.

李新荣, 赵洋, 回嵘, 等. 中国干旱区恢复生态学研究进展及趋势评述. 地理科学进展, 2014, 33(11): 1435-1443.

李新荣, 回嵘, 赵洋. 中国荒漠生物土壤结皮生态生理学研究. 北京: 高等教育出版社, 2016: 423.

李新荣, 马凤云, 龙利群, 等. 沙坡头地区固沙植被土壤含水量动态研究. 中国沙漠, 2001, 21(3): 217-222.

李新荣. 干旱沙区土壤空间异质性变化对植被恢复的影响. 中国科学D辑, 2005, 35(4): 361-370.

李星. 海表温度对连江黄岐赤潮影响的研究. 海洋预报. 2021, 38(3): 98-103.

李艳红, 朱海强, 方丽章, 等. 艾比湖湿地植物群落土壤酶活性特征及影响因素. 生态学报, 2020, 40(2): 549-559.

李玉强, 赵哈林, 赵玮, 等. 生物结皮对土壤呼吸的影响作用初探. 水土保持学报, 2008, 22(3): 106-109.

李云飞, 马晓俊, 李小军. 固沙植被演替过程中藓类结皮及其表层土壤理化性质变化. 兰州大学学报: 自然科学版, 2020, 56(4): 463-470.

梁少民, 吴楠, 王红玲, 等. 干扰对生物土壤结皮及其理化性质的影响. 干旱区地理, 2005, 28(6): 818-823.

梁战备, 史奕, 岳进. 甲烷氧化菌研究进展. 生态学杂志, 2004, 23(5): 198−205.

廖超英, 王翠萍, 孙长忠, 等. 黄土地表生物结皮对土壤贮水性能及水分入渗特征的影响. 干旱地区农业研究, 2009, 27(4): 54-63.

刘光琇. 极端环境微生物学. 北京: 科学出版社, 2016.

刘晶静, 吴伟祥, 丁颖, 等. 氨氧化古菌及其在氮循环中的重要作用. 应用生态学报, 2010, 21(08): 2154−2160.

刘柯澜. 内蒙古荒漠生物结皮可培养细菌及两个盐碱湖中不产氧光合细菌群落结构分析. 内蒙古农业大学, 2011.

刘利霞. 宁夏盐池沙地土壤结皮的理化性质及其局部环境影响. 北京: 北京林业大学, 2008.

刘萌. 腾格里沙漠沙坡头地区荒漠地衣生物多样性研究. 山东农业大学, 2012.

刘翔, 周宏飞, 刘昊, 等. 不同类型生物土壤结皮覆盖下风沙土的入渗特征及模拟. 生态学报, 2016, 36(18): 5820-5826.

刘新平, 何玉惠, 赵学勇, 等. 科尔沁沙地不同生境土壤凝结水的试验研究. 应用生态学报, 2009, 20(8): 1918-1924.

刘艳梅, 李新荣, 赵昕, 等. 生物土壤结皮对荒漠土壤线虫群落的影响. 生态学报, 2013, 33(9): 2816-2824.

刘艳梅, 杨航宇, 李新荣. 生物土壤结皮对荒漠区土壤微生物生物量的影响. 土壤学报, 2014, 51(2): 207-214.

刘艳梅. 生物土壤结皮对土壤微生物和线虫的影响. 北京: 中国科学院大学, 2012.

刘永定, 陈兰周, 胡春香. 荒漠蓝藻环境生物学与生物土壤结皮固沙. 北京: 科学出版社, 2013.

刘玉冰, 王增如, 高天鹏. 温带荒漠生物土壤结皮微生物群落结构与功能演替研究综述. 微生物学通报, 2020, 47(9): 2974-2983.

卢琦, 刘力群. 中国防治荒漠化对策. 中国人口资源与环境, 2003, 13(1): 86-91.

罗征鹏, 熊康宁, 许留兴. 生物土壤结皮生态修复功能研究及对石漠化治理的启示. 水土保持研究, 2020, 27(1): 394-404.

马超, 耿绍波. 干旱、半干旱区生物结皮对生态环境的影响. 湖南农业科学, 2013, 11：62-64.

玛伊努尔 · 依克木, 张丙昌, 麦麦提明 · 苏来曼. 古尔班通古特沙漠生物结皮中微生物量与土壤酶活性的季节变化. 中国沙漠, 2013, 33(4): 1091-1097.

孟杰, 卜崇峰, 张兴昌, 等. 移除和沙埋对沙土生物结皮土壤蒸发的影响. 水土保持通报, 2011, 31(1): 58-62, 159.

孟杰, 卜崇峰, 赵玉娇, 等. 陕北水蚀风蚀交错区生物结皮对土壤酶活性及养分含量的影响. 自然资源学报, 2010, 25(11): 1864-1874.

明姣, 孔令阳, 赵允格, 等. 青藏高原高寒冻土区生物结皮对浅层土壤水热过程的影响. 生态学报, 2020, 40(18) : 6385-6395.

明姣，盛煜，金会军，等. 高寒冻土区生物结皮对土壤理化属性的影响.冰川冻土，2021, 43(2): 601-609.

聂华丽, 吴楠, 梁少民, 等. 不同沙埋深度对刺叶墙藓植株碎片生长的影响. 干旱区研究, 2006,23(1): 66-70.

宁远英, 徐杰, 张功. 科尔沁沙地放牧干扰恢复过程中植被组成和生物结皮微生物数量的变化. 内蒙古大学学报(自然科学版), 2009, 40(6): 670-676.

宁远英. 科尔沁沙地生物结皮中土壤微生物、土壤酶活性的变化及其与土壤因子的关系. 呼和浩特: 内蒙古师范大学, 2010.

欧阳志云, 崔书红, 郑华. 我国生态安全面临的挑战与对策. 科学与社会, 2015, 5(1):

20-30.
乔宇, 徐先英, 付贵全, 等. 民勤绿洲边缘不同年代土壤结皮特性及对水文过程的影响. 水土保持学报, 2015, 29(004): 1-6.
任杰, 朱广伟, 金颖薇. 换水率和营养水平对太湖流域横山水库硅藻水华的影响. 湖泊科学, 2017, 29(3): 604-616.
任欣欣, 姜昊, 冷欣, 等. 蓝藻胞外多糖的生态学意义及其工业应用. 生态学杂志, 2013, 32(3): 762-771.
孙中宇, 陈燕乔, 杨龙, 等. 轻小型无人机低空遥感及其在生态学中的应用进展. 应用生态学报, 2017, 28(2): 528-536.
孙保平. 荒漠化防治工程学. 北京: 中国林业出版社, 2000.
孙华方. 生物土壤结皮对黄河源人工草地稳定性的影响. 西宁: 青海大学, 2019.
孙祥. 水文气象对天目湖沙河水库藻类群落结构动态变化的影响. 合肥: 安徽师范大学, 2018.
孙福海, 肖波, 张鑫鑫. 黄土高原生物结皮覆盖对土壤积水入渗特征的影响及其模型模拟. 西北农林科技大学学报, 2020, 48(10): 82-91.
孙鸿烈, 张荣祖. 中国生态环境建设地带性原理与实践. 北京: 科学出版社, 2004.
宋光. 沙地生物土壤结皮对荒漠草原植物侵入与定居的影响. 北京: 中国科学院大学, 2018.
宋春旭. 松嫩羊草草地藻结皮生态功能的研究. 长春: 东北师范大学, 2012.
师晨迪. 浅谈毛乌素沙地生物土壤结皮发育特征研究进展. 农业与技术, 2020, 40(10): 56-58.
漆婧华, 刘玉冰, 李新荣, 等. 沙坡头地区地衣和藓类结皮丛枝菌根真菌多样性研究. 土壤学报, 2020, 57(4): 986-994.
潘翰, 刘琰冉, 马成学. 北方寒冷内陆碱性水体蓝藻暴发特点及影响因子. 东北林业大学学报, 2017, 45(7): 79-83.
潘雯雯, 杨桂军, 芮政, 等. 野外模拟扰动方式对太湖浮游植物群落结构的影响. 环境科学研究, 2020, 33(6): 1421-1430.
潘颜霞, 王新平, 张亚峰, 等. 沙坡头地区吸湿凝结水对生物土壤结皮的生态作用. 应用生态学报, 2013, 24(3): 653-658.
潘颜霞, 王新平, 张亚峰, 等. 沙坡头地区地形对凝结水形成特征的影响. 中国沙漠, 2014, 34(1): 118-124.
潘颜霞, 张亚峰, 虎瑞. 吸湿凝结水对荒漠地区生物土壤结皮生态功能的影响综述. 地球科学进展, 2022, 37(1): 99-109.
石亚芳, 赵允格, 李晨辉, 等. 踩踏干扰对生物结皮土壤渗透性的影响. 应用生态学报, 2017, 28(10): 3227-3234.
秦福雯, 康濒月, 姜凤岩, 等. 生物土壤结皮演替对高寒草原植被结构和土壤养分的影响. 生态环境学报, 2019, 28(6): 1100-1107.
苏延桂, 李新荣, 张志山, 等. 干旱人工植被区藻结皮光合固碳的时间效应研究. 土壤学报, 2011, 48(3): 570-577.
苏延桂, 李新荣, 张景光, 等. 生物土壤结皮对土壤种子库的影响. 中国沙漠, 2006, 26(6): 997-1001.
苏延桂, 李新荣, 贾小红, 等. 温带荒漠区藻结皮固氮活性沿时间序列的变化. 中国沙漠, 2012, 32(2): 421-427.
苏延桂, 李新荣, 陈应武, 等. 不同演替序列的藻结皮净光合速率日变化特征. 兰州大学学报(自然科学版), 2010, 46(S1): 1-6.
苏延桂, 李新荣, 陈应武, 等. 生物土壤结皮对荒漠土壤种子库和种子萌发的影响. 生态学报, 2007, 27(3): 938-946.
邱莉萍, 王益权, 刘军, 等. 旱地长期培肥土壤脲酶和碱性磷酸酶动力学及热力学特征研究. 植物营养与肥料学报, 2007, 4(06):1028-1034.
邵玉琴, 赵吉, 包青海. 库布齐沙漠固定沙丘土壤微生物生物量的垂直分布研究. 中国沙漠, 2001, 21(1): 88-92.
邵玉琴, 赵吉. 不同固沙区结皮中微生物生物量和数量的比较研究. 中国沙漠, 2004,

24(1): 68-71.

饶本强, 王伟波, 兰书斌, 等. 库布齐沙地三年生人工藻结皮发育特征及微生物分布. 水生生物学报, 2009, 33(005): 193-200.

齐尚红, 王冰洁, 武作书. 农业生产与温度的关系. 河南科技学院学报(自然科学版), 2007, 35(4): 20-23.

齐雁冰, 常庆端, 惠泱河. 高寒地区人工植被恢复过程中沙表生物结皮特性研究. 干旱地区农业研究, 2006, 24(6): 98-102.

唐东山, 王伟波, 李敦海, 等. 人工藻结皮对库布齐沙地土壤酶活性的影响. 水生生物学报, 2007, 31(3): 339-344.

唐凯, 高晓丹, 贾丽娟, 等. 浑善达克沙地生物土壤结皮及其下层土壤中固氮细菌群落结构和多样性. 微生物学通报, 2018, 45(02): 293-301.

陶冶, 张元明, 吴楠, 等. 生物结皮中齿肋赤藓叶片毛尖对植株含水量及水分散失的影响. 干旱区地理, 2011, 34(5): 800-808.

陶照堂. 风沙流对生物结皮的冲击破坏研究. 兰州: 兰州大学, 2012.

滕嘉玲, 贾荣亮, 胡宜刚, 等. 沙埋对干旱沙区生物结皮覆盖土壤温室气体通量的影响. 应用生态学报, 2016, 27(3): 723-734.

田桂泉, 白学良, 徐杰, 等. 固定沙丘生物结皮层藓类植物形态结构及其适应性研究. 中国沙漠, 2005, 25(2): 249-255.

王爱国, 赵允格, 许明祥, 等. 黄土丘陵区不同演替阶段生物结皮对土壤CO2通量的影响. 应用生态学报, 2013, 24(3): 659-666.

王芳芳, 肖波, 孙福海, 等. 黄土高原生物结皮覆盖对风沙土和黄绵土溶质运移的影响. 应用生态学报, 2020, 31(10): 3404-3412.

王国鹏, 肖波, 李胜龙, 等. 黄土高原水蚀风蚀交错区生物结皮的地表粗糙度特征及其影响因素. 生态学杂志, 2019, 38(10): 3050-3056.

王浩, 张光辉, 刘法, 等. 黄土丘陵区生物结皮对土壤入渗的影响. 水土保持学报, 2015, 029(005): 117-123.

王莉, 秦树高, 张宇清, 等. 生物土壤结皮对毛乌素沙地油蒿群落土壤含水量的影响. 北京林业大学学报, 2017, 39(03): 48-56.

王莉. 毛乌素沙地生物土壤结皮对油蒿群落土壤含水量的影响. 北京: 北京林业大学, 2017.

王闪闪. 黄土丘陵区干扰对生物结皮土壤氮素循环的影响. 咸阳: 西北农林科技大学, 2017.

王素娟, 高丽, 苏和, 等. 内蒙古库布齐沙地土壤蛋白酶初步研究. 草业科学, 2009, 26(9): 13-17.

王文超, 徐绍峰, 徐梦瑶, 等. 水体扰动对铜绿微囊藻生长和酶活性的影响. 军事医学, 2019. 43(6): 448-453.

王新平, 李新荣, 康尔泗, 等. 腾格里沙漠东南缘人工植被区降水入渗与再分配规律研究. 生态学报, 2003, 23(6): 1234-1241.

王新平, 李新荣, 潘颜霞, 等. 我国温带荒漠生物土壤结皮孔隙结构分布特征. 中国沙漠, 2011, 31(1): 58-62.

王雪芹, 张元明, 王远超, 等. 古尔班通古特沙漠生物结皮小尺度分异的环境特征. 中国沙漠, 2006, 26(5): 711-716.

王雪芹, 张元明, 张伟民, 等. 古尔班通古特沙漠生物结皮对地表风蚀作用影响的风洞实验. 冰川冻土, 2004, 26(5): 632-638.

王雪芹, 张元明, 张伟民, 等. 生物结皮粗糙特征—以古尔班通古特沙漠为例. 生态学报, 2011, 31(14): 4153-4160.

王彦峰, 肖波, 王兵, 等. 黄土高原水蚀风蚀交错区藓结皮对土壤酶活性的影响. 应用生态学报, 2017, 28(11): 3553-3561.

王艳莉. 砂蓝刺头适应沙地生境变化的生活史对策及响应机制. 中国科学院大学. 2020.

王渝淞. 坝上地区生物结皮防治风蚀扬尘的试验研究. 北京: 北京林业大学, 2019.

王媛, 赵允格, 姚春竹, 等. 黄土丘陵区生物土壤结皮表面糙度特征及影响因素. 应用生态学报, 2014, 25(3): 647-656.

卫炜, 吴文斌, 周清波, 等. 传感器光谱响应差异对NDVI的影响. 遥感信息, 2015(4): 91-98.

魏江春. 沙漠生物地毯工程-干旱沙漠治理的新途径. 干旱区研究, 2005, 22(3): 287-288.

文新宇, 张虎才, 常凤琴, 等. 泸沽湖水体垂直断面季节性分层. 地球科学进展,2016, 31(8): 858-869.

吴发启, 范文波. 坡耕地黄墡土结皮的理化性质分析. 水土保持通报, 2001, 21(4): 22-24.

吴丽, 张高科, 陈晓国, 等. 生物结皮的发育演替与微生物生物量变化. 环境科学, 2014, 35(04): 1479-1485.

吴丽. 地衣结皮形成的生物学过程及其光合生理研究. 北京, 中国科学院水生生物研究所, 2012: 23-38.

吴林, 苏延桂, 张元明. 模拟降水对古尔班通古特沙漠生物结皮表观土壤碳通量的影响. 生态学报, 2012, 32(13): 4103-4113.

吴楠, 潘伯荣, 张元明, 等. 古尔班通古特沙漠生物结皮中土壤微生物垂直分布特征. 应用与环境生物学报, 2005, 11(3): 349-353.

吴楠, 潘伯荣, 张元明. 土壤微生物在生物结皮形成中的作用及生态学意义. 干旱区研究, 2004, 21(4): 444-450.

吴楠, 王红玲, 张静, 等. 古尔班通古特沙漠生物结皮中微生物分布的时空差异. 科学通报, 2006, 51(S1): 100-107.

吴楠, 张元明. 古尔班通古特沙漠生物土壤结皮影响下的土壤酶分布特征. 中国沙漠, 2010, 30(5): 1128-1136.

吴向华, 刘五星. 土壤微生物生态工程. 北京: 化学工业出版社, 2012: 54-62.

吴易雯, 饶本强, 刘永定, 等. 不同生境对人工结皮发育及表土氮、磷含量及其代谢酶活性的影响. 土壤, 2013, 45(1): 52-59.

吴永胜, 哈斯, 李双权, 等. 毛乌素沙地南缘沙丘生物结皮中微生物分布特征. 生态学杂志, 2010, 29(8): 1624-1628.

吴永胜, 哈斯, 乌格特茉勒. 毛乌素沙地南缘沙丘表面径流特征. 科学通报, 2011, 56(034): 2917-2922.

吴永胜, 尹瑞平, 何京丽, 等. 毛乌素沙地南缘沙区水分入渗特征及其影响因素. 干旱区研究, 2016, 33(006): 1318-1324.

吴玉环, 高谦, 程国栋. 生物土壤结皮的生态功能. 生态学杂志, 2002, 21(4): 41-45.

吴正. 风沙地貌与治沙工程学. 北京: 科学出版社, 2003.

吴争兵. 引黄灌区渠道淤积问题分析及减淤措施研究. 山西水利科技, 2017, 12: 67-70.

肖波, 赵允格, 邵明安. 陕北水蚀风蚀交错区两种生物结皮对土壤饱和导水率的影响. 农业工程学报, 2007a, 23(12): 35-40.

肖波, 赵允格, 邵明安. 陕北水蚀风蚀交错区两种生物结皮对土壤理化性质的影响. 生态学报, 2007b, 27(11): 4662-4670.

肖巍强, 董治宝, 陈颢, 等. 生物土壤结皮对库布齐沙漠北缘土壤粒度特征的影响. 中国沙漠, 2017, 037(005): 970-977.

谢申琦, 高丽倩, 赵允格, 等. 模拟降水条件下生物结皮坡面产流产沙对雨强的响应. 应用生态学报, 2019, 30(02): 391-397.

谢婷, 李云飞, 李小军. 腾格里沙漠东南缘固沙植被区生物土壤结皮及下层土壤有机碳矿化特征. 生态学报, 2021, 41(6): 2339-2348.

谢小萍, 李亚春, 杭鑫, 等. 气温对太湖蓝藻复苏和休眠进程的影响. 湖泊科学, 2016, 28(4): 818-824.

谢作明, 刘永定, 陈兰洲, 等. 不同培养条件对具鞘微鞘藻生物量和多糖产量的影响. 水生生物学报, 2008, 32(2): 272-275.

熊文君, 徐琳, 张丙昌, 等. 生物土壤结皮结构、功能及人工恢复技术. 干旱区资源与环境, 2021, 35(2): 190-195.

徐冰鑫, 胡宜刚, 张志山, 等. 模拟增温对荒漠生物土壤结皮—土壤系统CO_2、CH_4和N_2O通量的影响. 植物生态学报, 2014, 38(8): 121-129.

徐海量, 苑塏烨, 徐俏. 干旱区生态修复的实践—以古尔班通古特沙漠为例. 科学, 2020, 72(6): 14-18.

徐杰, 白学良, 田桂泉, 等. 腾格里沙漠固定沙丘结皮层藓类植物的生态功能及与土壤环境因子的关系. 中国沙漠, 2005, 25(2): 234-242.

徐杰, 宁远英. 科尔沁沙地放牧恢复过程中生物土壤结皮对土壤酶活性的影响. 内蒙古师范大学学报, 2010, 39(3): 302-307.

徐娟娟, 张德禄, 吴国樵, 等. 风力胁迫对具鞘微鞘藻结皮光合活性的影响. 水生生物学报, 2010, 31(3): 575-581.

许芳涤. 黄海北部沉积物厌氧氨氧化细菌多样性及富集研究[D]. 大连理工大学, 2013.

闫德仁, 黄海广, 张胜男, 等. 沙漠苔藓生物结皮层养分及颗粒组成特征. 干旱区资源与环境, 2018, 32(10): 111-116.

闫德仁, 杨俊平, 安晓亮, 等. 荒漠藻固沙结皮试验研究初报. 干旱区资源与环境, 2004, 18(5): 147-150.

闫德仁, 张胜男, 黄海广, 等. 沙漠藓类植物分解的土壤改良效应. 水土保持研究, 2020, 27(03): 225-229+237.

闫阁, 付亮, 谢雨彤, 等. 铜绿微囊藻生长代谢的密度依赖性特征及分子机制. 环境科学学报, 2020, 40(10): 3757-3763.

闫钟清, 齐玉春, 李素俭, 等. 降水和氮沉降增加对草地土壤微生物与酶活性的影响研究进展. 微生物学通报, 2017, 44(6): 1481-1490.

颜润润, 逄勇, 陈晓峰, 等. 不同风等级扰动对贫富营养下铜绿微囊藻生长的影响. 环境科学, 2008, 29(10): 2749-2753.

阳贵德. 铜陵铜尾矿废弃地生物土壤结皮细菌多样性研究. 合肥: 安徽大学, 2010.

杨航宇, 刘艳梅, 王廷璞. 荒漠区生物土壤结皮对土壤酶活性的影响. 土壤学报,

2015, 52(3): 654-664.

杨航宇, 刘长仲, 刘艳梅, 等. 荒漠区踩踏生物土壤结皮对土壤微生物量的影响. 中国沙漠, 2019, 39(2): 35-44.

杨凯, 赵军, 赵允格, 等. 生物结皮坡面不同降水历时的产流特征. 农业工程学报, 2019, 035(023): 135-141.

杨丽娜. 黄土高原生物结皮中蓝藻多样性及其生态适应性研究. 中国科学院教育部水土保持与生态环境中心, 2013.

杨秀莲, 张克斌, 曹永翔. 封育草地生物土壤结皮对水分入渗与植物多样性的影响. 生态环境学报, 2010, 019(004): 853-856.

杨永胜. 黄土高原苔藓结皮的快速培育及其对逆境的生理响应研究. 北京: 中国科学院研究生院, 2015.

姚德良, 李家春, 杜岳, 等. 沙坡头人工植被区陆气耦合模式及生物结皮与植被演变的机理研究. 生态学报, 2002, 22(4): 452-460.

叶菁. 翻耙、踩踏对苔藓结皮的生长及土壤含水量、水蚀的影响. 硕士论文, 中国科学院研究生院(教育部水土保持与生态环境研究中心), 2015.

移小勇, 赵哈林, 李玉强. 土壤风蚀控制研究进展. 应用生态学报, 2007, 18(4): 905-911.

尹瑞平, 王峰, 吴永胜, 等. 毛乌素沙地南缘沙丘生物结皮中微生物数量及其影响因素. 中国水土保持, 2014, 12: 40-44.

尹英杰, 陈冲, 晏朝睿, 等. 土壤水汽吸附曲线的模拟及其滞后效应. 土壤学报, 2019, 56(4): 838-846.

于宝勒, 吴文俊, 赵学军, 等. 内蒙古京津风沙源治理工程土壤风蚀控制效益研究. 干旱区研究, 2016, 33(6): 1278-1286.

于云江, 林庆功, 郜永贵, 等. 从植被演替和抗风性研究包兰线沙坡头段人工植被稳定性. 自然资源学报, 2002, 17: 63-70.

于云江, 史培军, 贺丽萍, 等. 风沙流对植物生长影响的研究. 地球科学进展, 2002,

17(2): 262-267.

于云江, 辛越勇, 刘家琼. 风和风沙流对不同固沙植物生理状况的影响. 植物学报, 1998, 40(10): 962-968.

臧逸飞. 长期不同轮作施肥土壤微生物学特性研究及生物肥力评价. 西北农林科技大学, 2016.

詹婧, 阳贵德, 孙庆业. 铜尾矿废弃地生物土壤结皮固氮微生物多样性. 应用生态学报, 2014, 25(6): 1765-1772.

张丙昌, 张元明, 赵建成. 古尔班通古特沙漠生物结皮藻类的组成和生态分布研究. 西北植物学报, 2005, 25(10): 2048-2055.

张丙昌, 赵建成, 张元明, 等. 不同生态因子对生物结皮中土生绿球藻生长的影响. 干旱区研究, 2007, 24(5): 641-646.

张国秀, 赵允格, 许明祥, 等. 黄土丘陵区生物结皮对土壤磷素有效性及碱性磷酸酶活性的影响. 植物营养与肥料学报, 2012, 18(3): 621-628.

张继贤, 杨达明. 沙面结皮的自然形成过程及人工促进措施的探讨. 见: 腾格里沙漠沙坡头地区流沙治理研究. 银川: 宁夏人民出版社, 1980, 220.

张加琼, 张春来, 王焕芝. 包兰铁路沙坡头段防护体系生物土壤结皮沉积特征及其风沙环境意义. 地理科学, 2013, 33(9): 1117-1124.

张静, 张元明, 周晓兵, 等. 生物结皮影响下沙漠土壤表面凝结水的形成与变化特征. 生态学报, 2009, 29(12): 6600-6608.

张侃侃. 毛乌素沙地苔藓结皮的人工培育技术. 咸阳: 西北农林科技大学, 2012.

张美曼, 范少辉, 官凤英, 等. 竹阔混交林土壤微生物生物量及酶活性特征研究. 土壤, 2020, 52(1): 97-105.

张培培, 赵允格, 王媛, 等. 黄土高原丘陵区生物结皮土壤的斥水性. 应用生态学报, 2014, 25(3): 657-663.

张鹏, 李新荣, 何明珠, 等. 冬季低温及模拟增温对生物土壤结皮固氮活性的影响. 生态学杂志, 2012, 31(07): 1653-1658.

张胜男, 黄海广, 胡小龙, 等. 不同材料沙障对流动沙丘水分含量的影响. 内蒙古林业科技, 2018, 44: 25-28.

张巍. 固氮蓝藻在松嫩平原盐碱土生态修复中作用的研究. 哈尔滨: 哈尔滨工业大学, 2008.

张文慧. 水动力对太湖营养盐循环及藻类生长的影响. 北京: 中国环境科学研究院, 2017.

张晓影, 李小雁, 王卫,等. 毛乌素沙地南缘凝结水观测实验分析. 干旱气象, 2008, 26(003): 8-13.

张元明, 曹同, 潘伯荣. 干旱与半干旱地区苔藓植物生态学研究综述. 生态学报, 2002, 22(7): 1129-1134.

张元明, 聂华丽. 生物土壤结皮对准噶尔盆地5 种荒漠植物幼苗生长与元素吸收的影响. 植物生态学报, 2011, 35(4): 380-388.

张元明, 王雪芹. 荒漠地表生物土壤结皮形成与演替特征概述.生态学报, 2010, 30(16): 4484-4492.

张元明, 杨维康, 王雪芹, 等. 生物结皮影响下的土壤有机质分异特征. 生态学报, 2005, 25(12): 3420-3425.

张元明. 荒漠地表生物土壤结皮的微结构及其早期发育特征. 科学通报, 2005, 50(1): 42-47.

张正偲, 赵爱国, 董治宝, 等. 藻类结皮自然恢复后抗风蚀特性研究. 中国沙漠, 2007, 27(4): 558-562.

张志山, 何明珠, 谭会娟, 等. 沙漠人工植被区生物结皮类土壤的蒸发特性——以沙坡头沙漠研究试验站为例. 土壤学报, 2007, 44(3): 404-410.

赵哈林, 郭轶瑞, 周瑞莲, 等. 植被覆盖对科尔沁沙地生物土壤结皮及其下层土壤理化特性的影响. 应用生态学报, 2009, 20(7): 1657-1663.

赵丽娜. 沙坡头固沙植被区生物土壤结皮微生物群落演替及其对碳氮循环的调控. 北京: 中国科学院大学, 2020.

赵秀侠, 方婷, 杨坤, 等. 安徽沱湖夏季浮游植物群落结构特征与环境因子关系. 植物科学学报, 2018, 36(5): 687-695.

赵彦敏, 朱清科, 张岩, 等. 黄土区封禁流域生物结皮对土壤微生物量的影响. 西北农林科技大学学报(自然科学版), 2014, 42(7): 169-175, 182.

赵洋, 齐欣林, 陈永乐, 等. 极端降雨事件对不同类型生物土壤结皮覆盖土壤碳释放的影响. 中国沙漠, 2013, 33(2): 543-548.

赵英时, 陈冬梅, 杨立明, 等. 遥感应用分析原理与方法. 北京: 科学出版社, 2003: 366-409.

赵宇龙. 内蒙古荒漠生物土壤结皮中微生物多样性分析. 呼和浩特: 内蒙古农业大学, 2011.

赵芸, 贾荣亮, 滕嘉玲, 等. 腾格里沙漠人工固沙植被演替生物土壤结皮盖度对沙埋的响应. 生态学报, 2017, 37(18): 6138-6148.

赵允格, 许明祥, Belnap J. 生物结皮光合作用对光温水的响应及其对结皮空间分布格局的解译——以黄土丘陵区为例. 生态学报, 2010, 30(17): 4668-4675.

赵允格, 许明祥, 王全九, 等. 黄土丘陵区退耕地生物结皮理化性状初报. 应用生态学报, 2006, 17(8): 1429-1434.

郑云普, 张丙昌, 赵建成, 等. 不同理化因子对分离于荒漠生物结皮中念珠藻生长的影响. 河北师范大学学报(自然科学版), 2009, 33(4): 531-537.

郑云普, 赵建成, 张丙昌, 等. 荒漠生物结皮中藻类和苔藓植物研究进展. 植物学报, 2009, 44(003): 371-378.

郑云普, 赵建成, 张丙昌, 等. 不同理化因子对荒漠生物结皮中三种蓝藻生长的影响. 干旱地区农业研究, 2010, 28(1): 206-211.

中国科学院南京土壤研究所. 土壤理化分析. 北京: 科学技术出版社, 1980.

周德庆. 微生物学教程(第3版). 北京: 高等教育出版社, 2011.

周立峰, 杨荣, 赵文智. 荒漠人工固沙植被区土壤结皮斥水性发展特征. 中国沙漠, 2020, 40(3): 185-192.

周丽芳, 阿拉木萨. 生物结皮发育对地表蒸发过程影响机理研究. 干旱区资源与环境, 2011, 25(4): 193-200.

周小泉, 刘政鸿, 杨永胜, 等. 毛乌素沙地三种植被下苔藓结皮的土壤理化效应. 水土保持研究, 2014, 21(06): 340-344.

周晓兵, 张丙昌, 张元明. 生物土壤结皮固沙理论与实践. 中国沙漠, 2021, 41(1): 164-173.

周志刚,程子俊,刘志礼.沙漠结皮中藻类生态学的研究. 生态学报, 1995, 15(4): 385-391.

朱广伟, 钟春妮, 秦伯强, 等. 2005-2017年北部太湖水体叶绿素a和营养盐变化及影响因素. 湖泊科学, 2018, 30(12): 279-295.

朱湾湾, 王攀, 许艺馨, 等. 降水量变化与氮添加下荒漠草原土壤酶活性及其影响因素. 植物生态学报, 2021, 45(3): 309-320.

朱昔恩, 黎大勇, 熊建华, 等. 接种密度、氮、磷、碳、硅、维生素对牟氏角毛藻生长的影响. 普洱学院学报, 2018, 34(6): 9-14.

庄伟伟, 张元明. 生物结皮对3种荒漠草本植物光合生理特性的影响. 植物科学学报, 2017, 35(3): 387-397.

庄伟伟, 周晓兵, 张元明. 生物结皮对古尔班通古特沙漠3种荒漠草本植物生长特性与元素吸收的影响. 植物研究, 2017, 37(1): 37-44.

致　谢

《生物结皮治理沙化土地的理论与实践》是我们研究团队在《荒漠生物土壤结皮生态水文学研究》（2012）和《中国荒漠生物土壤结皮生态生理学》（2016）两部专著基础之上，完成的第3部学术专著。BSC在我国的研究已有几十年历史，最早引起关注和系统研究的是中国科学院兰州沙漠研究所（现西北生态环境资源研究院）沙坡头沙漠研究试验站的科学家。20世纪50年代，来自铁道部、中科院和林业部等部门的专家学者联合攻关，在浩瀚的腾格里沙漠东南缘克服了重重困难，在降水小于200 mm，地下水埋深60 m，沙丘起伏相对高差20−50 m的严酷条件下，创新性地建立了“以固为主、固阻结合”无灌溉人工固沙植被铁路防护体系，不仅确保了包兰铁路在宁夏沙坡头地区横穿腾格里沙漠60余年畅通无阻，还因此开创了我国科学治沙的先河。从1956年起至今，不同时期建立的固沙植被（1956、1964、1973、1982和1994年）生长稳定，并持续见证了BSC形成和演替的历程。中国科学院沙坡头沙漠研究试验站开展的长期定位生态学监测和研究，使沙坡头地区成为国内外BSC

研究最著名的热点地区之一。

我们的工作进展不仅得益于国内外方兴未艾的BSC研究，更重要的是来自沙坡头站的工作人员坚持不懈的观测和弥足珍贵的数据支撑，以及国家在防沙治沙中的重大科技需求。60余年的长期定位监测使我们对BSC的认识更为详尽、更为客观，广泛的国际国内交流为我们提供了最新的知识储备，沙化土地治理的需求与技术进步成为我们对BSC研究长期坚守的精神动力和创新源泉。令人欣慰的是，我们的研究成果在实践中已得到越来越多的应用，比如，BSC作为关键固沙材料与技术环节，已被成功应用于2021年通车的乌玛高速腾格里沙漠段流沙固定；我们团队走出国门，在“一带一路”沿线国家乌兹别克斯坦克孜勒库姆沙漠治沙示范区开展风沙治理，提高了当地沙害治理的速度和效益。尽管如此，我们的研究仍是“刚刚开始”，还有很多问题需要寻找答案。例如，全球旱区不同气候带流沙的固定、退化草地的恢复，用什么样的人工BSC最有效？人工BSC与什么恢复措施结合更为有效？不同人工BSC治沙模式适用的生态阈值有多大？我们对机理认识和新技术研发的探索仍在路上。本书可为从事防沙治沙、旱区退化生态系统重建与恢复的科研工作者以及相关管理者提供参考和借鉴。

本书撰写过程中得到了中国科学院西北生态环境研究院贾荣

亮研究员、回嵘副研究员、王进副研究员和宋光博士的指导和帮助，以及浙江教育出版社领导和编辑的大力支持。没有他们的支持和努力，本书很难在较短的时间里问世。本研究得到了中国科学院前沿科学重点研究项目“利用微生物技术进行沙害治理与生态恢复”（QYZDJ-SSW-SMC011）和中国科学院战略先导专项子课题“荒漠化土地植被恢复重建关键技术研发与集成示范”（XDA20030103）和课题“干旱区沙化土地生态恢复关键技术与示范”（XDA23060200）的资助。在此一并致谢！